U0223098

天然气水合物储层特性与定量评价

王秀娟　等◎著

科学出版社

北　京

内 容 简 介

本书总结团队多年来关于我国南海与国际海域天然气水合物富集特征差异、储层物性反演与定量评价方法的研究成果，围绕海域天然气水合物地球物理识别与评价面临的科学难题，开展了天然气水合物岩石物理分析，系统梳理了多类型天然气水合物储层物性的定量评价技术，创建了基于统计学反演、多属性融合与循环迭代的多类型天然气水合物储层物性的高分辨率预测方法与空间分布精细刻画技术，揭示了南海细粒沉积物天然气水合物富集特征，提出天然气水合物-游离气共存类型、识别技术与评价方法，实现了理论和技术在南海天然气水合物勘探试采中的应用，可为我国天然气水合物储层精细评价研究提供科学理论与技术参考。

本书可供石油地质、海洋地质和环境地质等相关专业高年级本科生、研究生，海洋研究所、石油公司和工业部门从事地质、海底矿产资源研究的有关人员参考。

图书在版编目（CIP）数据

天然气水合物储层特性与定量评价/王秀娟等著. —北京：科学出版社，2023.1

ISBN 978-7-03-068721-0

Ⅰ. ①天… Ⅱ. ①王… Ⅲ. ①天然气水合物-储集层-特性 ②天然气水合物-储集层-定量分析 Ⅳ. ① P618.13

中国版本图书馆 CIP 数据核字（2021）第 081523 号

责任编辑：周 杰/责任校对：樊雅琼

责任印制：吴兆东/封面设计：无极书装

科 学 出 版 社 出版

北京东黄城根北街 16 号

邮政编码：100717

http://www.sciencep.com

北京中科印刷有限公司印刷

科学出版社发行 各地新华书店经销

*

2023 年 1 月第 一 版 开本：720×1000 1/16

2025 年 1 月第二次印刷 印张：25

字数：504 000

定价：300.00 元

（如有印装质量问题，我社负责调换）

前　言

2000 年 9 月，我到中国地质大学（北京）攻读硕士学位，在刘学伟教授指导下开展天然气水合物（俗称可燃冰）地球物理方面的研究工作。那时候国内对于天然气水合物研究经验少，定量评价天然气水合物饱和度的计算公式和基础物性参数都借鉴国际上的研究经验。三年后，我完成了硕士学位论文《基于热弹性学的天然气水合物含量和游离气饱和度估计研究》，该论文竟然获得了湖北省优秀硕士论文奖。2003 年 9 月我考入中国科学院海洋研究所攻读海洋地质学科的博士学位，师从吴时国研究员，仍然从事天然气水合物研究工作，完成了博士学位论文《南海北部陆坡天然气水合物储层特征研究》，很幸运的是这篇论文也获得了山东省优秀博士论文奖。从求学到工作，我从事天然气水合物富集成藏、储层物性与定量评价研究，至今已有二十余年。多年来，我很幸运地得到了国内外从事天然气水合物研究的专家与一线科研人员的指导，参与了我国第一个天然气水合物 973 研究项目，与广州海洋地质调查局、中国海洋石油集团有限公司、中国石油天然气集团有限公司、中国石油化工集团有限公司等研究机构开展合作研究，了解最真实、最迫切的生产需求和第一手的研究资料。

天然气水合物的资源潜力一直备受关注，近年来我国南海天然气水合物的勘探与试采也取得重大突破。2007 年，我国在神狐海域的细粒沉积物中钻探到中等饱和度天然气水合物，曾遭到国内和国际质疑，主要是因为美国布莱克海台 ODP 164 航次研究经验，让国际学者认为细粒泥质沉积物不可能形成饱和度达 30%～40% 的天然气水合物。利用多种方法定量评价的神狐海域天然气水合物饱和度，证实了南海泥质粉砂沉积物能形成中等富集的天然气水合物，改变了国际上对细粒沉积物天然气水合物成藏的认识。2017 年天然气水合物探索性试验开采成功，有学者提出开发的气体是天然气水合物分解的气还是其下部圈闭的游离气的疑惑。从事常规油气研究的学者们或多或少对天然气水合物资源量与商业开发价值等问题也存在诸多疑问。这些疑惑，都源自我们对天然气水合物的认识还不够深入。天然气水合物广泛分布，但是天然气水合物钻探与勘探研究时间并不长，钻探井位有限，精准资源量尤其是可采资源量的评价还有待开展研究。

多年来，在好奇心驱动下，我曾赴美国、韩国和印度等从事天然气水合物研究的相关单位开展国际合作研究，去了解南海与美国墨西哥湾、韩国郁陵盆地和印度海域等天然气水合物富集成藏的差异性。2017 年 12 月～2018 年 1 月，我参加 IODP 372 航次，这是我从事天然气水合物研究生涯中首次参与钻探工作，与来自 14 个国家的科学家一起开展天然气水合物随钻测井、慢地震与慢滑移等研究受益匪浅。经过多年对钻探与勘探数据研究分析，逐渐揭开天然气水合物储层特性的神秘面纱，也发现了天然气水合物成藏复杂性与储层类型的多样性。本书从典型实例分析角度，解析不同海域天然气水合物储层与富集程度的差异性。全书内容共 8 个章节，分别从天然气水合物岩石物理模拟、孔隙充填型与裂隙充填型天然气水合物储层特性与定量评价方法，以及天然气水合物与游离气共存类型与识别评价方法进行系统介绍，结合我们的理解与认识，把天然气水合物地球物理识别与评价中的难点与经验分享给读者，希望能让从事天然气水合物研究的科技工作者，尤其未来从事开发模拟的研究人员、学生等了解实际储层物性参数，也希望能为天然气水合物商业开发提供储层物性精准评价技术等。

本书由王秀娟负责全书的组织和撰写工作，具体分工如下：第 1 章由王秀娟、苏丕波、张鑫、孙鲁一、管红香完成，第 2 章由王秀娟、胡高伟、周吉林、潘浩杰完成；第 3 章由王秀娟、康冬菊、靳佳澎、闫伟超完成；第 4 章由靳佳澎、李林、张广旭、李杰、鲁银涛、邢磊、王秀娟完成；第 5 章由王秀娟、何敏、刘波、李元平、王吉亮完成；第 6 章由王秀娟、朱振宇、刘波、钱进、郭依群完成；第 7 章由钱进、万晓明、李杰、刘波、周吉林完成；第 8 章由王秀娟、匡增桂、韩磊、钱进、靳佳澎完成。全书部分图件的清绘工作由河北工程大学李航承担，全书校稿工作由王秀娟、靳佳澎和周吉林承担。

本书的出版得到了崂山实验室海洋矿产资源评价与探测技术功能实验室、国家自然科学基金项目“西库朗伊俯冲边缘水合物和流体赋存差异及其与海底蠕动变形关系研究”（41976077）、崂山实验室科技创新项目“西太平洋天然气水合物资源与环境效应及智能探测技术”（LSKJ202203503）、国家自然科学基金面上项目“珠江口盆地高饱和度砂质天然气水合物储层的地震识别和钻前预测”（41676071）、南方海洋科学与工程广东省实验室（广州）人才团队引进重大专项（GML2019ZD0104）、国家重点研发计划课题“水合物富集区精细勘探技术应用示范”（2017YFC0307601）的联合资助，特致谢意。

尽管我们力求突出地球物理技术方法，注重理论与实际结合，但是海洋天然气水合物的储层特性类型多样，研究方法、技术手段多样，囿于作者写作水平，书中或存在不妥之处，恳请读者批评指正。

王秀娟

2022 年 12 月

目　录

第1章　天然气水合物概况

1.1　天然气水合物基本性质

天然气水合物（俗称可燃冰）是由水分子与天然气分子在低温、高压环境下形成的一种类似于冰的固态化合物。形成天然气水合物的气体由甲烷、乙烷、丙烷、二氧化碳、硫化氢和氮气等组成，其中以甲烷为主。自然界中，不同气源、储层和流体疏导条件下，天然气水合物赋存形态不同，天然气水合物与沉积物颗粒之间的接触关系影响含天然气水合物层的物性参数。

1.1.1　天然气水合物物理特性

前人系统研究并总结了天然气水合物的微观结构与物理特性，认为天然气水合物是一种水合数不固定的笼形化合物，主体水分子通过氢键在空间相连，形成笼形的多面体孔穴。这些多面体孔穴或通过顶点相连，或通过面相连，形成笼形水合物晶格。天然气水合物笼形孔穴的形态有成百上千种，常见的有 5^{12}、$5^{12}6^{2}$、$5^{12}6^{4}$、$5^{12}6^{8}$ 和 $4^{3}5^{6}6^{3}$ 笼子，不同大小和组成笼子的组合构成了常见的三种天然气水合物结构类型，即Ⅰ、Ⅱ和H型结构（Sloan and Koh，2008）。Ⅰ型天然气水合物是体心立方结构，单位晶胞中包含46个水分子、2个 5^{12} 笼子和6个 $5^{12}6^{2}$ 笼子。Ⅱ型天然气水合物是面心立方结构，单位晶胞中包含136个水分子、16个 5^{12} 笼子和8个 $5^{12}6^{4}$ 笼子。H型天然气水合物是六方结构，单位晶胞中包含34个水分子、2个 $4^{6}5^{6}6^{3}$ 笼子和1个 $5^{12}6^{8}$ 笼子（图1-1）。自然界最常见的是Ⅰ型天然气水合物，客体分子主要为甲烷，Ⅱ型天然气水合物由丙烷和异丁烷等构成，H型天然气水合物相对少见，其中Ⅱ型和H型天然气水合物的形成与热成因气有关（Kvenvolden，1995）。如果形成天然气水合物客体的气体为甲烷和乙烷混合，Ⅰ型和Ⅱ型天然气水合物都可能形成，形成天然气水合物的类型与气源及混合比有关（Subramanian et al.，2000；Takeya et al.，2003）。

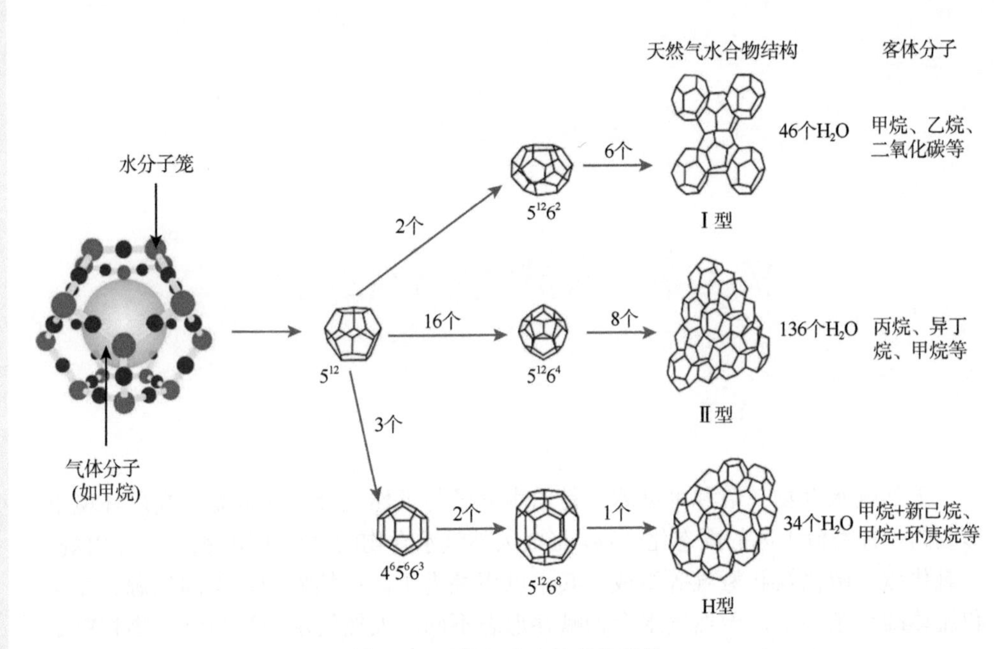

图 1-1　天然气水合物晶体结构

1.1.2　天然气水合物微观形态

大量钻探发现，自然界中的天然气水合物赋存形态多样，按照天然气水合物与沉积物颗粒之间的接触关系，主要分为三种类型：一是天然气水合物均匀充填在孔隙间，称之为孔隙充填型（pore-filling）天然气水合物；二是天然气水合物呈脉状、块状、球状和结核状等多种形态赋存在细粒沉积物中，称之为裂隙充填型（fracture-filling）天然气水合物；三是孔隙充填型与裂隙充填型混合的天然气水合物。对于均匀充填在细粒泥质与粗粒砂质沉积物孔隙间的天然气水合物，无论天然气水合物的饱和度高还是低，在沉积物中都难以通过肉眼识别到天然气水合物。如果沉积物中的天然气水合物发生分解，将产生蜂窝状气孔或者呈粥状特征[图 1-2（a）和（b）]。在粗粒砂质沉积物中，如果天然气水合物呈块状不均匀分布，在局部区域能通过肉眼识别天然气水合物[图 1-2（c）]，而在细粒泥质沉积物中，脉状、块状、结核状和层状等天然气水合物广泛发育[图 1-2（d）～（p）]。从钻探取芯看，不同海域和不同地层深度，裂隙充填型天然气水合物富集程度差异大。一般认为天然气水合物优先在粗粒的沉积物中形成，原因是粗粒沉积物具有较高渗透率，有利于流体运移，形成的天然气水合物饱和度相对较高，如墨西哥湾格林峡谷的砂质沉积物（Boswell et al.，2012），而细粒沉积物中形成的天然气水合物饱和度相对较低（低于 10%），如布莱克海台地区（Collett and Ladd, 2000）。

图 1-2 自然界中天然气水合物样品自然产状与沉积物类型

（a）、（b）泥质粉砂沉积物中均匀分布的天然气水合物；（c）砂质储层局部发育的块状天然气水合物；（d）泥质粉砂孔隙充填型及薄层状天然气水合物；（e）块状天然气水合物；（f）脉状天然气水合物；（g）、（h）结核状天然气水合物；（i）、（j）脉状天然气水合物；（k）球状天然气水合物；（l）厚层块状天然气水合物；（m）冷泉区海底形成的天然气水合物；（n）麻坑区蜂窝状天然气水合物；（o）日本海海底陡崖处的天然气水合物；（p）自生碳酸盐岩区天然气水合物

研究发现，在相对高通量流体运移的细粒泥质沉积物中，局部区域形成的天然气水合物饱和度较高，这种呈脉状、块状、层状或者结核状等形态的天然气水合物是由于水合物形成在裂隙内或者由于细粒沉积物被排出而形成的［图 1-2（c）和（l）］，称为裂隙充填型天然气水合物。该类型天然气水合物不仅肉眼可视，而且天然气水合物层的厚度差异比较大，从几厘米至几十厘米不等。在冷泉或者麻坑区，由于高通量流体向上运移，能在不同深度地层形成天然气水合物。南海台西南盆地的冷泉区，在近海底的裂隙内或大型生物群落周围就发现了天然气水合

物（Zhang X et al.，2017）。在海底麻坑区的钻探样品内曾发现蜂窝状的天然气水合物［图 1-2（n）］（Sultan et al.，2014），天然气水合物内出现孔洞结构，是由于天然气水合物包裹着气泡，出现天然气水合物与气体共存后气泡破裂而出现蜂窝状。在海底碳酸盐岩及陡坎等处，由于高通量流体向上运移，不规则碳酸盐岩对流体具有封盖作用，即使在海底也能形成天然气水合物［图 1-2（o）和（p）］。

自然界中天然气水合物形态多样，天然气水合物和沉积物颗粒之间的接触关系、沉积物的岩性、粒度大小与天然气水合物饱和度、微观赋存形态以及空间分布等存在密切关系，也影响沉积物的力学强度、孔隙度和渗透率等储层物性。研究发现，饱和度影响了天然气水合物与沉积物骨架的接触方式，高饱和度天然气水合物多以颗粒包裹、孔隙充填和骨架支撑等均匀分布模式富集于粗粒沉积物中，而中低饱和度天然气水合物常以均匀充填、结核状和脉状等复杂形态分布在细粒泥质沉积物中，这主要是由于细粒沉积物中具有较强毛细管力，不利于流体运移和天然气水合物成藏。尽管在大量海域发现了裂隙充填型天然气水合物，局部地层钻探取芯也获取了天然气水合物样品［图 1-2（l）］，由于空间分布尤其是横向上比较局限，裂隙充填型天然气水合物的资源量并不大。

1.1.3 天然气水合物成藏系统

天然气水合物被誉为未来的新型战略能源，经过多年的研究，人们发现天然气水合物与常规油气在成藏上具有一定相似性，都与储层、气源和流体运移等密切相关，但也有明显差异。1996 年 10 月 31 日～12 月 25 日，大洋钻探计划（Ocean Drilling Program，ODP）164 航次在美国东部的布莱克海台（Blake Ridge）和卡罗来纳海隆（Carolina Rise）进行钻探，在泥质沉积物中发现了厚度达几百米的天然气水合物层，饱和度约为 10%，在地震剖面上发现了连续的似海底反射（bottom simulating reflector，BSR）和振幅空白反射，致使在以后的很长一段时间，人们认为海洋天然气水合物可能是发育在泥质沉积物中的低饱和度天然气水合物，并把振幅空白作为识别天然气水合物的一种重要标志。随后，2002 年 7 月 7 日～9 月 2 日 ODP 204 航次和 2005 年 8 月 28 日～10 月 29 日综合大洋钻探计划（Integrated Ocean Drilling Program，IODP）311 航次，分别在俄勒冈岸外水合物脊和温哥华岸外卡斯凯迪亚俯冲带的砂层中发现了高饱和度天然气水合物，尤其是日本、美国和印度等国家，也在浊积水道的砂质储层钻探到不同厚度、饱和度达 80% 的天然气水合物。结合大量实验室研究，人们发现砂质储层渗透率高、粒度大，有利于天然气水合物成藏，也意识到天然气水合物成藏不仅与温压环境有关，也与油气成藏相似，高富集天然气水合物成藏受多种因素共同控制。

参考油气成藏系统的概念，Collett 等（2009）提出天然气水合物油气系统（gas hydrate petroleum system），也称为天然气水合物成藏系统，认为具有资源潜力的天然气水合物成藏与温压、气源、流体运移、储层、淡水和时间六大要素有关。寻找砂质高饱和度天然气水合物储层也成为天然气水合物勘探研究的重要目标，并提出了要关注“可采”资源、寻找有利储层等与高饱和度天然气水合物成藏有关的要素，同时指出尽管全球天然气水合物蕴藏着巨大的天然气地质储量，但是大部分资源量为泥质沉积物中的低饱和度天然气水合物，这种低饱和度天然气水合物资源对理解全球气候变化和碳循环具有重要意义，但是不一定都具有资源潜力（Boswell et al.，2014）。近年来，天然气水合物探勘从传统寻找 BSR 转变到天然气水合物稳定带与成藏系统相结合来寻找中等（10%～40%）或者高饱和度（＞50%/＞60%）等具有资源价值的天然气水合物藏。

1.2　天然气水合物富集成藏的关键控制因素

天然气水合物广泛分布在深水盆地，其形成受温度、压力控制，但是天然气水合物的富集与气源、储层和流体运移等多个因素耦合有关，由于在近海底发现了天然气水合物，目前并不清楚天然气水合物成藏是否需要盖层（宁伏龙等，2022）。

1.2.1　天然气水合物稳定带

1.2.1.1　天然气水合物形成的温度–压力条件

温度、压力和气体组分等因素影响天然气水合物稳定带的厚度，如果气体组分确定，在一定的温度条件下，天然气水合物形成的压力有一个最小值，大于或等于这个压力值天然气水合物可以生成并且能够稳定存在。基于天然气水合物形成的热力学条件，依据相平衡理论建立热力学模型，就可以计算不同类型天然气水合物形成的温度和压力条件。在通常情况下，天然气水合物处于固（骨架与天然气水合物）–液（水）–气（气体）三相平衡的系统中，天然气水合物的稳定带厚度可以根据相平衡曲线与地温梯度相交点来计算（图 1-3），而处于相平衡边界区域的天然气水合物对温度和压力的变化非常敏感，温压条件的细微变化可能导致天然气水合物发生分解。因此，研究天然气水合物稳定带厚度对于准确评价天然气水合物资源量、认识天然气水合物与游离气分布等具有重要意义，对于研究海底稳定性和气候变化等具有参考价值。

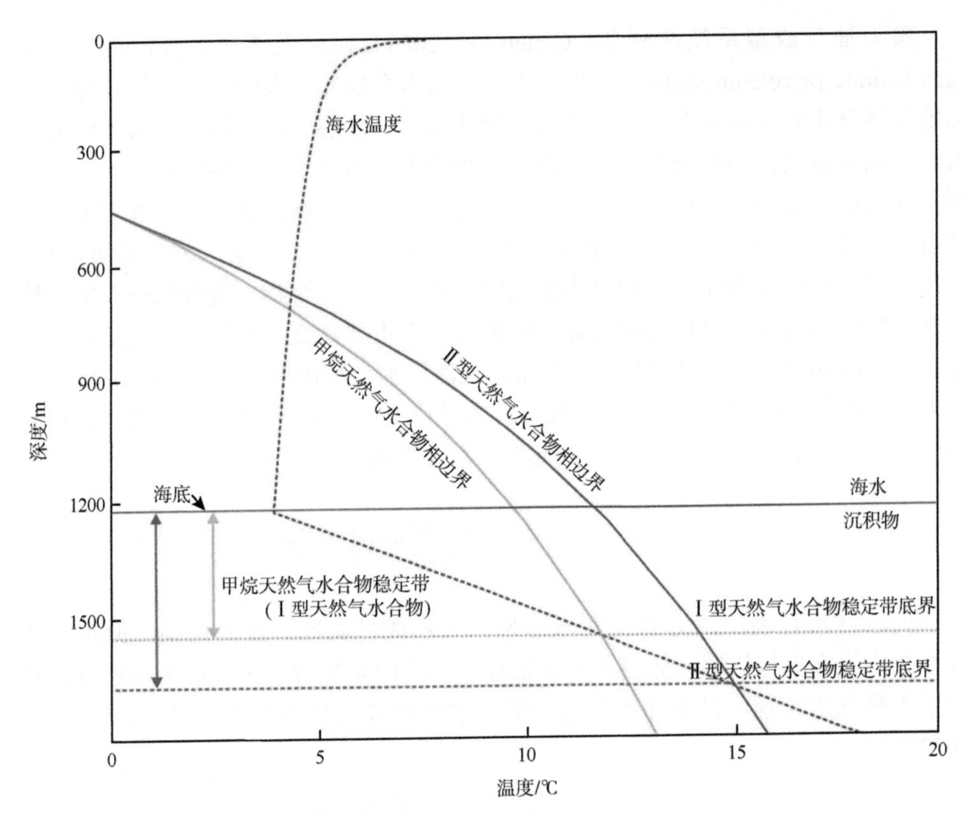

图 1-3　大陆边缘不同类型天然气水合物稳定存在的温度-深度范围

计算天然气水合物相平衡曲线有多种方法，相平衡模型包括 van der Waals-Platteeuw 模型（1959 年）、Chen-Guo 模型（2007 年）和 Sloan 模型（1998 年）。从不同模型计算的天然气水合物稳定带底界（base of gas hydrate stability zone，BGHSZ）看，在低温时，利用 Chen-Guo 模型和 Sloan 模型计算的纯甲烷水合物温度、压力曲线相近。当地层含有乙烷、丙烷且温度在 15～20℃时，利用 van der Waals-Platteeuw 模型与 Sloan 模型计算结果相近。通过与相平衡计算的甲烷天然气水合物稳定带底界相比，在相同地温梯度条件下，Ⅱ型天然气水合物的稳定带厚度大于甲烷天然气水合物稳定带厚度，说明Ⅱ型天然气水合物的结构更稳定（图 1-3）。在特定的温压条件下，计算的天然气水合物稳定带厚度是一个定值，当外界环境发生变化时，天然气水合物稳定带厚度会发生调整。

天然气水合物稳定带底界是一个相变面，从计算的稳定带厚度看，海底温度场与沉积物中气体组分类型、含量等影响计算结果，尤其地层含有重烃气体时，天然气水合物稳定带厚度会明显增加。在构造与沉积环境相对稳定的区域，计算的天然气水合物稳定带底界常常与地震剖面上识别的 BSR 吻合，但是从地质时间尺度看，该界面并不稳定。由于海底温度场与区域构造活动密切相关，深部流体沿着断层、裂隙、底辟和气烟囱等有利通道向上运移，导致浅部地层温度场发生变化，影响天然气水合物稳定带厚度。同时，向上运移的深部流体可能富含乙烷、丙烷和戊烷等重烃气体，会形成结构更稳定的Ⅱ型天然气水合物，表明气体组分变化也影响天然气水合物相平衡曲线。因此，天然气水合物稳定带厚度变化是一个多因素综合影响的过程，不同位置地温梯度存在差异，如果利用单一地温梯度计算区域的天然气水合物稳定带厚度，将会导致计算结果与实际出现差异，需要利用变地温梯度计算温度场，再计算天然气水合物的稳定带厚度才符合实际。

1.2.1.2　天然气水合物稳定带双程旅行时计算

近年来，人们利用高分辨率三维地震数据进行天然气水合物层的识别与空间分布研究，发现天然气水合物发育区并不一定都存在 BSR。在无 BSR 区域，难以直接识别天然气水合物层，结合理论计算的天然气水合物稳定带底界，有利于确定天然气水合物形成的深度。在实际研究中，人们常把利用区域地温梯度计算的天然气水合物稳定带厚度与识别的 BSR 对比，来分析天然气水合物稳定带内的地球物理属性异常，以降低勘探过程中识别天然气水合物的风险。

理论计算的天然气水合物稳定带底界深度，结合反演的地层纵波速度，能把计算的天然气水合物稳定带厚度转换成时间，再结合海水深度与速度，得到天然气水合物稳定带底界双程旅行时（图 1-4）。天然气水合物稳定带底界双程旅行时计算方法如下：①收集研究区地温梯度或者热流数据；②建立研究区地温梯度变化，形成区域温度场，通过海底温度、地温梯度和地层深度，利用线性关系式计算海底以下不同深度地层的实际温度（图 1-3）；③结合地层深度 d 与甲烷形成天然气水合物温度之间的指数关系式，预测甲烷形成天然气水合物稳定带底界的温度，其中地层深度 d 为海水深度 d_{sf} 与海底以下深度 d_i 之和，即 $d=d_{sf}+d_i$；④对比线性计算温度和指数预测温度数据，两种方法计算温度满足误差要求，其交点对应的深度即甲烷天然气水合物稳定带底界深度；⑤利用反演的纵波速度，把计算的稳定带底界深度转换为双程旅行时，与反射地震的层位联合进行天然气水合物识别。

不同深度地层的实际温度 T 是通过海底温度、地温梯度和海底以下地层深度计算获得的：

$$T=T_{sf}+G\times d_i \tag{1-1}$$

式中，T_{sf} 为海底温度，G 为地温梯度，d_i 为海底以下任意 i 处的深度，T 为海底以

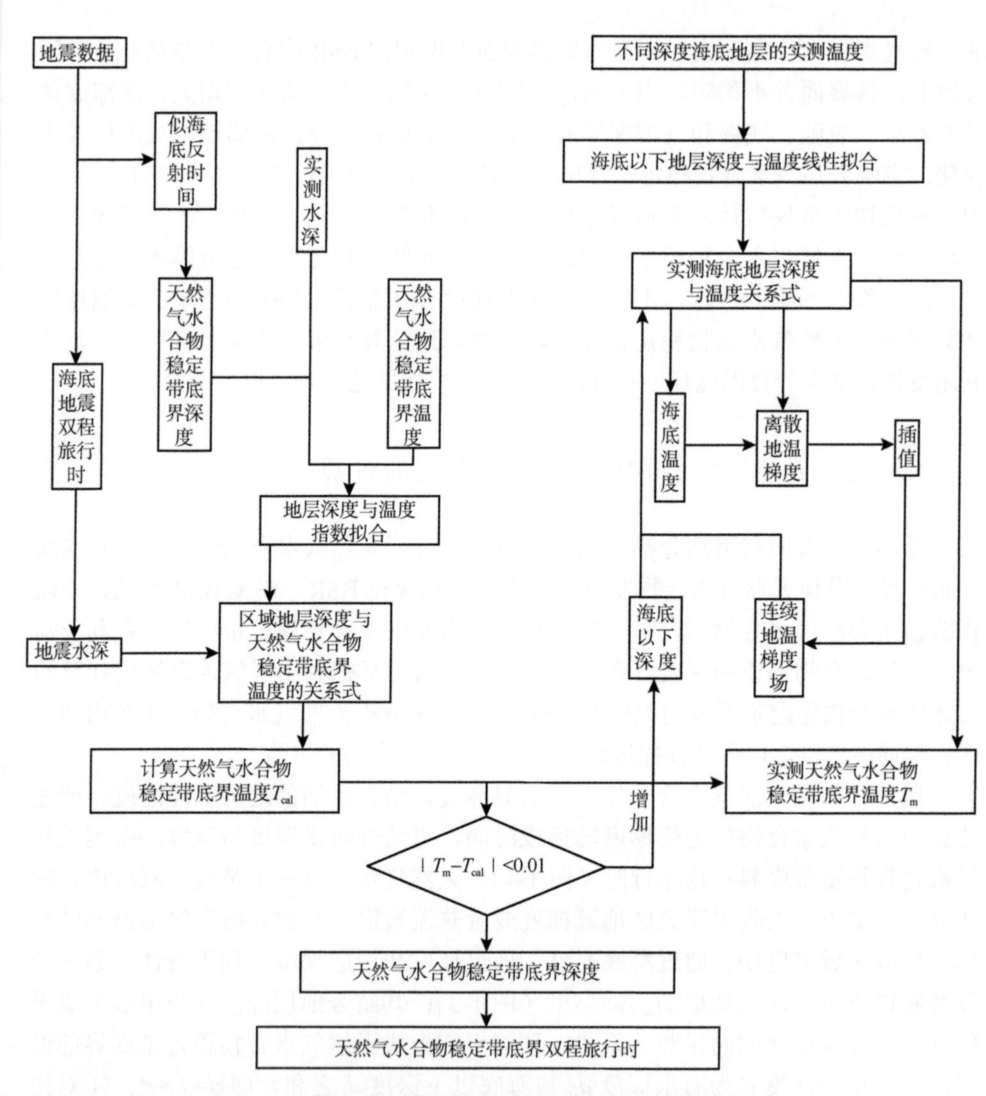

图 1-4　计算天然气水合物稳定带底界双程旅行时的流程

下任意深度 d_i 处的温度。根据研究区的地层深度（海水深度与海底以下深度）和甲烷形成天然气水合物相平衡温度的交会，并利用指数拟合温度与海底以下深度 d_i 关系式：

$$d_{sf}+d_i=a\times e^{b\times T} \tag{1-2}$$

式中，a 和 b 为拟合参数，T 为海底以下深度为 d_i 处温度，d_{sf} 为海水深度，利用多波束等方法测量得到，或者通过对反射地震数据的海底层位进行追踪解释，拾取海底层位双程旅行时 $\mathrm{Ti}_{\mathrm{sf}}$，并计算海底深度：

$$d_{\mathrm{sf}}=\frac{\mathrm{Ti}_{\mathrm{sf}}V_{\mathrm{w}}}{2} \tag{1-3}$$

式中，$\mathrm{Ti}_{\mathrm{sf}}$ 为反射地震数据获得的海底层位双程旅行时，V_{w} 为海水纵波速度。将计算的天然气水合物稳定带底界深度转换为地震剖面的双程旅行时 $\mathrm{Ti}_{\mathrm{bghsz}}$，是根据以上两种温度计算方法交会获得的海底以下任意之处的深度 d_i 和地震数据计算的海水深度 d_{sf} 计算获得

$$\mathrm{Ti}_{\mathrm{bghsz}}=\frac{2\times d_{\mathrm{sf}}}{V_{\mathrm{w}}}+\frac{2\times d_i}{V_{\mathrm{sed}}} \tag{1-4}$$

式中，V_{sed} 为海底以下沉积物的平均纵波速度。常地温梯度计算天然气稳定带底界是假设区域地温梯度为一个定值，而变地温梯度是考虑区域上不同位置地温梯度是变化的。基于南海实际地震资料，我们利用变地温梯度计算了区域温度场，并与常地温梯度的计算结果进行对比（图 1-5）。从图 1-5 看，利用变地温梯度计算的温度场，其天然气水合物稳定带底界双程旅行时与地震上识别的 BSR 基本吻合，表明变地温梯度计算的温度与实际地层吻合较好。在沉积速率高和水深较大区域，由于热扩散差异，变地温梯度计算的甲烷天然气水合物稳定带厚度明显大于常地温梯度计算的结果，这也与甲烷天然气水合物稳定带的实际厚度一致。因此，利用变地温梯度计算的甲烷天然气水合物稳定带底界的双程旅行时能更好地反映甲烷天然气水合物稳定带厚度横向上的变化。通过计算的甲烷天然气水合物稳定带底界双程旅行时及关键地层的双重控制，分析不同地层间多种属性的异常变化，在一定程度上提高了无 BSR 发育区甲烷天然气水合物识别与空间分布预测的准确性。

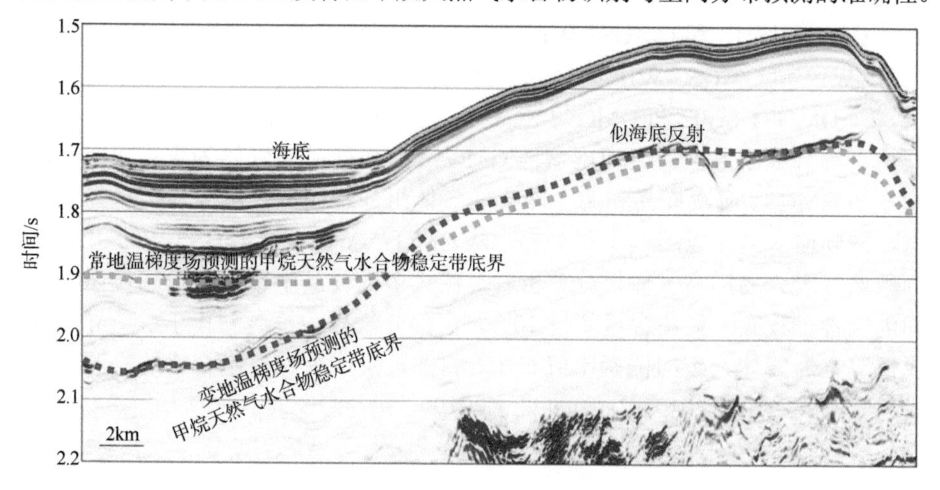

图 1-5　常地温梯度场和变地温梯度场计算的甲烷天然气水合物稳定带底界的对比

1.2.2 气源条件

国际多个海域天然气水合物样品的地球化学分析表明，生物成因气和热成因气都能形成天然气水合物。布莱克海台地区形成天然气水合物的甲烷主要为生物成因气，墨西哥湾、北阿拉斯加、马更些三角洲和里海等形成天然气水合物的气源主要为热成因气（Collett，1993，2002；Ginsburg and Soloviev，1995）。南海北部不同航次天然气水合物钻探样品的碳同位素分析表明，不同盆地形成天然气水合物的气源存在差异。珠江口盆地神狐海域GMGS01航次，天然气水合物样品的分解气和顶空气、沉积物样品的烃类气体组分及甲烷同位素测试表明，形成天然气水合物的气体以甲烷为主，含微量乙烷和丙烷，甲烷与乙烷和丙烷比值［$C_1/(C_2+C_3)$］均大于或接近1000。甲烷的碳同位素值为−62.2‰～−54.1‰，氢同位素值为−255‰～−180‰，属于微生物气或是以微生物气为主的混合气，甲烷由二氧化碳还原生成，气源由原地提供或侧向运移而来。但是SH7井岩芯指示的情况略微不同，该站位甲烷与乙烷比值（C_1/C_2）在天然气水合物层出现最低值为130（Wang et al.，2014）。从多个含天然气水合物井的C_1/C_2与天然气水合物饱和度对比看，在含天然气水合物井，低C_1/C_2与相对高的天然气水合物饱和度呈明显的负相关，在不含天然气水合物井，C_1/C_2无明显变化（图1-6），指示热成因气对天然气水合物富集的贡献。

2015年和2017年，我国在珠江口盆地又进行了GMGS3和GMGS4钻探，在多口井进行了取芯，利用激光拉曼在GMGS4-SC01井154m处发现了Ⅰ型与Ⅱ型天然气水合物共存现象（Wei et al.，2018）。从GMGS4-SC01、GMGS4-SC02、GMGS3-W18和GMGS3-W19井岩芯碳同位素指示的气体成因类型看，GMGS3-W19和GMGS3-W18井形成天然气水合物的气体组分主要位于混合成因气区，而GMGS4-SC02和GMGS4-SC01井气体组分主要位于热成因气区，局部地层位于混合成因气区，台西南盆地GMGS2航次样品的气体为生物成因气，琼东南盆地GMGS5航次样品和海马冷泉的气体组分表明，大部分地区也为混合成因气，部分地区为热成因气（图1-7）。从GMGS5-W08和GMGS5-W09井取芯获得的天然气水合物样品气体组分分析看，绝大多数样品中甲烷含量超过80%，乙烷和丙烷含量较高，最高含量超过10%。大部分气样中检测到正丁烷、异丁烷和异戊烷等重烃气体，碳同位素比值$C_1/C_2<100$，形成天然气水合物的气源主要为热成因气（Ye et al.，2019；Liang et al.，2019）。

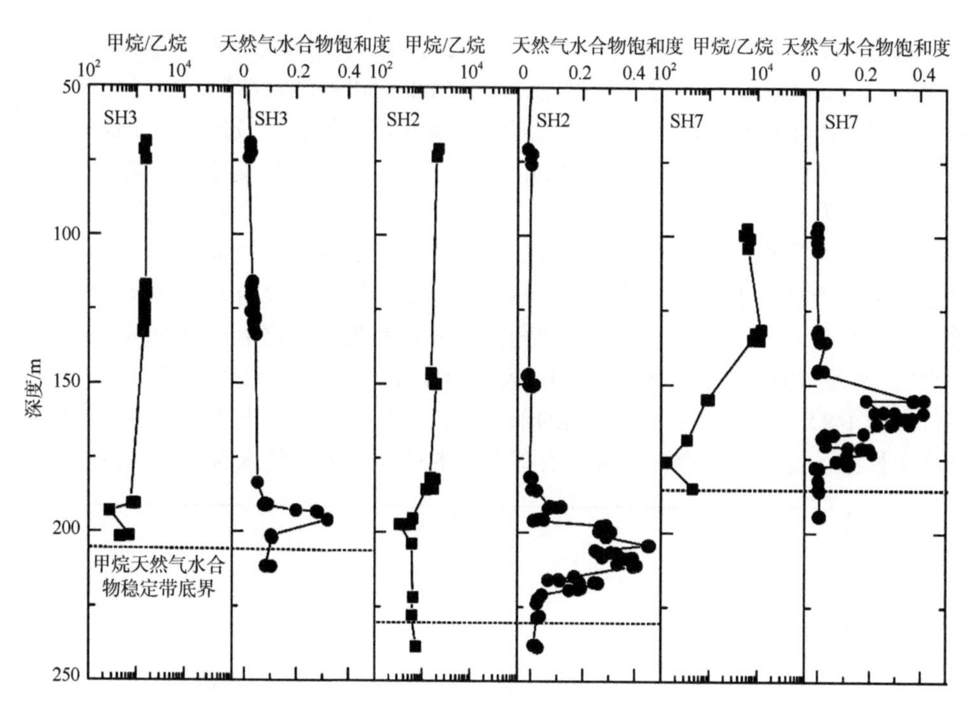

图 1-6 南海北部神狐海域不同井位 C_1/C_2 与天然气水合物饱和度关系

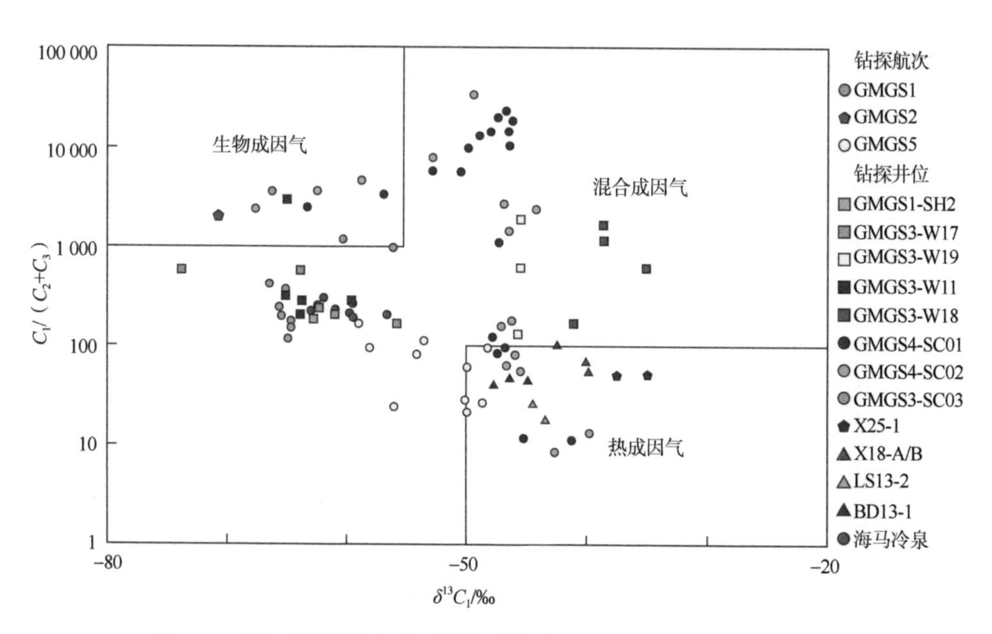

图 1-7 南海北部天然气水合物及油气钻井典型井位的主要气体组分

2015年，印度国家天然气水合物钻探02航次（NGHP02）在克里希纳-戈达瓦里（Krishna-Godavari）盆地和默哈讷迪（Mahanadi）盆地钻探发现了大范围的砂质储层（Collett et al.，2019）。在默哈讷迪盆地尽管发育了较厚的砂质储层，但是由于气体供应不足，天然气水合物并不富集。在克里希纳-戈达瓦里盆地三个区域的多口井发现了泥质、泥质粉砂和砂质天然气水合物储层，局部含有砾石，但是天然气水合物稳定带内发现的砂质储层内并未都形成天然气水合物，仅在部分地层形成了天然气水合物，横向上呈不连续分布，相邻井位的天然气水合物饱和度相差较大。岩芯样品的气体组分和同位素分析表明，甲烷中稳定碳同位素组成（$\delta^{13}C_1$）约为−70‰，C_1/C_2大于1000，表明形成天然气水合物的气源主要为生物成因气（图1-8）。形成天然气水合物的部分气体是从深部运移上来的，由于储层的非均质性强，流体运移存在差异，有些井位的砂层在天然气水合物稳定带底界附

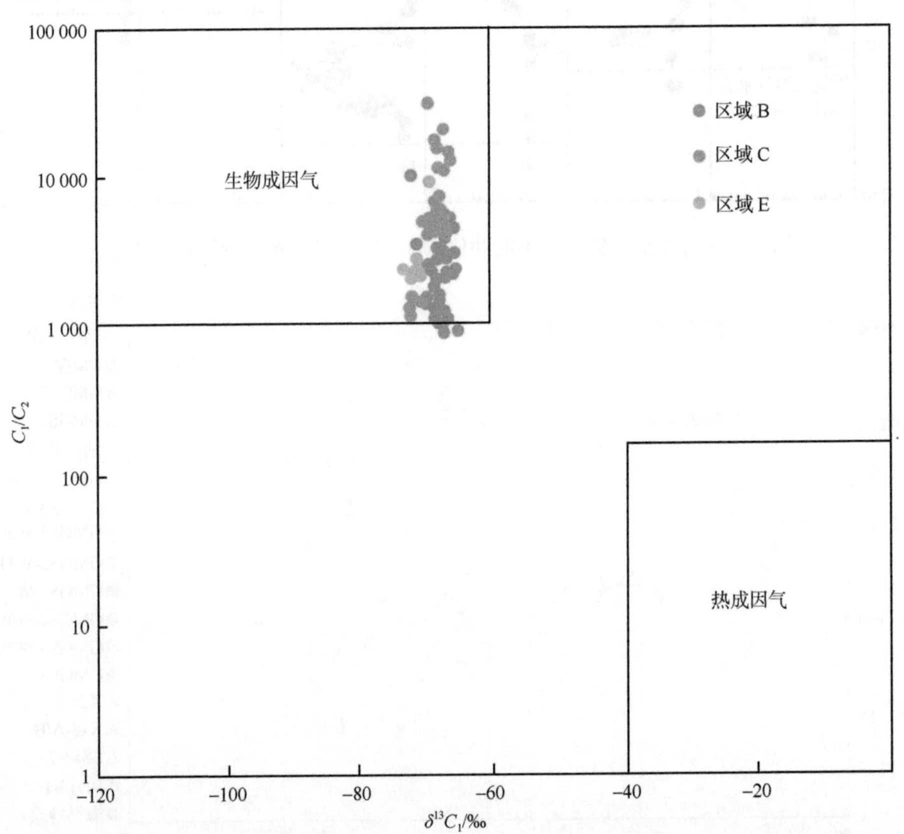

图1-8　印度克里希纳-戈达瓦里盆地NGHP02航次压力取芯C_1/C_2和甲烷碳同位素交会图（Collett et al.，2019）

近也没有形成天然气水合物，但是在断层发育区，当断层到达天然气水合物稳定带底界附近的砂层时，却发育了饱和度相对较高的天然气水合物层（Collett et al., 2019）。

印度海域天然气水合物钻探结果表明，浅部泥岩地层产生的生物成因气能通过近距离的流体运移和局部甲烷循环等方式，在局部薄砂层中形成高饱和度天然气水合物，但是生物成因气产生的气体总量有限，难以在较厚的砂质储层内都形成高饱和度的天然气水合物（Collett et al., 2019），因此，要寻找高富集天然气水合物层，不能仅考虑储层条件，还要利用天然气水合物成藏系统进行综合分析。

1.2.3　流体运移

形成天然气水合物的气源可能为生物成因气，也可能为热成因气或混合成因气，天然气水合物优先在粗粒沉积物形成，而粗粒砂质储层缺乏产生甲烷的有机质，不能产生烃类气体，因此，砂质储层形成天然气水合物的气体是从相邻地层或者下部地层运移而来的。细粒泥质沉积物中富含有机质，在活跃微生物作用下能产生烃类气体，但是天然气水合物成藏的数值模拟发现，仅靠稳定带内原位生物成因气难以形成天然气水合物，要形成具有一定规模且富集的天然气水合物，需要大量烃类气体运移至天然气水合物稳定带。研究表明，流体运移包括扩散、对流与气相运移三种方式，流体通过短距离或长距离向上运移到天然气水合物稳定带，在合适的温压条件下形成天然气水合物。

1.2.3.1　不同类型天然气水合物形成的甲烷运移方式

扩散是最常见的流体运移方式，但是扩散方式运移的流体通量较低，仅靠扩散方式形成的天然气水合物饱和度相对较低。对流和气相方式运移的流体通量较高，大量流体沿着断层、裂隙、底辟、气烟囱或渗透性地层等有利通道向上运移，为天然气水合物富集成藏提供重要气源。

甲烷流体的运移方式影响天然气水合物的赋存类型（图 1-9），在细粒沉积物中局部形成水平或者近似垂直分布的裂隙充填型天然气水合物（图 1-9a），气源可能是近距离流体运移而形成的，也可能是流体沿断层等从下部运移来的。在细粒泥质地层内的薄砂层，可能发育高饱和度天然气水合物层，主要是周围泥岩地层产生的生物成因气经过短距离运移形成（图 1-9b），如卡斯凯迪亚大陆边缘 IODP 航次 U1325 井，在 5cm 厚的浊流砂层内发现了高饱和度天然气水合物层，就是由生物成因气近距离运移形成（Malinverno，2010；Rempel，2011）。在稍长距离的运移中，由于沉积作用，稳定带下部的天然气水合物发生分解产生甲烷气，气体沿粗粒沉积物或者渗透性地层向上运移，在稳定带底界附近重新形成天然气水合物（图 1-9c）。在长距离流体运移中，生物成因或者热成因的甲烷以溶解相或者气相运移至天然气水合物稳定带，是天然气水合物在高渗透性砂质储层形成的主要流体运移方式（图 1-9d）（Liu and Flemings，2007；Uchida et al.，2009；Boswell et al.，2012）。在 a～d 条件下（图 1-9），厌氧氧化通常会消耗掉海底与硫酸盐-甲烷转换带的溶解相甲烷气，随着深度增加，甲烷含量增加，但是由于甲烷含量低于溶解度仍然无法生成天然气水合物。在高通量流体运移的冷泉区，海底局部位置发育块状天然气水合物（Sassen et al.，2001；Haeckel et al.，2004；Malinverno and Goldberg，2015）。在天然气水合物稳定带下部，如果存在厚气层或者甲烷运移速率足够高，向上运移的气泡就会进入天然气水合物稳定带内，直至逸出海底，形成羽状流（图 1-9e）。此外，天然气水合物形成过程中会造成孔隙水盐度局部增高，高通量气体不一定都能形成天然气水合物，从而导致天然气水合物稳定带内局部存在游离气。因此，要查明粗粒沉积物中天然气水合物的形成过程，就需要知道不同流体运移机制的差异性及其对天然气水合物成藏的影响。

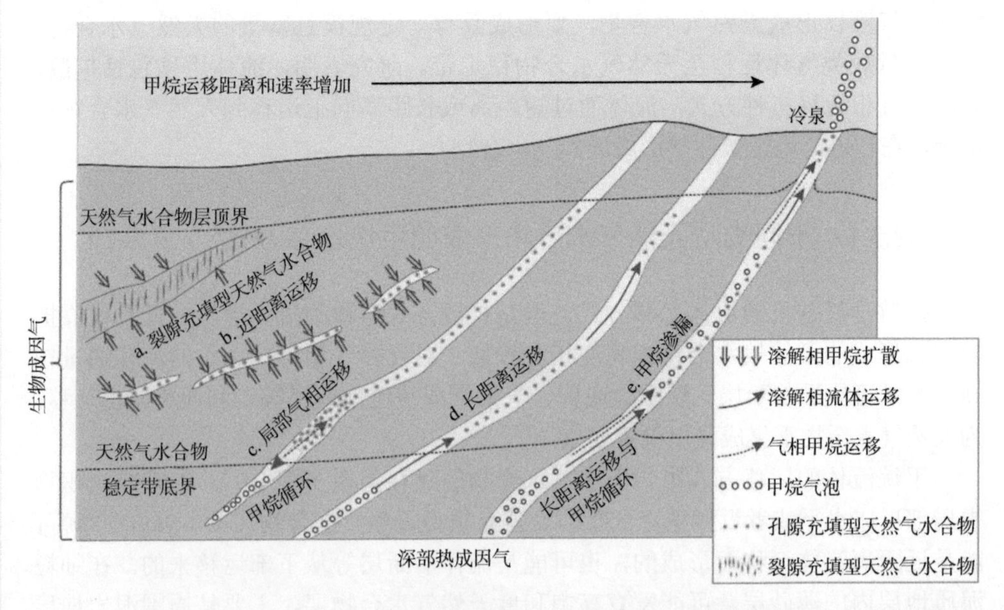

图 1-9　生物成因气或者深部热成因气形成天然气水合物的甲烷气体的运移方式，以及随甲烷运移距离和速率增加而出现不同天然气水合物富集类型

1.2.3.2　粗粒沉积物中天然气水合物的形成

在粗粒沉积物中，甲烷从产生源运移到天然气水合物的稳定带内而形成高饱和度的天然气水合物，流体的运移机制和动力过程并不清楚。生物成因气的甲烷气主要由细粒沉积物中的有机质产生，细粒沉积物孔隙喉道小，不利于天然气水合物形成，甲烷浓度梯度促使甲烷气体扩散到粗粒砂质储层，在局部地层形成高饱和度的天然气水合物，在这种短距离甲烷运移过程中，砂质储层内天然气水合物的分布受微生物产生的甲烷气控制。模拟有机质含量和反应速度能够解释砂质储层天然气水合物分布，结果显示，天然气水合物的饱和度在稳定带底界最高［图1-10（b）1］。钻探发现粗粒沉积物中的天然气水合物层通常被不含天然气水合物的细粒沉积物层包围（Cook and Malinverno，2013），在粗粒沉积物地层边界通常会形成局部薄层的高饱和度天然气水合物［图1-10（c）1］，形成薄砂层内天然气水合物的气源是短距离运移来的，甲烷常常受原位有机质影响。通过数值模拟计算来自短距离扩散运移的甲烷量可以形成的天然气水合物饱和度，将模拟结果与实际观测结果进行对比，如果模拟的天然气水合物饱和度低于实际观测值，表明地层存在其他流体运移方式，但是模拟结果可能受砂体形态和天然气水合物稳定带底界附近的甲烷循环影响。

长距离液相甲烷运移中，含溶解气的流体在天然气水合物稳定带底界以对流方式向上运移，甲烷气由下部运移至天然气水合物稳定带，随着甲烷溶解度降低，天然气水合物开始分解，形成的天然气水合物饱和度向上降低［图1-10（b）2］。当水中甲烷溶解度较低时，需要大量含溶解气的流体以对流方式向上运移，才能形成相对高饱和度天然气水合物层，由于天然气水合物形成速率较慢，排出的盐有足够时间扩散出去而达到平衡，含天然气水合物层的盐度并没有升高，孔隙水盐度与正常海水盐度相近［图1-10（b）2］。在长距离气相运移中，气体以气相向上运移，如果气体通量足够高，当天然气水合物形成时，盐度会增加，该系统是一个同时含有天然气水合物、游离气和水的三相系统（Liu and Flemings，2007）。天然气水合物饱和度和孔隙水盐度将从天然气水合物稳定带底界向上呈线性增加［图1-10（b）3］，在特定的深度，砂质储层的天然气水合物饱和度很可能呈均匀分布，然而，从砂层到周围泥岩地层，甲烷含量逐渐降低。

粗粒砂质储层的天然气水合物成藏仍有很多科学问题，例如，短距离流体运移形成天然气水合物需要原位甲烷气，地层内是否含有足够的产甲烷菌；在长距离气相运移中，倾斜的砂岩地层中天然气水合物饱和度空间上如何变化，同时含天然气水合物层渗透率是否允许长距离甲烷运移通过天然气水合物稳定带；天然气水合物储层的热动力状态如何变化等。这些问题都需要借助钻探来进一步开展工作。

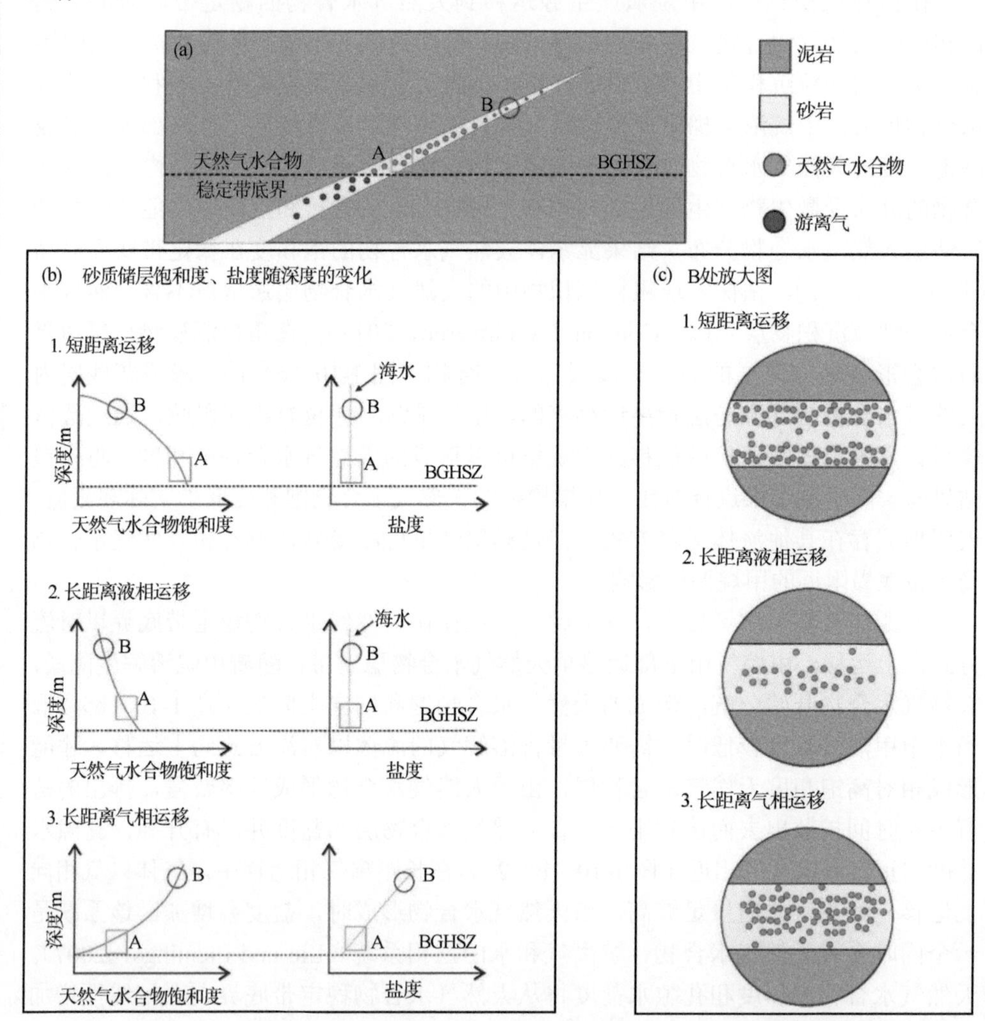

图 1-10 不同甲烷运移方式对砂质储层天然气水合物饱和度和盐度的影响

（Liu and Flemings，2007）

1.2.4 储层条件

1.2.4.1 天然气水合物赋存主要类型

细粒泥质和粗粒砂质沉积物中都能形成天然气水合物，泥质地层形成的天然气水合物饱和度相对较低，分散在孔隙内或充填在裂隙内，砂质地层天然气水合物饱和度为中等至高饱和度，充填在孔隙内。大量研究表明，天然气水合物赋存特征及其富集程度与储层关系密切，按照天然气水合物赋存形态、岩性、饱和度和形成地质条件的差异，我们将天然气水合物概括为以下6种类型（Type 1～6）（图1-11，表1-1）（You et al.，2019；王秀娟等，2021）：

Type 1：泥质沉积物低饱和度孔隙充填型天然气水合物。

Type 2：泥质沉积物低饱和度裂隙充填型天然气水合物。

Type 3：冷泉喷口泥质沉积物中等—高饱和度天然气水合物。

Type 4：粉砂沉积物稳定带底界附近相对富集的天然气水合物。

Type 5：粉砂沉积物与游离气共存的中等饱和度天然气水合物。

Type 6：砂质沉积物高饱和度天然气水合物。

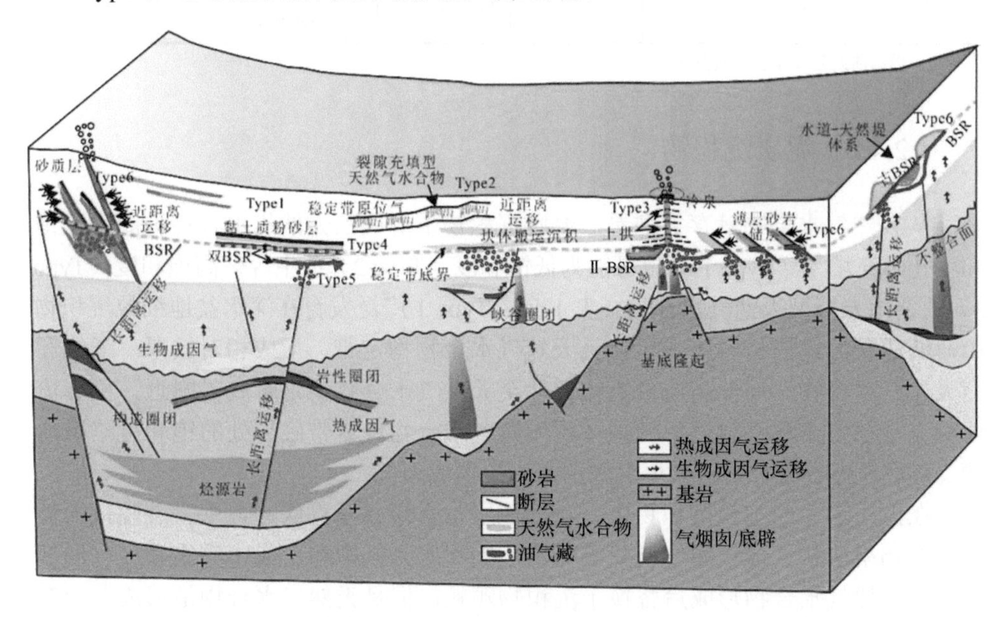

图1-11 不同储层条件下天然气水合物赋存类型及其形成的地质条件

表 1-1　主要的天然气水合物类型

天然气水合物类型	储层类型	赋存类型	气源类型	典型区域
泥质沉积物低饱和度孔隙充填型天然气水合物	泥质储层	孔隙充填型、颗粒支撑型	生物成因气	布莱克海台 994 站位（Collett and Ladd，2000）
泥质沉积物低饱和度裂隙充填型天然气水合物	泥质储层	裂隙充填型、颗粒支撑型	生物成因气	印度 NGHP01-5 站位（Cook and Goldberg，2008a）、NGHP02-7 站位（Collett et al.，2019）
冷泉喷口泥质沉积物中等—高饱和度天然气水合物	泥质储层	裂隙充填型、孔隙充填型、颗粒支撑型	生物成因气、热成因气	韩国郁陵盆地（Ryu et al.，2013）及中国琼东南盆地（Ye et al.，2019）、台西南盆地（Sha et al.，2015）
粉砂沉积物稳定带底界附近相对富集的天然气水合物	粉砂质储层	孔隙充填型、颗粒支撑型	生物成因气、热成因气	珠江口盆地（Wang et al.，2014）、布莱克海台（Collett and Ladd，2000）
粉砂沉积物中等饱和度天然气水合物与游离气共存	粉砂质储层	孔隙充填型	生物成因气、热成因气	珠江口盆地 W17 站位（Qian et al.，2018）
砂质沉积物高饱和度天然气水合物	砂质储层	孔隙充填型	生物成因气、热成因气	日本南海海槽（Fujii et al.，2015）、墨西哥湾（Collett et al.，2012）、印度海域（Collett et al.，2019）

注：根据前人公开发表文献整理。

1.2.4.2　泥质沉积物

从天然气水合物赋存类型看，泥质沉积物中形成的天然气水合物可能为低饱和度孔隙充填型（Type 1），也可能为低饱和度（Type 2）或中等—高饱和度（Type 3）的裂隙充填型天然气水合物（表 1-1）。Type 1 广泛发育在深水盆地细粒沉积物中，低通量流体以扩散方式运移至天然气水合物稳定带，形成相对较厚、低饱和度天然气水合物。局部高通量流体运移至天然气水合物稳定带底界附近，由于流体对流与稳定带底界附近甲烷循环，天然气水合物稳定带底界处的饱和度略微增加。形成天然气水合物的气体来源主要为生物成因气。

在泥质为主的细粒沉积物中，浅部地层常常形成垂直或近似垂直裂隙，天然气水合物呈块状、球状和结核状等形态，饱和度为低饱和度或中等饱和度，局部较高。天然气水合物形成后替换了沉积物颗粒，但是天然气水合物是形成在原有地层的裂隙内还是由于天然气水合物的形成产生了裂隙，不同区域并不相同。无论哪种成因机制，含天然气水合物地层都呈现出明显的各向异性或者非均质性，研究表明，裂隙充填型天然气水合物包括两种赋存类型：①天然气水合物发育在特定地层裂隙内，呈“层控”分布模式，饱和度较低，为 Type 2，天然气水合物形成主要与近距离流体运移有关；②发育在细粒沉积物、高通量流体垂向运移区，与冷泉系统有关，为 Type 3，分布在局部区域，饱和度明显偏高（大于 40%），局部达 90%。在地震剖面上呈明显上拱、弱反射，类似“烟囱”状，BSR 呈上翘或者不连续的弱反射，广泛分布在日本海东部（Matsumoto et al.，2017）、韩国郁陵盆地（Ryu et al.，2013）、中国南海琼东南盆地（Ye et al.，2019；Liang et al.，2019；王秀娟等，2021）等不同盆地。形成天然气水合物的气源既可能是生物成因气，如台西南盆地（Feng and Chen，2015；Sha et al.，2015），也可能是热成因气，如琼东南盆地（Ye et al.，2019；Liang et al.，2019）。无论哪种气源条件形成的相对高饱和度裂隙充填型天然气水合物，都与下部地层的隆升密切相关，因此，天然气水合物富集与空间分布和储层、流体运移方式及其运移过程密切相关。

Type 3 的数值模拟表明，在天然气水合物开发过程中，由于天然气水合物分解迅速改变了沉积层的地质力学特性，容易导致井孔附近地层垮塌（Moridis et al.，2011）。同时，该类型天然气水合物横向分布范围小，尽管局部地层的天然气水合物饱和度较高，但是并不是天然气水合物勘探的有利目标。我国在琼东南盆地发现的 Type 3 发育区，同时也是深水油气的富集区，天然气水合物发育在深水盆地凹陷边缘的低凸起区，钻探揭示甲烷天然气水合物稳定带下部地层仍出现高纵波速度、高电阻率和低氯离子异常。低氯离子异常指示地层含有天然气水合物，在天然气水合物稳定带下部，利用低氯离子异常计算的天然气水合物饱和度达 50%（Wei et al.，2019）。该区域除了在浅层存在裂隙充填型天然气水合物外，稳定带下部地层也可能存在重烃影响的天然气水合物与游离气分布区。因此，琼东南盆地冷泉区天然气水合物赋存类型与国际上发现的 Type3 赋存类型并不相同，是我国潜在的重要天然气水合物试采目标。

1.2.4.3 粉砂沉积物

我国南海北部发现的天然气水合物储层主要为泥质粉砂储层，天然气水合物饱和度为 30%～40%（Type 4），局部富含有孔虫的地层中天然气水合物饱和度较高，饱和度达 60% 以上。该类型天然气水合物储层的厚度差异较大，从几米至几十米不等，如 GMGS3-W11 井，天然气水合物层厚度达 70m，分中等饱和度或不含天然气水合物的夹层，饱和度平均值为 40%，最高值在 50% 以上，呈多个不同厚度的层状分布。从伽马测井看，尽管该区域不存在指示砂质储层的低伽马异常，但是在天然气水合物层内部也存在局部沉积物粒度变化，在层 1 和层 2 位置，利用电阻率计算天然气水合物饱和度，在相对低伽马值的地层天然气水合物饱和度具有异常高值（图 1-12）。从岩芯分析看，未发现热成因的天然气水合物，但是 C_1/C_2 出现明显降低的异常变化趋势，表明深部热成因气也为该井天然气水合物富集提供了重要的气源。同时，该区域发育大量北东、北西和北西西方向断层、气烟囱、底辟及不整合面等，为流体垂向运移提供了良好的疏导体系。

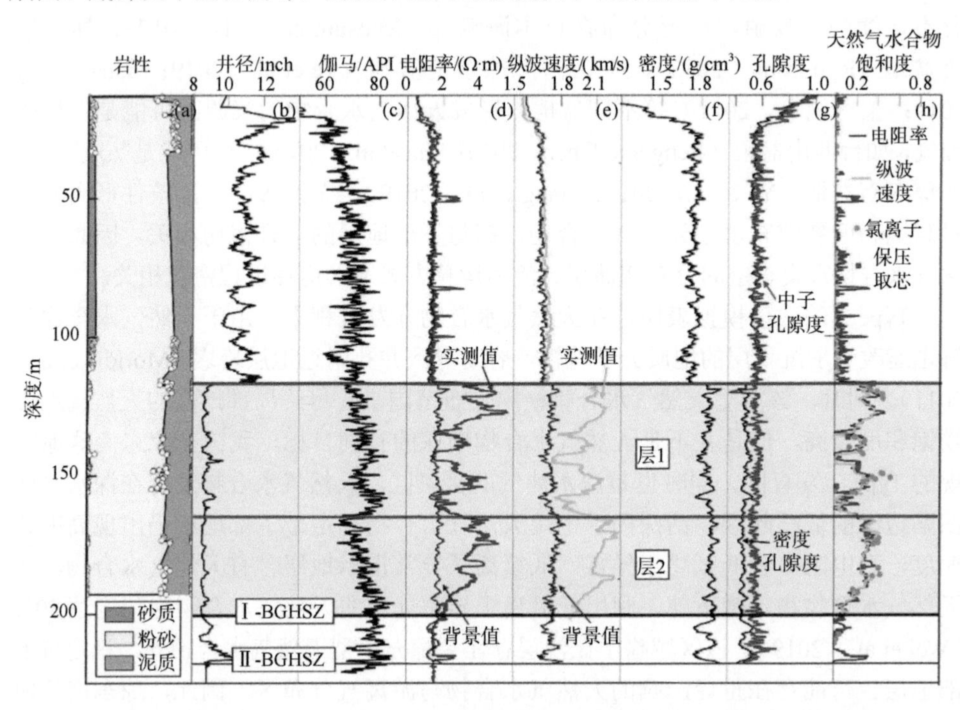

图 1-12　珠江口盆地 GMGS3-W11 井的测井曲线及其天然气水合物层异常特征

1inch=0.0254m

在相邻位置 GMGS3-W17 井的粉砂质沉积物中发现了天然气水合物层、天然气水合物与游离气共存层、游离气层的三明治结构的成藏模式（Li et al.，2018；Qian et al.，2018；Qin et al.，2020；Kang et al.，2020），天然气水合物饱和度中等（30%～40%），BSR 下部地层天然气水合物与游离气共存或呈叠置组合（Type 5）。在该站位发现了热成因的Ⅱ型天然气水合物，形成天然气水合物的气源为混合成因气，含有少量重烃气体。尽管储层岩性为粉砂质沉积物，但是发育中等饱和度天然气水合物层与下伏天然气水合物与游离气共存层，该类型天然气水合物也是未来勘探的有利目标。目前我国已经在该类型天然气水合物发育区成功进行了两次试采（Li et al.，2018；Ye et al.，2020）。

1.2.4.4 砂质沉积物

粗粒砂质储层中发育的高饱和度天然气水合物（Type 6）广泛分布在多个海域，可以分为两种情况：第一种是天然气水合物发育在天然气水合物稳定带底界上部的砂质或粉砂质薄层（几厘米到几十厘米）中，这些砂质或粉砂质薄层被含少量或不含天然气水合物的泥质沉积物包裹，缺乏沟通深部气源的流体运移通道，形成天然气水合物的气源主要为相邻细粒泥质地层中的生物成因气。在天然气水合物稳定带内，生物成因气通过短距离运移至薄砂质储层形成高饱和度天然气水合物，天然气水合物饱和度会随着深度的增加而增加。尽管该类型天然气水合物的饱和度较高，但是天然气水合物层厚度一般在几厘米至几米之内。第二种是高饱和度天然气水合物发育在天然气水合物稳定带底界附近或穿过天然气水合物稳定带底界的厚砂岩层（数米）中。天然气水合物稳定带底界下部通常为游离气聚集区，形成天然气水合物的气源可能为生物成因气，也可能为热成因气。

砂质高饱和度天然气水合物储层是国际上天然气水合物勘探和试采的首选目标，墨西哥湾、日本南海海槽和印度等不同区域砂质储层的厚度、天然气水合物饱和度等差异较大。在墨西哥湾沃克海脊（Walker Ridge）313 井（WR313），大量的倾斜砂层切穿天然气水合物稳定带底界，其中有些厚的砂层超过 10.5m，倾斜砂层的下倾方向含有游离气，天然气水合物饱和度可达 90%（Collett et al.，2012）。在日本南海海槽东部第一次天然气水合物试采区，60m 厚的浊积砂层切穿天然气水合物稳定带底界，上部砂层中发育的天然气水合物的饱和度为 50%～80%（Fujii et al.，2015；Ito et al.，2015）。

1.2.5 淡水与时间

以甲烷气为主的Ⅰ型天然气水合物的气水比为 8/46，而Ⅱ型天然气水合物的气水比为 24/136。因此，水是天然气水合物形成的重要因素之一。在正常海洋沉积区域，沉积物中并不缺少水，仅在局部区域的沉积层中由于缺少水而不能形成天然气水合物。例如，在冷泉或者断层发育区，流体运移活跃，气体以气相方式向上运移，在通过天然气水合物稳定带时，能在裂隙内壁形成天然气水合物。此时，裂隙内壁发育的裂隙充填型天然气水合物将仍以气相沿裂隙向上运移的气体与水隔离，气体无法与游离水直接接触，在这种情况下，尽管地层中气体充足，但由于缺乏水而难以形成天然气水合物。在阿拉斯加北部冻土带，由于地层缺少水，在天然气水合物稳定带内发育一套局部圈闭的含气砂层（Lee et al.，2011）。因此，大量野外观测表明，在一些特殊地质环境下，在局部缺少水的区域，尽管气体能运移至天然气水合物稳定带内，但是不能形成天然气水合物。

原位观测表明，天然气水合物是一个快速形成过程，如在冷泉区，借助海底机器人把封闭容器放置在冷泉喷口上，冷泉释放的大量气体能以肉眼可见的速度生成天然气水合物（图 1-13），表明在充足气源条件下，天然气水合物能够快速生成。与常规油气系统类似，天然气水合物成藏与圈闭层形成时间、生物成因气和热成因气形成与就位时间有关。由于天然气水合物聚集与气源关系密切，天然气水合物形成能够降低地层渗透率，在一定程度上形成自我圈闭，但时间并不是控制天然气水合物形成的重要因素。天然气水合物稳定带内的原位生物成因气有限，形成天然气水合物的气源由深部运移而来，由于气体运移需要时间，因此，自然界中大部分天然气水合物的形成仍然需要一定时间。

图 1-13　海底机器人在活动冷泉区生成天然气水合物的原位实验

1.3　天然气水合物研究中的热点问题

近年来，随着大量钻探与天然气水合物试验性开采，人们发现天然气水合物成藏受气体组分、沉积–侵蚀、局部流体活动、复杂构造条件、冰期与间冰期等多种因素影响，天然气水合物系统并不是一个静态系统，而是天然气水合物形成、分解与再形成的不断变化的动态系统。该系统是一个多相共存的复杂体系，影响着天然气水合物与游离气分布及海底地层的稳定性。

1.3.1　天然气水合物与海底稳定性

天然气水合物胶结沉积物颗粒，使地层硬化，但是天然气水合物分解弱化骨架胶结作用，释放出大量气体和水，导致孔隙压力升高，因此长期以来天然气水合物的形成与分解被认为与海底稳定性或者海底滑坡有关。大量研究发现，海平面的变化、海底底层水温度升高和构造活动等都可能导致天然气水合物分解或溶解，释放大量气体而导致海底失稳，从而发生海底滑坡（Sultan et al.，2004；Ruppel and Kessler，2017）。由于缺乏沉积物中引起陆坡不稳定性的压力和热扰动的证据，天然气水合物分解、海底滑坡与气候变化之间的关系研究进展缓慢。

近年来，大量三维地震资料尤其是高分辨率三维地震资料被用于海底滑坡或块体搬运沉积体研究，在国际多个海域发现了大规模海底滑坡与天然气水合物共存区。含气层与滑坡侵蚀部位在空间上关系密切，如挪威 Storegga 滑坡，圈闭在下部地层的气体沿多边形断层、气烟囱等向上运移，聚集在冰川形成的低渗透率碎屑流处，不少学者认为该滑坡与天然气水合物的溶解及分解有关（Sultan et al.，2004；Bryn et al.，2005；Bünz et al.，2005；Haflidason et al.，2005）。流体沿渗透性地层向上运移到海底形成强流体渗漏，进一步发育为冷泉系统，在陆坡区天然气水合物稳定带尖灭处，流体释放可能与天然气水合物分解有关（Pecher et al.，2005；Brothers et al.，2013；Skarke et al.，2014；Davies et al.，2015）。不同水深、不同地层发生的滑坡，所受的天然气水合物影响并不完全相同（图 1-14），大规模海底滑坡受下部构造活动影响更大。在地中海，发现了水道侵蚀面上发生的滑坡，流体或气体沿断层、侵蚀面向上运移，部分被圈闭在滑移面底部，研究发现多期次滑坡、不整合面下部的强振幅异常与局部超压等异常吻合，表明在不同地质时间尺度、在同一个区域发生了多次滑坡。海底滑坡与流体运移有关，主要是由于浮力作用形成的超压会降低有效应力，使陆坡变得不稳定（Berndt et al.，2012）。

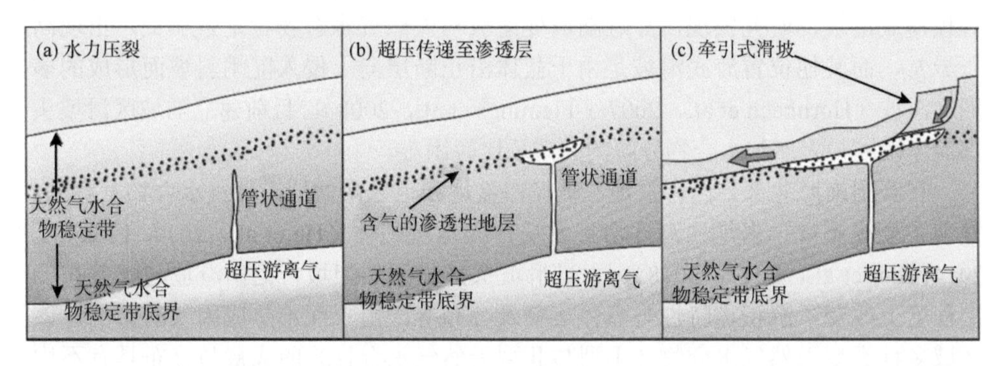

图 1-14 天然气水合物稳定带下部的气体与局部超压导致海底滑坡示意图（Elger et al.，2018）

流体沿各种通道运移到不同沉积地层被圈闭下来，造成局部的超压。通过对斯瓦尔巴群岛（Svalbard）北部海域超压的数值模拟，发现超压流体发生横向运移，导致了 Hinlopen 滑坡发生（Elger et al.，2018），该滑坡头部发育一个起源于天然气水合物稳定带底部的管状（pipe）构造，该构造连通含气层与浅部的渗透性地层，流体沿该通道先垂向运移再横向运移，大量的流体聚集产生超压，海底原位探测发现海底渗漏的甲烷气体与天然气水合物分解有关（Berndt et al.，2014）。挪威海域也发现了这种管状构造或者气烟囱，机械压实差异和流体运移产生明显的超压（Plaza-Faverola et al.，2010），尤其是泥质沉积物中含有天然气水合物，在浮力或者其他孔隙压力作用下，一旦水力压力形成，超压沿管状通道在浅部地层传播，在这种快速形成的孔隙水通道内，游离气或者溶解气也能向上运移，因此，局部超压是触发海底滑坡的一种重要因素（图 1-14）。

天然气水合物分解导致滑坡可能有两种机制：一种是当天然气水合物稳定带底界向上移动，天然气水合物发生分解，BSR 附近大量水和气体被释放出来，将导致分解区沉积物液化，可能使含天然气水合物的地层与滑坡一起发生横向滑移；另一种是地层内相连通的气体，在浮力作用下到达滑移面处，如西非毛里塔尼亚海域，圈闭在天然气水合物层下的大量气体导致该区域发生滑坡，大量气体呈层状分布，温度和压力变化导致天然气水合物稳定带底界发生上、下调整，如果没有渗漏，大量甲烷气体将在天然气水合物与游离气界面处发生局部流体循环（Davies and Clarke，2010）。ODP 174 航次钻探证实在美国新泽西州的沉积物快速堆积导致孔隙压力变化，幕式运移的流体聚集产生超压，触发了大陆边缘滑坡，形成了大规模的冷泉系统（Dugan and Flemings，2000，2002）。影响滑坡的流体既可能是沿各种通道向上运移而被圈闭下来的深部流体，也可能是天然气水合物分解产生的流体。这些流体造成沉积物孔隙压力增加等，在地震、坡度等作用下引发滑坡。在北大西洋开普菲尔（Cape Fear）滑坡，过去 30 000 年发生了 5 次大规模海底滑坡，研究发现，靠近陆坡处滑坡与天然气水合物稳定带相交，出现高压异常，而其他位置海底滑坡是由于盐体沿正断层向上侵入陡峭斜坡而形成的多期次滑坡（Hornbach et al.，2007a；Flemings et al.，2008）。目前建立陆坡区滑坡头部流体渗漏与天然气水合物分解的关系还比较困难。

在我国南海北部台西南盆地、珠江口盆地和琼东南盆地天然气水合物发育区，发现了规模不等、多期次海底滑坡及块体搬运沉积体（He et al.，2014；Li et al.，2014；Sun et al.，2017，2018），大量滑坡头部位于陆架坡折处，滑坡与峡谷在一定程度上改变了沉积物特性与流体运移及分布等，由于深部热成因气的影响，该区域多种类型天然气水合物（Ⅰ型与Ⅱ型天然气水合物）的成藏与分布具有不均质性。迄今为止南海北部发现的大范围海底滑坡是否与天然气水合物分解有关，并没有确切答案。天然气水合物试验开采过程的短期监测认为，天然气水合物试验开采并没有导致海底发生明显沉降，因此，天然气水合物分解与海底滑坡之间的关系仍存在诸多难题。

1.3.2 天然气水合物与气候变化

温度和压力变化影响天然气水合物稳定带的厚度，会造成天然气水合物分解，释放的大量甲烷气体会渗漏到海洋与大气中影响气候变化。气候变化对天然气水合物储层的影响相对比较容易理解，主要有几种认识：①在气候稳定周期内或者特定地质条件下，天然气水合物储层常被认为是相对稳定的，在天然气水合物稳定带附近，当发生沉积作用、微小压力扰动和稳定带厚度变化时，天然气水合物会发生分解；②过去气候变化事件的影响，常常用来研究天然气水合物储层如何对未来的气候变化产生响应，但是人类活动导致的全球变暖可能远远大于过去许多气候事件（Archer and Buffett，2005），甚至影响着海洋天然气水合物；③天然气水合物分解不是瞬间完成的，而是天然气水合物自我调节与吸热的过程，如果没有持续热量传输到天然气水合物层，天然气水合物很难持续分解。研究发现，海洋天然气水合物储层变化与几百万年前的气候事件有关，如 55.5Ma 前的古新世—始新世极热事件（Dickens et al.，1997）与晚第四纪事件（Kennett et al.，2000，2003）。

大量观测与模拟研究发现，陆坡区对千年尺度气候变化造成的底层水变暖最为敏感，该区域天然气水合物形成与分解最易受气候变化的影响（Berndt et al.，2014；Ruppel and Kessler，2017）。基于大陆边缘天然气水合物分布和饱和度的保守估计，不考虑沉积物中的生物地球化学作用，全球天然气水合物资源量的 3.5% 对几百年时间尺度的气候变化较敏感（Ruppel，2011）。在当前气候变暖的背景下，上陆坡天然气水合物处在分解状态，这个过程比较复杂，温度和压力波动变化伴随着天然气水合物稳定带上部地层天然气水合物分解与重新形成。

尽管陆坡区域天然气水合物受气候变化影响，但是仅在少数大陆边缘发现了大规模的冷泉活动，可能是由于从几年到百年时间尺度上的水体温度变暖而导致的上陆坡甲烷气体渗漏（Berndt et al.，2014；Brothers et al.，2014）。迄今为止，仅在斯匹次卑尔根岛西部（West Spitsbergen）大陆边缘发现了甲烷渗漏与天然气水合物的分解有关，在全球多个大陆边缘发现了呈羽状的 BSR，除了渗漏还发现了侵蚀等其他特征（Pecher et al.，2005；Davies et al.，2015），这也可能指示了天然气水合物的分解。利用三维地震资料，发现了天然气水合物稳定带底界发生了多次变深与变浅变化，时间间隔约为 117 000 年，与米兰科维奇旋回的偏心周期一致，认为天然气水合物稳定带底界的变化与千年尺度气候波动有关（Davies et al.，2017）。近年来，利用井孔沉积物的岩石磁性与地震资料，发现了天然气水合物稳定带受冰期与间冰期海底温度变化的影响而发生上移的证据（Bangs et al.，2005；

Musgrave et al.，2006)，但是冰芯中的甲烷记录并不支持晚第四纪快速变暖导致末次冰盛期以来天然气水合物的不稳定性（Sowers，2006)。

在百年或更长时间尺度上，水深大于1000m的深水盆地海水温度变化并不大，即使温度发生变化，由于静水压力作用，大部分沉积层的天然气水合物也是稳定的。在底层水温度略微升高位置，当温度达到新的平衡时，稳定带底界附近的天然气水合物可能发生分解，取决于沉积物流变学特性，微小的压力降低也可能导致天然气水合物分解。深水盆地是天然气水合物的主要赋存区，如果深水区域海水温度出现明显上升，那么在变暖时期，深水区域可能会释放出大量的甲烷。近年来的研究发现，深水沉积物中发育了高饱和度天然气水合物层，且气源可能是来自深部的热成因气，但是大量研究表明，气候驱动的天然气水合物分解主要集中在明显的生物成因气发育区，有可能热成因气形成的高饱和度天然气水合物也释放大量气体。从短期和长期看，深水环境的天然气水合物都是稳定的，但是无论在主动与被动大陆边缘还是内陆海，都出现了海底甲烷渗漏（图1-15)，而深水区域甲烷渗漏可能是深部驱动的，而不是由与气候有关的扰动所导致，如深部岩浆活动导致热量变化影响天然气水合物层，大量气体沿着断层从深部向上渗漏，热流体活动导致天然气水合物稳定带底界变浅，如墨西哥湾发现的羽状BSR（Hornbach et al.，2005)。在南海北部珠江口盆地相邻钻探位置也发现了明显变化的地温梯度（Wang et al.，2014)，指示深部热流体影响。深海泥火山常以天然气水合物形式储存甲烷，而与这些特征有关的流体流动过程，可能使天然气水合物分解导致海底

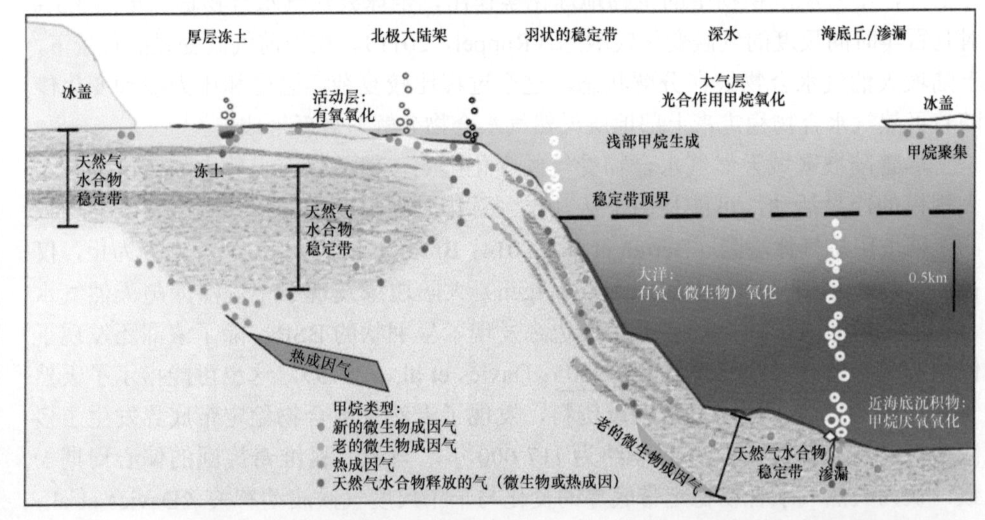

图1-15　不同环境下天然气水合物动态调整和甲烷分布，气候主要影响末次冰盛期冻土带的未冻结地层及其上陆坡天然气水合物分解（Ruppel and Kessler，2017)

甲烷释放。另外一种深部驱动的天然气水合物区域甲烷释放是超压地层圈闭的气体释放。气体运移可能导致地层产生裂隙或者穿过已有的裂缝，在天然气水合物稳定带内未形成天然气水合物而直接到达海底并向水体释放甲烷气体（Flemings et al.，2003）。在斯瓦尔巴群岛西部边缘的Vestnesa脊，发现了比较罕见的深部驱动甲烷渗漏，来自洋中脊的热量导致该区域天然气水合物稳定带发生变化（Bünz et al.，2012）。

不同环境下天然气水合物受气候变暖影响不同，过去和正在发生的变暖事件导致天然气水合物分解并向大气释放大量甲烷，由于缺乏观测数据，大量研究人员利用数值模拟来评价天然气水合物与气候之间的响应，但是甲烷源-汇和简化的海洋条件影响模拟结果，使得很多模拟结果高估了天然气水合物分解释放的甲烷量及其对气候的影响，可能高估了天然气水合物分解的灾害预测（Ruppel and Kessler，2017）。

1.3.3 天然气水合物动态成藏

受温度、压力和气体组分等不同因素影响，天然气水合物赋存在海底以下特定深度地层，根据相平衡条件可以计算该深度。天然气水合物赋存改变了沉积物的储层物性，使天然气水合物层与下伏地层出现波阻抗差，在地震剖面上常常出现BSR。BSR在一定程度上指示了BGHSZ，但是大量实际研究发现，BSR与BGHSZ并不完全吻合（Shipley et al.，1979）。

近年来，在国际多个海域发现了双BSR（double BSR）、多BSR（multiple BSR）和多种类型BSR（图1-16），BSR上移或者下移伴随着天然气水合物形成、分解及局部游离气迁移，指示天然气水合物成藏系统的调整。影响BSR调整的因素有：①冰期与间冰期海底温度、压力变化及快速沉积等影响，导致地层中形成多个BSR；②俯冲带逆冲断层上下盘挤压造成沉积与侵蚀差异，导致多个BSR或者BSR上移；③海底侵蚀导致BSR下移；④重烃气体形成Ⅱ型天然气水合物，出现双BSR；⑤热流体影响导致异常浅BSR；⑥矿物相变导致双BSR。

影响BSR调整的因素不同，天然气水合物层的地震指示也不同。西非毛里塔尼亚陆缘的三维地震剖面显示，现今BSR呈强振幅反射且斜切地层，其下部地层存在4条与其产状相似的BSR［图1-16（a)］，最深的BSR与现今BSR相差400m，表明BSR在垂向上存在明显的调整，且BSR逐渐变浅，流体运移速率模拟表明，深部多期BSR与冰期—间冰期旋回造成的海底温度变化相对应（Davies et al.，2017）。在日本南海海槽俯冲带区域，逆冲断层上下盘BSR厚度差异大，局部区域存在双BSR［图1-16（b)］，这主要是由逆冲断层上下盘构造环境、沉积

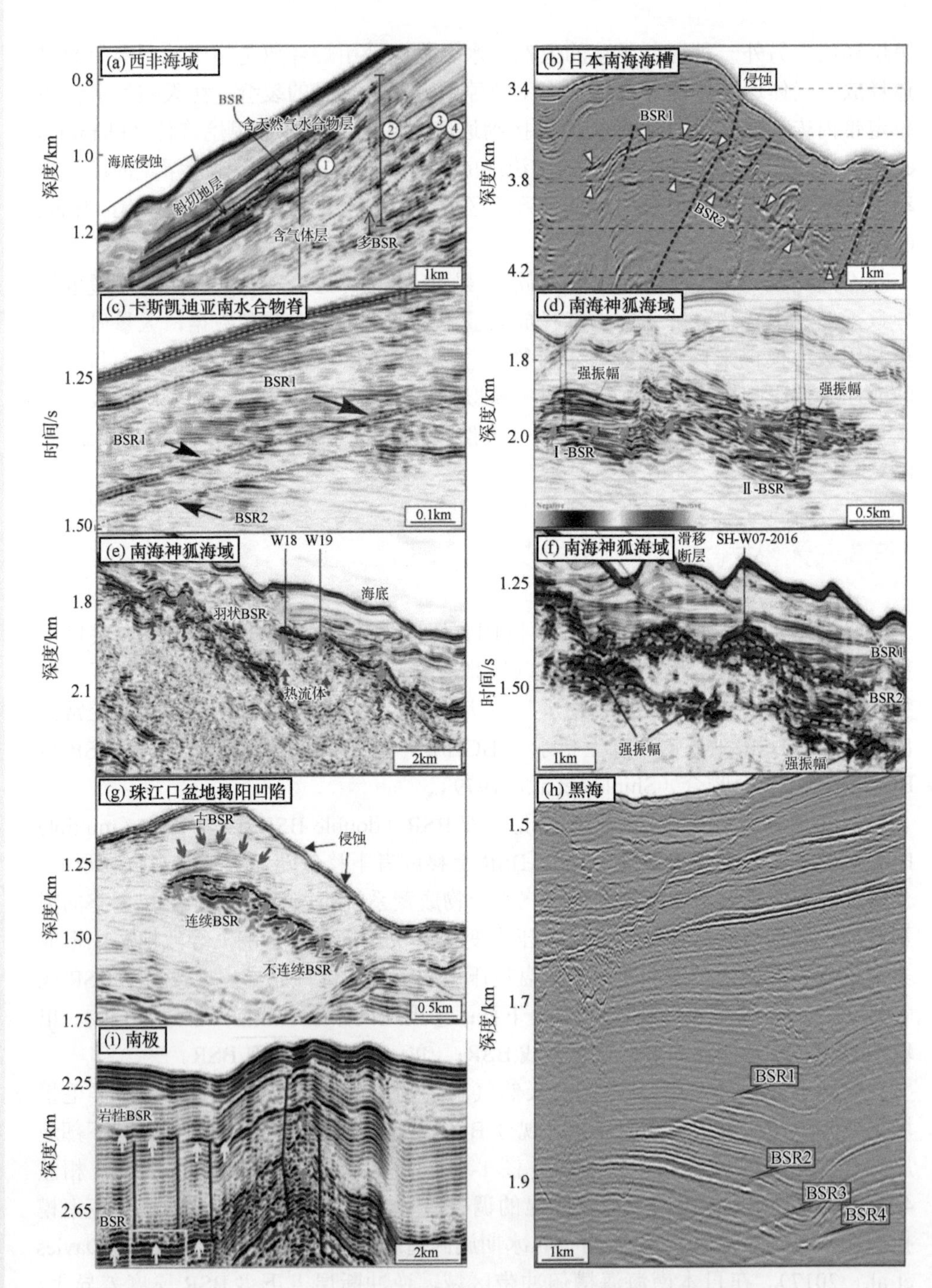

图 1-16　国际海域和南海发现的双 BSR 和多 BSR 的地震剖面

与侵蚀差异造成的（Kinoshita et al.，2011）。在叠瓦状逆冲断层区，一系列逆冲断层导致向陆侧发生隆起，而向海侧发生沉降，会瞬时出现断距，BSR 会随断层发生变化。逆冲断层上盘的 BSR 变浅，而下盘会发生沉降和沉积充填，BSR 逐渐向上调整，但是调整需要时间，因此在地震剖面上会出现双 BSR。与日本南海海槽俯冲带不同，在卡斯凯迪亚大陆边缘的南水合物脊，发现了连续强 BSR 和弱 BSR［图 1-16（c）］，研究认为是由于冰期与间冰期海底温度升高，导致 BSR 上移，形成双 BSR（Bangs et al.，2005）。

生物成因和热成因气都能形成天然气水合物，而深部热成因气向上运移会携带大量热流体，导致浅部地层出现温度异常，使 BSR 深度发生变化。由于受重烃气体影响，在局部区能形成Ⅱ型天然气水合物。Ⅱ型天然气水合物比Ⅰ型天然气水合物更稳定，在地震剖面上会出现双 BSR 现象［图 1-16（d）］。在南海南部婆罗洲西北岸，发现了与热成因气有关的Ⅱ型天然气水合物，在甲烷稳定带内出现大量呈明显上拱的烟囱状反射，BSR 呈弱反射，而强流体渗漏区边缘出现明显强Ⅱ-BSR（Paganoni et al.，2018）。在南海北部珠江口盆地 GMGS3-W17 井附近，以甲烷气为主形成的Ⅰ型天然气水合物，地震剖面上 BSR 呈连续强反射，而下部也发育明显的 BSR［图 1-16（d）］，是由于 BSR 下部Ⅱ型天然气水合物与游离气共存导致（Qian et al.，2018）。在 GMGS3-W18 和 GMGS3-W19 井，BSR 呈明显上拱的羽状特征，深度较周围地层明显变浅［图 1-16（e）］，主要原因是受深部热流体影响，地温梯度较周围区域明显增高，超过 60℃/km。在 GMGS3-W07 井附近，由于峡谷脊部沉积和局部强流体渗漏，发现 BSR 上移（Zhang W et al.，2020），深部BSR仍较清楚，表明流体充足，在浅层能形成新的BSR［图1-16（f）］。珠江口盆地东部揭阳凹陷发现的古 BSR（Jin et al.，2020），主要是由于海底受到强烈侵蚀作用，海底温度降低，压力升高，导致天然气水合物稳定带底界向下调整，在深部流体持续供给条件下形成新BSR［图1-16（g）］。在黑海多瑙（Danube）河深海扇体区，埋藏的水道-天然堤沉积体系中发育多个 BSR［图 1-16（h），BSR1～4］。沉积物快速沉积使得地层温压条件变化，导致 BSR 不断向上调整，天然气水合物稳定带模拟研究发现，深部多期 BSR 对应的地温梯度比现今要高，深部地层温压条件的调整与末次冰期以来海底温度的升高对应（Zander et al.，2017）。

大量研究也发现，反射地震剖面识别的 BSR 不一定都与天然气水合物有关，在海底浅部地层发生从蛋白石 A 向蛋白石 CT 相变或者蛋白石 CT 向石英相变时，能形成类似 BSR 反射特征，该反射与海底近似平行、极性相同［图 1-16（i）］。从蛋白石 A 向蛋白石 CT 相变或者蛋白石 CT 向石英相变，密度增加，与形成甲烷天然气水合物的温度相比，矿物相变发生的温度略高一些。但是如果地层为含有热成因的重烃气体，不能简单地通过对比温度差异来判断是BSR还是矿物相变，如日本海ODP 127和128航次，发现蛋白石A向蛋白石CT相变BSR出现在35～50℃（Kuramoto et al.，1992）。

BSR调整说明地层温压条件变化，导致BGHSZ的位置发生调整，天然气水合物系统处于不平衡状态。BGHSZ调整过程伴随着天然气水合物的分解与形成，当BGHSZ向上调整，稳定带内天然气水合物发生分解，产生大量气体向上运移，在浅部地层很容易形成新BSR，同时天然气水合物分解释放的大量气体，可能在局部区域形成含气圈闭，导致地层出现超压而影响海底稳定性。当BGHSZ向下调整时，新BSR的形成相对困难，因为需要天然气水合物稳定带下部的流体向上运移，而且流体运移需要运移通道、充足气源和时间。当天然气水合物动态调整时，由于系统不平衡，局部可能会出现天然气水合物与游离气共存，共存地层的测井与地震响应与含天然气水合物和游离气层不同。

1.4 天然气水合物资源勘探与开发

20世纪80年代初，我国研究人员开始关注天然气水合物研究，90年代末，国家高技术研究发展计划（简称863计划）开始设立课题，主要开展了南海北部陆缘天然气水合物形成与分布的地震勘探、资源分布（姚伯初，1998；黄永样和张光学，2009）及稳定的地球化学条件研究（陈多福等，2001），形成了我国海域天然气水合物地质地球物理特征识别方法与勘探技术。自2007年以来，广州海洋地质调查局先后在南海北部珠江口盆地的神狐海域（Zhang et al.，2007；Yang S X et al.，2015，2017a）及东部海域（Sha et al.，2015；Zhang et al.，2015；Zhong et al.，2017）、西沙海槽（Yang S X et al.，2017b）和琼东南盆地（Ye et al.，2019；Liang et al.，2019；张伟等，2020）完成了7次天然气水合物钻探与取芯研究。大量学者利用天然气水合物勘探采集的高分辨率反射地震资料，在南海北部不同盆地发现了大范围BSR。同时，利用油气勘探采集的三维地震资料，在白云凹陷南部（颜承志等，2018）、东沙东部的揭阳凹陷发现了BSR（李杰等，2020；Jin et al.，2020），在中建南盆地发现了BSR和广泛发育的麻坑构造（Sun et al.，2013；Lu et al.，2017；Chen et al.，2018），在南海东北部的马尼拉俯冲带恒春海脊与笔架南盆地、南海南部靠近婆罗洲的南海海槽等区域也都发现了大量BSR。

自1998年起，加拿大、美国和中国分别在马利克（Mallik）、阿拉斯加以及南海进行了天然气水合物试验性开采，试采方法为加热、降压及二氧化碳置换法。2013年和2017年，日本在南海海槽第二渥美海丘（Daini-Atsumi Knoll）的浊积水道砂质储层，使用降压法进行了两次天然气水合物试采。从不同站位储层特征看，试采目标为河道、朵叶体和陆坡滑坡等沉积相，上扇的河道充填相为粒度极细到细粒砂和粉砂交替互层，单一砂层厚度在 20～100cm。砂层底部普遍存在侵蚀面，为正粒序层理，这套河道充填相底部为一套厚层砂岩沉积，上部是以砂岩为主的交互层，呈箱形或向上变细的钟形测井相。中扇的朵叶体相沉积，由极细到细粒砂岩和粉砂岩互层组成，砂岩层呈薄板状和正粒序层理，呈低伽马的钟形测井相。陆坡滑塌相位于盆地边缘，为薄板状到无结构的粉砂与透镜状薄层砂层和细砂互层，呈高伽马值特征测井相（Fujii et al.，2015）。从含天然气水合物层的纵波速度与电阻率的连井剖面看，单元 5 比单元 4 天然气水合物饱和度要高，在单元 5，高速层与高电阻率地层吻合较好，无论是横向上还是垂向上天然气水合物层都呈明显的不均匀分布（图 1-17），而且存在低饱和度天然气水合物层，这些低饱和度层可能是含水砂岩层（Yamamoto et al.，2019）。天然气水合物不均匀分布与含水层会影响天然气水合物的产气，2017 年试采有两口生产井，在 AT1-P3 井孔试采持续 12 天，稳定降压在 7.5MPa 和产气量 41 000m^3。随后在 AT1-P2 井孔进行，共计 24 天，总产气量 222 500m^3，第二个井孔中出水率高，压降控制在 5MPa 内。第二次试采发现天然气水合物分布的不均一性是导致实际观测与理论计算结果存在差异的主要因素。因此，在天然气水合物开发阶段，准确预测天然气水合物储层特性至关重要。

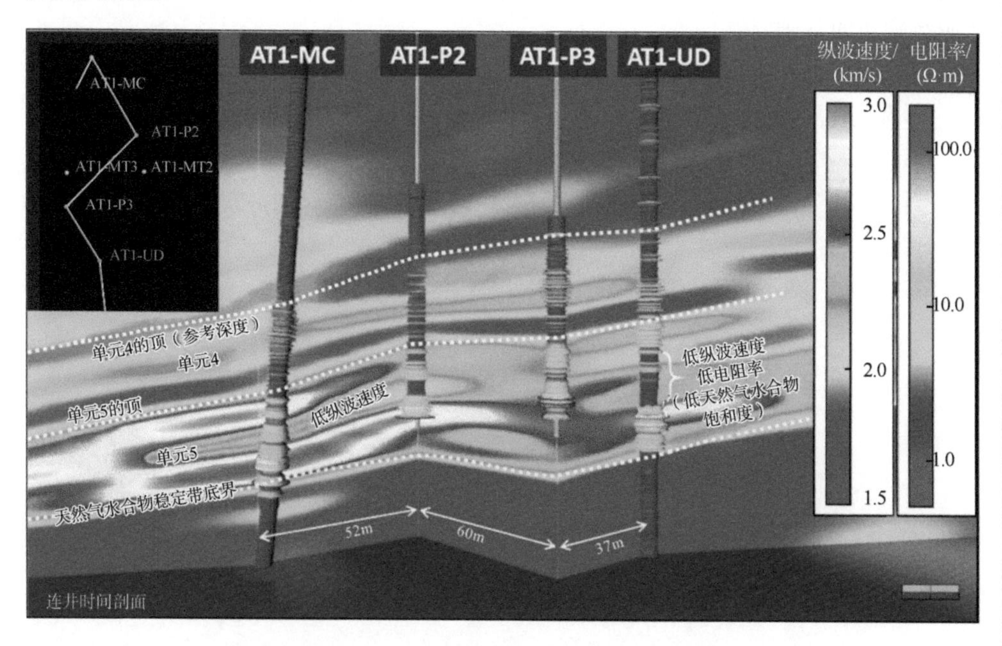

图 1-17　日本南海海槽试采井连井剖面指示天然气水合物层横向与垂向上变化（Yamamoto et al.，2019）

2017年以来，我国在神狐海域的泥质粉砂储层成功进行了固态硫化法（周守为等，2017）、地层流体抽取法（Li et al.，2018；Qin et al.，2020）等不同开发方式的天然气水合物试验开采，分别采用垂直井、水平井等不同的开发技术，完成了天然气水合物的探索性试采与试验性试采。2020年试采目标为海底以下265～301m，目标层为天然气水合物和游离气共存层，采用多分支水平井，第二次试采是第一次试采平均日产气量的5.57倍（Qin et al.，2020；Ye et al.，2020）。尽管天然气水合物储层为泥质粉砂或粉砂质泥的细粒沉积物，储层条件并不利于天然气水合物富集，但是受生物成因气和热成因气两种气源的混源供烃影响，气源条件好，晚期的断层与岩浆活动导致深部流体向上运移，具备天然气水合物的成藏的地质条件。在试采目标优选中，选择“天然气水合物-天然气水合物与游离气共存-游离气”三层结构的有利目标进行试采。在试采中，平均日产气量$2.87\times10^4m^3$，监测井没有发现任何甲烷渗漏和地层沉降变化（Qin et al.，2020）。这第二次海域天然气水合物试采创造了多项世界纪录，但是产能距离商业开发还有差距。未来天然气水合物生产性试采的一个重要难题是提高产能，降低天然气水合物开发成本。从天然气水合物勘探来看，在南海北部能够发现高富集的天然气水合物矿体目标，是否存在天然气水合物与下伏游离气、深部常规气叠置共生的有利目标，能否进行多种气体联合开采，是今后天然气水合物勘探与目标评价等亟待解决的基础问题。

第 2 章 天然气水合物层的岩石物理模型

2.1 天然气水合物与沉积物微观接触类型

自然界不同类型沉积物中的天然气水合物呈现出多种多样的赋存形态，天然气水合物与沉积物颗粒之间的接触模式影响着地层的弹性参数（Ecker et al.，1998；Dvorkin et al.，1999a；Dai et al.，2004）。天然气水合物可能像流体一样呈悬浮态充填在孔隙空间，不与沉积物颗粒接触（图 2-1，模式 A），也可能是作为固体骨架或沉积物颗粒的一部分，降低地层孔隙度，略微影响骨架的弹性模量，但不使骨架硬化（图 2-1，模式 B）。模式 A、B 和 C 是三种比较常见的天然气水合物与沉积物颗粒的接触关系。研究发现，天然气水合物饱和度达到中等（30%～40%）时，其在孔隙内就会从充填模式 A 转变为支撑模式 B（胡高伟等，2010，2014）。在模式 C 中，天然气水合物胶结或包裹着沉积物颗粒（图 2-1），天然气水合物饱和度较低时，地层速度随着饱和度增加迅速增加，但是天然气水合物饱和度较高时，天然气水合物层的纵波与横波速度变化不大。因此，模式 A 与模式 B 适用于研究未固结地层中赋存的天然气水合物，沉积层的弹性参数随天然气水合物饱和度、孔隙度等变化，模式 C 适用于研究固结地层孔隙度较低（＜0.36）的沉积物中赋存的天然气水合物。

近年来研究发现，在天然气水合物稳定带内也可能存在游离气，出现天然气水合物与游离气共存，如 ODP 204 航次 1249 井，高通量流体沿渗透性砂层或者断层向上运移，局部区域出现孔隙水高盐度异常，游离气难以形成天然气水合物，导致天然气水合物稳定带内局部存在游离气。同样，ODP 164 航次 995 井，在天然气水合物稳定带底界存在天然气水合物与游离气共存，由于大孔隙内与小孔隙内毛细管力的差异，导致了天然气水合物分解的差异。因此，在气体流动方向，孔隙不连通或者毛细管圈闭可能导致在一些孔隙内存在独立气泡，天然气水合物的形成会堵塞孔隙，导致游离气被圈闭在孔隙空间（图 2-1，模式 D），对于特定孔隙，当气体压力小于毛细管进入压力（取决于其半径）时，流体无法通过该孔

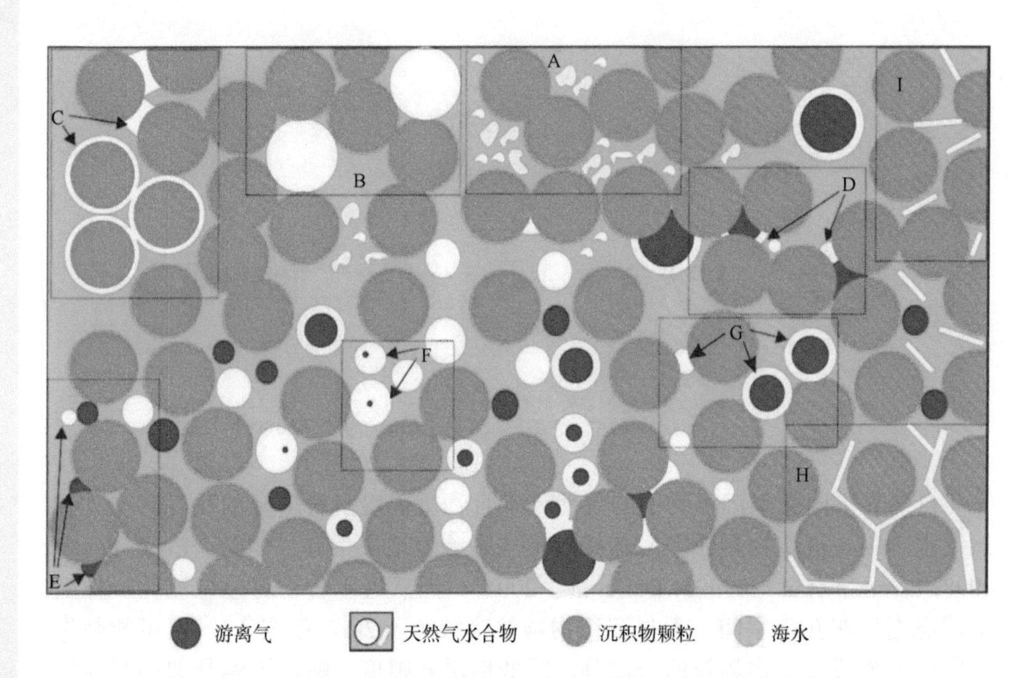

图 2-1 天然气水合物、游离气与沉积物骨架的微观接触模式

A 悬浮模式；B 颗粒接触模式或承载模式；C 胶结模式；D 孔隙被天然气水合物阻塞；E 毛细管捕获游离气；F 游离气被包裹在天然气水合物内；G 天然气水合物包裹气泡；H 内部连通的裂隙充填型天然气水合物；I 不连通的裂隙充填型天然气水合物

隙，就会发生毛细管捕获。天然气水合物的形成使有效孔隙半径减小，从而提高了天然气侵入所需的临界毛细管力，进而增强了这种圈闭机制（图 2-1，模式 E）。

实验室研究发现，游离气或者水可能被圈闭在天然气水合物内，天然气水合物和游离气饱和度分别为 26% 和 12%。在卡斯凯迪亚大陆边缘的南水合物脊的近海底沉积物中发现了甲烷气泡被天然气水合物包裹着向上运移（Suess et al.，2001），甲烷气泡被覆盖足够厚的天然气水合物，天然气水合物内的气体与外面的孔隙水不连通（图 2-1，模式 F）。尽管满足天然气水合物稳定成藏条件，但是天然气仍然被包裹在天然气水合物内，出现天然气水合物与游离气共存，游离气可能连通，也可能不连通。例如，在尼日利亚深水麻坑区，在浅部块状天然气水合物样品中发现了大量直径为 2～3mm 的气泡，这主要是高通量的甲烷流体沿裂隙进入天然气水合物稳定带，导致天然气水合物快速形成（Sultan et al.，2014）。被包裹气体可能随着时间变化，通过扩散而消失，但是在动态孔隙流体系统，由于扩散速率很低，扩散难以使被包裹的游离气短时间内消失。目前，表征天然气水合物与游离气共存的岩石物理模型较少，也缺乏其微观接触关系的实验观测结果，天然气水合物和游离气共存区定量评价有待进一步研究。

天然气水合物也可能呈块状、脉状、球状、结核状等形态赋存在细粒泥质沉积物中，称为裂隙充填型天然气水合物。该类型的天然气水合物之间可能连通（图 2-1，模式 H），也可能不连通（图 2-1，模式 I），模式 H 和模式 I 两种类型天然气水合物与其饱和度关系紧密，低饱和度裂隙充填型天然气水合物以模式 I 为主，常用悬浮与胶结上下边界模型来研究天然气水合物层的速度等储层物性变化（Jaiswal et al.，2014）。

2.2　天然气水合物层速度模型

天然气水合物与沉积物颗粒间的接触关系影响含天然气水合物储层的弹性参数与物性参数，含天然气水合物层具有高电阻率、高纵波速度、高横波速度及略微变化的密度等地球物理属性异常，岩石物理模型把速度、波阻抗等储层物性参数与孔隙度、矿物组分、微观接触关系等联系起来，其中天然气水合物的饱和度、孔隙度、渗透率等是储层定量评价的关键参数。不同速度模型存在不同的假设条件，不同赋存形态天然气水合物对储层特性的影响存在差异，需要选择合适的速度模型来进行储层物性的定量研究。

2.2.1　三相时间平均方程

威利（Wyllie）时间平均方程（Wyllie et al.，1956，1958）描述了固结岩石中孔隙度与速度之间简单的关系，即地震波通过岩石的时间可以等效为通过岩石骨架（V_m）和孔隙的时间之和，其表达式为

$$\frac{1}{V_p}=\frac{1-\phi}{V_m}+\frac{\phi}{V_f} \tag{2-1}$$

式中，V_p 是实际测得的纵波速度，V_m 是骨架的纵波速度，V_f 是孔隙流体的纵波速度，ϕ 是孔隙度。该时间方程有很多应用局限性，适用于孔隙流体是盐水的情况，且地层必须满足固结和胶结程度高、孔隙度中等等多种限制条件。当地层未固结、有机质与泥质含量较高或含有次生孔隙，如裂隙时，时间平均方程并不适用。

海洋天然气水合物赋存在水深大于 500m 的浅部未固结地层，为了利用该方程研究天然气水合物，有关学者对时间平均方程进行了改进，推导出双相或者三相介质的时间平均方程（Timur，1968）。由于冰的特性与天然气水合物相似，冻土的特性常与沉积物中天然气水合物的特性进行对比。Timur（1968）在研究冻土

带冰的特性时，提出了三相时间平均方程，其表达式为

$$\frac{1}{V_{\mathrm{p}}}=\frac{(1-S_{\mathrm{i}})\phi}{V_{\mathrm{f}}}+\frac{S_{\mathrm{i}}\phi}{V_{\mathrm{i}}}+\frac{1-\phi}{V_{\mathrm{m}}} \tag{2-2}$$

式中，V_{f} 是孔隙流体的纵波速度，V_{i} 是孔隙中冰的纵波速度，S_{i} 是孔隙中冰的饱和度。Pearson 等（1983）将三相介质时间平均方程应用于天然气水合物研究，其表达式为

$$\frac{1}{V_{\mathrm{p}}}=\frac{(1-S)\phi}{V_{\mathrm{f}}}+\frac{S\phi}{V_{\mathrm{h}}}+\frac{1-\phi}{V_{\mathrm{m}}} \tag{2-3}$$

式中，V_{p} 是含天然气水合物层的纵波速度，V_{h} 是纯天然气水合物的纵波速度，V_{f} 是孔隙流体的纵波速度，V_{m} 是骨架的纵波速度，S 是孔隙中天然气水合物饱和度。当 S=0 时，式（2-3）就变成威利时间平均方程。

2.2.2 三相伍德（Wood）方程

伍德方程（Wood，1944）用于计算悬浮态的孔隙流体和浅海沉积物的有效体积模量，其表达式为

$$\frac{1}{\rho V_{\mathrm{p}}^2}=\frac{\phi}{\rho_{\mathrm{f}}V_{\mathrm{f}}^2}+\frac{1-\phi}{\rho_{\mathrm{m}}V_{\mathrm{m}}^2} \tag{2-4}$$

式中，ρ 是沉积物有效密度，ρ_{f} 是孔隙流体的密度，ρ_{m} 是骨架的密度，ϕ 为孔隙度。与应用于天然气水合物的三相时间平均方程［式（2-3）］相似，Lee 等（1993）提出适用于含天然气水合物层三相伍德方程，其表达式为

$$\frac{1}{\rho V_{\mathrm{p}}^2}=\frac{\phi(1-S)}{\rho_{\mathrm{f}}V_{\mathrm{f}}^2}+\frac{\phi S}{\rho_{\mathrm{h}}V_{\mathrm{h}}^2}+\frac{1-\phi}{\rho_{\mathrm{m}}V_{\mathrm{m}}^2} \tag{2-5}$$

式中，ρ_{h} 是纯天然气水合物的密度，V_{h} 是纯天然气水合物的纵波速度，V_{f} 是孔隙流体的纵波速度，V_{m} 是骨架的纵波速度，S 是孔隙中天然气水合物饱和度，ρ 是沉积物的有效密度（体密度），为各组分密度的加权平均，其表达式为

$$\rho=(1-\phi)\rho_{\mathrm{m}}+(1-S)\phi\rho_{\mathrm{f}}+S\phi\rho_{\mathrm{h}} \tag{2-6}$$

时间平均方程［式（2-3）］适用于计算孔隙度较低、固结较好的含天然气水合物地层的纵波速度，而伍德方程［式（2-5）］适用于计算孔隙度较高、未固结的含天然气水合物地层的纵波速度。

2.2.3　三相时间平均–伍德加权方程

时间平均方程能预测含少量流体的固结地层，伍德方程适用于高孔隙度和高饱和度的未固结地层，但伍德方程低估了海洋沉积物中速度与孔隙度的关系。Nobes 等（1986）把威利时间平均方程和伍德方程使用一个简单加权因子进行结合，来研究近海底地层海洋沉积物的物性参数。对于天然气水合物，伍德方程适用于孔隙内呈悬浮态赋存的天然气水合物，时间平均方程则表示天然气水合物胶结沉积物颗粒。由于缺乏原位观测的天然气水合物在沉积物中的微观和宏观特性，很难确定最适用于研究含天然气水合物地层的理论方程。Lee 等（1996）将加权的三相时间平均方程与三相伍德方程同时用于天然气水合物研究，提出海洋天然气水合物沉积层的速度、孔隙度和饱和度关系的三相加权方程，其表达式为

$$\frac{1}{V_{\mathrm{p}}}=\frac{W\phi(1-S)^{n}}{V_{\mathrm{p1}}}+\frac{1-W\phi(1-S)^{n}}{V_{\mathrm{p2}}} \tag{2-7}$$

式中，V_{p1} 是由三相伍德方程［式（2-5）］计算的纵波速度，V_{p2} 是由三相时间平均方程［式（2-3）］计算的纵波速度，S 是孔隙中天然气水合物饱和度，W 是加权因子，n 是指示天然气水合物胶结程度的经验常数。$1-S\leqslant 1$，n 值越大，由式（2-7）计算的速度 V_{p} 越接近于 V_{p2}，适用于固结程度较高的含天然气水合物地层。$W>1$ 时，伍德方程占的权重比较大，此时适用于孔隙度高、天然气水合物与沉积物胶结差的地层；相反，$W<1$ 时，时间平均方程占的权重比较大，此时适用于孔隙度低、天然气水合物与沉积物胶结好的地层。因此，可以通过调整 W 和 n 的值使式（2-7）适用于不同特征的天然气水合物层。

2.2.4　四相加权方程

为了研究含天然气水合物地层中各矿物组分对地层纵波速度的影响，Lee 等（1996）假设含天然气水合物地层岩石骨架由泥岩和砂岩组成，将三相时间平均方程和三相伍德方程推广到四相加权方程，其表达式为

$$\frac{1}{V_{\mathrm{p}}}=\frac{(1-S)\phi}{V_{\mathrm{f}}}+\frac{S\phi}{V_{\mathrm{h}}}+\frac{(1-\phi)(1-C)}{V_{\mathrm{sd}}}+\frac{(1-\phi)C}{V_{\mathrm{c}}} \tag{2-8}$$

式中，V_{h} 是纯天然气水合物的纵波速度，V_{f} 是孔隙流体的纵波速度，V_{sd} 是沉积物骨架中砂岩部分的纵波速度，V_{c} 是岩石骨架中泥岩部分的纵波速度，ϕ 是孔隙度，S 是孔隙中天然气水合物的饱和度，C 是岩石骨架中泥岩的体积分数。

同样，四相伍德方程的表达式为

$$\frac{1}{\rho V_{\mathrm{p}}^{2}}=\frac{\phi(1-S)}{\rho_{\mathrm{f}}V_{\mathrm{f}}^{2}}+\frac{\phi S}{\rho_{\mathrm{h}}V_{\mathrm{h}}^{2}}+\frac{(1-\phi)(1-C)}{\rho_{\mathrm{sd}}V_{\mathrm{sd}}^{2}}+\frac{(1-\phi)C}{\rho_{\mathrm{c}}V_{\mathrm{c}}^{2}} \tag{2-9}$$

式中，ρ_{sd} 和 ρ_{c} 分别为岩石骨架中砂岩和泥岩的密度，岩石骨架的体密度可表示为

$$\rho=(1-S)\phi\rho_{\mathrm{f}}+S\phi\rho_{\mathrm{h}}+(1-C)(1-\phi)\rho_{\mathrm{sd}}+C(1-\phi)\rho_{\mathrm{c}} \tag{2-10}$$

将式（2-8）和式（2-9）计算得到的地层速度 V_{p} 代入时间平均–伍德加权方程［式（2-7）］得到最终的地层速度。

Lee 等（1996）在计算地层速度时，假设沉积物骨架由泥岩和石英砂岩组成，由此提出四相加权方程。如果已知组成砂岩的各种矿石种类，可以将四相加权方程进一步推广，但多数情况下，地层中砂岩组分并不清楚，多用 Castagna 等（1985）提出的经验公式计算地层中岩石骨架的速度。

2.2.5 双相介质速度模型

时间平均方程与伍德方程及其改进的各种速度模型并没有考虑波在孔隙介质中传播的理论，Gassmann（1951）从波传播理论出发，给出了计算流体饱和时岩石骨架、流体、基质等体积模量和剪切模量的方程。该模型的假设条件为：①孔隙都是连通的；②岩石–流体是封闭体系；③岩石骨架是均匀、各向同性、完全弹性的；④流体和骨架之间没有相互流动，不存在能量耗散；⑤流体不能造成骨架硬化或软化等。在地震频带，压力较高条件下，Gassmann 方程适用于孔渗较好、流体黏度低的砂岩。Biot（1956）考虑了流体的黏性与孔隙流体相对骨架流动的实际情况，提出了波的衰减和波在穿过介质时可能产生两个纵波速度。Geertsma（1961）在 Biot 方程基础上，获得了快纵波及衰减的近似解。Domenico（1976，1977）在 Geertsma 的研究基础上给出了未固结砂岩地层纵波和横波速度方程，其表达式为

$$V_{\mathrm{p}}=\left\{\left[\left(\frac{1}{C_{\mathrm{m}}}+\frac{4}{3}\mu\right)+\frac{\frac{\phi_{\mathrm{eff}}}{k}\cdot\frac{\rho_{\mathrm{m}}}{\rho_{\mathrm{f}}}+\left(1-\beta-2\cdot\frac{\phi_{\mathrm{eff}}}{k}\right)\cdot(1-\beta)}{(1-\phi_{\mathrm{eff}}-\beta)\cdot C_{\mathrm{b}}+\phi_{\mathrm{eff}}\cdot C_{\mathrm{f}}}\right]\cdot\frac{1}{\rho_{\mathrm{m}}\left(1-\frac{\phi_{\mathrm{eff}}}{k}\cdot\frac{\rho_{\mathrm{f}}}{\rho_{\mathrm{m}}}\right)}\right\}^{\frac{1}{2}}$$

和

$$V_{\mathrm{s}}=\left\{\frac{\mu}{\rho_{\mathrm{m}}\left[1-\dfrac{\phi_{\mathrm{eff}}}{k}\cdot\dfrac{\rho_{\mathrm{f}}}{\rho_{\mathrm{m}}}\right]}\right\}^{\frac{1}{2}} \tag{2-11}$$

式中，ϕ 为地层孔隙度；$\phi_{\mathrm{eff}}=(1-c_{\mathrm{h}})\cdot\phi$ 为有效孔隙度，$c_{\mathrm{h}}=\varphi_{\mathrm{h}}/(\varphi_{\mathrm{h}}+\varphi_{\mathrm{w}})$ 为天然气水合物的浓度，φ_{h} 和 φ_{w} 分别为天然气水合物和水的含量，$\rho_{\mathrm{m}}=(1-\phi_{\mathrm{eff}})\cdot\rho_{\mathrm{b}}+\phi_{\mathrm{eff}}\cdot\rho_{\mathrm{f}}$ 为骨架密度，$\rho_{\mathrm{f}}=S_{\mathrm{w}}\cdot\rho_{\mathrm{w}}+S_{\mathrm{g}}\cdot\rho_{\mathrm{g}}$ 为流体相的密度，$\rho_{\mathrm{b}}=S_{\mathrm{s}}\cdot\rho_{\mathrm{s}}+S_{\mathrm{h}}\cdot\rho_{\mathrm{h}}$ 为固体相密度，ρ_{h}、ρ_{g}、ρ_{w} 和 ρ_{s} 分别为天然气水合物、游离气、水和颗粒的密度，S_{h}、S_{s}、S_{w} 和 S_{g} 分别为天然气水合物、骨架、水和游离气饱和度；$C_{\mathrm{m}}=(1-\phi_{\mathrm{eff}})\cdot C_{\mathrm{b}}+\phi_{\mathrm{eff}}C_{\mathrm{p}}$ 为骨架可压缩率，$C_{\mathrm{b}}=\dfrac{1}{2}\left(S_{\mathrm{s}}\cdot C_{\mathrm{s}}+S_{\mathrm{h}}\cdot C_{\mathrm{h}}\right)+\dfrac{1}{2}\left(\dfrac{S_{\mathrm{s}}}{C_{\mathrm{s}}}+\dfrac{S_{\mathrm{h}}}{C_{\mathrm{h}}}\right)^{-1}$ 为固体相的平均可压缩率，$C_{\mathrm{f}}=\dfrac{1}{2}\left(S_{\mathrm{w}}\cdot C_{\mathrm{w}}+S_{\mathrm{g}}\cdot C_{\mathrm{g}}\right)+\dfrac{1}{2}\left(\dfrac{S_{\mathrm{w}}}{C_{\mathrm{w}}}+\dfrac{S_{\mathrm{g}}}{C_{\mathrm{g}}}\right)^{-1}$ 为流体的可压缩率，C_{h}、C_{s}、C_{g}、C_{p} 和 C_{w} 分别为天然气水合物、骨架、游离气、孔隙和水的可压缩率；$\beta=\dfrac{C_{\mathrm{b}}}{C_{\mathrm{m}}}$；$\mu$ 为骨架的剪切模量，k 为耦合因子。k 给出了孔隙流体和固体骨架的耦合程度，是弹性波频率的函数（Domenico，1977），在数值上，它可以取 1～∞。当 k 取∞时即完全耦合，不存在固相和流体相之间的相互运动，不存在能量耗散，纵波速度与频率无关。当 k 取 1 时即无耦合，固相和流体相之间相互运动，存在能量耗散。压力比较低时 k 接近 1；随着压力的增加，k 趋于 2～3（Domenico，1977）。

2.2.6　三相 Biot 方程与简化三相 Biot 速度模型

假定沉积物、天然气水合物和孔隙流体形成了三相均匀的介质，每一种骨架具有各自的体积模量和剪切模量，天然气水合物均匀分布在沉积物中，通过矩阵元素来计算天然气水合物层纵波与横波速度，其表达式为

$$V_{\mathrm{p}}=\sqrt{\frac{\sum_{i,j=1}^{3}R_{ij}}{\rho_{\mathrm{b}}}}=\sqrt{\frac{K+4\mu/3}{\rho_{\mathrm{b}}}};\ V_{\mathrm{s}}=\sqrt{\frac{\sum_{i,j=1}^{3}\mu_{ij}}{\rho_{\mathrm{b}}}}=\sqrt{\frac{\mu}{\rho_{\mathrm{b}}}} \tag{2-12}$$

式中，K 和 μ 分别为含天然气水合物地层的体积模量和剪切模量，ρ_b 为含天然气水合物地层的体密度，可由 $\rho_b=(1-\phi)\rho_s+(1-S)\phi\rho_f+S\phi\rho_h$ 计算得到，其中 S 为天然气水合物饱和度，下标 s、f、h 分别表示地层骨架、孔隙水和天然气水合物部分。

假设天然气水合物作为岩石骨架的一部分，R_{ij} 和 μ_{ij} 的表达式为

$$R_{11}=\left[\left(1-c_1\right)\phi_s\right]^2 K_{av}+K_{sm}+4\mu_{11}/3,\quad R_{12}=R_{21}=\left(1-c_1\right)\phi_s\phi_w K_{av}$$

$$R_{13}=R_{31}=\left(1-c_1\right)\left(1-c_3\right)\phi_s\phi_h K_{av}+2\mu_{13}/3$$

$$R_{22}=\phi_w^2 K_{av},\ R_{23}=\left(1-c_3\right)\phi_h\phi_w K_{av},\ R_{33}=\left[\left(1-c_3\right)\phi_h\right]^2 K_{av}+K_{hm}+4\mu_{33}/3 \tag{2-13}$$

$$\mu_{11}=\left[\left(1-g_1\right)\phi_s\right]^2\mu_{av}+\mu_{sm}$$

$$\mu_{12}=\mu_{21}=\mu_{22}=\mu_{23}=\mu_{32}=0$$

$$\mu_{13}=\left(1-g_1\right)\left(1-g_3\right)\phi_s\phi_h\mu_{av}+\mu_{sh}$$

$$\mu_{33}=\left[\left(1-g_3\right)\phi_h\right]^2\mu_{av}+\mu_{hm}$$

其中，

$$\phi_s=1-\phi,\ \phi_w=\left(1-S\right)\phi,\ \phi_h=S\phi$$

$$c_1=\frac{K_{sm}}{\phi_s K_s},\quad c_3=\frac{K_{hm}}{\phi_h K_h},\quad g_1=\frac{\mu_{sm}}{\phi_s\mu_s},\quad g_3=\frac{\mu_{hm}}{\phi_h\mu_h}$$

$$K_{av}=\left[\frac{\left(1-c_1\right)\phi_s}{K_s}+\frac{\phi_w}{K_w}+\frac{\left(1-c_3\right)\phi_h}{K_h}\right]^{-1} \tag{2-14}$$

$$\mu_{av}=\left[\frac{\left(1-g_1\right)\phi_s}{\mu_s}+\frac{\phi_w}{2\omega\eta}+\frac{\left(1-g_3\right)\phi_h}{\mu_h}\right]^{-1}$$

式中，天然气水合物的体积模量与剪切模量（K_{hm} 和 μ_{hm}）和沉积物的体积模量和剪切模量（K_{sm} 和 μ_{sm}）相比，可以略微不计。在地震与测井频带，对于三相 Biot 方程，$K_{hm}=0$，$\mu_{hm}=0$，$\mu_{av}=0$，$c_3=0$ 和 $g_3=0$。Lee 和 Collett（2009）基于渗流理论把天然气水合物作为一个独立相，引入胶结常数和地层含天然气水合物后相对于骨架硬化程度两个参数，三相 Biot 方程的体积模量（K）和剪切模量（μ）简化为

$$K=K_{ma}\left(1-\beta_p\right)+\beta_p^2 K_{av};\quad \mu=\mu_{ma}\left(1-\beta_s\right) \tag{2-15}$$

其中，

$$\frac{1}{K_{av}}=\frac{(\beta_p-\phi)}{K_{ma}}+\frac{\phi_w}{K_w}+\frac{\phi_h}{K_h};\ \beta_p=\frac{\phi_{as}(1+\alpha)}{1+\alpha\phi_{as}};\ \beta_s=\frac{\phi_{as}(1+\gamma\alpha)}{1+\gamma\alpha\phi_{as}};\ \gamma=\frac{1+2\alpha}{1+\alpha}\qquad(2\text{-}16)$$

式中，α 为胶结常数（Pride et al.，2004；Lee and Collett，2009），$\phi_{as}=\phi_w+\varepsilon\phi_h$，$\phi_w=(1-S_h)\phi$，$\phi_h=S_h\phi$，$K_{ma}$、$K_w$ 和 K_h 分别为骨架、水和天然气水合物的体积模量，S_h 为天然气水合物饱和度，μ_{ma} 为骨架的剪切模量，ε 为地层含天然气水合物后对沉积物骨架硬化程度的影响，不同井位置该参数取值变化不大，趋于常数 0.12（Lee and Waite，2008）。α 取决于有效压力和胶结程度，Mindlin（1949）提出剪切模量与地层有效压力的 1/3 次幂成正比，据此，α 与地层有效压力（p）和深度（d）的关系满足（Lee and Collett，2009）：

$$\alpha_i=\alpha_0(p_0/p_i)^n\approx\alpha_0(d_0/d_i)^n\qquad(2\text{-}17)$$

式中，n 为幂指数，一般取值为 1/3（Lee and Collett，2009），α_0 为压力 p_0 或者深度 d_0 时的胶结常数，α_i 为在任意有效压力 p_i 或深度 d_i 时胶结常数，由式（2-15）含天然气水合物层简化三相 Biot 方程速度模型可以表示为

$$V_p=\sqrt{\frac{K+4\mu/3}{\rho_b}};\ V_s=\sqrt{\frac{\mu}{\rho_b}}\qquad(2\text{-}18)$$

式中，K、μ 和 ρ_b 分别为体积模量、剪切模量和地层体密度。

2.2.7　Kuster-Toksöz（KT）模型

Kuster 和 Toksöz（1974）基于一阶近似的散射理论推导了双相介质中岩石弹性模量与孔隙度和孔隙形状之间的定量关系。前人应用 KT 方程推导了冻土带未固结地层的纵波与横波速度，而冰的弹性参数与天然气水合物相似。因此，含天然气水合物层弹性参数可以使用双相 KT 方程来计算。未固结含天然气水合物层可以近似球形石英颗粒嵌入由水和天然气水合物组成的球形骨架内，对于骨架与球形夹杂物的双相物质，KT 方程计算体积模量与剪切模量的表达式为

$$\frac{K}{K_m}=\frac{1+\{4\mu_m(K_i-K_m)/[(3K_i+4\mu_m)K_m]\}I_c}{1-[3(K_i-K_m)/(3K_i+4\mu_m)]I_c}$$

$$\frac{\mu}{\mu_m}=\frac{(6K_m+12\mu_m)\mu_i+(9K_m+8\mu_m)[(1-I_c)\mu_m+I_c\mu_i]}{(9K_m+8\mu_m)\mu_m+(6K_m+12\mu_m)[(1-I_c)\mu_i+I_c\mu_m]}\qquad(2\text{-}19)$$

式中，下标 m 和 i 为骨架和夹杂物，I_c 为夹杂物的百分比含量。

四相天然气水合物层模型为：①计算含天然气水合物-水层的有效弹性模量，天然气水合物是骨架相，水为夹杂物相；②天然气水合物和水的混合物作为骨架相，泥岩颗粒作为夹杂物相均匀嵌入骨架，二者具有相同的弹性模量，此时 $I_c=C(1-\phi)/[\phi+C(1-\phi)]$；③天然气水合物-水-泥的混合物作为骨架相，砂岩颗粒作为夹杂物相均匀嵌入骨架，此时 $I_c=(1-C)(1-\phi)/[\phi+C(1-\phi)+(1-C)(1-\phi)]$。

纵波速度和横波速度分别为

$$V_p=\sqrt{\frac{K+4\mu/3}{\rho}};\ V_s=\sqrt{\frac{\mu}{\rho}} \tag{2-20}$$

式中，K 和 μ 分别为体积模量和剪切模量，ρ 为地层体密度。

2.2.8 改进的 Biot-Gassmann 模型

BGTL（Biot-Gassmann Theory by Lee）理论建立在经典的 Biot 理论（1941 年）和 Gassmann 理论（1951 年）基础上，Lee（2002）提出了一种计算未固结地层弹性波速度的方法，该方法假设地层的纵横波速度比与地层骨架的速度比和地层孔隙度成正比。

Biot（1941）提出地层孔隙流体的体积变化量 $\delta(V_{fl})$ 和孔隙压力的变化量 $\delta(p)$ 与地层体积的变化量 $\delta(V)$ 有关，其表达式为

$$\delta(V_{fl})=\frac{\delta(p)}{M}+\beta\delta(V) \tag{2-21}$$

式中，β 为 Biot 系数，表示孔隙连通时（$\delta(p)=0$）孔隙流体体积变化和地层体积变化的比值，与地层的孔隙度 ϕ 有关；M 表示为了保持地层体积不变，阻止流体进入孔隙所需的静水压力。地层的拉梅常数 λ 与地层骨架的拉梅常数 λ_{sk} 满足式（2-22）：

$$\lambda=\lambda_{sk}+\beta^2M \tag{2-22}$$

式中，β^2M 表示孔隙流体和固体地层骨架的相互作用。根据式（2-22），Gassmann（1951）提出了地层体积模量 K、地层骨架体积模量 K_{sk} 和地层基质体积模量 K_{ma} 的关系：

$$K_{sk}=K_{ma}(1-\beta);\ K=K_{ma}(1-\beta)+\beta^2M \tag{2-23}$$

根据 Gassmann 理论，M 和 Biot 系数 β 有关，其表达式为

$$\frac{1}{M}=\frac{(\beta-\phi)}{K_{ma}}+\frac{\phi}{K_{fl}} \tag{2-24}$$

Biot 和 Gassmann 只给出了地层体积模量 K 和 Biot 系数 β 的关系，并未给出地层剪切模量 μ 与基质剪切模量 μ_{ma} 的关系。Pickett（1963）发现当孔隙中充满游离气时，在较大孔隙范围内，地层的纵横波速度比和地层基质的纵横波速度比一致。据此，Krief 等（1990）提出地层基质满足 $V_{\mathrm{s}}=V_{\mathrm{p}}\alpha$，即

$$\alpha=\left(\frac{V_{\mathrm{p}}}{V_{\mathrm{s}}}\right)^{-1}=\sqrt{\frac{\mu_{\mathrm{ma}}}{K_{\mathrm{ma}}+4\mu_{\mathrm{ma}}/3}} \tag{2-25}$$

Lee 等（1996）提出在饱和水地层中，纵波与横波关系可由式（2-26）表示：

$$V_{\mathrm{s}}=V_{\mathrm{p}}\alpha\left(1-\phi\right) \tag{2-26}$$

结合式（2-22）、式（2-25）和式（2-26），可以得到：

$$\mu\left(K_{\mathrm{ma}}+4\mu_{\mathrm{ma}}/3\right)=\left(K+4\mu/3\right)\mu_{\mathrm{ma}}\left(1-\phi\right)^{2} \tag{2-27}$$

将式（2-23）代入式（2-27），得到剪切模量 μ 和 Biot 系数 β 的关系，其表达式为

$$\mu=\frac{\mu_{\mathrm{ma}}K_{\mathrm{ma}}\left(1-\beta\right)\left(1-\phi\right)^{2}+\mu_{\mathrm{ma}}\beta^{2}M\left(1-\phi\right)^{2}}{K_{\mathrm{ma}}+4\mu_{\mathrm{ma}}\left[1-\left(1-\phi\right)^{2}\right]/3} \tag{2-28}$$

将式（2-23）和式（2-28）代入式（2-22）可以求得地层的纵波速度和横波速度。

基于 BGTL 理论可以由地层基质的体积模量、剪切模量和 Biot 系数计算地层纵波与横波速度，其中 β 与孔隙度有关。加权平均方程适用于计算固结或者胶结较好地层的速度，而 BGTL 和有效介质模型（effective media model，EMM）都认为天然气水合物是骨架的一部分，并没有固结或胶结沉积物而影响速度，适用于未固结地层，因此需要根据研究区背景分析确定合适的模型。

2.2.9 部分含气沉积物速度模型（White 模型）

地震波在流体饱和的多孔介质内传播时，会造成孔隙内流体的流动，这种流体波会对地震波的传播产生影响。研究发现，未固结砂质储层部分含气时，在 1～100Hz 时，纵波速度增加 20%，而衰减也不同，在实际孔隙介质中，两种流动是同时发生的，当纵波在孔隙介质中传播时，压力梯度使流体与固体发生相对运动。在均匀骨架和低频条件下，这种压力梯度很小，流体产生的衰减可以忽略。如果沉积物中有被隔离的气体，在气–水接触的非均质性界面附近，该压力梯度就很大。流体的宏观流动会造成地震波高频范围内的频散，而局部流动会造成地震波低频范围内的频散。White（1975）把多孔介质假设为同心球形，外半径为饱和水介质，是一个自由参数，与测量的频散有关，内半径为饱和气介质，与气体饱

和度有关，未固结沉积物中内半径一般为厘米尺度，建立了两种典型的部分饱和多孔模型（一种为含球状内含物的部分饱和模型，一种为周期成层的部分饱和模型）。对于孔隙介质中部分含气地层，由于流体波与地震体波的耦合，弹性波在低频范围会发生衰减和速度频散。图 2-2 给出了不同气体半径时计算速度随频率变化。

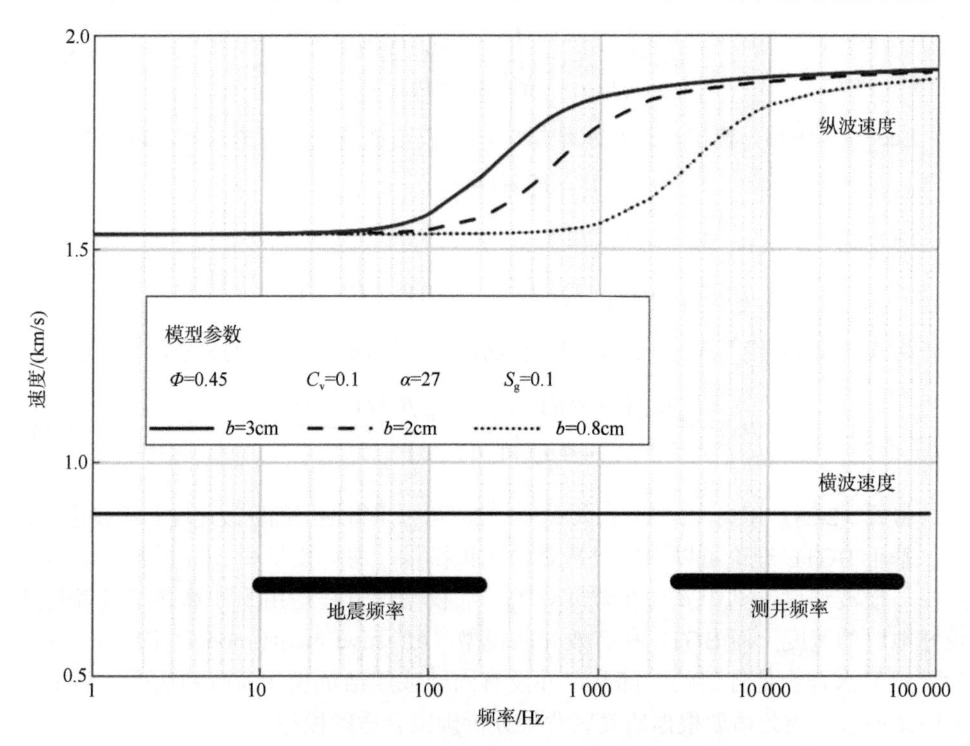

图 2-2　利用 White 模型计算的部分含气沉积物中速度随频率变化

气体半径分别为 3cm、2cm 和 0.8cm

近年来，在国际多个海域发现了天然气水合物和游离气共存现象，计算天然气水合物或游离气的饱和度时，速度模型使用饱和水简化的三相介质方程。当天然气水合物与游离气共存时，由于天然气水合物和游离气都是绝缘体，都具有高电阻率异常，利用电阻率计算饱和度 S_r 为天然气水合物 S_h 与游离气饱和度 S_g 之和，即 $S_r=S_h+S_g$。将计算速度与实测速度进行比较，并调整饱和度模型参数，直到获得满意的一致性。如果计算速度高于实测速度，则调整 S_r 中游离气和天然气水合物的饱和度。天然气水合物作为第三个组分，与沉积物颗粒的体积和剪切模量无直接关系，计算饱和度时使用的孔隙度为密度孔隙度。计算部分含气地层的饱和度需要输入孔隙度、骨架弹性参数、游离气饱和度和 Biot 系数与弹性模量关系，主要包括四步：①计算新的孔隙度，与饱和水孔隙度 ϕ_w 相似，$\phi_w=\varphi(1-S_h)$，在 White 模型中使用该孔隙度。②沉积物骨架的体积与剪切模量，在 White 模型中，使用沉积物颗粒包裹天然气水合物模式来计算沉积物的体积和剪切模量，这是与利用简化三相介质方程计算含天然气水合物层速度和部分含气的 White 模型最大不同之处。③部分含气沉积物中合适的 Biot 系数与弹性模量关系与含天然气水合物层及含水层不同（Lee，2005；Lee and Collett，2009），β_p 与 β_s 不同，对部分含气沉积物，β_p 与 β_s 相同，β_s 由前面方程计算，地层固结因子是随深度变化的函数。④游离气饱和度 $S_g=S_r-S_h$ 与初始孔隙度 ϕ 有关。White 模型计算的游离气饱和度与饱和水孔隙度有关，而不是初始孔隙度。由于天然气水合物降低饱和水孔隙度，White 模型中新的游离气饱和度 S_g^* 为：$S_g^*=\phi S_g/\varphi_w$。在计算过程中，如果初始给定 S_g 等于 S_r，计算速度仍然大于测量速度，这可能是由于模型中气体半径太大或者天然气水合物饱和度取值太小。

2.2.10　层状介质速度模型

呈脉状、块状、结核状等形态的天然气水合物广泛发育在细粒沉积物的裂隙内，由于裂隙倾角和天然气水合物饱和度差异，导致含天然气水合物层具有各向异性。此时，假设天然气水合物在沉积物孔隙内均匀分布，利用各向同性速度模型计算的天然气水合物饱和度与压力取芯计算结果差异较大（Lee and Collett，2009）。有多种模型用于研究裂隙充填型天然气水合物，如层状介质模型、裂隙嵌于孔隙介质中模型、周期性薄互层与扩容模型等。不同模型具有不同假设条件，而裂隙方向是一个影响天然气水合物饱和度估算结果的关键因素。假设裂隙中完全充填天然气水合物，裂隙充填型天然气水合物储层可以利用两种端元的层状介质模型来研究（图 2-3）。端元 I 为裂隙 100% 充填天然气水合物，端元 II 为孔隙中充填饱和水的各向同性介质。η_1 为裂隙所占的体积分数，假设裂隙中完全充填天然气水合物，则 $\phi_1=\eta_1$。ϕ_1 为各向同性介质所占的体积分数，ϕ_2 为端元 II 饱和水介质的孔隙度，ϕ_t 为总孔隙度。

对于端元 II 各向同性介质，各弹性参数（体积模量和剪切模量）利用简化的三相介质模型来计算。首先利用 Voigt-Reuss-Hill（Hill，1952）平均公式来计算矿物颗粒间的弹性参数，然后用 Pride 等（2004）的公式来计算干燥沉积物骨架的弹性模量：

$$K_d=\frac{K_s(1-\phi)}{1+\alpha\phi}$$

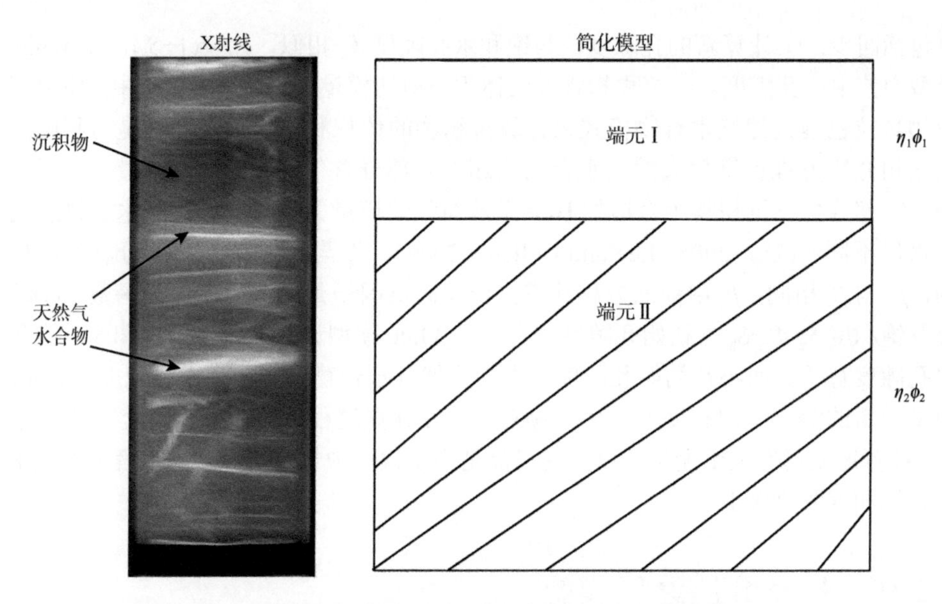

图 2-3　裂隙充填型天然气水合物简化的层状介质模型

$$\mu_d = \frac{\mu_s(1-\phi)}{1+\gamma\alpha\phi} \tag{2-29}$$

$$\gamma = \frac{1+2\alpha}{1+\alpha}$$

式中，α 为胶结因子，与有效压力和沉积物固结程度有关，K_s 和 μ_s 分别为矿物颗粒的体积模量和剪切模量，K_d 和 μ_d 分别为干岩石骨架的体积模量和剪切模量，ϕ 为干岩石骨架的孔隙度。Mindlin（1949）认为剪切模量与地层有效压力的 1/3 次幂成正比。Lee（2002）假设 α 与埋藏深度的 1/3 次方成正比来计算胶结因子。

最后，通过 Gassmann（1951）流体替换公式，利用干岩石骨架的弹性模量计算饱和水各向同性介质的弹性模量，其表达式为

$$\frac{K_{sat}}{K_s - K_{sat}} = \frac{K_d}{K_s - K_d} + \frac{K_f}{\phi(K_s - K_f)}$$

$$\mu_{sat} = \mu_d \tag{2-30}$$

式中，K_{sat} 为饱和水沉积物的体积模量，K_f 为孔隙流体的体积模量。模型中端元Ⅱ部分的弹性参数即饱和水各向同性介质的弹性参数，端元Ⅰ部分的弹性参数即天然气水合物的弹性参数。

含裂隙时，横向各向同性介质相速度的表达式为

$$\bar{G}=\eta_1 G_1+\eta_2 G_2$$

$$\overline{\overline{\frac{1}{G}}}=\left(\frac{\eta_1}{G_1}+\frac{\eta_2}{G_2}\right) \tag{2-31}$$

式中，G 是图 2-3 中端元Ⅰ和Ⅱ中任意弹性参数或者弹性参数的组合。横向各向同性介质中纵波和横波速度用拉梅常数 λ 和 μ 计算（White，1965）：

$$V_{\mathrm{p}}=\left(\frac{A\sin^2\varphi+C\cos^2\varphi+L+Q}{2\rho}\right)^{1/2}$$

$$V_{\mathrm{s}}^{v}=\left(\frac{A\sin^2\varphi+C\cos^2\varphi+L-Q}{2\rho}\right)^{1/2} \tag{2-32}$$

$$V_{\mathrm{s}}^{h}=\left(\frac{N\sin^2\varphi+L\cos^2\varphi}{\rho}\right)^{1/2}$$

$$A=\overline{\frac{4\mu(\lambda+\mu)}{\lambda+2\mu}}+\frac{1}{\overline{\overline{\lambda+2\mu}}}\left(\overline{\frac{\lambda}{\lambda+2\mu}}\right)^2;\ C=\frac{1}{\overline{\overline{\lambda+2\mu}}};\ F=\frac{1}{\overline{\overline{\lambda+2\mu}}}\overline{\frac{\lambda}{\lambda+2\mu}};\ L=\frac{1}{\overline{\overline{\mu}}};\ N=\bar{\mu};$$

$$\rho=\bar{\rho};\ \ Q=\sqrt{[(A-L)\sin^2\varphi-(C-L)\cos^2\varphi]^2+4(F+L)^2\sin^2\varphi\cos^2\varphi}$$

式中，φ 为地震波前法向角，λ 和 μ 为拉梅常数，V_{p} 为准纵波速度（简称纵波），V_{s}^{v} 为垂直极化横波速度，V_{s}^{h} 为水平极化横波速度，也是一种准横波（简称横波）速度。由式（2-32）计算得到的速度是各向异性介质中的相速度，利用速度反演天然气水合物饱和度时，通常利用群速度，Thomsen（1986）给出了相速度与群速度之间的关系。对于垂向井孔，入射角为 0° 表示水平裂隙，入射角为 90° 表示垂向裂隙，即入射角与裂隙倾角相关，入射角的大小代表了裂隙倾角的大小。Thomsen（1986）利用 γ、δ 和 ε 三个参数来描述弱各向异性介质，Thomsen 参数与 White 模型的表达式为

$$\gamma=\frac{N-L}{2L}$$

$$\delta=\frac{(F+L)^2-(C-L)^2}{2C(C-L)} \tag{2-33}$$

$$\varepsilon=\frac{A-C}{2C}$$

则横向各向同性介质群速度与相速度之间的关系式为

$$V_{\mathrm{p}}(\varphi)=\mathrm{GV}_{\mathrm{p}}(\varphi_{\mathrm{g}})$$

$$V_{\mathrm{s}}^{h}(\varphi)=\mathrm{GV}_{\mathrm{s}}^{h}(\varphi_{\mathrm{g}}) \tag{2-34}$$

$$V_{\mathrm{s}}^{v}(\varphi)=\mathrm{GV}_{\mathrm{s}}^{v}(\varphi_{\mathrm{g}})$$

式中，φ_{g} 为射线方向与层状介质对称轴之间的夹角，GV_{p}、$\mathrm{GV}_{\mathrm{s}}^{h}$ 和 $\mathrm{GV}_{\mathrm{s}}^{v}$ 分别为纵波、水平极化横波（SH）和垂向极化横波（SV）的群速度。式（2-34）中群速度与相速度并不相等，当 φ_{g} 角对应的波前法线角为 φ 时，可以利用相速度来计算群速度。对于弱各向异性介质，φ_{g} 和 φ 满足以下关系：

纵波，

$$\tan\varphi_{\mathrm{g}}=\tan\varphi\left[1+2\delta+4(\varepsilon-\delta)\sin^{2}\varphi\right]$$

SH 波，

$$\tan\varphi_{\mathrm{g}}=\tan\varphi\left[1+2\gamma\right] \tag{2-35}$$

SV 波，

$$\tan\varphi_{\mathrm{g}}=\tan\varphi\left[1+\frac{2\alpha_{0}^{2}(\varepsilon-\delta)(1-2\sin^{2}\varphi)}{\beta_{0}^{2}}\right]$$

式中，α_0 和 β_0 分别为 $\varphi_{\mathrm{g}}=0°$ 时的纵横波速度。

在裂隙充填型天然气水合物层，测井测量的速度与裂隙倾角和天然气水合物饱和度有关，当天然气水合物饱和度相同、裂隙倾角不同时，地层的纵横波速度不同。

2.3 沉积物颗粒与天然气水合物微观结构模型

2.3.1 弹性边界

计算天然气水合物与沉积物有效弹性模量的方法有多种，天然气水合物与沉积物的接触关系分为包裹模型和接触模型等，在模型中需要考虑：①骨架及孔隙间物质成分及体积分数；②各种组分的弹性模量；③各种物质之间的接触关系等。当沉积物弹性模量和体积分数确定时，在不考虑几何排列的情况下，我们能预测出沉积物的有效模量和速度的上下限。如果矿物颗粒和孔隙空间等效为一个均匀整体，可以利用等效介质来研究骨架弹性参数与孔隙度、矿物组分、压力等的关系。两种不同矿物或者一种矿物与流体混合时，对于给定的体积含量，混合物有效模量会落在上下限之间。

2.3.1.1　Voigt-Reuss-Hill 平均（VRH 平均）模型

$$M_{\mathrm{V}}=\sum_{i=1}^{N} f_i M_i \tag{2-36}$$

$$M_{\mathrm{R}}=\left(\sum_{i=1}^{N} f_i / M_i\right)^{-1} \tag{2-37}$$

$$M_{\mathrm{VRH}}=\frac{1}{2}\left(M_{\mathrm{V}}+M_{\mathrm{R}}\right) \tag{2-38}$$

式中，M_{R}、M_{V} 和 M_{VRH} 分别为 Reuss、Voigt 和 Hill 平均的固体矿物弹性模量，f_i 和 M_i 分别为第 i 矿物的体积分数及其相应的弹性模量，N 为基质中所含矿物组分个数。

2.3.1.2　Hashin-Shtrikman 平均（HS 平均）模型

$$K^{\mathrm{HS}\pm}=K_1+f_2\left[\left(K_2-K_1\right)^{-1}+f_1\left(K_1+4\mu_1/3\right)^{-1}\right]^{-1} \tag{2-39}$$

$$\mu^{\mathrm{HS}\pm}=\mu_1+f_2\left[\left(\mu_2-\mu_1\right)^{-1}+2f_1\left(K_1+2\mu_1\right)\cdot\left(K_1+4\mu_1/3\right)^{-1}/\left(5\mu_1\right)\right]^{-1} \tag{2-40}$$

式中，K_1、K_2 和 μ_1、μ_2 分别为各构成组分的体积模量和剪切模量，f_1 和 f_2 表示相 1 和相 2 的体积分数。当相 1 体积模量相对较小时，对应的是下界；反之，对应的是上界。

图 2-4 为利用 VRH 边界和 HS 边界模型计算的石英与泥质混合物的体积模量和剪切模量。HS 边界模型计算的上下界比 Voigt 和 Reuss 边界范围要窄。实际存在的各向同性混合物的模量达不到 Voigt 上界，也不可能低于 Reuss 下界。上界与下界之间的差异程度取决于各组分的弹性性质。当几种矿物组分之间差别很小时，上下界很接近；当岩石中的几种固体矿物成分弹性特性差别较大时，上下界差别较大，预测能力变得非常差。此模型通常用于估算固体混合矿物的等效弹性模量。

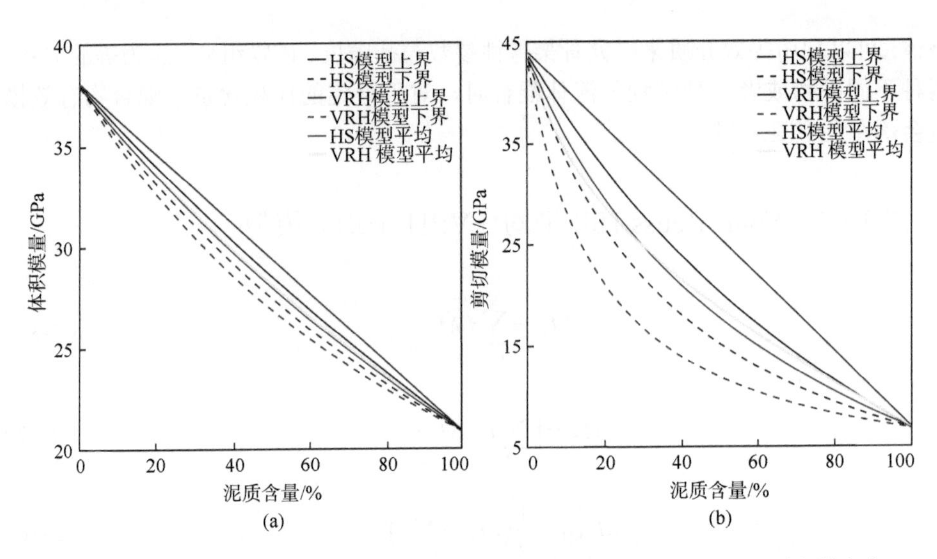

图 2-4　不同边界模型的岩石骨架体积模量（a）和剪切模量（b）随泥质含量变化

2.3.2　有效介质模型

有效介质模型分为压实作用的接触模型和胶结作用的胶结模型，与常规油气不同，天然气水合物可能充填在孔隙空间，也可能与沉积物骨架接触胶结。目前常用的岩石物理模型为联合 Hashin-Shtrikman 边界条件（1963 年）和 Hertz-Mindlin 模型建立的 Hertz-Mindlin 有效介质模型。Dvorkin 等（1999a）提出了将有效压力、孔隙度和沉积物矿物组分影响考虑在内的有效介质模型，该模型假设条件是孔隙度在 36%～40% 时，沉积物是由理想的弹性球体随机组成的。

2.3.2.1　接触模型

Dvorkin 和 Nur（1996）首次应用修改的 Hashin-Shtrikman-Hertz-Mindlin 理论把天然水合物层的速度与孔隙度、饱和度、矿物组分及有效压力联系起来。分为两种不同接触模式，一种是天然水合物像流体一样（模式 A）；另一种是天然水合物与骨架接触，改变骨架硬度（模式 B）。应用 Hertz-Mindlin 理论（Mindlin，1949）来计算临界孔隙度处（ϕ_c≈36%～40%）的体积模量和剪切模量。孔隙度比临界孔隙度低时，沉积物颗粒为承载体；孔隙度比临界孔隙度高时，沉积物呈悬浮态，流体相为承载体。不含天然气水合物沉积层的干燥骨架弹性参数在临界孔隙度处的有效弹性模量计算公式为

$$K_{\mathrm{HM}}=\left[\frac{G^2n^2\left(1-\phi_{\mathrm{c}}\right)^2}{18\pi^2\left(1-\sigma\right)^2}P\right]^{\frac{1}{3}} \tag{2-41}$$

$$G_{\mathrm{HM}}=\frac{5-4\sigma}{5\left(2-\sigma\right)}\left[\frac{3G^2n^2\left(1-\phi_{\mathrm{c}}\right)^2}{2\pi^2\left(1-\sigma\right)^2}P\right]^{\frac{1}{3}} \tag{2-42}$$

式中，K 和 G 为沉积物骨架的体积模量和剪切模量，σ 为泊松比，P 为有效压力，n 为颗粒平均接触数，一般 n=8.5。有效压力为

$$P=\left(1-\phi\right)\left(\rho_{\mathrm{s}}-\rho_{\mathrm{f}}\right)gh \tag{2-43}$$

式中，ρ_{s} 和 ρ_{f} 分别为固体相和流体相的密度，h 为海底以下深度（m），g 为重力加速度。

沉积物由不同种矿物组成，其体积模量和剪切模量可以应用 Hill 平均方程来计算：

$$K=\frac{1}{2}\left[\sum_{i=1}^{m}f_iK_i+\left(\sum_{i=1}^{m}\frac{f_i}{K_i}\right)^{-1}\right] \tag{2-44}$$

$$G=\frac{1}{2}\left[\sum_{i=1}^{m}f_iG_i+\left(\sum_{i=1}^{m}\frac{f_i}{G_i}\right)^{-1}\right] \tag{2-45}$$

式中，m 为不同矿物组分数目，f_i 为第 i 种组分的体积百分比，K_i 和 G_i 分别为第 i 组分的体积模量和剪切模量。

固体相干燥骨架弹性模量可以应用修改的 Hashin-Shtrikman 来计算（Dvorkin and Nur，1996；Ecker et al.，1998）。当 $\phi<\phi_{\mathrm{c}}$ 时，

$$K_{\mathrm{dry}}=\left[\frac{\phi/\phi_{\mathrm{c}}}{K_{\mathrm{HM}}+\frac{4}{3}G_{\mathrm{HM}}}+\frac{1-\phi/\phi_{\mathrm{c}}}{K+\frac{4}{3}G_{\mathrm{HM}}}\right]^{-1}-\frac{4}{3}G_{\mathrm{HM}}$$

$$G_{\mathrm{dry}}=\left[\frac{\phi/\phi_{\mathrm{c}}}{G_{\mathrm{HM}}+Z}+\frac{1-\phi/\phi_{\mathrm{c}}}{G+Z}\right]^{-1}-Z \tag{2-46}$$

$$Z=\frac{G_{\mathrm{HM}}}{6}\left(\frac{9K_{\mathrm{HM}}+8G_{\mathrm{HM}}}{K_{\mathrm{HM}}+2G_{\mathrm{HM}}}\right)$$

当 $\phi>\phi_{\mathrm{c}}$ 时，

$$K_{dry}=\left[\frac{(1-\phi)/(1-\phi_c)}{K_{HM}+\frac{4}{3}G_{HM}}+\frac{(\phi-\phi_c)/(1-\phi_c)}{\frac{4}{3}G_{HM}}\right]^{-1}-\frac{4}{3}G_{HM}$$

$$G_{dry}=\left[\frac{(1-\phi)/(1-\phi_c)}{G_{HM}+Z}+\frac{(\phi-\phi_c)/(1-\phi_c)}{Z}\right]^{-1}-Z \tag{2-47}$$

$$Z=\frac{G_{HM}}{6}\left(\frac{9K_{HM}+8G_{HM}}{K_{HM}+2G_{HM}}\right)$$

确定了干燥骨架的弹性模量，在地震频率范围，饱和骨架弹性模量（K_{sat}）可以应用 Gassmann 方程计算得到。该方程把含有流体的干燥骨架的弹性模量与有效弹性模量联系起来，饱和状态的有效体积模量和剪切模量的表达式为

$$K_{sat}=K\frac{\phi K_{dry}-\frac{(1+\phi)K_f K_{dry}}{K}+K_f}{(1-\phi)K_f+\phi K-\frac{K_f K_{dry}}{K}} \tag{2-48}$$

$$G_{sat}=G_{dry} \tag{2-49}$$

式中，K_f 饱和流体的体积模量。当水饱和时，K_f 等于水的体积模量。

Helgerud 等（1999）基于有效介质模型，假设天然气水合物与沉积物颗粒之间关系为模式 A 和模式 B（图 2-1），估算了天然水合物和游离气饱和度。在模式 A 中，天然水合物像流体一样充填在孔隙空间，不改变骨架弹性参数，孔隙中流体由水和天然水合物共同组成，流体相的体积模量（K_f）为

$$K_f=\left[S_w/K_w+(1-S_w)/K_h\right]^{-1} \tag{2-50}$$

式中，K_h 为纯天然水合物的体积模量，S_w 为水饱和度，K_w 为水的体积模量。在模式 B 中，天然水合物不但降低地层的孔隙度而且影响骨架的体积模量和剪切模量，略微使沉积物骨架变硬。降低的地层孔隙度与地层实际孔隙度关系为

$$\phi_r=\phi(1-S_h) \tag{2-51}$$

式中，S_h 为天然气水合物饱和度。天然气水合物层骨架的体积模量和剪切模量分别为

$$K=\frac{1}{2}\left[f_h K_h+(1-f_h)K_s\right]+\frac{1}{2}\left[\frac{f_h}{K_h}+\frac{1-f_h}{K_s}\right]^{-1} \tag{2-52}$$

$$G=\frac{1}{2}\left[f_{\mathrm{h}}G_{\mathrm{h}}+\left(1-f_{\mathrm{h}}\right)G_{\mathrm{s}}\right]+\frac{1}{2}\left[\frac{f_{\mathrm{h}}}{G_{\mathrm{h}}}+\frac{1-f_{\mathrm{h}}}{G_{\mathrm{s}}}\right]^{-1} \tag{2-53}$$

式中，K_{s} 与 G_{s} 分别为固体相的体积模量与剪切模量，可以利用固体相矿物含量及体积模量和剪切模量 Hill 平均方程来计算，f_{h} 为天然气水合物占固体骨架的体积百分比，由式（2-54）计算：

$$f_{\mathrm{h}}=\frac{\phi\left(1-S_{\mathrm{w}}\right)}{1-\phi S_{\mathrm{w}}} \tag{2-54}$$

干燥或饱和骨架的体积模量和剪切模量与不含天然气水合物沉积层的计算方法相同，代入速度方程就可以计算含天然气水合物层的纵横波速度。

2.3.2.2 胶结模型

天然气水合物包裹着沉积物颗粒（模式 C），不但影响沉积物的弹性参数而且降低地层孔隙度。通常情况下胶结模型适用于孔隙度低于 40% 的沉积物，孔隙度比较高时，只能近似计算颗粒的弹性特性。天然气水合物与沉积物颗粒胶结分为两种（图 2-5），一种是天然气水合物胶结沉积物颗粒，胶结程度 α 与孔隙度有关，其表达式为

$$\alpha=2\left[\frac{\phi_0-\phi}{3n\left(1-\phi_0\right)}\right]^{0.25}=\left[\frac{2S_{\mathrm{h}}\phi_0}{3\left(1-\phi_0\right)}\right]^{0.25} \tag{2-55}$$

另一种是天然气水合物均匀包裹在沉积物颗粒外围，其表达式为

$$\alpha=2\left[\frac{\phi_0-\phi}{3n\left(1-\phi_0\right)}\right]^{0.5}=\left[\frac{2S_{\mathrm{h}}\phi_0}{3\left(1-\phi_0\right)}\right]^{0.5} \tag{2-56}$$

式中，S_{h} 为天然气水合物饱和度。应用胶结理论（Dvorkin and Nur，1996），天然气水合物胶结的沉积层有效体积模量和剪切模量分别为

$$K_{\mathrm{dry}}=\frac{1}{6}n\left(1-\phi\right)\left(K_{\mathrm{h}}+\frac{4}{3}G_{\mathrm{h}}\right)S_n \tag{2-57}$$

$$G_{\mathrm{dry}}=\frac{3}{5}K_{\mathrm{dry}}+\frac{3}{20}n\left(1-\phi\right)G_{\mathrm{h}}S_{\tau} \tag{2-58}$$

式中，S_{τ} 和 S_n 与胶结两颗粒的法线和剪切应力成比例，取决于颗粒接触处的天然气水合物多少、沉积物和颗粒的弹性性质。同样，饱和骨架的特性应用 Gassmann 方程来计算。S_{τ} 和 S_n 可由式（2-59）计算：

$$S_n = A_n(n)\alpha^2 + B_n(n)\alpha + C_n(n)$$

$$A_n(n) = -0.024\,153 \cdot n^{-1.364\,6};\ B_n(n) = 0.204\,05 \cdot n^{-0.890\,08};\ C_n(n) = 0.000\,246\,49 \cdot n^{-1.984\,6}$$

$$S_\tau = A_\tau(\tau,\sigma)\alpha^2 + B_\tau(\tau,\sigma)\alpha + C_\tau(\tau,\sigma)$$

$$A_\tau(\tau,\sigma) = -10^{-2}\left(2.26\sigma^2 + 2.07\sigma + 2.3\right)\tau^{0.079\sigma^2+0.1754\sigma-1.342} \tag{2-59}$$

$$B_\tau(\tau,\sigma) = \left(0.0573\sigma^2 + 0.0937\sigma + 0.202\right)\tau^{0.0274\sigma^2+0.0529\sigma-0.8765}$$

$$C_\tau(\tau,\sigma) = 10^{-4}\left(9.654\sigma^2 + 4.945\sigma + 3.1\right)\tau^{0.018\,67\sigma^2+0.4011\sigma-1.818\,6}$$

$$n = \frac{2G_\mathrm{h}}{\pi G}\frac{(1-\sigma)(1-\sigma_\mathrm{h})}{1-2\sigma_\mathrm{h}};\ \tau = \frac{G_\mathrm{h}}{\pi G};\ \alpha = \frac{a}{R}$$

式中，G 和 σ 分别为沉积物的剪切模量和泊松比，K_h、G_h、σ_h 分别为胶结天然气水合物的体积模量、剪切模量和泊松比，α 为天然气水合物均匀包裹沉积物颗粒时，胶结天然气水合物半径（a）与沉积物颗粒半径（R）之比（图 2-5）。

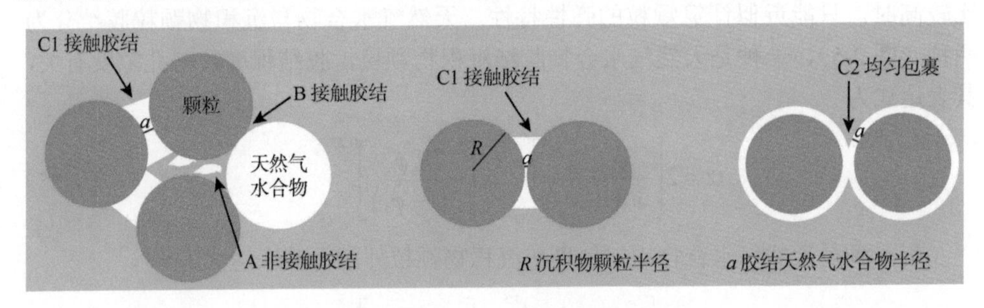

图 2-5　天然水合物与沉积物颗粒接触模式

2.3.3　广义有效介质理论

融合 Hertz-Mindlin 有效介质模型和胶结模型，Pan 等（2019）推导了广义压力相关的正则化接触胶结半径。基于简化三相介质理论［式（2-15）和式（2-16）］，假设在不存在胶结层厚度的情况下，可以得到胶结物在颗粒接触处和均匀分布在颗粒表面的压力相关的正则化接触胶结半径。

当胶结物沉积在颗粒接触处［图 2-6（a）］时，压力相关的正则化接触胶结半径为

$$\beta=\frac{b}{R}=\sqrt{\beta_0^2+\sqrt{\frac{16}{3n}\frac{(\phi_c-\phi)}{(1-\phi_c)}}} \tag{2-60}$$

当胶结物均匀分布在颗粒表面［图 2-6（b）］时，压力相关的正则化接触胶结半径为

$$\beta=\frac{b}{R}=\sqrt{\beta_0^2+\frac{2}{3}\frac{(\phi_c-\phi)}{(1-\phi_c)}} \tag{2-61}$$

式中，b 为环形接触胶结半径，R 为颗粒半径。

基于式（2-60）和式（2-61），可以拓展到混合胶结情形下的正则化接触胶结半径，即当胶结物同时沉积在颗粒接触处和颗粒表面［图 2-6（c）］时，压力相关的正则化接触胶结半径为

$$\beta=\sqrt{\beta_0^2+\left[\frac{\left[2n(1-W_c)+16W_c\right](\phi_c-\phi)}{3n(1-\phi_c)}\right]^{\frac{2-W_c}{2}}}=\sqrt{\beta_0^2+\left[\frac{\left[2n(1-W_c)+16W_c\right]\phi_c S_c}{3n(1-\phi_c)}\right]^{\frac{2-W_c}{2}}} \tag{2-62}$$

当 W_c=0 时，表示颗粒包裹模式；当 W_c=1 时，表示接触胶结模式。当压力为 0 时，正则化接触胶结半径简化为

$$\alpha=\left[\frac{\left[2n(1-W_c)+16W_c\right](\phi_c-\phi)}{3n(1-\phi_c)}\right]^{\frac{2-W_c}{4}}=\left[\frac{\left[2n(1-W_c)+16W_c\right]\phi_c S_c}{3n(1-\phi_c)}\right]^{\frac{2-W_c}{4}} \tag{2-63}$$

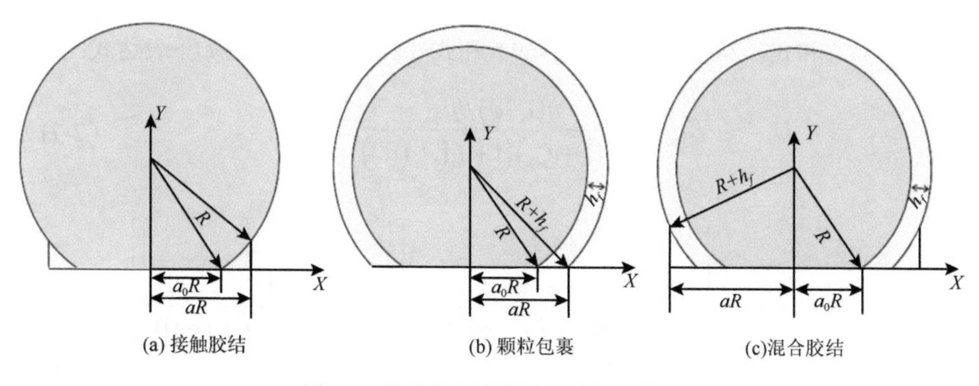

图 2-6　胶结物和颗粒的三种组合模式

然后，基于 Langlois（2015）建立的接触胶结和 Hertzian 接触两种情况下的刚度表达式得到广义的胶结接触刚度计算公式：

$$S_n = \frac{4b\mu_{\mathrm{ma}}}{\left(1-\nu_{\mathrm{ma}}\right)\left(1+f\left(A_n(\alpha)\right)\right)} \tag{2-64}$$

$$S_\tau = \frac{8b\mu_{\mathrm{ma}}}{2-\nu_{\mathrm{ma}}} \frac{\left[1+\dfrac{\nu_{\mathrm{ma}}}{\left(2-\nu_{\mathrm{ma}}\right)} \cdot g\left(A_\tau(\alpha)\right)\right]}{1+f\left(A_\tau(\alpha)\right)} \tag{2-65}$$

其中，$f(A_n)$、$f(A_\tau)$ 和 $g(A_\tau)$ 是校正函数，具体计算表达式为

$$f\left(A_n\right) = 0.3092 A_n^{0.9098} \frac{0.1036 A_n^{0.4139}+1}{A_n^{0.4139}+1} \tag{2-66}$$

$$f\left(A_\tau\right) = 0.3092 A_\tau^{0.9098} \frac{0.1036 A_\tau^{0.4139}+1}{A_\tau^{0.4139}+1} \tag{2-67}$$

$$g\left(A_\tau\right) = \frac{-0.428 A_\tau^{0.4189}}{1+1.336 A_\tau^{1.222}+4.031 A_\tau^{0.523}} \tag{2-68}$$

对于随机排列的球形颗粒堆积体，有效体积模量和剪切模量可以表示为

$$K_{\mathrm{emt}} = \frac{n(1-\phi)}{12\pi R} S_n \tag{2-69}$$

$$\mu_{\mathrm{emt}} = \frac{n(1-\phi)}{20\pi R}\left(S_n+\frac{3}{2}S_\tau\right) \tag{2-70}$$

将式（2-64）和式（2-65）代入式（2-69）和式（2-70）中，得到如下表达式：

$$K_{\mathrm{emt}} = \frac{n(1-\phi)\beta\mu_{\mathrm{ma}}}{3\pi\left(1-\nu_{\mathrm{ma}}\right)\left(1+f\left(A_n(\alpha)\right)\right)} \tag{2-71}$$

$$\mu_{\mathrm{emt}} = \frac{n(1-\phi)\beta\mu_{\mathrm{ma}}}{5\pi}\left\{\frac{1}{\left(1-\nu_{\mathrm{ma}}\right)\left(1+f\left(A_n(\alpha)\right)\right)}+\frac{3\left[1+\dfrac{\nu_{\mathrm{ma}}}{\left(2-\nu_{\mathrm{ma}}\right)g\left(A_\tau(\alpha)\right)}\right]}{\left(2-\nu_{\mathrm{ma}}\right)\left(1+f\left(A_\tau(\alpha)\right)\right)}\right\} \tag{2-72}$$

结合改进的 Hashin-Shtrikman 边界和改进的胶结模型可以得到计算干岩石模量的计算公式：

$$K_{dry}=\begin{cases}\left[\dfrac{\dfrac{\phi}{\phi_c}}{K_{emt}+\dfrac{4}{3}\mu_{emt}}+\dfrac{\dfrac{1-\phi}{\phi_c}}{K_{ma}+\dfrac{4}{3}\mu_{emt}}\right]^{-1}-\dfrac{4}{3}\mu_{emt}, & \phi<\phi_c\\ \left[\dfrac{\dfrac{1-\phi}{1-\phi_c}}{K_{emt}+\dfrac{4}{3}\mu_{emt}}+\dfrac{\dfrac{\phi-\phi_c}{1-\phi_c}}{\dfrac{4}{3}\mu_{emt}}\right]^{-1}-\dfrac{4}{3}\mu_{emt}, & \phi\geqslant\phi_c\end{cases} \tag{2-73}$$

$$\mu_{dry}=\begin{cases}\left[\dfrac{\dfrac{\phi}{\phi_c}}{\mu_{emt}+\dfrac{\mu_{emt}(9K_{emt}+8\mu_{emt})}{6K_{emt}+12\mu_{emt}}}+\dfrac{\dfrac{1-\phi}{\phi_c}}{\mu_{ma}+\mu_{emt}}\right]^{-1}-\dfrac{\mu_{emt}(9K_{emt}+8\mu_{emt})}{6K_{emt}+12\mu_{emt}}, & \phi<\phi_c\\ \left[\dfrac{\dfrac{1-\phi}{1-\phi_c}}{\mu_{emt}+\dfrac{\mu_{emt}(9K_{emt}+8\mu_{emt})}{6K_{emt}+12\mu_{emt}}}+\dfrac{\dfrac{\phi-\phi_c}{1-\phi_c}}{\dfrac{\mu_{emt}(9K_{emt}+8\mu_{emt})}{6K_{emt}+12\mu_{emt}}}\right]^{-1}-\dfrac{\mu_{emt}(9K_{emt}+8\mu_{emt})}{6K_{emt}+12\mu_{emt}}, & \phi\geqslant\phi_c\end{cases} \tag{2-74}$$

基于广义有效介质模型计算的纵横波速度与有效介质模型计算的结果在孔隙充填和骨架支撑形态下是完全吻合的（Pan et al.，2019）。与胶结模型计算的纵波速度大小也比较接近，但计算的横波速度在高天然气水合物饱和度时略低于胶结模型计算的结果。此外，考虑多种赋存形态的广义有效介质模型计算曲线与实验测量数据的总体变化趋势相一致。因此，新模型不仅可以有效融合胶结模型和有效介质模型计算的结果，也可以解释天然气水合物在形成过程中的赋存形态演化特征。

2.3.4　自洽模型和微分有效介质模型

Jakobsen 等（2000）提出利用自洽近似（self-consistent approximation，SCA）与微分有效介质模型（different effective medium model，DEM）研究泥质含天然气水合物层，该模型把天然气水合物地震参数与孔隙度、矿物组分、微观结构和天然气水合物饱和度相联合。考虑天然气水合物在孔隙内的两种独立分布：①天然气水合物分布在孔隙内不连通，且不与颗粒接触；②天然气水合物连通，且胶结沉积物颗粒。泥质含量造成各向异性，利用自洽近似和微分有效介质模型联合能够研究横向各向同性。

假设一种均匀的复合材料由 n 相不同的介质组成，每一相的弹性刚度张量和体积分数由 C_i 和 $v_i(i=1, 2, \cdots, n)$ 表示。基于 SCA 理论，弹性刚度张量 $\boldsymbol{C}$ 的表达式为

$$\boldsymbol{C}=\bar{C}\left(C_i, v_i; \boldsymbol{C}\right)=\left\{\sum_{i=1}^{n} v_i C_i Q_i\right\}\left\{\sum_{j=1}^{n} v_j Q_j\right\}^{-1} \tag{2-75}$$

式中，$Q_i=[I+\boldsymbol{P}(\boldsymbol{C})(C_i-\boldsymbol{C})]^{-1}$，$\boldsymbol{P}$ 为四阶张量（Willis，1977）。对于由沉积物骨架–孔隙流体组成的岩石物理模型，自洽近似理论只适用于孔隙度为 40%～60% 时。为了计算任意孔隙度的含天然气水合物地层的弹性性质，Jakobsen 等（2000）将自洽近似理论和微分有效介质理论联合，采用 Hornby 等（1994）提出的计算步骤，首先根据式（2-75）计算给定孔隙度（50%）的弹性刚度，然后不断地移除无穷小的岩石骨架部分并用相同体积的其他相 i 来代替。根据微分有效介质理论，每一步有效弹性刚度张量的变化 $\mathrm{d}\boldsymbol{C}$ 与体积分数的变化 $\mathrm{d}v_i$ 和 i 相的体积分数 v_i 有关：

$$\mathrm{d}\boldsymbol{C}=\frac{\mathrm{d}v_i}{1-\mathrm{d}v_i}\left(C_i-\boldsymbol{C}\right) Q_i \tag{2-76}$$

假设沉积地层由泥岩、水、天然气水合物和石英组成，体积分数分别由 v_c、v_w、v_h 和 v_q 表示，其中石英只被包裹在沉积物孔隙中，不作为连通相，即使石英的饱和度较高。考虑到天然气水合物在孔隙介质中的连通性不同，Jakobsen 等（2000）提出了两种计算模型：①天然气水合物饱和度较低时，由式（2-75）计算水和天然气水合物作为孔隙流体时的弹性参数，然后调整水和天然气水合物的体积分数，由式（2-76）计算天然气水合物饱和度地层的弹性参数。此时对应的等效微观结构为泥岩骨架、连通的孔隙水和不连通的天然气水合物包裹体。②天然气水合物饱和度较高或者孔隙度较低时，先假设天然气水合物是连通的，然后基于式（2-76），逐渐用水代替天然气水合物的体积，计算方法与①相似，把水和天然气水合物角色互换，相应的等效微观结构为泥岩骨架、天然气水合物骨架和不连通的包裹体水。

利用上述方法求得的弹性参数可以进一步求出地层速度（Thomsen，1986）：

$$V_\mathrm{p}=\sqrt{c_{33}/\rho};\ V_\mathrm{s}=\sqrt{c_{44}/\rho} \tag{2-77}$$

式中，V_p 为纵波速度；V_s 为横波速度。

Jakobsen 等（2000）利用该方法计算了布莱克海台 ODP 164 航次 995 井天然气水合物的饱和度，发现该处天然气水合物是充填在泥质地层中不连通的天然气水合物包裹体，饱和度为 0～9%。

2.4　天然气水合物层电阻率模型

天然气水合物是电绝缘体，与不含天然气水合物的饱和水地层相比，含天然气水合物的地层呈现高电阻率异常，但是地层中天然气水合物赋存形态影响测量的电阻率值。假设该异常完全由天然气水合物引起，则该电阻率异常与天然气水合物饱和度有关。饱和度相同情况下，由于呈脉状、块状等裂隙充填型天然气水合物具有各向异性，其电阻率异常值明显大于孔隙充填型天然气水合物。建立电阻率与天然气水合物储层物性参数之间的关系，能定量计算天然气水合物的饱和度。

2.4.1　各向同性电阻率模型

Archie（1942）提出了砂岩中孔隙度、饱和度和电阻率之间关系。对于 100% 含水的纯砂岩（即含水饱和度 $S_w=1$），电阻率与孔隙水的电阻率成正比；而含水饱和度小于 1 的纯砂岩，即孔隙中除了水之外还有其他流体，电阻率与同种砂岩在 100% 含水时的电阻率成正比。由于天然气水合物充填在孔隙空间，阿尔奇（Archie）公式被用来计算天然气水合物饱和度。利用阿尔奇公式计算天然气水合物饱和度分为标准（standard）和快速查看（quick-look）两种方法，在地层孔隙度变化不大的地层，两种方法计算天然气水合物饱和度相差不大，但是如果含天然气水合物地层孔隙度较低，快速查看方法计算天然气水合物饱和度偏低，一般用于快速判断地层是否含有天然气水合物，而使用标准阿尔奇方程计算天然气水合物饱和度值。

利用阿尔奇公式计算天然气水合物饱和度时，首先计算饱和水地层电阻率（R_0），其表达式为

$$R_0 = \frac{aR_w}{\phi^m} \tag{2-78}$$

式中，R_w 为地层共生水电阻率，一般与海水盐度、地温梯度有关，其值变化不大，a 和 m 为阿尔奇常数，ϕ 为地层孔隙度，n 为天然气水合物胶结指数。R_0/R_w 被称为地层因子（FF），假定地层孔隙空间充满水，可以利用电阻率测井代替饱和水电阻率。阿尔奇常数 a 和 m 是经验常数，一般是通过岩石导电性实验获得该常数，但是也可以通过地层因子与孔隙交会，利用幂指数拟合含水层变化趋势或两边取对数获得阿尔奇常数，即

$$\text{FF} = \frac{R_0}{R_w} = \frac{a}{\phi^m} \tag{2-79}$$

$$\lg\mathrm{FF}=\lg a-m\lg\phi \tag{2-80}$$

式中，a 和 m 能够利用密度孔隙度与地层因子交会图来计算，进而计算饱和水地层电阻率。图 2-7 和图 2-8 分别为 GMGS1-SH7 井和 GMGS1-SH2 井密度孔隙度与地层因子交会图，分别利用幂指数和线性进行拟合，获得阿尔奇常数 a 和 m，进而计算饱和水地层电阻率（图 2-9，灰线）。通过与测井测量的电阻率值相比，高电阻率异常指示地层含有天然气水合物。假定该电阻率异常完全由天然气水合物出现引起，而且孔隙空间仅由天然气水合物和水组成，利用均匀介质中电阻率异常估算天然气水合物饱和度为

$$S_{\mathrm{h}}=1-S_{\mathrm{w}}=1-\left(\frac{R_0}{R_{\mathrm{t}}}\right)^{\frac{1}{n}} \tag{2-81}$$

式中，n 为饱和度指数，不同沉积条件下 n 取值不同，在未固结地层 n 为 1.715，砂岩地层 n 为 2.1661，灰岩地层 n 为 1.834，合并数据 n 取值为 1.9386，一般趋近于 2（Pearson et al.，1983）。

神狐海域 GMGS1-SH2 井细粒沉积物为黏土质粉砂，天然气水合物充填在孔隙空间，该饱和度指数的经验参数能够用来计算天然气水合物饱和度，不同阿尔奇常数计算的天然气水合物饱和度略微不同，但是计算天然气水合物饱和度与氯离子异常或压力取芯计算的结果基本一致（王秀娟等，2010）。在珠江口盆地东部

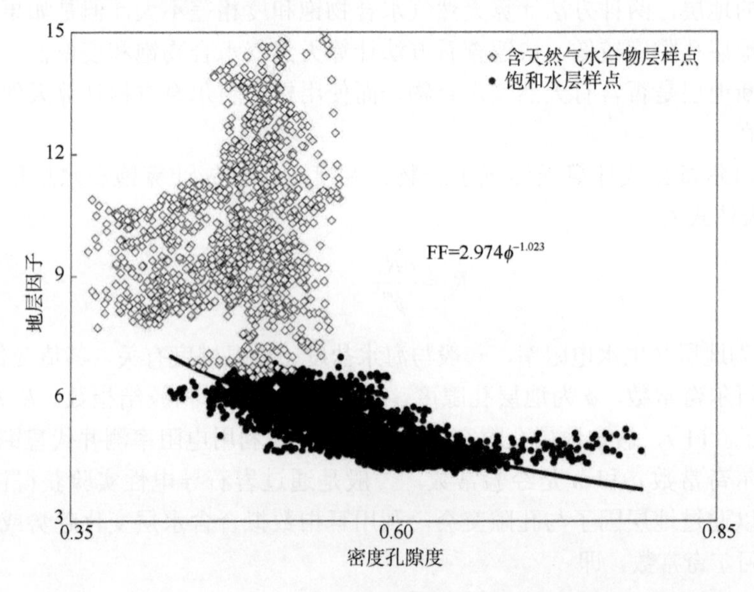

图 2-7　珠江口盆地 GMGS1-SH7 井密度孔隙度与地层因子交会图

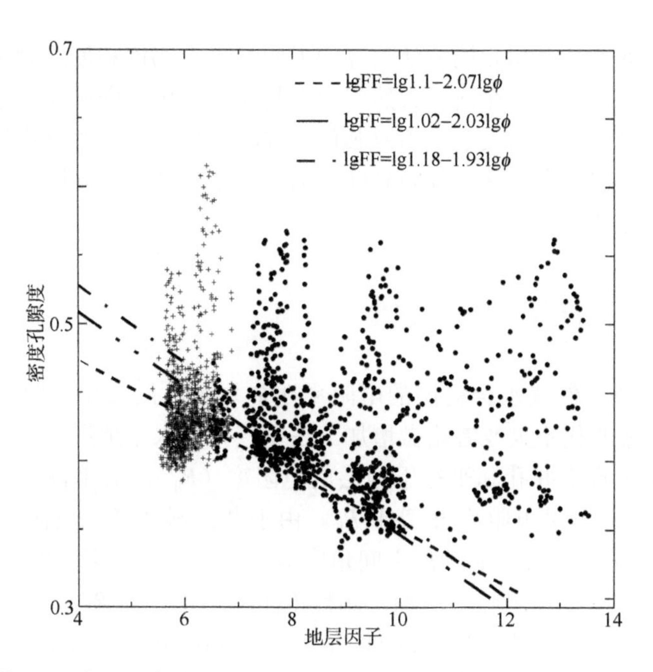

图 2-8　珠江口盆地 GMGS1-SH2 井密度孔隙度与地层因子交会图

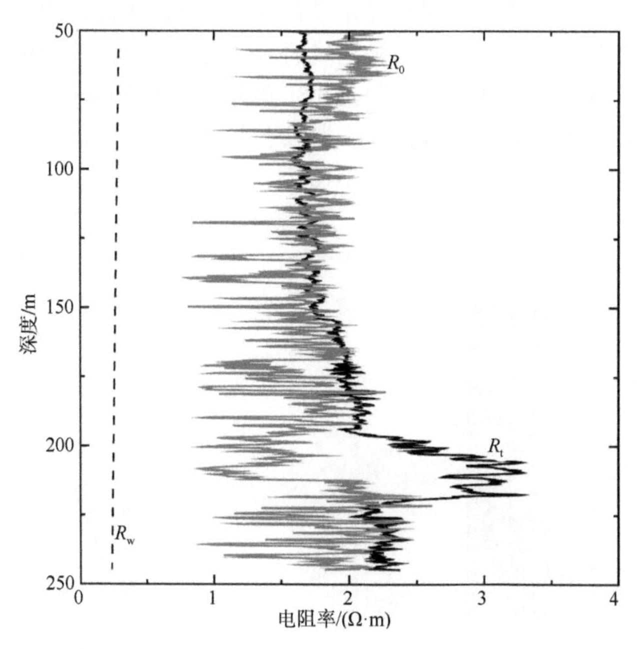

图 2-9　珠江口盆地 GMGS1-SH2 井测量的电阻率（R_t，黑线）、计算的共生水电阻率（虚线，R_w）和饱和水地层电阻率（灰线，R_0）

海域 GMGS2-08 井，利用相同方法估算的天然气水合物饱和度约为 60%，而压力取芯估算结果约为 10%，在浅部天然气水合物层，利用各向同性阿尔奇方程计算的天然气水合物饱和度远大于压力取芯值。取芯发现天然气水合物呈脉状、块状等形态分布在沉积物中，具有各向异性，因此，不能利用各向同性阿尔奇方程估算天然气水合物饱和度。

2.4.2 各向异性电阻率模型

裂隙充填型天然气水合物层的电阻率明显增加，局部层电阻率非常高，但纵波速度却出现变化不大或者略微增加。在垂直井的水平地层中，传播和环形电阻率测量的是垂直于井孔和平行于地层的电阻率（R_{II}），对垂直于地层的电阻率（$R_{\perp}$）不敏感，即测量电阻率 R_t 等于 R_{II}。由于井倾斜或者地层倾斜，R_t 为 R_{II} 和 $R_{\perp}$ 组合（图 2-10）。当井孔和地层之间角度增加时，$R_{\perp}$ 电阻率受地层倾角影响大。在层状介质中，$R_{\perp}$ 分量电阻率增加，测量电阻率增加，而 $R_{\perp}$ 总大于 R_{II}。R_{II} 反映的电阻率为并联，而 $R_{\perp}$ 为串联。例如，在两个相同厚度的层状介质地层，R_{II} 均为 1Ω·m，$R_{\perp}$ 均为 100Ω·m，则叠加后 R_{II} 为 2Ω·m，$R_{\perp}$ 为 50Ω·m。多年来，在地层水平或近似水平区域，钻井一般都是直井或者近似直井，因此，测量电阻率主要受 R_{II} 影响，阿尔奇公式适用于只有 R_{II} 被测量的测井资料（Archie，1942）。随着水平或者倾斜钻井发展，由于 $R_{\perp}$ 影响，只适用于直井的技术难以应用。钻探发现的大量高倾角的裂隙充填型天然气水合物，类似于垂直电阻率面，就像水平地层的水平井，测量电阻率受 $R_{\perp}$ 影响较大（图 2-10）。

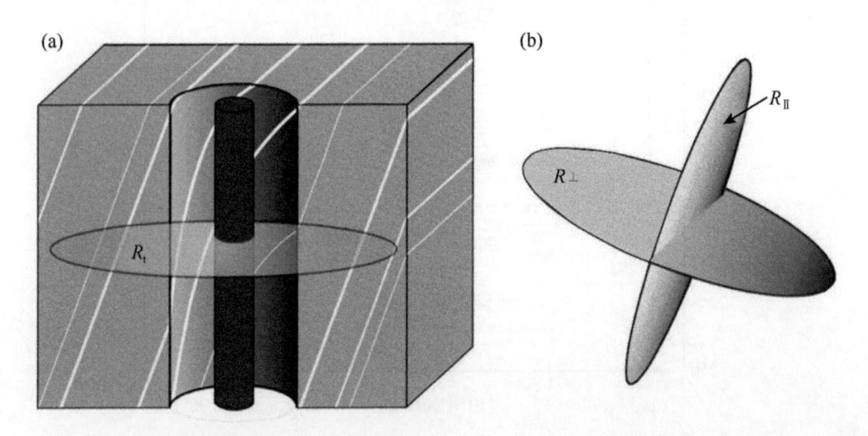

图 2-10 （a）天然气水合物赋存在高角度裂隙内的电阻率模型，R_t 为垂直井含高角度裂隙测量的电阻率；（b）横向各向同性介质的理想模型

裂隙充填型天然气水合物含量可以利用各向异性电阻率模型来计算，与各向异性速度模型一样，模型假设地层由两种介质组成（图2-3），介质1为裂隙内的天然气水合物，介质2为饱和水沉积物（Lee and Collett，2013）。假设ϕ_1、μ_1、χ_{w1}、a_1和S_{w1}分别为介质1中的孔隙度、连通性指数、泥质含量校正数、常规阿尔奇常数和水饱和度；ϕ_2、μ_2、χ_{w2}、a_2和S_{w2}分别为介质2中的孔隙度、连通性指数、泥质含量校正数、常规阿尔奇常数和水饱和度，η为裂隙体积百分比，$1-\eta$为沉积物体积百分比，地层因子定义为$F=R_0/R_w$，平行裂隙方向或者水平裂隙地层因子（F_h）与垂直裂隙地层因子（F_v）分别表示为

$$F_h=\frac{1}{\eta\left(\phi_{w1}-\chi_{w1}\right)^{\mu_1}/a_1+(1-\eta)\left(\phi_{w2}-\chi_{w2}\right)^{\mu_2}/a_2} \tag{2-82}$$

$$F_v=\frac{(1-\eta)\left(\phi_{w1}-\chi_{w1}\right)^{\mu_1}/a_1+\eta\left(\phi_{w2}-\chi_{w2}\right)^{\mu_2}/a_2}{\left(\phi_{w1}-\chi_{w1}\right)^{\mu_1}\left(\phi_{w2}-\chi_{w2}\right)^{\mu_2}/\left(a_1a_2\right)} \tag{2-83}$$

式中，ϕ_{w1}、ϕ_{w2}分别为介质1和介质2中的含水孔隙度，假定在笛卡儿坐标系中裂隙走向为y方向，z是垂直方向，对水平轴的任意裂隙倾角θ，地层因子张量（$\boldsymbol{F}_{ij}$）表示为

$$\boldsymbol{F}_{ij}=\begin{bmatrix}\cos\theta & 0 & \sin\theta\\ 0 & 1 & 0\\ -\sin\theta & 0 & \cos\theta\end{bmatrix}\begin{bmatrix}F_h & 0 & 0\\ 0 & F_h & 0\\ 0 & 0 & F_v\end{bmatrix}\begin{bmatrix}\cos\theta & 0 & -\sin\theta\\ 0 & 1 & 0\\ \sin\theta & 0 & \cos\theta\end{bmatrix} \tag{2-84}$$

其中，垂直于走向的裂隙，如x方向，则F_{xx}为测量地层因子，可由式（2-85）表示

$$F_{xx}=F_h\cos^2\theta+F_v\sin^2\theta \tag{2-85}$$

裂隙内充填天然气水合物的电阻率或者地层因子可以等效为：裂隙最大孔隙度为1，当裂隙内含天然气水合物时，含水孔隙度降低；当天然气水合物饱和度达100%时，含水孔隙度为0；当含水孔隙度为0时，方程F_v［式（2-83）］不可用。因此，在F_h与F_v的裂隙模型中假设存在一定的含水孔隙度ϕ_{w1}，裂隙内充填天然气水合物的饱和度为$1-\phi_{w1}$，由于裂隙内不含泥岩，则$\chi_{w1}=0$，$\mu_1=2$。裂隙地层因子强度取决于ϕ_{w1}和裂隙模型的孔隙度，ϕ_{w1}并不是真实的裂隙孔隙度，而是为了方便使用裂隙模型分析电阻率的一个参数，在利用裂隙模型估算天然气水合物饱和度时，正确使用ϕ_{w1}非常重要。对于裂隙周围介质2中饱和水地层（即$S_w=1$）的参数$\phi_{w2}=\phi_2$，$\mu_2=2$，泥岩含量校正数（χ_{w2}）的表达式为

$$\chi_{w2}=\lambda V_{sh}\phi_2^{\mu_2}S_w \tag{2-86}$$

各向异性介质中连通性系数μ可以利用Kennedy和Herrick（2004）的方法计

算。在各向异性模型中 μ 是天然气水合物饱和度函数，但是不实用。

在利用该方法计算 GMGS2-08 井天然气水合物饱和度时，通过给定特定的裂隙倾角，使计算的各向异性地层因子 F_{xx} 与测量电阻率之间满足误差最小从而确定裂隙体积。图 2-11 中给出了利用各向异性电阻率估算的天然气水合物饱和度（黑线），在浅部天然气水合物层，利用各向异性模型估算的天然气水合物饱和度约为10%，远低于各向同性电阻率模型估算的饱和度。在碳酸盐岩层，利用电阻率估算的天然气水合物饱和度与各向同性模型相似，但远高于氯离子异常值，这可能与碳酸盐岩有关。在下部天然气水合物层，各向异性模型估算的天然气水合物饱和度在深度 65～82m 较高，平均为 60%，局部饱和度接近 100%，略微低于各向同性电阻率估算结果。在深度 82m 以下含天然气水合物层，估算结果远低于各向同性模型计算结果，但各向异性模型与该区域局部压力取芯估算结果相吻合。在局部位置，压力取芯结果与各向异性模型估算结果不吻合，这可能与裂隙内含天然气水合物横向分布尺度有关，而且压力取芯与测井不是同一位置，而是相距几十米的不同井孔（Zhang et al.，2015），也可能与反演时的参数选择有关，如裂隙倾角等。

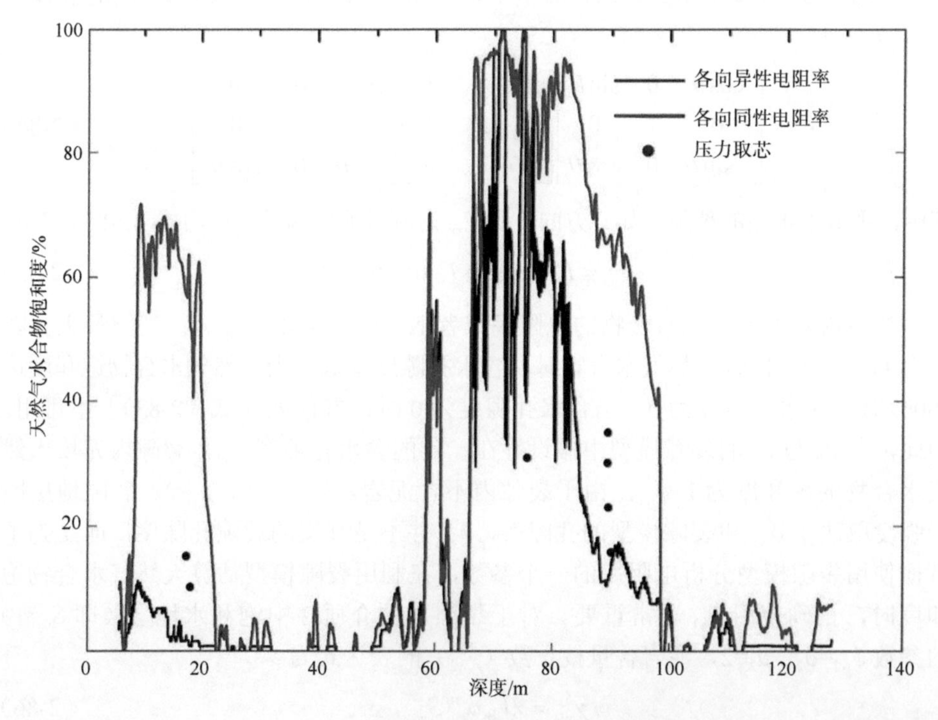

图 2-11　各向同性（蓝线）与各向异性电阻率（黑线）及压力取芯计算的南海北部台西南盆地 GMGS2-08 井天然气水合物饱和度

2.4.3 各向异性电阻率与速度联合

饱和度和裂隙倾角是影响裂隙充填型天然气水合物评价的重要因素，单一各向异性模型能反演饱和度或者裂隙倾角，利用纵波速度与地层因子联合，通过互相约束同时反演两个参数。在各向同性饱和度联合反演时，理论计算值与实测的纵波速度和电阻率之间的误差要满足贝叶斯原理的最小二乘法，但是在利用各向异性模型反演天然气水合物饱和度与裂隙倾角时与各向同性单一饱和度反演不同，反演流程如图 2-12 所示。在各向异性模型中，首先通过纵波速度与地层因子估算的天然气水合物饱和度的误差最小来确定裂隙倾角，然后在一定裂隙倾角下，分别利用速度与地层因子估算天然气水合物饱和度。如果反演结果准确，利用速度反演的饱和度应该与地层因子计算的饱和度相同。反演时 0°～90° 搜索裂隙倾角和 0～1 搜索裂隙体积百分比，该方法并不是同时反演裂隙倾角与饱和度，称为伪联合反演。

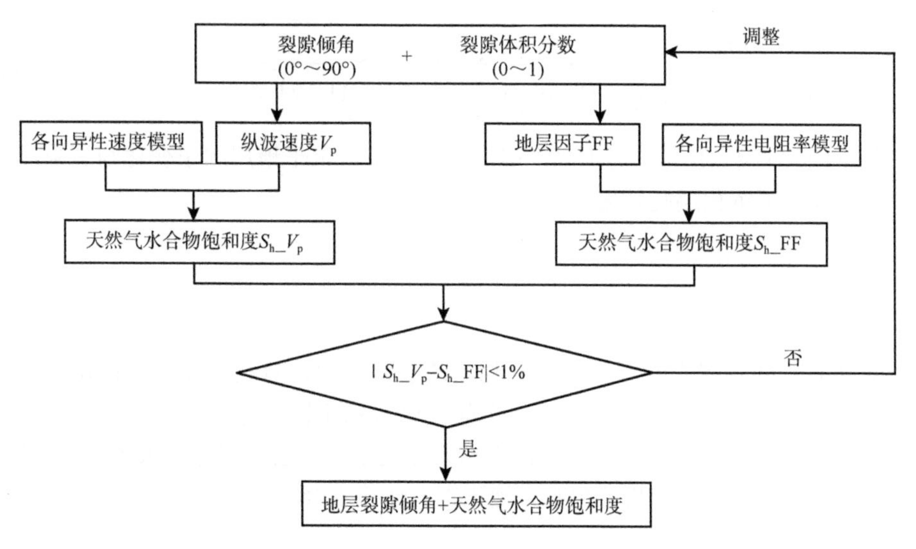

图 2-12　基于各向异性模型的地层因子与纵波速度伪联合反演流程

在裂隙模型中，利用地层因子估算天然气水合物饱和度和裂隙倾角时，ϕ_{w1} 取值非常关键，仅利用地层因子不能估算，需要利用速度与地层因子交会分析来估算。考虑到 ϕ_{w1} 对垂向电阻率的影响，假设 $\chi_{w1}=0$、$\mu_1=\mu_2=2$，垂向地层因子与 ϕ_{w1} 的关系式为

$$\frac{\partial F_{\mathrm{v}}}{\partial \phi_{\mathrm{w1}}}=\frac{1}{\left(\phi_{\mathrm{w2}}-\chi_{\mathrm{w2}}\right)^{2}}\left[\frac{2(1-\eta)\phi_{\mathrm{w1}}^{3}-2\left\{(1-\eta)\phi_{\mathrm{w1}}^{2}+\eta\left(\phi_{\mathrm{w1}}-\chi_{\mathrm{w2}}\right)^{2}\right\}\phi_{\mathrm{w1}}}{\phi_{\mathrm{w1}}^{4}}\right]=\frac{-2\eta}{\phi_{\mathrm{w1}}^{3}} \quad (2\text{-}87)$$

该方程表明，垂向电阻率变化与 ϕ_{w1}^3 成反比。垂向地层因子与裂隙体积百分比关系为

$$\frac{\partial F_{\mathrm{v}}}{\partial \eta}=\frac{-\phi_{\mathrm{w1}}^{2}+\left(\phi_{\mathrm{w2}}-\chi_{\mathrm{w2}}\right)^{2}}{\phi_{\mathrm{w1}}^{2}\left(\phi_{\mathrm{w2}}-\chi_{\mathrm{w2}}\right)^{2}}=\frac{-1}{\left(\phi_{\mathrm{w2}}-\chi_{\mathrm{w2}}\right)^{2}}+\frac{1}{\phi_{\mathrm{w1}}^{2}} \approx \frac{1}{\phi_{\mathrm{w1}}^{2}} \quad (2\text{-}88)$$

该方程表明，垂向电阻率变化与裂隙体积无关，与 ϕ_{w1}^2 成反比，与沉积层孔隙度略微有关。

水平裂隙与垂向裂隙不同，水平裂隙地层因子变化与 ϕ_{w1} 和 η 的关系式为

$$\frac{\partial F_{\mathrm{h}}}{\partial \phi_{\mathrm{w1}}}=\frac{2\eta\phi_{\mathrm{w1}}}{\left[\eta\phi_{\mathrm{w1}}^{2}+(1-\eta)\left(1-\phi_{\mathrm{w2}}^{2}\right)\right]^{2}} \approx \frac{2\eta\phi_{\mathrm{w1}}}{(1-\eta)^{2}\phi_{\mathrm{w2}}^{4}} \quad (2\text{-}89)$$

$$\frac{\partial F_{\mathrm{h}}}{\partial \eta}=\frac{-\phi_{\mathrm{w1}}^{2}+\phi_{\mathrm{w2}}^{2}}{\left[\eta\phi_{\mathrm{w1}}^{2}+(1-\eta)\left(\phi_{\mathrm{w2}}-\chi_{\mathrm{w2}}\right)^{2}\right]^{2}} \approx \frac{1}{(1-\eta)^{2}\phi_{\mathrm{w2}}^{2}} \quad (2\text{-}90)$$

与垂向裂隙不同，ϕ_{w1} 对水平电阻率影响较小，水平地层因子变化与裂隙体积变化主要取决于沉积层孔隙度。

2.5 岩石物理交会分析

交会分析能获得识别天然气水合物层的敏感参数，有利于储层特性识别与反演研究。天然气水合物与沉积物颗粒之间接触关系不同，导致含天然气水合物层弹性参数呈现不同变化，单一参数在识别天然气水合物层时仍存在很多不确定性，多种物性参数间的交会分析能更有效地识别天然气水合物层。

2.5.1 非天然气水合物异常层识别

天然气水合物影响储层的弹性与物性参数，岩性、沉积过程等也影响或改变储层弹性参数，如深水盆地广泛发育的块体搬运沉积体，其地震与测井响应与地层含天然气水合物的响应类似。例如，在南海北部珠江口盆地 GMGS1-SH6 井，电缆测井在三个地层单元识别出明显的高电阻率、高密度、低孔隙度、高伽马值、

略微增加或者增加的纵波速度等异常（图2-13），当这些异常层在天然气水合物稳定带内时，与天然气水合物形成的异常相似，即使综合分析多个测井参数随深度变化也难以判断测井异常的原因。由于天然气水合物与水的密度接近，一般来说，含天然气水合物层密度变化不大或者略微降低，而观测到的密度测井明显增加，这与地层含天然气水合物的测井异常不同。

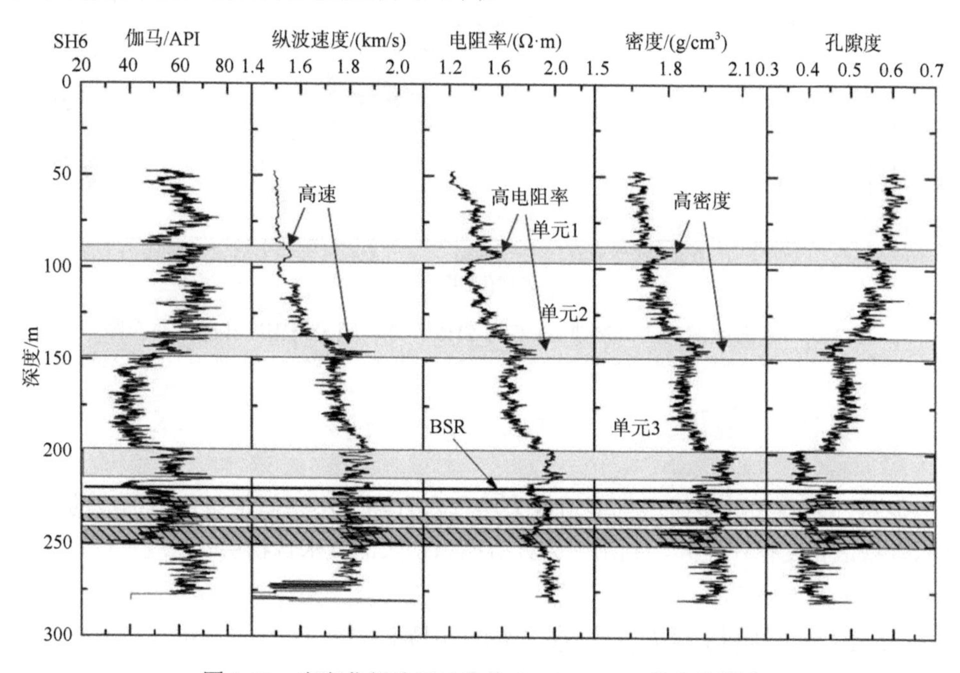

图2-13　南海北部珠江口盆地GMGS1-SH6井电缆测井

通过岩芯能直接判断该异常地层是否含有天然气水合物，但GMGS1-SH6井没有钻探取芯。地层因子与孔隙度的交会能反映地层孔隙流体变化，利用地层因子与孔隙度的交会分析来进一步判断该异常的原因（图2-14）。与饱和水地层相比，含有天然气水合物或游离气层，明显偏离背景趋势（饱和水地层），含天然气水合物层出现正偏离，而含游离气层出现负偏离。从图2-14看，在220m以上地层的高电阻率、高纵波速度与高密度异常地层，并没有明显的偏离背景趋势，表明这些异常与饱和水地层一样，可能并不含天然气水合物；而在220m以下地层（椭圆区）出现明显偏离背景趋势的异常，但是该异常层位于利用区域地温梯度计算的甲烷天然气水合物稳定带底界下部，该异常的原因不一定是天然气水合物。因此，通过交会分析能够判断块体搬运沉积与天然气水合物造成的异常。

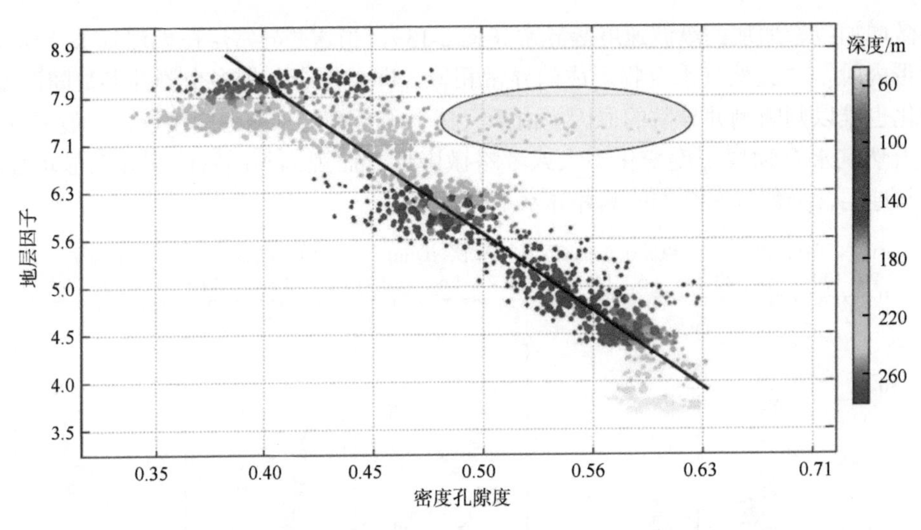

图 2-14 南海北部珠江口盆地 GMGS1-SH6 井地层因子与密度孔隙度交会图

2.5.2 孔隙充填型天然气水合物层识别

泥质、粉砂和砂质储层都能形成天然气水合物，不同储层条件下形成的天然气水合物饱和度存在差异，利用交会分析能识别天然气水合物层。

2.5.2.1 泥质粉砂天然气水合物层识别

在南海北部珠江口盆地开展了大量钻探，发现了泥质粉砂储层含有中等富集程度（30%～40%）的天然气水合物层，如 GMGS1-SH2、GMGS2-SH7 和 GMGS3-W17 井等。与饱和水地层相比，含天然气水合物层具有高纵波速度、密度略微降低和其他弹性参数异常。2007 年，GMGS1 航次使用电缆测井在珠江口盆地进行了天然气水合物钻探，是国际上发现细粒沉积物存在相对富集天然气水合物的典型海域。以 GMGS1-SH2 井为例（图 2-15），通过不同属性参数之间的交会图来识别天然气水合物层。从 GMGS1-SH2 井的测井资料看，在 BSR 和天然气水合物稳定带底界上部，存在一个明显高纵波速度、高电阻率、密度略微降低的地层，厚度约为 30m，伽马测井呈略微增加，岩芯观测表明该层含有天然气水合物（Zhang et al.，2007；Wang et al.，2014）。由于缺乏横波测井，我们利用岩石物理模型及岩芯资料重构了横波速度，图 2-16 为 GMGS1-SH2 井不同属性参数之间的交会图。其中，孔隙度与弹性参数（$\lambda+2\mu$）交会及孔隙度与纵波速度交会能够有效识别天然气水合物层，而纵横波速度比（V_p/V_s）与纵波阻抗交会略微差点，横波速度与孔隙度交会几乎难以识别天然气水合物层，横波速度与密度、剪切模量（μ）和弹性参数（$\lambda+2\mu$）交会不容易识别天然气水合物（图 2-17）。

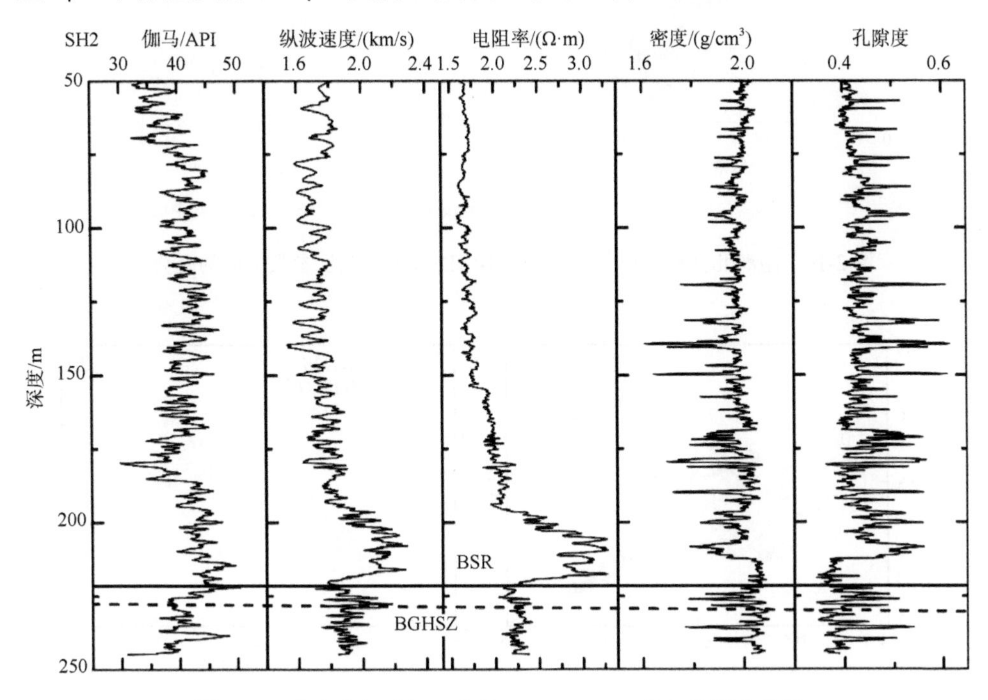

图 2-15 南海北部珠江口盆地 GMGS1-SH2 井多种测井曲线

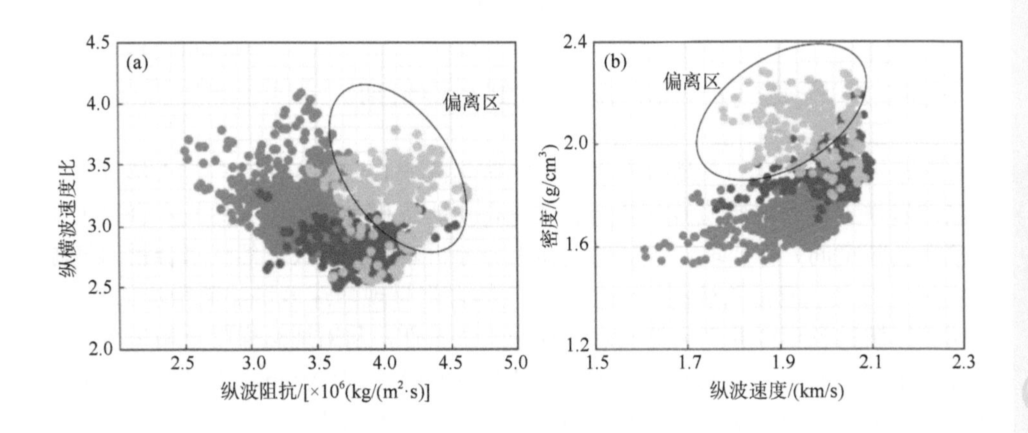

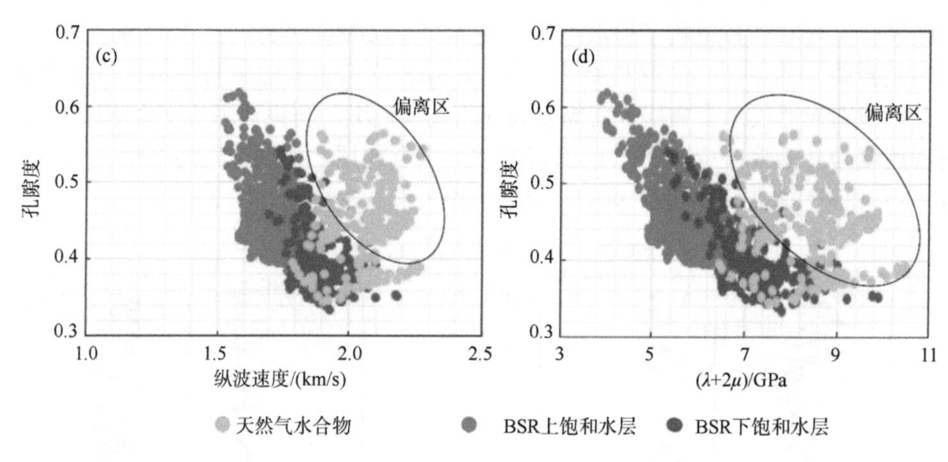

图 2-16 南海北部珠江口盆地 GMGS1-SH2 井不同属性参数之间的交会图

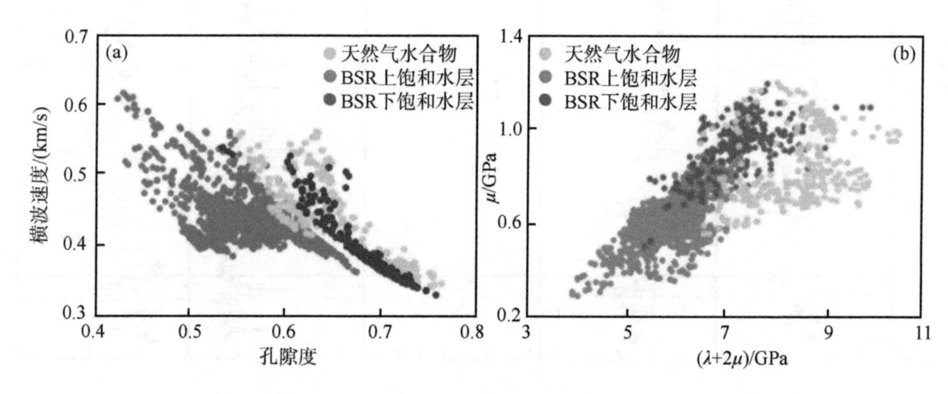

图 2-17 南海北部珠江口盆地 GMGS1-SH2 井横波与孔隙度、弹性参数（$\lambda+2\mu$）及剪切模量（μ）交会图

2.5.2.2 天然气水合物与游离气共存层识别

在南海北部珠江口盆地天然气水合物试采区域 GMGS3-W17 井，天然气水合物层的岩性主要为泥质粉砂，含天然气水合物地层相对较硬，天然气水合物主要充填在孔隙空间。保压取芯样品的气体组分分析表明，形成天然气水合物的气源以甲烷气为主，但是乙烷和丙烷等重烃气体含量呈现随深度增加而增加的趋势，表明该区域具备形成Ⅱ型天然气水合物的气源条件，利用地温梯度及相平衡条件计算的甲烷天然气水合物稳定带底界（Ⅰ-BGHSZ）约为 250m，Ⅱ型天然气水合物稳定带底界（Ⅱ-BGHSZ）约为 290m。测井响应较复杂（图 2-18），从伽马水

合物测井看，在天然气水合物、天然气水合物与游离气共存层没有明显的岩性变化，但含天然气水合物层中子孔隙度明显低于密度孔隙度。在 210～248m 含天然气水合物层，纵波速度、横波速度和电阻率明显增加，而Ⅰ-BGHSZ 和Ⅱ-BGHSZ 之间的测井响应较为复杂，含天然气水合物层呈高电阻率、高横波速度和高纵波速度，而含游离气层为高低相间的纵波速度异常。中子孔隙度和密度孔隙度在 258～270m 存在明显差异，中子孔隙度明显偏低，指示地层含游离气，压力取芯在 265m 指示含天然气水合物，且纵波速度局部较高，综合分析表明，该层为Ⅱ型天然气水合物和游离气共存层段。

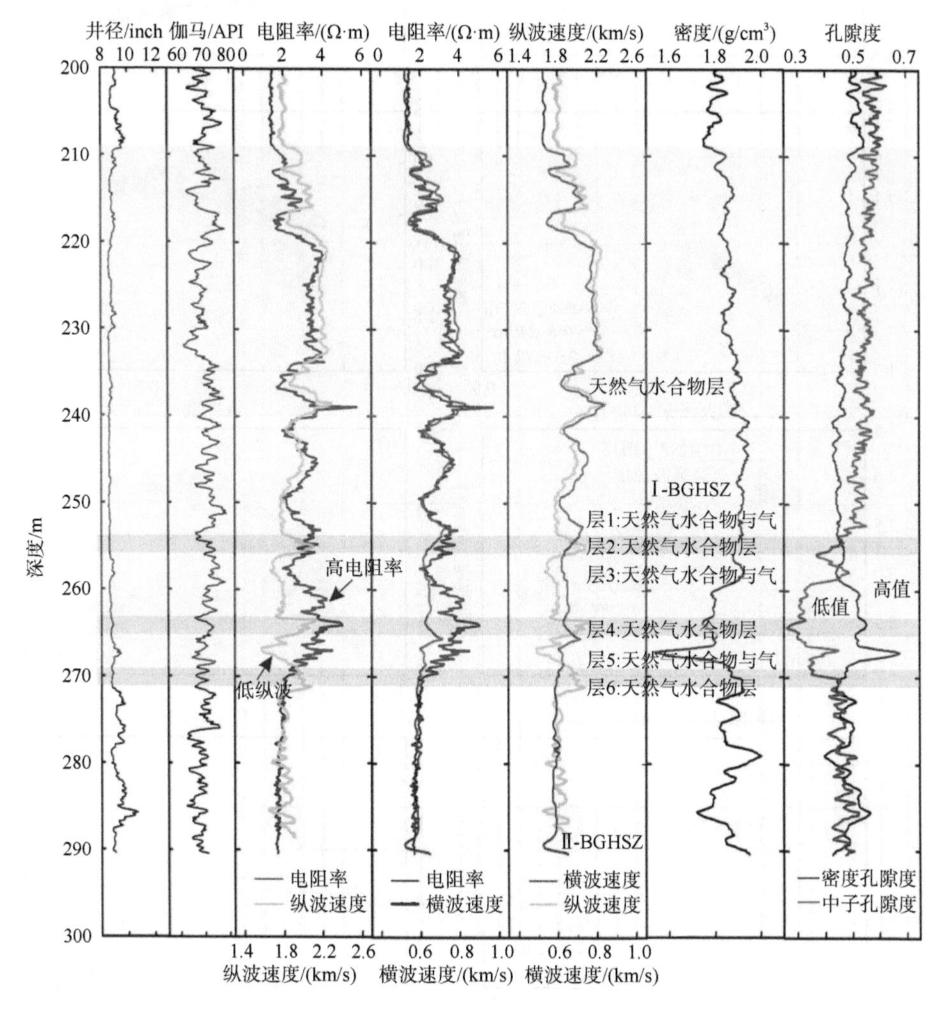

图 2-18 南海北部珠江口盆地 GMGS3-W17 井随钻测井

在天然气水合物与游离气共存区域，进行了多种交会分析（图 2-19），从纵波阻抗、地层因子与孔隙度交会图［图 2-19（a）和（b）］及纵波速度与电阻率

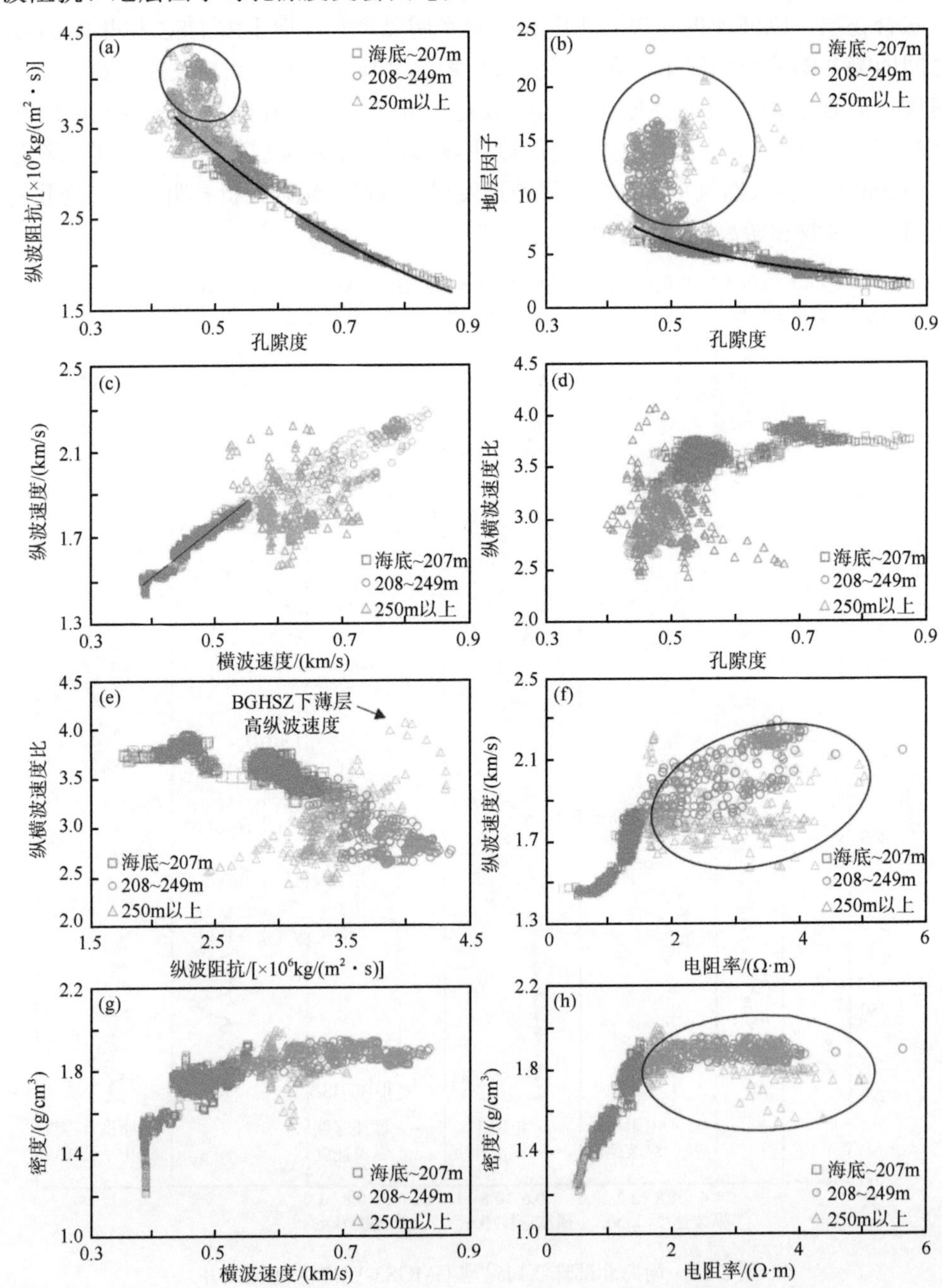

图 2-19　南海北部珠江口盆地 GMGS3-W17 井多种参数的交会图

[图 2-19（f）]、密度与电阻率 [图 2-19（h）] 交会图看，天然气水合物层与饱和水地层不同，明显偏离背景趋势，能利用交会分析进行识别。在天然气水合物稳定带底界上部 208～249m 处的天然气水合物层，由于天然气水合物与沉积物颗粒接触，纵横波速度均增加，纵波与横波速度交会图难以识别天然气水合物层。但是在天然气水合物与游离气共存层，由于地层含天然气水合物与含游离气的纵波速度存在明显差异，天然气水合物层位于背景趋势上方，而游离气层位于背景趋势下方 [图 2-19（c）]。同样纵横波速度比与波阻抗交会图也难以明显区分天然气水合物层，但是对于识别天然气水合物与游离气共存层敏感 [图 2-19（e）]。密度与横波速度的交会图与不含天然气水合物层的变化趋势相同，不易识别天然气水合物层。

2.5.2.3　砂质天然气水合物层识别

在浊积水道或者水道–天然堤沉积体系发现了高饱和度的砂质天然气水合物层，大量测井揭示砂质高饱和度天然气水合物层的电阻率最高可达 200Ω·m，声波速度最高可达 3.0km/s，如印度 NGHP02-W09、NGHP02-W17，墨西哥湾 GC955H、WR313G 井等。韩国郁陵盆地 UBGH2-6 井及日本南海海槽 AT1-C 等井电阻率最高达 70Ω·m，局部地层天然气水合物饱和度可达 80% 以上（Boswell et al.，2012；Fujii et al.，2015；Horozal et al.，2015；Collett et al.，2019；Kumar et al.，2019）。在墨西哥湾北部格林峡谷 GC955 区块砂质储层发现的天然气水合物位于构造圈闭的翼部和大型正断层东部的下降盘。GC955H 井的测井资料表明（图 2-20），从海底到 388m 深度地层，上部为泥岩层，电阻率在深度 198m 逐渐增加到 1.5Ω·m。从该深度至 297m，电阻率变化较大，范围为 4～7Ω·m，方位电阻率成像表明，该层出现高角度裂隙。在 388～487m，伽马值比较低，为一个 99m 厚的砂层，电阻率在该层变化较大。在上部 24m，电阻率稳定降低至 0.8Ω·m，接着增加到 20Ω·m 或更高。在 414～440m，电阻率为 20～200Ω·m，速度也增加至 2.5～3.0km/s，且该层存在大量薄泥砂互层，天然气水合物饱和度达 80% 以上。在含天然气水合物的砂质地层，天然气水合物形成使地层变硬，井径相对稳定，不易造成井壁垮塌，由于天然气水合物形成，密度测井略微降低。在不含天然气水合物的砂质地层，由于沉积物相对较松散，钻探过程容易造成井壁垮塌，密度测井容易受井径变化影响，一般密度测井呈明显偏低异常，同时电阻率与速度测井也略微受井壁垮塌的影响。因此，利用测井资料进行天然气水合物识别及定量评价时，首先要对测井数据质量进行检查及校正。

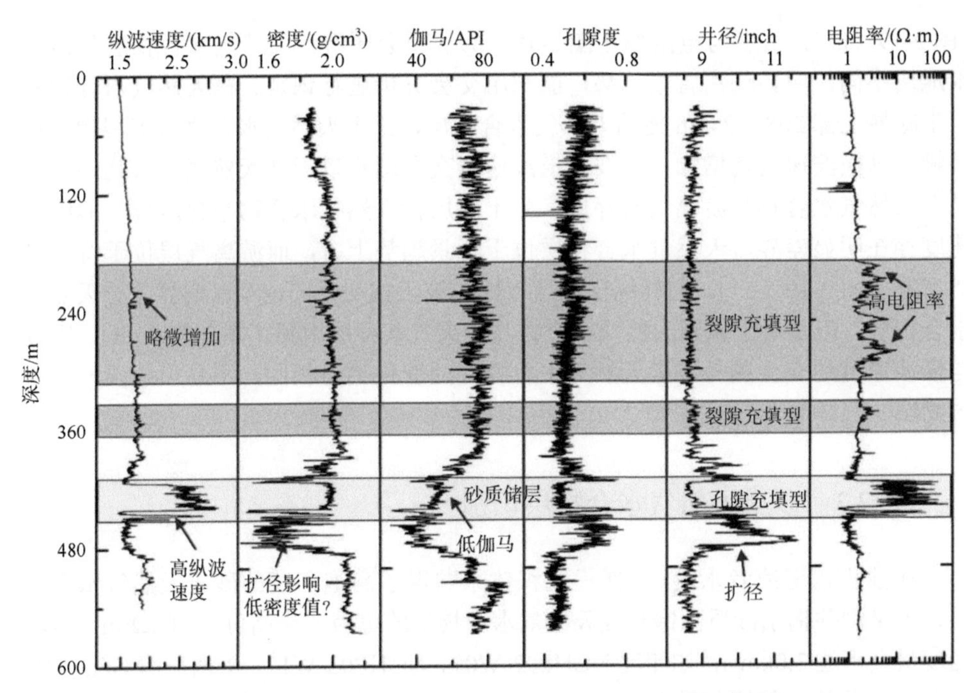

图 2-20　墨西哥湾 GC955H 井砂质储层孔隙充填型与泥质储层裂隙充填型天然气水合物的测井响应

砂质高饱和度天然气水合物层的纵波速度、电阻率等明显增加，与细粒粉砂沉积物中孔隙充填型天然气水合物响应特征相似，但是砂质储层含天然气水合物层测井异常明显高于泥质粉砂层，这与天然气水合物饱和度更高有关。而裂隙充填型天然气水合物在饱和度相对较低时，电阻率明显增加，但是纵波速度变化不明显或者略微增加。利用孔隙度与纵波阻抗交会能识别高饱和度砂质天然气水合物层，而浅层低饱和度裂隙充填型天然气水合物难以识别［图 2-21（a)］。孔隙度与地层因子交会［图 2-21（b)］能识别不同类型天然气水合物层，浅层裂隙充填型天然气水合物可能由于饱和度相对较低，没有深部砂质高饱和度天然气水合物层的异常明显。纵波速度与密度交会图显示，砂质天然气水合物层具有明显的高纵波速度，从交会图上能容易识别出，而裂隙充填型天然气水合物发育地层的纵波速度呈略微增加，与饱和水地层难以区分［图 2-21（c)］。伽马与速度交会难以识别低饱和度裂隙充填型天然气水合物［图 2-21（d)］，不同类型天然气水合物层，密度变化不大。由于井径变化，在扩径地层，密度出现明显的低值异常(图2-20)，但是在天然气水合物层，井径比较稳定。伽马测井指示了沉积环境变化，但是地层钙质含量较高时，伽马也呈低值异常，在没有取芯区域，仅利用测井资

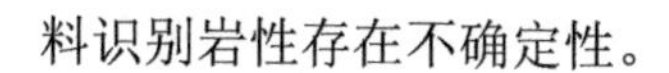
料识别岩性存在不确定性。

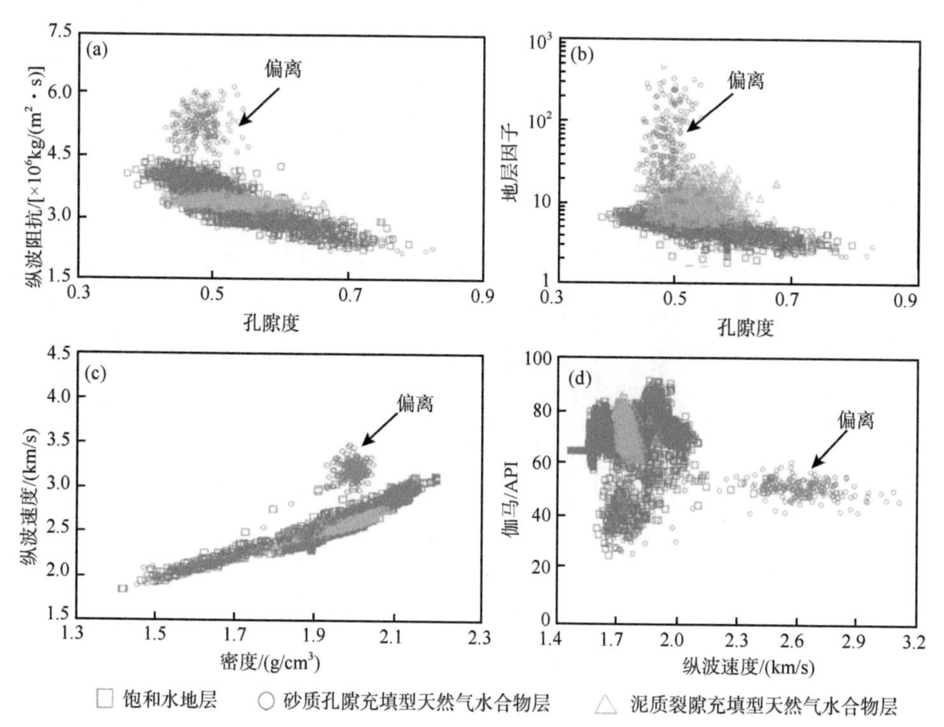

图 2-21 墨西哥湾 GC955H 井不同储层条件下含天然气水合物层的多种参数的交会图

2.5.3 裂隙充填型天然气水合物层识别

裂隙充填型天然气水合物广泛发育在细粒泥质沉积物中，不同裂隙倾角、赋存形态与饱和度的裂隙充填型天然气水合物层的测井响应特征不同。我国台西南盆地 GMGS2-08 井钻探到裂隙充填型天然气水合物（图 2-22），该井的测井资料显示存在三层的速度与电阻率异常。浅层 9～22m，电阻率明显增加，而纵波速度变化不明显，天然气水合物呈脉状分布；中间层纵波速度、电阻率和密度均明显增加，取芯结果表明该层为碳酸盐岩层；下层 58～98m，电阻率与纵波速度明显增加，天然气水合物呈块状、脉状等分布。

图 2-23 为利用不同属性参数的交会分析识别的天然气水合物层与非天然气水合物层对比图。当 9～22m 天然气水合物饱和度较低时，可能是裂隙倾角较大，纵波速度、密度等物性参数变化不大，二者与电阻率的交会关系难以识别天然气水合物层，但是电阻率（地层因子）与孔隙度或者纵波速度交会图能识别低饱和

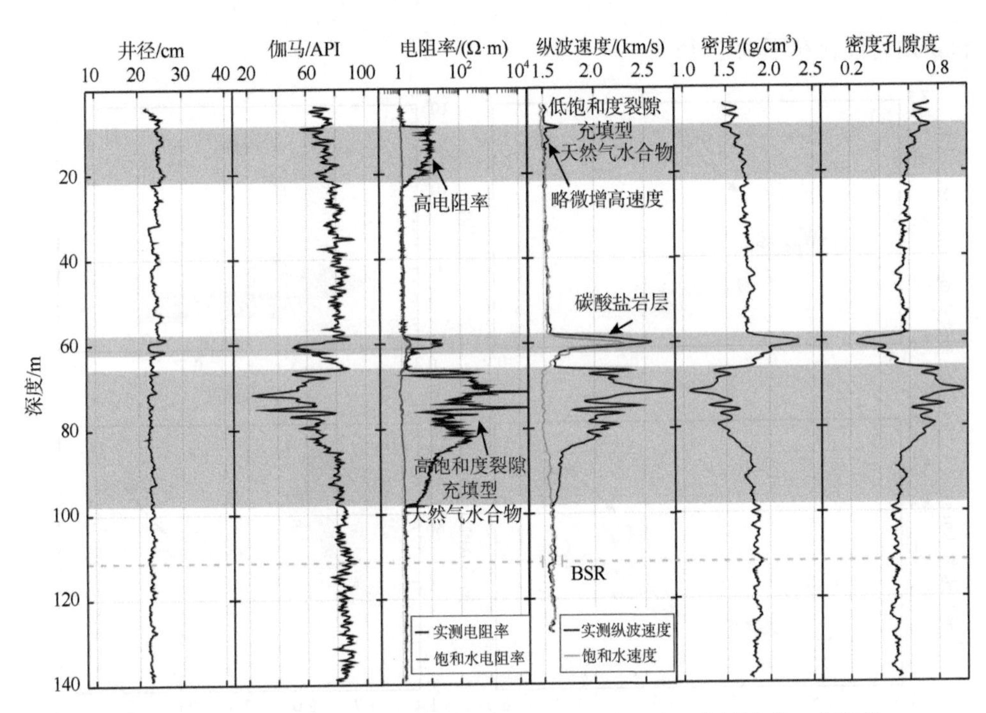

图 2-22　台西南盆地 GMGS2-08 井井径、伽马、电阻率、纵波速度、密度和密度孔隙度测井曲线

度裂隙充填型天然气水合物层［图 2-23（a）和（e）］。Liu T 和 Liu X（2018）提出利用 $\rho V_p^{0.5}$ 识别天然气水合物赋存形态，孔隙充填在下部地层速度与电阻率都明显增加，但是由于密度存在差异，通过纵波阻抗、密度与纵波速度平方根（$\rho V_p^{0.5}$）等与孔隙度或者密度进行交会分析，能明显区分高饱和度裂隙充填型天然气水合物层与碳酸盐岩层［图 2-23（b）～（d）和图 2-23（f）］。天然气水合物与碳酸盐岩呈现两种不同的变化趋势，而低饱和度裂隙充填型天然气水合物层与饱和水层变化趋势一致。通过对比发现，纵波阻抗与 $\rho V_p^{0.5}$ 变化趋势一致，而纵波阻抗是纵波速度与密度的乘积，能够直接反演出该属性参数，具有一定物理意义，而 $\rho V_p^{0.5}$ 无明确物理意义，建议使用纵波阻抗代替 $\rho V_p^{0.5}$。通过交会对比看，不同属性之间的交会能区分低饱和度、高饱和度裂隙充填型天然气水合物层和碳酸盐岩层。

裂隙充填型天然气水合物无论饱和度高低，电阻率均呈现明显变化，但是纵波速度变化并不相同，速度可能呈略为增加，也可能变化不明显。在琼东南盆地，发现了脉状、块状、球状和结核状等与渗漏有关的裂隙充填型天然气水合物，与台西南盆地天然气水合物具有相似赋存形态，但气源条件明显不同，碳同位素分析表明，气体组分含有乙烷、丙烷等重烃气体，为典型热成因气（Liang et al.,

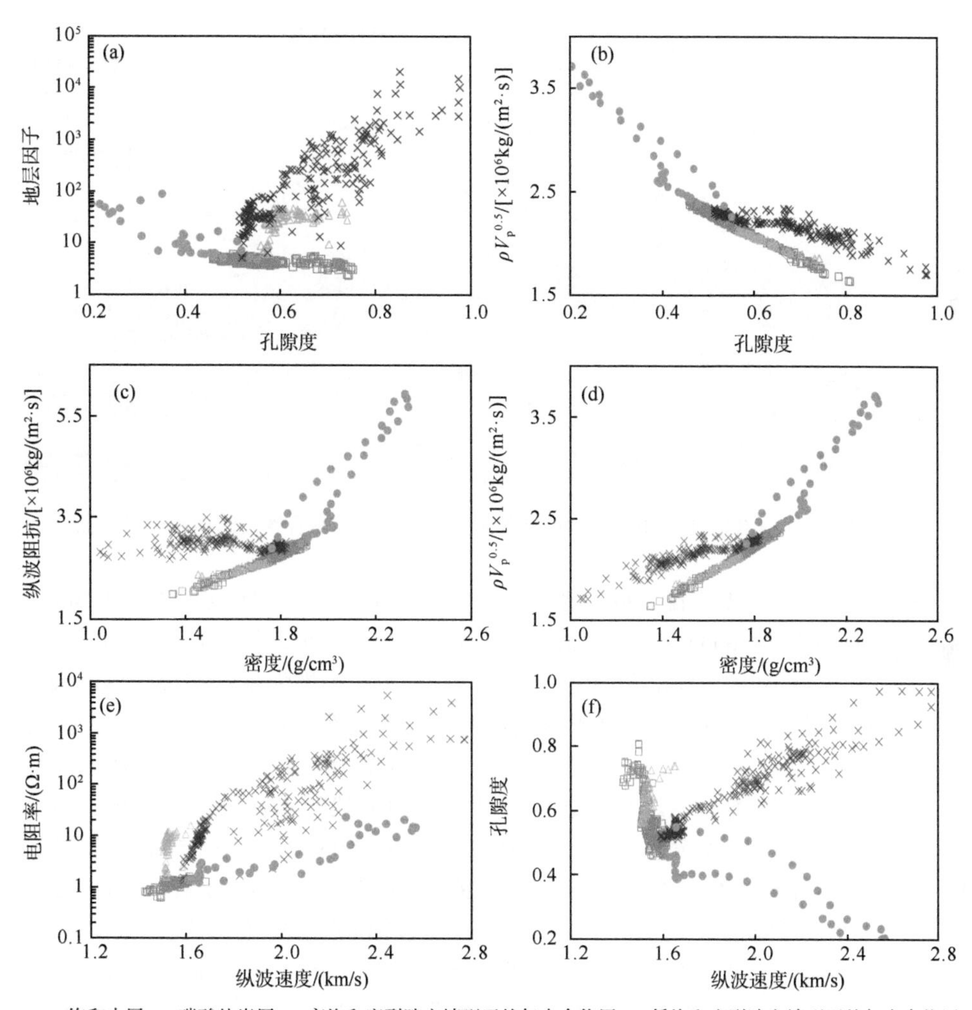

图 2-23　南海北部台西南盆地 GMGS2-08 井多种参数的交会图

2019；Wei et al.，2019；Ye et al.，2019）。天然气水合物层在地震剖面上呈弱振幅反射，BSR 呈上翘或者不连续的弱反射，下部发育气烟囱，且该区域发育了多期块体搬运沉积体（图 2-24）。

从 GMGS5-W08 井的测井看，海底以下 9～151m 存在天然气水合物，随钻测井曲线（图 2-25）显示，海底以下 9～174m 为高电阻率异常，最大值达到 73Ω·m。海底以下 54.5m 处出现伽马高值异常，从 75API 增加到 90API，海底以下 131～167m，伽马值最大，到 136API，再往下伽马异常值的深度对应地震数

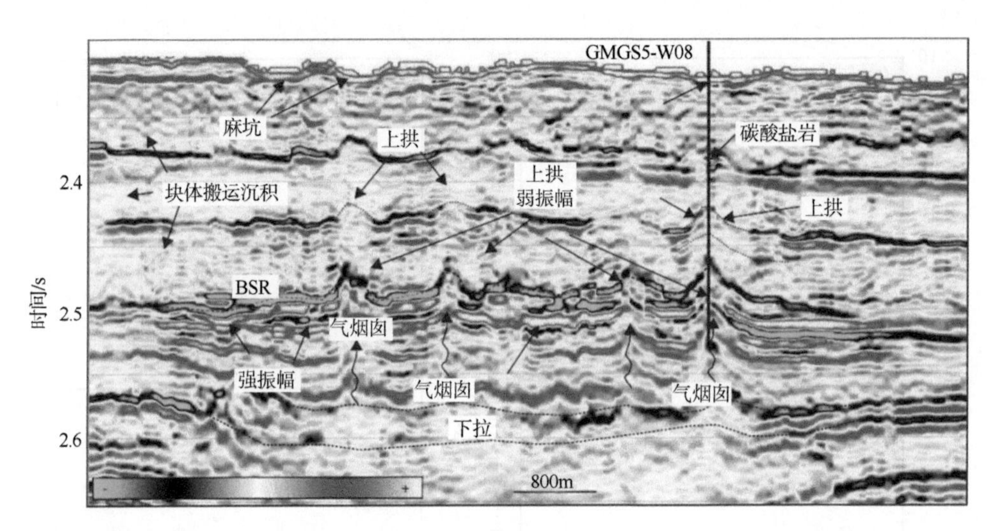

图 2-24　琼东南盆地过 GMGS5-W08 井裂隙充填型天然气水合物层的地震反射特征

据强振幅反射的 BSR 位置。纵波速度为 1465～2060m/s，海底以下 30～174m 的纵波速度基本高于 1600m/s，最大值位于海底以下 170m 处，纵波速度达 2046m/s。从计算的天然气水合物饱和度变化曲线看，利用各向同性阿尔奇方程计算的天然气水合物饱和度明显偏高，远高于速度模型计算的天然气水合物饱和度，与国际上发现的裂隙充填型天然气水合物相似，是由于电阻率的各向异性造成的，高估了天然气水合物饱和度。利用速度测井识别的天然气水合物主要富集于海底以下 9～174m，但饱和度曲线显示，海底以下 9～60m 和 130～150m 饱和度较低，水平裂隙计算的饱和度绝大部分低于 20%，垂直裂隙低于 10%。而海底以下 60～139m 饱和度较高，假设水平裂隙计算的天然气水合物饱和度在 30% 左右，最大值接近 50%，垂直裂隙计算的天然气水合物饱和度大部分都低于 30%。在 BSR 下方，可能存在高饱和度天然气水合物层，局部地层可能含有游离气，利用各向同性速度与电阻率模型计算的天然气水合物饱和度大于各向异性模型计算的结果（图 2-26）。计算的天然气水合物饱和度表明，在地震剖面上呈烟囱状分布的天然气水合物的饱和度变化较大，饱和度明显高于 GMGS2-08 井浅层的裂隙充填型天然气水合物，但是又低于下部呈块状、球状和结核状等分布的天然气水合物。

利用纵波阻抗与密度交会分析能够识别天然气水合物的赋存形态，交会图显示裂隙充填型天然气水合物与孔隙充填型天然气水合物呈明显不同的变化趋势，为了进一步验证裂隙充填型天然气水合物识别方法的可靠性，我们也利用琼东南盆地 GMGS5-W08 井的测井数据进行交会分析（图 2-27）。纵波阻抗或 $\rho V_{\mathrm{p}}^{0.5}$ 与密度交会图呈明显的线性特征，两种参数在变化趋势上也相似。而电阻率与密度或

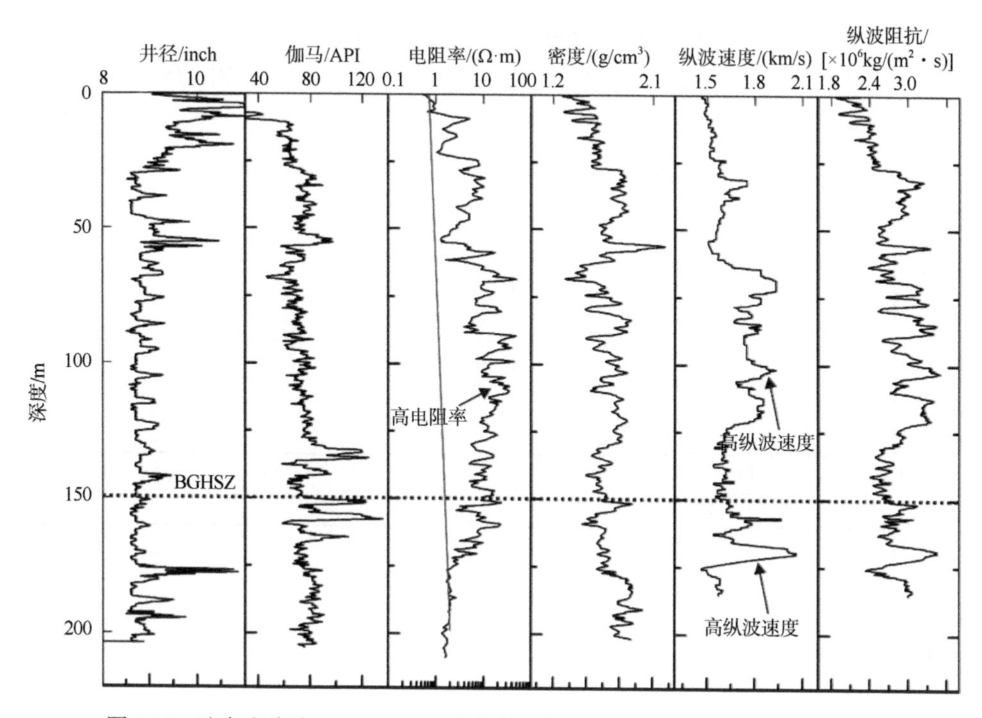

图 2-25　琼东南盆地 GMGS5-W08 井井径、伽马、电阻率、密度、纵波速度和纵波阻抗测井曲线

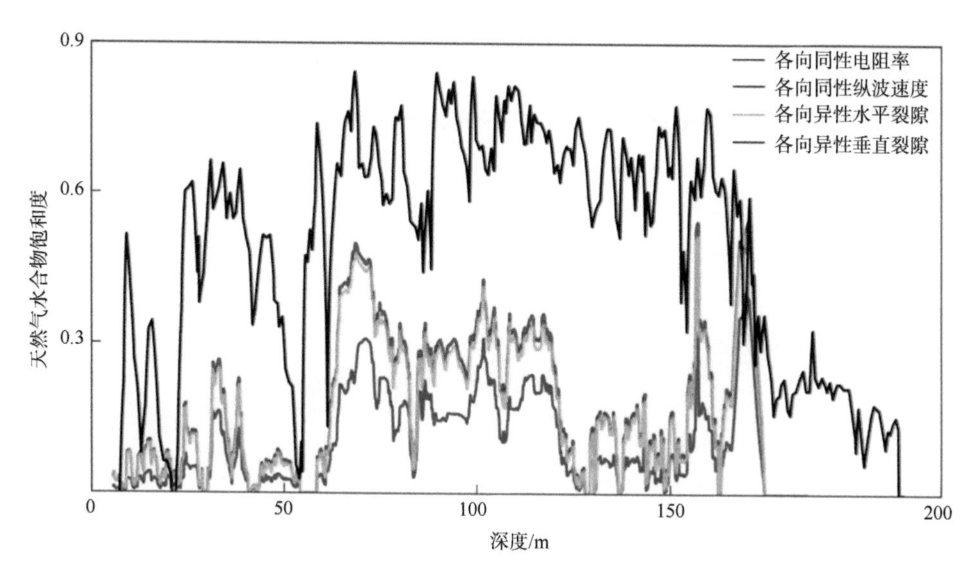

图 2-26　琼东南盆地不同方法计算的 GMGS5-W08 井天然气水合物饱和度

者孔隙度交会图上，天然气水合物明显偏离饱和水地层，与粉砂或者砂质储层的孔隙充填型天然气水合物变化相似（图2-19和图2-21），但是裂隙充填型天然气水合物孔隙度变化范围较大。

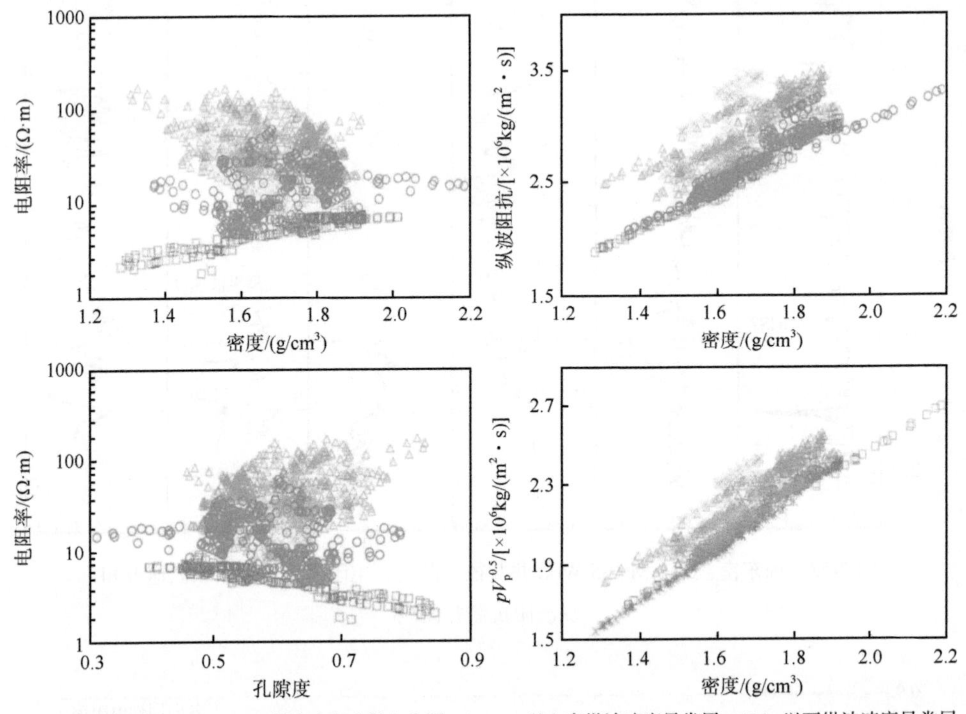

图2-27　琼东南盆地GMGS5-W08井不同赋存形态天然气水合物层的多种参数的交会图

第 3 章　天然气水合物测井方法与响应

测井技术是获得天然气水合物储层特性的最直接方法，不同类型天然气水合物测井响应不同，多种测井参数联合分析是识别和评价天然气水合物层的有效方法。

3.1　天然气水合物测井的研究历程

测井是获取天然气水合物地球物理信息的一种重要方法，有利于天然气水合物探测与评价，测井能够直接判断和指示井孔周围储层的好坏，天然气水合物钻探经历了从深海钻探计划（Deep Sea Drilling Project，DSDP，1968～1983 年）、大洋钻探计划（Ocean Drilling Program，ODP，1983～2003 年）、综合大洋钻探计划（Integrated Ocean Drilling Program，IODP，2003～2013 年）到现今国际大洋发现计划（International Ocean Discovery Program，IODP，2013～2023 年），历时 50 多年的研究过程。1979 年 6 月，DSDP 67 航次 497 站位首次获得了天然气水合物层的自然伽马、密度和井径等测井数据。随着测井技术不断发展，电缆测井和随钻测井应用于天然气水合物研究，但是由于天然气水合物层下部可能圈闭游离气，海底之下常出现 BSR 异常边界，为了钻探安全，很多航次都避免打穿 BSR。直到 1986 年 10 月，在秘鲁沿岸的 ODP 112 航次安全钻透 BSR 并获得测井数据，在 685 井和 688 井取得了天然气水合物样品，样品分析结果表明，形成天然气水合物的气体 99% 为甲烷。随后，在卡斯凯迪亚增生楔的 ODP 146 航次和北卡罗来纳布莱克海台的 ODP 164 航次也都钻透了 BSR，其中 ODP 164 航次首次应用横波测井研究天然气水合物和游离气地层。安全钻透 BSR 使大洋钻探走在了天然气水合物研究的前沿，为研究流体动态运移和天然气水合物的形成机制奠定了基础，也为开展烃类气体的工业勘探与开发提供了支撑。

2002 年 7 月 2 日～9 月 2 日，ODP 204 航次在俄勒冈州外岸的水合物脊进行了钻探，发现天然气水合物能够在海底快速形成，沉积物特性（如岩性组分和颗粒大小）影响天然气水合物的分布，在砂质储层发现了高饱和度天然气水合物，使人们认识到天然气水合物资源的价值。随后，美国、日本、中国、韩国和印度等多个国家都开展了海域天然气水合物钻探，目的是查明天然气水合物的资源前景。2017 年 11 月～2018 年 2 月，IODP 372 航次在新西兰希库朗伊俯冲带开展随钻测井与慢滑移研究，聚焦于天然气水合物与慢地震、慢滑移以及海底滑坡的关系。

大洋钻探采用的测井仪器主要有电缆测井和随钻测井两大系列，电缆测井是完钻后再进行各种仪器测量；随钻测井是将仪器组合在钻具上，与钻井同步进行，边钻边采集数据。电缆测井采集的数据容易受泥浆侵入、井壁垮塌和井孔不规则变形等因素的影响，海底浅部几十米的测井数据更容易受影响，局部井孔变形严重时还会导致下伏井段测井工作无法进行。随钻测井则不受上述因素的制约，实现了真正意义上的全井段测井，只是由于测井仪器组合方式差异，可能部分测井数据难以覆盖底部。由于随钻测井是在地层钻开后马上进行，泥浆污染和天然气水合物分解等因素对测井数据质量的影响降至最低。因此，与电缆测井相比，随钻测井更真实地反映了天然气水合物及其赋存地层的原位特征。

此外，随钻测井中很多传感器随着钻头的旋转而旋转，可以实现 360° 扫描测量，这些数据经过处理后可以转化为覆盖整个井壁的各种成像测井图像，主要包括自然伽马、地层密度、光电吸收截面指数、视中子孔隙度、井径和浅、中、深方位电阻率等。同时，随钻成像测井图像的分辨率很高，在 3～15cm，为研究断层、裂缝、天然气水合物的产状和分布以及地层的岩性、结构、层理和沉积构造等特征提供了重要材料。

3.2 电缆测井

电缆测井是天然气水合物勘探中获得储层物性参数的重要手段，天然气水合物层比较敏感的测井仪器为声波测井、电阻率测井、密度测井和伽马测井等，在天然气水合物储层评价中，为了较好地评价储层饱和度和孔隙度等，常开展元素俘获能谱测井。因此，天然气水合物测井仪的常规组合一般由自然伽马测井仪、中子孔隙度测井仪、双感应-球形聚焦电阻率测井仪、岩性密度测井仪和磁化率测井仪中的任意三种仪器组成，能提供中子孔隙度、地层密度、光电吸收截面指数、磁化率、自然伽马和铀、钍、钾元素的含量以及浅、中、深源电阻率等常规测井参数。

电缆测井受井壁质量影响较大，尤其当地层泥质含量较高时，对测井技术的挑战更大。截至 2021 年 6 月，我国在南海开展了 7 个天然气水合物钻探航次。其中，2007 年中国地质调查局主导了第一次天然气水合物钻探，在南海北部珠江口盆地神狐海域的8个站位开展了电缆测井，在5个井孔进行了取芯，随后6个钻探航次均采用了随钻测井。对于电缆测井，当浅部地层未固结时，钻探过程中不可避免地会出现局部井径变化，井径变化会影响声波和伽马等测井，而电阻率有时候受影响的程度较小。在GMGS1-SH3井，电缆测井数据识别出钻探过程导致的测井异常响应和部分天然气水合物分解导致的测井异常响应（图3-1）。由于测井孔与取芯孔不在同一井孔，取芯不受井孔变化的影响，通过岩芯获取的地层信息较为准确。GMGS1-SH3井岩芯X射线成像和氯离子异常都表明该井含有天然气水合物，天然气水合物层位于海底以下200m处。对应位置的声波测井具有纵波速度低值异常，而电阻率具有高值异常，测井异常指示地层含有游离气，但是氯离子显示具有异常低值，计算天然气水合物饱和度达30%左右。受取芯层位影响，压力取芯计算的天然气水合物饱和度较低（图3-2），与相同深度氯离子计算的饱和度一致。

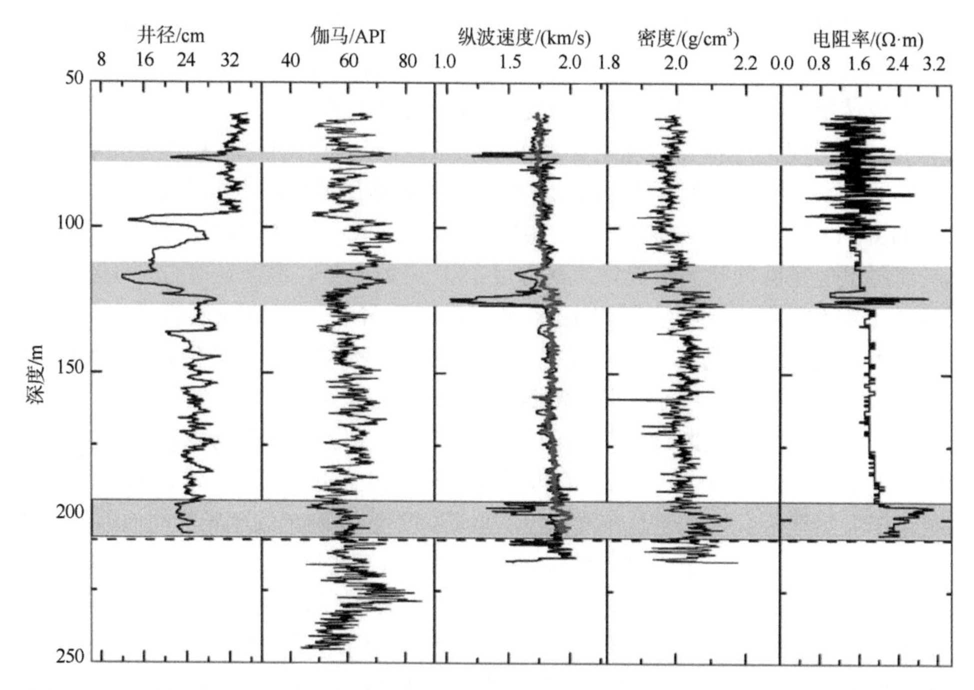

图3-1 南海北部珠江口盆地GMGS1-SH3井电缆测井曲线，红线为计算的饱和水纵波速度

在GMGS1-SH3井深度90～120m，钻井资料显示，井径变化较大，出现明显低值异常，伽马测井出现略微增加，表明泥质含量相对较高，泥质含量高的地层对电缆测井挑战更大。在深度120m以下，井径值变化不大，表明测井资料可

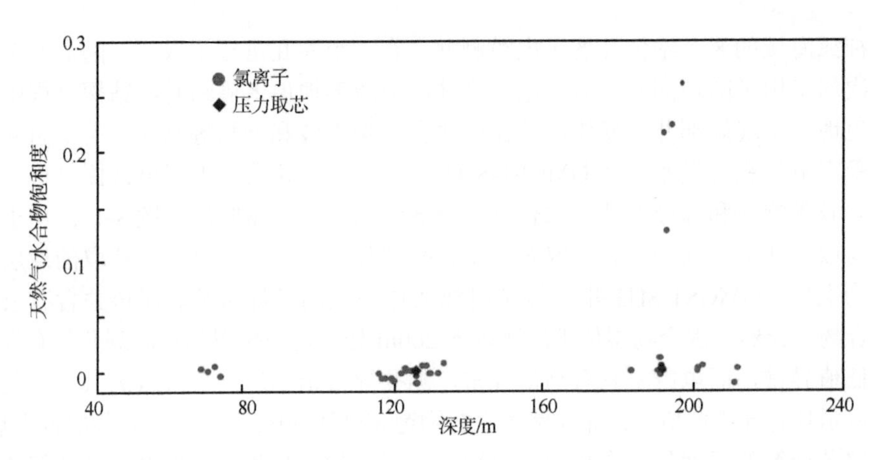

图 3-2　南海北部珠江口盆地 GMGS1-SH3 井氯离子与压力取芯计算天然气水合物饱和度

靠。在深度 190～205m 出现高电阻率异常，天然气水合物和游离气都是电绝缘体，该异常可能是由于地层含天然气水合物，也可能是含游离气造成的，但是局部出现低纵波速度异常。地层含天然气水合物时出现纵波速度增加，而含游离气时出现降低。利用简化三相介质理论计算了饱和水纵波速度（红线，图 3-1），在深度 73～76m 处，纵波速度低至 1290m/s，低于饱和水地层速度，电阻率变化不大。在深度 113～127m 处，纵波速度低至 1037m/s，明显低于饱和水地层速度，电阻率在局部层出现呈脉冲状高值异常。在深度 194～198m 处，纵波速度低至 1100m/s，明显低于饱和水地层速度，而电阻率呈明显高值异常，表明地层含游离气，该游离气可能是原位游离气，也可能是由天然气水合物发生分解产生。在 GMGS1-SH3B 井孔进行了取芯，可以根据测量的原位海底温度，计算天然气水合物稳定带底界，再结合岩芯判断速度异常的原因。该站位天然气水合物稳定带厚度约为 206m（Wang et al.，2012），在深度 194～198m 氯离子出现低值异常，因此，判断该层存在天然气水合物。但是在浅部没有取芯，不容易确定低速异常的原因。

在自然界中，发现了大量天然气水合物与游离气共存区域，高通量流体运聚、构造活动及钻井过程都可能造成天然气水合物与游离气共存。如果钻井导致天然气水合物部分分解进而与游离气共存，能够通过不同速度模型制作合成记录进行对比，再通过与地震资料对比，判断二者共存是否由天然气水合物部分发生分解造成（王秀娟等，2013；Wang et al.，2014）。例如，在 GMGS1-SH4 井，电缆测井资料显示（图 3-3），在三个层段井径（阴影区）变化较大，表明在这些位置测井数据的质量将受到影响。图 3-4 为井径与纵波速度对比图，从该图可以看出，在井径变化处，纵波速度也存在变化，而且测量的纵波速度低于计算的饱和水纵波速度，主要是由于井壁垮塌，速度测井数据偏低，在 170m 以下深度，井径则相对

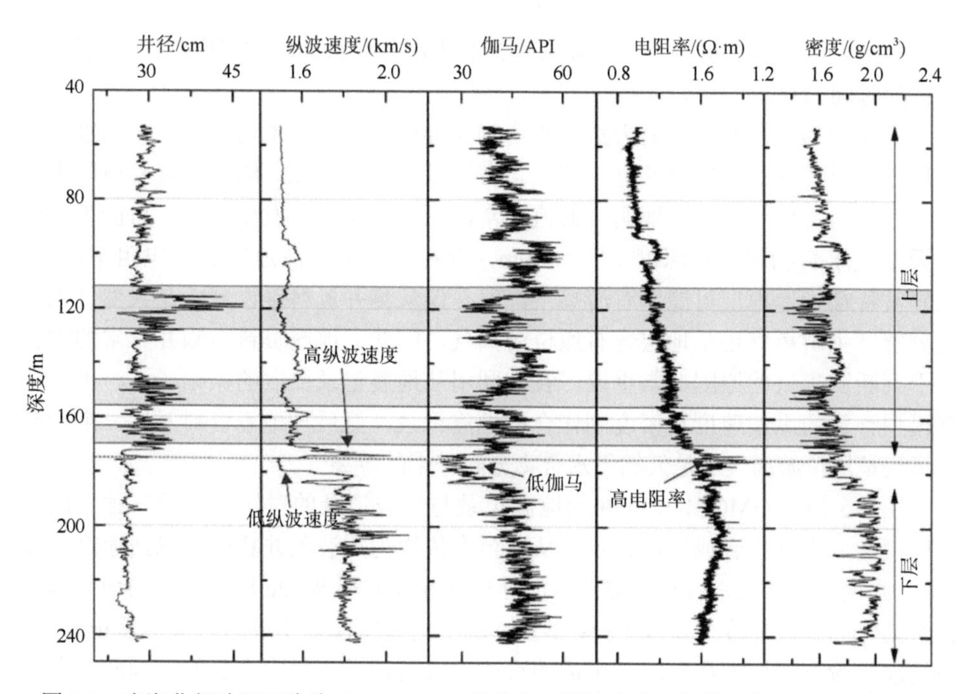

图 3-3　南海北部珠江口盆地 GMGS1-SH4 井井径、纵波速度、伽马、电阻率和密度测井

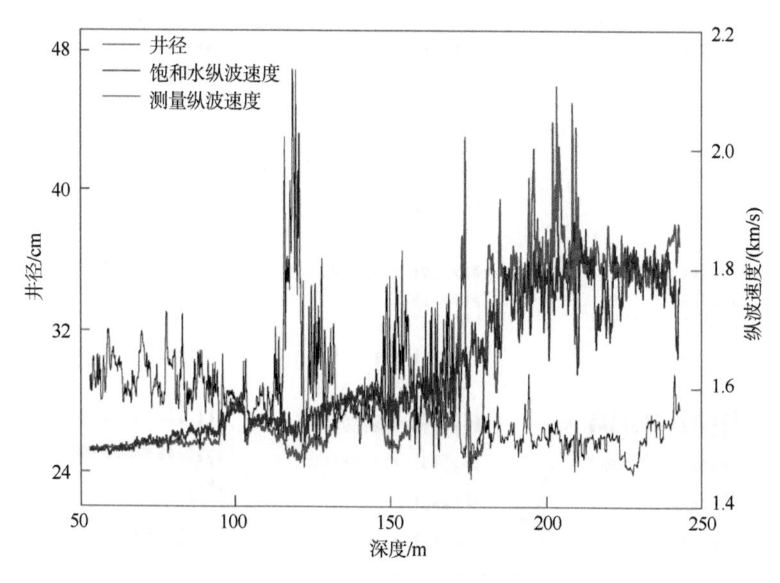

图 3-4　南海北部珠江口盆地 GMGS1-SH4 井计算的饱和水纵波速度（蓝线）、测量纵波速度（红线）和井径（黑色）

比较稳定，测井数据准确可靠。如果直接利用测井获得的纵波速度制作合成记录，获得的时间-深度关系将不准确。

为了能够把测井识别的天然气水合物层准确地标定到地震剖面上，通过岩石物理模型对该井的速度测井进行校正。在深度 170～175m，纵波速度和电阻率出现异常高值，伽马测井出现明显低值异常，指示地层岩性发生变化，可能为砂质含天然气水合物层；在深度 175～180m，存在一个低纵波速度和高电阻率层位，该异常特征指示地层可能含有游离气，但是仅从测井资料难以判断是天然气水合物分解产生游离气还是地层含有原位游离气，因此，地震资料与测井异常的吻合对于判断游离气的原因非常重要。我们利用从地震记录提取的振幅子波、不同速度模型计算的纵波速度和密度制作合成地震记录，然后与地震资料对比，来判断游离气是原位游离气还是天然气水合物分解产生的游离气。

图 3-5 为过 GMGS1-SH4 井的地震记录与合成记录的对比，基于三种不同的速度模型分别制作合成地震记录，从左至右依次为声波测井获得的纵波速度（红线）、假设含天然气水合物计算的纵波速度（绿线）和 White 模型计算的地震频带含游离气的纵波速度（蓝线）（图 3-5）。从不同速度模型生成的合成地震记录看，假设地层含有原位游离气时，生成的合成记录与地震资料吻合最好。因此，在天

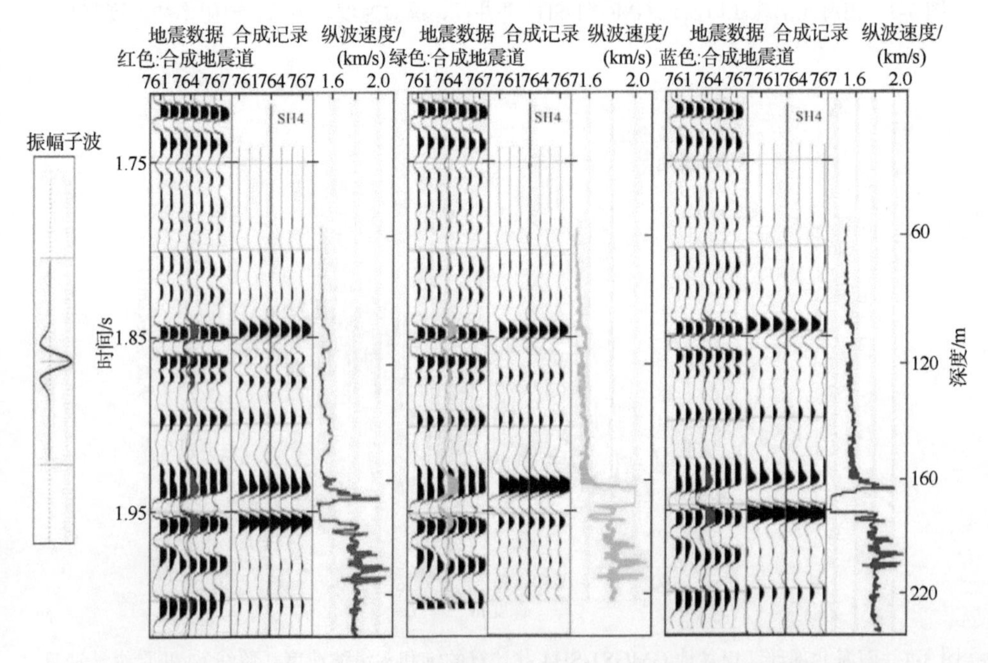

图 3-5　南海北部珠江口盆地 GMGS1-SH4 井不同纵波速度模型制成的合成记录与实际地震资料对比

然气水合物层下的游离气为地层原位游离气，且存在天然气水合物和游离气接触面。从估算的天然气水合物饱和度看，GMGS1-SH4 井薄砂层的天然气水合物饱和度为 10%～30%，明显低于印度克里希纳-戈达瓦里盆地和美国墨西哥湾格林峡谷等砂质储层的天然气水合物饱和度。

从地震剖面看，在浅部地层地震剖面存在一个强反射层，该层位具有略微增加的纵波速度、电阻率和密度，伽马测井振荡大指示泥砂互层变化，因此，浅部层的强反射与天然气水合物无关，可能是由岩性或者沉积变化造成的。在游离气层上方存在一个强振幅反射层，指示了该井稳定带底界上方的天然气水合物层，而且天然气水合物层位于一个区域不整合面上。该位置存在一套 10m 厚度的富砂地层，而该砂层下方的纵波速度、电阻率和密度等略微增加，这里存在一个区域不整合面。尽管在浅部地层也存在砂岩层，但是没有明显的地球物理证据显示该处具有天然气水合物。因此，在研究区域，即使浅部天然气水合物稳定带内存在相对富砂地层，在流体运移及地球物理证据等条件不确定时也很难判断是否存在天然气水合物。

3.3 随钻测井

随钻测井能够提供实时数据，有利于做出及时合理的决策，节省时间和成本，目前主要是利用随钻测井进行实时测量，开展天然气水合物层的评价研究。IODP 372 航次在新西兰大陆边缘 U1517 井，使用斯伦贝谢（Schlumberger）随钻测井工具开展了天然气水合物与慢滑移的研究，监测气体进入井孔与流体超压、帮助识别原位温度与压力、推动岩性解释、指导断层、裂隙和沉积物变形的解释以及天然气水合物饱和度估算等，使用的测井仪器主要包括随钻侧向电阻率成像测井仪（geoVISION）、随钻核磁共振测井仪（proVISION Plus）、四极子随钻阵列声波测井仪（SonicScope）、多功能随钻测井仪（NeoScope）、随钻地层压力测试仪（StethoScope）和高速遥测测井仪（TeleScope）。这些随钻测井仪被安装在靠近钻头的底部钻具组合系统上部（图 3-6），根据测量需要进行组合测井。不同随钻测井仪的测量内容和测量参数不同。表 3-1 为 IODP 372 航次开展随钻测井仪器的主要测量参数，不同仪器的探测深度与垂向分辨率不同，其中随钻侧向电阻率成像测井的分辨率最高，垂向分辨率达 5～8cm。

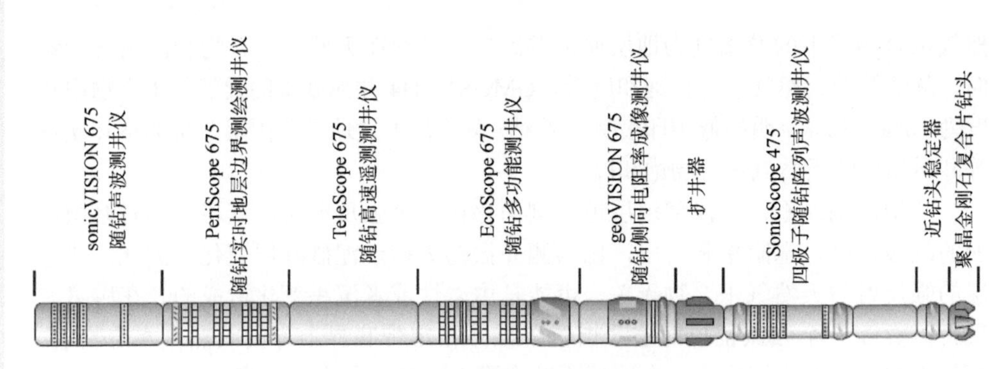

图 3-6　随钻测井的底部钻具组合系统

表 3-1　IODP 372 航次开展随钻测井仪器的主要测量参数

工具	输出	测量内容	单位	垂向分辨率/cm	探测深度/cm	距离钻头位置/m
geoVISION	GR	伽马	API	4	—	1
	RBIT	钻头电阻率	Ω·m	30～60	30	0
	BSAV	浅源纽扣电阻率	Ω·m	5～8	2.5	1.8
	BMAV	中源纽扣电阻率	Ω·m	5～8	8	1.7
	BDAV	深源纽扣电阻率	Ω·m	5～8	13	1.5
	RING	环形电阻率	Ω·m	5～8	18	1.4
SonicScope	DTCO	纵波速度	m/s	10～41	—	9.2
	DTSM	横波速度	m/s	10～41	—	9.2
NeoScope	TNPH	热中子孔隙度	m^3/m^3	40	—	18.9
	RHON	无源中子-伽马密度	g/cm^3	90	—	19
	A××H，*A××L*	××间距衰减电阻率	Ω·m	50～120	50～100	18.7
	P××H，*P××L*	××间距相位电阻率	Ω·m	20～30	30～80	18.7
	APWD	随钻压力	psi	—	—	15.8
	GRMA	伽马	API	50		15.6
	UCAV	井径	inch			17.3
TeleScope	INC	井眼倾角	°	—	—	26.8
	AZI	井眼方位	°	—	—	26.8

续表

工具	输出	测量内容	单位	垂向分辨率/cm	探测深度/cm	距离钻头位置/m
proVISION	BFV	束缚水体积	m^3/m^3	25～51	7	33
	FFV	自由水体积	m^3/m^3	25～51	7	33
	MRP	核磁共振孔隙度	m^3/m^3	25～51	7	33
	T2	T_2 分布	ms	25～51	7	33

3.3.1 geoVISION 随钻侧向电阻率成像测井

geoVISION 侧向测井电阻率测井仪也称 GVR，能够提供地层横向电阻率和井壁高分辨率电阻率成像，闪烁计数器能够测量方位伽马。同时含有上下两个发射器和多个电阻率电极，包括近钻头环形电极以及 3 个方位聚焦纽扣电极（图 3-7），其中，浅、中、深源纽扣电极的探测深度分别为 1inch、3inch、5inch。钻头电阻

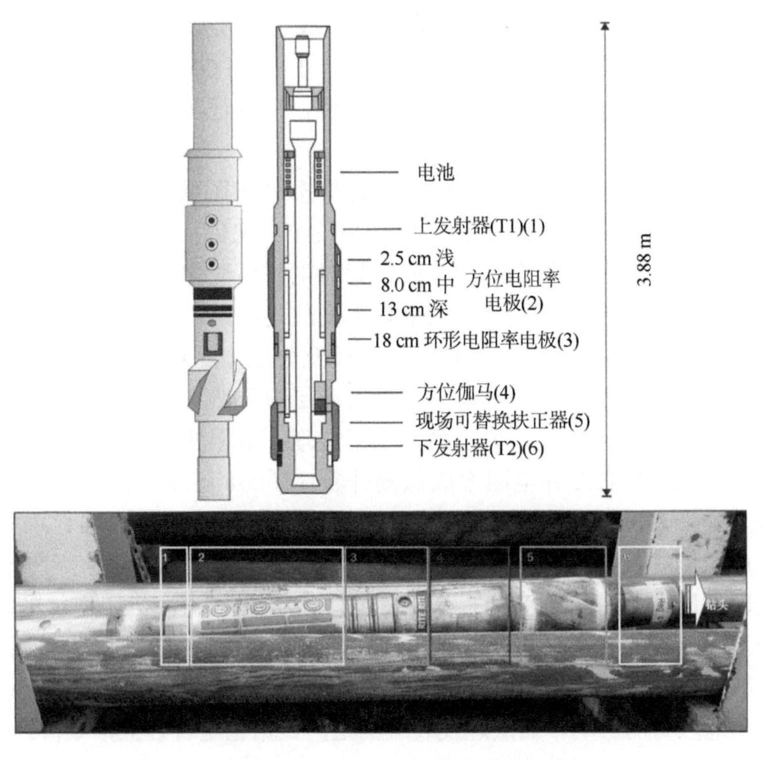

图 3-7 geoVISION（GVR）侧向电阻率测井仪示意

率的分辨率是 12～24inch（30～60cm），探测深度约为 12inch（约 30cm）。环形电阻率能够提供横向电阻率测量，垂向分辨率为 2～3inch（5～7.5cm），探测深度为 7inch（约 18cm）。

GVR 高分辨率侧向测井减小了邻层的影响，可应用于高导电性泥浆环境，而且钻头电阻率能够提供实时下套管和取芯点的选择。三个方位纽扣电极提供三种深度的微电阻率随钻成像（浅、中、深源纽扣电阻率成像），实时图像被传输到地面可识别构造倾角、裂缝方向和层理方向等，以更好地进行地质导向，同时帮助解决复杂的地质解释问题（图 3-8）。对于视倾角大于 53° 的构造，实时计算出倾角，可提供实时方向性伽马测量。密集的采样数据经过一系列校正处理，如深度校正、速度校正和平衡等处理后就可以容易地形成电阻率图像，即用一种渐变的色板或灰度值刻度，将每个电极的每个采样点变成一个色元。常用的色板为黑-棕-黄-白，分为 16 个颜色级别，代表着电阻率由低变高，色彩的细微变化代表着岩性和物性的变化，但它的颜色与实际岩石的颜色不相干。电阻率图像的横向和纵向（绕井壁方向）分辨率约为 1.2inch（3.048cm），可以辨别较粗砾岩的粒度和形状，但这是一个伪井壁图像，它可以反映井壁上细微的岩性、物性（如孔隙度）及井壁结构（如裂缝、井壁破损和井壁取芯孔等）。另外，由于井之间的差异，每口井电阻率值的变化范围有所不同，一口井的 GVR 图像的某个颜色与另一口井的同一颜色可能对应着不同的电阻率值，在进行多井对比时，要注意这一特点。

通常 GVR 图像有两种：第一种一般为静态平衡图像（STAT）；第二种为动态加强图像（DYNA）。第一种图像采用全井段统一配色，每一种颜色都代表着固定的电阻率范围，反映了整个测量井段的相对电阻率变化；第二种图像是为了解决有限的颜色刻度与全井段大范围的电阻率变化之间的矛盾，由静态图像的全井段统一配色改为每 5m 井段配一次色，从而较充分地体现 GVR 的高分辨率。通过对数据编辑校正和图像增强处理，能够识别地层中天然气水合物的赋存形态以及较大尺度规模的结构和构造，如裂缝、水平层理、滑塌变形层理、结核、砾石颗粒和断层等。从 U1517A 井电阻率成像测井看（图 3-8），井壁质量不高，尤其在 0～20.5m、26～27m、35.5～44m 和 64～66m，低钻速和井壁垮塌导致井壁质量更差些。成像测井显示的呈明显层状特性的地层是水平成像的假象。在 55m 左右深度，发现大量倾角为北-北东的裂隙，大部分地层都具有高电阻率。电阻率成像测井为分段配色，因此，某种颜色在不同井段可能对应着不同的岩性。GVR 成像解释与岩芯描述有很多相似之处，不同的是 GVR 为井壁描述，井壁上的诱导缝及破损反映了地应力的影响，而层理及裂缝的定向数据也是岩芯上很难得到的。

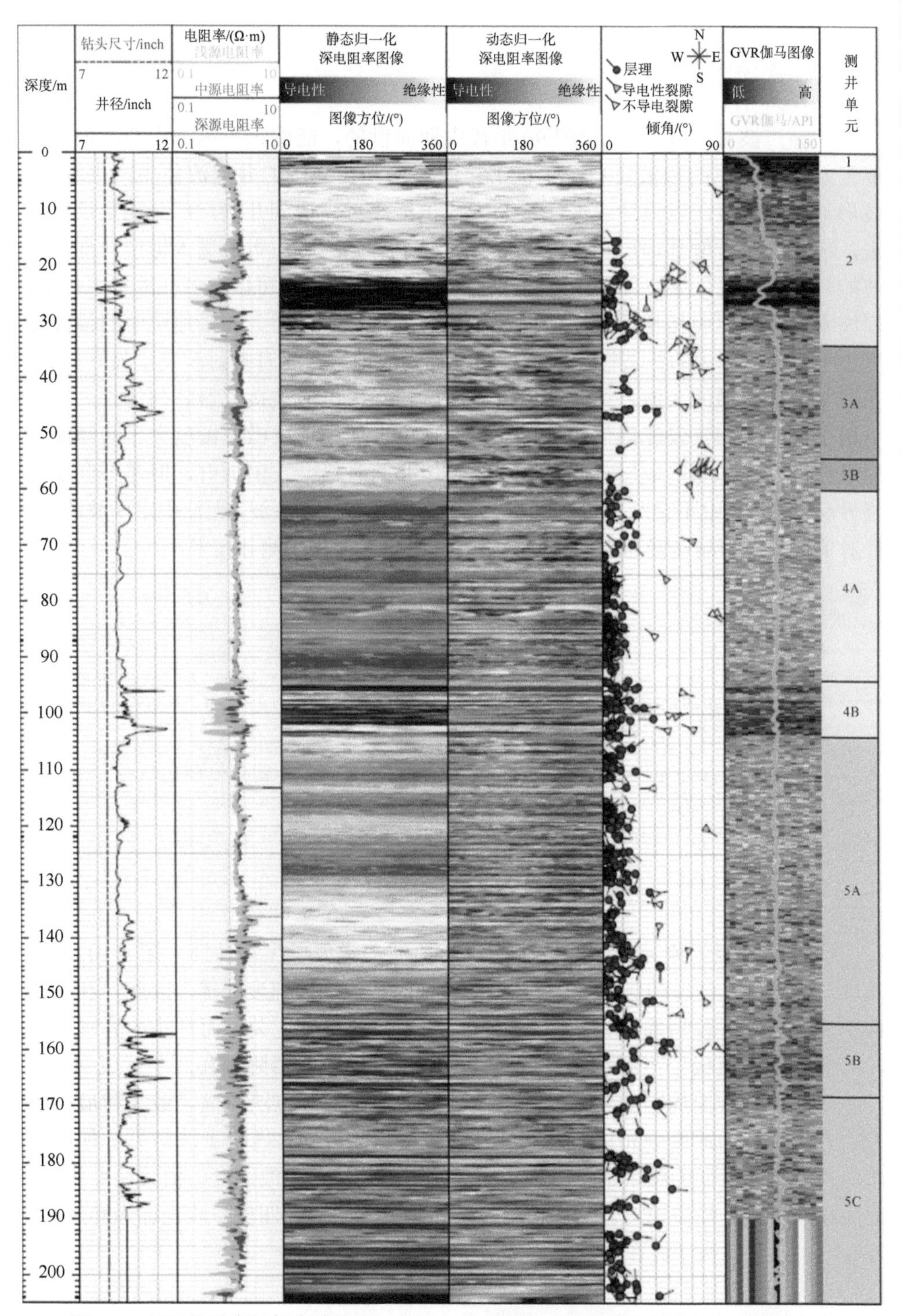

图 3-8　新西兰希库朗伊大陆边缘 U1517A 井电阻率成像测井及解释层理和裂隙方向

3.3.2 SonicScope 多极子随钻声波测井

随钻声波测井仪是 20 世纪 90 年代中期问世的，能够记录纵波资料，但是不能记录所有地层的横波资料。单极子声源在测井仪周围的井筒流体中产生纵波，波形沿径向扩大，以流体纵波慢度的方式传播，直到遇到井壁，部分能量反射回去，部分能量折射到地层（图 3-9），当单极子声源的纵波折射进入地层，部分纵波能转换成横波。纵波可以在充满流体的井筒中传播，也可以在多孔地层中传播，横波不能在流体中传播，可以沿充满流体的多孔地层传播。如果地层中的横波慢度小于井筒流体中的纵波慢度，这种情况称为快地层，这时折射波发生临界折射，在井筒中产生横波头波，该头波以横波速度传播，可能被接收器阵列记录，因此单极子声波测井仪仅能提供快地层的横波速度。如果地层横波慢度大于井筒流体的纵波慢度，称为慢地层，此时纵波在到达井筒时仍会发生折射，但是不会发生临界反射，井筒中不会产生头波，接收器不会接收到横波头波，无法确定横波速度。针对单极子声源测量慢地层横波的局限性，产生了偶极子测井技术。

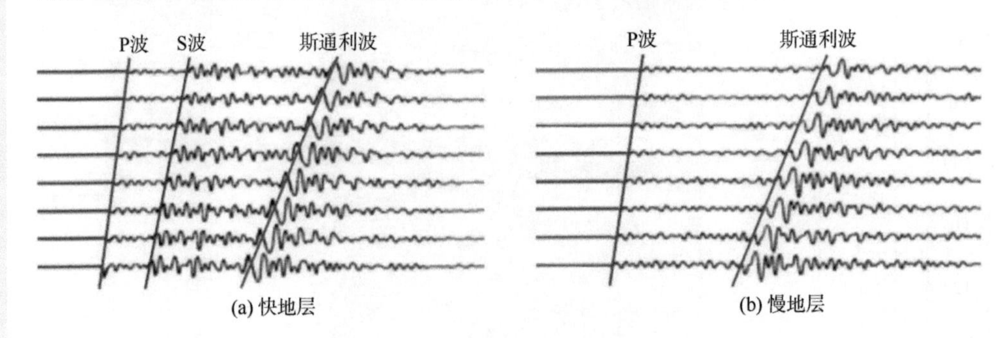

图 3-9 快慢地层中的波形

偶极子声源的测井仪器能产生一种弯曲波，类似于振动井筒（图 3-10），弯曲波是扩散波（波速随频率变化），频率较低时，以横波速度传播。因此，利用偶极子声源的测井仪器能够记录横波慢度，与泥浆的慢度无关，而且能计算慢地层的横波慢度。偶极子声源也具有定向性，利用定向接收器阵列和两个互成 90° 的声源能够得到井筒周围的定向横波，这种交叉偶极测井方法提供了最大和最小应力的方位、径向速度分布以及各向异性横波资料的方向。四极子波是另一种声源产生的，在非常低的频率下，四极子波在地层中传播，纵波速度与横波速度相近，而后逐渐收敛为横波速度。与偶极子波的传播方式不同，四极子波也称为螺旋波，直观地表达了四极子波在井筒中的传播情形。

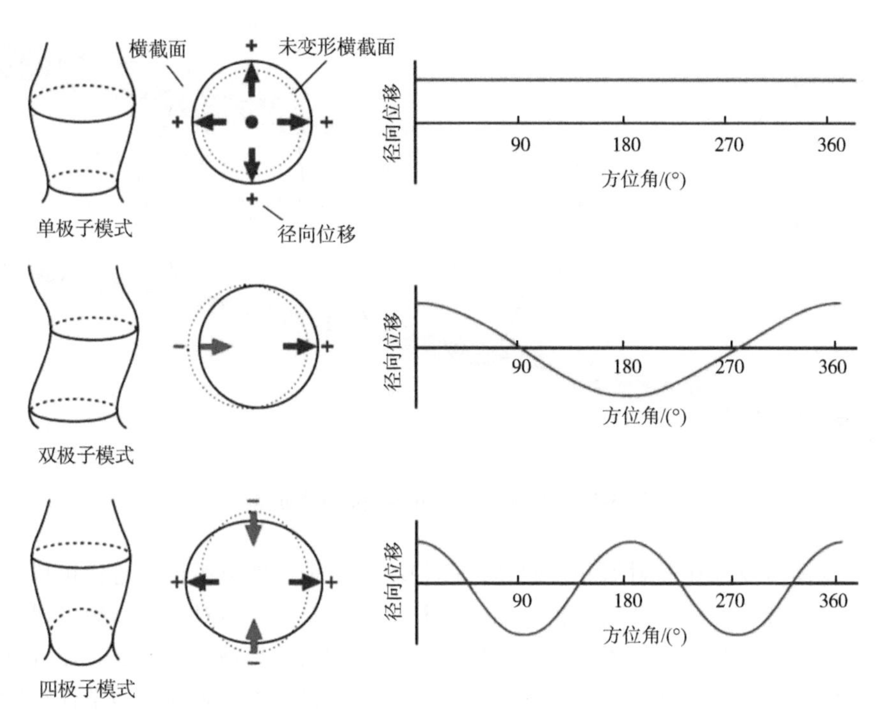

图 3-10　随钻测井中单极子（上）、偶极子（中）和四极子（下）声源，单极子声源产生的声波向外辐射，以纵波方式传播；偶极子产生弯曲波，呈 90° 分布；四极子声源波形复杂，取决于频率大小

为了满足工业界对四极子随钻测井仪的需求，斯伦贝谢开发了多极子随钻声波仪器（SonicScope），组合了高质量的单极子与四极子测量方法，在提供斯通利波数据的同时，还能提供与泥浆速度无关的任何地层的实时纵波和横波数据（图 3-11）。随钻声波测井比常规电缆测井结果可靠，主要是因为电缆测井易受泥岩膨胀和井眼变化的影响。SonicScope 可进行单极和多极声波测量，48 个接收器封装在 4 个阵列中，每个阵列包含 12 个传感器，每个传感器的间距为 4inch（约 10cm）。这些传感器位于钻铤的外表面，并装在保护套中。随钻声波测井与其他随钻测井相比，需要消除钻井噪声的影响，也需要解决声波探头的安装和声波信号处理问题。发射传感器在 1～20kHz 多个频率下工作，采用四极子模式记录资料时，频率最低为 2kHz。激化产生井眼单极、偶极子和四极子模式获取声速，能在软地层、强衰减地层获得高信噪比，可以进行实时多极采集和处理，在钻井和井底钻具组合起钻时可以记录单极高频纵波和横波、低频斯通利波以及多极横波测量值。

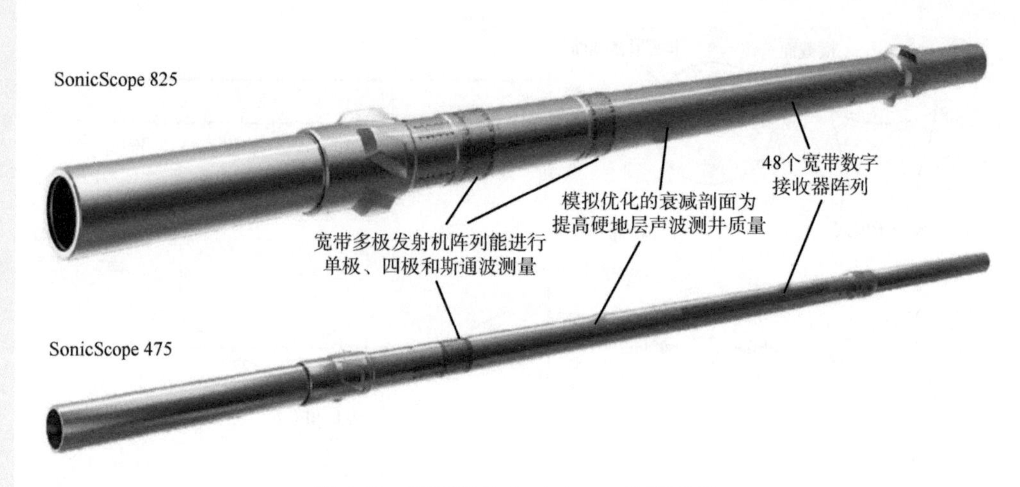

图 3-11　不同型号 SonicScope 仪器示意

声波仪器要求在发射器和接收器之间使用一个专用的衰减器，这样可以使仪器比井底钻具组合的其余部分稍灵活些。利用有限差分模拟对衰减器短节进行了优化设计，无需对声波仪器进行折中处理也可以大大提高钻铤的刚性。在各种环境下测得一致性和可靠性很好的横波和纵波数据能够提供实时地质力学评价所需的关键参数，特别是在深水环境钻井时，有助于减少钻井的不确定性。

多极子声波测量可用于天然气水合物储层中，用于改进和优化完井设计，在深水井测量中进行实时压力监测以及井眼稳定性和地震连测。此外，多极子声波测量对于裂缝的识别也有很好的应用。SonicScope 随钻测井仪器采用了专用的模式进行斯通利波测量，由于随钻测量时受井眼影响小，可保证获得高质量的数据。岩石力学特性参数无法直接测量，但是利用测得的纵波和横波慢度值，结合密度数据，能够计算各种弹性参数，如体积模量、剪切模量和泊松比等。同时，随钻声波测井仪记录的实时资料在确定孔隙压力方面能够识别超压地层和优选泥浆密度。超压层是危险信号，轻者可能延误钻井进程，重者可能导致灾难事故。利用实时随钻自然伽马、声波测井和电阻率等异常变化，结合压实趋势能够识别地层超压，同时钻井工程师通过优化泥浆比重来维持井筒稳定性和提高钻井安全系数，能节约钻井费用。例如，在神狐海域 GMGS3-W17 井，在海底以下 200m 地层含天然气水合物，由于充填在沉积物中的天然气水合物胶结沉积物颗粒改变了地层硬度，井径没有发生明显变化，测井数据质量较高。但是在天然气水合物与游离气共存时，局部区域井径发生变化，浅源电阻率出现明显的低值异常，纵波速度受游离气影响较大，出现成像缺失，由于游离气对横波速度影响小，因此横波测井则相对比较连续（图 3-12），这可能与地层游离气的含量少或者游离气分布等有关。

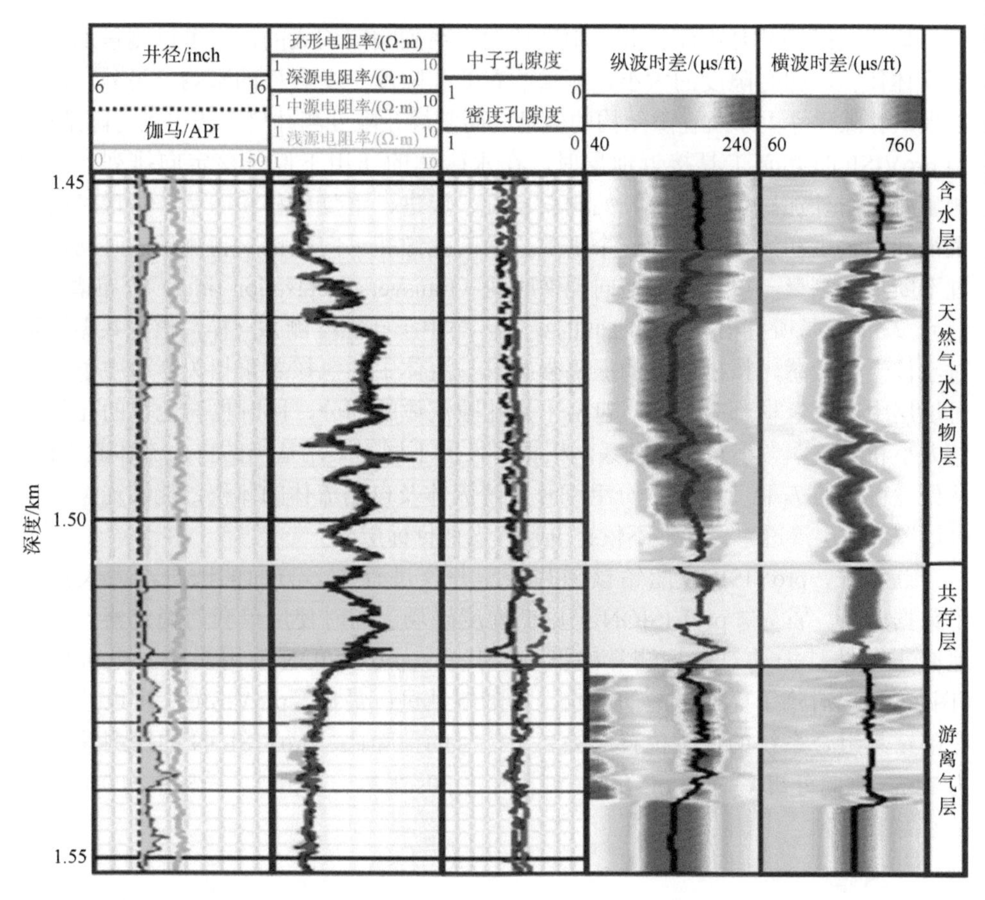

图 3-12 南海北部珠江口盆地 GMGS3-W17 井天然气水合物与共存层电阻率与纵横波时差测井

1ft=0.3048m

3.3.3 proVISION 随钻核磁测井

随钻核磁测井是近几年来飞速发展的一门测井技术，随钻核磁测井系统可以帮助岩石物理学家、地质学家及油藏工程师实时、直观、准确地了解与孔隙相关的信息。proVISION 随钻核磁测井仪能够提供不受岩性影响的孔隙度、孔隙大小分布、渗透率和直接烃类检测，摆脱化学源的影响。同时 proVISION Plus 可以实时进行复杂储层的岩石物理评价，弥补其他随钻测井技术的不足，全面评价岩石和流体性质，并确定渗透率，还能帮助寻找泥质砂岩中被忽略的储层，提供非均质性碳酸盐岩的渗透率，也可以识别低渗层。

核磁共振测井是由流体分子中氢核的一系列响应构成的，它可以测量地层中的流体体积，即孔隙度的大小，测量的有效孔隙度不受岩性的影响。另外，还可以提供孔隙尺寸大小及孔隙结构的信息，而常规孔隙度测井仪无法得到孔隙结构。当 proVISION Plus 工具接近地层时，在永磁体的作用下原子核定向排列，开始测量时启用外加磁场，氢核开始倾斜自旋、旋进、重复相移和回聚。弛豫时间是表征孔隙大小和流体属性的一个函数，横向弛豫和纵向弛豫限制测量的时间，通过不断重复测量，得到一个横向弛豫时间（transverse relaxation time）分布谱（T_2 谱），T_2 谱就是所有横向弛豫时间的集合。与中子孔隙度测井一样，核磁共振测量对氢核十分敏感，核磁共振的振幅强度只与流体中的氢核数正相关，而中子测井对地层中所有氢核都有响应，包括不是孔隙流体的部分，同时也与地层的孔隙尺寸大小和渗透率大小有直接关系。根据岩性的不同，采用适当的自由流体截止值，从处理得到的 T_2 谱上可以区分毛细管束缚流体及自由流体的体积，能够连续、实时地评价地层渗透率，能够不依靠电阻率识别目标层。

近年来，proVISION 随钻核磁共振测井仪进行了多方面的改进，大大提升了数据质量。首先，proVISION 采用低梯度磁场，同时使用单套筒稳定器，极大地减小了钻具振动对数据测量的影响；其次，proVISION 使用涡轮发电机供电（图 3-13），消除了更换电池的影响，不影响钻进；最后，proVISION 可以放置在底部钻具组合系统的任意位置，提高了信号的信噪比。proVISION 的探测深度约为 7cm，垂向分辨率为 25～51cm，测量时每 30s 采集一次数据，采样率为 0.125m，钻速为 15m/h。

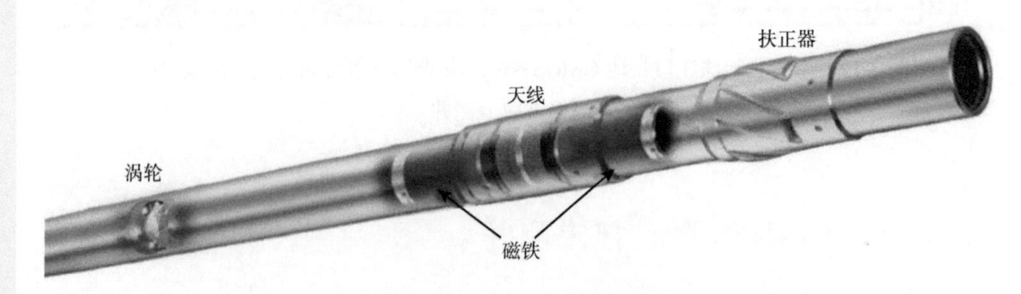

图 3-13　proVISION 仪器示意

3.3.3.1　天然气水合物饱和度计算

天然气水合物中氢原子的弛豫时间很短，核磁共振测井不能直接探测到天然气水合物，而是将天然气水合物视为骨架的一部分，因此，核磁测井所得出的天然气水合物层段的孔隙度（ϕ_{NMR}）只反映了被水（包括自由水、毛细管水和束缚水）所占据的孔隙空间，其值要比真实孔隙度小很多。而密度测井计算的孔隙度是天然气水合物及流体所占孔隙空间的总和，那么密度孔隙度和核磁孔隙度之差就是天然气水合物饱和度（图 3-14）。

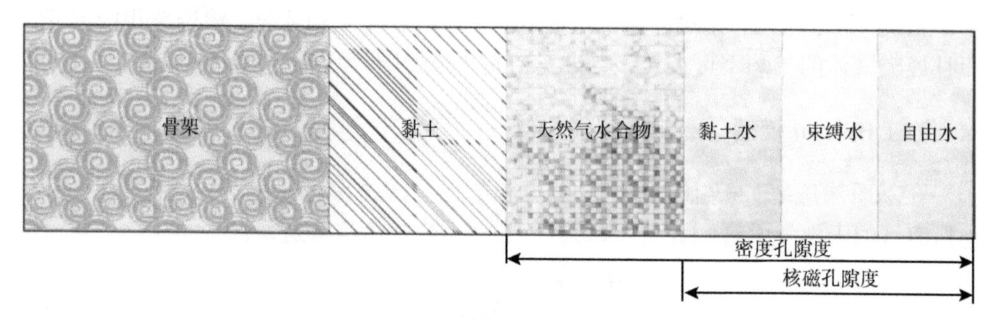

图 3-14 核磁测井计算孔隙度模型

利用核磁共振测井与密度测井所得孔隙度，就可以计算天然气水合物的饱和度，其表达式为

$$S_h = (\phi - \phi_{NMR}) / \phi \tag{3-1}$$

式中，S_h 为天然气水合物饱和度，ϕ、ϕ_{NMR} 分别为密度孔隙度、核磁共振孔隙度。在墨西哥湾和韩国天然气水合物钻探中，并没有应用核磁共振测井，主要是由于核磁共振测井的测量精度并不比电阻率和声波测井好，很多时候采集了核磁数据，但是并未得到很好的实际应用。在 IODP 372 航次，核磁共振测井和中子测井计算的孔隙度在局部地层就存在差异。核磁共振测井作为一种重要的测井工具，能够提供大量孔隙尺度的微观信息，对于天然气水合物开发具有重要指导意义，应该加强相关研究工作。

3.3.3.2 地层渗透率评价

渗透率是指可流动流体在岩石中的可流动能力，它是评价储层品质的主要物性参数之一，准确地计算渗透率对于储层产能预测及开发具有重要意义。在油气勘探中，计算渗透率的模型分为孔隙度–渗透率指数模型、Kozeny-Carman 模型、Timur 模型、Herron 模型、Coates 模型和 Schlumberger-Doll Research（SDR）模型等。孔隙度–渗透率指数模型是针对均匀孔隙介质计算渗透率的模型，该模型利用实验室岩芯孔隙度和渗透率数据，通过指数拟合方法得到渗透率模型参数；Timur 模型是根据孔隙度与束缚水饱和度计算沉积物基质的渗透率；Herron 模型是根据沉积物中的各种矿物含量和孔隙度计算基质的渗透率；Coates 模型是根据孔隙度和可流动流体与束缚流体占比来计算渗透率；SDR 模型利用 T_2 分布的几何平均值来计算渗透率，该模型是根据饱和盐水的岩石样品的实验结果建立的，通常对水层有较好的预测结果，对于油层，T_2 几何平均值向自由流体的 T_2 偏移，估算的渗透率不正确，对于气层，相对于冲洗过的气层，T_2 几何平均值太低，渗透率相应偏低。而且烃类气体的影响不可校正，因此，SDR 模型对于含烃地层不适用。

（1）Herron 模型

在基质渗透率计算中，因为没有岩芯数据，渗透率矿物参数使用默认值。在神狐海域的天然气水合物评价中，采用 Herron 公式估算渗透率：

$$\kappa = \frac{10^4 \times \phi^3}{(1-\phi)^2} \exp\left(\sum B_i M_i\right) \tag{3-2}$$

式中，κ 为储层基质渗透率，ϕ 为地层有效孔隙度，M_i 为固体骨架中每种矿物的重量含量，B_i 为每种矿物的渗透率常数，取值见表 3-2。

表 3-2　不同矿物渗透率常数　（单位：mD）

渗透率	伊利石	方解石	石英
B_i	−5.5	−2	0.1

（2）Timur/Coates 模型

碎屑岩的渗透率与束缚水饱和度有关，核磁共振测井测量的有关物理量为束缚流体体积和自由流体体积，渗透率的表达式为

$$\kappa = A\phi^B \left(\frac{\text{FFI}}{\text{BVI}}\right)^C \tag{3-3}$$

式中，A 为 Timur/Coates 模型渗透率乘积因子（mD），缺省值 A=1mD，B 为 Timur/Coates 模型孔隙度指数，缺省值 B=4，C 为 Timur/Coates 模型可流动流体束缚流体比指数，取决于地层沉积过程，不同地层的 C 值不同，缺省值 C=2，FFI、BVI 分别是可动流体和束缚流体体积。

（3）SDR 模型

核磁共振测井能够很好地预测渗透率是因为 T_2 弛豫时间与孔隙大小（或孔隙体积与表面积的比值）有关，预测渗透率的表达式为

$$\kappa = A\phi^C \left(T_{2\mathrm{LM}}\right)^B \tag{3-4}$$

式中，$T_{2\mathrm{LM}}$ 是核磁测量 T2 谱的几何平均值，A 为 SDR 模型渗透率乘积因子（mD），与地层类型有关，缺省值 A=4mD，B 指数，根据岩石物理求取，缺省值 B=2，C 为 SDR 模型孔隙度指数，缺省值 C=4。通常核磁共振测井是通过现场取芯，再进行实验室岩芯测试，求取系数建立 SDR 模型来求取渗透率。

（4）Kozeny-Carman 模型

Kozeny-Carman 模型计算渗透率的公式为

$$\kappa = \frac{A\phi^3}{(1-\phi)^2 \times S_o^2} \tag{3-5}$$

式中，ϕ 为孔隙度，A 为模型参数，S_o 为单位岩石体积的表面积。在 Kozeny-Carman 模型中参数 S_o 不能通过测井获得，可以将 S_o 视为定值，则式（3-5）可以简化为

$$\kappa = \frac{A'\phi^3}{(1-\phi)^2} \tag{3-6}$$

式中，$A'=A/S_o^2$ 为简化的 Kozeny-Carman 模型参数，可以通过岩芯分析孔隙度与渗透率的交会图获得。

3.4　NeoScope 无化学源随钻地层测井

NeoScope 无化学源随钻地层测井以脉冲中子发生器（pulsed neutron generator，PNG）为核心（图 3-15），开创了新一代安全环保随钻测井解释和储层评价新纪元。PNG 发射的高能中子通过与地层中的原子核发生弹性和非弹性散射而损失能量，经过几次散射快中子减速变为热中子，热中子继续与地层中的原子核发生多次碰撞，中子被地层中的原子核吸收，也就是中子俘获，从而释放出非弹性散射伽马。非弹性散射伽马的能量取决于俘获中子的原子核类型，因此，两个伽马射线探测器测量的伽马射线能量反映了地层中的元素，这些数据作为时间和能量的函数被

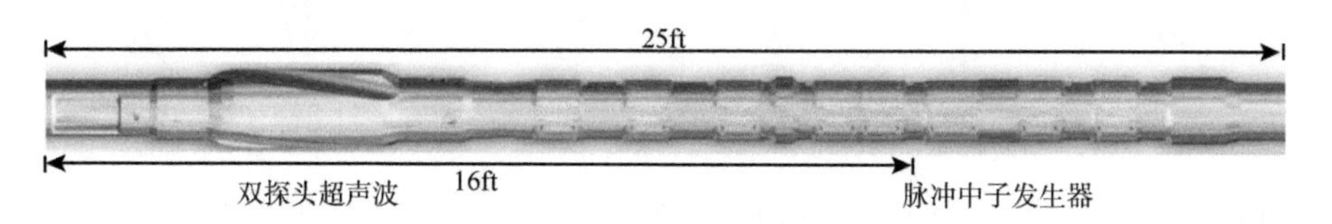

图 3-15　NeoScope 仪器示意

记录下来。通过分析近源伽马射线探测器的俘获伽马射线能谱，可以得到多种元素的产额，经氧闭合处理，得到地层中元素的质量百分含量，最后根据岩性模型确定地层矿物含量（康冬菊等，2018）。

该方法无需使用放射性化学源，不需要运输、存储和装卸放射性化学源，安全环保、高效地开展测井工作。将全套地层评价、地质导向和钻井优化测量集成在一个短节上，提高了作业效率，降低了作业风险，改善了数据解释以及产量和储量计算结果的可靠性。除了电阻率、中子孔隙度、方位自然伽马和密度系列外，NeoScope 还首次提供了元素俘获能谱、中子伽马密度和西格玛（Sigma）等随钻测井测量参数。NeoScope 可提供的测量包括：①平均的自然伽马；②不同的探测深度的 20 条电阻率曲线；③经过密度校正的无化学源最优中子孔隙度；④无化学源中子伽马密度；⑤元素俘获能谱；⑥西格玛（热中子俘获截面）；⑦超声波井径及井径成像等。

元素俘获能谱能获得地层的矿物组分及含量，从而更加准确地获得岩性剖面，还能用于计算地层孔隙度、天然气水合物饱和度和渗透率等参数。康冬菊等（2018）通过处理元素俘获能谱，利用 ElanPlus 与多种测井数据，分析了 GMGS3-W18 井地层元素含量与矿物类型（图 3-16），利用元素俘获能谱计算的矿

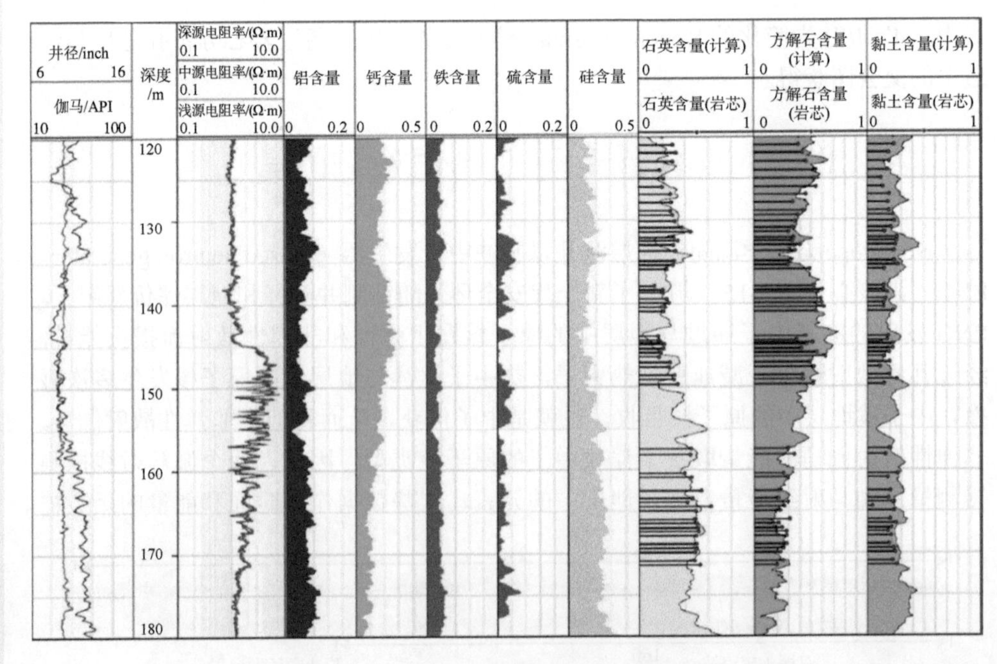

图 3-16　南海珠江口盆地 GMGS3-W18 井元素俘获能谱计算的矿物组分与岩芯 X 射线衍射测量的矿物组分对比（康冬菊等，2018）

物含量与岩芯 X 射线衍射测量的矿物组分含量吻合。深度 145～172m 为天然气水合物层段，自然伽马曲线呈明显低值异常，通常伽马低值指示砂质成分增多，认为孔隙度、渗透率较大。但是元素俘获能谱测井资料分析发现，该低伽马层段钙质成分明显增多，同样岩芯 X 射线衍射分析表明，该层段方解石含量和样品中有孔虫含量明显增加，因此，该层段伽马低值异常是地层钙质含量增加造成的，而不是砂质含量增加。

3.5　StethoScope 随钻地层压力测量

StethoScope 随钻地层压力测量系统采用探头式压力测量仪器，能安全有效地随钻采集压力和流体信息。压力探头位于扶正器叶片的延伸部分，与压力探头相对的定位活塞可确保探头与地层的接触，无需使仪器定向。目前斯伦贝谢公司拥有 StethoScope 675 型和 825 型随钻地层压力测量仪，二者的结构相同，尺寸及适应的井眼尺寸有差别，图 3-17 为 StethoScope 675 型基本结构。探针通过一个机械坐封活塞插入地层，活塞直接对着探针从仪器内伸出，防止探针坐封和采集压力数据时仪器移动，确保了密封性。探针无需钻铤压力来维持探针与地层的密封，可以安放在任何井眼方位，垂直与倾斜均可。仪器的动力来自电池组，也可以来自随钻测量的涡轮，仪器的灵活性好。优化的预测试设计，能够根据地层特性对预测试集体和降压速率进行优化，存在两种预测试选项，可以采集客户自定义信息，或者以完全自动的智能预测试模式运行，实时地将高质量数据传送到地面，提供标准、中等和高级三种不同详细程度的解释，在测量时井底钻具组合必须保持静止。随钻地层压力测量系统能够优化钻井，准确测量孔隙压力，识别岩性类型与界面，确定压力梯度，进行储层压力以及泥浆质量的控制和优化，能够在任何井孔方位下测量。

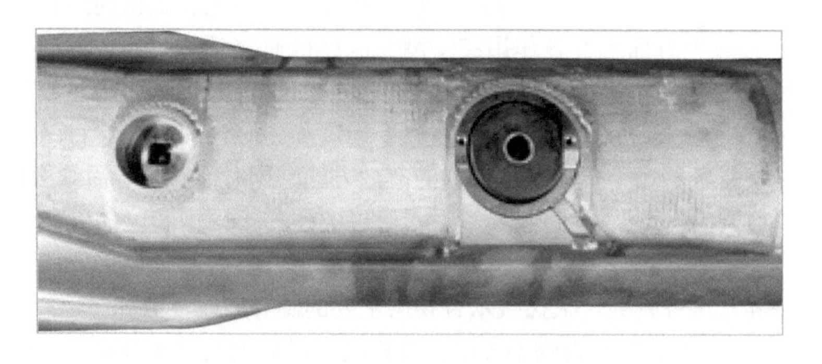

图 3-17　StethoScope 675 型随钻地层压力测量系统基本结构

3.6 TeleScope 随钻高速遥测

TeleScope 随钻高速遥测是随钻实时信息传送的新标准，有效地利用了泥浆脉冲遥测原理，加强了信号检测并使数据传输率提高三倍，可以实时传送多种测量数据，提供综合的地层与井眼信息，可以优化储层表征和钻井作业，降低钻井风险，提高钻井效率。

3.7 天然气水合物层的测井响应

从前面的介绍可知，海洋天然气水合物钻探通常采用的测井分为电缆测井和随钻测井，随钻测井在钻探时就测量了沉积物的物理特性，而电缆测井是钻完井后再进行各种参数的测量，所以，电缆测井数据容易受井孔变化的影响。井孔附近的天然气水合物可能分解或者钻井液温度比周围原位环境温度低，会促进天然气水合物的形成，两者都是影响测井数据质量的潜在风险，而随钻测井数据的质量则相对较好。由于浅部地层为未固结地层，当遇到砂质储层时，容易造成井壁垮塌，导致测井数据不准确，即使随钻测井也一样。因此，在利用测井数据识别天然气水合物时，要在确保测量数据准确的前提下，再开展不同赋存类型天然气水合物的研究。

近年来，井孔地球物理测井是天然气水合物勘探的常规方法，随钻测井也已经成为天然气水合物钻探的常用测井技术，印度、韩国、美国、日本和中国等多个天然气水合物钻探航次都使用过电缆测井和随钻测井。由于井壁垮塌、钻井液侵入等影响，测井数据质量仍面临着巨大挑战。在含天然气水合物区域，如何钻透天然气水合物稳定带底界，获得天然气水合物与下部游离气转换带的纵波、横波速度及电阻率数据也很重要。测井数据是连接岩芯与地震数据的纽带，测井与地震和岩芯有三个方面的互补作用：①测井能提供原位条件下的数据，能精确地刻画储层物性变化，不需要像岩芯那样采集到地面进行分析。②测井数据能够被连续测量而没有缺失。③测井采样间隔位于地震和岩芯之间，能够将两者联系起来。测井是识别各种类型天然气水合物的有效方法，同时能够指导后续取样。

大量钻探结果表明，不同区域、不同储层类型和不同饱和度的天然气水合物层的测井异常存在差异，因此，利用测井方法识别天然气水合物仍要慎重，要综合多种测井异常进行判断。天然气水合物层主要的测井敏感参数如下。

1）电阻率：天然气水合物不导电，沉积物中形成天然气水合物后，地层的导电性降低，电阻率值升高。在视电阻率测井曲线上，天然气水合物沉积层电阻率明显增大，尤其当地层含有脉状、球状、结核状天然气水合物时，电阻率迅速增加，达几十至上千欧姆米以上。

2）声波时差：声波时差与声波的传播速度成反比，含天然气水合物沉积层的纵波速度增大。因此，含天然气水合物层的声波时差出现明显的低值，低值异常与天然气水合物赋存形态、饱和度和沉积物特性等有关。钻探发现，在泥质地层中含有脉状天然气水合物，天然气水合物饱和度相对低时，声波时差变化不大。

3）密度：与含水或含游离气的沉积层相比，天然气水合物充填在孔隙空间时，沉积层的密度略微降低，天然气水合物呈球状和脉状等较高饱和度时，密度明显降低。但是沉积物压实和矿物组分等差异也会导致天然气水合物层密度变化。

4）自然伽马：伽马测井指示了沉积环境变化，常用于识别沉积层的岩性。水道和天然堤等富砂质地层的沉积物粒度相对较粗，是有利于天然气水合物赋存的沉积环境，伽马测井一般出现低值异常，而地层钙质含量增加也能导致伽马值降低，因此，利用伽马测井判断天然气水合物储层条件时，需要结合岩芯资料进行综合分析。

5）井径：测井数据的质量对于识别天然气水合物非常重要，井壁变化影响测井数据质量。通常井孔直径由钻井工具决定，一般是固定的，井孔直径能够判断井孔质量与稳定性，是快速判断井孔质量的重要参数。无论是细粒泥质、粉砂还是砂质储层，在发育天然气水合物的地层，天然气水合物胶结或者充填在沉积物颗粒间，使地层变硬，因此，含天然气水合物层的井径一般比较好。而天然气水合物稳定带内不含天然气水合物的砂质储层，由于渗透率等较大，无论是电缆测井还是随钻测井都容易造成井壁垮塌，影响测井数据质量。

6）中子孔隙度：用于确定地层孔隙度，可以与密度计算的孔隙度进行对比。中子孔隙度对于识别烃类气体有时候比较敏感，但在识别与定量评价天然气水合物层时，一般不使用中子孔隙度，而是采用密度孔隙度。

7）原位温度测量：测量地层中原位温度，通过温度变化计算地温梯度，进而确定天然气水合物稳定带厚度。

8）横波时差：含天然气水合物层横波速度一般增加，尤其是当天然气水合物赋存形态不同时，横波变化不同，在进行随钻测井时，不一定都能测量到横波。

9）自然电位：自然电位在天然气水合物研究中应用较少，主要是含天然气水合物层的自然电位变化并不明显，不是识别天然气水合物的敏感参数。

10）电阻率成像：天然气水合物与游离气都是绝缘体，与饱和水地层相比，含天然气水合物层具有较高电阻率，电阻率成像测井呈高亮浅色。

11）核磁共振：核磁共振测井用来研究砂质储层孔隙尺度下的天然气水合物的生长特性，天然气水合物优先在富含甲烷气体的地方形成，即在大孔隙空间形成。

3.8 多类型天然气水合物测井异常识别及应用

自然界中钻探发现的天然气水合物赋存形态、饱和度、厚度和储层类型差异较大，不同赋存形态与饱和度天然气水合物层的测井响应不同，在识别天然气水合物层时要综合分析。我们通过实例分析，总结几种不同情况下天然气水合物储层识别的关键技术与方法。

3.8.1 低饱和度孔隙充填型天然气水合物

钻探的主要目的之一是评价天然气水合物下部圈闭的游离气情况，查明天然气水合物层的横向变化并研究天然气水合物层的物质特性。1996年，ODP 164航次在布莱克海台较厚的沉积层中发现了天然气水合物，在地震剖面上出现强BSR和BSR上部的弱振幅反射（空白反射）。钻后大量研究表明，该区域沉积物主要为细粒沉积物，局部地层含有硅质超微化石。图3-18为997B井的电缆测井数据，纵波测井显示，在海底200m之下，纵波速度从1.6km/s逐渐增加到1.8km/s，BSR下部出现明显的低纵波速度，纵波速度低于1.2km/s，低于海水纵波速度1.5km/s，指示地层含有游离气。电阻率平均为1.0Ω·m，局部薄地层大于1.6Ω·m。尽管电阻率绝对值并不高，但是电阻率高于饱和水地层的电阻率，指示了天然气水合物层的发育，在331m处，取芯发现了厘米尺度的块状天然气水合物样品（图3-18）。电阻率计算的孔隙度随深度增加逐渐降低，在天然气水合物层孔隙度略微降低，主要是因为电阻率计算的孔隙度，在天然气水合物层低于地层真实的孔隙度。与上下相邻地层相比，在BSR深度，密度出现略微的降低，指示地层的孔隙度并没有降低。估算的天然气水合物饱和度低于10%，局部薄层饱和度能达20%以上（Lu and McMechan，2002），表明该区域天然气水合物饱和度较低，但天然气水合物层厚度较厚，达200m以上。

从测井响应看，与饱和水地层相比，即使在低饱和度天然气水合物层，也会出现略微增加的纵波速度、略微增加的电阻率和变化不大或者略微降低的密度。该区域气体是通过扩散和对流方式在细粒沉积物中形成较厚、低饱和度的天然气水合物层，在局部含硅质超微化石地层，饱和度略微增加。这种低通量流体在细粒沉积物中形成的天然气水合物广泛分布在深水盆地内，其资源量大，但是天然气水合物的饱和度低，并无资源价值。

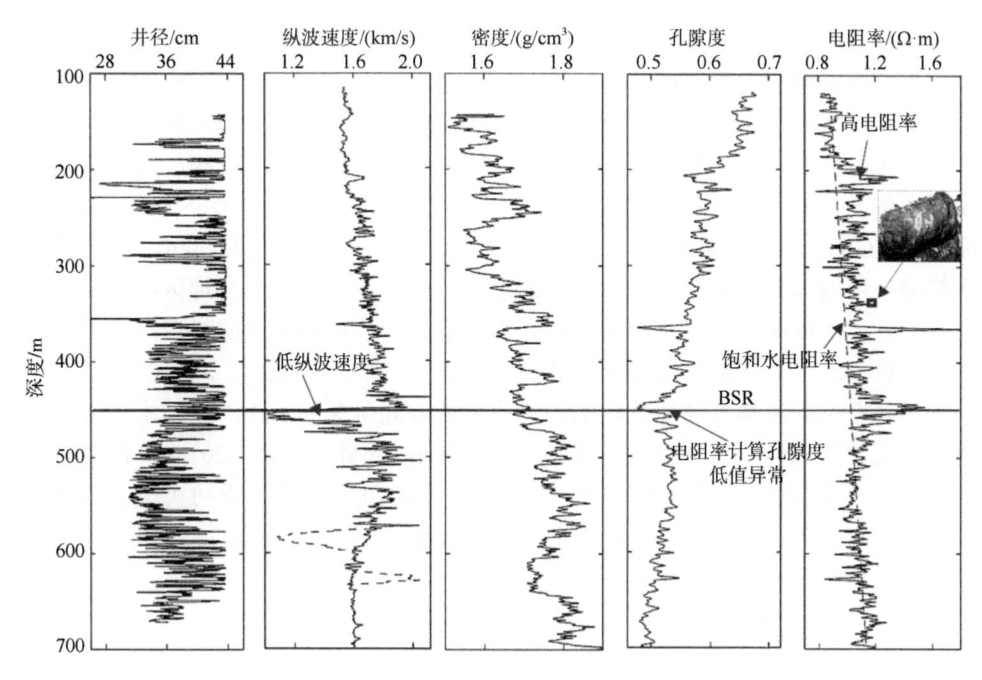

图 3-18　布莱克海台 ODP 164 航次 997B 井测井曲线

3.8.2　中等饱和度孔隙充填型天然气水合物

在布莱克海台 BSR 发育区 ODP164 航次发现的天然气水合物为深水细粒沉积物中的低饱和度天然气水合物，导致很长一段时间人们认为海洋天然气水合物是一种低饱和度天然气水合物。2007 年，我国首次在南海神狐海域开展钻探，在 GMGS1-SH2 井细粒泥质粉砂沉积物中发现了饱和度达 48% 的天然气水合物层，明显高于布莱克海台地区 10% 的天然气水合物饱和度，打破了国际上对细粒沉积物中天然气水合物成藏的认识。

随后，在神狐海域又开展了三个钻探航次，获得了几十口井的速度、电阻率和密度等测井资料，在细粒沉积物中发现的天然气水合物饱和度达 40% 左右，天然气水合物层的厚度从十几米至几十米不等（图 3-19）。从测井资料看，GMGS1-SH2 和 GMGS3-W11 井的伽马测井变化不明显，而在 GMGS3-W18 和 GMGS4-SC02 井局部地层出现变化。天然气水合物层的纵波速度明显增加，在不含天然气水合物地层，纵波速度约为 1.6km/s，而天然气水合物层的纵波速度达 2.0km/s，局部更高。在不含天然气水合物地层，电阻率约为 1.3Ω·m，而天然气水合物层的电阻率达 3～4Ω·m，明显高于饱和水地层的电阻率（图 3-19）。而且电阻率绝对值和纵波速度明显大于布莱克海台地区的电阻率（约 1.3Ω·m）和纵波速度。从估算的天然气水合物饱和度看，南海神狐海域的天然气水合物饱和度为 30%～40%，局部地层超过 60%，天然气水合物层厚度为 20～30m。在 GMGS3-W11 井，天然气水合物分三层，每层厚度约为 20m，中间夹着不含天然气水合物层或者低饱和度层，伽马测井变化不大，表明沉积物岩性没有明显变化，主要为粉砂沉积物。而在 GMGS3-W18 与 GMGS4-SC02 井，天然气水合物层厚度约 30m，向上呈变大趋势。纵波速度和电阻率等异常层的厚度明显小于布莱克海台地区，表明天然气水合物层厚度不同。南海神狐海域天然气水合物层的饱和度明显偏高，可能是由于天然气水合物储层为泥质粉砂储层，局部地层富含有孔虫，下部发育了断裂、气烟囱等有利的流体疏导体系，通过流体对流方式从深部长距离搬运来的大量游离气为天然气水合物富集提供了充足气源（Wang et al.，2011，2014），使得局部薄层天然气水合物饱和度超过 60%。2017 年和 2020 年，我国成功实现了该储层类型天然气水合物的试验性开采（Li et al.，2018；Ye et al.，2020），是细粒沉积物中具有资源前景的天然气水合物储层类型。

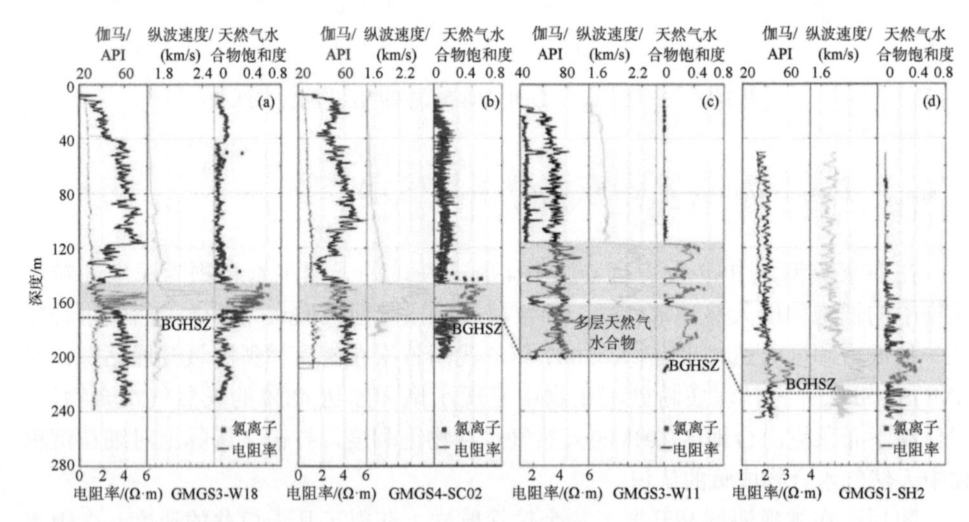

图 3-19　南海北部珠江口盆地不同井位伽马、电阻率、纵波速度及饱和度连井对比

3.8.3　高饱和度孔隙充填型天然气水合物

天然气水合物饱和度大于 60% 时称为高饱和度，与细粒沉积物相比，粗粒沉积物具有较高渗透率，有利于天然气水合物富集，在良好气源条件下形成的天然气水合物的饱和度也较高，但是并不是粗粒沉积物中都能形成高饱和度的天然气

水合物。在美国墨西哥湾、日本南海海槽和印度克里希纳-戈达瓦里盆地等区域都发现了砂质天然气水合物层，天然气水合物层的厚度从几厘米、几米至几十米不等，饱和度高达80%。

大量钻探发现，细粒沉积物中发育的薄砂层，厚度约为几厘米或数米，被细粒泥质沉积物包围，形成的天然气水合物的饱和度也较高，达60%以上，如墨西哥湾沃克海脊。该区域为典型泥砂互层的天然气水合物储层发育区，如在WR313H井，天然气水合物稳定带底界附近的砂层较厚，而在天然气水合物稳定带内发育多个薄砂层，厚度为0.1～3m（图3-20）。在深度290～295m的薄砂层，天然气水合物饱和度出现两个峰值，中间夹着一个异常层。从井径上看，该异常层井径出现明显的增大，纵波速度和电阻率等都出现低值异常，测井数据不可靠。而在该异常层上下位置，伽马测井明显变低，指示薄砂层发育。在深度600～700m也存在多个薄砂层，而800m深度发育的砂层相对较厚。因此，砂质高饱和度天然气水合物层的形成主要有两种不同情况：一种是细粒沉积物包围的薄砂质储层，形成天然气水合物的气源主要为周围泥岩地层产生的生物成因甲烷气体，经过近距离扩散运移到薄砂层，形成天然气水合物；另一种是砂质储层与断层、气烟囱等相连通，发育于天然气水合物稳定带底界附近，形成天然气水合物的气源从下部沿断层和砂体等不同运移方式而来（图1-9），可能为生物成因气，也可能为热成因气。

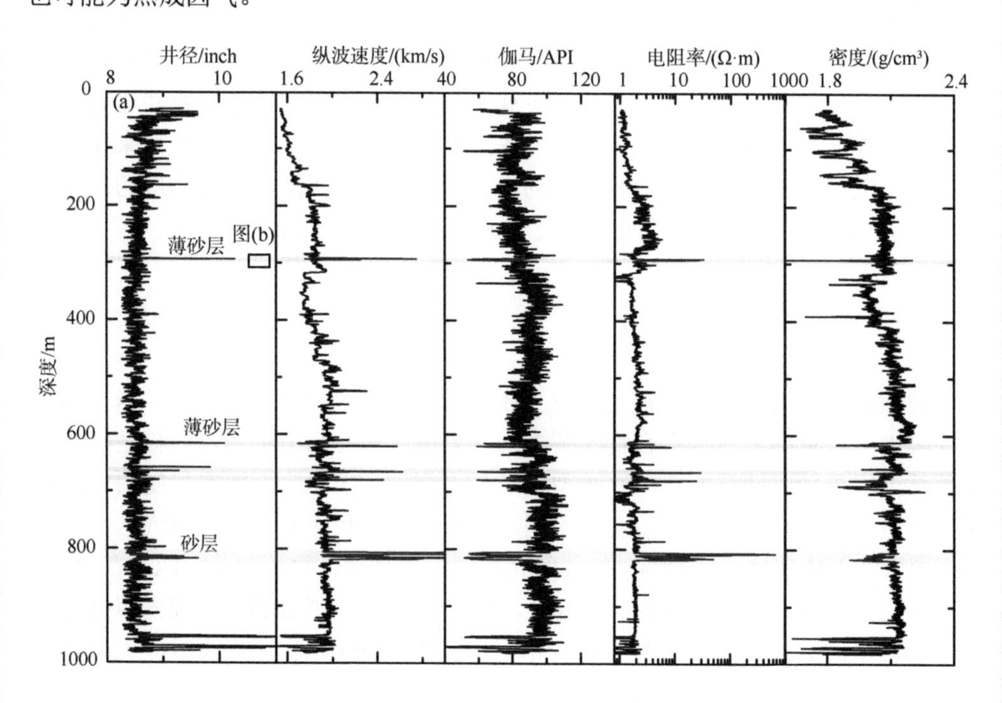

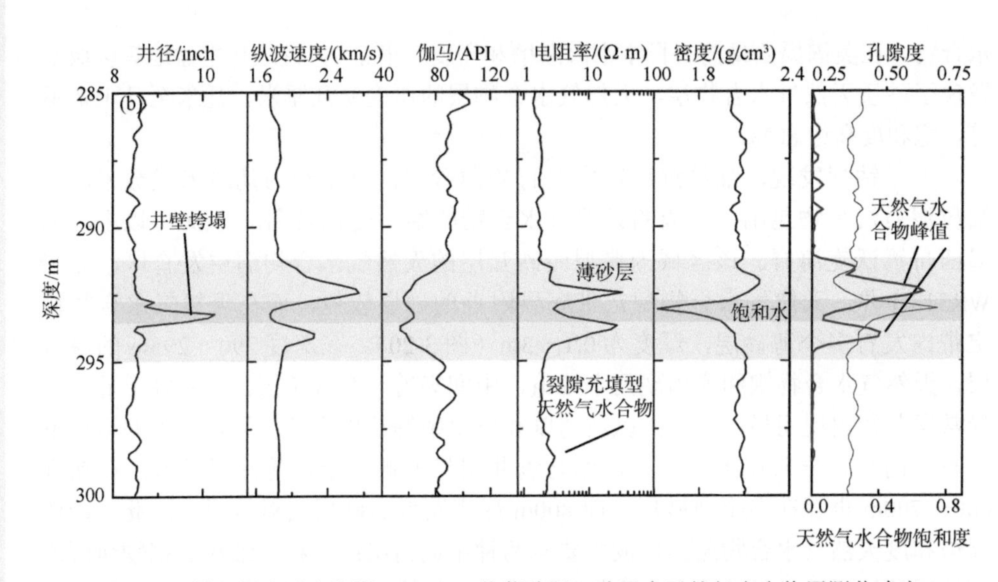

图 3-20 墨西哥湾沃克海脊 WR313H 井薄砂层、砂层含天然气水合物层测井响应

图（b）为图（a）290～295m 深度范围放大图

从墨西哥湾格林峡谷 GC955H 井的测井资料看（图 2-20），天然气水合物层的伽马值明显变低，指示砂质储层发育。天然气水合物层的纵波速度达 2.5km/s 以上，电阻率达几十至几百欧姆米，明显高于南海北部泥质粉砂沉积物中等饱和度天然气水合物层的电阻率与纵波速度，表明天然气水合物饱和度越高，电阻率和纵波速度值越高。在井孔稳定区域，测井数据质量可靠，可以通过伽马测井与岩芯判断储层岩性，在无取芯资料的区域，可以结合区域沉积环境分析。总体来说，粉砂与砂质沉积物中赋存的天然气水合物为孔隙充填型，天然气水合物层的纵波速度和电阻率值的大小在一定程度上也反映了天然气水合物饱和度。

3.8.4 低饱和度裂隙充填型天然气水合物

裂隙充填型天然气水合物是指发育在泥质沉积物中呈脉状、块状、球状和结核状等肉眼可见的天然气水合物（图 1-2），天然气水合物与沉积物颗粒之间的接触关系不同于砂质储层的孔隙充填型天然气水合物，因此，不同饱和度的裂隙充填型天然气水合物的物性参数变化不同。从国际海域和南海北部天然气水合物测井资料看，低饱和度（＜10%）的裂隙充填型天然气水合物的测井响应存在差异。在南海北部台西南盆地 GMGS2-08 井，浅层（9～22m）低饱和度裂隙充填型天然气水合物层的纵波速度无明显变化，电阻率达 10Ω·m 以上（图 2-22），明显高于低饱和度孔隙充填型天然气水合物的电阻率。

墨西哥湾GC955H井发现的裂隙充填型天然气水合物与GMGS2-08井的测井响应相似，纵波速度无明显变化或局部层略微增加，电阻率为3～5Ω·m，局部达10Ω·m（图2-20）。该天然气水合物层位于砂质地层上部，在局部薄层内伽马测井出现低值异常，整体上出现向上或者向下增加的变化趋势。利用各向异性电阻率与速度模型估算的裂隙充填型天然气水合物饱和度低于10%，局部薄层较高（Lee and Collett，2012）。因此，从测井响应看，如果伽马测井没有明显低值异常，与不含天然气水合物地层相比，地层电阻率出现明显变化，而纵波速度变化不明显，可能是地层发育低饱和度裂隙充填型天然气水合物的一个指示，可用于定性地识别裂隙充填型天然气水合物。低饱和度裂隙充填型天然气水合物密度测井可能变化并不明显，GMGS2-08井浅层裂隙充填型天然气水合物的密度呈略微降低，这可能与浅部未固结地层测井数据的品质有关，在海底50m内地层，出现低密度异常可能是由测井数据质量造成的。

3.8.5 中等–高饱和度裂隙充填型天然气水合物

中等–高饱和度天然气水合物是指饱和度大于30%，在南海北部琼东南盆地和台西南盆地都发现了中等–高饱和度天然气水合物层，地震剖面出现弱振幅、地层上拱或者BSR呈上翘或者不连续的烟囱状反射（图2-24）。从GMGS5-W08井的测井曲线看（图2-25），在海底9～174m，电阻率出现高值异常，最大值达73Ω·m。伽马测井无明显变化，天然气水合物稳定带底界出现几个高伽马值异常层，指示沉积环境发生变化。纵波速度的变化范围为1465～2060m/s，天然气水合物层的纵波速度大于1600m/s，最大值约为2046m/s。在纵波速度出现明显变低的几个层位，电阻率并没有明显变化，可能是由于裂隙倾角影响，电阻率测井出现强各向异性。

在台西南盆地GMGS2-08井，高饱和度裂隙充填型天然气水合物层的密度明显变低，纵波速度变大（图2-22）。而在GMGS5-W08井，密度测井比较稳定，局部地层略微降低，纵波速度变化不大或者明显的增加，但是纵波速度低于GMGS2-08井高饱和度天然气水合物层的纵波速度，说明两口井天然气水合物层的饱和度存在差异。

3.8.6 未固结碳酸盐发育区天然气水合物识别

自生碳酸盐岩是天然气水合物的成矿流体在沉积和成岩作用下，与海水、孔隙水和沉积物相互作用而形成的，是冷泉活动的产物，常以不规则的丘体、结核、块状、烟囱、脉状和胶结物等形式产出。常含大量的底栖化石，其化石种类与冷泉系统的化能自养生态群落相同，由大量生物碎屑和多期次的化学自生碳酸盐岩胶结物组成。出露海底的自生碳酸盐岩一般较硬，具有较高纵波速度、高密度和较低孔隙度，通过测井资料比较容易识别固结地层中的碳酸盐岩层，如在台西南盆地GMGS2-08井钻探发现的碳酸盐岩层（图2-22），厚度约3m，孔隙度约为0.25，横向分布不连续。

2016年，广州海洋地质调查局在西沙地区10口井位进行了随钻测井，在两口井进行了取芯，水深为1700～1960m，在海底以下500m处发现了碳酸盐岩，但是没有发现天然气水合物（Yang et al.，2017b）。该区域地震剖面上局部发现了BSR，具有较高纵波速度和横波速度，局部地层的纵波速度达3000m/s，横波速度达1500m/s（Liang et al.，2020）。从纵波与横波速度测井看，纵波速度基本接近纯天然气水合物的纵波速度值（3400m/s），明显高于饱和水层的纵波速度（图3-21，红线），纵波速度差达400～600m/s。如果该速度异常是由天然气水合物造成的，那么天然气水合物的饱和度应该比较高，利用有效介质模型计算的天然气水合物饱和度达60%～80%。

从电阻率测井看，在海底以下510～550m，电阻率为1.5～2.5Ω·m，与计算的饱和水地层电阻率相比（图3-21，蓝线），尽管电阻率明显高于饱和水地层的电阻率（1.1Ω·m），但是电阻率却低于南海或者国际典型海域高饱和度天然气水合物层的电阻率值，表明天然气水合物饱和度较低，利用阿尔奇方程计算的天然气水合物饱和度约为30%。对应位置的密度测井为1.8～2.1g/cm^3，与其他区域发现的天然气水合物层的密度测井无明显差异。伽马测井出现明显的高-低变化，在高电阻率和高纵波速度层出现明显伽马低值异常（图3-21），这种异常特征与砂质储层的响应特征相似，但是纵波速度与电阻率异常计算的天然气水合物饱和度差异较大，表明该井低伽马异常不一定是由砂质储层造成的。因此，在利用测井资料识别天然气水合物层时，除了分析每种测井曲线变化，同时需要考虑多种物性异常变化是否一致。从GMGS4-XH2井的速度、密度与伽马测井响应看，该井与砂质高饱和度天然气水合物层的测井响应很相似，但是电阻率却不是富砂质高饱和度天然气水合物层的响应特征。

从GMGS4-XH2井的地震剖面，我们识别出在横向上具有较强连续性的强振幅反射，该强振幅反射随水深变浅而变浅（图3-22）。大量研究表明，砂质天然气水合物层的强振幅反射在横向上的分布一般不连续，为局部区域的异常强反射，这与水道-天然堤沉积体系有关。其次，大量研究表明，西沙海域热流较高，该区域海底温度为2～4℃，地温梯度为60℃/km，按照该地温梯度计算的纯甲烷天然

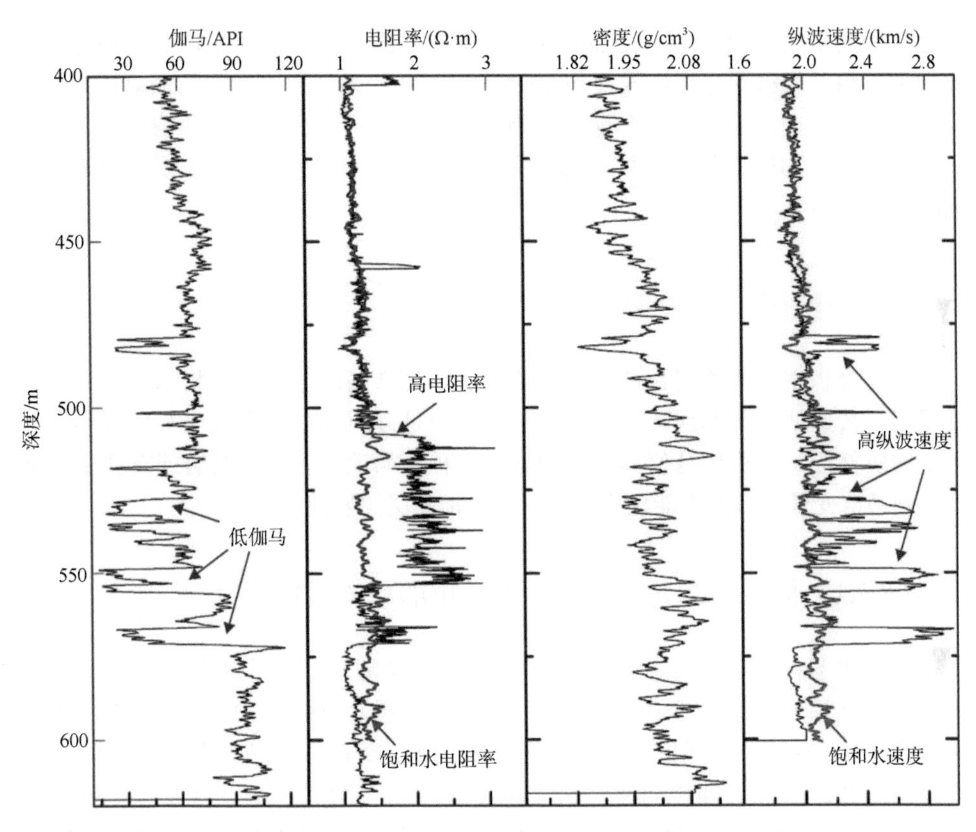

图 3-21 南海北部西沙海域 GMGS4-XH2 井测井（Liang et al.，2020）

蓝色与红色分别为计算的饱和水层的电阻率与纵波速度

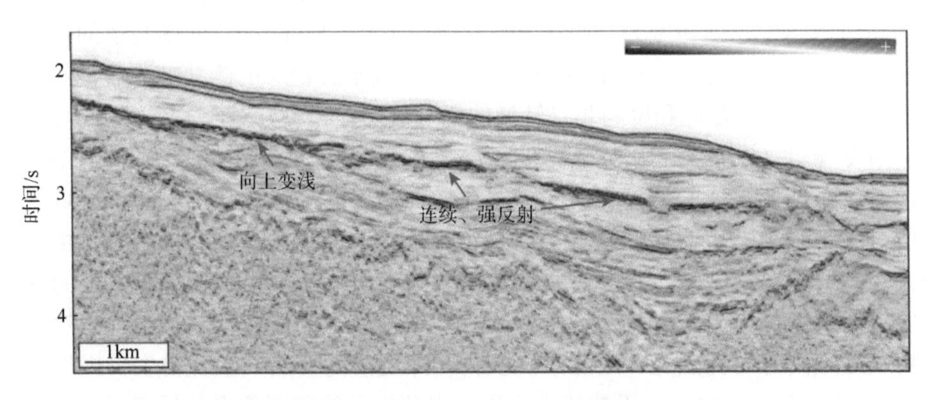

图 3-22 南海北部西沙海域过 GMGS4-XH2 井的典型地震剖面（Liang et al.，2020）

气水合物的稳定带厚度约为250m。Liang 等（2020）通过对该强反射层顶部与底部的振幅相对偏移距分析，发现与 BSR 界面指示的天然气水合物的振幅相对偏移距响应明显不同。因此，综合地震与测井的异常分析，认为该测井响应不是由砂质天然气水合物层引起的，从岩芯矿物组分分析看，低伽马测井主要是由未固结碳酸盐造成的。

3.8.7 伽马测井识别天然气水合物储层类型

伽马是识别沉积物岩性的一种重要参数，通常情况下低伽马指示地层为富砂质储层，大量钻探却发现，低伽马值不一定都是砂质储层，而高伽马值也不一定不是砂质储层。造成伽马值异常的因素有多种，如地层含碳酸盐岩或有孔虫都会导致伽马值变低，因此不能仅靠伽马测井识别储层的岩性。

3.8.7.1 低伽马测井指示富含有孔虫的粉砂质储层

南海北部神狐钻探区多个站位发现了伽马异常层，伽马测井呈向上降低趋势，表明沉积环境发生变化，沉积物粒度向上变粗（图 3-23）。从 GMGS3-W18 和 GMGS3-W19 井的电阻率与天然气水合物饱和度看，天然气水合物层的测井曲线呈漏斗状分布，即电阻率和纵波速度呈现向上增大趋势，纵波速度最高达 2.4km/s，电阻率最高达 6Ω·m，远高于饱和水地层的纵波速度与电阻率值（1.5km/s 和 1Ω·m），局部地层天然气水合物饱和度高达 60% 以上。而 GMGS4-SC02 井与 GMGS3-W18 和 GMGS3-W19 井不同，该井天然气水合物位于稳定带底界附近的高伽马值地层中，饱和度为 30%～40%，而在 100～150m 处，低伽马值的地层并不发育天然气水合物。从 GMGS4-SC02 井天然气水合物层的测井响应看，尽管伽马值变化不大，但是饱和度与相对较低的伽马值仍存在良好对应关系（图 3-23）。

康冬菊等（2018）利用元素俘获能谱分析了 GMGS3-W18 井的矿物类型及含量，发现在低伽马值的地层钙质含量明显增加，局部高达 50%，表明该区域低伽马值可能不是由石英质砂岩造成的。岩芯显示，该层段富含有孔虫，有孔虫粒度较大，类似于粗粒砂岩，富含钙质有孔虫及其碎屑物质虽不是传统意义上的砂质储层，但是增加了粗粒沉积物的含量，对沉积物具有改造作用，有利于天然气水合物成藏，同时有孔虫壳体增加了沉积物孔隙度，为天然气水合物生长提供了可容空间（陈芳等，2013）。天然气水合物层岩芯样品的碳同位素分析表明，形成天然气水合物的气源具有热成因特点（苏丕波等，2020），是由于深部热成因气沿断层和气烟囱等通道，通过对流向上运移，在局部有利储层内形成饱和度高达 60%

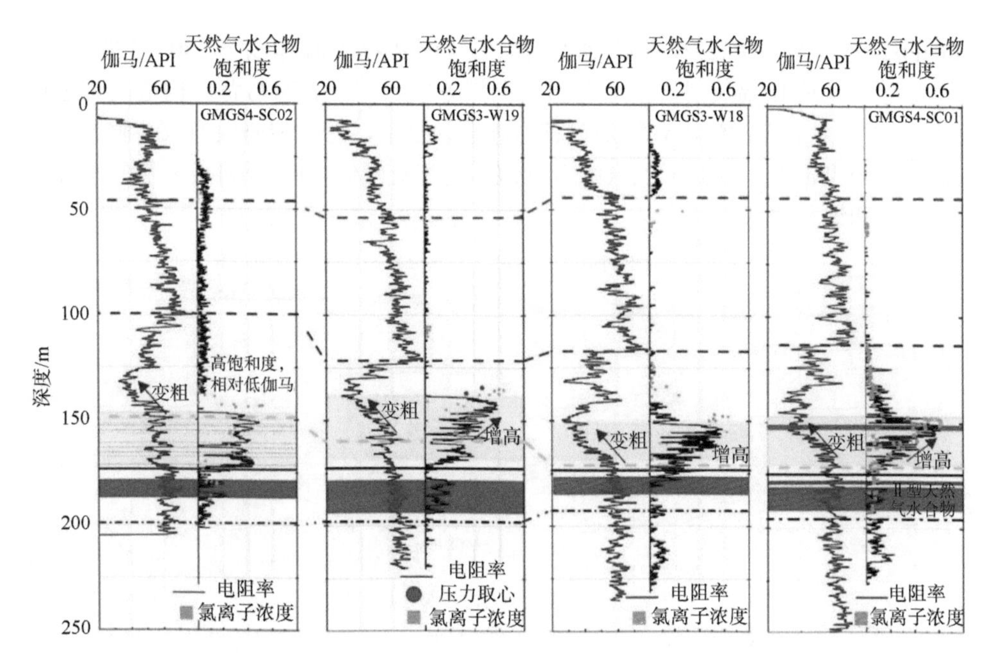

图 3-23 南海北部珠江口盆地过不同井的伽马测井与计算天然气水合物饱和度对比

及以上的天然气水合物层（Sun L Y et al.，2020；孙鲁一等，2021）。

虽然该区域在局部层位富含有孔虫，增加了沉积物粒度，但是主要发育泥质粉砂地层，沉积物偏细，仍然为细粒沉积物天然气水合物成藏。稳定带底部形成的天然气水合物会降低地层渗透率，流体要穿过天然气水合物层继续向上运移，才能在浅部地层中形成天然气水合物，因此受流体通量控制，天然气水合物稳定带底界上部的有利储层中很难形成天然气水合物。在 GMGS4-SC02 井，低伽马值位于天然气水合物层上部，可能受高通量流体运移通道的制约，并没有形成天然气水合物。

3.8.7.2 高伽马测井指示粗粒砂质储层

印度开展了两个天然气水合物钻探航次，NGHP02 航次的目的是研究天然气水合物系统，查明天然气水合物聚集的控制因素，评价印度海洋天然气水合物能源资源潜力，尤其是砂质高饱和度天然气水合物的资源潜力（Kumar et al.，2014；Collett et al.，2019）。在克里希纳-戈达瓦里盆地 B 区的背斜构造上部，发现了两套天然气水合物层，即 R1 反射层和刚好位于 BSR 上部的 R2 反射层，其中 R2 反射层为主要目标层（图 3-24）。从过 NGHP02-17、NGHP02-23、NGHP02-16、

NGHP02-20 和 NGHP02-24 井的地震剖面看，BSR 位于海底以下 280～330m，为与海底平行的强振幅反射，沿着背斜的侧翼方向增厚，表明与背斜构造同时进行沉积。R1 反射层天然气水合物的赋存形态较为复杂，为裂隙充填型或孔隙充填型与裂隙充填型混合，但是天然气水合物饱和度相对较低，R2 反射层天然气水合物层的厚度和饱和度都较高。

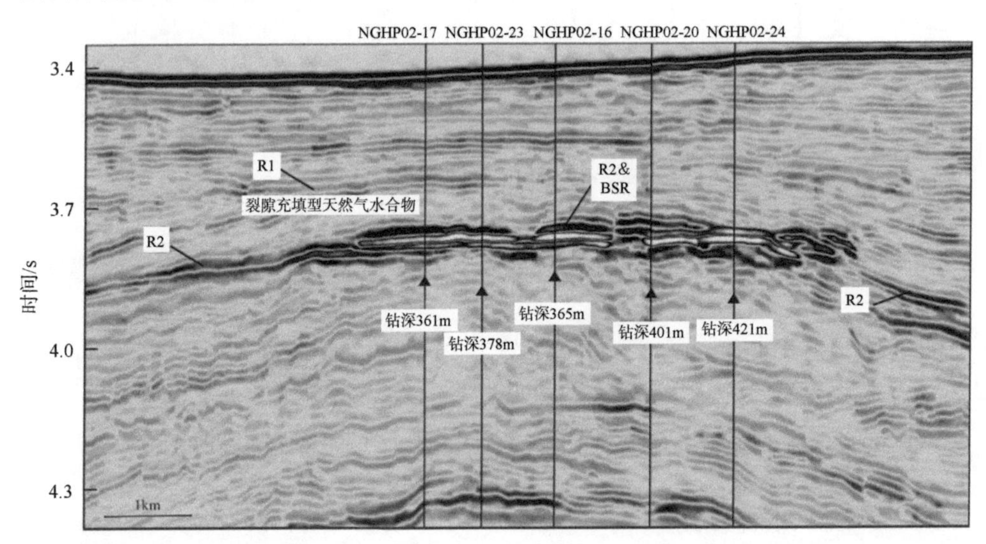

图 3-24 印度克里希纳–戈达瓦里盆地过不同井的地震剖面（Collett et al.，2019）

NGHP02-16、NGHP02-17 和 NGHP02-23 井都位于背斜构造脊部，通过分析 NGHP02-16 井的测井曲线（图 3-25），发现伽马测井曲线对识别天然气水合物赋存类型具有指示意义。浅部裂隙充填型天然气水合物层的电阻率为 1.5～6.0Ω·m，伽马为 30～90API，密度为 1.09～1.70g/cm^3，纵波速度为 1470～1680m/s。纵波速度随着深度的增加逐渐增加，在 R1 附近的薄层出现纵波速度明显变高，达 2000m/s。在 254～275m，伽马测井（30～50API）和密度（约 1.45g/cm^3）测井都出现低值异常，但是纵波速度与电阻率未发现明显变化，测量结果与计算的饱和水地层的纵波速度与电阻率吻合较好。在 275～291m，伽马测井出现高值异常（90～100API），同时密度也明显增加，达 2.05g/cm^3，电阻率与纵波速度也明显增高，电阻率达 8～100Ω·m，纵波速度高达 2450m/s。与计算的饱和水地层的电阻率和纵波速度相比，电阻率和声波速度高值异常指示了地层含天然气水合物（图 3-25），压力取芯与氯离子异常也指示了该层含天然气水合物，天然气水合物饱和度高达 60%～80%（Collett et al.，2019）。在深度 296～365m，伽马值变低，为 30～40API，而密度值略微增加，但是测量的电阻率、纵波速度与计算的饱和水地层吻合较好，表明地层不含天然气水合物。

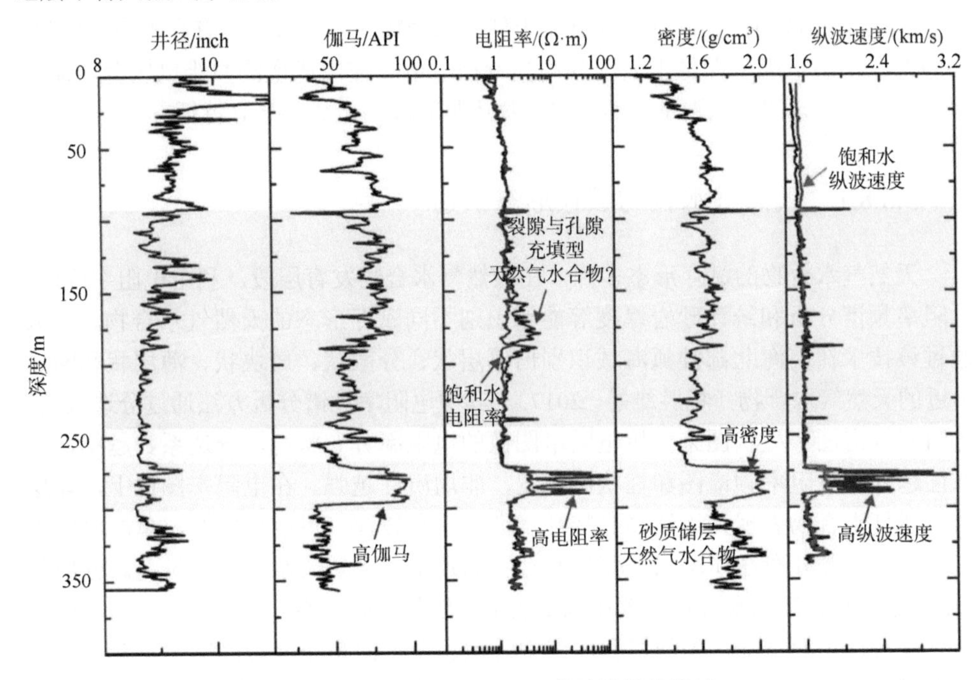

图 3-25　印度 NGHP02-16 井随钻测井资料

高伽马、高密度异常为孔隙充填型高饱和度天然气水合物层（黄色区）

从不同井位 R2 反射层的岩芯样品分析看，该层主要为灰色至深橄榄灰色粉砂质黏土或黏土和灰色细砂岩互层，泥岩与砂岩中云母（主要是黑云母）含量较高，导致该地层出现高伽马和高密度测井异常（Jang et al.，2019）。这与发现的砂质储层天然气水合物不同，也与在南海细粒泥质沉积物发现的中等饱和度的天然气水合物存在差异，该区域天然气水合物储层的高伽马并不简单地指示泥岩地层，而是富含自生碳酸盐岩的远洋泥质、粉砂质沉积物与薄层细砂胶结的地层，并且形成天然气水合物的气源主要为生物成因气，因此，从测井上出现的高密度和高伽马异常指示孔隙充填型天然气水合物的发育。虽然该认识初看似乎不正确，但是这种测井响应确实为认识天然气水合物赋存提供了一个新的认识。

3.8.8　电阻率成像测井的应用

高分辨率电阻率成像测井能够提供实时电阻率图像，指导地质导向，在天然气水合物研究中能够进行天然气水合物识别、裂缝定性和定量评价、井旁构造分析和地应力分析等，还能进行地层界面、井壁崩落、变形层理和断层倾角等识别（杨胜雄等，2017；Kang et al.，2020）。天然气水合物和游离气都具有高电阻率异常，在静态和动态电阻率图像上表现为高亮特征，单一使用成像测井难以区分，需要综合测井曲线异常来识别是天然气水合物还是游离气造成的高亮特征。

3.8.8.1 天然气水合物赋存形态识别

天然气水合物的赋存形态多样，在天然气水合物发育层段，利用电阻率成像、电阻率频谱分析和统计砂岩厚度等能够识别不同赋存形态的天然气水合物。前人通过该技术在南海北部神狐海域识别出厚层状、分散状、斑块状、薄层状和断层附近的天然气水合物（杨胜雄等，2017）。其中电阻率频谱分析方法通过分选系数、电阻率频谱图和柱状图来分析电阻率图像的电阻率分布状况，分选系数越小，分选性越好；电阻率频谱图和柱状图越宽，非均质性越强。在电阻率图像上，厚层状天然气水合物表现为连续高亮特征，埋深一般较深，厚度也较厚，单层厚度可达 10m，主要分布在厚层状天然气水合物的顶部，天然气水合物含量高。分散状（孔隙充填）天然气水合物分散在沉积物中，但是肉眼看不见，主要分布在厚层状天然气水合物的下部，为低饱和度或中等饱和度，但是在砂质储层中发育高饱和度天然气水合物。斑块状天然气水合物呈高亮反射，以斑块状分布在沉积物中，斑块大小为 0.1～0.4m。断层附近的天然气水合物常与断层伴生，断层是气体运移通道，断层角度高时，在断层内也可以形成天然气水合物。薄层状天然气水合物发育较广泛，利用测井数据不容易识别，在 GVR 图形上呈高亮特征，电阻率也略微增加（图 3-26）。在南海北部神狐海域 GMGS3-W17 井 BSR 的下部发现了天然气水合物与游离气共存层，电阻率成像呈高亮特征。仅利用电阻率图像难以识别天然气水合物与游离气，但是结合速度、电阻率和密度等测井异常响应，能够识别天然气水合物与游离气共存层。

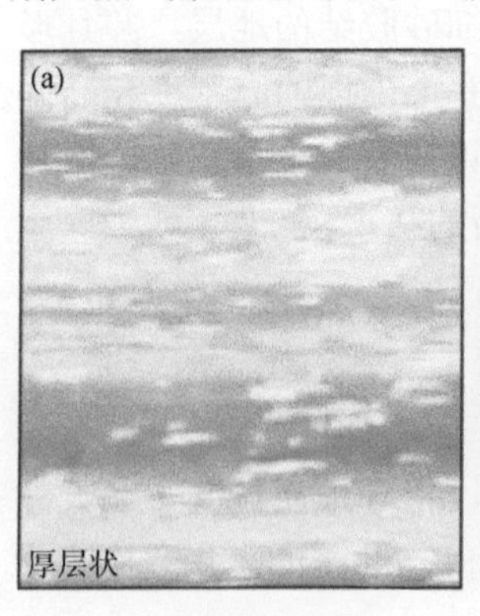

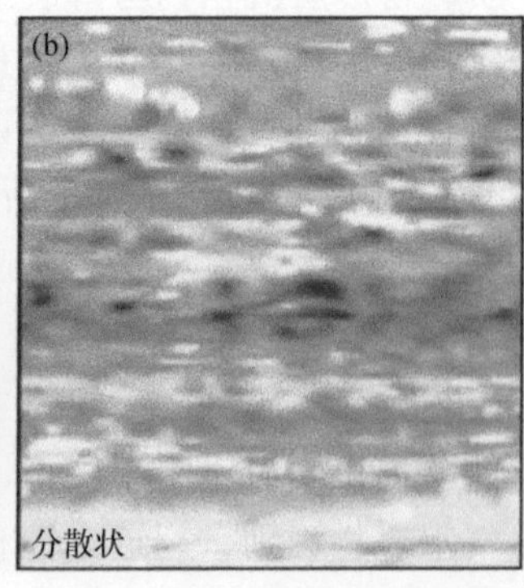

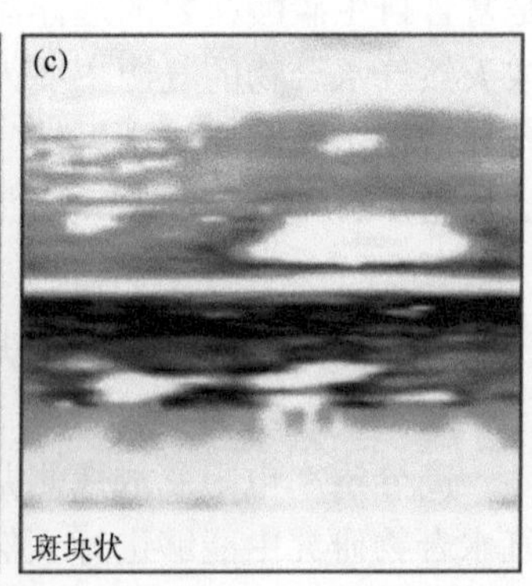

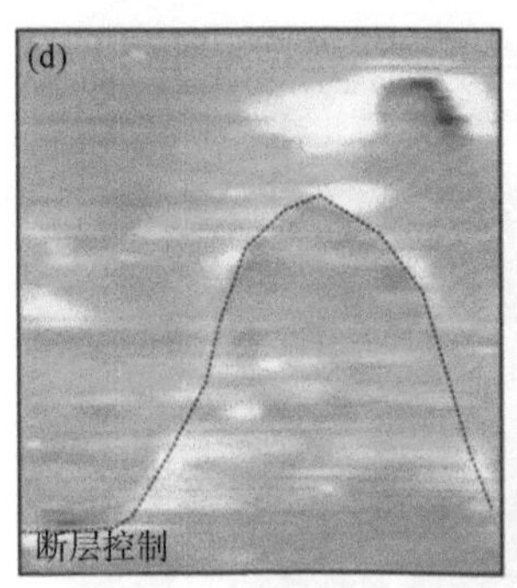

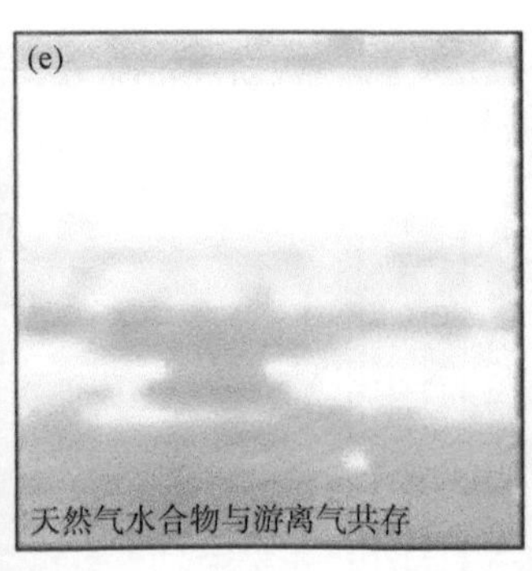

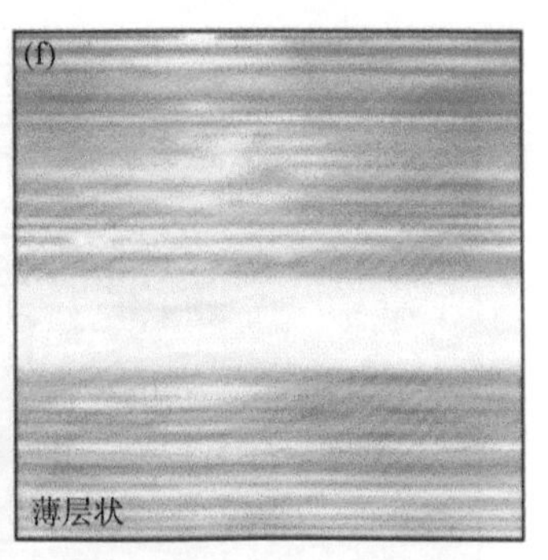

图 3-26　电阻率成像测井识别的南海北部神狐海域不同赋存形态的天然气水合物特征（杨胜雄等，2017）

3.8.8.2　断层及其倾角识别

利用电阻率成像测井可以识别断层和断层倾角，研究发现，在神狐海域发育开启型、充填型和界面型三种类型的断层。开启型断层的断面为低阻特征，断层处于开启状态；充填型断层的断面被高阻物质充填，是一种闭合型断层，不再作为气体或流体运移通道；界面型断层断面的上下地层的电阻率具有明显差异，断层是高阻地层和低阻地层的界面，有些界面型断层也是岩性界面，并且开启型和界面型断层常常作为气体或流体向上运移的通道（杨胜雄等，2017）。

图 3-27 为南海北部神狐海域随钻成像测井识别的三种类型的断层，根据断层发育的不同位置，开启型断层分为两类，一类是断层发育于气层下部的泥岩中，中角度倾角，上部可见变形层理，是气体向上运移的通道，位于气源较近位置，气体流量充足，可形成厚层天然气水合物［图 3-27（a）］。另一类是断层位于天然气水合物层顶部，中高角度，可以作为气体向上运移的通道，但是距离深部气源较远，对流体的输送能力略差，形成的天然气水合物层的厚度小于下部气层厚度。充填型断层也分为两类，一类位于天然气水合物层上部，高角度倾角，前期是气体运移通道，后期被天然气水合物充填。另一类位于气层底部，高角度倾角，前期是气体运移通道，后期被气体充填［图 3-27（b）］。界面型断层发育在天然气水合物层顶部，作为岩性界面对天然气水合物起封盖作用，沟通上下天然气水合物层［图 3-27（c）和（d）］，断层倾角从几十度至近垂直不等。

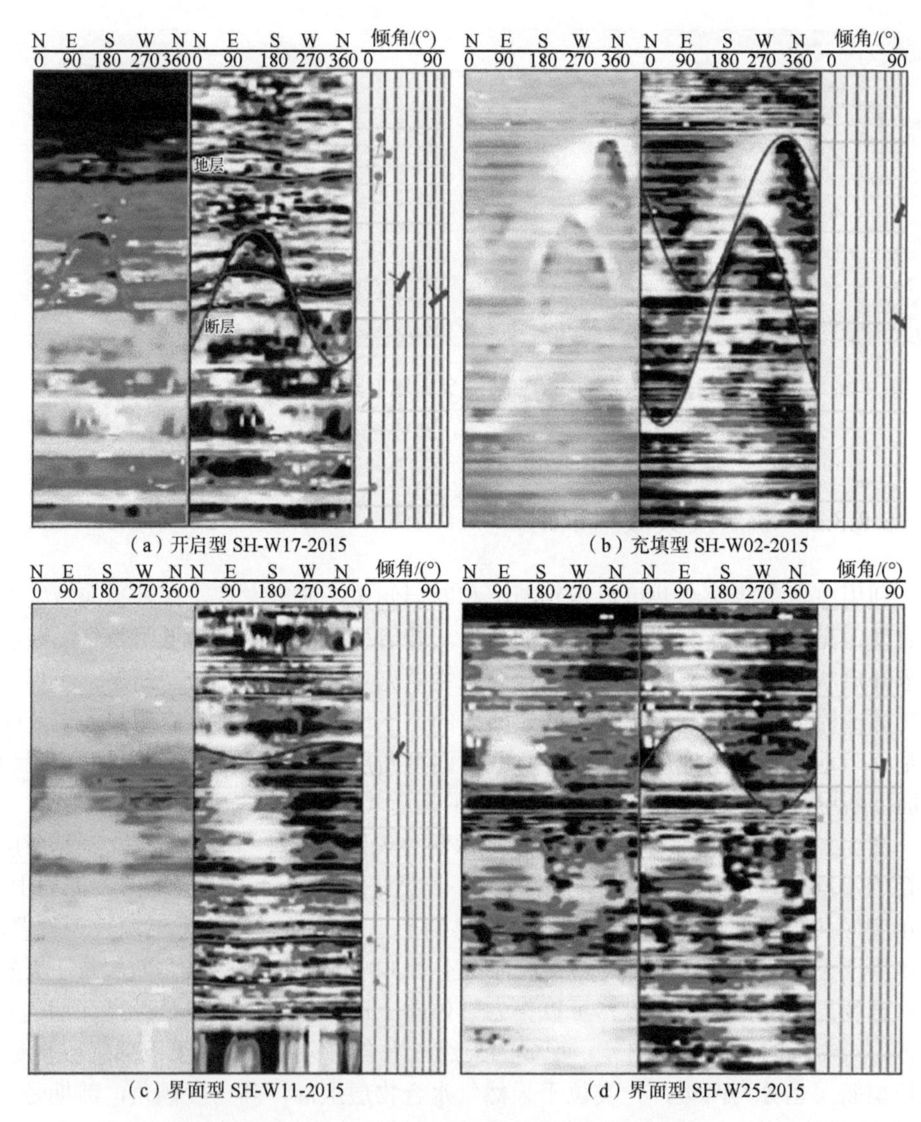

（a）开启型 SH-W17-2015

（b）充填型 SH-W02-2015

（c）界面型 SH-W11-2015

（d）界面型 SH-W25-2015

图 3-27 南海北部珠江口盆地不同类型断层的电阻率成像测井响应特征（杨胜雄等，2017）

3.8.8.3 地层界面与变形层理分析

层理是一种岩石性质沿垂向变化的层状构造，包括水平层理、变形层理、波状层理和透镜状层理等。水平层理在电阻率图像上呈中心为轴对称的正弦或余弦曲线，其幅度较小，地层界面的角度变化较小，主要集中在 2°～4°，在整个井段内较稳定，如果地层为倾斜地层，可能倾角略大一些。

变形层理的电阻率图像为幅度中等的正弦或余弦曲线，倾向变化较大，倾角大小集中在几度至几十度之间。在天然气水合物发育区，变形层理的形成原因主要包括三种：首先，变形层理可能是孔隙流体与气体在形成天然气水合物时造成地层变形；其次，也可能是钻井过程中天然气水合物发生分解，气体逸散造成地层发生变形；最后，可能是天然气水合物赋存在滑塌体等沉积体中造成的，表现为高角度变形。通过大量研究发现，变形层理主要发育在天然气水合物层段，但是在泥砂互层的沉积环境中会存在岩性界面。图3-28为南海北部神狐海域SC-W02-2017井电阻率成像测井解释的变形层理特征。从该图看，地层倾角为2°～25°，倾角主要为南-东方向，走向是北东-南西方向，变形层理主要分布在天然气水合物层（Kang et al.，2020）。

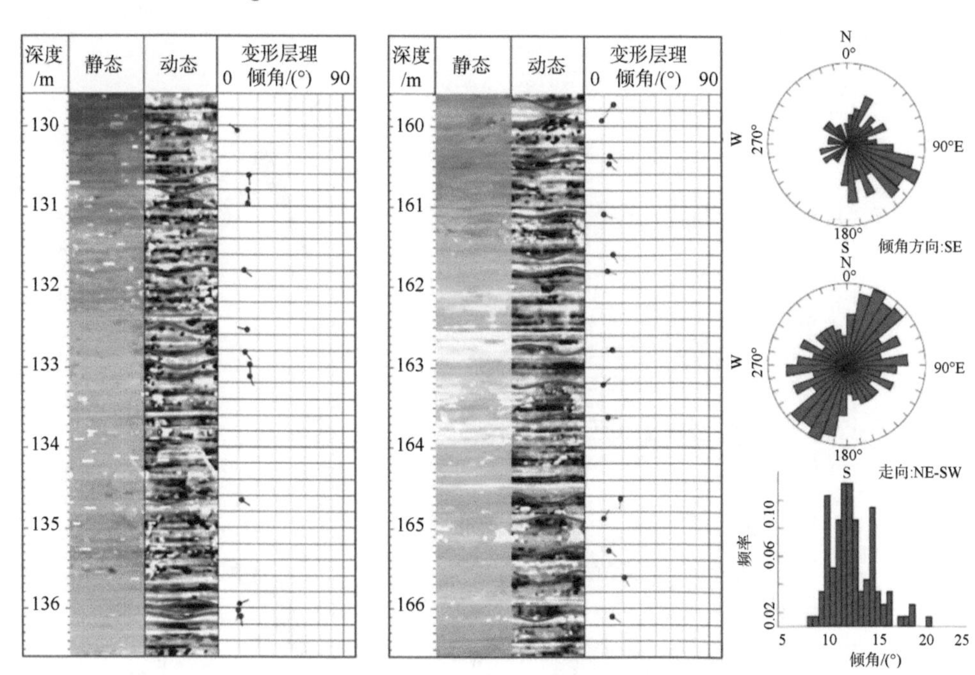

图3-28 南海北部神狐海域SC-W02-2017井电阻率成像测井识别的变形层理特征（Kang et al.，2020）

3.8.8.4 地应力分析

地应力方向与井壁崩落方位及诱导缝的走向关系密切，从图像上分析井壁崩落及钻井诱导缝的发育方位可以确定最大或最小水平主应力方向。在裂缝发育段，古构造应力多被释放，保留的应力很小，其应力的非平衡性也弱。但在硬地层中应力未得到释放，并且近期构造应力不易衰减，因而产生一组与之相关的诱导缝及井壁崩落。诱导缝属于钻井过程中所产生的人工缝，是由钻具振动、应力释放和钻井液压裂等因素诱导形成的，在电阻率图像上表现为羽状排列的两组不连续短裂缝或者在对称位置出现的两条长直缝。诱导缝在电阻率图像上为一组平行且呈 180° 对称的高角度裂缝，这组裂缝的走向方向即现今最大水平主应力的方向；而井壁崩落在电阻率图像上表现为两条 180° 对称的垂直长条暗带或暗块，井壁崩落的方向即地层现今最小水平主应力方向。在南海北部神狐海域 SH-W04-2016 和 SH-W08-2016 井发现了井孔崩落（图 3-29），从该图看，井孔崩落方向为北东–南西向，因此最小的水平主应力方向为北东–南西向，为水平井试采提供方位设计（Kang et al.，2020）。

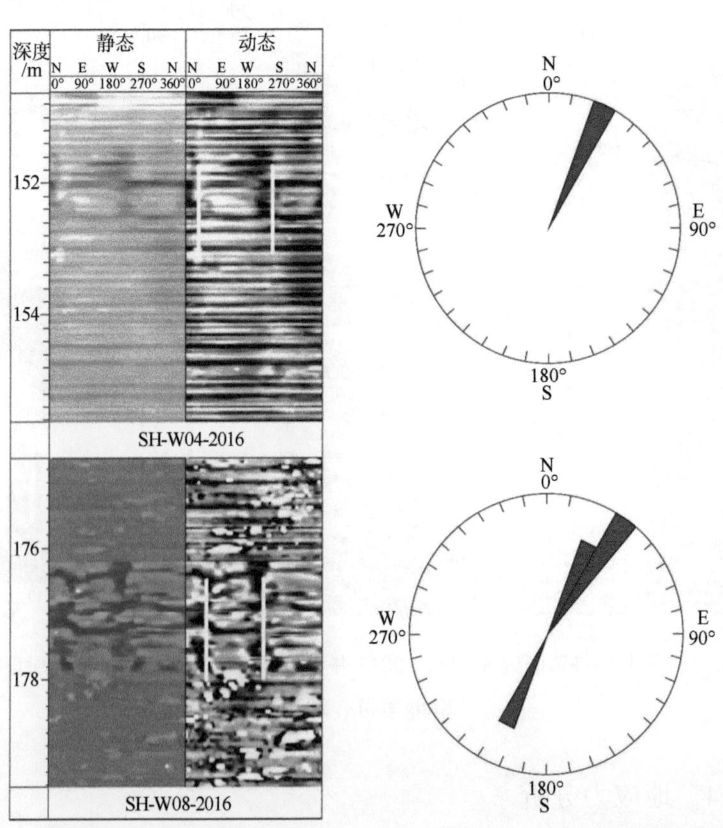

图 3-29 南海北部珠江口盆地 SH-W04-2016 和 SH-W08-2016 井电阻率成像测井识别的井壁崩落（Kang et al.，2020）

3.8.9　核磁共振测井的应用

核磁共振测井是利用地层中氢核的电磁特性来分析孔隙结构与求取孔隙度等参数。密度测量的是孔隙内的响应，既对天然气水合物产生响应也对地层中的流体产生响应，利用密度计算的孔隙度为总孔隙度，中子孔隙度测量的是孔隙中的含氢量，因此，由密度和中子孔隙度得到的孔隙度包含了天然气水合物与流体占用的孔隙之和。Ⅰ型甲烷天然气水合物中水分子的 T_2 约为 0.01ms，与流体黏滞性与表面接触有关（图 3-30），由于核磁共振横向弛豫时间（T_2）太短，仪器难以接收到，流体的 T_2 为几十至几百微秒。天然气水合物层的核磁共振数据只受孔隙空间中自由水、束缚水和毛细管水的影响，而不受天然气水合物中氢分子的影响。在核磁共振测井数据处理中，每一通道放一种类型的测井曲线，如总孔隙度，束缚水体积和自由水体积和处理的 T_2 谱。因此，结合核磁共振–密度–中子的孔隙度可以计算天然气水合物饱和度。

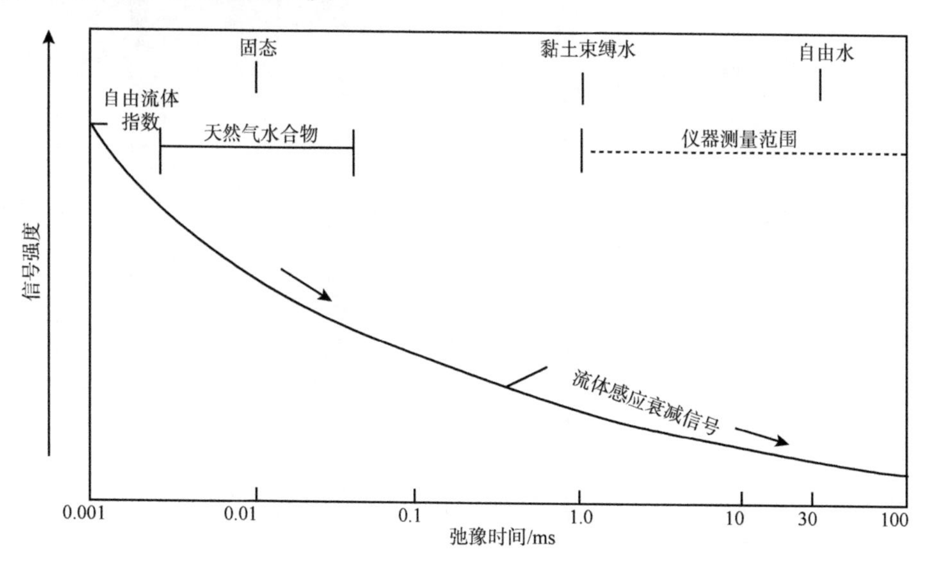

图 3-30　含天然气水合物与含水层核磁共振横向弛豫时间

在新西兰希库朗伊俯冲带 IODP 372 航次 U1517 井进行了随钻测井，采集了核磁共振等数据，利用测井数据识别出 5 个层序单元（图 3-31）。在单元 2 中，从井孔超声井径测量看，存在孔径扩大（＞5cm）现象。从孔隙度和电阻率的测量异常也能看出扩径和冲洗层，表现为电阻率低值异常（0.3～0.9Ω·m）和孔隙度高值异常（0.7～1.0），测量电阻率出现的低值为海水特性，而不是沉积层的电阻率，这种现象常出现在无黏性的砂层与少量泥岩的粉砂地层。核磁共振数据较合理，横向弛豫时间（T_2）被截断在1～1000ms（图3-31），并不是所有黏土束缚水（主要范围为0.3～3ms）都被记录到。在粗粒沉积物和扩径的大孔隙，记录的是一个50～500ms的长T_2峰值，该值太低，不是自由水信号，T_2在3000ms时才是自由水。因此，自由水应该靠近记录最大值1000ms。在浅部块体搬运沉积体上部地层，伽马、孔隙度、电阻率和核磁共振T_2分布变化较大，在多个冲洗带（10.5～13.5m、21.5～28.0m和94～104m），上层冲洗带的核磁共振孔隙度接近1，井径显示井孔

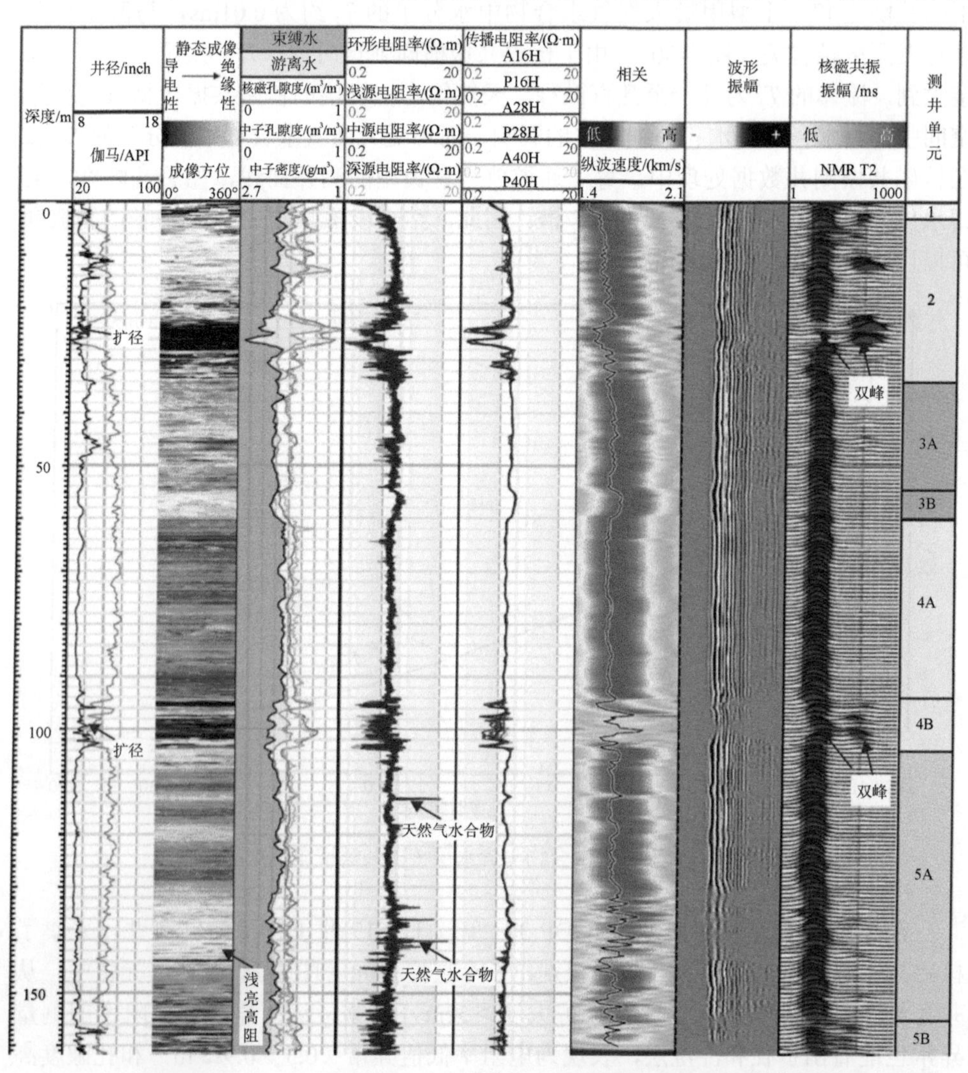

图3-31　新西兰希库朗伊大陆边缘U1517A井电阻率成像、核磁共振等随钻测井与测井层序

出现扩径，核磁共振出现双峰 T_2 分布，而下部冲洗带的伽马和电阻率较低，纵波速度接近海水速度1500m/s，孔隙度接近1，核磁共振出现双峰 T_2 分布。

单元3可分成两个亚单元，在34～54.6m单元（3A），测井质量较好，中子孔隙度约为0.52，而核磁孔隙度为0.39。在54.6～60m单元（3B），电阻率和纵波速度略微增加，与相邻地层比，孔隙度略微降低，中子孔隙度为0.45，而核磁共振孔隙度为0.36，表明该层胶结较好。静态电阻率图像呈浅亮色，单元3与下伏单元4A地层，T_2 分布主要为单峰，所有值小于33ms，表明主要为小孔隙。在94～104m单元（4B）出现井径变化，电阻率和密度降低，孔隙度增加，指示该层比上部地层沉积物偏粗，但U1517C井的岩性显示并没有明显的岩性变化。

在104～205m单元5中，包括三个亚层序单元，沉积物以细粒为主，天然气水合物位于薄层、粗粒地层。5A较均匀，伽马测井响应与4A相似，但是孔隙度略微低，该层含几厘米至几米厚的高电阻率层，电阻率高达10Ω·m，明显高于背景电阻率（1.5Ω·m），同时纵波速度明显增加，约为1800m/s，而背景速度为1700m/s，在三个独立层出现高电阻率与高速度异常，与孔隙内含天然气水合物有关（图3-31）。在155～168m亚层序5B，T_2 谱时间变大，伽马测井降低，表明沉积物粒度变粗，井孔尺寸和粗糙度增加，井孔质量变差，电阻率未受影响，孔隙略微增加。在168～205m亚层序5C，传播电阻率约为2Ω·m，纽扣电阻率与之相近，在1～3Ω·m变化，但纵波速度呈现出明显变化，出现大量高值（1940m/s）和低值（1516m/s）峰值。

利用电阻率成像测井能够识别地层中的裂隙倾角，在U1517A井（图3-8），地层倾角小于10°，无明显倾向，在51～55m、60～98m和106～150m处出现浅色、导电亮点。与周围地层相比，大量裂隙呈高电阻率特征。在55m处，发现呈北—北东倾向的裂隙，与上部密集、低孔隙度的滑塌拆离有关。在82m和113m处，也存在明显裂隙，从成像测井看，未发现应力变化导致的井孔破坏和钻井导致的裂隙。

U1517A井含有多个天然气水合物层，在113m处存在一个厚约30cm的天然气水合物层，电阻率达11.3Ω·m（深源纽扣电阻率），纵波速度达1750m/s，中子与核磁共振孔隙度出现差异。第二个天然气水合物层位于117.5～121m，电阻率为2.6Ω·m，核磁共振 T_2 分布呈扩大双峰分布，而且纵波速度增加，指示地层含天然气水合物。第三个天然气水合物层位于128～145.5m，电阻率略微增加，约为2Ω·m，存在多个独立的高电阻率峰值（＞3Ω·m），有些高达15.7Ω·m。在该天然气水合物层，T_2 分布变化较大，呈双峰分布，高脉冲电阻率峰值与低 T_2 分布的相关性较好，在高电阻率层，中子孔隙度与核磁孔隙度差异较大。纵波速度出现明显高值，与相邻地层相比，高频与低频单极声源的波形呈现出高衰减特性（图3-31）。

第4章 天然气水合物地球物理勘探与指示

4.1 天然气水合物的地球物理勘探

地球物理勘探是寻找天然气水合物层的重要方法之一，地球物理勘探方法多样，不同方法存在差异。不同类型的天然气水合物地球物理异常特征不同，地质识别标志存在差异。

4.1.1 天然气水合物地球物理勘探目的

近年来，国际大量钻探发现天然气水合物广泛分布在全球各个海域与冻土带，随着勘探和试采技术提高，天然气水合物研究逐渐从寻找天然气水合物转变到探寻高富集天然气水合物储层，评价天然气水合物资源的主要因素包括聚集规模、天然气水合物饱和度、储层物性参数、距离海底与天然气水合物稳定带位置及降压或者化学置换等有关的问题，尤其是从天然气水合物潜在资源到具有商业开发价值的天然气资源转变，同时也试图了解天然气水合物在自然环境、各种地质灾害中的作用及其对气候变化的影响与反馈。

石油工业界从20世纪30年代开始关注天然气水合物，主要是因为天然气水合物的形成会堵塞石油管线（Hammerschmidt，1934）。天然气水合物中蕴含的气体量巨大，但是估算的气体量差异也很大，变化范围为$2.8\times10^{15}m^3$～$8\times10^{18}m^3$。广泛引用的资源量是Kvenvolden（1988）估算的资源量，为$2\times10^{16}m^3$，但是公开发表的天然气水合物资源量都没有预测有多少气体能从天然气水合物中被开发出来。为了区别不同类型天然气水合物的可采性，Boswell和Collett（2011）提出了天然气水合物资源金字塔图（图4-1），用于显示不同类型天然气水合物资源量的相对大小和商业开发的可能性。在金字塔中，最有开发前景的是砂质高饱和度天然气水合物储层，位于金字塔顶部，总资源占比最少，资源量最大的是位于细粒沉积物中的天然气水合物，对开采技术要求最高。自然界中，天然气水合物储层主要包括5种不同类型：①粗粒砂质储层高饱和度天然气水合物；②泥质粉砂储层中等饱和度天然气水合物；③泥质储层低-中等饱和度裂隙充填型天然气水合物；④与冷泉有关的高饱和度天然气水合物；⑤泥质储层低饱和度分散型天然气水合物。由于开发技术限制，大量钻探发现，砂质储层天然气水合物饱和度与渗透率都较高，被认为是在现有开发技术条件下最具有开发前景的有利目标。2017年和2020年，我国在泥质粉砂储层成功进行了探索性试采与试验性试采，为资源量巨大的细粒沉积物天然气水合物开发提供了研究经验，同时证明了技术可行性。未来如何降低开发成本与实现安全稳定开采是天然气水合物开发面临的重要科学与技术难题。

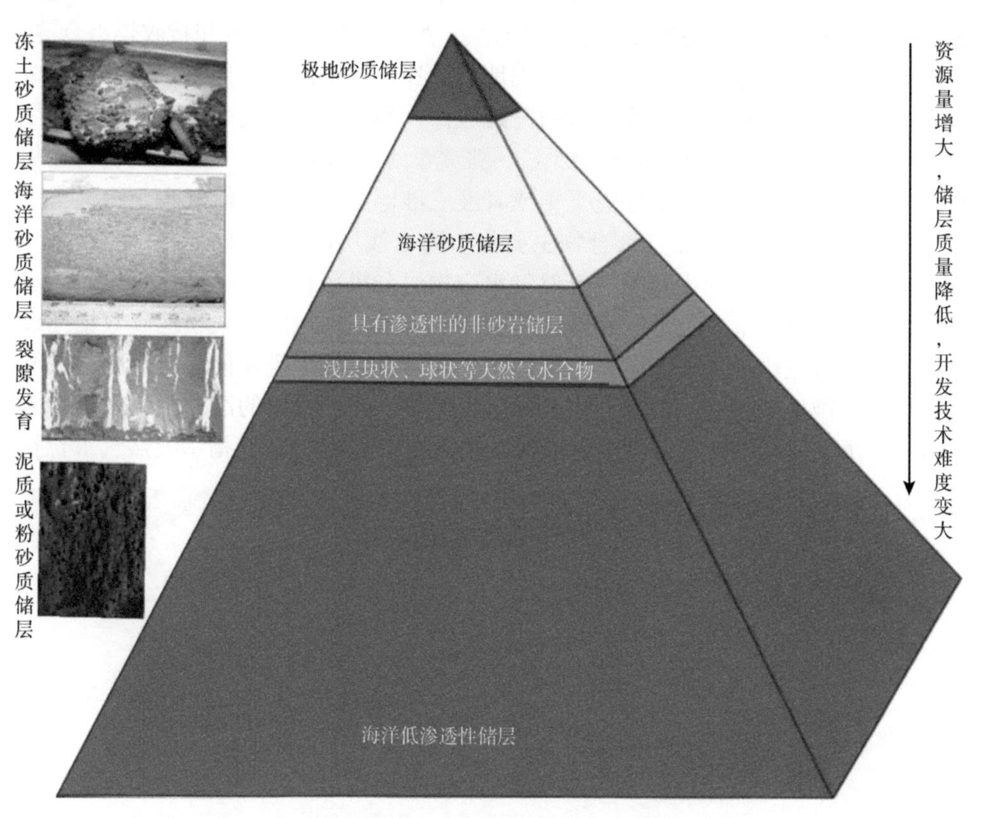

图4-1 海洋天然气水合物储层差异与资源潜力金字塔

天然气水合物野外勘探、钻探与实验室研究取得大量数据，但是估算的天然气水合物资源量仍存在很大差异与不确定性。在过去的几十年里，BSR曾经被广泛用于天然气水合物勘探与评价。BSR主要是由上下界面的波阻抗差造成的，地层含有少量游离气就会导致纵波速度迅速降低。在没有 BSR 的地区，仍发现了天然气水合物，因此，BSR 可能是由于下伏地层的游离气影响，与天然气水合物层厚度、饱和度关系不大，BSR 也不能提供任何储层信息，但是 BSR 对指示天然气水合物稳定带底界具有重要意义。为了减少天然气水合物勘探中的不确定性，天然气水合物成藏系统与地球物理异常指示被联合用于天然气水合物研究。

4.1.2 多道反射地震勘探

地震勘探的解释、处理与成像技术是最常用的天然气水合物探测方法。地震数据横向与垂向分辨率与地震采集参数有关，如震源频率、震源和接收器组合等。多道反射地震勘探主要包括二维和三维地震勘探，三维地震勘探效果好，但是成本高。为了解决天然气水合物勘探的三维成像，参考三维地震采集的概念，利用单源单缆方式设计准三维地震观测系统（张光学等，2014）。当三维地震资料采集受限制时，一般先进行二维地震采集或者准三维地震采集。天然气水合物采集系统与深水油气相似，天然气水合物主要位于海底浅层，与深部油气目标层相比，对于相同采集参数的地震数据，天然气水合物层分辨率相对较高。针对天然气水合物目标层开展的准三维地震系统，主频高于常规三维地震，采集地震数据经过数据处理获得三维成像（图 4-2），成像效果与常规三维地震相同，但是联络测线成像效果略微低于主测线效果。由于针对天然气水合物采集的准三维地震资料主频高，分辨率要高于常规三维地震勘探，能清晰识别 BSR 及其指示天然气水合物

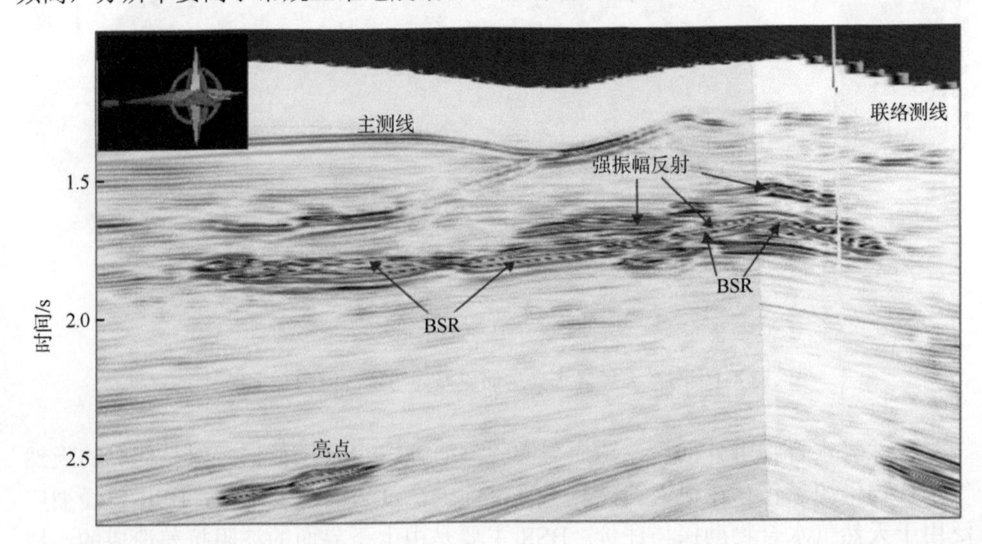

图 4-2 高密度采集二维地震资料按照三维网格处理的含天然气水合物层地震剖面

层的强振幅反射，能够满足天然气水合物勘探需求。

近年来也出现了一种高性价比的高分辨率三维地震 P-Cable 系统，使用短排列、小道距固态或者液态电缆，震源可以是任何高频震源，如 GI 枪或气枪阵列、电火花等，频率范围是 50～250Hz，工作水深是 300～3000m，垂向分辨率达 1.5m，工作船速是 3～5kn，系统布放与回收时间一般在 2h 内，每天可以采集 25km^2 三维地震数据，能够用于海底灾害、流体运移、天然气水合物等研究。常规三维地震采集目标是深部油气储层，并不关注浅层反射，而 P-Cable 系统采集的地震数据［图 4-3（a）］比常规油气采集的三维地震数据［图 4-3（b）］的分辨率明显提高。

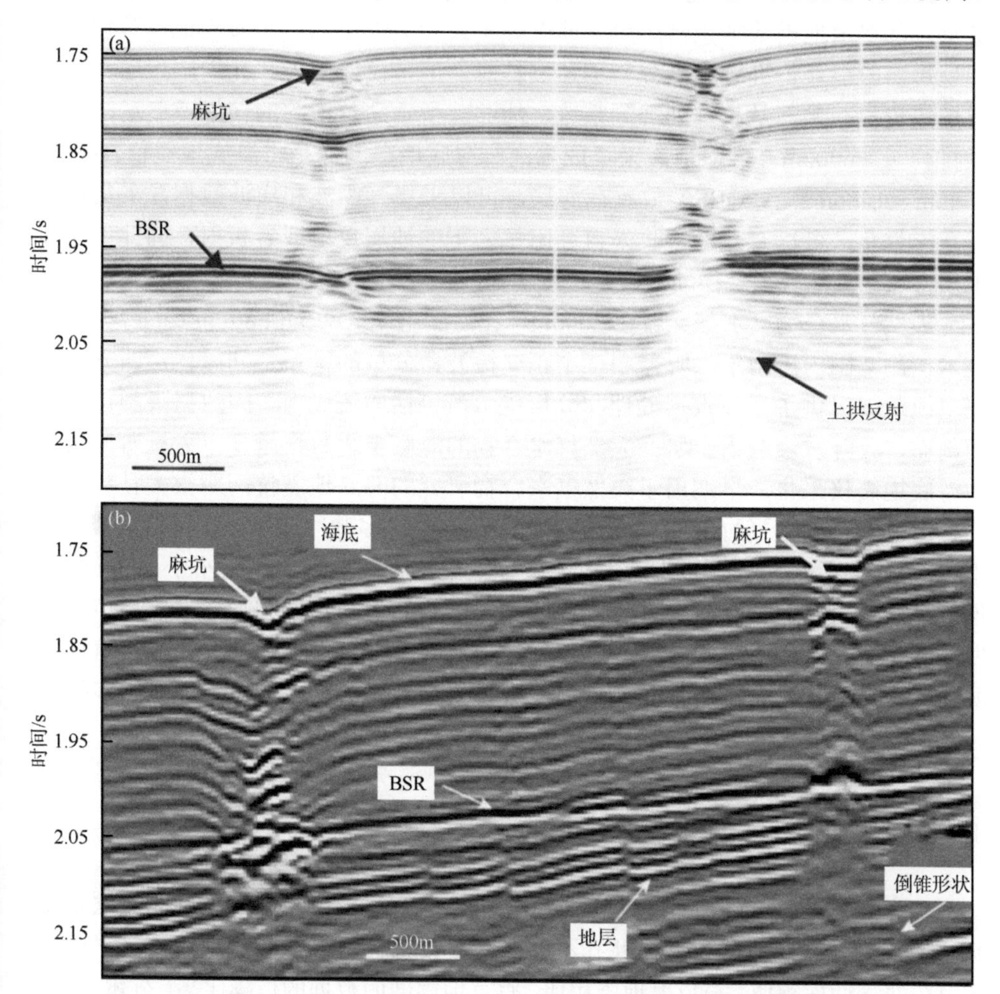

图 4-3　高分辨率三维 P-Cable 系统（a）与常规三维地震（b）采集地震剖面对比（Gay et al.，2007；Petersen et al.，2010）

分辨率提高有助于更好地识别目标和准确成像，清晰地给出了浅层结构和流体通道，能清晰刻画气烟囱内局部的强振幅、弱振幅和裂隙，BSR 下部出现明显上拱反射，而常规三维地震上仅出现弱反射。

4.1.3 海底地震勘探

纯天然气水合物纵波速度约为 3.65km/s，横波速度为 1.89km/s，流体中纵波速度约为 1.5km/s，横波速度为 0。获得海洋沉积物速度方法有三种：①井孔地震数据；②多道地震数据正常时差、速度分析或者波形反演；③海底地震数据。井孔地震实验能获得准确和高分辨率速度信息，但是仅适用于井孔周围地层，而多道地震资料，尤其是长排列观测系统，能够获得垂向与横向的精细速度场，但是长排列（＞6000m）多道地震采集成本高。海底地震勘探是将海底地震仪（ocean bottom seismometer，OBS）放置在海底，可以采集到纵波和横波数据，采集数据时宽方位角，可以有效地接收来自高阻抗之下的地层反射或者折射，因此，海底地震方法在天然气水合物勘探中有一些优势。

天然气水合物区水深一般在 2000m，在海底电缆（ocean-bottom cable，OBC）技术探测范围内。由于水听器和三个正交检波器分量的密集空间采样，四分量海底电缆数据提供了多波数据处理和分析优势，包括横波成像。因数据限制在单个短剖面，公开发表的用于研究天然气水合物的海底电缆数据较少，大量研究数据由海底地震仪采集。早期用于天然气水合物研究的海底地震仪间距很大且频率低（＜100Hz），间距一般在几公里，最近采取了高频、多脉冲源和四分量检波器。在南海一般进行海底地震仪和反射地震联合采集，海底地震仪间距小于 500m 时成像效果好。利用海底地震仪数据反演的纵横波速度与深度偏移地震剖面进行对比，发现 BSR 上方天然气水合物地层的纵横波速度明显增加，在 BSR 下方游离气地层明显降低（图 4-4）。利用该海底地震仪数据反演速度场进行约束，能进一步提高反射地震偏移剖面信噪比与分辨率，尤其是 BSR 同相轴及上下地层反射。

4.1.4 垂直地震剖面勘探

垂直地震剖面（vertical seismic profile，VSP）是一种井中地震观测方法，震源位于地表，而检波器布置在井孔不同深度接收来自地表震源的地震信号，广泛应用在油气勘探领域。与反射地震相比，垂直地震剖面数据的信噪比高、分辨率高，波的运动学和动力学特征明显，能够为地震资料处理提供精确的时深转换及速度

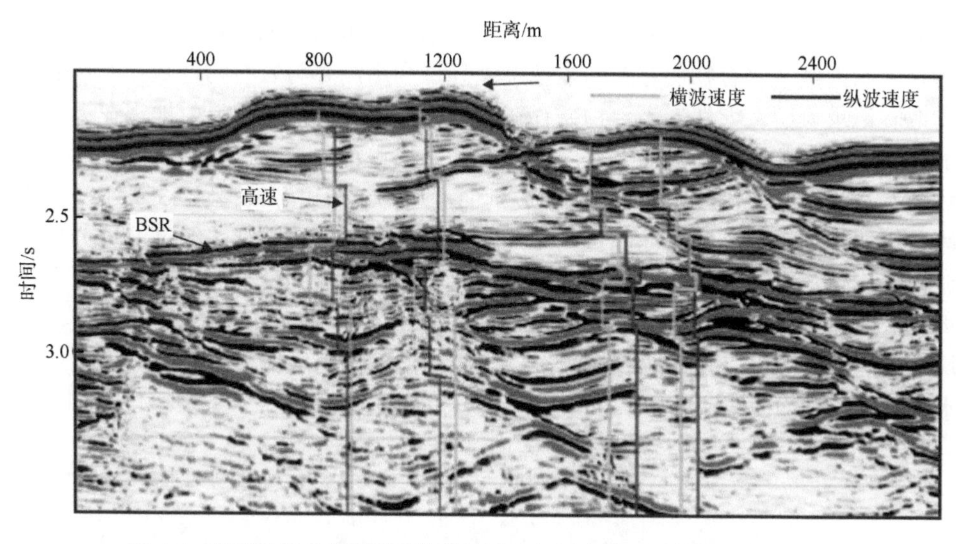

图 4-4　海底地震仪数据反演纵横波速度与深度偏移反射地震剖面对比

模型，为零相位子波分析提供支持。垂直地震剖面的震源与地表勘探相似，一般为 30～100Hz，包括零偏移距垂直地震剖面、非零偏移距垂直地震剖面、变偏移距垂直地震剖面、三维垂直地震剖面和随钻垂直地震剖面等观测系统。非零偏移距垂直地震剖面是指激发震源与井口存在一定距离，对井区域附近的构造或特殊地质体成像，需要加大偏移距，因此发展了变偏移距垂直地震剖面成像技术。为了克服覆盖区域上的角度限制，后来发展了全方位激发的三维垂直地震剖面技术，能够对井孔附近区域反射地震无法成像的小构造进行成像。三维垂直地震剖面的各向异性信息丰富，但是成本非常高，目前天然气水合物勘探中并未采用三维垂直地震剖面观测。随钻垂直地震剖面利用钻探噪声作为震源，资料具有实时性。

与常规油气储层相比，天然气水合物储层埋藏浅且未固结，垂直地震剖面采集面临很大挑战，需要在原有基础上进行调整设计。1992 年，ODP 146 航次首次将垂直地震剖面应用于卡斯凯迪亚大陆边缘天然气水合物的研究。在随后钻探中，如 ODP 164 和 ODP 204 航次、冻土带马利克和日本南海海槽等天然气水合物勘探中都应用了垂直地震剖面勘探。天然气水合物钻探井孔容易垮塌，在软质沉积物中，耦合不是最佳的，因此，海上垂直地震剖面勘探常与反射地震联合使用，利用速度剖面，垂直地震剖面能成功用于研究天然气水合物稳定带下方的游离气。与反射地震相比，垂直地震剖面也能简单研究地震波衰减，但是含天然气水合物层衰减差异较大。在加拿大冻土带马利克主井 5L-38 和两口相距 50m 观测井（3L-38 和 4L-38），为了研究天然气水合物垂向和横向分布变化，在马利克 3L-38 进行了多个偏移距垂直地震勘探。天然气水合物目标层位于900～1100m深度，声波测井显示天然气水合物层存在明显速度差异，利用测井与岩石物理数据制作的合成地震记录表明，天然气水合物层存在明显强反射，但是常规反射地震在天然气水合物层顶部却是一个弱反射，即使对反演结果进行分辨率优化，横向连续性仍然较差。图4-5是不同偏移距垂直地震剖面，从左至右震源偏移距83～316m，直达下行波表现出清晰的首波能量、无噪声干扰和稳定波形特征，经过波场分离和振幅归一化，右边5幅图形显示了天然气水合物层明显强反射能量。天然气水合物层上部冻土带地层纵波速度为2.04km/s，在900～1100m的天然气水合物层，平均速度达2.47km/s，垂直地震震源不能产生横波，利用远偏移距转换波，天然气水合物层的平均横波速度为1.1km/s（Milkereit et al.，2005）。

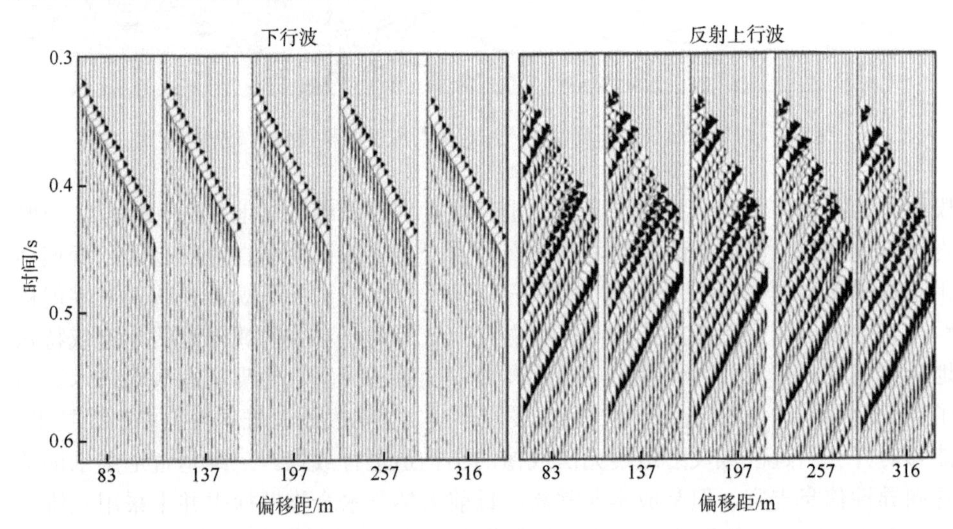

图4-5　马利克3L-38井天然气水合物层的不同偏移距的垂直地震剖面记录，左边5幅是下行波，右边5幅是反射上行波（Milkereit et al.，2005）

纵波反射和垂直地震剖面共深度点道集显示了三种不同层反射（图4-6），层A为天然气水合物顶部反射层，在反射地震剖面上难以识别，层B是煤层气反射，层C是天然气水合物底部，与通过波阻抗反演约束的三维地震显示的层位一致。反射地震显示，层B可能延伸几百米，需要通过横向各向异性技术来解决，在垂直地震偏移剖面上，天然气水合物层底部产生明显转换横波（图4-6）。

IODP 311航次在两个井成功进行了垂直地震剖面勘探，该系统由一个检波器组成，来记录海底下的震源产生的声波的全波形。震源采用105inch^{3}的高压气枪，沉放在“决心”号船体后面50m，震源深度为2m。在U1327D井，利用直达纵

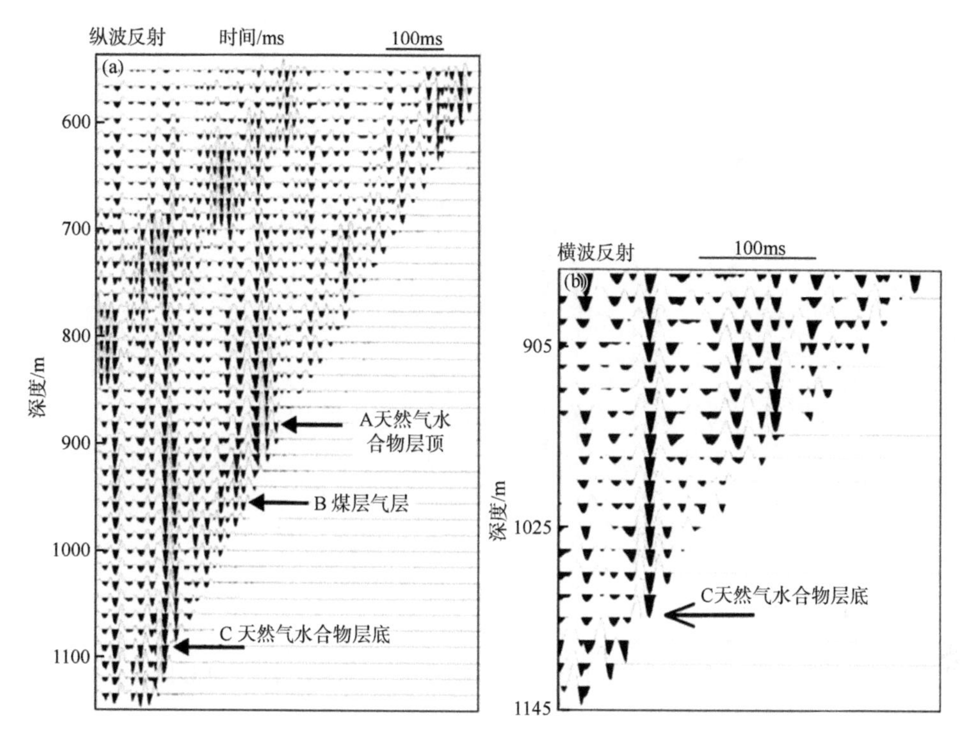

图 4-6 加拿大马利克冻土带 3L-38 井（a）零偏移距 VSP 记录的纵波反射和（b）水平分量的横波反射（Milkereit et al.，2005）

波，垂直地震剖面提供了一个直接测量时间与深度关系的方法。图 4-7 为来自 16 个检波器的叠加波形，红色十字给出了初至时间，该时间需要进行震源距离的校正，校正后的时间是从海底到检波器之间垂直距离的旅行时。利用校正的时间和检波器的记录，能计算速度（图 4-8）。初至时间与检波器深度明显存在两组线性关系，一组是 181～234m 地层，对应速度为 1.843km/s；另一组是 251～276m 地层，对应速度为 1.281km/s。其中一组是含天然气水合物，另一组含少量气，速度变化处为 BSR 位置（图 4-8）。在 ODP 146 航次的 889 井和 ODP 164 航次 994、995 和 997 井的垂直地震剖面也显示 BSR 处存在速度变化。因此，在 ODP 和 IODP 勘探中，垂直地震剖面提供的纵波速度将反射地震和井孔数据连接起来，而且能提供转换波信息，为研究天然气水合物与断层关系提供有用信息。偏移距成功记录了转换波，也可能是未来天然气水合物研究中的常规测量技术。但是也面临一些挑战，由于标准工业仪器是针对固结地层设计的，并不适用于海洋天然气水合物形成的这种软地层，仪器会进入未固结软地层而不是井壁上，会导致地震耦合较差。

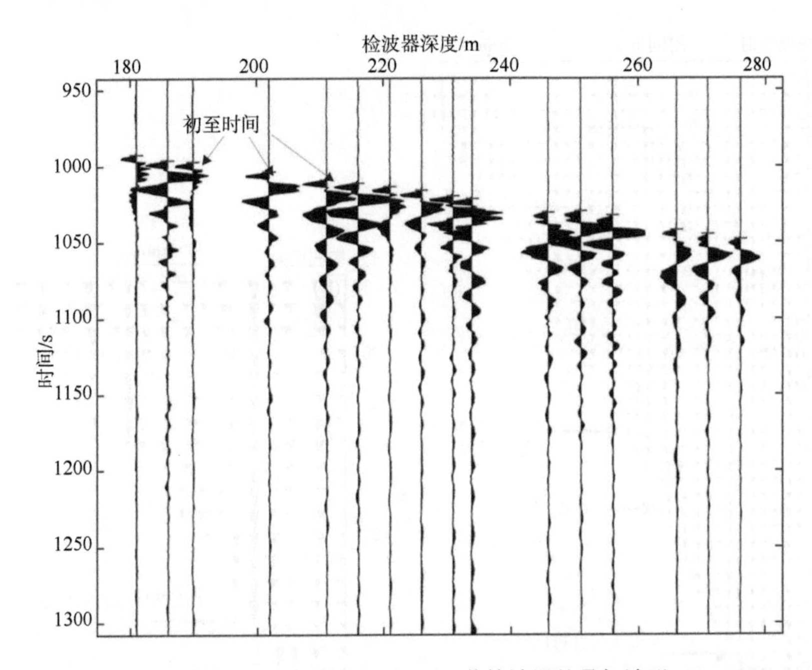

图 4-7　卡斯凯迪亚大陆边缘 IODP 311 航次 U1327D 井检波器的叠加波形（Riedel et al.，2006a）

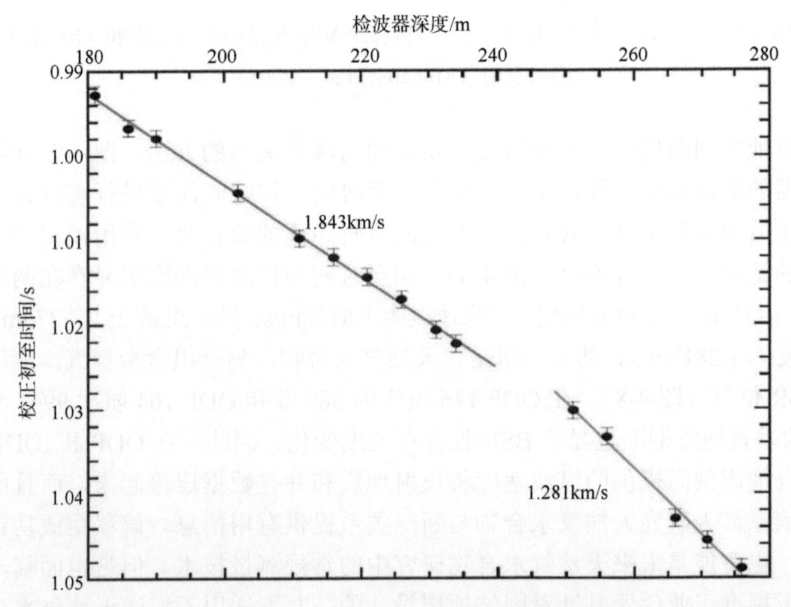

图 4-8　卡斯凯迪亚大陆边缘 IODP 311 航次 U1327D 井垂直地震剖面初至时间与深度关系，直线为拟合的平均速度（Riedel et al.，2006a）

垂直地震剖面法在天然气水合物中应用是相对成熟的，能够提供地震频带内准确的纵波和横波速度模型，有利于把测井与反射地震结合起来，研究井孔周围天然气水合物储层特性。

4.1.5　海洋可控源电磁勘探

海洋电磁（electromagnetic，EM）方法、可控源电磁（controlled source electromagnetic，CSEM）和大地电磁（magnetotelluric，MT）技术等对沉积层电阻率、孔隙度、渗透率和孔隙流体的电阻率等比较敏感。海洋可控源电磁最早始于学术界，采用电偶极子场源在太平洋的洋中脊和洋壳进行海洋可控源的探索实验研究（Cox et al.，1986；Evans et al.，1994），用海底拖曳的一对电偶极子产生的信号来代替被海水屏蔽的天然电磁中的高频信号，研究洋壳浅部的电阻率结构，后来发展成为工业界开展烃类勘探的一种常见方法。尽管该技术最初是用来探测深部具有相对高电阻率的烃类储层，但是可控源电磁也是探测天然气水合物的一种很有潜力的有效方法（Yuan and Edwards，2000；Schwalenberg et al.，2005；Weitemeyer et al.，2006）。

由于天然气水合物位于海底浅部几百米地层，电阻率存在微小差异就可以通过可控源电磁技术进行成像。海洋可控源电磁与大地电磁方法采用相同海底记录，电偶-电极发射机被拖在靠近海底处，电磁接收器记录的电场是震源与检波器距离的函数（图 4-9）。在导电环境中，可控源电磁的分辨率有几公里深，对具有电阻率异常的构造比较敏感，在玄武岩、盐体、碳酸岩、烃类气体储层或天然气水合物区测量的电阻率明显偏高。天然气水合物赋存形态多样，呈块状、脉状、球状等形态的裂隙充填型天然气水合物，即使饱和度并不高，电阻率却出现高值异常，远远大于正常沉积层，可控源电磁方法对探测该类型天然气水合物较为有效。Edwards（1997）首次提出了时间域电偶源电磁法，应用在卡斯凯迪亚大陆边缘天然气水合物的探测中，在没有 BSR 区域发现了天然气水合物（Yuan and Edwards，2000）。加拿大地质调查局研制了全拖曳式频率域磁偶极子系统应用于墨西哥湾天然气水合物丘（Evans，2007），利用三个接收机记录从赫兹至千赫兹频率的磁场，每个接收机调到特定频率和拖在发射机后面固定距离，但该设备只能对浅部 20m 深度地层成像，不能对天然气水合物稳定带底部及流体来源和运移过程进行成像，限制了其应用。

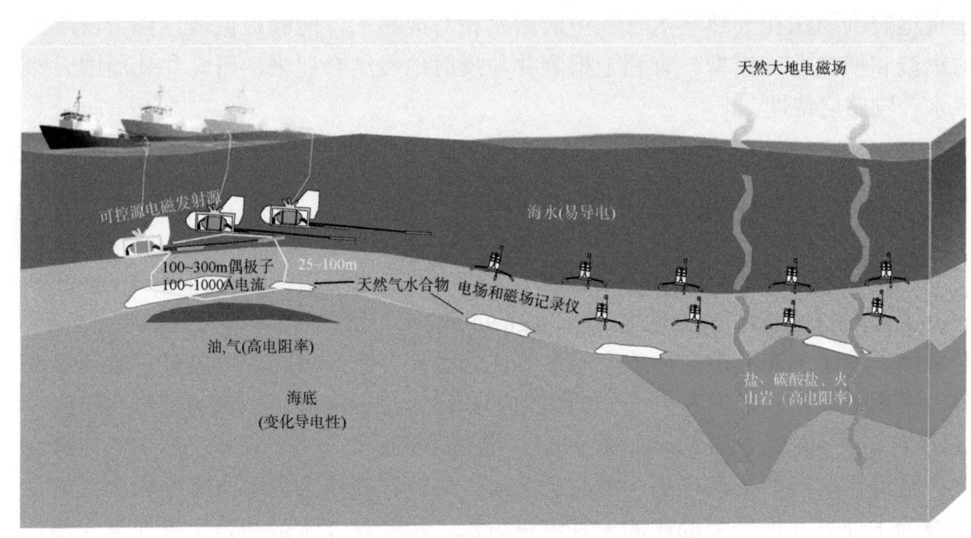

图 4-9　全拖曳式频率域海洋电偶–偶极电磁法

海底拖曳多极子系统（HYDRA）是为天然气水合物评价设计的，该系统在数据覆盖次数和质量上比原来的海底拖曳偶极子 CSEM 系统要进步很大，HYDRA 接收模块由 4 个接收机偶极子系统组成，偏移距从 160m（R1）至 754m（R4），拖在 100m 长发射机极子后面（图 4-10）。

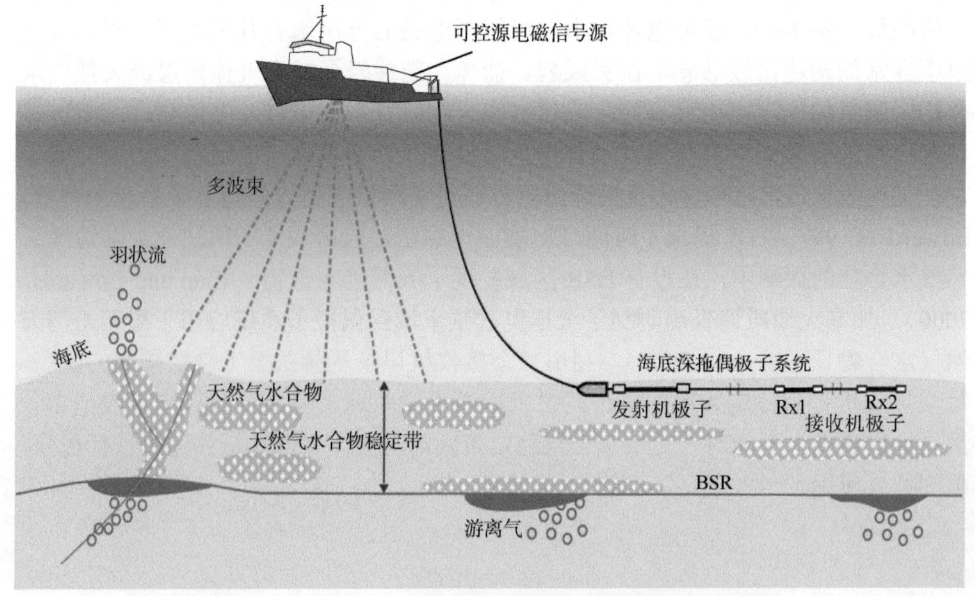

图 4-10　海底拖曳式多极子（HYDRA）采集系统示意

可控源电磁勘探广泛应用于多个海域的天然气水合物勘探，如卡斯凯迪亚（Yuan and Edwards，2000；Schwalenberg et al.，2005）、智利（Schwalenberg et al.，2004）、新西兰希库朗伊大陆边缘（Schwalenberg et al.，2010a，2010b）、卡斯凯迪亚大陆边缘南水合物脊（Weitemeyer et al.，2006）、墨西哥湾（Ellis et al.，2008）和南海等区域。在新西兰希库朗伊大陆边缘 Opouawe Bank 天然气水合物发育区，同时发育活动冷泉和典型甲烷渗漏并形成了碳酸盐岩。在该区域，利用 HYDRA 同时采集了高分辨率二维地震和三维地震数据，利用一维和二维反演技术进行电阻率剖面反演。可控源电磁和地震联合剖面（图 4-11）显示，在强气体通道上部的强振幅反射区出现高电阻率异常（＞50Ω·m），多个电阻率异常被隔离开，与地震剖面揭示的脊部一系列活动海底冷泉相吻合，地震通道终止在强振幅反射下部，指示了 BSR 下方游离气向上运移。在渗漏点中间，电阻率与正常背景值相似，为 1～2Ω·m，同时地震指示为正常沉积地层（图 4-11）。气体运移路径、强振幅反射和电阻率异常指示了天然气水合物稳定带内游离气与天然气水合物共存。尽管碳酸盐岩也具有高电阻率异常，而且可在海底渗漏点观测到，但是其露头不均匀且深度上没变化，不容易识别。仅依靠高电阻率异常难以区分天然气水合物和游离气，需要结合速度场信息和天然气水合物成藏理论等多种资料进行综合分析。

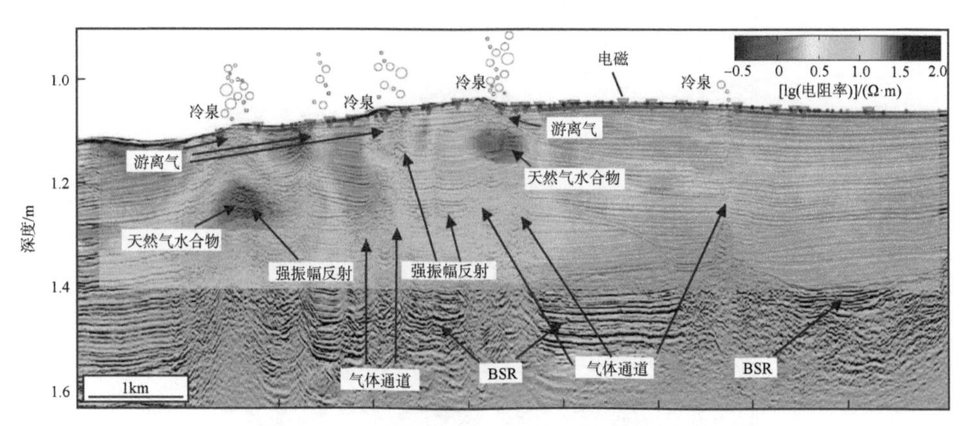

图 4-11　新西兰希库朗伊大陆边缘 Opouawe Bank 地震剖面与可控源电磁剖面叠合图（Schwalenberg et al.，2017）

4.1.6　红外热成像

红外（infrared，IR）热成像能为研究沉积物样品中天然气水合物的富集和结构提供技术支撑，为研究天然气水合物提供了一种全新的独立方法，同时为天然气水合物样品采集和孔隙水取样提供不可或缺的指导。天然气水合物的分解会出现热异常，这种热异常指示了天然气水合物层与不含天然气水合物层的差异，准确测量沉积物样品的温度，可以判断沉积物中天然气水合物的分布。同时，热指示的温度异常还可以用来估算样品中天然气水合物含量。详细的热分析能够判断天然气水合物存在的位置和地质结构，在多个天然气水合物钻探航次中获得广泛应用。

ODP 164 航次初步尝试利用天然气水合物分解的吸热特性，利用单个热电偶和热电偶阵列，发现了含天然气水合物层存在低温度异常，但是需要进行快速有效处理，低温异常位置的样品才能够被快速保存在液氮或压力装置里。ODP 204 航次第一次尝试进行天然气水合物层样品的系统成像，快速获取了天然气水合物层样品的大规模红外数据（Tréhu et al.，2003），提供了以前未见过的天然气水合物的分布、结构和丰度。随后 IODP 311、IODP 372 航次和多个国家的天然气水合物钻探航次都进行了红外热成像采集，可以使用简单的手持红外相机进行成像，在 IODP 372 航次就是使用这种简易红外相机进行岩芯样品温度测量（图 4-12）。首先要设置温度范围，要能够显示出天然气水合物层的低温特性，一般可以是从几摄氏度至 20 多摄氏度，为了保证测量数据准确性，一般是两台照

图 4-12　新西兰希库朗伊俯冲带 IODP 372 航次利用手持红外照相机进行岩芯样品温度与样品拍照

（a）U1517 井岩芯照片拍照；（b）岩芯样品发现低温异常和空置气区；（c）图（b）中相同区域岩芯及周围照片

相机同时测量。当样品到达后甲板，一般是先进行整条岩芯快速测量，发现温度异常区进行标注。天然气水合物层一般出现低温异常［图4-12（b)］，均匀的低温异常指示天然气水合物可能充填在孔隙空间。上岸后由于压力变化，天然气水合物会分解释放气体或者由于样品内含有气体，沉积物可能会出现大量空置气区［图4-12（b）和（c)］。

红外热成像数据的一个重要应用是确定天然气水合物分布，测井能够提供天然气水合物在沉积层中的连续分布情况，但是即使高分辨率测井也只能测量到几厘米至几十厘米厚的天然气水合物，而岩芯温度异常变化，能识别天然气水合物微观形态。如图4-13所示，蓝色或紫色为天然气水合物层，其中天然气水合物为脉状、球状、结核状等不同的可视状态，倾斜脉状或者球状天然气水合物大小为0.5cm时，就能清晰地被观测到，测量温度呈异常低值。而充填在孔隙空间的天然气水合物，均匀状分散在沉积物中，温度没有明显低值异常，与IODP 372航次在U1517井观测的岩芯温度异常相似。

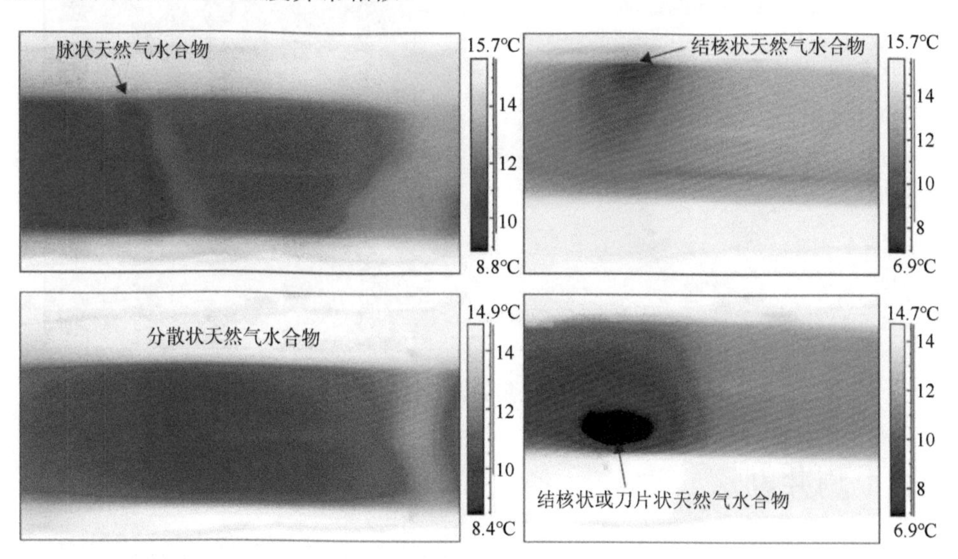

图4-13　卡斯凯迪亚大陆边缘南水合物脊ODP 204航次岩芯样品的红外热成像指示了不同赋存形态的天然气水合物

红外热成像能够记录厘米与毫米尺度的天然气水合物位置，这是很多测量方法都难以观测到的。如图4-14所示，9m长的岩芯存在多个小于10cm厚的温度异常层，明显比背景温度低，指示几个薄层含天然气水合物地层，高值温度异常可能是空置气区，指示了天然气水合物不均匀的分布特性。红外热成像也存在一些难点需要注意，红外相机需要聚焦，另外图像中存在热点和冷点消失。红外热成像是一种现场识别岩芯中是否存在天然气水合物及确定其位置的方法，但未来仍有一些改进空间，如进行自动探测、去除空置气、自动温度成像、实时估算天然气水合物饱和度和使用高光谱红外摄像机等。

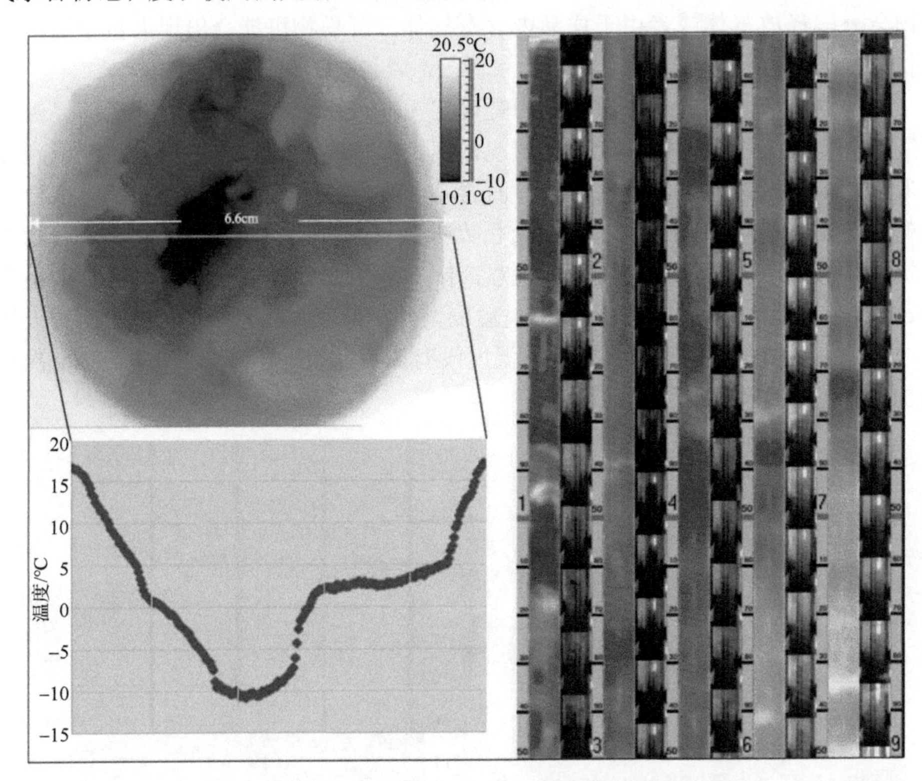

图 4-14　ODP 204 航次采集的岩芯样品红外热成像及温度

4.1.7　测井勘探

井孔地球物理测井是天然气水合物勘探的常规方法，是获取天然气水合物储层物性评价参数的重要方法，与地震勘探相比，测井勘探是直接确定天然气水合物层的一种重要方法，但是勘探成本较高。天然气水合物钻探通常采用的测井分为电缆测井和随钻测井，如印度、韩国、美国、日本和中国等多个天然气水合物钻探航次都使用过电缆测井和随钻测井，近年来，天然气水合物钻探主要使用随钻测井。由于井壁稳定性问题、钻井液侵入等影响，获得高质量的测井数据仍面临着巨大挑战，尤其是在含有游离气地层。

由于天然气水合物成藏较复杂，利用测井数据能够较好地解决天然气水合物与游离气层识别、定量评价等测井勘探研究的问题，第3章我们已详细介绍了天然气水合物的测井勘探，这里不再赘述。

4.2　天然气水合物层的地球物理与地质指示

地球物理与地质方法提供了探测与查明天然气水合物分布的重要方法，天然气水合物的成藏与储层、流体运移等密切相关，不同海域由于地质条件差异，天然气水合物赋存形态及指示天然气水合物分布的地质与地球物理异常特征不同。

4.2.1　似海底反射

BSR与天然气水合物稳定带底界深度有关，受地层温度和压力及速度影响，大部分BSR与天然气水合物有关。BSR与海底近似平行，极性与海底相反，横向呈连续、不连续或者出现变浅等异常反射（王秀娟等，2021；Wang et al.，2022）。研究发现，BSR也可能是蛋白石A到蛋白石CT转换造成的，与天然气水合物形成无关。尽管BSR是寻找天然气水合物的一个重要指示，但是在无BSR区域，钻探也发现了天然气水合物。

4.2.1.1　成岩有关的BSR

在挪威边缘Vøring高原，发现了大量BSR（图4-15），有些BSR是由天然气水合物稳定带底界下部游离气造成的；有些BSR是由蛋白石A到蛋白石CT转换造成的；有些BSR位于蛋白石A/CT转换带下，不是硅质成岩转换或天然气水合物造成的，可能是由于蒙脱石伊利石转化或者自生碳酸盐岩丰度的突然增加（Berndt et al.，2004）。成岩有关的BSR广泛分布在Vøring盆地，被ODP 104航次643井钻探证实。在Storegga滑坡区发现BSR与天然气水合物稳定带底界吻合，强反射终止在BSR下部，局部区域BSR与地层斜交，在局部位置存在古BSR，位于BSR下部双程旅行时100ms，该BSR可能是由冰期海水深度与温度变化导致的［图4-15（a）］。成岩有关的BSR是一个连续反射，切割倾斜地层［图4-15（b）］或多边形断层，在其下方双程旅行时300ms位置存在一个连续的、与海底近似平行的BSR（即BSR2）。

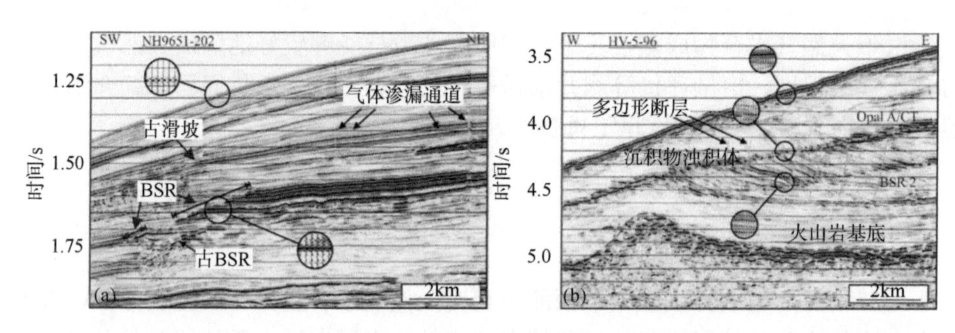

图 4-15 (a) 挪威边缘 Storegga 滑坡区与天然气水合物有关的 BSR；(b) Vøring 高原与蛋白石 A/CT 成岩转换造成的 BSR（Berndt et al.，2004）

温度是判断岩性转换的一个重要因素，蛋白石 A/CT 转换温度一般是 35～50℃，而蛋白石 CT 向石英的转换一般是 90℃（Hein et al.，1978）。甲烷水合物在温度大于 25℃时不稳定，而且与成岩有关的 BSR 的深度一般比天然气水合物稳定带底界要深，因此 BSR2 与岩性转换无关。在多个海域发现了蛋白石 A/CT 岩性转换形成的 BSR，如白令海（Hein et al.，1978）、日本海（Kuramoto et al.，1992）和英国西北部深海（Davies and Cartwright，2002）。

4.2.1.2 天然气水合物有关的 BSR

（1）连续 BSR

连续 BSR（continuous BSR，CBSR）具有振幅连续、与地层斜交等典型特征，布莱克海台为连续 BSR 典型区域［图 4-16（a）］，天然气水合物储层主要发育在细粒泥质地层，岩性相对均匀，天然气水合物充填在孔隙空间内，略微改变沉积物的物性参数，纵波速度略微增加。天然气水合物的形成降低了地层渗透率，其下部圈闭游离气，地层速度迅速降低，形成明显的波阻抗差，地震剖面上出现 BSR。天然气水合物的形成导致上部地层速度略微增加，地震剖面上呈振幅空白，钻探发现天然气水合物饱和度一般低于 10%，下伏地层含有少量游离气，海底发育沉积物波［图 4-16（a）］。

南海北部珠江口盆地发现的天然气水合物层主要为细粒泥质粉砂储层，大量钻探发现，天然气水合物位于稳定带底界上部从几米至几十米不等地层，尽管沉积物粒度也较细，但是天然气水合物饱和度明显高于布莱克海台，饱和度中等（30%～40%），含天然气水合物层纵波速度明显增高，地震剖面上出现连续 BSR，局部与地层斜交。通过合成地震记录对比，发现与布莱克海台明显不同，天然

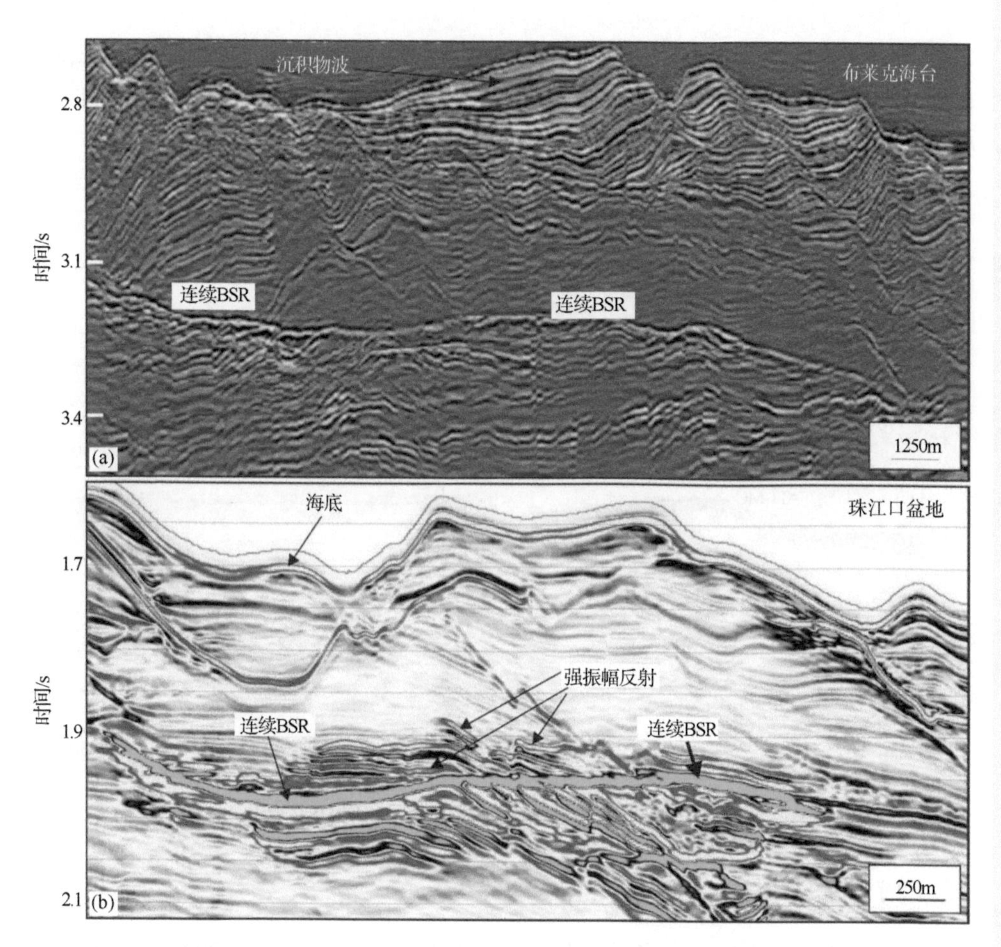

图 4-16 （a）美国布莱克海台（Hornbach et al.，2008）；（b）南海北部珠江口盆地连续 BSR 反射特征

气水合物层的地震异常指示不是振幅空白，而是极性与海底一致的强振幅反射［图 4-16（b）］。与墨西哥湾、日本南海海槽、韩国郁陵盆地和印度海域等砂质储层含天然气水合物层的地震响应特征一致（图 4-17）。砂质储层一般为水道-天然堤沉积体系，由于深水盆地浅部砂质储层分布范围有限，强振幅异常呈层状或者不连续分布［图 4-17（b）和（c）］。因此，局部强振幅反射是寻找天然气水合物层富集的一个重要指示，但是地层强振幅反射并不都是由天然气水合物造成的，受沉积环境影响，地层中出现的大规模、连续的强反射一般不是由天然气水合物造成的，很可能是岩性变化。我们认为振幅空白也不是寻找相对富集天然气水合物层的地震指示，位于 BSR 上部的振幅空白，它可能指示沉积环境稳定、岩性相

对均一、低饱和度天然气水合物。在局部强流体渗漏区出现的振幅空白，主要是由于地层局部圈闭了游离气形成强振幅反射，该强反射屏蔽了下部地层的信号，造成了振幅空白。

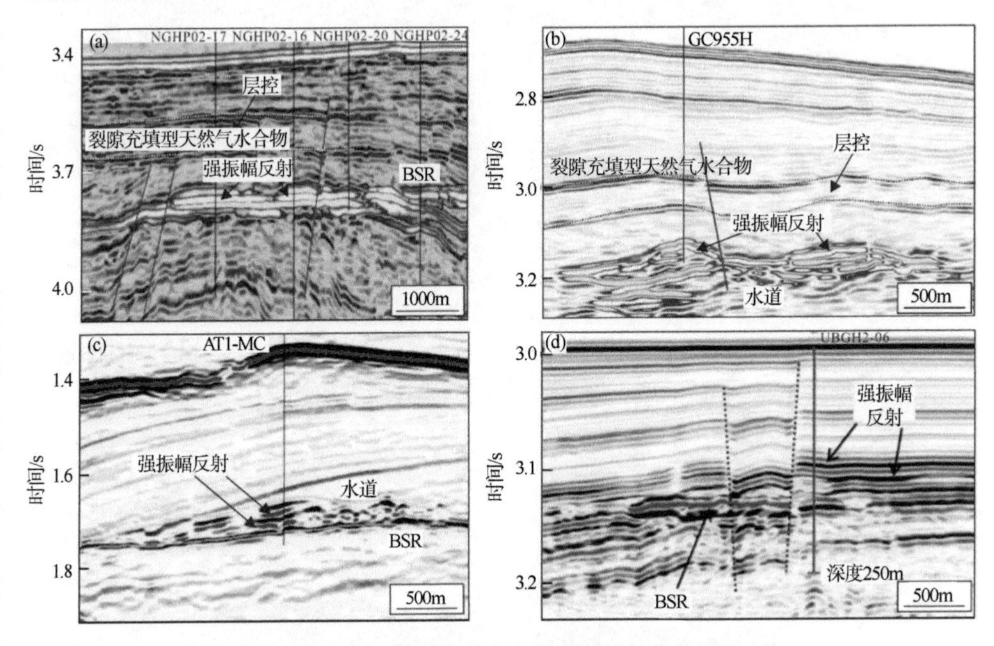

图 4-17　国际不同海域典型盆地砂质储层 BSR 特征

（2）不连续 BSR

不连续 BSR（DBSR）广泛分布在墨西哥湾（Portnov et al.，2022），出现在天然气水合物稳定带底界上部，横向上呈明显不连续的强反射（图 4-18），与海底近似平行。在砂质储层，稳定带底界上部发育天然气水合物，而稳定带底界下部可能含有游离气，稳定带底界上下形成强波阻抗差，造成地震相位发生反转，形成 BSR。由于泥砂互层，在砂质储层发育饱和度相对较高的天然气水合物，而在泥质地层基本不含天然气水合物，横向上 BSR 呈不连续状分布。

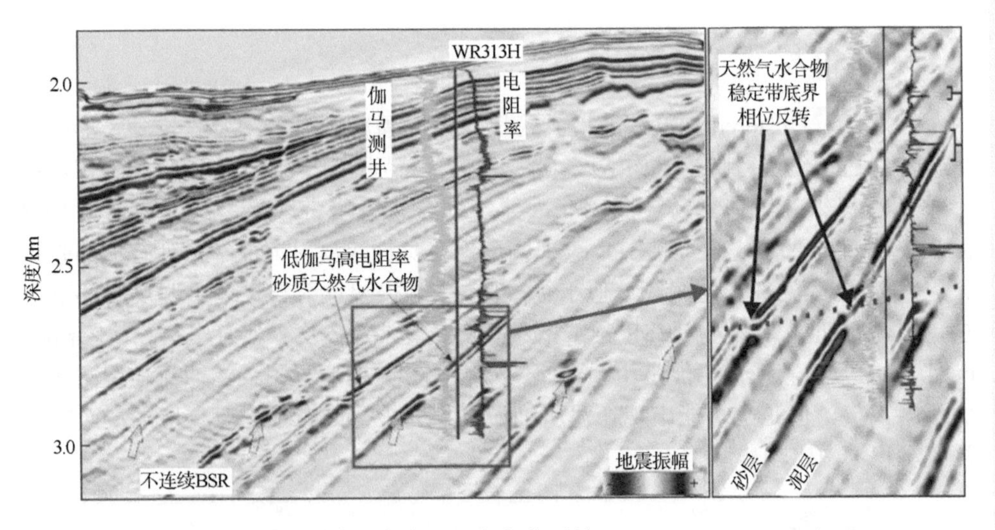

图 4-18　墨西哥湾不连续 BSR 与相位反转（Portnov et al.，2022）

（3）羽状 BSR

羽状 BSR（pluming-BSR）是深部热流体向上运移导致地层温度异常，使天然气水合物稳定带底界变浅，在地震剖面上 BSR 呈上拱特征（Shedd et al.，2012），在不受热流体影响区域，BSR 没有发生变化（图 4-19），连续 BSR 并不与海底平行，而是埋深明显变浅的特征。该类型 BSR 比较常见，容易在底辟、烟囱体等上部地层形成。

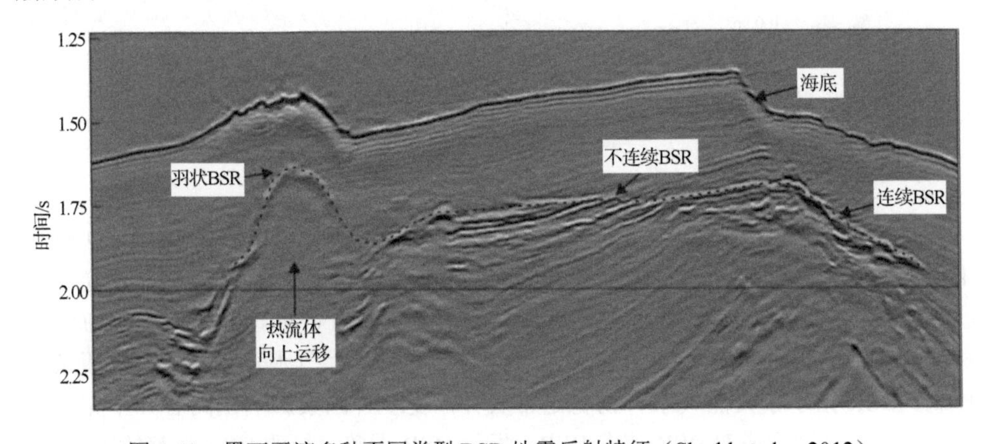

图 4-19　墨西哥湾多种不同类型 BSR 地震反射特征（Shedd et al.，2012）

（4）BSR 簇

BSR 簇（clustered BSR）是指成簇状的强振幅反射组合，大致与海底形态一致，出现在背斜或穹隆褶皱构造区（图 4-20），特别在褶皱或盐底辟隆起上部，由于下部运移来的气体容易被圈闭在天然气水合物稳定带底界下部，易形成 BSR 簇。在墨西哥湾区域，大量 BSR 表现为出现在负振幅反射上部一系列叠加的强振幅。在 BSR 簇上部，与海底近似平行、低-中等振幅反射与声学透明反射间隔互层，被断层切割，该类型 BSR 常常指示高饱和度浊流砂层天然气水合物（Portnov et al.，2019），其形成可能是由于天然气水合物稳定带底界附近的浊流地层圈闭了大量游离气，但是也可能出现在泥质细粒沉积物中，如布莱克海台地区，而粗粒浊流沉积物中比较普遍。

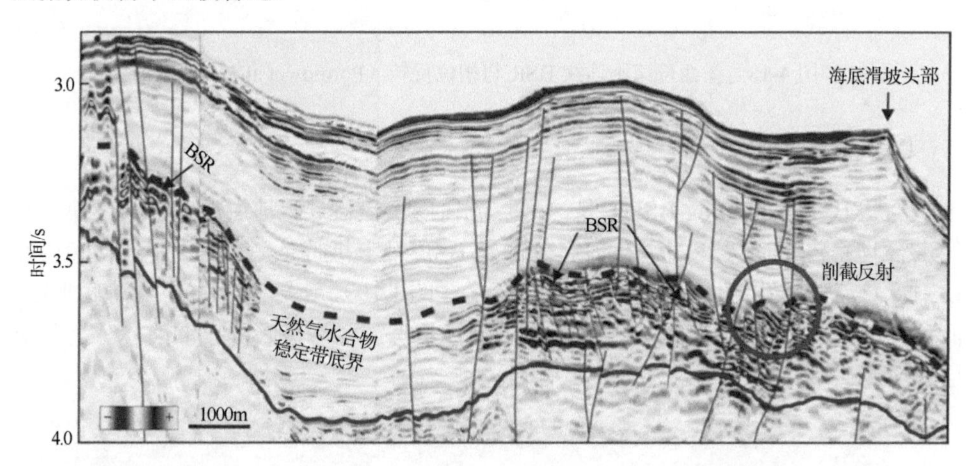

图 4-20　墨西哥湾典型地震剖面上 BSR 的地震反射特征（Portnov et al.，2019）

（5）双 BSR

在主动与被动大陆边缘多个海域发现了双 BSR（图 4-21），如 ODP 204 航次卡斯凯迪亚大陆边缘南水合物脊（Bangs et al.，2005）、日本南海海槽叠瓦逆冲区（Kinoshita et al.，2011）、新西兰希库朗伊俯冲带（Han et al.，2021）和南海北部珠江口盆地的揭阳凹陷（Jin et al.，2020）等。尽管天然气水合物形成受温压条件控制，BSR 指示了天然气水合物稳定带底界，受多种因素影响，两者并不完全吻合，在局部区域形成双 BSR 或多 BSR，发生 BSR 调整。导致 BSR 调整的因素有：①冰期与间冰期导致海底温度和压力变化，可能形成双 BSR 或多 BSR；②俯冲带逆冲断层上下盘挤压形成沉积与侵蚀差异，快速沉积导致多个 BSR 或者 BSR 上移；③海底侵蚀导致 BSR 下移；④重烃气体形成Ⅱ型天然气水合物，出现双 BSR。

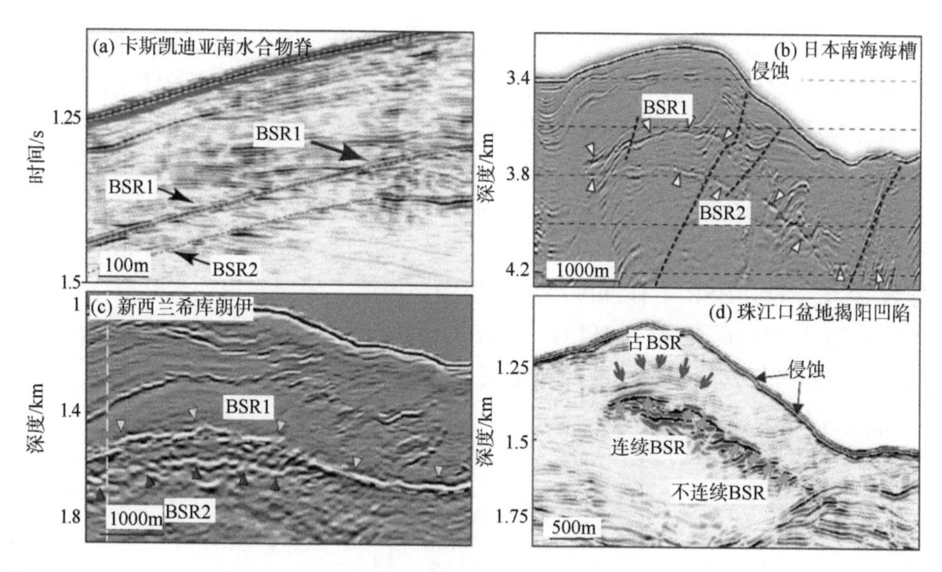

图 4-21 不同海域冰期与间冰期温度差异及侵蚀-沉积作用导致双 BSR（Bangs et al.，2005；Kinoshita et al.，2011；Han et al.，2021）

在卡斯凯迪亚大陆边缘的南水合物脊，发现了连续强 BSR 和弱 BSR［图 4-21（a）］，由于冰期到间冰期海底温度升高，BSR 上移 30m（Bangs et al.，2005）。在西非毛里塔尼亚陆缘，三维地震剖面显示现今 BSR 为强振幅且斜切地层特征，其下部地层识别出四条与其产状相似的 BSR，最深 BSR 与现今 BSR 相差 400m（Davies et al.，2017）。海底温度的升高使天然气水合物相平衡曲线发生变化，在相同地温梯度下天然气水合物稳定带上移，BSR 在垂向存在明显调整，且 BSR 为逐渐变浅特征（图 4-22），利用流体运移速率模拟显示深部多期 BSR 与冰期-间冰期旋回造成的海底温度条件变化事件对应。

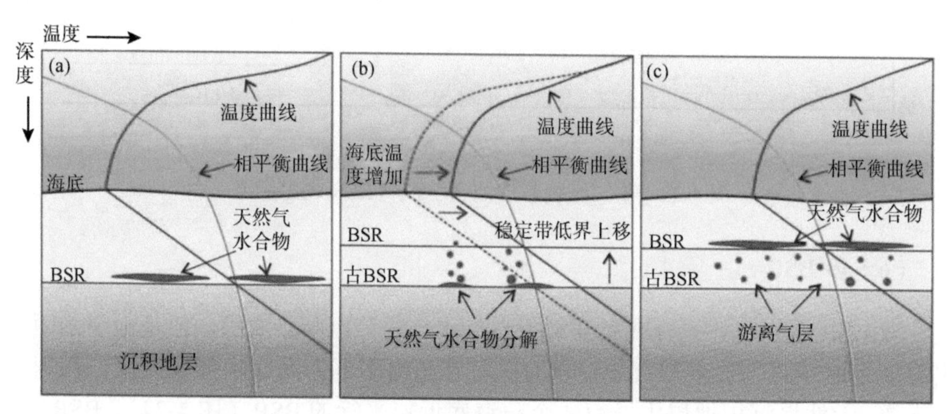

图 4-22 冰期与间冰期海底温度变化导致 BSR 上移示意

在俯冲带构造活跃区，逆冲断层上下盘构造环境、沉积与侵蚀差异导致上下盘出现BSR厚度差异，存在双BSR［图4-21（b）～（d）］。在初始条件下，天然气水合物与海底近似平行（图4-23），构造活动和沉积-侵蚀差异，导致地层沉积厚度差异，尤其是断层上下盘出现差异时，初始形成BSR变成古BSR，由于不同位置温压环境变化，BSR将发生下移（图4-23）；沉积导致BSR上移，BSR上移深度小于新沉积地层厚度，沉积作用使天然气水合物稳定带厚度变大，相反侵蚀作用导致BSR下移，BSR下移深度小于地层侵蚀厚度，侵蚀作用使天然气水合物稳定带厚度变小（王真真等，2014）。在BSR调整过程中，可能导致地层出现天然气水合物与游离气共存，也可能导致地层出现多个BSR。

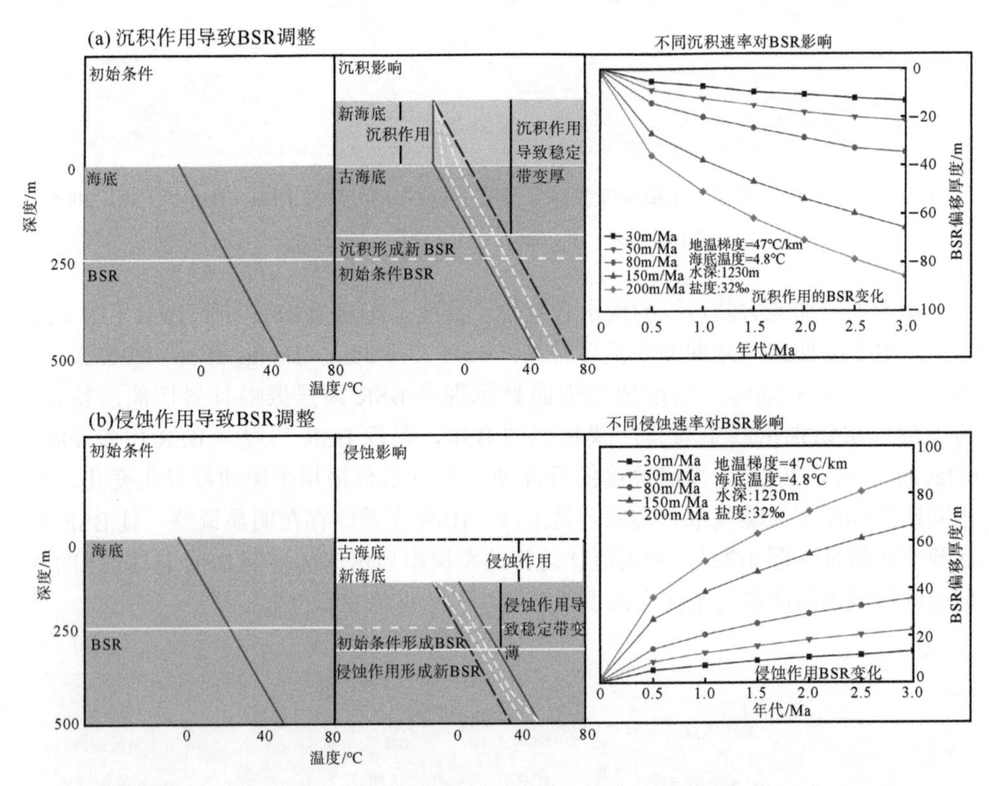

图4-23 不同沉积与侵蚀速率影响BSR调整示意

（6）多BSR

双BSR是由气体组分或者Ⅱ型天然气水合物等原因造成的，但是地震剖面上出现多个BSR，一般多与沉积过程有关。在黑海多瑙河海底扇体发育区，在埋藏的水道-天然堤沉积地层中发育4个与海底近似平行的BSR（图4-24）。BSR1较连续，与地层斜交处发生变化，其上部地层为低振幅透明状反射，下部出现强振幅反射与 BSR2～BSR4，BSR2～BSR4 明显比 BSR1 振幅弱。通过模拟研究发现，多个 BSR 与超压和气体组分变化无关，快速沉积导致温度变化控制着多个 BSR 形成，底层水温度变化不是多个 BSR 形成的原因。由于天然气水合物分解需要较长时间，原先形成的 BSR 能够保存下来。

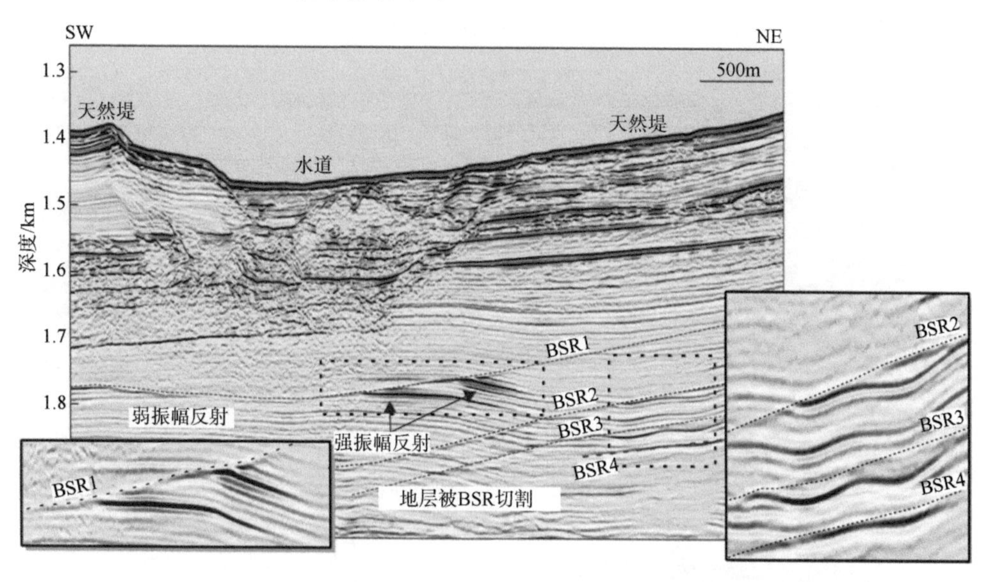

图 4-24 黑海海底扇体发育区多个 BSR 反射特征（Minshull et al.，2020）

4.2.1.3 无 BSR

天然气水合物区域不一定都有 BSR，尤其是在块体搬运沉积发育区域。由于快速沉积和流体运移路径差异，BSR 不发育，如墨西哥湾西北部黛安娜（Diana）盆地，大量盐体侵入到浅层，地层以上新世及更新世的砂岩和泥岩层为主，发育了多期次块体搬运沉积体，地震剖面上难以识别 BSR。2009 年 5 月墨西哥湾天然气水合物联合工业项目第二阶段（Joint Industry Project Leg Ⅱ）在 Alamions 峡谷进行了天然气水合物钻探（Frye et al.，2010）。图 4-25 为该区域钻井曲线及地震剖面，结合钻井资料，天然气水合物稳定带内主要有 5 个小层。层 1 约 76.2m 厚，剖面上呈平行、连续反射，为半深海的泥岩沉积。层 2 约 152.4m 厚，地震上为低频、未成层的均匀相，是以泥岩为主的块体搬运沉积层，顶部含有薄砂岩层。层 3 为约 36.58m 厚的砂岩层，顶部具有强波峰，底部具有强波谷。层 4 相对较薄，约 76.2m 厚，主要为泥岩和粉砂岩与砂岩互层，具有连续、平行的反射特征。层 5 是泥岩为主的不含砂岩的块体搬运沉积层，具有杂乱反射和成层性差的反射特征（王秀娟等，2011）。随钻测井表明，井 B 在层 3 位置，总的砂岩厚度达 38.1m，不含泥岩。伽马测井曲线在该段为明显低值异常，电阻率在该层段为 2.0Ω·m，随后降低到背景电阻率。利用阿尔奇方程估算出天然气水合物饱和度为低-中等，占孔隙空间的 20%～40%。块体搬运沉积层呈振幅空白与弱反射，一般块体搬运沉积体内不含天然气水合物或含低饱和度的天然气水合物。

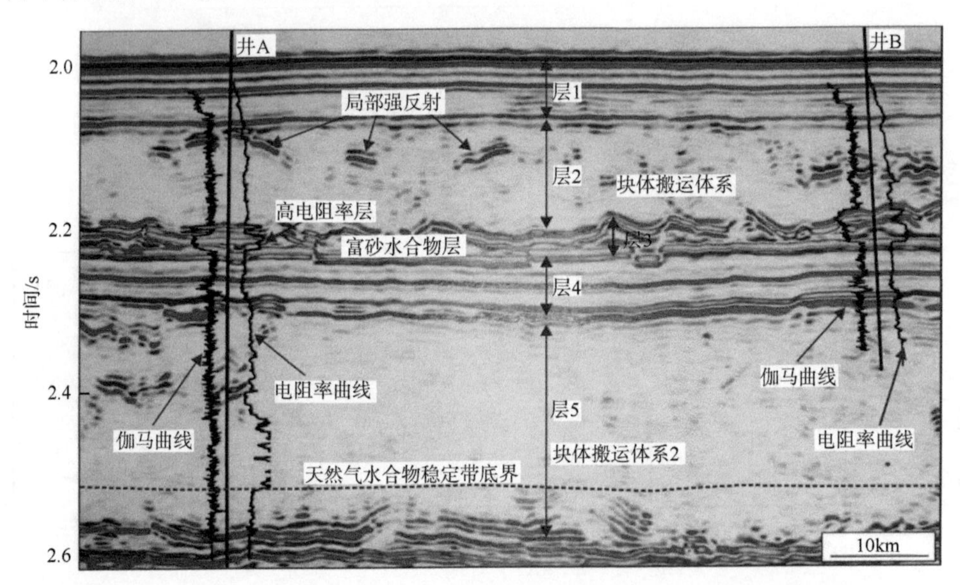

图 4-25　墨西哥湾 Diana 盆地块体搬运沉积发育区天然气水合物层响应特征

4.2.2　强振幅反射

4.2.2.1　BSR 上强振幅反射

BSR 上亮点和局部强振幅反射是天然气水合物存在的直接指示，但是形成强振幅反射的原因有多种，薄层内含高饱和度天然气水合物或者断层与裂隙系统都可能形成强振幅。在砂质储层与泥质粉砂储层，BSR 上局部与海底极性一致的强振幅反射被认为是相对高饱和度天然气水合物层造成的振幅异常［图 4-16（b）和图 4-17］。

在强流体渗漏区，天然气水合物稳定带内会出现局部强反射，该强反射极性与海底相同，岩芯分析表明，含有自生碳酸盐岩层并伴随着多种赋存形态的裂隙充填型天然气水合物，天然气水合物层呈上拱反射（图 4-26）。在南海北部琼东南盆地与台西南盆地均发现了该类型的强振幅反射，但是发现的裂隙充填型天然气水合物层地震响应并不相同，琼东南盆地天然气水合物位于多期次块体搬运沉积发育区，天然气水合物层呈明显上拱、弱振幅反射，无明显 BSR（图 2-24）；台西南盆地天然气水合物层呈局部上拱的丘状（mound）反射，该强反射与识别的弱 BSR 相连（图 2-24）。甲烷天然气水合物稳定带底界下部的地震反射也不同，琼东南盆地甲烷天然气水合物稳定带底界下部出现强振幅反射，极性与海底相同，而台西南盆地为弱振幅反射，呈明显的下拉反射，表明稳定带底界下部地层物性存在差异。

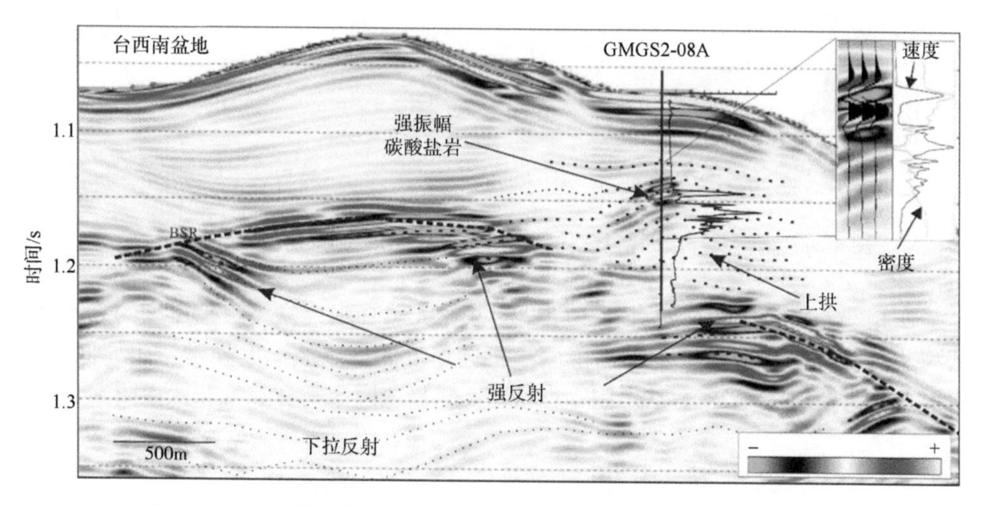

图 4-26　南海北部台西南盆地自生碳酸盐岩的强振幅地震反射特征

4.2.2.2　BSR下强振幅反射

BSR或天然气水合物稳定带底界下部出现局部强振幅反射，在天然气水合物赋存区比较常见，可能为含气层顶或者相对高渗透层，但是不同区域气体分布差异大，地层局部含气造成的强振幅可能呈不均匀分布。在主动大陆边缘，BSR 下部气层一般比较薄，为 20～30m 或者更薄，速度与饱和水层的纵波速度差不多或者略微低一些。在被动大陆边缘，BSR 下部气层要厚一些，能达几百米。在我国南海北部台西南盆地，BSR 下部发现了大规模的强振幅反射，钻探发现，该强振幅反射与地层含气有关（图 4-27）。该位置位于一个海底碳酸盐丘附近，从解释海底地层的水深看，在海底存在一个凸起，钻探取芯证实在 GMGS2-09B 井发现了天然气水合物，在海底以下不同深度地层内钻探到天然气水合物（Yang et al., 2014）。

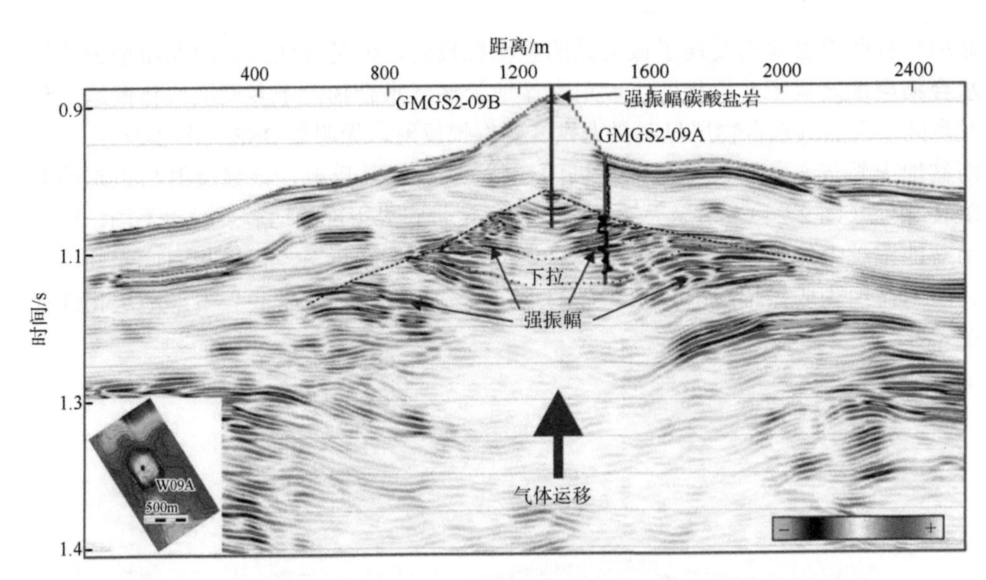

图 4-27　南海北部台西南盆地过 GMGS2-09 井强振幅反射的地震响应特征

在相邻 GMGS2-09A 井进行了随钻测井，天然气水合物稳定带厚度约为 58m。从测井资料看，在该深度下部出现两个不同厚度的低纵波速度异常，明显低于饱和水纵波速度（图 4-28），从电阻率曲线看，测量电阻率与计算饱和水电阻率相近，

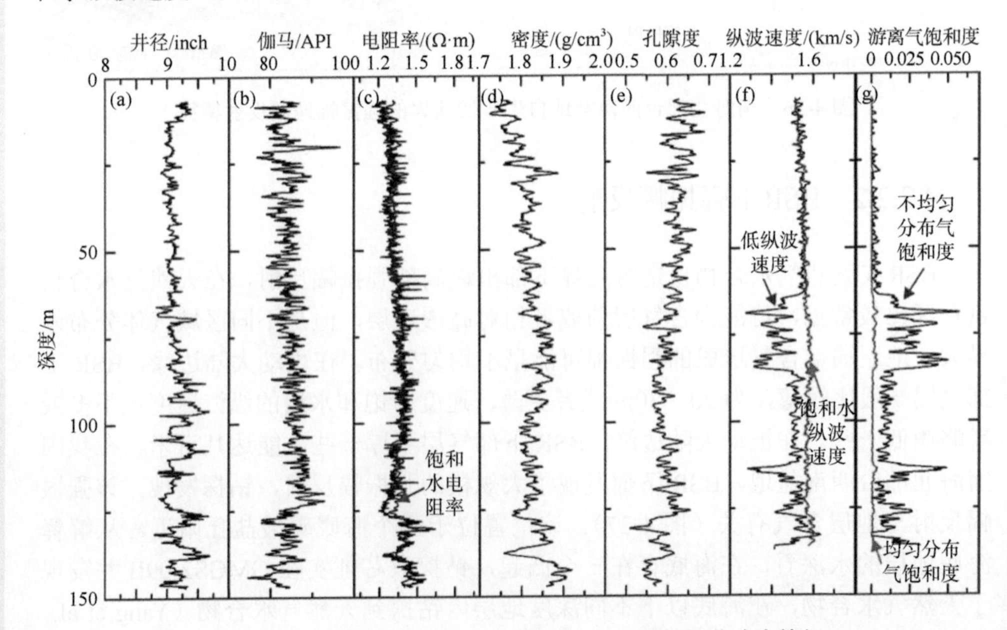

图 4-28　南海北部台西南盆地 GMGS2-09A 井的测井响应特征

仅在局部薄层（厘米尺度）出现异常高值，由于缺乏岩芯资料，很难确定该异常是薄层天然气水合物造成的。在出现明显低纵波速度异常层，电阻率并没有出现含气或者天然气水合物的高电阻率异常，但地震剖面出现明显下拉现象，指示地层含气。从合成记录看，利用速度与密度测井、地震子波生成的合成记录与地震资料吻合较好（Wang X J et al.，2018）。因此，我们认为该区域出现强振幅反射是地层含有游离气造成的。

4.2.3 地震烟囱与空白反射

垂向或近似垂向地震振幅降低常常被解释为流体或气流向上渗漏，在很多区域发现与高饱和度天然气水合物有关，地震剖面上呈现明显上拱、弱振幅或空白反射，类似烟囱状，这种反射常常被认为是冷泉系统的指示（Riedel et al.，2010）。这种烟囱状与指示流体渗漏的气烟囱略微不同，地震烟囱反射一般起源于天然气水合物稳定带底界或者 BSR（图 4-29），但是并不一定都到达海底，一般宽度小于深度，但是都与深部隆起密切相关。在韩国东海郁陵盆地、日本海东部边缘上越盆地、中国南海北部等多个海域钻探发现了该地震反射与高富集天然气水合物有关（Ryu et al.，2009；Horozal et al.，2009；Matsumoto et al.，2017；Ye et al.，2019）。

韩国郁陵盆地研究发现，存在两种类型的地震烟囱。一种类型呈杂乱反射的丘状特征，与周围地层相比振幅降低，能看到细微反射间断，地层出现上拱，地层从较好的成层性变为杂乱，岩性为相对均匀泥岩。大量统计结果表明，呈丘状

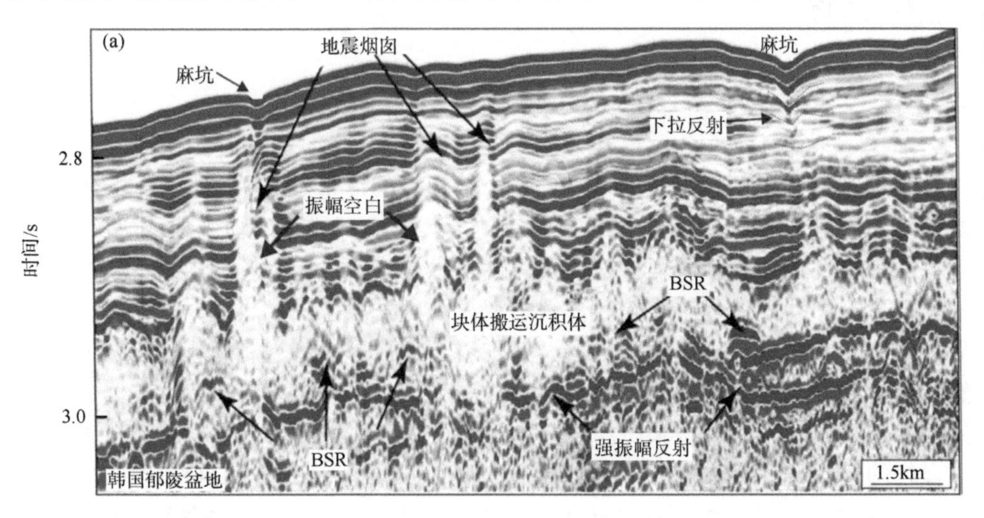

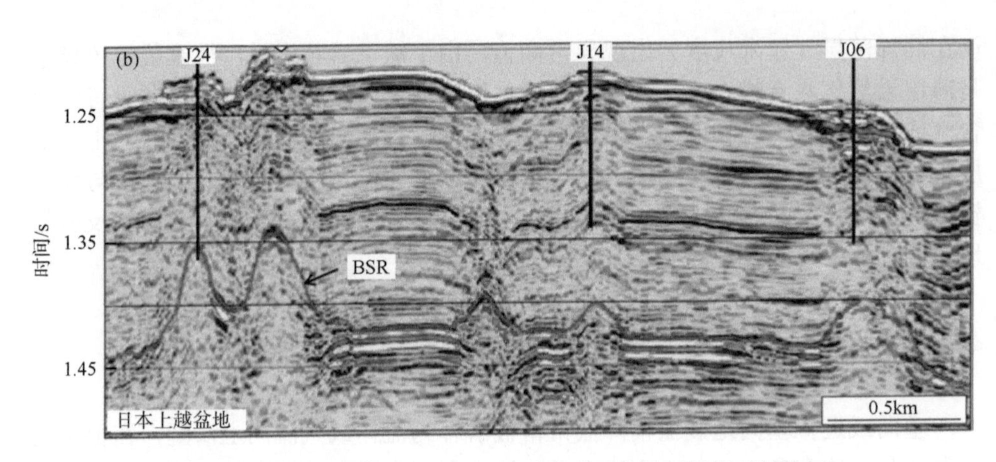

图 4-29　韩国郁陵盆地与日本上越盆地发现的地震烟囱反射特征

（Horozal et al.，2009；Matsumoto et al.，2017）

形态的烟囱其宽度大于高度，平面上呈椭圆状，其形成可能与下部沉积物再活化有关。在块状、球状等高饱和度天然气水合物发育区，多为呈丘状形态的地震烟囱，垂向深度存在差异，有些到达海底，有些高度较小。海底形态差异也较大，有的形成海底麻坑，有的是丘状反射，而有些海底未受影响，烟囱体内会局部位置形成自生碳酸盐岩。另一种类型在大小、地震反射特征及其空间分布上都与第一种类型不同，呈管状特征终止在强反射层下部，该强反射可能为块状天然气水合物或自生碳酸盐岩。烟囱内呈垂向叠加的变形反射，宽度变化不大，平面呈圆形特征，岩性为泥砂互层或者砂质泥岩等，流体沿断层或裂隙向上运移，形成裂隙充填型天然气水合物。

4.2.4　天然气水合物丘

丘通常指高出相邻海底的结构，在大陆边缘的冷泉发育区较常见，指示了过去或者正在从下部地层向海底释放的流体，其形成可能是生物礁体或碳酸盐丘，也可能是下部泥质上涌。人们把由于天然气水合物形成和分解而形成的海底凸起的正地形，称为天然气水合物丘。很多泥火山内发现了大量块状、球状等肉眼可见的天然气水合物，海底泥火山与天然气水合物丘尽管都为海底正地形，但是天然气水合物丘形成多与超压、断层等强渗漏有关，也可能发育在底辟、隆起构造的上部，与化能生态系统和海洋酸化密切相关。目前多个海域发现了指示天然气水合物的丘状构造，如南极洲斯科舍海南部（Somoza et al.，2014）、墨西哥湾伍尔西（Woolsey）丘（Simonetti et al.，2013）、日本海东部边缘上越盆地（Nakajima et al.，2014)、哥斯达黎加海域等（Crutchley et al.，2014)。在哥斯达黎加海域丘状体下部发现了明显变浅的 BSR［图 4-30（a)]，这种丘状指示的天然气水合物富集程度明显与地震烟囱指示的天然气水合物不同（Crutchley et al.，2014)。在日本上越盆地，天然气水合物丘体旁边为海底麻坑［图 4-30（b)]，丘状体下方为呈明显上拱、弱反射的地震烟囱。BSR 在天然气水合物丘下部并不清楚，但大量钻探揭示该类型丘体内天然气水合物饱和度较高。

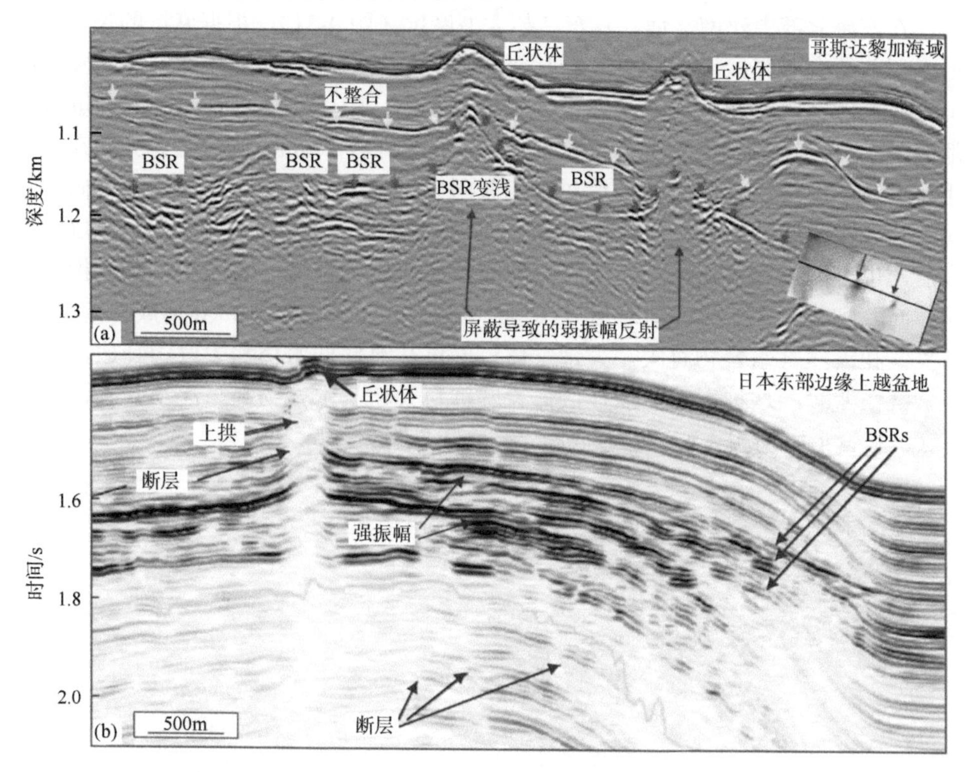

图 4-30 国际典型海域天然气水合物丘与 BSR 关系（Crutchley et al.，2014；Nakajima et al.，2014)

4.2.5 麻坑

4.2.5.1 麻坑类型及成因

麻坑是 King 和 MacLean（1970）为描述侧扫声呐上观测到的小亮点而引进的术语，这些呈火山口形态的凹陷地貌被称为麻坑，广泛分布在主动与被动大陆边缘陆坡与陆架 10～5000m 的深海环境，是流体或气体沿不同运移通道向上运移而形成的。麻坑有不同划分方法，利用平面上的形状可以划分为圆形、椭圆形、新月形、拉长形和不规则麻坑（Hovland et al.，2002；Chen et al.，2015），按照分布特征分为孤立麻坑、链状麻坑和麻坑群，按照长宽比分为圆形、椭圆形和拉长形麻坑，按照直径分为小型、正常、大型和巨型麻坑（Robin and Pilcher，2007；Sun et al.，2011），按照垂向充填方式分为堆叠麻坑、推进型麻坑、嵌套型麻坑和基底环形坑（Ho et al.，2018）。

在南海北部中建南盆地，发育了超大型麻坑（图 4-31），根据麻坑的长宽比和形态，并结合研究区麻坑特有的特征将中建海域的麻坑分为圆形麻坑、椭圆形麻坑、拉长形麻坑、新月形麻坑和复合型麻坑 5 类。中建海域发育的圆形麻坑规模都较大，直径为 1500～2100m。中部最深，最深可达 170m。麻坑主要分布在地形相对平缓的区域，呈近南北向展布，东西向为短轴方向，南北向为长轴方向；相对于圆形麻坑规模较小，麻坑中部最深，最深可达 120m，向两侧变浅。麻坑在形成后，也可能在底流、地震、海底滑坡等地质作用下被进一步改造，麻坑指示了流体向海底释放而形成的地貌信号（Judd and Hovland，2007），其形成与溶解气、游离气和天然气水合物有关。大量气体沿麻坑从海底向水体和大气中释放，可能影响气候变暖，这种影响可能被低估。麻坑与天然气水合物都与深水基础设施和海底沉积变形密切相关，影响海底稳定性，可能触发海啸。

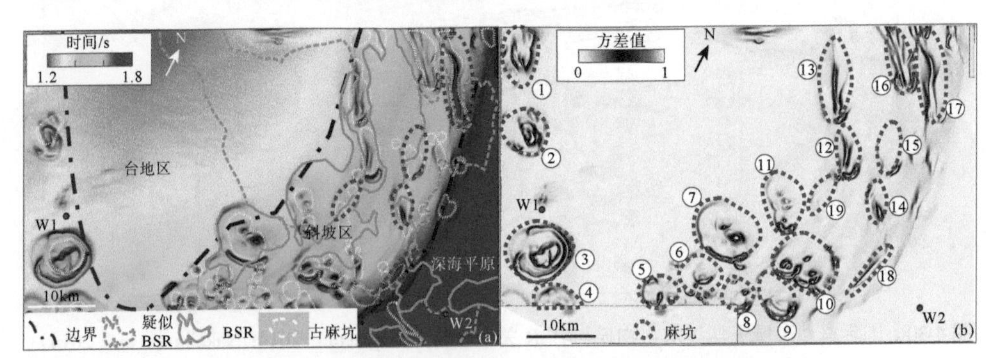

图 4-31　南海西部中建南盆地发育的不同类型海底麻坑

序号代表不同麻坑

麻坑形成原因可能有多种（图 4-32），一种被定义为海底火山口，与流体渗漏有关，呈圆形或者近似圆形的对称凹陷，在地震剖面上能看到侵蚀，活动停止时充填沉积物，一般与烟囱或者管状通道相连，如在尼日尔三角洲发现的麻坑，该麻坑比较常见。另一种是复杂、不规则的海底形态，边缘由一圈环形凹槽，外围区倾角较大，该类型麻坑在海底变形处，地震剖面上呈强振幅杂乱反射，与块状天然气水合物有关，与经典麻坑不同，该类型麻坑与垂向烟囱无关，是由于天然气水合物形成或者分解而形成，气体动态流入与流出是控制天然气水合物形成和麻坑演化的主要控制因素，由天然气水合物快速和幕式生成及天然气水合物溶解控制，与块状天然气水合物形成有关（Sultan et al.，2010，2014）。在岩浆或者构造活动区域，深部岩浆活动，导致断层活化，热流体沿断层向上运移导致局部天然气水合物分解，形成海底麻坑（Zhang et al.，2022）。在天然气水合物稳定带下方存在较厚细粒泥质沉积物，在区域温度变化下，形成大量多边形断层，晚期构

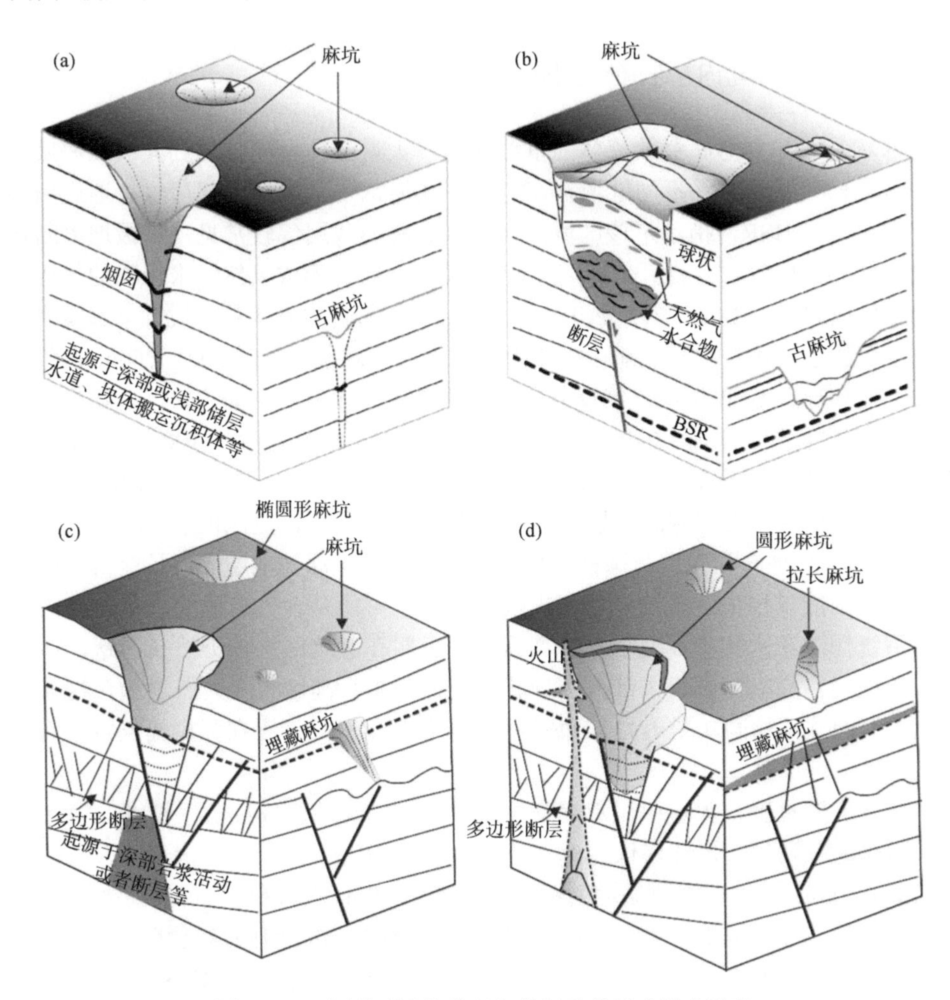

图 4-32　不同类型麻坑的几何特征及其形成影响因素

（a）呈圆形凹陷与气烟囱有关的麻坑，（b）与天然气水合物形成有关的不规则或扰动凹陷，（c）圆形麻坑形成与深部断层或岩浆活动有关，（d）多期次火山或断层活动导致麻坑多次活动或者叠置麻坑

造活动或者海平面变化等导致天然气水合物发生分解，局部强烈岩浆活动到达海底，形成海底火山，带来的热流体影响天然气水合物分布。当流体穿透下部有规律排列结构时可能也形成有规律排列的麻坑。大量研究表明，与经典麻坑不同，三维结构不规则麻坑与下部地层天然气水合物分解或者溶解有关（Sultan et al.，2010，2014）。麻坑常常与垂向地震振幅变化、正负地形变化等有关，这些异常表现为烟囱、管状通道、火山和断层等流体运移路径（图 4-32），流体向上渗漏形成海底麻坑。

4.2.5.2 麻坑内部特征与 BSR

麻坑是流体向海底释放流体的重要通道，大量流体可能释放到大气、海底或者形成天然气水合物，不同区域存在差异。在斯瓦尔巴群岛西部边缘，地震剖面上识别出大量 BSR，指示了该区域天然气水合物与浅层气较常见，是极地大陆边缘最北部的天然气水合物区，断层穿透 BSR 和海底，形成天然气水合物的气源主要为生物成因气（Bünz et al.，2012）。在 Vestnesa 脊部发育大量麻坑，下部发育天然气水合物层，在整个脊部都存在 BSR，距海底的双程旅行时 200～250ms，气体的向上运移导致 BSR 呈不连续反射。该麻坑是由气体喷发和细粒软沉积物内气体或孔隙流体释放形成的（Judd and Hovland，2007），气层厚度为 100～150ms，位于 BSR 下部强振幅反射层，烟囱体相互之间在横向上并不连通。由于 BSR 下部含气层的屏蔽效应，很难判断气烟囱是起源于 BSR 还是下部更深地层，有些气烟囱在 BSR 下部呈现声学空白与圆柱形构造，可能起源于深部地层，但是空白也可能是烟囱内强能量损失造成的，局部出现强反射，可能是含气造成的。单波束回声测深系统探测在水体中发现了三个羽状流，表明在麻坑区气体仍然在活跃。活动流体的地震响应呈广阔、杂乱、圆顶状特征，与指示高饱和度天然气水合物富集的地震烟囱并不相同（图 4-33），烟囱内呈下拉反射，局部存在强振幅反射，而后者呈明显上拱反射。

在麻坑发育区，大量甲烷渗漏支撑着大范围的化能合成群落，精细的海底成像、海底地震勘探、水体成像和海底取样与观测指示了正在活动的流体渗漏。利用三维 P-Cable 采集地震数据道间距小，能产生 10m 空间网格，可以清晰地观测海底麻坑形态［图 4-34（a）］。麻坑表现为直径约为 50m 的圆形坑状，内部结构复杂，在坑内出现 6m 高脊状构造，均方根（root-mean-square，RMS）振幅显示，仅在脊部构造出现强振幅，而麻坑内最深处出现弱振幅［图 4-34（b）］。高分辨率三维地震资料显示，麻坑下部出现垂向上的声学透明反射和地震上的扰动反射。这些声学反射异常与气体沿烟囱向上对流有关，流体穿透天然气水合物层向水体

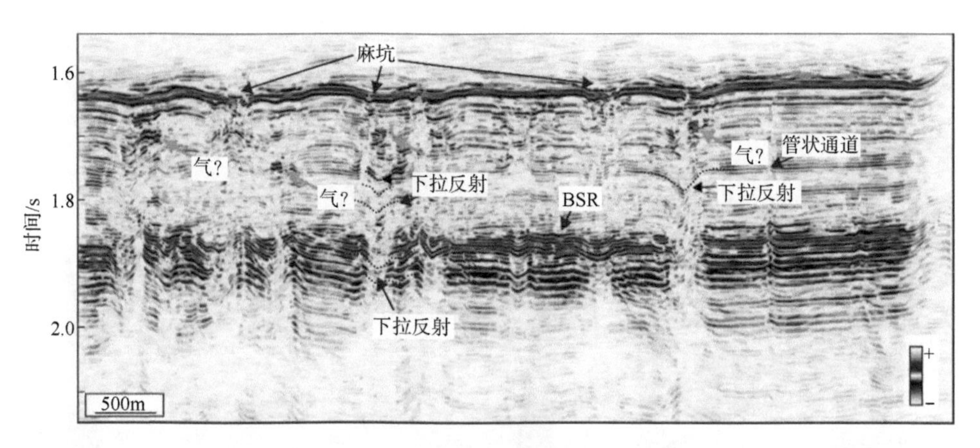

图 4-33 斯瓦尔巴群岛西部边缘过麻坑及烟囱的强流体渗漏结构的任意地震剖面
（Bünz et al.，2012）

渗漏［图 4-34（c）和（d）］，近海底碳酸盐岩层聚集在海底麻坑内，沉积物取样证实了这一认识。

高分辨率地震剖面给出了麻坑区详细的沉积层结构，地震相呈近似平行的连续相，强振幅反射对应粗粒层和含气层。在海底 15m 以下麻坑内呈强振幅杂乱地震相，无垂向烟囱反射，强反射杂乱相呈 V 形，与麻坑范围相似（图 4-35）。由于含气导致强声波衰减，难以观测到强振幅杂乱地震相底部沉积物内部的变形。CS22 处 9.27m 长的岩芯和地球物理数据表明，在 D40 层附近强反射与碳酸盐岩层有关，密度呈高值异常，达 2.0g/cm^3。在 6m 处识别出球状天然气水合物、裂隙和碳酸盐岩。块状天然气水合物与游离气在 V 形强振幅反射区共存，该 V 形反射区

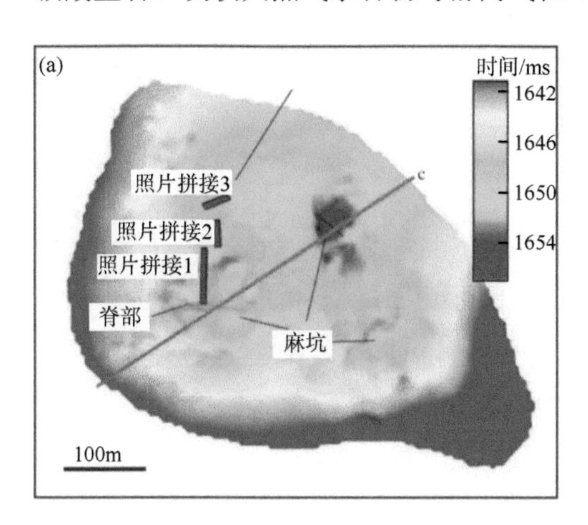

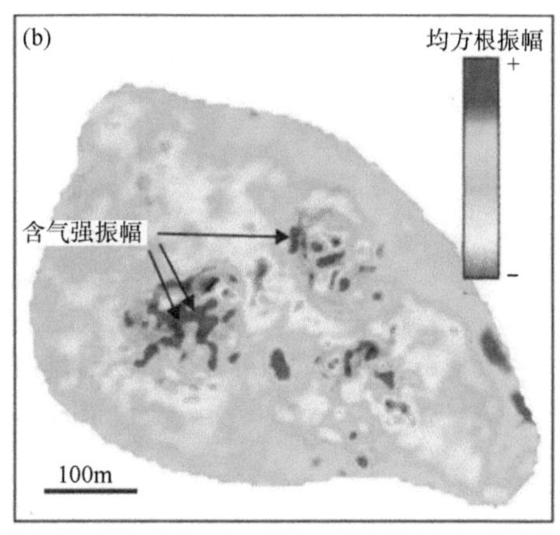

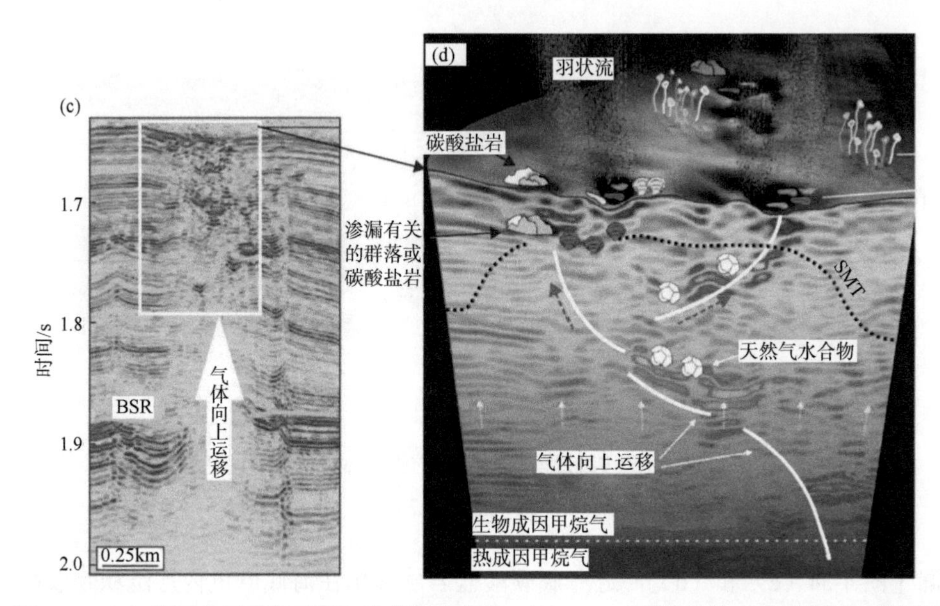

图 4-34 （a）斯瓦尔巴群岛西部海底麻坑地形图，（b）Lomvi 麻坑的均方根振幅图，紫色指示游离气的强振幅反射；（c）指示气烟囱构造的地震剖面，（d）放大麻坑与烟囱状构造剖面图，指示流体运移路径和渗漏有关的碳酸盐岩结核与生态群落（Panieri et al.，2017）

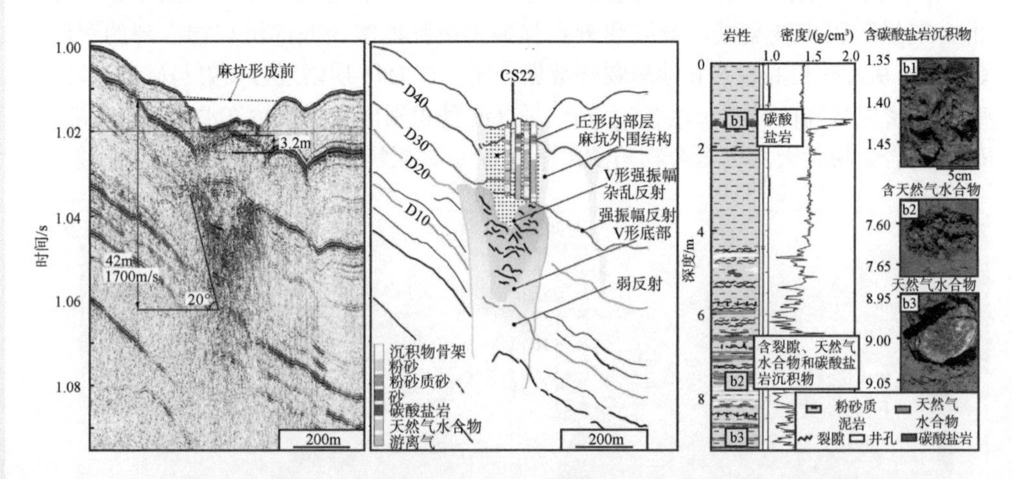

图 4-35 高分辨率二维地震资料清晰给出麻坑内部结构、取样及密度数据（Riboulot et al.，2016）

起源于深部粗粒沉积层，可能为暂时的游离气运移区。V 形反射区上部，大量天然气水合物使地层呈向上隆起反射。该麻坑与深部断层有关，气体沿断层向上运移，游离气一旦穿过天然气水合物稳定带底界就能在泥质地层垂直裂隙内形成天然气水合物。下方甲烷气体继续向上运移，当气体聚集超过上覆地层应力，就会裂开形成天然气水合物，随着压力增加，气体就会冲破裂隙充填型天然气水合物层，促使软沉积物中天然气水合物横向生长。因此，麻坑内天然气水合物具有非均质性。

4.2.5.3　麻坑形成与流体运移

流体运移对于麻坑的形成起着至关重要的作用，海底之下超压流体形成后，沿着有效的渗漏通道向浅部地层运移，为海底麻坑的形成提供有利条件，麻坑的形成演化与流体通道及海底地质构造密切相关。我国南海北部中建海域发育有多种形态的大型海底麻坑，同时，发育有断层、底辟、岩浆侵入等流体运移相关构造及天然气水合物藏。下面以中建南盆地为例，详细分析海底麻坑与天然气水合物、深部流体运移的耦合关系（Sun et al.，2011；Chen et al.，2015；Lu et al.，2021；Zhang et al.，2022）。通过对三维地震数据结合高精度地形的解析，应用地震相干切片和属性分析等技术，识别刻画本区 19 个具有不同几何形状的麻坑（图 4-31），呈圆形、椭圆形、新月形、拉长形或复合型等形态，在地震剖面上呈 V 形和 U 形结构，长短轴比率 1～7.8，比率较大的麻坑主要位于斜坡带周缘，麻坑发育区平均水深为 1400m（图 4-36）。

沿海底、T1 层位的相干时间切片以及地震综合解释，显示现今海底麻坑可以追溯到下方古麻坑发育地层，大部分麻坑具有明显的继承性且与断层明显的空间对应关系。海底巨型麻坑侧方或者侧后方地层广泛发育中等振幅，连续-不连续和平行反射特征的 BSR，局部 BSR 与海底麻坑通过断裂相连。上覆地层可见明显的强振幅反射异常，强振幅反射代表着大的波阻抗差界面，可指示岩性变化、气体或

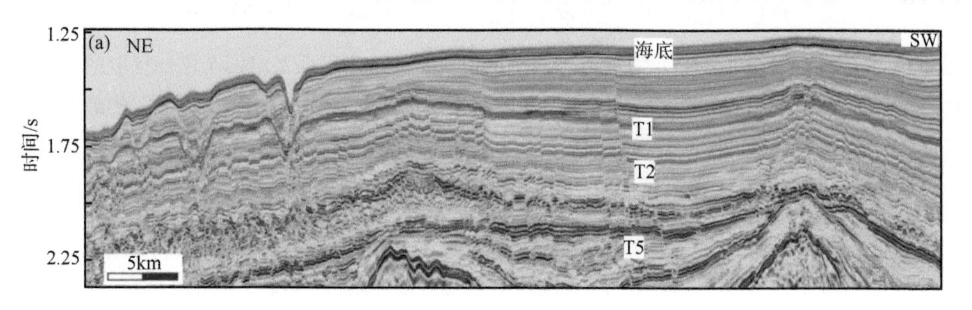

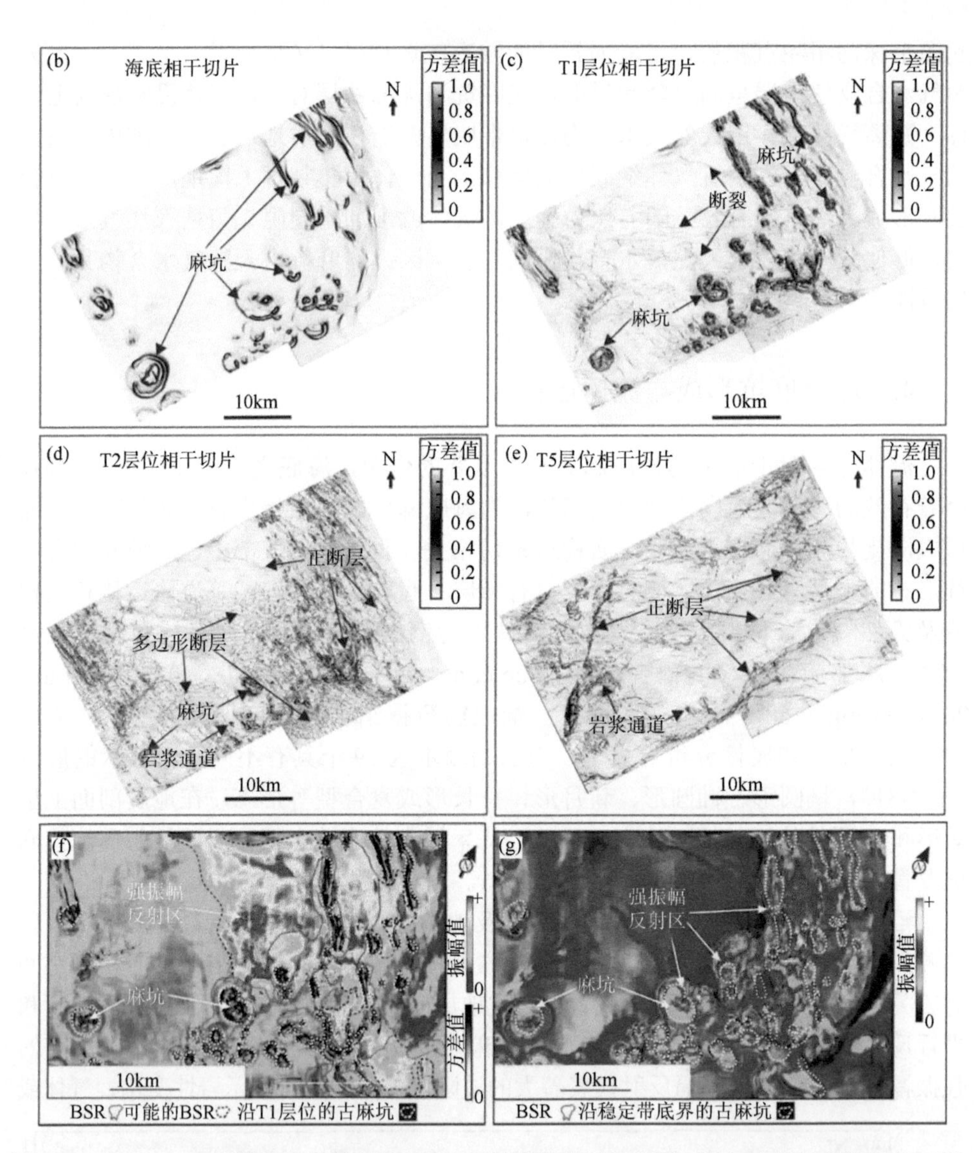

图 4-36 (a)～(e) 分别为显示海底以下四个层位位置的地震剖面及沿四个层位提取的相干切片，显示了研究区域内麻坑、多边形断层和断层系统的变化。(f) 沿 T1 层位提取的最大振幅属性叠合相干属性图，显示了强振幅反射、断层和麻坑之间的关系。(g) 沿天然气水合物稳定带底界提取的最大振幅属性图，可以清晰刻画强振幅反射的分布与麻坑的空间关系

流体等的聚集。沿天然气水合物稳定带底界和 T1 层位提取的最大振幅属性清楚地显示了该地区 BSR、麻坑和不同类型断层之间的关系［图 4-36（f）和（g）］。

地震相干属性与地震剖面立体叠合展示了中建南盆地流体迁移的通道，主要包括构造断层、多边形断层、岩浆活动以及麻坑等（图 4-37）。BSR 下部发育大量断层，向上终止于 BSR 或天然气水合物稳定带底界附近，可为天然气水合物成藏提供流体垂向运移通道。海底麻坑向下至 BSR 之间地层呈下拉地震反射特征，指示气体从深部地层向海底渗漏证据。流体运移通道可以为天然气水合物的生成提供气源，在天然气水合物成藏过程中起着关键作用，并在很大程度上影响着麻坑的分布与规模，并进一步控制了天然气水合物和麻坑的演化。

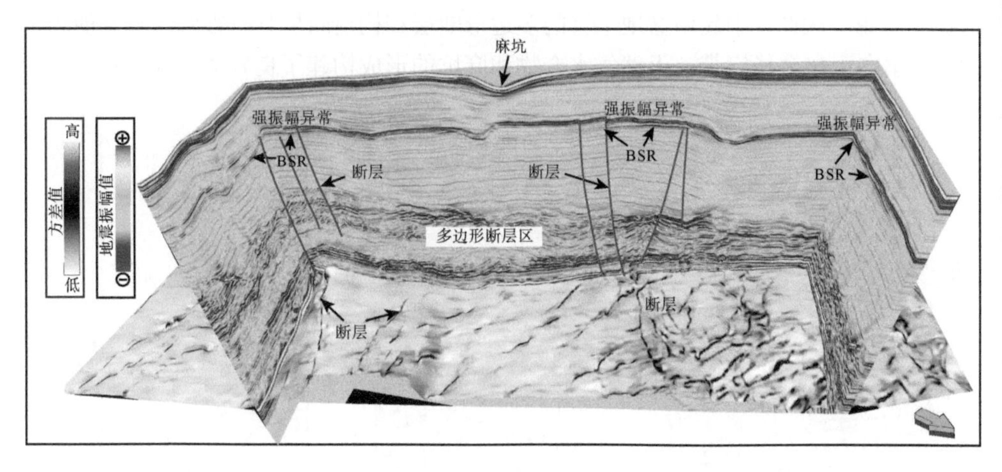

图 4-37　相干切片与地震剖面三维透视图展示了构造断层、多边形断层、BSR 和强振幅异常的空间关系

断层是深部天然气向上运移、聚集的重要通道，中建南盆地浅表层多边形断层和断陷期构造断层均对水合物聚集成藏起了重要作用。多边形断层不仅可以增加细粒沉积物的渗透性，还可以为烃类气体垂直迁移提供通道，如在刚果盆地（Gay et al.，2006）、挪威大陆边缘（Berndt et al.，2003；Hustoft et al.，2007）和加拿大东部大陆边缘的 Scotian 陆坡（Cullen et al.，2008）都发现多边形断层作为有利流体输运通道的案例。本区相对富集的天然气水合物层主要受断层控制，在断层的影响下，天然气水合物的饱和度较高。深部地层中的热成因气沿着断裂等流体通道向上运移至浅部，并在有利的储层中成藏；上部中新世泥岩地层中产生的生物成因气，也可以沿着这些通道和多边形断层迁移到较浅的沉积物中，这种混合气源更有助于天然气水合物在有利储层的累积成藏。中建南盆地麻坑及天然气

水合物层下伏地层发育大范围多边形断层，局部多边形断层切穿 BSR 发育地层。当断层切穿至天然气水合物稳定带位置时，该位置存在 BSR 反射，并且在断层发育密度越大，与深部断层连通的位置，BSR 反射越明显［图 4-38（a）］；若断层不能达到天然气水合物稳定带底界下部，则不存在 BSR 反射或者反射特征不明显［图 4-38（b）］。相对富集天然气水合物层同时受地层与断层控制，当天然气水合物层与稳定带底界重合时，BSR 较强且饱和度较高；当天然气水合物层与稳定带底界不重合时，BSR 相对较弱，但是由于断层沟通至 BSR 下部，BSR 仍较为连续，断层的发育密度与 BSR 的振幅强度直接相关。在隆起带斜坡区，由于隆升拱张应力更容易达到地层的破裂压力，在多边形断层和深大断裂发育的断裂体系上覆地层均存在 BSR。因此，中建南盆地丰富的多边形断层和构造断层具有很强的输导能力，为流体垂向运移至稳定带、天然气水合物和麻坑的形成构建了良好的疏导体系。

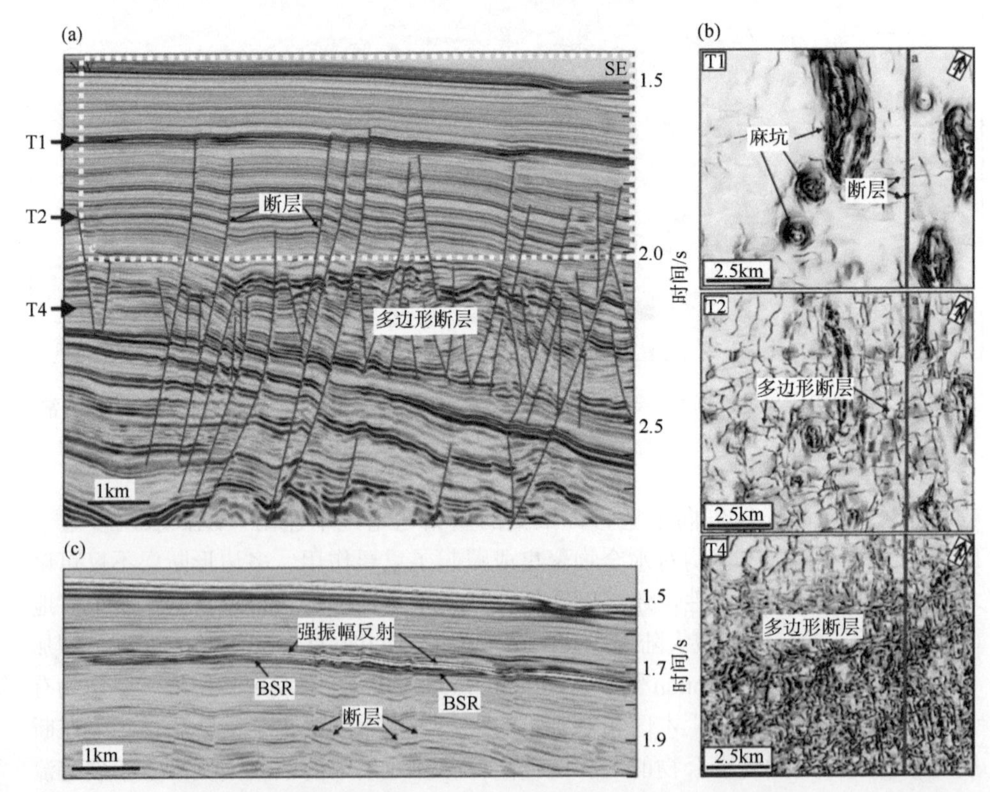

图 4-38 （a）中建南海域典型地震剖面显示构造断层、多边形断层与强振幅、BSR 的关系。（b）沿 T1、T2 和 T4 层位提取的相干切片，展示了多边形断层在不同深度的变化以及与麻坑的空间关系。（c）放大重新处理的地震剖面可以清晰地给出断层控制的 BSR、地震强振幅反射特征

受区域构造作用影响，中建南盆地裂陷期构造活动强烈，受控于 NE 向陆缘伸展为主的断裂体系以及 NW—NWW 向红河走滑断裂体系。两大构造体系的发育同时伴随较强且规模较大的岩浆活动，诱发火山喷发，形成大量的岩浆古隆起，并在走滑断裂作用下，古隆起区域发生强烈的走滑运动，产生多条 NW—NWW 向深大断裂。岩浆在古隆起带发育规模较大，岩浆通道的数量也较多，侵入岩浆是由于深部的熔体从基岩内部挤出，其向上侵入围岩引起沉积层发生变化。岩浆沿活动断层侵入上覆沉积层或喷出海底，导致断层区域沉积层发生上拱变形，形成岩浆侵入构造。基于高品质三维地震数据、方差以及频率等地球物理属性，可以对岩浆侵入构造进行识别和刻画（图 4-39）；在地震剖面表现为内部强振幅、杂乱反射带，地震同相轴表现出明显的上拱现象，侵入浅部地层的岩浆呈管状，与围岩截切接触关系明显。尤其在中部隆起区，上覆地层压力相对较小，深部岩浆的运移压力小，甚至能够直达海底，形成海底火山或海底塌陷构造。隆起拱张应力叠加 NW 向走滑剪切应力直接导致了浅表层构造的多样性。多次的岩浆隆升活动，

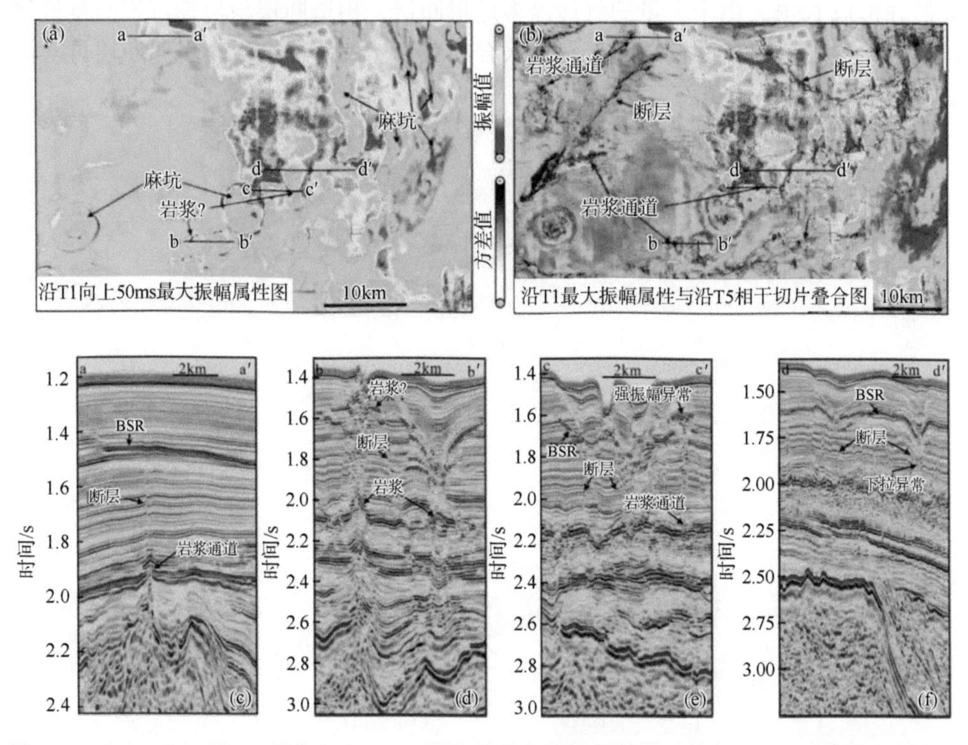

图 4-39 (a)、(b) 沿 T1 层位向上 50ms 提取的最大振幅属性图及其与沿 T5 层位提取的相干切片的叠合图，显示了强振幅反射和深部断层的分布。(c)～(f) 典型剖面展示了有关 BSR、断层、火山等的地震特征

导致周围地层温度升高以及压力减小，在深部大规模的岩浆活动等深部热作用的影响下，局部区域地温梯度明显高于周围地层，尤其在岩浆火山活动明显区域，这种深部热流体运移导致的温压环境变化还会触发浅部的天然气水合物分解，进而促进海底麻坑的发育。

中建南盆地麻坑的形成与断层、岩浆的活动等流体运移关系密切，深部流体的运移影响着海底麻坑的发育。深部流体沿着断层、裂隙、烟囱、底辟以及渗透性地层等疏导系统运移至海底，形成不同类型和规模的海底麻坑（图 4-40），影响本区麻坑发育的因素主要有以下几种：首先，受岩浆活动的影响，深部岩浆携带大量流体向海底逸散形成大规模的海底塌陷构造，周围地层受到岩浆活动上拱拉伸作用产生裂隙，当火山活动停止后地层冷却发生热沉降，火山口区域向下塌陷形成麻坑。其次，麻坑形成后进一步受到岩浆侵入或构造活动影响导致断层活化作用。流体沿下方多边形断层和深部断裂运移，大量流体气体向上运移形成气藏，并沿着浅表层多边形断裂等通道，继续向上运移至水合物稳定带底界附近，聚集成矿并形成 BSR。由于大量的气体沿多边形断层、构造断层与后期沉积的良好储层耦合，形成了饱和度较高的天然气水合物藏。然而，构造活动引起断层再次活

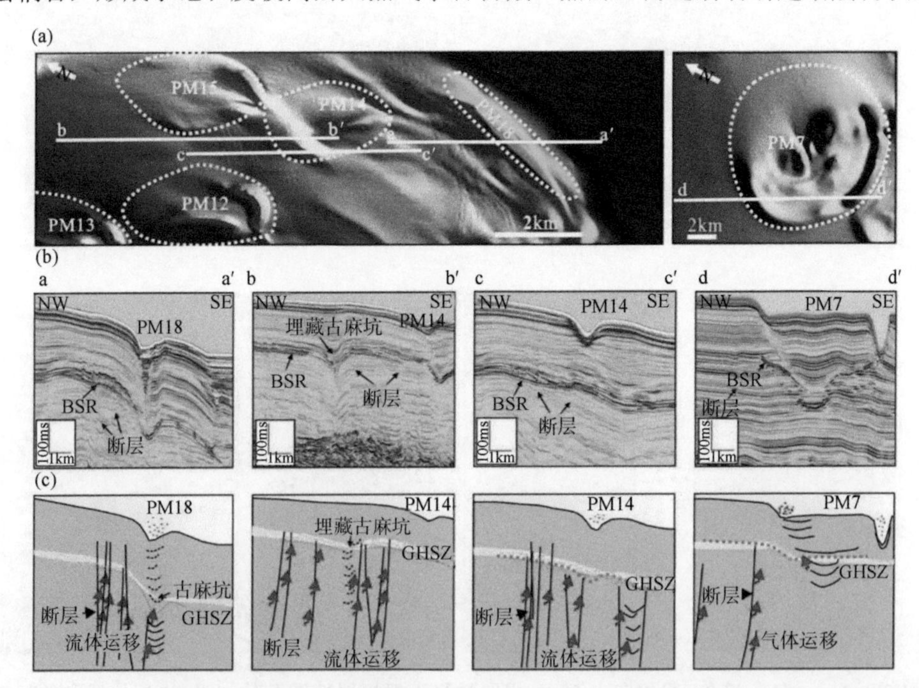

图 4-40 （a）我国南海中建南盆地高精度海底地形，（b）、（c）三维研究区典型麻坑的地震剖面和概念图，指示麻坑、断层和天然气水合物之间的关系

化，为深部流体运移打开通道，由于上覆泥岩地层的封堵，随着深部流体的进一步聚集，BSR上方地层孔隙压力不断累积，同时由于古麻坑处地层中的沉积物相对松散，游离气易在古麻坑内聚集，形成超压流体。随着深部流体继续供给，在流体作用下其侧壁变得松散并坍塌，在古麻坑基础上继续向成熟型麻坑演化。最后，热流体影响下的天然气水合物分解而触发后期麻坑改造（如PM7）。受晚期局部岩浆活动以及沿断裂运移的深部热流体影响，原有地层赋存天然气水合物的温度和压力等平衡条件被破坏，这将导致天然气水合物分解，在塌陷地层的内部还可以观察到塌陷和地层变形，在麻坑内部还可以看到强振幅反射。中建南海域多期次的岩浆活动造成强烈的热流体活动，发达的流体通道为海底麻坑的形成创造有利条件，深部地层中的流体也可沿着逸散通道运移至浅部地层，为海底麻坑提供丰富的流体来源，并为天然气水合物的分解提供热源，因此，岩浆活动和流体运移通道是控制麻坑发育的主控因素。

4.2.6 盐底辟或泥底辟

盐底辟与泥底辟或泥火山等与天然气水合物关系密切，发育在深水盆地，天然气水合物形成受稳定带底界控制，稳定带厚度与温度和压力有关，厚度达上千米。深水盆地广泛发育的盐底辟严重影响温度和压力场，进而影响天然气水合物稳定带底界（Ruppel et al.，2005）。但是盐底辟在影响天然气水合物稳定带底界的同时，又为深部烃类流体向上释放提供了有利运移通道，有利于天然气水合物成藏，如果底辟起源层为泥岩地层，则形成大量泥底辟。在我国东海（Xu et al.，2009）、南海北部的台西南盆地及马尼拉俯冲带（Hsu et al.，2017; Qian et al.，2017）、珠江口盆地及琼东南盆地、南海南部（Paganoni et al.，2018）、马克兰（Makran）增生楔（Zhang Z et al.，2020）、墨西哥湾（Portnov et al.，2020）、布莱克海台（Panieri et al.，2014）、非洲西部岸外以及尼日利亚陆缘等多个海域，天然气水合物富集带中均发现了与天然气水合物密切相关的盐底辟与泥底辟构造，在底辟周围发现活动冷泉系统，如布莱克海台底辟发育区（Panieri et al.，2014）。ODP 164航次在该区域进行了多口钻井，在海底以下100m地层发现了厚层低饱和度天然气水合物，在996井海底几米处发现了天然气水合物。富含甲烷流体渗漏到水体中和大范围的嗜甲烷菌的贻贝，在海底碳酸盐岩下发现了15cm厚的天然气水合物层（图4-41），指示了活动冷泉系统（Paull et al.，1996）。布莱克海台是一个典型的低通量、细粒沉积物天然气水合物发育区，但是局部区域仍存在高通量流体渗漏区，指示了天然气水合物空间分布的差异性与复杂性。

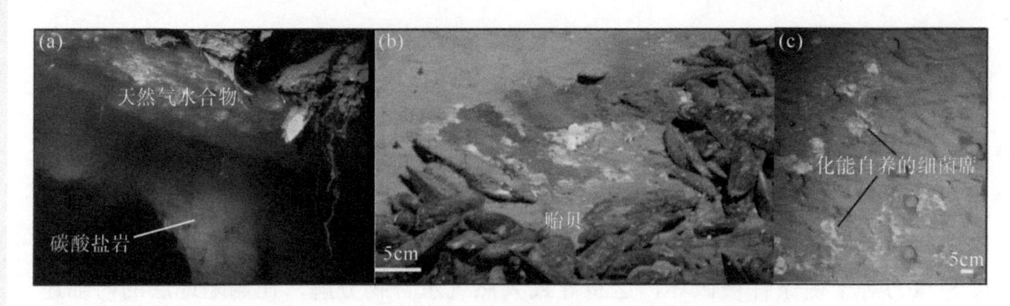

图 4-41　布莱克海台底辟区海底照片显示的活动冷泉系统

墨西哥湾是盐底辟广泛发育盆地，在格林峡谷高饱和度砂质天然气水合物储层下部发育的盐底辟构造与几个烃类气体构造圈闭有关，是墨西哥湾油气储层的重要组成（Diegel et al.，1995）。从三维地震资料看，一个高度为 6km 的盐底辟侵入到新生代沉积物地层，距离海底深度横向存在差异。在盐底辟上部地层，水道−天然堤沉积体系内出现了大量强振幅、杂乱反射 BSR 簇（图 4-42），大量正断层切割盐底辟上部砂质储层，强振幅出现在背斜构造顶部，分别沿两套强振幅反射 300ms 时窗提取均方根振幅，上部地层振幅分布范围广，而下部地层强振幅减少。上部地层位于天然气水合物稳定带附近，GC955 不同井孔测井指示该区域天然气水合物稳定带上部为砂质储层，饱和度达 80%。盐底辟不同演化阶段对天然气水合物成藏影响不同，在初始阶段，盐底辟携带热量会影响天然气水合物稳定带底界，导致天然气水合物稳定带底界出现上拱。随着气体不断聚集，底辟上部会形成断层，局部气体圈闭下来，随着温度和孔隙水盐度及其超压形成，底辟会影响到近海底，形成海底麻坑、冷泉系统等，在持续作用下底辟会刺穿到海底，下部天然气水合物稳定带被破坏。

南海北部珠江口盆地是我国天然气水合物的重要勘探区，包括白云凹陷、荔湾凹陷和云荔低隆起，其中白云凹陷是最大的沉积凹陷，发育了多个深水气田和含油气构造（如 LW3-1、LW13-1、BY6-1 和 BY7-1 等）。最近的研究表明，南海广泛发育裂后火山和火山复合体，火山岩的侵入或喷出过程会伴随着强烈的热量释放或流体运移。岩浆活动和深部超压流体的幕式释放是深部气垂向运移的重要驱动力。盆地内大量热流体是否与深部岩浆活动有关尚不清楚，但是从地震剖面上观测到大量断层起源于岩浆上部（图 4-43），在断层上部及其两侧形成强振幅反射，岩浆侵入到不同地层形成不同形态的岩席，岩浆侵入会引起地层变形，伴生着断层、气烟囱等活动，使气体从深部地层运移到天然气水合物稳定带底界，高通量流体运聚在天然气水合物稳定带上部，形成相对富集的天然气水合物。

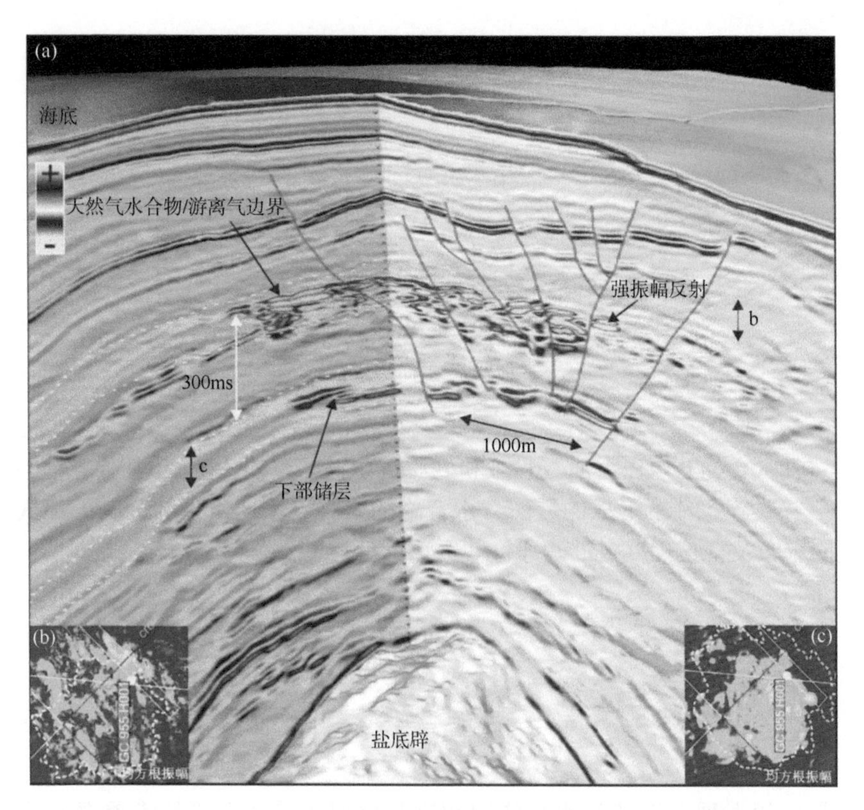

图 4-42　美国墨西哥湾盐底辟对天然气水合物形成与分布的影响

插入图为沿上下层 300ms 时窗提取的均方根振幅属性（Portnov et al.，2022）

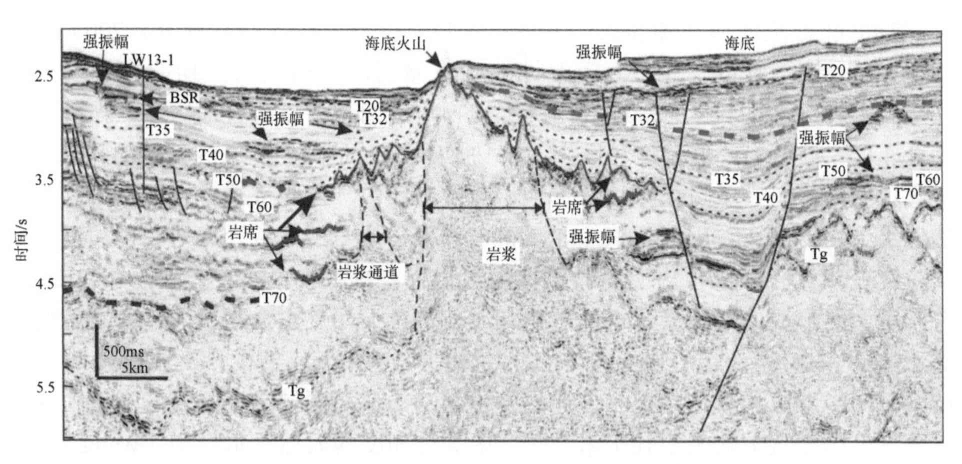

图 4-43　南海北部珠江口盆地岩浆、岩席、断层及 BSR 与振幅异常

第 5 章　孔隙充填型天然气水合物储层特性及定量评价

天然气水合物充填在泥质、粉砂和砂质沉积物颗粒的孔隙空间内，不同岩性、流体运移方式等条件下形成的天然气水合物的饱和度不同，精细刻画天然气水合物的空间分布及富集程度对准确评价其资源量具有重要意义。

5.1　孔隙充填型天然气水合物储层特性

5.1.1　天然气水合物层岩性与富集差异

大量钻探发现，天然气水合物饱和度与储层质量（主要是渗透率）关系密切，泥质储层天然气水合物饱和度较低，而砂质与粉砂质储层的饱和度逐渐增高，砂质储层天然气水合物饱和度一般在 60% 以上，天然气水合物均匀充填在沉积物的孔隙空间内（图 5-1）。例如，在日本南海海槽（Fujii et al.，2009）、墨西哥湾（Collett et al.，2012）等海域的砂质储层，天然气水合物的饱和度大于 50%，甚至高达 90%。而在细粒泥质沉积物中，如布莱克海台地区，天然气水合物分布广、厚度大，但是饱和度为 10% 左右，主要是因为泥质沉积物的孔隙内含有大量束缚水、少量自由水，尽管地层孔隙度较大，但是渗透率较低，不利于天然气水合物形成（Collett and Ladd，2000）。储层质量或者渗透率对粉砂质沉积物的粒度变化比较敏感，由于粉砂质储层多为细粒沉积物，粒度一般为 4～32μm，粉砂质储层形成的天然气水合物的饱和度较低，天然气水合物层的饱和度达到中等（30%～40%）的比较少见（Winters et al. ，2011）。南海北部的神狐海域是细粒沉积物中形成相对较高饱和度天然气水合物的典型区域，该区域的泥质粉砂储层发育了厚度从十几米至几十米不等、中等饱和度的天然气水合物（Wang et al.，2011）。天然气水合物是未来的新型战略能源，但是产气开采实验的数值模拟结果表明，以目前钻井技术为基础的开采条件下，能够实现砂质高饱和度天然气水合物储层开发，但是资源量巨大的低饱和度天然气水合物的开发却比较难（Moridis et al.，2011）。

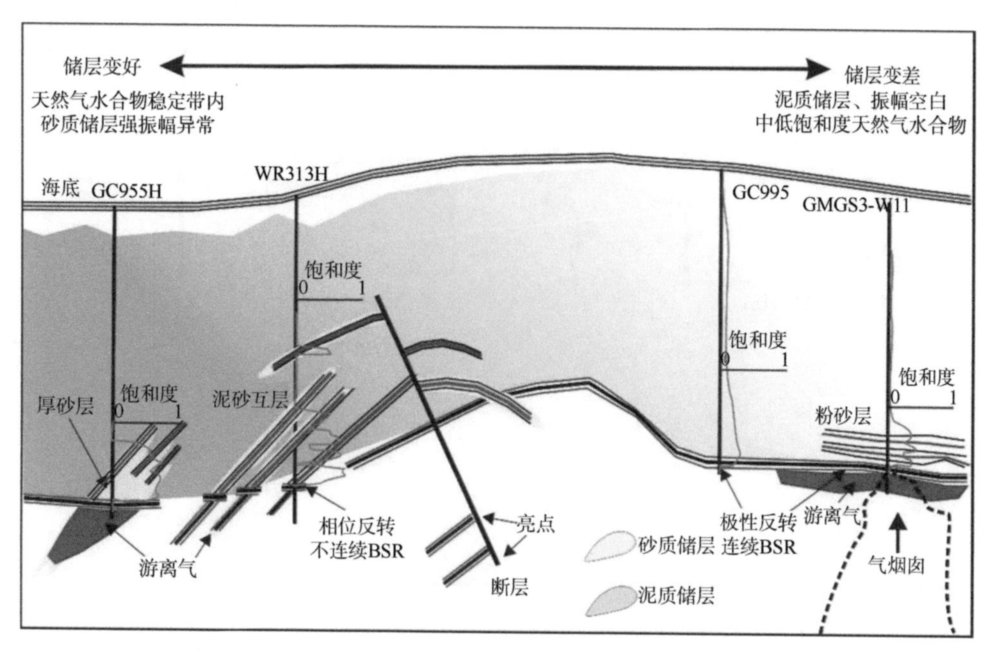

图 5-1 不同储层条件下含天然气水合物的地球物理响应差异及资源潜力示意

5.1.2 天然气水合物层地震识别

含天然气水合物与含游离气层会出现不同的地震振幅变化，当沉积物孔隙内含少量的天然气水合物时，不一定会影响沉积层的物理性质，但是大量天然气水合物一定会改变沉积层的物理性质（Waite et al.，2009），由于含天然气水合物层与正常地层会出现波阻抗差，地震振幅会发生变化（图 5-2）。通过假设不同的岩性组合来对比不同界面处的地震振幅变化，有利于天然气水合物层的识别。在相同成藏条件下，一般来说，砂质储层形成的天然气水合物饱和度较高时，在地震剖面上会出现极性与海底一致的强振幅反射，但是区分饱和水砂层与含天然气水合物的砂层比较复杂。浅部含砂地层与高孔隙度泥岩地层相邻时，会出现与含天然气水合物层相同的振幅变化，增加了天然气水合物的识别难度。

在国际多个区域发现了砂质高饱和度天然气水合物层，含天然气水合物层的地震振幅表现为强振幅反射，极性与海底相同（图 4-17 和图 4-18），在地震剖面

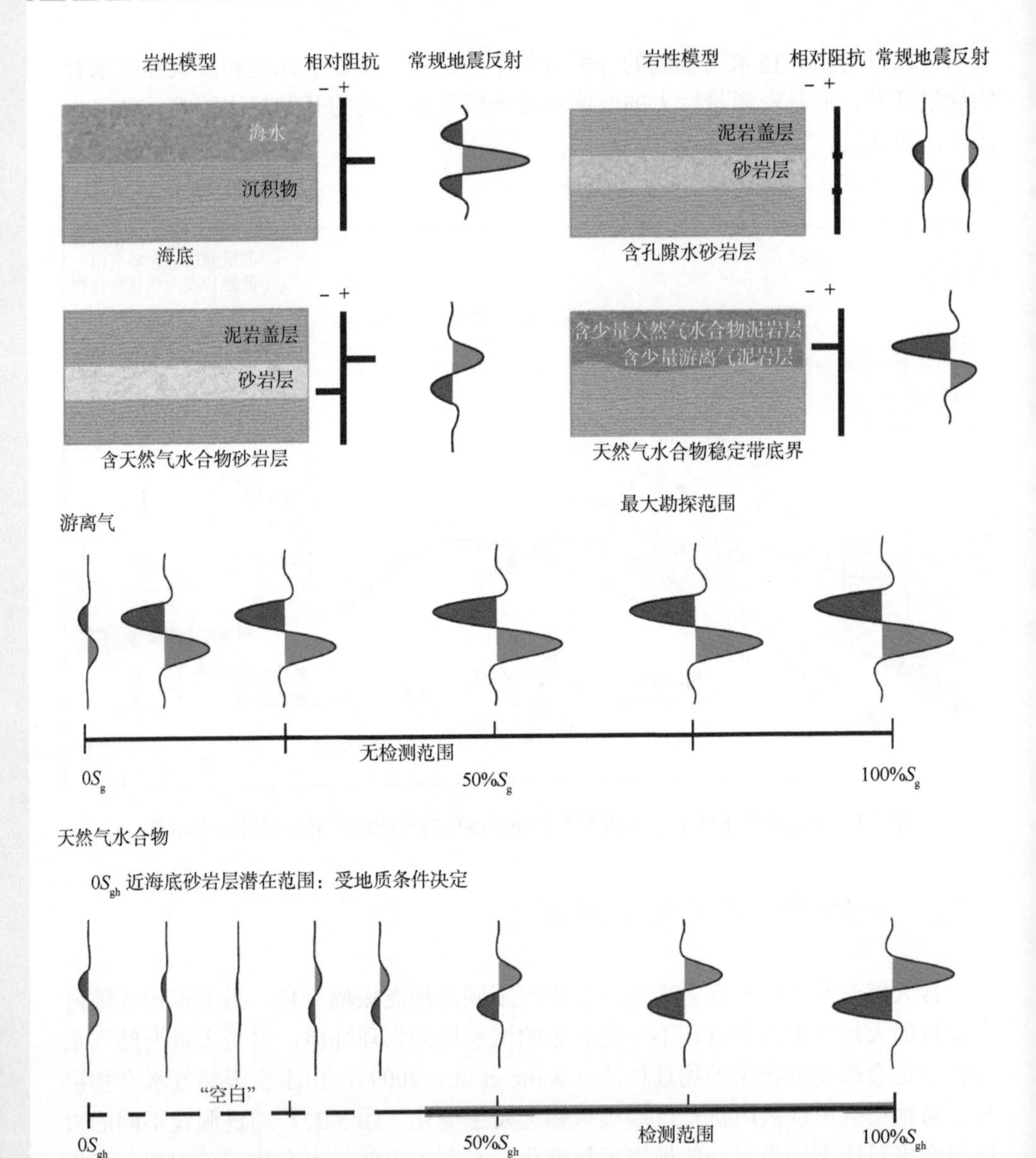

图 5-2　不同岩性组合界面处的相对波阻抗和地震响应差异的对比，含游离气和天然气水合物砂质储层的地震振幅随饱和度变化（0～100%）示意（Boswell et al.，2016）

上出现 BSR。BSR 可能为连续强反射，也可能为不连续 BSR，与储层岩性、天然气水合物分布等有关。研究也发现，对于砂质高饱和度天然气水合物层，如果下部地层不含游离气，含天然气水合物层在地震剖面上不一定出现极性反转，但是从含天然气水合物砂层过渡到饱和水砂层时，振幅会出现明显降低。

地层之间的纵波阻抗差与埋藏深度、压力和岩性有关，天然气水合物稳定带下部的砂质储层也常常产生与含游离气砂岩相同的地震振幅。地层含少量游离气时，地震振幅会发生明显变化，但是随着游离气饱和度增加，不同饱和度的含气砂岩产生的振幅响应基本相同，因此，地震振幅难以指示游离气饱和度变化。当地层含天然气水合物饱和度较低时，天然气水合物的形成略微改变沉积物储层物性，导致含天然气水合物层的地震振幅会出现空白反射。随着饱和度增加，地层的振幅变化与天然气水合物的饱和度成比例增加，饱和度越高，振幅变化越大。因此，能通过地震振幅变化估算天然气水合物饱和度。对于较厚的砂质储层，由于砂质沉积物中都形成了天然气水合物，如果砂质储层内天然气水合物饱和度较高且无明显差异，内部就不会出现明显的振幅异常，仅在含天然气水合物层顶部出现强振幅反射（图 5-1）。要在较厚的砂质储层都形成高富集的天然气水合物，首先需要充足的气源条件，研究发现仅靠生物成因气难以使较厚的砂质储层全部形成较高饱和度的天然气水合物层，主要受限于生物成因气的气量不足。而热成因气需要经过长距离搬运，从深部沿断层和气烟囱等通道运移到天然气水合物稳定带，因此只要具备有利疏导体系，深部气体能运移至砂质储层，就能形成富集的天然气水合物。

利用反射地震识别天然气水合物层时，不考虑调谐效应的影响，砂质储层中天然气水合物饱和度约为 40% 时，埋深较大的天然气水合物层会出现地震振幅异常增加（Boswell et al.，2016）。该类型的天然气水合物层可以通过地震勘探来识别，并通过振幅与饱和度间的关系进行定量预测，也可以利用地震反演获得含天然气水合物层的物性参数，再结合岩石物理模型来估算天然气水合物饱和度，准确识别天然气水合物层并进行钻前预测（Frye et al.，2012）。未来要实现天然气水合物商业化开发，更需要寻找砂质高饱和度的天然气水合物储层。

5.2 储层物性的纵波阻抗反演

BSR 是识别天然气水合物的一种重要的地震标志，无 BSR 也不一定没有天然气水合物，需要其他信息来圈定与定量计算天然气水合物饱和度。含天然气水合物层的纵波速度和横波速度会发生变化，但是变化存在差异。通过测井测量的纵波速度和横波速度与其他特性可以识别天然气水合物，而远离井孔位置天然气水合物的识别存在挑战。

反演技术能把地震与测井结合，分为叠后和叠前反演两大类，常用的反演方法有道积分、递推反演、约束稀疏脉冲反演、宽频反演、地质统计学反演、弹性反演、全波形反演和叠前同时反演等。道积分无需钻井控制，计算简单且实用性比较强，但是受地震固有频率的限制，分辨率低，无法满足薄层解释需要，而且地震记录是经过了子波零相位化处理过的，无法得到地层的绝对波阻抗和绝对速度，不能用于定量计算储层参数。递推反演是基于反射系数递推计算地层波阻抗的方法，得到与已知钻井最吻合的波阻抗信息，测井资料起到标定和质量控制的作用，不直接参与反演运算，其核心是通过地震资料正确估算地层反射系数，包括地层反褶积方法、稀疏脉冲反演和测井控制地震反演等。

5.2.1 稀疏脉冲反演

稀疏脉冲反演是以稀疏脉冲反褶积为基础的递推反演方法，假设地层反射系数由一系列叠加在高斯背景上的强轴组成，在此条件下估算地层强反射系数。其优点是不依赖于模型，无需大量钻井数据，直接由地震道计算波阻抗，是一种从勘探程度较低到较高阶段都比较适合的成熟技术。无论测井资料多少都可以应用这种方法，但测井资料太少，反演的精度会受到影响。该方法能够较好地体现地震资料的振幅、频率和相位等特征，但是噪声对反演结果有影响，反演结果的分辨率仍比较低，略高于地震资料的分辨率。其流程包括数据加载、工区建立、井震标定、子波提取、建立低频模型和约束稀疏脉冲反演（图 5-3）。由于地震数据是带限信号，缺乏低频和高频信息，需要利用测井或者区域速度等资料补充约束稀疏脉冲反演的低频趋势。目标函数表示为

$$F_{\text{obj}} = \sum (r_i)^p + \lambda^q \sum (d_i - s_i)^q \tag{5-1}$$

式中，i 为时间序列，r_i 为时间 i 时的反射系数，是声波阻抗的函数，d_i 为地震数据，s_i 为合成记录数据，q 和 p 为标准因子，p 和 q 默认的参数值分别为 0.9 和 2，λ 为权系数，用来控制不匹配范数之间的平衡。权系数 λ 值要使信噪比最大、井相关最大、地震残差最小和反射系数残差最小。

在约束稀疏脉冲反演中，输入数据包括叠加地震剖面、平均地震子波、内插的控制层位和内插得到的低频阻抗趋势，地震子波可以通过井旁道提取振幅子波，层位可以通过地震资料解释获得，有井区和无井区域的低频阻抗趋势内插方式略微不同。我们以南海北部台西南盆地为例，介绍有井与无井约束稀疏脉冲反演差异。

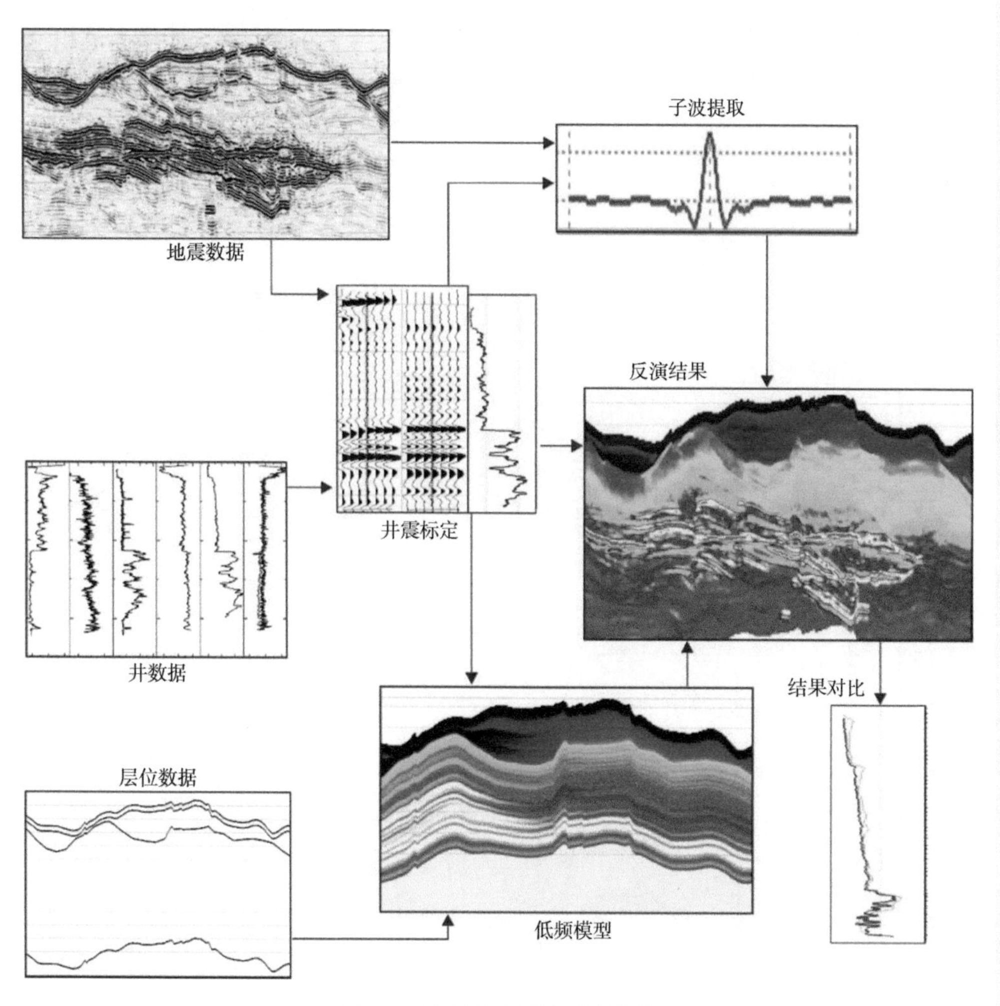

图 5-3　约束稀疏脉冲反演流程

5.2.1.1　无井约束稀疏脉冲反演

南海北部台西南盆地位于台湾岛西南海域，马尼拉俯冲带前缘，受 8Ma 以来弧陆碰撞的影响，构造变形较为强烈，局部发生基底隆升，海底滑坡、海底峡谷、底辟和活动断层发育，为天然气水合物的形成提供了有利地质条件。从地震剖面看，BSR 呈不同反射特征，在峡谷侧壁处，BSR 与地层斜交；在基底隆起上部，发育底辟或气烟囱构造，呈杂乱反射，该位置 BSR 比较清晰，但是分布不连续。海底呈侵蚀沟槽特征，但局部 BSR 并未受海底侵蚀影响，BSR 反射仍较为连续，可能是由于海底形态变化还未影响到天然气水合物稳定带的调整。而在高沉积速率堆积区，BSR 明显较少，表明该区域 BSR 受海底地形及其沉积过程影响较大（图 5-4）。

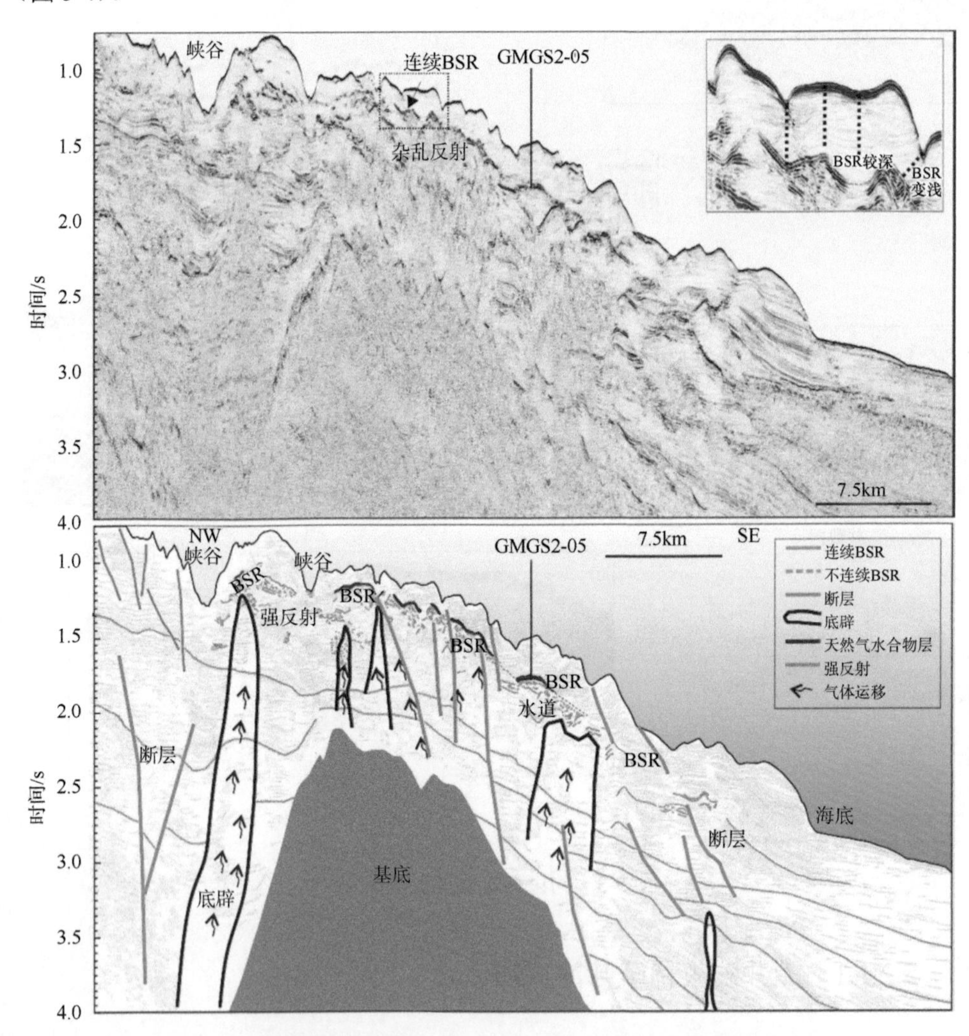

图 5-4　南海台西南盆地过 GMGS2-05 井的地震反射剖面及其解释

为了研究天然气水合物层特性，将地震资料处理获得的叠加速度转换成层速度，开展无井约束稀疏脉冲反演，局部区域的反演结果如图 5-5 所示。首先，通过叠加速度与层位内插获得低频纵波速度或者纵波阻抗模型，从速度模型看，受速度分析精度影响，局部存在明显高速异常，剖面上呈现团、块状特征，高纵波

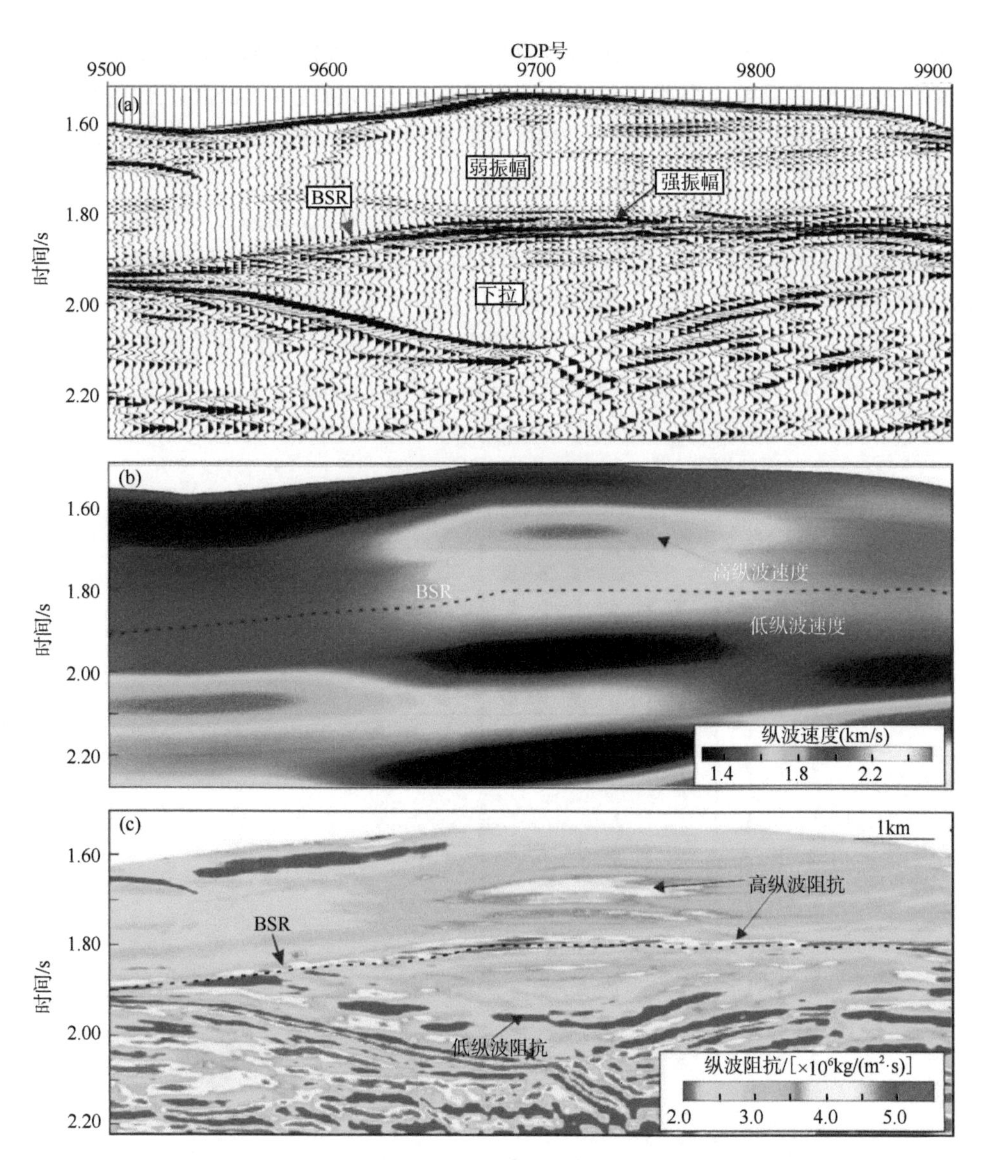

图 5-5　南海台西南盆地过 GMGS2-05 井地震剖面、纵波速度和约束稀疏脉冲反演的纵波阻抗剖面

速度层下部出现低纵波速度异常［图 5-5（b)］，该速度场影响反演结果，一般使用 2～3Hz 的低频速度趋势进行低频建模。在进行约束稀疏脉冲反演时，为了使信噪比最小，反演参数选择 λ=24、p=1 和 q=2，反演得到该测线的纵波阻抗［图 5-5（c)］。从地震剖面和反演结果看，BSR 上部出现高纵波阻抗异常，而靠近 BSR 上

部出现了强振幅反射，但是在高纵波阻抗异常位置，地震振幅并没有变强，而是呈略微变弱地震反射，很明显该反演结果受层速度影响较大。BSR 上部的高纵波阻抗异常与高纵波速度吻合较好，BSR 下部出现的低纵波阻抗与低纵波速度吻合较好，低纵波速度异常指示地层可能含有游离气。

2013 年，中国地质调查局在该区域 13 个位置进行了钻探，其中 GMGS2-05 井与该地震剖面距离较近。从测井资料看，在深度 200m 处出现明显高纵波阻抗异常，通过合成地震记录对比，该高速异常层恰好位于识别的 BSR 上部，从测井资料看，纵波阻抗明显大于上下地层的纵波阻抗（图 5-6）。我们利用测井获得的纵波速度和密度计算纵波阻抗，通过层位约束、井位内插建立了低频模型，并与地

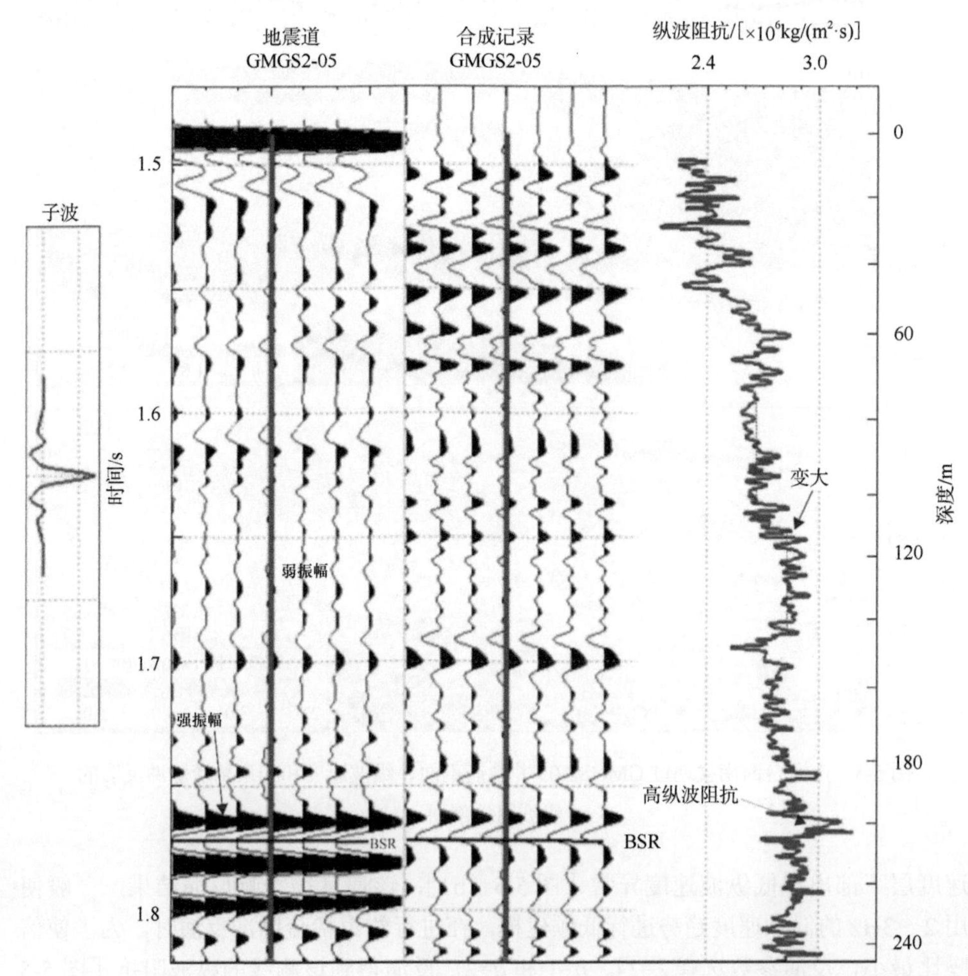

图 5-6　南海北部台西南盆地过 GMGS2-05 井的合成地震记录与地震剖面对比

震资料处理得到的纵波速度相比，测井计算的纵波阻抗明显低于层速度计算的纵波阻抗。利用测井资料建立的低频模型，BSR 上部高速层经过层位约束、井位内插，横向连续性较强（图 5-7）。从测井约束的反演结果看，在 BSR 上部出现高纵波阻抗异常，而 BSR 上部层速度出现高速度异常位置，利用测井约束稀疏脉冲反演的纵波阻抗并没有出现明显的高值异常。从图 5-5（c）与图 5-7（b）对比看，靠近 BSR 的高纵波阻抗异常层，两种速度模型反演的结果吻合较好，但是 BSR 上部地层差异大，主要是由于低频速度模型差异。因此，在无井反演时，低频速度模型受叠加速度影响较大，精确的速度模型对反演结果至关重要，当出现较大异常时，需要联合地质分析来判断异常值是否由天然气水合物造成。

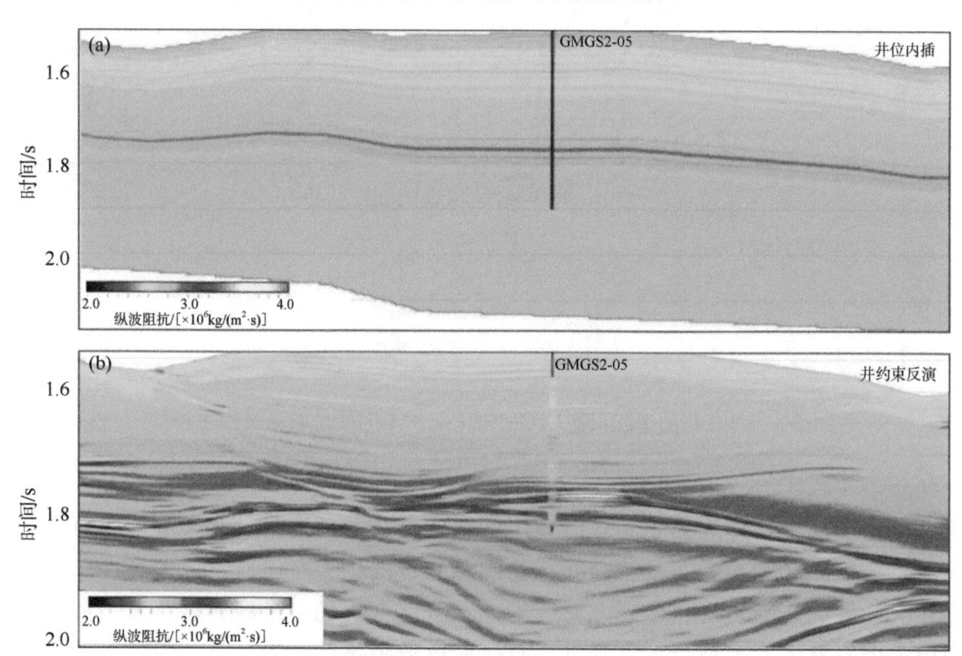

图 5-7　南海北部台西南盆地利用 GMGS2-05 井内插低频纵波阻抗和井约束反演的纵波阻抗

5.2.1.2　测井约束稀疏脉冲反演

勘探与钻探程度越高的区域，测井数量多，以测井为约束，反演的储层物性参数精度越高。对于沉积环境复杂区域，即使使用多口井的波阻抗，还需要再结合精细的地层层位来建立多井约束的低频模型，才能较好地反映储层的横向变化。

南海北部珠江口盆地天然气水合物钻探区所在区域发育了 19 条迁移峡谷、多期海底滑坡等，沉积环境复杂，储层横向变化大。针对这种复杂区域，通过精细层位解释，选择多个层位控制横向内插的低频模型。图 5-8 为 GMGS1 钻探区不同井位约束建立低频纵波速度/纵波阻抗模型，该趋势线能够反映纵波阻抗随深度变化的精确趋势。

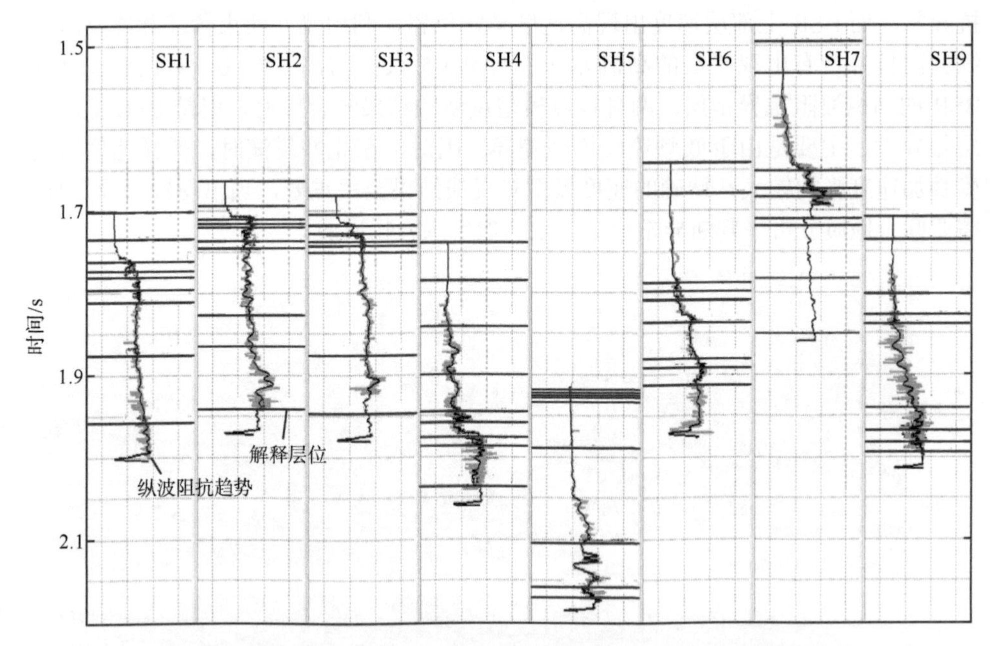

图 5-8　南海北部珠江口盆地 GMGS1 航次不同井位的纵波阻抗趋势

蓝色线为解释层位

以精细层位解释为约束，我们利用约束稀疏脉冲反演了过井三维地震数据的纵波阻抗剖面（图 5-9）。从不同井位的实测与反演结果对比看，反演纵波阻抗与测井上计算纵波阻抗吻合较好，黑线为天然气水合物稳定带底界，在天然气水合物稳定带底界上方出现高振幅异常，对应的纵波阻抗剖面为高纵波阻抗；而在天然气水合物稳定带底界下方，出现强反射和低纵波阻抗异常，与稳定带底界上方发育天然气水合物和下方发育游离气有关。

图 5-10 为反演的纵波阻抗（红色）与实测纵波阻抗（蓝色）在不同井位的对比，从对比看二者吻合较好。通过检查抽取伪井曲线与实测的纵波阻抗曲线进行对比，确保反演结果的可靠性，对测井频率进行滤波，使测井频带与地震频带范围保持一致。图 5-11 显示利用约束稀疏脉冲反演的纵波阻抗与测井计算的纵波阻抗在 80Hz 时基本吻合，反演的纵波阻抗分辨率还是低于测井结果，但是反演结果基本一致，利用该纵波阻抗能够识别天然气水合物。

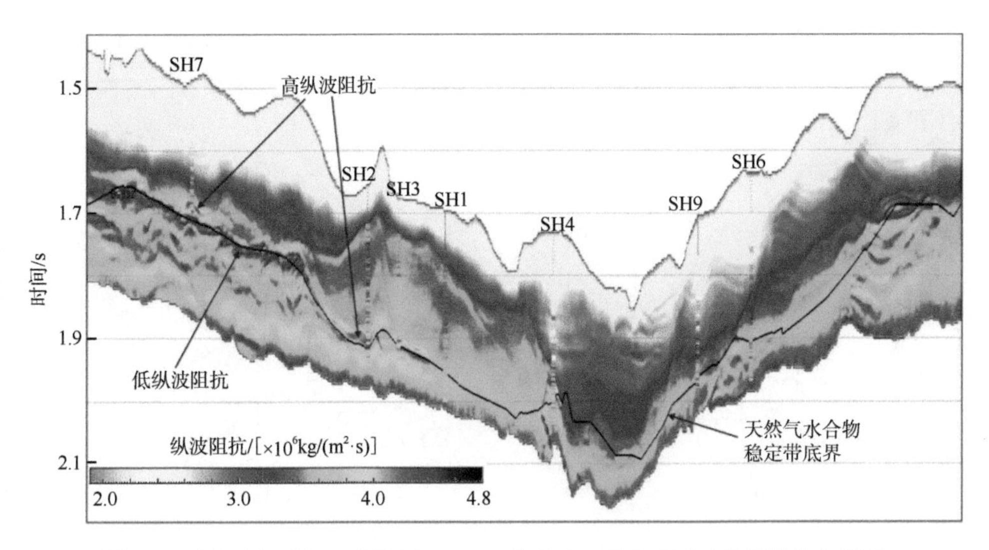

图 5-9　南海北部珠江口盆地过 GMGS1 航次多口井约束反演的纵波阻抗剖面

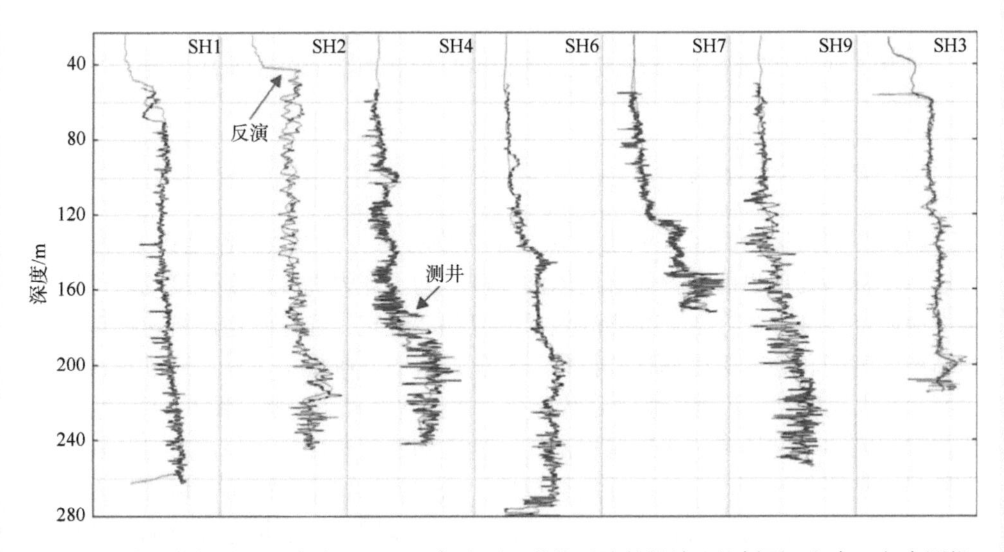

图 5-10　南海北部珠江口盆地 GMGS01 航次不同井位反演的纵波阻抗剖面（红色）与实测纵波阻抗对比（蓝色）

纵波阻抗含有丰富的岩性信息，可以识别岩性和碳氢化合物。除此之外，利用地震数据反演储层的纵波阻抗，再结合岩石物理模型，已经成功用于研究天然气水合物空间分布和定量估算天然气水合物饱和度等。

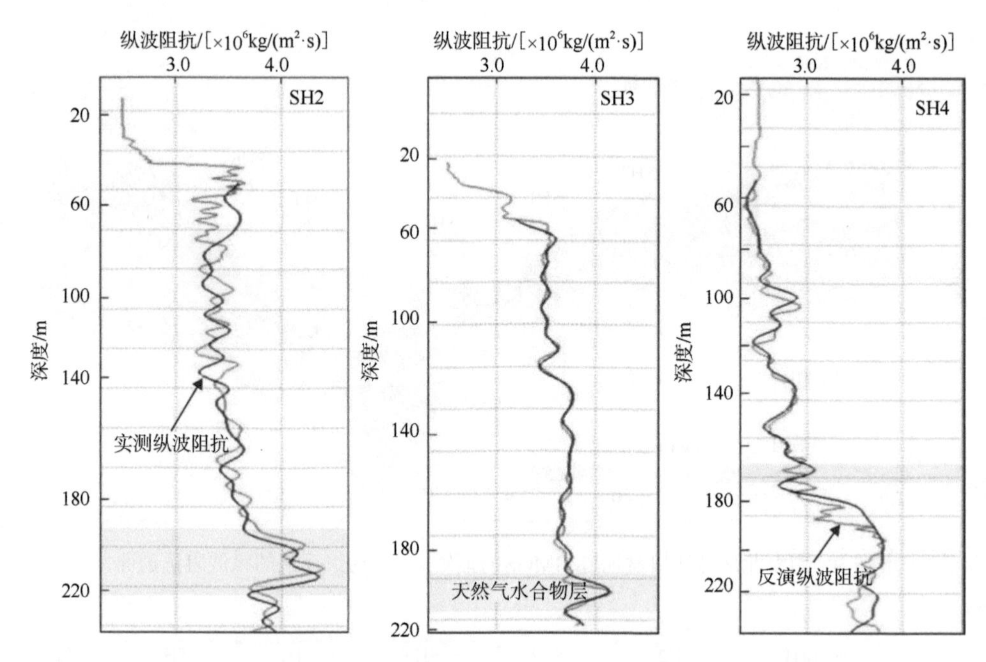

图 5-11　南海北部珠江口盆地反演纵波阻抗与实测的纵波阻抗（80Hz）对比

5.2.2　宽频无井反演

测井与地震联合反演能获得天然气水合物层的多种参数，但是在无井区域，通过地震资料处理也能获得储层的纵波速度。为了获得高分辨率速度场，可以把常规地震资料进行成像道集净化和叠前深度偏移处理，通过网格层析速度反演得到高精度速度和叠前深度偏移数据体，构建反演的低频模型，然后通过从浅部至深部，从大尺度到小尺度的多次迭代优化，主要包括以下步骤（图 5-12）：①利用叠前时间偏移速度场和年代地层框架模型建立初始的速度场，使用精确的初始速度模型提高迭代效率，确保速度的合理性。②在初始速度基础上开展目标点叠前深度偏移处理，自动拾取剩余深度差并进行高精度网格点层析速度反演，迭代更新速度场，获取精细层速度。③经多次迭代，针对浅层进一步优化速度，提高速度细节，最终获得研究区的高精度速度场信息，并进行偏移成像。

以高精度网格点层析速度为约束，开展宽频地震无井反演，能够获得相对高分辨率的纵波阻抗或者速度场信息来识别天然气水合物矿体，其核心是宽频地震处理与无井低频模型构建（图 5-13）。

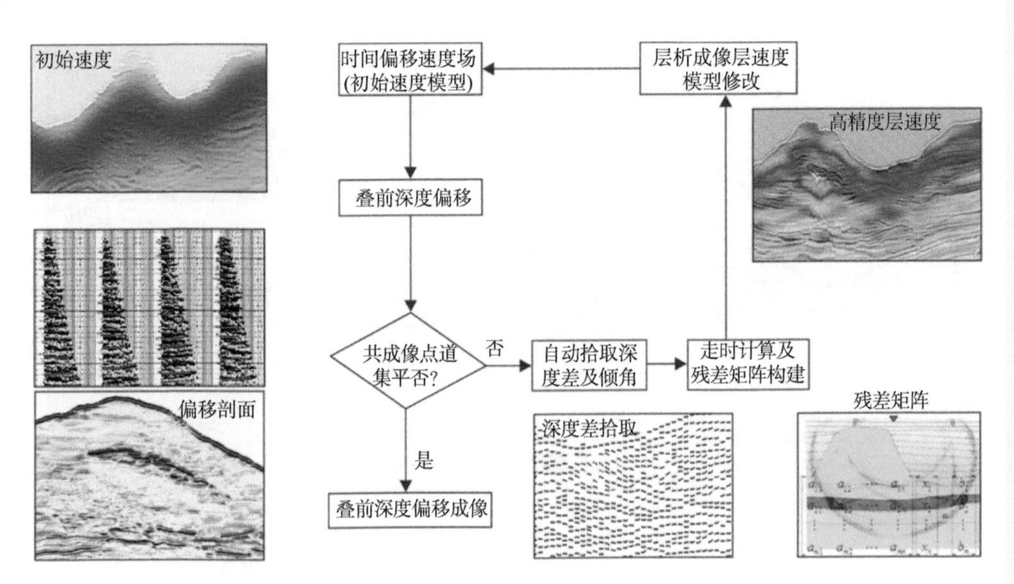

图 5-12 高精度网格层析速度反演流程

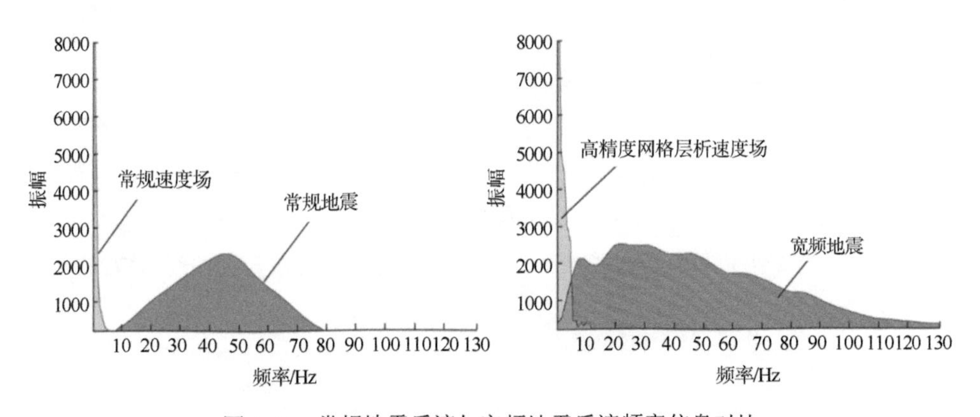

图 5-13 常规地震反演与宽频地震反演频率信息对比

通过对多次迭代后的高精度网格层析速度进行宽频地震处理，地震资料分辨率明显提高，在强反射天然气水合物层下部弱反射区域，清晰地刻画出多个天然气水合物层（图 5-14，椭圆区），同时精细刻画出天然气水合物层的空间分布（李元平等，2019；Yan et al.，2020）。而常规处理地震资料由于频带缺失，强反射层下部出现弱反射，难以确定天然气水合物层横向分布及其边界。通过高精度网格层析速度更新，提高地震速度场精度，利用该速度场建立低频模型，再利用约束稀疏脉冲反演，获得天然气水合物层纵波阻抗（图 5-14），能够在弱振幅区地层的横向上仍识别出明显的高值异常，指示了天然气水合物层的横向连续性。

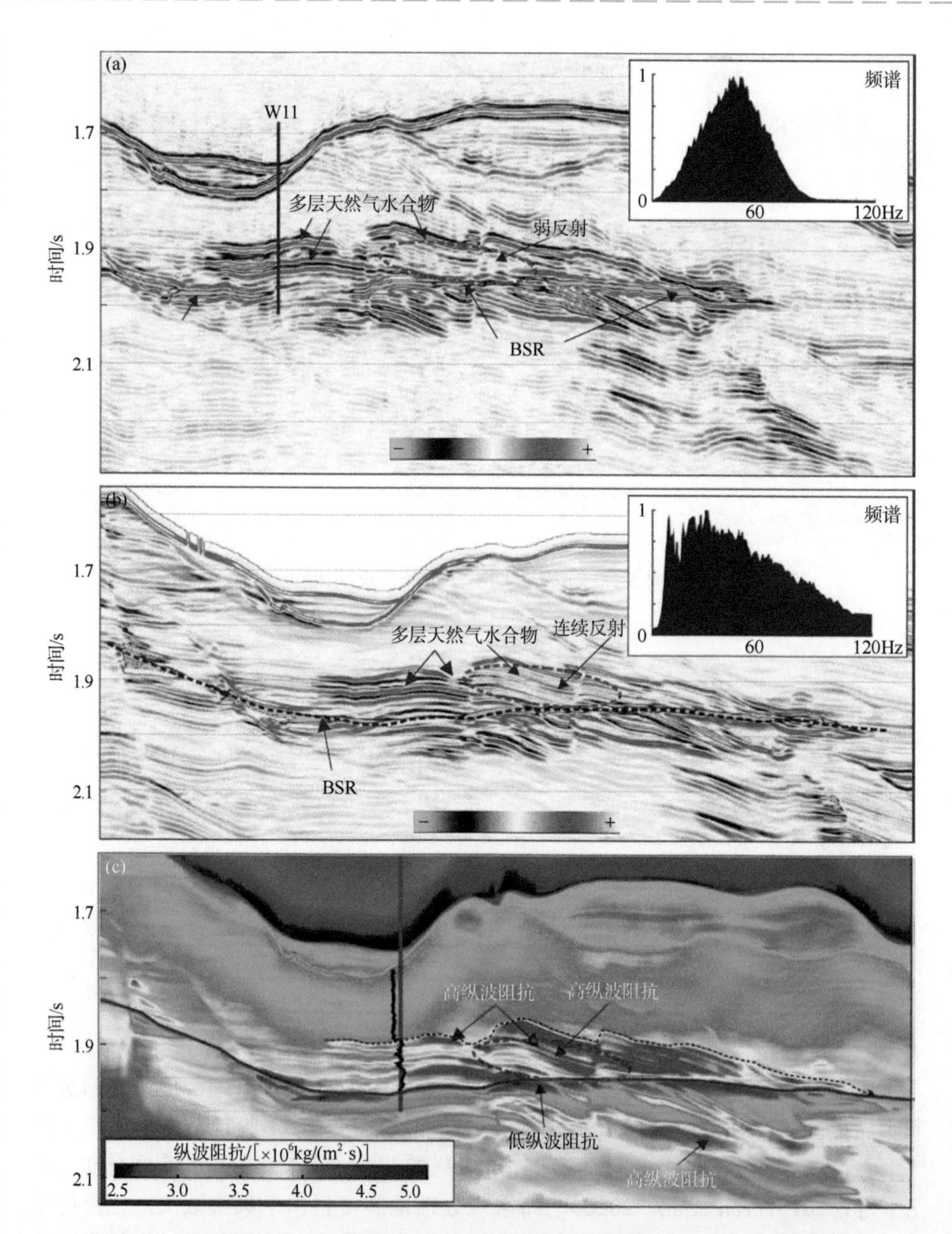

图 5-14　常规处理（a）与高精度网格层析速度迭代宽频重处理（b）地震剖面及其宽频反演纵波阻抗剖面（c）

5.3　电阻率与纵波阻抗反演储层物性及定量评价

利用测井获得纵波速度、电阻率等储层参数，结合不同岩石物理模型能准确估算天然气水合物饱和度，但是测井仅能指示井孔周围垂向上天然气水合物的分布，而横向上的分布仍需要借助地震资料，通过测井与地震联合反演得到含天然气水合物层的物性参数。

5.3.1　阿尔奇方程与纵波阻抗联合计算饱和度

与饱和水地层相比，含天然气水合物层的电阻率会增加，电阻率的增加与饱和度有关。对于孔隙充填型天然气水合物，天然气水合物均匀分布在沉积物孔隙空间，利用各向同性阿尔奇方程能够估算天然气水合物饱和度，在第 2 章中，我们详细给出了基于电阻率测井资料，利用各向同性电阻率模型计算天然气水合物饱和度的方法［式（2-78）～式（2-81）］。

我们以珠江口盆地神狐钻探区 GMGS3-W11 和 GMGS4-SC03 井为例，这两口井与 GMGS1 航次的钻探结果略微不同。在天然气水合物层，GMGS1-SH2 和 GMGS1-SH7 井的孔隙度略微降低，但是 GMGS3-W11 和 GMGS4-SC03 井的孔隙度在天然气水合物层基本上没有变化。同时纵波阻抗与地层孔隙度的交会分析显示，含天然气水合物层与饱和水地层并没有出现明显差异（图 5-15），通过二次多

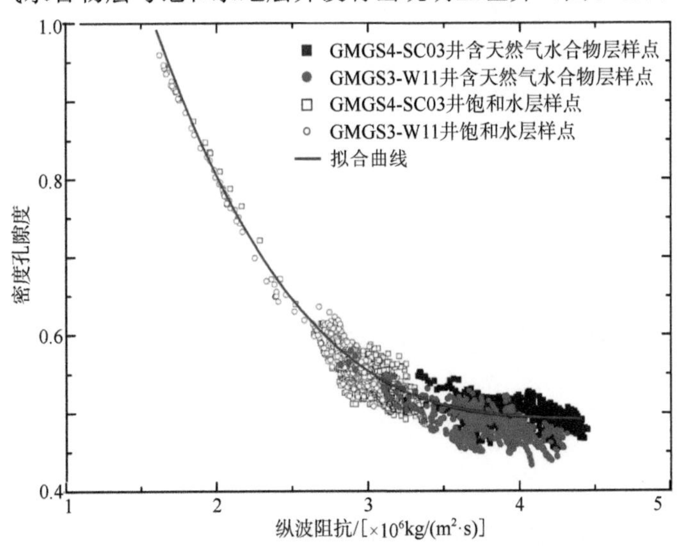

图 5-15　南海北部珠江口盆地 GMGS3-W11 和 GMGS4-SC03 井声波阻抗与密度孔隙交会图

项式拟合孔隙度（ϕ）与纵波阻抗（I）的关系，其表达式为

$$\phi = 8.70\times10^{-14} I^2 - 6.75\times10^{-7} I + 1.79 \tag{5-2}$$

式中，I为纵波阻抗［$kg/(m^2 \cdot s)$］。利用式（5-2）拟合公式，结合通过反演或者测井计算的纵波阻抗就可以计算孔隙度剖面。纵波阻抗与孔隙度的交会分析表明，如果含天然气水合物层的孔隙度没有发生变化，利用孔隙度与纵波阻抗的交会图难以识别天然气水合物层。

通过对测井、岩芯等资料综合分析，发现该区域存在多个天然气水合物层。利用阿尔奇方程，GMGS3-W11 井阿尔奇常数 a 和 m 分别选择 1.30 和 2.24，GMGS4-SC03 井阿尔奇常数 a 和 m 分别选择 1.19 和 2.22，计算的天然气水合物饱和度为 30%～40%，总厚度达 70m 以上（郭依群等，2017；Wang et al.，2020）。利用式（5-2），结合约束稀疏脉冲反演的纵波阻抗剖面，能够计算得到孔隙度剖面。井孔位置密度孔隙度与通过反演纵波阻抗计算的孔隙度对比结果（图 5-16）表明，二者的变化趋势吻合较好，但在局部薄层，二者的变化趋势存在误差，可

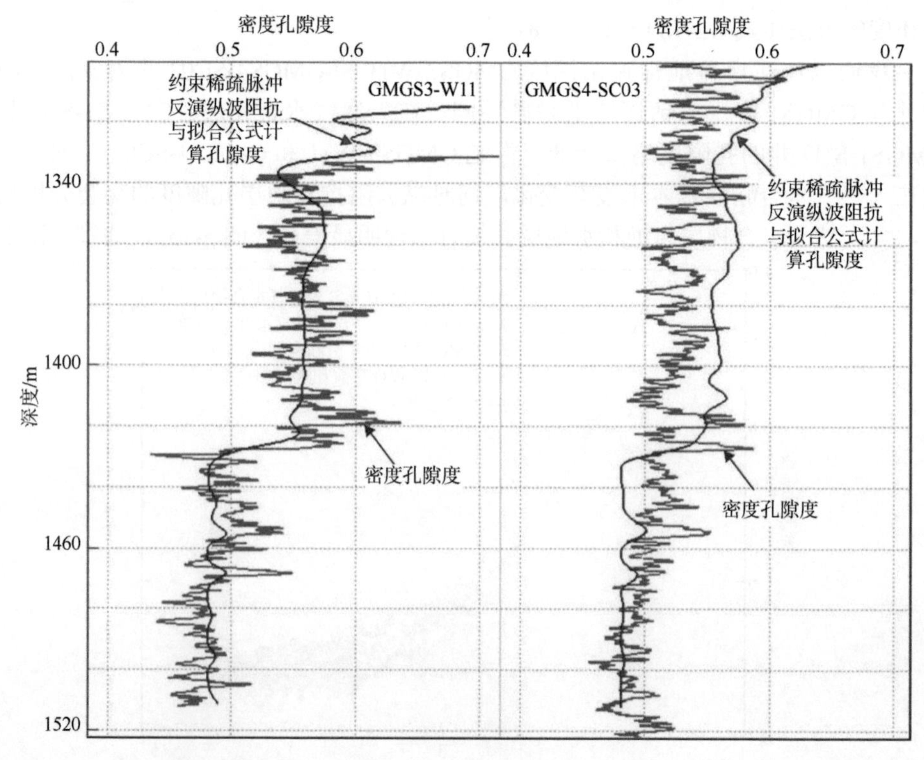

图 5-16　南海北部珠江口盆地 GMGS3-W11 和 GMGS4-SC03 井密度孔隙度与约束稀疏脉冲反演纵波阻抗计算的孔隙度对比

能是由于反演的纵波阻抗与实际纵波阻抗存在差异。如果提高纵波阻抗反演精度，反演的孔隙度与实际结果将吻合得更好。

5.3.2　纵波阻抗计算天然气水合物饱和度

为了得到天然气水合物层在空间的分布与饱和度，我们利用测井与三维地震资料进行约束稀疏脉冲反演。首先，利用 GMGS3-W11 和 GMGS4-SC03 井制作合成地震记录，提取不同井的振幅子波，然后再提取平均振幅相位子波，进行约束稀疏脉冲反演。通过约束稀疏脉冲反演，能够获得三维地震数据的纵波阻抗剖面，图 5-17 为在 GMGS3-W11 和 GMGS4-SC03 井约束下，反演得到的纵波阻抗、孔隙度与天然气水合物饱和度剖面。从地震剖面图看，天然气水合物层为强振幅反射和高纵波阻抗异常，而且明显呈层状分布，但是饱和度与纵波阻抗呈线性关系，相关系数为 0.55，二者相关性较低（Wang et al.，2020）。

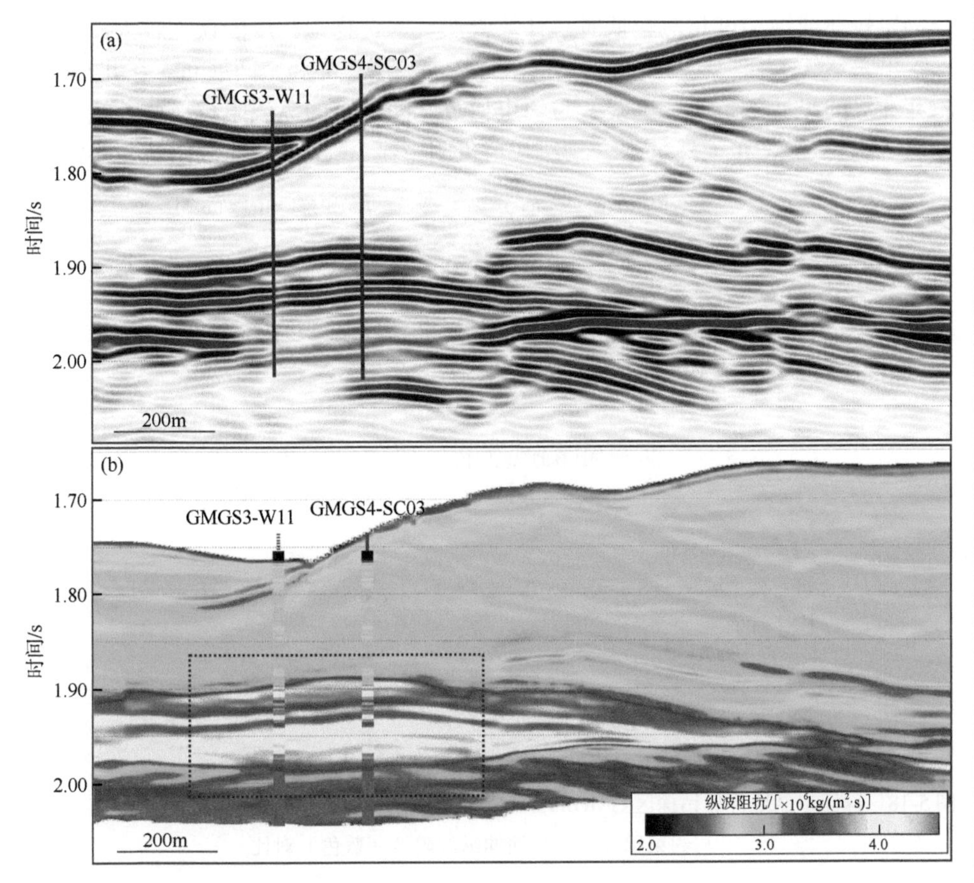

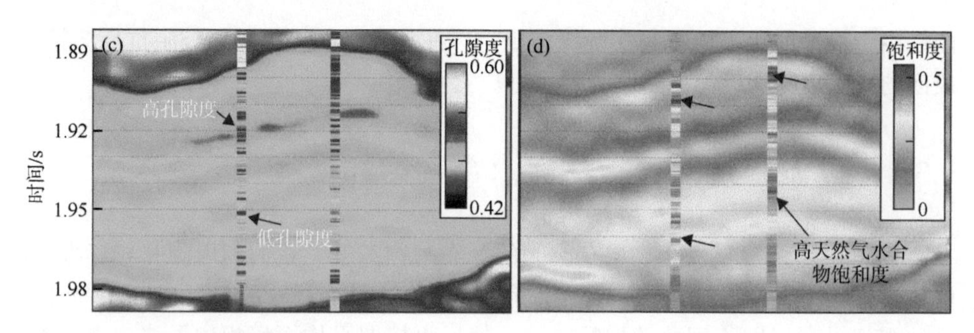

图 5-17 南海北部珠江口盆地过 GMGS3-W11 和 GMGS4-SC03 井地震剖面、约束稀疏脉冲反演纵波阻抗剖面、孔隙度和天然气水合物饱和度剖面

由于确定性反演的平均效应，反演结果出现值域平滑，在相对高饱和度的天然气水合物层，基于式（5-2），通过约束稀疏脉冲反演纵波阻抗计算的孔隙度与实际孔隙度存在明显差异，但能反映地层含天然气水合物的变化趋势。当天然气水合物层较薄或饱和度相对较低时，计算天然气水合物饱和度的误差较大，无法准确给出天然气水合物层与不含天然气水合物的夹层边界和空间展布。在井孔位置，测井计算的纵波阻抗（黑色线）与约束稀疏脉冲反演的纵波阻抗（蓝色线）对比表明（图 5-18），在天然气水合物层（黄色阴影区），反演的纵波阻抗与实测结果

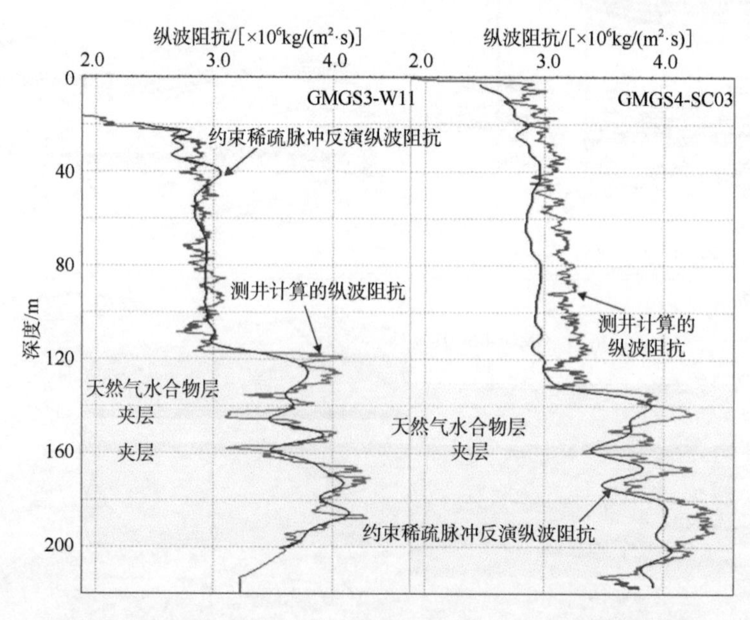

图 5-18 珠江口盆地神狐钻探区 GMGS3-W11 和 GMGS4-SC03 井测井获得的纵波阻抗（黑线）与约束稀疏脉冲反演的纵波阻抗（蓝色）对比

基本吻合；由于地震频带较低，在局部高值或低值异常层，反演结果差异略微大些；在局部薄层（蓝色），由于约束稀疏脉冲反演分辨率限制，反演天然气水合物储层物性的分辨率较低，反演的误差相对较大。基于约束稀疏脉冲反演得到的纵波阻抗，再结合阿尔奇方程计算天然气水合物储层物性的方法称为确定性反演。反演结果与约束稀疏脉冲反演的纵波阻抗精度、孔隙度与纵波阻抗线性拟合的相关性有关。该方法反演得到的天然气水合物储层物性参数的分辨率较低，在开发试采过程中需要精确掌握天然气水合物层与不含天然气水合物夹层的厚度、孔隙度、饱和度和横向分布等变化，仍需寻找新的反演方法。

5.4 循环迭代正演模拟计算饱和度

速度是识别与评价天然气水合物储层物性的敏感参数之一，有多种速度模型被用来评价天然气水合物的饱和度等物性参数，对于粉砂质、砂质含天然气水合物储层，比较有效的速度模型包括有效介质理论（effective media theory）、修改的 Biot-Gassmann 理论（MBGL）、双相介质模型（TPBGE）（王秀娟等，2006）、三相 Biot-type 方程（TPBE）（Carcione and Tinivella，2000）和简化的三相介质模型（Lee and Waite，2008）。在利用地震资料评价天然气水合物层时，基于反演的纵波速度，选择合适的速度模型，考虑天然气水合物与沉积物之间的接触关系，通过循环迭代正演模拟计算方法可以定量计算天然气水合物的饱和度。

5.4.1 循环迭代正演模拟方法

5.4.1.1 循环迭代正演模拟方法步骤

利用纵波速度或者纵波阻抗等物性参数计算天然气水合物饱和度时，首先需要计算饱和水地层的纵波速度或者纵波阻抗。在假设反演的纵波阻抗或者纵波速度准确的前提下，影响计算的天然气水合物饱和度精度的因素主要有沉积物的矿物组分、地层孔隙度和天然气水合物与沉积物颗粒间的接触关系等。我们以 GMGS3-W11、GMGS3-17、GMGS3-W18 和 GMGS3-W19 井为例，介绍循环迭代正演模拟饱和度计算方法。利用测井与地震反演的纵波速度或纵波阻抗计算饱和度时，输入参数为孔隙度、矿物组分、密度、天然气水合物与沉积物的接触关系模型和反演的纵波速度等（图 5-19），主要包括以下几个关键步骤。

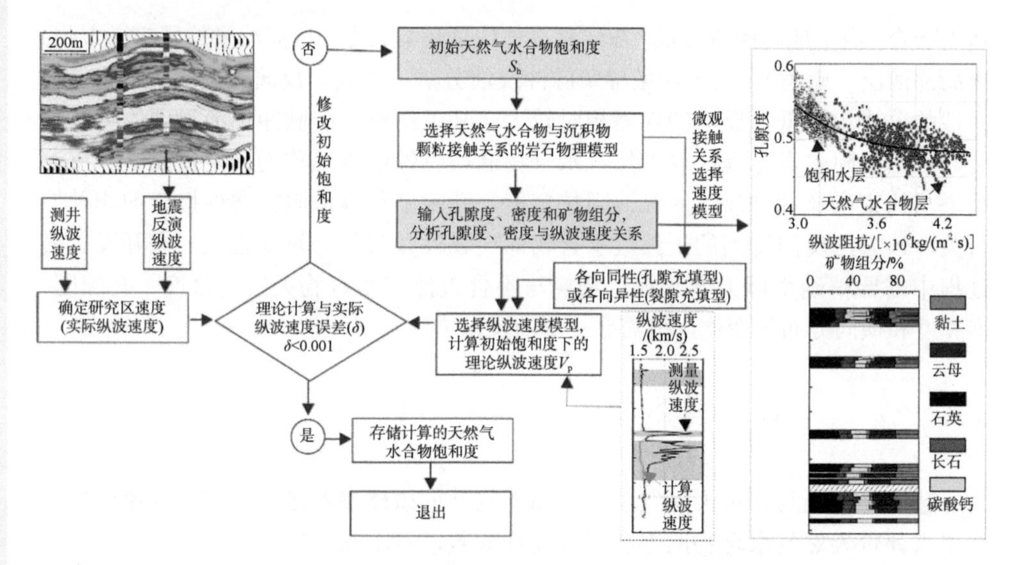

图 5-19　循环迭代正演模拟法计算天然气水合物饱和度流程

1）选择速度模型，即哪种速度模型能准确反映含天然气水合物层的纵波速度随饱和度变化，是各向同性的速度模型（孔隙充填型天然气水合物）还是各向异性的速度模型（裂隙充填型天然气水合物）。

2）选择合适岩石物理模型，根据不同测井响应，判断天然气水合物与沉积物的接触关系，建立天然气水合物饱和度与沉积物颗粒弹性参数或物性参数的计算方法。

3）输入孔隙度、矿物组分与密度等参数，在利用测井资料进行天然气水合物饱和度计算时，孔隙度与密度参数一般可以直接从测井数据获得，但是利用地震反演的纵波速度计算饱和度时，需要空间上的孔隙度与密度数据。此时可以利用测井上纵波速度与孔隙度、密度的交会关系，获得区域上的变化趋势，得到纵波速度与孔隙度或密度的拟合公式，进而由地震反演的纵波速度体计算空间上的孔隙度体和密度体。对于矿物组分，如果该区域进行取芯，分析了岩芯的矿物含量，则利用岩芯分析的矿物组分及其含量计算弹性参数；如果没有岩芯资料，则可以通过假设岩性为泥质或砂质两个端元来进行计算弹性参数，在假设其他参数准确的前提下，计算的饱和度为最大值或最小值。

4）假设初始天然气水合物饱和度值，初值可以为0，如果天然气水合物的饱和度较高，计算次数会增加，但是能计算出饱和水地层的纵波速度。

5）对比测井测量的纵波速度或反演的纵波速度与理论模型计算结果的误差（δ），如果满足误差范围（如 $\delta<0.001$），则输出天然气水合物饱和度值，如果始

终不能满足误差范围，则需调整模型参数，重复步骤 2)～5)，直到能够满足误差范围。

5.4.1.2　纵波速度与天然气水合物饱和度关系

利用 GMGS3-W11、GMGS3-W17、GMGS3-W18 和 GMGS3-W19 井的电阻率数据，结合阿尔奇方程能快速计算天然气水合物饱和度，再利用纵波速度与天然气水合物饱和度的交会图，可以分析饱和度与纵波速度的变化关系。如果两者线性相关性好，则利用线性关系能快速计算天然气水合物饱和度的空间分布，但是二者并不是简单的线性关系，而是呈离散分布，难以直接通过拟合获得天然气水合物饱和度与纵波速度的关系［图 5-20（a）和（b）］。以纵波速度为例，假设孔隙内充满水，利用速度模型、孔隙度和矿物组分可以计算饱和水地层的纵波速度，利用计算的饱和水地层纵波速度与测量纵波速度的差（ΔV_p）和天然气水合物饱和度进行交会分析［图 5-20（c）和（d）］，其拟合关系式为

$$S_h = 0.75 \times \Delta V_p \tag{5-3}$$

式中，ΔV_p 单位为 km/s，线性拟合相关系数为 0.75。从图 5-20 上看，天然气水合物饱和度较高时，饱和度与纵波速度差的相关性明显变好，但是饱和度与纵波速度差并不是简单线性关系。

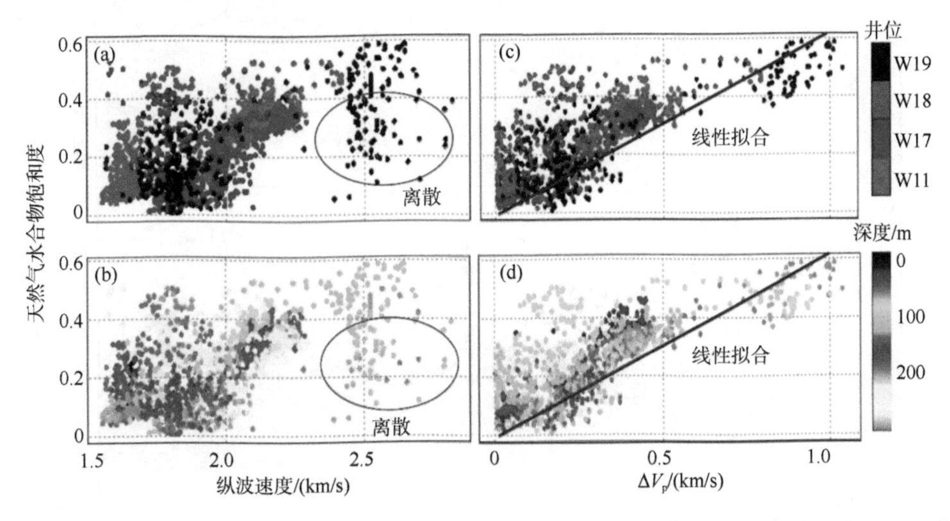

图 5-20　南海北部珠江口盆地 GMGS3-W11、GMGS3-W17、GMGS3-W18 和 GMGS3-W19 井含天然气水合物层饱和度随纵波速度或纵波速度差的变化

5.4.2 天然气水合物储层物性反演

以 GMGS3-W11、GMGS3-W17、GMGS3-W18 和 GMGS3-W19 井的纵波速度为约束，选择过井地震剖面进行约束稀疏脉冲反演，获得含天然气水合物层的纵波速度（图 5-21）。这四口井位于两个峡谷脊部，GMGS3-W18、GMGS3-W19 井与 GMGS3-W11、GMGS3-W17 井含天然气水合物层的测井响应略微不同。在

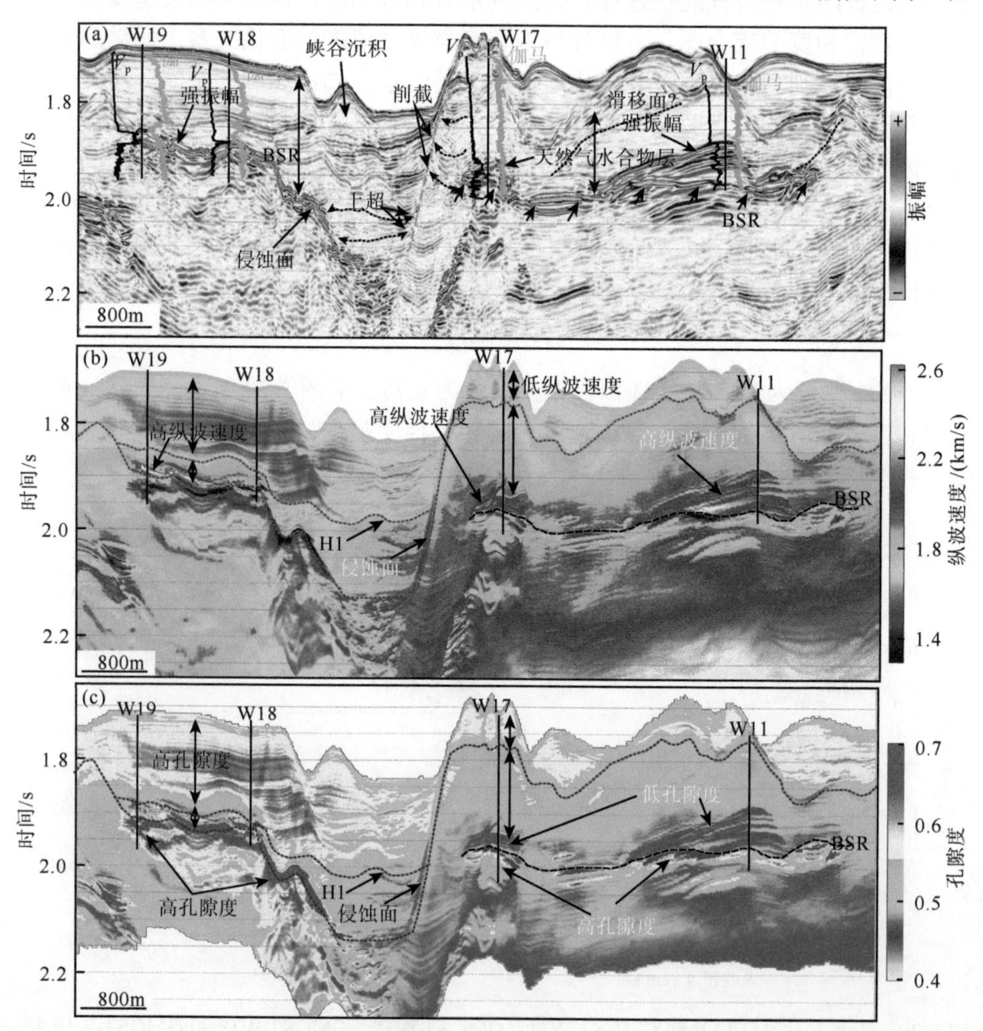

图 5-21 南海北部珠江口盆地过 GMGS3-W11、GMGS3-W17、GMGS3-W18 和 GMGS3-W19 井的地震剖面、反演的纵波速度及其孔隙度剖面

GMGS3-W11 和 GMGS3-W17 井饱和水层孔隙度变化不大，而在 GMGS3-W18 和 GMGS3-W19 井出现明显的偏离（图 5-22）。通过交会分析，反演的纵波阻抗与孔隙度（ϕ）的多项式拟合方程为

$$\phi = -1.26\times10^{-20}\times I^3 + 1.95\times10^{-13}\times I^2 - 9.74\times10^{-7}\times I + 2.08 \qquad (5\text{-}4)$$

式中，I 为纵波阻抗［kg/(m^2·s)］，拟合相关性为 0.97。通过叠后地震反演得到纵波阻抗数据需要通过测井上速度与纵波阻抗的关系计算纵波速度，纵波速度与纵波阻抗的多项式拟合方程为

$$V_{\mathrm{p}} = 9.763\times10^{-9}\times I^3 + 2.557\times10^{-5}\times I^2 - 0.085\times I + 1461.1 \qquad (5\text{-}5)$$

式中，拟合相关性为 0.96。因此，利用式（5-4）和式（5-5）可以通过反演的纵波阻抗分别计算纵波速度［图 5-21（b）］和孔隙度剖面［图 5-21（c）］。在 BSR 上部出现明显高纵波速度异常，指示天然气水合物层发育，孔隙度为低值；而 BSR 下部为强地震反射层，出现明显低纵波速度和高孔隙度异常。该区域孔隙度变化呈明显层状特征，近海底处孔隙度较高，在侵蚀面下部孔隙度明显变低。GMGS3-W11 和 GMGS3-W17 井峡谷脊部，在相同深度上，孔隙度明显低于相邻一侧 GMGS3-W18 和 GMGS3-W19 井的孔隙度，主要是由于两个峡谷脊部沉积物地层年代存在差异，GMGS3-W18 和 GMGS3-W19 井峡谷脊部地层较新，而 GMGS3-W11 和 GMGS3-W17 井一侧则较老，而且两侧的压实程度与厚度差异也较大。

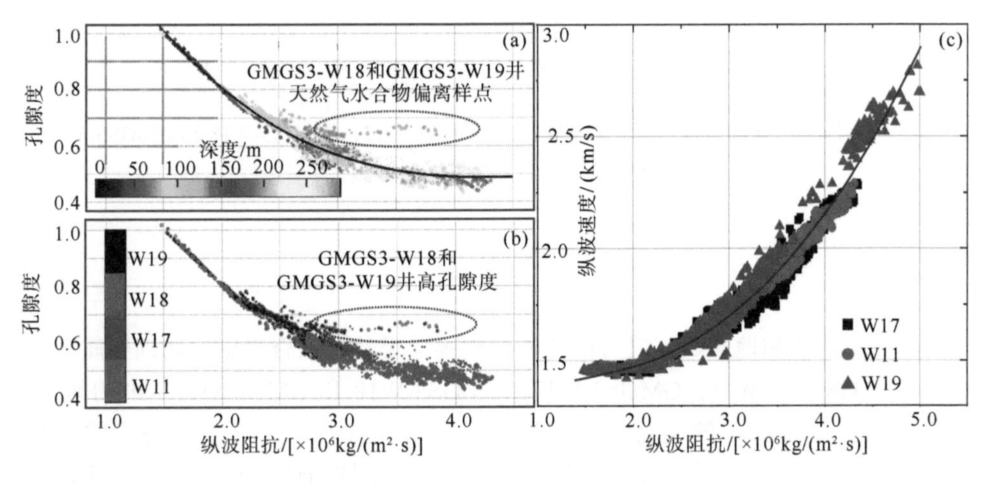

图 5-22　南海北部珠江口盆地 GMGS3-W11、GMGS3-W17、GMGS3-W18 和 GMGS3-W19 井孔隙度、纵波速度与纵波阻抗交会图

为了验证拟合方程计算孔隙度的准确性，我们通过测量的纵波速度与密度的乘积获得纵波阻抗，再利用式（5-4）计算得到孔隙度（ϕ），将其与密度测井计算的密度孔隙度进行比较（图 5-23）。在天然气水合物层，GMGS3-W18 和 GMGS3-W19 井计算的孔隙度比实测孔隙度低大约 0.1，而 GMGS3-W11 和 GMGS3-W17 井计算的孔隙度与实测孔隙度吻合较好。反演的 GMGS3-W18 和 GMGS3-W19 井天然气水合物层的孔隙度比 GMGS3-W17 和 GMGS3-W11 井要高，与图 5-22 纵波阻抗与孔隙度的分析成果一致。BSR 上部强振幅、正极性反射指示了地层含天然气水合物层，BSR 下部强振幅、负极性指示了地层含游离气，因此，反演剖面中低孔隙度和高孔隙度可能与地层含天然气水合物和游离气有关，也与峡谷两侧沉积物环境差异有关。

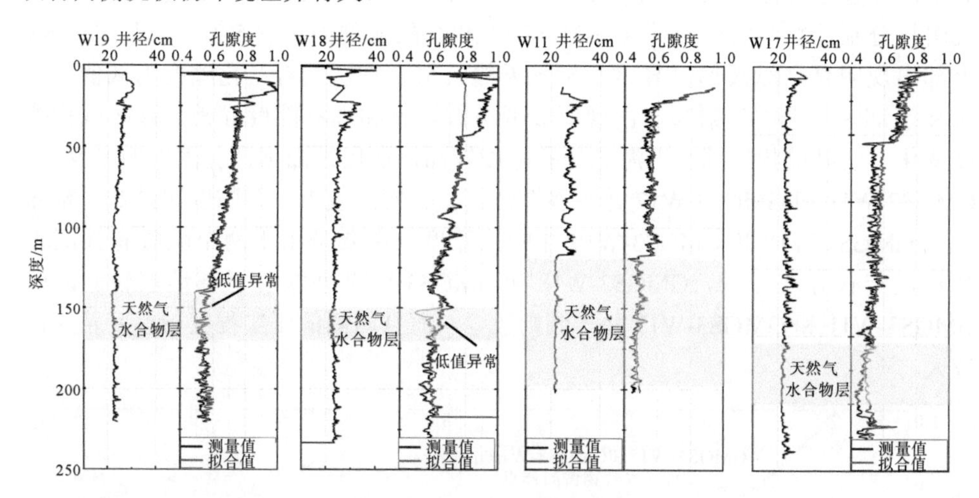

图 5-23　南海北部珠江口盆地 GMGS3-W11、GMGS3-W17、GMGS3-W18 和 GMGS3-W19 井径及拟合与实测孔隙度曲线

5.4.3　天然气水合物储层的物性差异

测井、岩芯和地震数据联合能清晰地刻画含天然气水合物层的物理性质和沉积环境。GMGS3-W11、GMGS3-W17、GMGS3-W18 和 GMGS3-W19 井的伽马与孔隙度和纵波阻抗的交会分析发现，该区域发育两个明显不同特征的沉积单元，即上部地层和下部地层，两套沉积单元之间以 H1 层位分开（图 5-24）。GMGS3-W18 和 GMGS3-W19 井的天然气水合物层在下部地层发育［图 5-24（a）］，为低伽马（25～40API）和高纵波阻抗［$>2.5\times10^6$kg/(m$^2\cdot$s)］特征［图 5-24（b）］，

表明天然气水合物层发育于粗粒沉积物中。另外，在 GMGS3-W11 和 GMGS3-W17 井天然气水合物层为高纵波阻抗［$>3.0\times10^6$kg/(m^2·s)］及高伽马测井特征（60～80API）［图 5-24（b）和（d）］，表明天然气水合物储层主要为细粒沉积物。图中显示 GMGS3-W18 和 GMGS3-W19 井位置的上部地层比 GMGS3-W11 和 GMGS3-W17 井更厚，因为 GMGS3-W18 和 GMGS3-W19 井上部地层的样点数明显比 GMGS3-W11 和 GMGS3-W17 井密集。两个区域下部地层中都可以识别出高纵波阻抗值特征的天然气水合物层，GMGS3-W11 和 GMGS3-W17 井天然气水合物层的伽马值明显比 GMGS3-W18 和 GMGS3-W19 井更高，说明两个区域的储层的岩性差异较大。

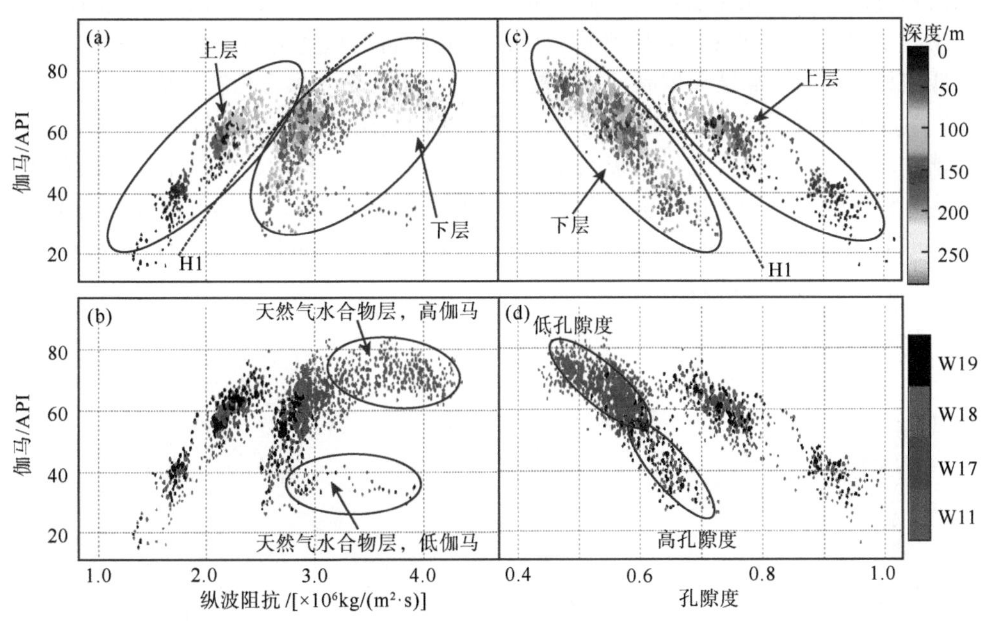

图 5-24　南海北部珠江口盆地 GMGS3-W11、GMGS3-W17、GMGS3-W18 和 GMGS3-W19 井伽马测井与纵波阻抗及孔隙度交会分析

孔隙度与伽马测井交会分析也显示相似变化特征［图 5-24（c）和（d）］，GMGS3-W18 和 GMGS3-W19 井下部地层为高孔隙度（0.6～0.7）和低伽马值特征，而 GMGS3-W11 和 GMGS3-W17 井为低孔隙度（0.45～0.6）和高伽马值特征。交会分析结果表明，由 H1 层位划分的上部地层和下部地层表现出不同的岩石物理特征，四个站位的天然气水合物赋存于不同岩性地层中，与反演纵波速度、孔隙度等异常变化吻合。

5.4.4 天然气水合物饱和度计算与对比

图5-25为分别利用循环迭代正演模拟法与纵波速度差的线性拟合法［式（5-3）］计算的天然气水合物饱和度。利用循环迭代正演模拟法计算天然气水合物饱和度时，我们假设地层岩性为4口井矿物组分平均含量，约为30%泥岩和70%砂岩，该假设条件可能与实际矿物组分略微存在差异，计算的天然气水合物饱和度为20%～40%，在GMGS3-W18和GMGS3-W19井峡谷脊部的计算结果明显较高。从两种方法的计算结果看，利用式（5-3）计算的饱和度略微低于循环迭代的计算结果，主要是由于线性拟合的平均效应，可能在高饱和度层的计算结果偏低，而在低饱和度层的计算结果偏高，并不能准确反映含天然气水合物层的特性。

为了研究天然气水合物层的平面分布，我们利用反演的天然气水合物饱和度数据体，沿天然气水合物稳定带底界及向上50ms时窗，提取天然气水合物饱和度的均方根振幅值与最大振幅值（图5-25）。从平面分布图看，天然气水合物主要分布在峡谷脊部，与GMGS3-W11和GMGS3-W17井脊部位置相比，GMGS3-W18

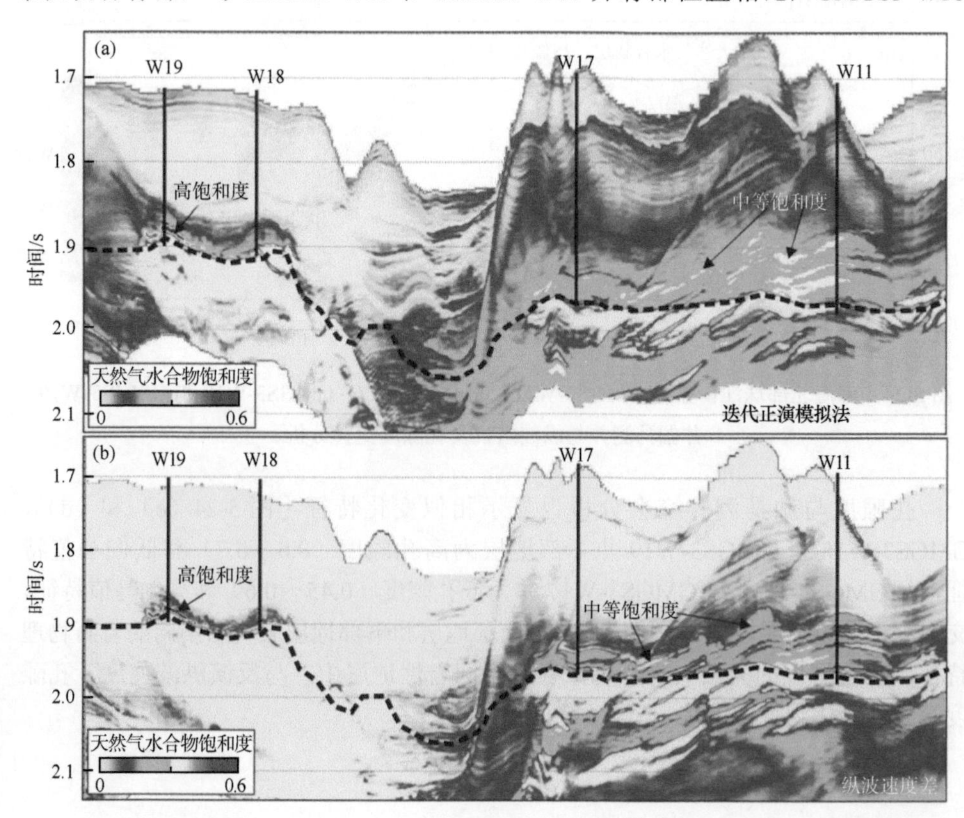

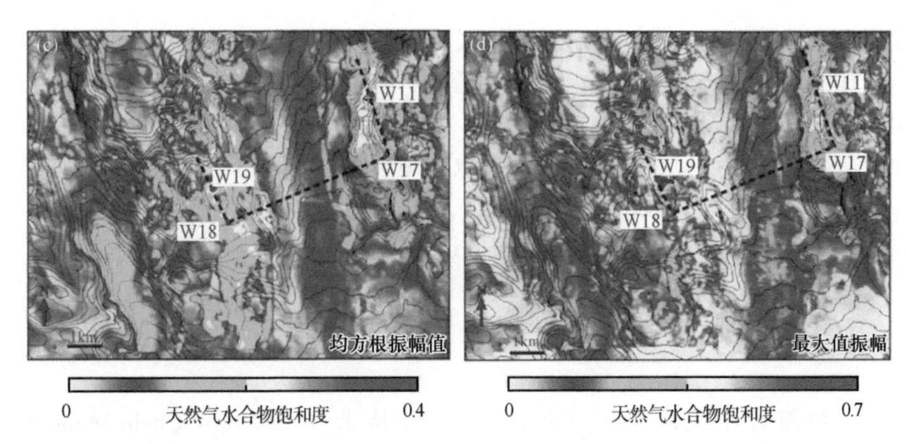

图 5-25　南海北部神狐海域循环迭代正演模拟与纵波速度差线性拟合反演的过 GMGS3-W11、GMGS3-W17、GMGS3-W18 和 GMGS3-W19 井的天然气水合物饱和度剖面及沿天然气水合物稳定带底界及其上方 50ms 时窗的饱和度均方根与最大值的平面分布

和 GMGS3-W19 井脊部位置天然气水合物饱和度的最大值更大、空间分布更广。但是 GMGS3-W11 和 GMGS3-W17 井脊部天然气水合物分布的连续性好、厚度大，尽管沉积物粒度比 GMGS3-W18 和 GMGS3-W19 井偏细一些，但是由于独特断裂系统与流体疏导体系，存在天然气水合物、天然气水合物与游离气共存和游离气三层结构，是潜在天然气水合物试采目标之一。天然气水合物的富集与气源、储层和流体疏导条件等有关。

5.5　储层物性的叠后统计学反演

天然气水合物储层存在厚度不等、不含天然气水合物的夹层较薄、饱和度相差较大等非均质性问题。传统确定性反演在计算天然气水合物饱和度、识别天然气水合物薄层时误差较大，尤其当天然气水合物饱和度相对较低时，计算的误差更为明显。因此，如何借助有限测井资料，利用三维地震资料提高天然气水合物储层的各种物性参数的分辨能力，精准反演天然气水合物层的厚度、横向展布特征、孔隙度、饱和度是天然气水合物开发阶段面临的一个重要难题。

利用地质统计学反演的非线性与统计性特点，将地质、地震、测井以及生产信息合理地融合起来，在提高纵向分辨率的同时，充分利用地震数据的横向分辨能力，提高储层的反演精度与分辨率，有效识别薄层与夹层，并准确计算储层的孔隙度和饱和度，解决天然气水合物层的非均质性、薄互层的预测。地质统计学反演的基础是假设地层的物性和储层属性（岩相、阻抗和孔隙度）是依靠统计学模型来实现的，需要得到与该假设以及地震数据相同的储层特性，并承认存在许多合理的可能性，最终选取一个最合适的。地质统计学反演可以实现波阻抗和岩相的联合反演，建立精细的储层模型，融合所有可获得的不同尺度空间分辨率的地质、地球物理、岩石物理和工程参数等储层信息，将这些信息利用地质统计学方法进行高效合理的融合并进行反演，解决薄层、储层物性预测精度的问题并建立具有高分辨能力的天然气水合物层的地质模型，且可以进行不确定性分析。

5.5.1 统计学方法原理

地质统计学反演采用马尔可夫链-蒙特卡罗（Markov Chain Monte Carlo，MCMC）算法，将确定性反演和随机模拟技术结合起来称为随机反演算法。通过将反射地震和岩相、测井曲线、概率密度函数（probability density function，PDF）、变差函数等信息相结合，定义严格的概率分布模型。首先，通过对测井资料和地质信息的分析得到概率分布函数和变差函数，其中概率分布函数描述的是特定岩性对应的岩石物理参数分布的可能性，而变差函数描述的是横向和纵向地质特征的结构与特征尺度。其次，复杂的马尔可夫链-蒙特卡罗算法是根据概率密度函数获得统计意义上正确的样点集，即根据概率分布函数能够得到何种类型的结果。岩性模拟的样点产生过程并不是完全随机的，因为马尔可夫链-蒙特卡罗地质统计学反演要求在引入高频数据信息的同时，每次岩性模拟所对应的合成地震记录必须和实际的地震数据有很高的相似性，保证在地震数据有效带宽范围内，模拟结果至少和确定性反演的结果同样精确。由于地质统计学反演提供了大量超过地震数据带宽的信息，同时趋势又和地震数据相同，这就在定性的波形解释和定量化的储层解释之间得到了一个完美的平衡。地质统计学反演的特点包括：①反演结果明确显示岩性体“尖锐”的层界面；②丰富的非均质性储层细节；③极大地提高了地震反演结果的纵向分辨率；④地震数据控制横向趋势。

在提高纵向分辨率的同时会引入误差，通过应用多次的等概率反演结果客观地对误差进行评价。地质统计学反演的所有结果均和测井资料、地质信息以及地震资料相吻合，依据这种“信息协同”的方式将测井资料、地质统计学信息、地震资料进行结合，来解决储层的横向非均质性。

5.5.1.1 地质统计学反演算法

地质统计学反演算法由统计学模型、贝叶斯判别和马尔可夫链-蒙特卡罗模拟组成。首先用概率密度函数表达输入信息的每个来源（测井、地震和变差函数等）；

然后使用贝叶斯判别的基本原理将这些单独的概率密度函数合并在一起，以便获得所有已知和假定信息为条件的后验概率密度函数，即“信息融合”；最后通过马尔可夫链-蒙特卡罗算法获取后验概率密度函数统计上的合理样本，这里的“合理样本”是指感兴趣的弹性、岩性以及物性数据体（纵波阻抗、岩性和孔隙度等）。统计学模型需要确定与输入数据源关联的概率密度函数，为每个输入数据源定义一个概率密度函数来表征不确定性。贝叶斯判别是将各种先验概率密度函数在它们的相互叠加处合并为全局概率密度函数，结合地震数据（D）和有关储层的任何先验信息（I），通过贝叶斯判别原理计算储层模型（X）的后验概率。后验概率密度函数是根据地震数据的有关储层模型的认知或不确定性进行构建和更新的。

利用似然函数表示与储层模型X有关的、与地震数据D有关的不确定性和可信度。由于观测数据D（已知数量）是固定的，似然函数实际上是储层模型X的函数。先验概率密度函数表示对储层模型的认识状态（不确定性），它包括从辅助数据（测井和属性等）获得的任何背景地质信息和估算的地质统计参数。由于已经观察到数据D（已知的固定量），所以P（D）是常数值（归一化常数）。它的作用是确保所有可能的储层模型中的后验概率密度函数的总和等于1。

对一个简单的概率密度函数很容易进行采样，但是对地质统计学反演要求下的复杂又多维的后验概率密度函数的采样较困难，原因有两个：第一，后验概率密度函数是直接采样，需要计算其归一化常数。该常数因子确保所有可能的储层模型配置中后验概率密度函数的总和等于1。对于高维问题，实际上不可能计算该归一化常数，因为需要对所有可能的储层进行计算，计算量极大。第二，即使知道归一化常数，从复杂的（高维和多峰）概率密度函数样本中抽取样本仍然非常具有挑战性，这些样本通常集中在状态空间的小区域，分布特征更为复杂。

蒙特卡罗模拟方法基于数据的独立样本与目标概率密度函数，对于简单的概率密度函数，可以使用多种蒙特卡罗采样方法，对于复杂的多维概率密度函数获取样本和归一化常数计算问题，需要使用马尔可夫链-蒙特卡罗复杂的迭代采样方法。在运行一定次数的迭代后，链的最终值代表目标概率密度函数的样本。为了生成目标概率密度函数的N个独立样本，该算法从不同的初始状态开始运行N次。

5.5.1.2　地质统计学模型

基于对岩石弹性属性和物性属性的空间变化平稳的假设，对于属性Θ，变量为变差函数v，概率密度函数的数学表达式可用高斯随机函数表示，表达式为

$$P(\Theta=\theta\mid v)\propto \exp\left(-\frac{1}{2}\theta^{\mathrm{T}}\boldsymbol{f}\theta\right) \tag{5-6}$$

式中，属性体 Θ 在每一个网格点上的属性值均呈正态分布，θ 表示从属性体 Θ 的每个网格点上随机采样获得的一个三维数值模型子集，$\boldsymbol{f}$ 是变差函数 v 衍生的协方差矩阵的逆矩阵，两者关系的含义是任意两个点 a 和 b 的属性值 Θ_a 和 Θ_b 之间的协方差，可以表示为

$$\left(\boldsymbol{f}^{-1}\right)_{ab}=1-v_{a-b}=\operatorname{cov}\left(\Theta_a,\Theta_b\right) \tag{5-7}$$

同样地，全叠加地震的概率密度函数为

$$p(S_C=s_C\mid Z_{p_C}=z_{P_C},w,n)\propto \exp\left(-\frac{1}{2}\frac{s_C^{\mathrm{T}}\left(w\otimes r_C\right)}{n^2}\right) \tag{5-8}$$

式中，s_C 是点 C 抽取的地震数据，z_{P_C} 是点 C 抽取的纵波阻抗值，w 为预置子波，n 表示预置的全叠加地震的噪声标准偏差，r_C 表示点 C 的对应的反射系数，它通过褶积模型由 z_{P_C} 转换得到。

5.5.1.3 贝叶斯模型

贝叶斯推论是一种概率推断方法，能够将多种不确定信息源整合到同一体系中，用于在给定已知验证 E 和假设条件 H 的前提下求解某一事件 X 发生的后验概率，其表达式为

$$P\left(X|H,E\right)=\frac{P\left(X|H\right)P\left(E|X\right)}{P\left(E|H\right)} \tag{5-9}$$

式中，P（$X|H,E$）是待求解的目标后验概率，P（$X|H$）是在已知假设条件 H 下事件 X 的先验概率分布，P（$E|X$）是发生事件 X 与已知验证 E 之间的相似性，P（$E|H$）是一个归一化参量，可以忽略。通过地质统计学参数求得纵波阻抗 Z_p，然后将其转化为反射系数，再与子波褶积，生成合成记录（syn），其与实际地震记录（s）之间的差异可以用噪声水平来衡量，可以表示为

$$P(Z_p=z_p\mid v,s)\propto P(z_p\mid v)P\left[s\mid \operatorname{syn}\left(z_p\right)\right] \tag{5-10}$$

后验概率密度函数为已知变差函数（v）、褶积模型生成的合成记录以及实际地震记录的前提条件下，求解纵波阻抗的概率，该方法还可以应用于岩性、物性的求解。

5.5.1.4 马尔可夫链–蒙特卡罗算法

马尔可夫链–蒙特卡罗算法属于迭代优化算法集，但它对误差量的校正方式是随机性的，与一般的优化算法最终会收敛于唯一最优解不同，如果一个正确的马尔可夫链–蒙特卡罗算法被无限期运行着，它会在由后验概率密度函数确定的解集空间中游动，按照后验函数中解的发生概率访问每个可能的解。当认为经过足够次数的迭代后产生的结果已经近似等于公平样本分布后，就可以终止计算。

目前，还有很多类似的马尔可夫链–蒙特卡罗算法。大多数都被归为早期的梅特罗波利斯–黑斯廷斯（Metropolis-Hastings）算法的变种，它从概率密度函数 $T(X|x, \text{All data})$ 中采样的步骤可以简述如下。

1）定义一个与目标概率密度函数近似的建议分布函数 $\pi(x^*|x)$。

2）从 π 中抽取一个候选变量 x^*，然后与前一个变量 x 进行概率比较（需要同时参考两个变量在 π 和 T 函数上的概率）。如果候选变量 x^* 在建议分布函数 π 上的概率较 x 增加，就用 x^* 替换 x；如果概率改进小于黑斯廷斯因子 H，就随机判断是否拒绝此更新。该判断过程可以用数学关系表达：

第一，从均匀分布函数上随机抽取一个样本，可以表示为 $u \sim \text{Uniform}(0,1)$，即 u 可以是 0～1 的任意值。

第二，从建议分布函数 π 中抽取样本 $x^* \sim \pi(x^*|x)$。

第三，计算因子 H：

$$H = \frac{T(x^* \mid \text{data})\pi(x \mid x^*)}{T(x \mid \text{data})\pi(x^* \mid x)} \tag{5-11}$$

第四，由于 π 对 T 的近似存在误差，H 的作用实际相当于对该误差进行补偿。π 与 T 越相近，H 就越接近 1，初始变量 x 就被候选变量 x^* 取代；如果建议分布函数 π 为对称分布，则有 $\pi(x^*|x)=\pi(x|x^*)$，这时 H 的值只取决于原函数 T。

第五，进行判断，如果 $u<\min(1,H)$，则接受 x^*，否则就不进行更新，而是开始新一轮的优化。

3）三维属性网格中的任意网格单元上的属性值均可作为初始点，并且重复第 2）步的迭代过程进行优化，最后将获得一个近似于目标函数 $T(x)$ 分布的样本集。

利用马尔可夫链–蒙特卡罗算法，可以在三维属性网格中的每一个网格上从构建的后验概率密度函数中获得样本。早期的马尔可夫链–蒙特卡罗算法就像理想化的优化算法一样，计算过程收敛缓慢，无法考虑充足的概率密度函数，进而导致属性空间连续性差，局部极值或者属性间匹配生硬。目前使用的马尔可夫链–蒙特卡罗算法，后验概率密度函数由地质统计学参数、岩性等多种信息源生成的先验概率密度函数求得。

5.5.2 划分岩相和统计学反演的关键流程

5.5.2.1 饱和度划分岩相

在南海北部珠江口盆地神狐钻探区 GMGS3-W11 和 GMGS4-SC03 井发现了多个天然气水合物层，每个层厚度、饱和度等略微存在差异，天然气水合物层之间存在饱和水层或者饱和度较低的天然气水合物层，厚度从一米至几米不等（图 5-18）。利用测井进行约束稀疏脉冲反演也难以精细反演储层物性与弹性参数，主要是因为约束稀疏脉冲反演是一种确定性反演，是通过线性拟合法建立测井与反演结果关系，然后再进行储层物性与弹性参数反演。这种反演方法不受测井数量多少的限制，即使没有测井，也能进行反演，是勘探初期较为有效的反演方法。随着勘探程度提高，尤其在开发阶段，要求准确识别储层厚度、孔隙度和饱和度等储层物性，尤其是薄层与非均质地层的物性参数，约束稀疏脉冲反演就难以实现天然气水合物试采开发的高分辨率需求。

地质统计学反演是油气勘探开发阶段常用的储层反演方法，其基本要求是存在岩性差异，能够根据测井、岩性等划分岩相，即泥岩相、砂岩相和碳酸盐岩相等。但是南海北部珠江口盆地天然气水合物储层主要为泥质粉砂，难以划分泥岩与砂岩地层，因此，地质统计学反演难以直接应用到天然气水合物钻探区，无法实现天然气水合物储层物性高精度反演的需求。通过对测井资料以及利用纵波速度、电阻率等计算的天然气水合物饱和度分析，我们发现尽管 GMGS3-W11 和 GMGS4-SC03 井不存在传统意义的岩性变化，但是天然气水合物饱和度存在明显的高低变化，即有些地层天然气水合物饱和度为 30%～40%，而有些层位饱和度低于 10%，且饱和度变化与测井的弹性参数，如纵波速度、纵波阻抗等之间对应较好。为此我们提出了利用天然气水合物饱和度的差异划分岩相，尝试对神狐 GMGS3-W11 和 GMGS4-SC03 井钻探区的三维地震资料进行统计学反演，发现该方法能够实现对天然气水合物层和不含天然气水合物夹层的高分辨率反演及精准预测（Wang et al.，2020）。

5.5.2.2 统计学反演流程

天然气水合物储层物性的地质统计学反演流程与常规油气一样，主要分为五个步骤，分别是工区与数据准备阶段、建立地质统计学模型参数阶段、模拟、反演和协模拟阶段（图 5-26）。输入数据包括地震数据、地层格架、测井岩相分类、先验变差函数和概率密度函数等。参与到地质统计学反演的包括先验信息和已知数据信息，其中先验信息是要了解研究区的地质信息，清楚研究区的岩石物理信息。利用统计学关系描述在给定的地质环境中属性如何变化，定义反演格架模型，建立多变量概率密度分布，描述所有属性的期望值范围，明确储层内相对岩相比例，了解地震数据中的信噪比等。

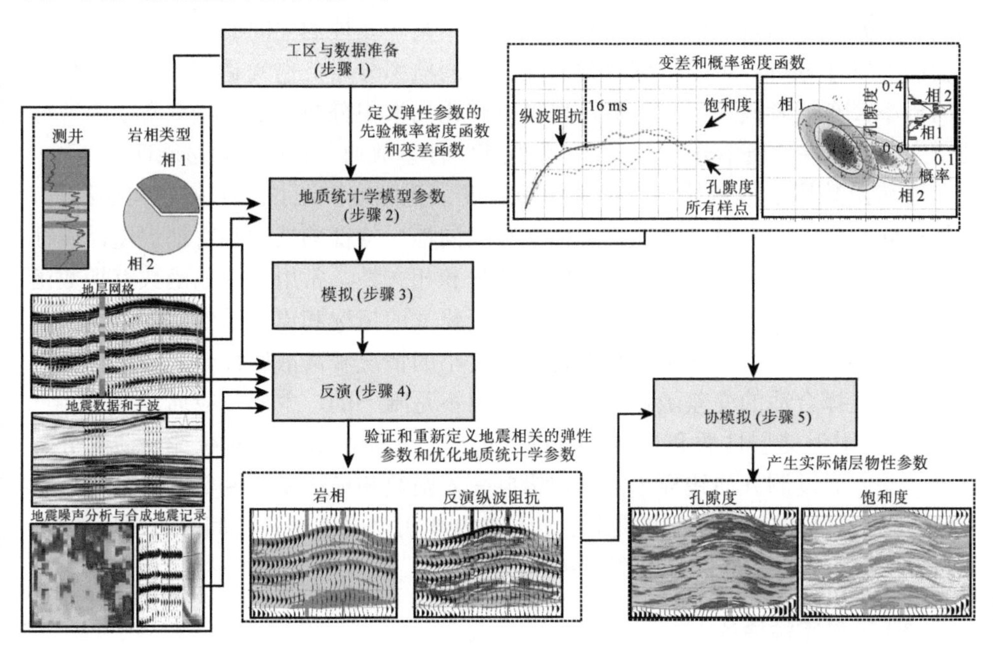

图 5-26　叠后地质统计学反演关键流程

5.5.2.3　叠后统计学反演关键点分析

常规储层研究是将地震反演和地质建模分开，而地质统计学反演是同时获得岩相和弹性属性，将不同类别的数据彼此融合改进并提高反演结果的分辨率，计算精细的弹性模型和岩相模型，并利用协模拟获取储层物性属性，包括三个关键点。

（1）岩相比例

储层岩相与沉积地层的岩石物理特性（如弹性、饱和度、孔隙度）相关，每种岩相具有特定的弹性、物性范围，不同岩相类型的弹性性质交叉重叠越少，通过反演越能识别目标岩相，加入岩相的地质统计学反演可以得到一些储层细节。统计不同岩相的比例信息并加入到统计学模型中，将合理有效的岩相比例先验信息加入反演中，能使反演结果更符合实际的地层特征，更好的检测岩相或者纵波阻抗边界等，能有效地表征薄层。

（2）统计学参数

地质统计学反演中的统计学参数主要是概率密度函数和变差函数，通过对目标层位测井数据的直方图统计分析，可以得到某一属性的空间概率分布，再进行交会图的统计分析，可以得到两种属性的空间概率分布，也就是得到每种岩相的空间概率分布或者概率密度函数，也可以转化为累积分布函数。概率密度函数描述了空间中属性的概率分布，表征了弹性或物性参数的分布特征和可能性。

变差函数用于模拟储层属性（如饱和度、孔隙度和阻抗等）的空间连续性，包括横向和纵向的变差函数，描述横向和纵向地质特征的结构和特征尺度，表征一定范围内岩相及属性数据的三维空间变化和相关性。常用的变差函数有指数函数和高斯函数，指数函数适用于数据之间变化大的情况和连续属性，保留更多变化的细节，而高斯函数适用于数据之间变化小的情况和离散属性，其成果特征更为平滑。选择合适的变差函数是主观的，也不是唯一的，主要是应通过拟合井点（近距离）附近储层性质和地质特点进行选择，变差函数与地质统计反演的分辨能力相关，通过测井曲线样本点确定纵向变差函数和横向变差函数，该参数具有一定范围，对反演结果起到的是软约束，如果测井数量有限，空间分布很稀疏时，则可以从地震属性中获取横向变差函数。

（3）不确定性估计

地质统计学反演生成多个等概率结果，每个结果在统计学角度都与已知的输入信息相吻合，都可以提供相应量化计算的基础数据，用于开展储层的不确定性分析，进行风险评估。不确定性的来源可以分为变异性和偏差两个部分，统计学上的变异性体现了随机性，描述了根据现有确定性的输入数据所产生结果分布的可能范围。引起不确定性变化的因素很多，而确定的固有因素越多，随机的变异性会变得越微小。在地质统计学反演中，变异性指的是相同输入信息的随机起始点不同，计算的等概率反演结果会有变化。偏差实际上是反演不确定性的主要内容，是由输入数据、参数模型等自身的缺陷造成的，通过不同的参数设置，如变差函数、子波、比例因子和噪声等级等，来分析由偏差造成的不确定性。

5.5.3　叠后统计学反演参数确定

5.5.3.1　薄互层的测井与地震响应特征

南海北部珠江口盆地在相距 100 多米的 GMGS3-W11 和 GMGS4-SC03 井均发现了厚度超过 70m 的天然气水合物层，对比发现相邻两口井的含天然气水合物层空间分布上还是存在差异。从地形地貌看，两口井的海底地形略微不同，由于海底侵蚀作用，水深相差 10 多米，天然气水合物层的埋深也存在差异（杨胜雄等，2017；Wang et al.，2020）。

为了对比天然气水合物层分布的差异，采用海平面作为起始深度进行随钻测井数据对比，如井径、密度、自然伽马、电阻率和纵波速度（图 5-27）。在海平面 1425m 深度以下，纵波速度和电阻率急剧增加指示地层含天然气水合物（红色区域，4 个具有不同厚度的层）和不含天然气水合物或者低饱和度天然气水合物层。天然气水合物层厚度为 70 多米，每一层的厚度 5～40m。GMGS3-W11 井附近海平面之下 1450m 深度处存在一个 3.5m 厚的不含天然气水合物夹层，而 GMGS4-SC03 井，在相同深度的地层纵波速度明显高于 GMGS3-W11 井，相同层位的 GMGS4-SC03 井可能为低饱和度天然气水合物层，指示天然气水合物在横向上存在变化。因此，有效刻画天然气水合物层横向与纵向变化，获得天然气水合物储层的垂向分布、厚度、饱和度和孔隙度等储层信息，识别空间的非均质性才能满足天然气水合物开发阶段对储层精细评价需求。

5.5.3.2　天然气水合物层的地震反射特征

GMGS3-W11 和 GMGS4-SC03 井测井数据指示了该区域天然气水合物储层厚度大，横向上具有明显的成层性分布，但是测井横向上仅反映井孔周围变化，仍需要利用地震资料来揭示储层空间变化。从过井的地震剖面看，测井上识别的天然气水合物层呈多个连续的强反射，该区域 BSR 较弱（图 5-28）。两口井位置天然气水合物层的振幅在垂向与横向上略微存在变化，但是仅从地震振幅无法确定细节变化，需要开展天然气水合物层弹性与物性参数反演，来精细识别天然气水合物层的横向变化。

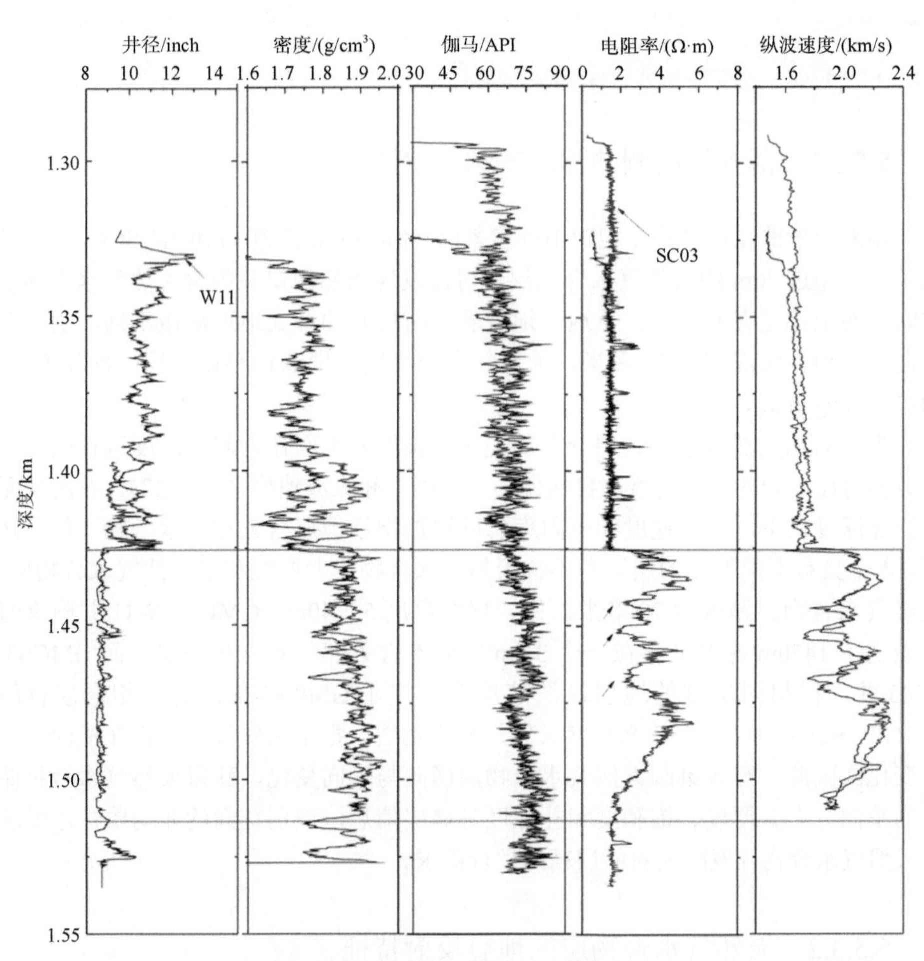

图 5-27　南海北部珠江口盆地 GMGS3-W11（黑线）和 GMGS4-SC03（蓝线）海平面以下测量的随钻测井数据对比

5.5.3.3　统计学参数模型分析

先验地质统计学参数模型的建立是地质统计学反演的前提和基础，根据划分的高饱和度和低饱和度天然气水合物两种岩相，将纵波阻抗与孔隙度和天然气水合物饱和度进行概率密度分析。概率密度分布函数给出的是纵波阻抗、孔隙度和天然气水合物饱和度之间的分布概率特征，进而建立不同储层物性与纵波阻抗之间的非线性相关性，基于该相关性建立纵波阻抗属性与储层物性属性之间的协模拟。在不同饱和度岩相内分别开展储层物性之间的交会与变差函数分析，获得不同饱和度下变密度函数、横向变差与垂向变差函数模型。

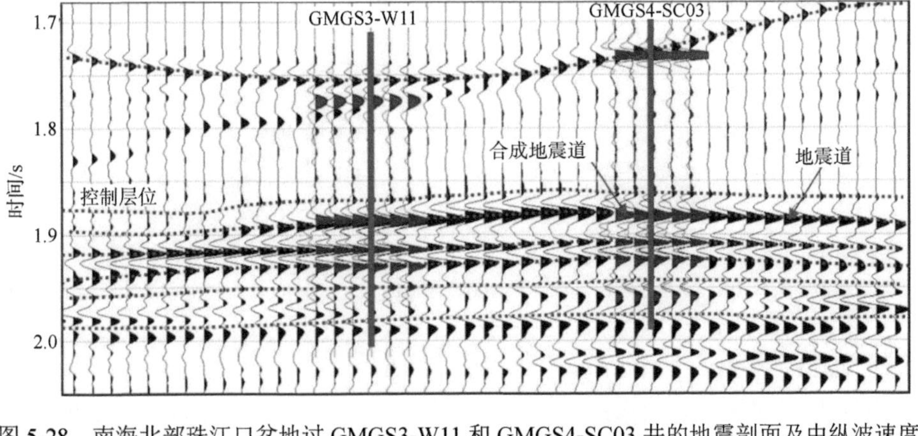

图 5-28 南海北部珠江口盆地过 GMGS3-W11 和 GMGS4-SC03 井的地震剖面及由纵波速度和密度产生的合成地震图（红色）对比

地质统计反演中的岩相曲线是根据弹性属性确定的，与测井或者录井解释的岩性不同。在 GMGS3-W11 和 GMGS4-SC03 井含天然气水合物层主要是泥质粉砂岩沉积物，因此，在这里岩相不是由沉积物岩性来确定的，而是由弹性、物性参数确定的，这是与常规油气地质统计学反演的不同之处。根据电阻率测井计算的天然气水合物饱和度和厚度差异大的特性，本次研究使用 15% 的天然气水合物饱和度作为截止值来定义岩相，将目标层分为两个相（相 1 和相 2）。在进行统计学反演时，我们分两种情况进行：一种是不进行岩相划分（模型 A）；另一种是利用天然气水合物饱和度划分岩相（模型 B），即在模型 A 中，目标层天然气水合物层被视为一个相，在模型 B 中，相 1 的天然气水合物饱和度低于 15%，纵波阻抗略有增加，占比约为 37%；而相 2 显示的饱和度大于 15%，且纵波阻抗显著提高，占比约为 63%。图 5-29 给出了模型 A 和模型 B 的孔隙度、天然气饱和度和纵波阻抗的概率密度函数差异性，模型 B 中的天然气水合物饱和度的统计关系与模型 A 的统计关系明显不同，相 1 和相 2 的概率密度分布差异较为明显，说明两者的地层分布特征是不相同的，但是天然气水合物层的孔隙度相差不大，故两种模型的孔隙度仅略有不同。

因此，两种模型的差异是模型 A 不考虑岩相类别，而模型 B 则描述了相对高饱和度天然气水合物和低饱和度天然气水合物这两种岩相。模型 A 中，我们使用高斯分布拟合 GMGS3-W11 和 GMGS4-SC03 井天然气水合物层的纵波阻抗，可以看出该数据的标准偏差较大；模型 B 中，使用高斯分布分别拟合两种岩相的纵波阻抗分布（图 5-30），每个岩相数据的标准偏差都小于模型 A，说明通过分岩相拟合的数据分布模型更为精确。因此，在模型 A 和模型 B 中，地质统计反演中使用

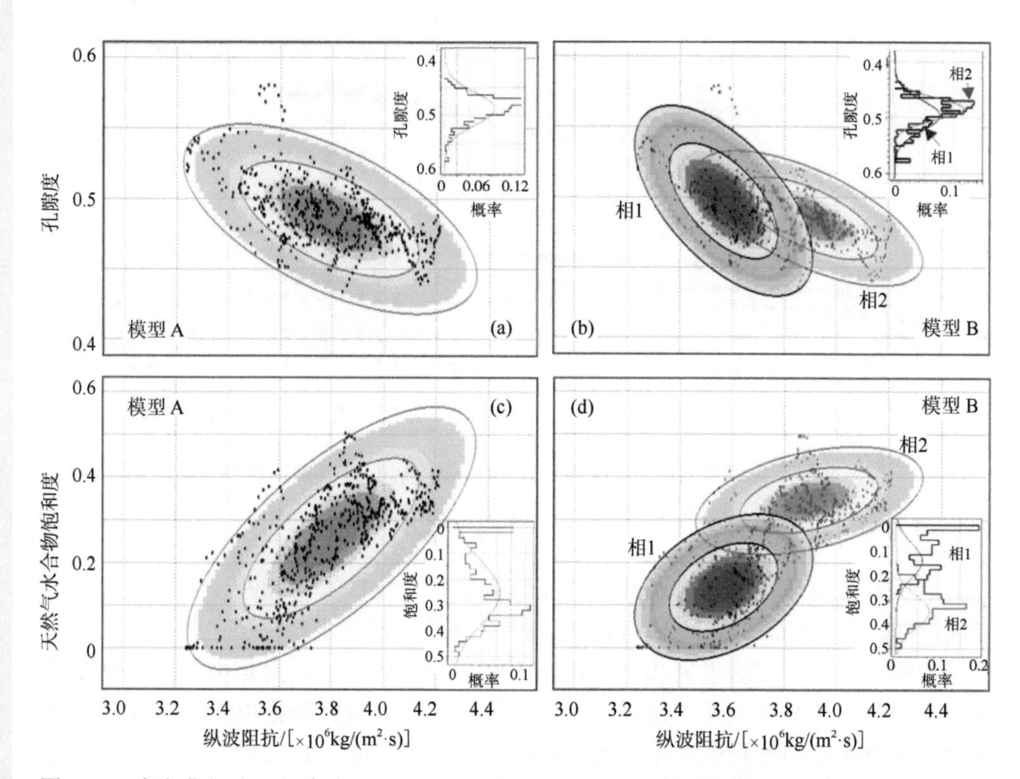

图 5-29　南海北部珠江口盆地 GMGS3-W11 和 GMGS4-SC03 井在模型 A［（a）和（c）］和模型 B［（b）和（d）］的纵波阻抗与孔隙度、天然气水合物饱和度之间的交会图，插入图为模型 A 和模型 B 的孔隙度和饱和度直方图

的概率密度函数、变差函数和岩相等统计参数明显不同。从天然气水合物饱和度和孔隙度与纵波阻抗的交会图和直方图获取的联合概率密度函数看，利用正态分布（高斯分布）概率密度函数可以有效地表征拟合属性的分布，从而得到储层属性的均值和标准偏差之间的相关性。

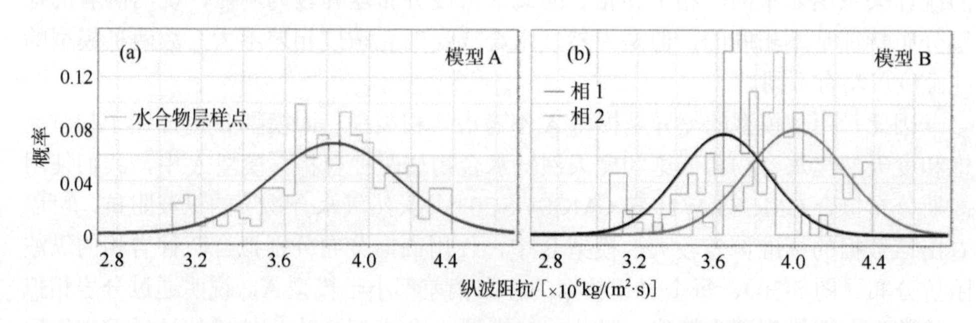

图 5-30　南海北部珠江口盆地 GMGS3-W11 和 GMGS4-SC03 井纵波阻抗的概率密度函数

由于研究区内仅有两口井数据，无法拟合一个有效的横向变差函数，模型A和模型B的横向变差函数均是从地震均方根振幅属性获得（图5-31），变程均值为1000m。由于测井数据垂向的样点数量足够多，其垂向变差函数可以根据测井数据拟合得到。模型B中，分别拟合相1和相2的垂直变差函数参数（函数类型、垂向值和横向值）和概率密度函数，确定储层属性的地质统计参数。模型A中，GMGS3-W11和GMGS4-SC03井处的纵波阻抗、天然气水合物饱和度和孔隙度的垂向变程约为16ms。而模型B中，两个岩相的垂向变程有所不同，相1和相2的垂向变程分别为10ms和14ms。

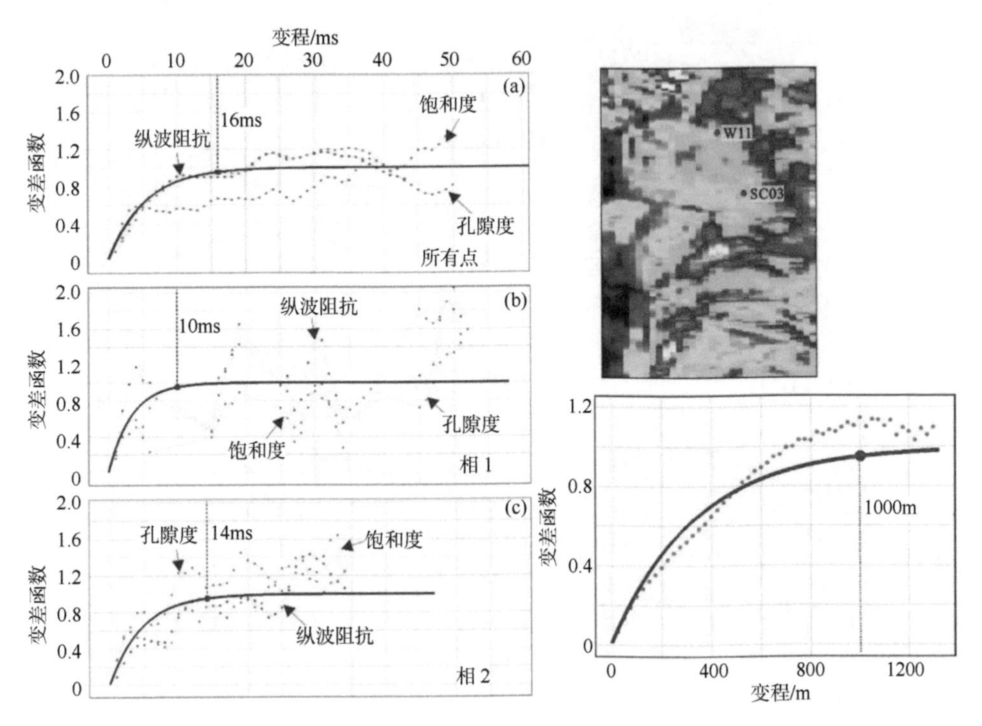

图5-31　模型A和模型B的相2和相1纵波阻抗、天然气水合物饱和度和孔隙度的横向变差函数

5.5.3.4　地质统计学反演结果分析

在地质统计学反演阶段，输入数据有测井曲线、岩相、地层网格、地震数据和子波、地震噪声、变差函数和概率密度函数。将不受测井数据约束的反演结果与稀疏脉冲反演的纵波阻抗进行比较，以检查岩相特征，如分布、形式和连通性

的相似性与一致性以及反演的纵波阻抗吻合程度。地质统计学反演的多个反演结果，包括岩性概率体和地质统计学反演的多个种子实现，其平均纵波阻抗与测井解释的值域都比较一致（图 5-32）。

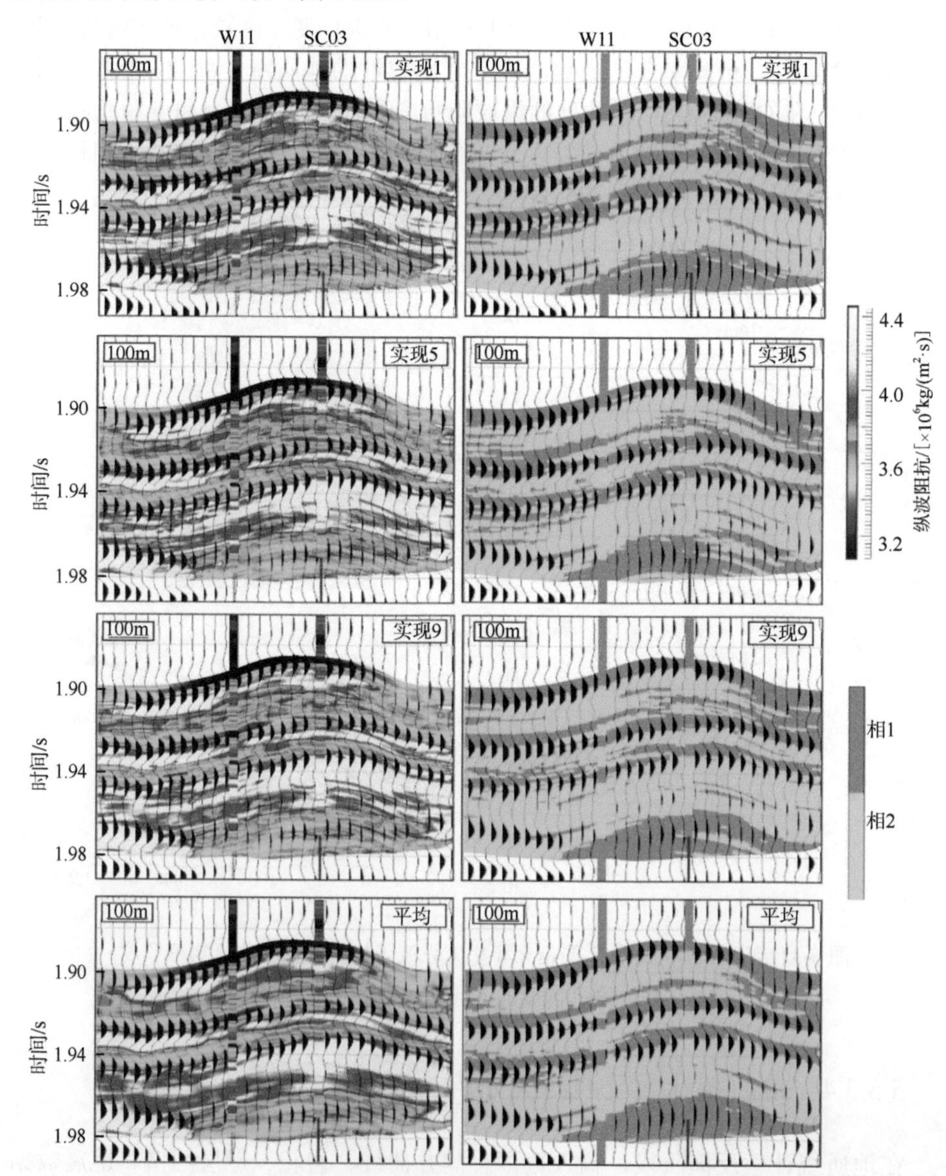

图 5-32　地质统计学反演获得的模型 B 多个实现的纵波阻抗和岩相数据显示

无井约束地质统计学反演主要用于参数测试，利用盲井预测结果判断输入参数的合理程度，对反演进行迭代直到盲井预测满意为止，如果对参数和结果感到满意，就可以显示具有测井约束的反演，并输出最终结果。在相同统计学参数和井约束条件下开展的统计学反演的结果与测井吻合更好，薄夹层也反演得很准确，在空间分布上，统计学反演结果对地质模型依赖性较高，地质模型可以提高反演结果分辨率。常规确定性反演与地震相似性高，如约束稀疏脉冲反演（图 5-17），其分辨能力与地震相当，从图 5-17 与图 5-32 反演的纵波阻抗对比看，利用统计学反演任意实现的纵波阻抗都比约束稀疏脉冲反演的纵波阻抗分辨率高。在利用地质统计学反演储层物性参数时，最后的输出是从所有实现的成果中统计得到平均纵波阻抗和最大似然岩相，将测井的纵波阻抗和岩相与反演结果进行比较（图 5-32），来显示出其匹配程度。

5.5.4　地质统计学协模拟储层物性参数

5.5.4.1　地质统计学协模拟反演方法

协模拟是利用地质统计参数求取物性参数，如饱和度和孔隙度等，地质统计学协模拟将弹性和储层物性之间的统计学关系，通过云变换算法（图 5-29）将地质统计学反演的纵波阻抗结果转化为孔隙度和天然气水合物饱和度。

基于地质统计学协模拟研究纵波阻抗与物性参数（天然气水合物饱和度）之间的云团相互关系，理论上可以得到与统计学反演相当的分辨能力。利用线性关系的确定性方法，进行纵波阻抗与天然气水合物饱和度的拟合是有误差的，主要是因为同一个纵波阻抗值可能对应着多个天然气水合物饱和度或孔隙度，参数之间的相关性不是线性的，更像一个云团特征，仅利用一个线性关系去拟合时，反演计算的天然气水合物饱和度可能出现偏高或者偏低。而地质统计学协模拟将所有范围内的天然气水合物饱和度或孔隙度值都考虑进来，将这些可能的值作为一个概率的分布来考虑，是一种非线性反演。

5.5.4.2　模型 A 与模型 B 地质统计学反演结果对比

地质统计学反演和确定性反演算法是完全不同的，两者对于数据要求和研究侧重点也不相同，统计学反演的分辨率更高，主要针对开发阶段的储层研究，但是叠后稀疏脉冲反演的纵波阻抗体可以为地质统计反演基本输入参数的分析、验证地质统计学反演成果提供基础。图 5-33 是分别利用模型 A 和模型 B 基于地质统计学反演得到的天然气水合物储层物性参数，两种模型采用相同的反演流程。岩相的差异性使得输入的统计参数（变差函数和概率密度函数）以及不同储层属性之间的关系不同。与模型A相比，模型B的反演结果得到了很大的改善。地质统计反演的低频是由先验属性直方图在各层之间的变化引起的，这一点与约束稀疏脉冲反演不同，另外地质统计学反演得到的成果是等概率的。通过对多个反演成果的岩相和纵波阻抗结果的对比可知，统计学反演得到的结果之间的差异不大，仅在细节上存在细微差异，反演结果整体上一致，与最后输出的平均纵波阻抗与岩相整体上也一致，主要原因在于反演是由地震控制的。

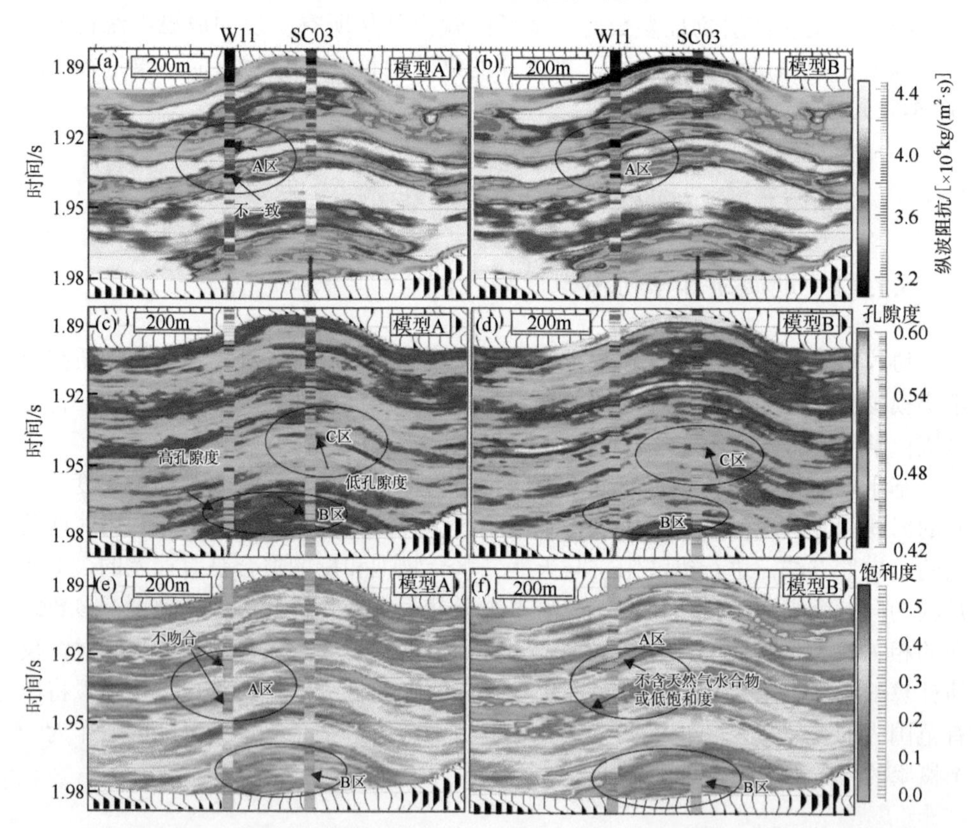

图5-33　利用地质统计学反演分别使用模型A和模型B反演的纵波阻抗剖面、孔隙度和天然气水合物饱和度剖面，并与测井结果进行对比；A～C区给出了模型A和模型B反演的差异性

借助测井资料，我们选择A区、B区和C区三个不同深度、不同井位两种模型的反演结果进行对比。模型A反演的纵波阻抗在GMGS3-W11井A区的低纵波阻抗区，测井上出现一个明显的低值异常，而使用模型A反演的纵波阻抗明显高

于测井结果，在B区出现了反演结果与测井局部不吻合，而模型B反演的纵波阻抗在A区与B区都与测井吻合较好［图5-33（a）和（b）］。从反演的孔隙度看，在GMGS4-SC03井，模型A反演的孔隙度在B区和C区明显不同于密度孔隙度测井［图5-27（c）］，而模型B反演的孔隙度结果得到了极大的改善，基本与测井获得的密度孔隙度相匹配，仅在局部薄层位置孔隙度没有测井结果高［图5-33（d）］。从反演的天然气水合物饱和度看，模型A和模型B的反演结果具有相似的特性，除了在A区和B区的几个薄层处，模型A的反演结果比模型B差一些，整体上都能反映地层真实结果［图5-33（e）和（f）］。因此，通过对比可知，使用传统地质统计反演方法，在没有岩相变化的区域，利用模型A反演的纵波阻抗、孔隙度和饱和度等剖面明显好于确定性反演结果。但是在天然气水合物饱和度存在差异的区域，采用模型B，即利用饱和度划分岩相，再利用地质统计学反演，反演精度和准确性被极大提高，能精细描述天然气水合物薄层、夹层饱和度、孔隙度及其空间分布。

5.5.4.3 地质统计学反演的测井与地震对比

通过地震剖面展示，结合测井我们对比了反演结果，但是仍难以直观看到反演结果的准确性和差异性，我们把模型A和模型B地质统计学反演的纵波速度、孔隙度和饱和度结果在两口井位置的曲线进行对比（图5-34），来对比不同方法反演结果的差异性。使用线性拟合方程根据纵波阻抗计算的天然气水合物饱和度［图5-34（c）和（f），紫色线］，在局部层位出现低于或高于从电阻率计算的天然气水合物饱和度［图5-34（c）和（f），黑线］，主要是由经验关系式的平滑效应导致的。从约束稀疏脉冲反演得到的纵波阻抗（图5-34，蓝线）与测井得出的纵波阻抗［图5-34（a）黑线］对比看，在两个井孔位置处的反演纵波阻抗［图5-34（a）和（d），蓝线］略低于或高于实测的纵波阻抗［图5-34（a）和（d），黑线］，后者用于计算孔隙度［图5-34（b）和（e），紫色线］，孔隙度在垂向方向上明显变化，横向值在46%～52%，高于或低于几个薄层的密度孔隙度。基于模型B，利用地质统计学反演的结果与测井吻合最好，模型A反演结果次之，而约束稀疏脉冲反演结果最不理想。因此，地质统计反演能够提高储层物性反演与预测精度，能精准刻画天然气水合物层非均质性和薄层信息，细节更丰富。

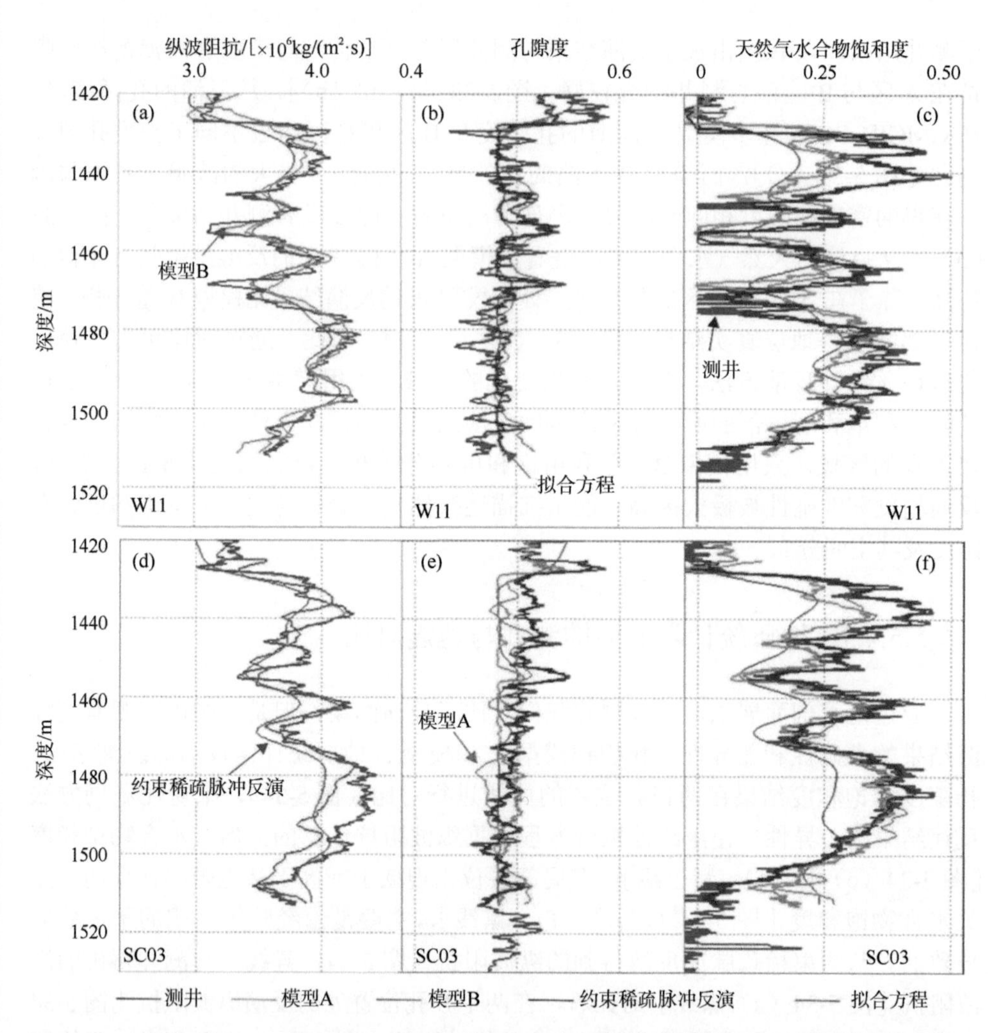

图 5-34 南海北部珠江口盆地 GMGS3-W11 和 GMGS4-SC03 井测井与利用多种地震方法反演的纵波阻抗、孔隙度和天然气水合物饱和度对比

5.5.5 统计学反演储层物性的空间刻画

通过地质统计学反演，我们获得了 GMGS3-W11 和 GMGS4-SC03 井目标区高精度与分辨率的天然气水合物储层的物性参数，借助三维可视化技术能清晰地给出天然气水合物饱和度横向和垂向上的变化及不同天然气水合物层的边界。含天然气水合物的沉积物表现出连续的多层纵向叠置的特征，每种沉积物具有不同的

厚度、横向分布范围和饱和度差异［图 5-35（a）］。沿任意层上下 3ms 时窗提取天然气水合物饱和度的均方根振幅值，配合过井孔地震剖面进行三维显示，就可以清晰地显示不含天然气水合物的夹层、含天然气水合物层及不同天然气水合物饱和度层的边界与空间分布［图 5-35（b）］。

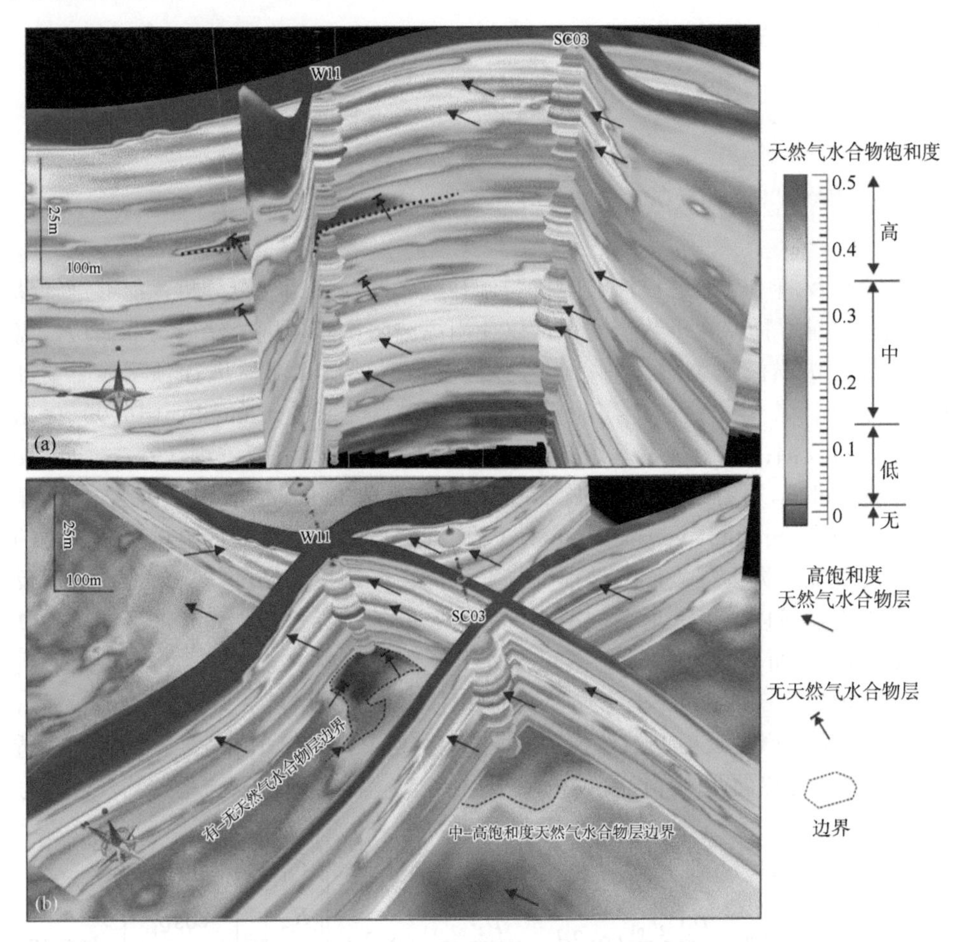

图 5-35　（a）三维视图显示的过 GMGS3-W11 和 GMGS4-SC03 井天然气水合物饱和度剖面；（b）沿任意层提取的天然气水合物饱和度均方根值，给出了横向和垂向变化及不同饱和度天然气水合物层的边界（虚线）

利用天然气水合物饱和度划分岩相，有效地解决了泥质粉砂储层天然气水合物储层物性的非均质性与薄层物性的预测和精准评价问题，极大地提高了天然气水合物储层物性的识别与空间分布预测，可以满足天然气水合物试采对储层目标精细刻画的需求，尤其是水平井试采。天然气水合物储层和不含天然气水合物的薄层可以从地质统计学反演中清晰地识别出来，远远高于地震分辨率，这些丰富的储层细节来自岩石物理、储层参数和地质数据的有效融合，满足了天然气水合物开发阶段对地质与储层建模的要求，为天然气水合物储层井位部署以及开发方案设计提供了参考。

5.6 储层物性的叠前弹性阻抗反演

5.6.1 弹性阻抗反演理论基础

在叠后反演中，通过反演波阻抗与伽马或者其他参数交会分析，能够进行储层识别和定量解释，大多数情况下，仅使用纵波阻抗难以区分储层与非储层，需要利用储层纵横波速度比、泊松比等弹性参数对储层和流体进行预测，需要开展叠前反演。常用的叠前地震反演主要有两种：一种是 Connolly（1999）提出的弹性阻抗反演；另一种是基于 Zoeppritz 纵波反射系数近似方程（Zoeppritz and Erdbebnenwellen，1919）的叠前振幅随偏移距（amplitude versus offset，AVO）/振幅随入射角（amplitude versus angle，AVA）同时反演。由于弹性阻抗反演采用的部分角度叠加数据会损失部分叠前信息，可能会影响反演精度与有效性。叠后反演假设地震射线以零度入射角向两个地质层之间的边界传播，而叠前反演是建立在 Zoeppritz 平面波反射和透射振幅方程上，假设入射 P 波以 θ_1（$\theta_1 \neq 0$）入射到水平层状地层（图 5-36），上下层介质的弹性参数分别为 V_{p1}，V_{s1}，ρ_1 和 V_{p2}，V_{s2}，ρ_2，在分界面会产生反射 P 波、反射 SV 波、透射 P 波和透射 SV 波，其反射和透射系数是关于分界面两侧弹性参数和入射角的函数，即 Zoeppritz 方程，其表达式为

$$\begin{bmatrix} \sin\theta_1 & \cos\varphi_1 & -\sin\theta_2 & \cos\varphi_2 \\ -\cos\theta_1 & \sin\varphi_1 & -\cos\theta_2 & -\sin\varphi_2 \\ \sin 2\theta_1 & \dfrac{V_{p1}}{V_{s1}}\cos 2\varphi_1 & \dfrac{\rho_2 V_{s2}^2 V_{p1}}{\rho_1 V_{s1}^2 V_{p2}}\cos 2\theta_2 & -\dfrac{\rho_2 V_{s2} V_{p1}}{\rho_1 V_{s1}^2}\cos 2\varphi_2 \\ \cos 2\varphi_1 & \dfrac{V_{s1}}{V_{p1}}\sin 2\varphi_1 & -\dfrac{\rho_2 V_{s2}}{\rho_1 V_{p1}}\cos 2\varphi_2 & -\dfrac{\rho_2 V_{s2}}{\rho_1 V_{p1}}\sin 2\varphi_2 \end{bmatrix} \begin{bmatrix} R_{pp} \\ R_{ps} \\ T_{pp} \\ T_{ps} \end{bmatrix} = \begin{bmatrix} -\sin\theta_1 \\ -\cos\theta_1 \\ \sin 2\theta_1 \\ -\cos 2\varphi_1 \end{bmatrix} \quad (5\text{-}12)$$

式中，V_p、V_s 和 ρ 分别为反射界面上下介质的纵横波速度及密度；θ_1、φ_1 分别为 P 波和 SV 波的反射角，θ_2、φ_2 分别为 P 波和 SV 波的透射角；R_{pp}、R_{ps} 分别为 P 波和 SV 波的反射系数，T_{pp}、T_{ps} 分别为 P 波和 SV 波的透射系数。精确的 Zoeppritz

方程给出了弹性参数与界面处反射和透射系数的复杂非线性关系，直接应用较复杂且效率低。

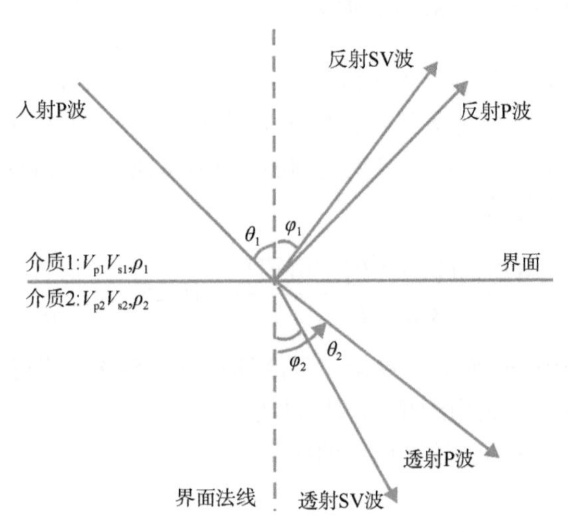

图 5-36　纵波入射的反射和透射示意

Connolly（1999）提出弹性阻抗是 P 波速度、S 波速度、密度和入射角的函数，其表达式为

$$\mathrm{EI}(\theta)=V_{\mathrm{p}}^{\left(1+\tan^2\theta\right)}V_{\mathrm{s}}^{\left(-8K\sin^2\theta\right)}\rho^{\left(1-4K\sin^2\theta\right)} \tag{5-13}$$

式中，K 是上下两层 $V_{\mathrm{s}}^2/V_{\mathrm{p}}^2$ 平均值，θ 为入射角，EI 随入射角变化。当入射角为 0 时，弹性阻抗就是声波阻抗，EI 的反射系数 $R(\theta)$ 可以写成与声波阻抗相同的形式，其表达式为

$$R(\theta)=\frac{\mathrm{EI}_2-\mathrm{EI}_1}{\mathrm{EI}_2+\mathrm{EI}_1} \tag{5-14}$$

基于测井与式（5-13），能直接由弹性阻抗（EI）得到反射系数，其表达式为

$$\ln(\mathrm{EI})=(1+\tan^2\theta)\ln\left(V_{\mathrm{p}}\right)+\left(-8K\sin^2\theta\right)\ln\left(V_{\mathrm{s}}\right)+\left(1-4K\sin^2\theta\right)\ln(\rho) \tag{5-15}$$

该方法需要至少三个独立角道集数据来计算 V_{p}、V_{s} 和 ρ。在小道集时，$\tan^2\theta\approx\sin^2\theta$，如果 $V_{\mathrm{p}}/V_{\mathrm{s}}=2$，则 $K=0.25$。不同区域 K 值略微存在差异，以布莱克海台地区的弹性反演为例，由于 V_{s} 相对较低，假设 $K\approx0.1$，则经验公式近似为

$$4K\sin^2\theta\ln(\rho)\approx\sin^2\theta\ln(\rho)-6K(0.25-K)\left(\frac{1}{aK}-\frac{K}{b}\right)\sin^2\theta \tag{5-16}$$

式（5-16）就直接简化为式（5-17），其表达式为

$$\ln(\mathrm{EI}) \approx \ln(\rho V_{\mathrm{p}})(1+\sin^2\theta) - 8K\ln(\rho V_{\mathrm{s}})\sin^2\theta - 6K(0.25-K)\left(\frac{1}{aK}-\frac{K}{b}\right)\sin^2\theta \quad (5\text{-}17)$$

式中，当 $K<0.25$ 时，系数 a=8.0 和 b=0.5；当 $K>0.25$ 时，系数 a=3.0 和 b=3.0。式（5-17）至少需要两个角道集的数据才能反演纵波与横波阻抗。如果能利用波阻抗反演获得入射角为 0 时的纵波阻抗剖面，或者从测井资料获得，利用式（5-18）也能获得横波，其表达式为

$$\ln(\rho V_{\mathrm{s}}) \approx \frac{\ln(\rho V_{\mathrm{p}})(1+\sin^2\theta) - \ln(\mathrm{EI})}{8K\sin^2\theta} - \frac{3}{4}(0.25-K)\left(\frac{1}{aK}-\frac{K}{b}\right) \quad (5\text{-}18)$$

利用入射角 $\theta\neq0°$ 的角道集数据，就能通过式（5-18）获得横波阻抗。因此，基于纵波角道集数据，利用约束稀疏脉冲方法进行弹性反演，就能获得储层的纵波阻抗、横波阻抗、纵横波速度比、泊松比和拉梅常数等弹性参数。

5.6.2　弹性阻抗反演应用

Lu 和 McMechan（2004）将弹性反演方法成功应用于布莱克海台地区二维地震的叠前反演。从 0°～8°、8°～16°、16°～24° 和 24°～32° 四个角道集的地震剖面看［图 5-37（a）～（d）］，BSR 在不同角道集上都呈现强振幅反射，随偏移距略微发生变化。

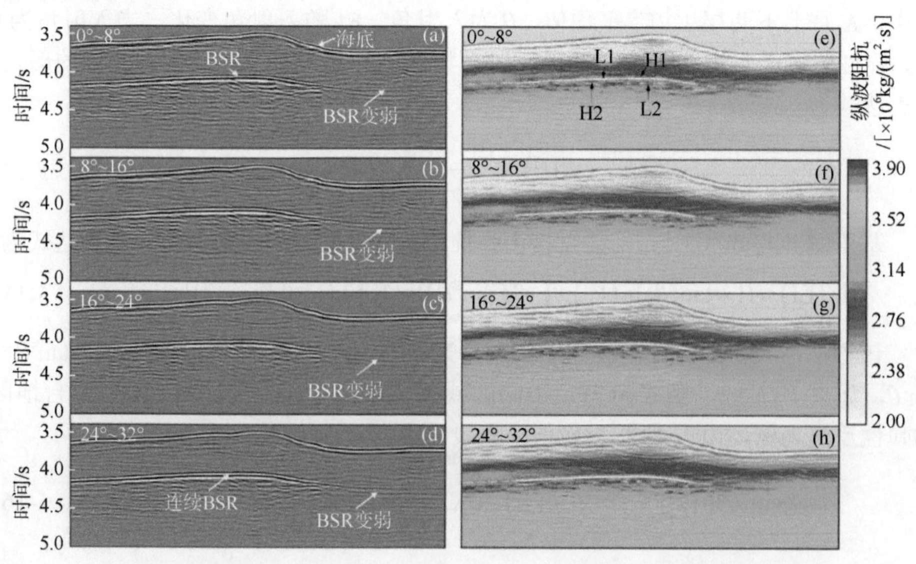

图 5-37　不同角道集的时间偏移剖面及其弹性阻抗反演结果（Lu and McMechan，2004）

子波估算和低频模型的建立是弹性反演的基础，与叠后波阻抗反演方法相似，可以把测井与处理获得的叠加速度联合起来建立低频模型。图5-37（e）～（h）是四个角道集数据反演的弹性阻抗剖面，所有弹性阻抗剖面都有两组高-低阻抗异常层，即H1、L1、H2、L2，指示地层含天然气水合物和游离气。在L1和H2中能看到弹性阻抗随着入射角变化，随着入射角的增加，弹性阻抗EI在L1层变小，而在H2层变大。

结合测井横波阻抗，利用式（5-17）和式（5-18），反演得到纵波阻抗和横波阻抗剖面（图5-38），可以与测井得到的阻抗进行对比。纵波阻抗也可以从近偏移数据利用约束稀疏脉冲反演直接得到，再利用式（5-18）反演得到横波阻抗。从

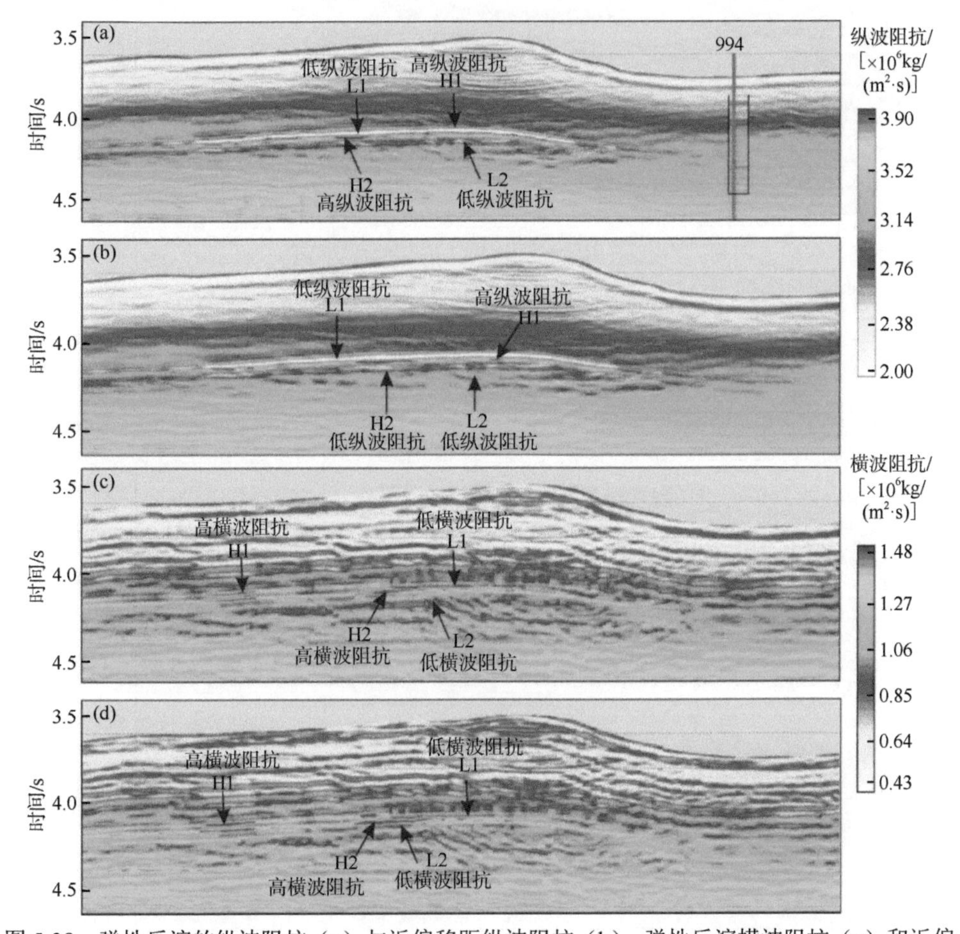

图5-38 弹性反演的纵波阻抗（a）与近偏移距纵波阻抗（b）、弹性反演横波阻抗（c）和近偏移距横波阻抗（d）反演对比（Lu and McMechan，2004）

反演结果看，都存在两个纵波阻抗与横波阻抗异常层，在 H1 层局部位置，弹性反演得到的纵波阻抗要比近偏移距反演的纵波阻抗明显，而横波阻抗相差不大。

利用纵波阻抗和横波阻抗可以得到横纵波的速度比（V_s/V_p）、泊松比和拉梅常数等多种储层物性与弹性参数（图 5-39）。在低纵波阻抗的 L1 和 L2 层，横纵波速度比呈高值异常，而泊松比低于背景值（0.41～0.43），为 0.30～0.35；在高纵波阻抗的 H1 和 H2 层，泊松比无明显变化，而 $\lambda\rho$ 出现高值异常。因此，利用反演弹性参数及物性参数能够识别与预测天然气水合物和游离气分布，并定量评价储层的饱和度和孔隙度等。

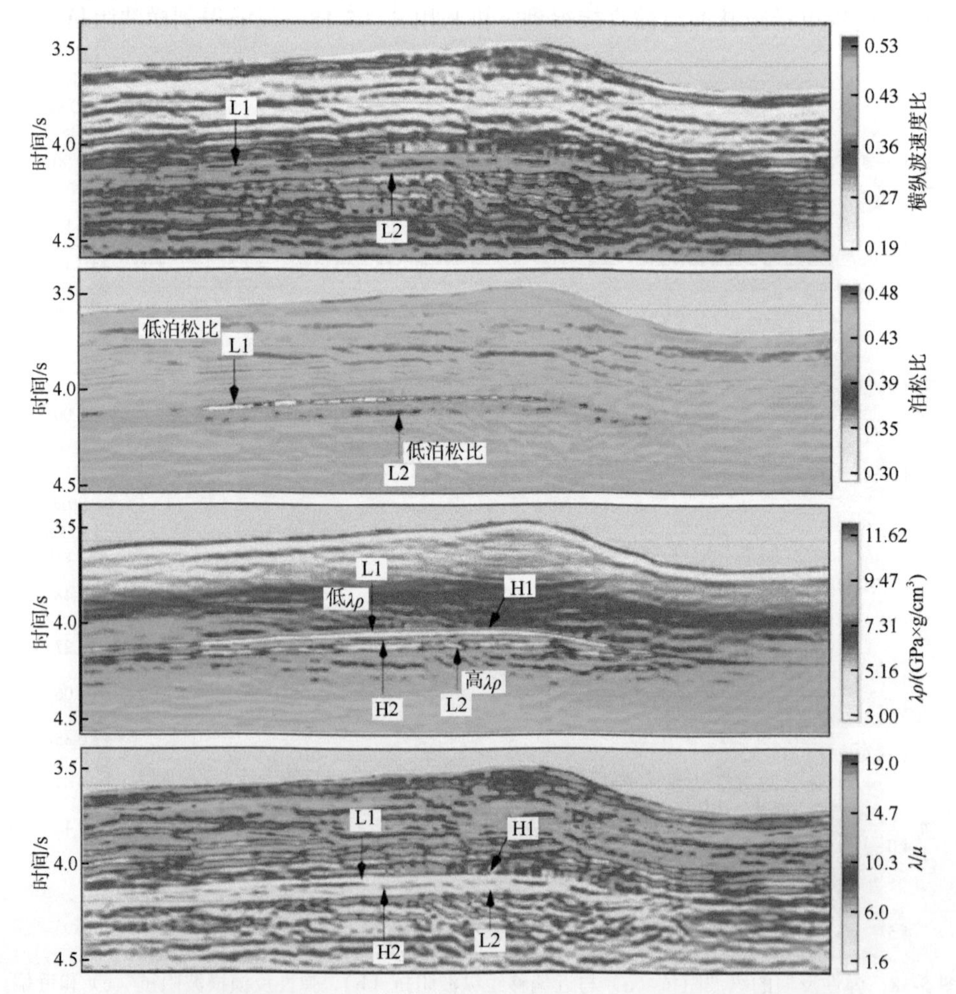

图 5-39　反演的横纵波速度比、泊松比、拉梅参数 $\lambda\rho$ 和 λ/μ 剖面（Lu and McMechan，2004）

5.7　储层物性的叠前多参数同时反演

统计学反演提高了天然气水合物薄层及储层物性非均质的识别精度和准确性，实现了储层预测与评价，由于在叠后地震数据体上完成，不能直接获得储层物性与横波有关信息，而叠前反演能够把纵波速度、横波速度和密度同时反演出来，能够提供更多弹性参数进行储层识别与预测。

5.7.1　叠前同时反演基本原理

叠前同时反演使用的也是约束稀疏脉冲的算法，全称为Simultaneous AVA/AVO Constrained Sparse Spike Inversion，简称 Simultaneous Inversion。通过 RockTrace 叠前同时反演，可以对纵波阻抗、横波阻抗和密度等同时计算，可以在多个角度叠加数据体或者多个偏移距叠加数据体进行反演，以生成纵波速度体、横波速度体和密度体，多种参数能准确识别储层的流体特性以及饱和度等参数。根据 Zoeppritz 方程［式（5-12)］，入射平面波在向界面传播时发生反射、透射变换。入射纵波产生四个波，包括两个反射波和两个透射波（图 5-36)，而入射角、反射角和透射角满足斯涅尔定律（Snell's Law)。

由于天然气水合物及下部的游离气层埋藏较浅，为未固结地层，研究区三维地震的角道集数据的最大有效入射角为 52° 左右。Connolly（1999）提出来的弹性阻抗方程，是基于 Knott-Zoeppritz 近似式（Aki-Richards 近似）推导出来的，适用于入射角 30°～40° 数据，该入射角范围远小于目标层的最大入射角，因此，不能满足天然气水合物及下部游离气层求取精确解的条件。针对大入射角反射和浅层压实趋势变化的情况，采用 Aki 和 Richards（1980）展开 Knott-Zoeppritz 方程的纵波反射系数 R_{pp} 的精确解公式进行求解，其表达式为

$$R_{pp}=\left[\left(b\frac{\cos\theta_1}{V_{p1}}-c\frac{\sqrt{1-P^2V_{p2}^2}}{V_{p2}}\right)F-\left(a+d\frac{\cos\theta_1}{V_{p1}}\frac{\sqrt{1-P^2V_{s2}^2}}{V_{s2}}\right)HP^2\right]\Big/D \tag{5-19}$$

$$a=\rho_2\left(1-2P^2V_{s2}^2\right)-\rho_1\left(1-2P^2V_{s1}^2\right)$$

$$b=\rho_2\left(1-2P^2V_{s2}^2\right)+2\rho_1P^2V_{s1}^2$$

$$c=\rho_1\left(1-2P^2V_{s1}^2\right)+2\rho_1P^2V_{s2}^2$$

$$d = 2\left(\rho_2 V_{s2}^2 - \rho_1 V_{s1}^2\right)$$

$$D = EF + GHP^2$$

$$E = b\frac{\cos\theta_1}{V_{p1}} + c\frac{\sqrt{1-P^2V_{p2}^2}}{V_{p2}}$$

$$F = b\frac{\sqrt{1-P^2V_{s1}^2}}{V_{s1}} + c\frac{\sqrt{1-P^2V_{s2}^2}}{V_{s2}}$$

$$G = a - d\frac{\cos\theta_1}{V_{p1}}\frac{\sqrt{1-P^2V_{s2}^2}}{V_{s2}}$$

$$H = a - d\frac{\sqrt{1-P^2V_{p2}^2}}{V_{p2}}\frac{\sqrt{1-P^2V_{s2}^2}}{V_{s1}}$$

$$P = \frac{\sin\theta_1}{V_{p1}}$$

式中，ρ_1、V_{p1}、V_{s1} 和 ρ_2、V_{p2}、V_{s2} 分别为反射界面上、下层介质的密度、纵波速度和横波速度，θ_1 为P波的反射角。通过式（5-19）可以获得反射地震振幅（或反射系数）与入射角之间的精确解，避免了储层的弹性参数求解过程不准确的问题。

5.7.2 叠前同时反演流程

前人利用叠后与叠前反演研究分析了含天然气水合物和游离气层的特征（Riedel et al.，2009；Riedel and Shankar，2012；Shelander et al.，2012；Lu and McMechan，2002，2004；Wang et al.，2016）。叠前同时反演从多个不同角度的叠加数据出发，综合利用所有入射角的地震数据进行同时反演，直接得到纵波速度、横波速度和密度弹性参数，进而得到泊松比、拉梅系数、杨氏模量、剪切模量和体积模量等弹性参数，利用这些弹性参数开展地层的岩性预测和储层含流体性质检测。针对天然气水合物层、天然气水合物与游离气共存层、局部游离气层，图5-40给出了叠前同时反演的关键技术流程，其关键点包括：①地震角道集数据、测井及层位准备；②井震标定，创建井震和时深之间的联系，提取和评估不同入射角地震的宽频子波；③建立低频模型，客观反映储层趋势的分布特征，以压实趋势与地震资料处理获得的速度场为基础建立低频模型；④叠前反演弹性参数的质量控制；⑤利用岩相流体概率分析进行储层解释，获得天然气水合物层、天然气水合物与游离气共存层以及游离气层的空间分布。

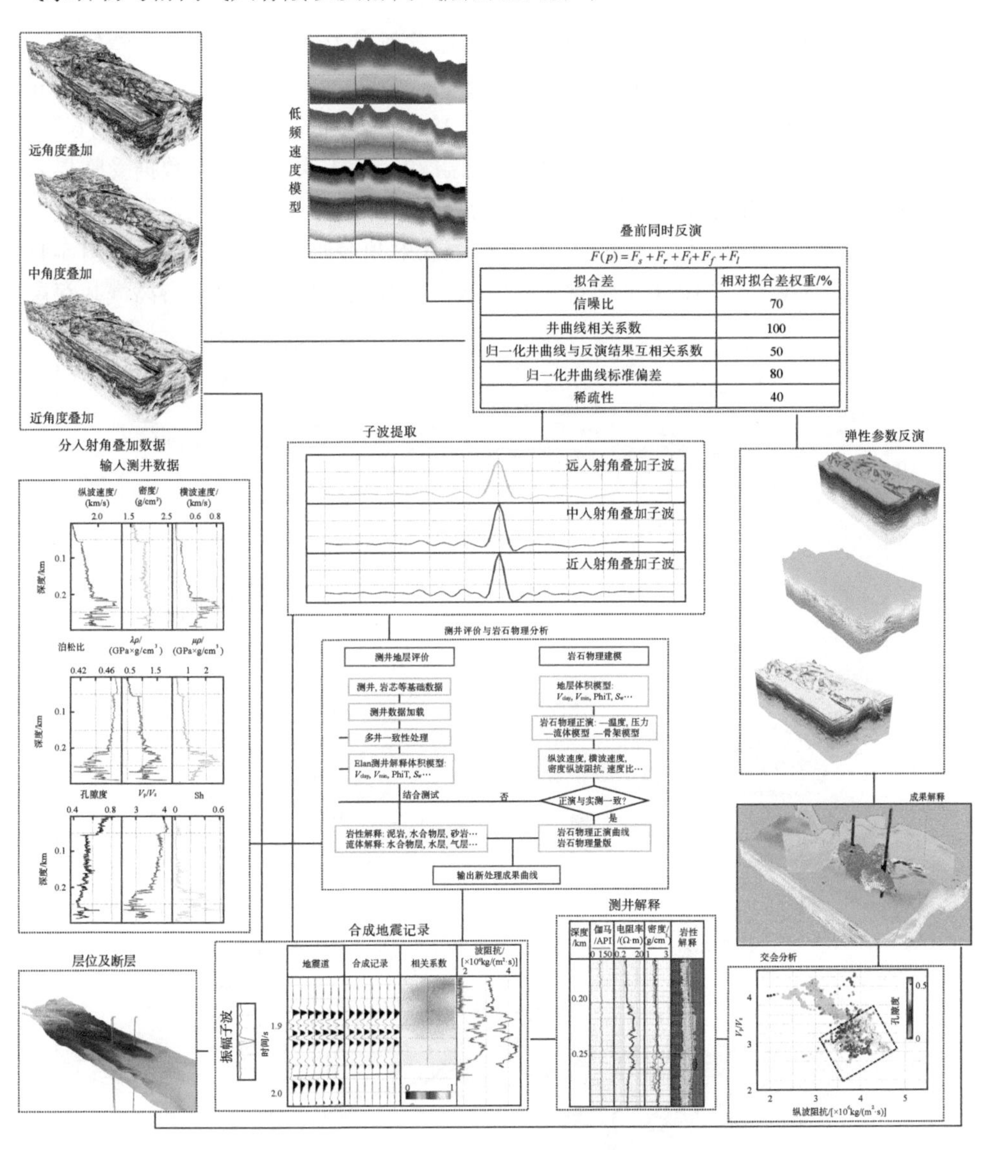

图 5-40　叠前同时反演流程

5.7.2.1 入射角部分叠加数据分析

南海北部珠江口盆地 GMGS3-W17 井钻探发现了天然气水合物及天然气水合物与游离气共存层（Qian et al.，2018；Qin et al.，2020），目标地层位于海底 300m 内。三维地震数据的道间距为 12.5m，炮间距 25m，偏移距 195m，记录道数为 6 缆，每缆 408 道，采样间隔 2ms，地震数据的覆盖次数为 51 次。该地震数据受临界入射角的影响，我们将叠前入射角道集划分为三个叠加道集（图 5-41），分别为近入射角（0°～16°）、中入射角（16°～34°）和远入射角叠加（34°～52°）。从图 5-41 看，在 GMGS3-W17 井 BSR 上部含天然气水合物及天然气水合物与游离气共存层

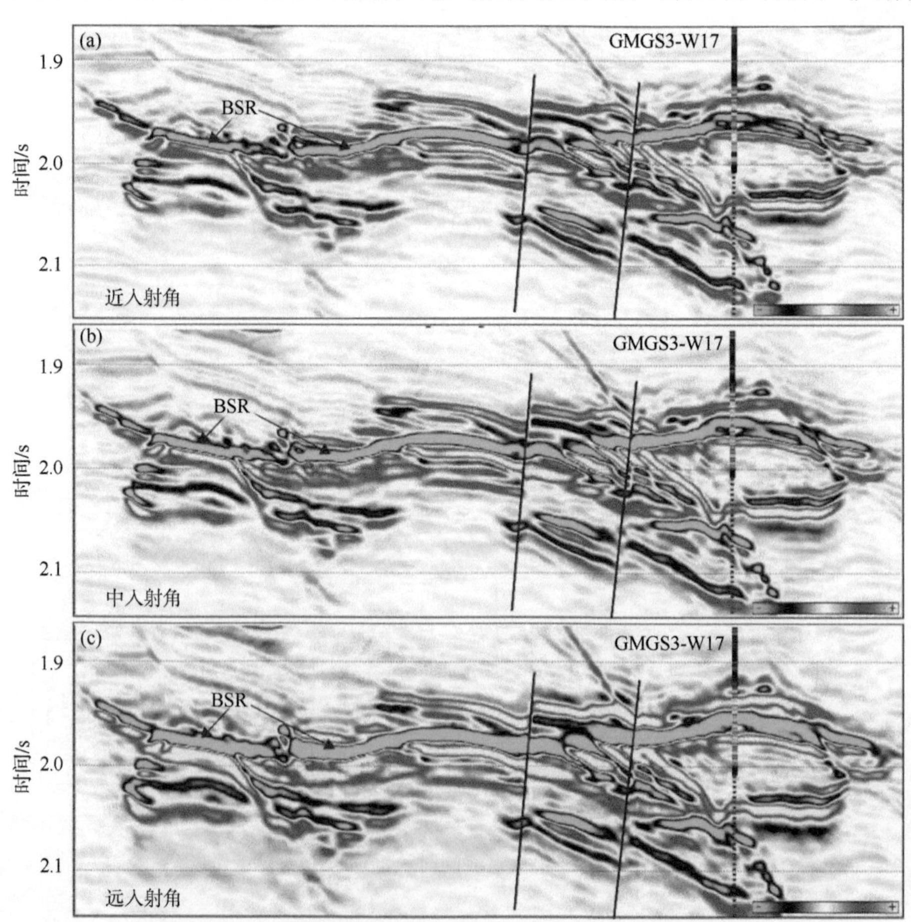

图 5-41 南海北部珠江口盆地过 GMGS3-W17 井三维地震的不同入射角地震剖面

的近入射角叠加地震数据和远入射角部分叠加地震数据在频率甚至相位略微不同，在远入射角，BSR 处的频率明显变低，BSR 上部天然气水合物层的振幅明显变强。按照 Verm 和 Hilterman（1995）方程可知，近入射角部分叠加数据近似自激自收的地震数据，其主要受纵波阻抗的影响，中入射角地震响应与泊松比变化率相关，远入射角数据受流体影响较多，尤其是入射角达到 50° 以上甚至到临界角时，远入射角地震响应与纵波速度变化相关，因此，使用简单的全叠加处理混淆了地震数据随入射角变化的信息。

图 5-42 是沿 BSR 上下 10ms 时窗在不同入射角叠加数据提取均方根振幅平面图，近、中、远入射角的振幅平面图之间的差异是较为明显的，远入射角振幅明显大于近入射角振幅，不同的位置振幅异常增大的幅度不同，振幅异常指示储层流体发生了改变。其中 GMGS4-SC03 井振幅变化较小，而 GMGS3-W17 井振幅变化较为明显，表明两口井钻遇的储层物性可能存在差异。

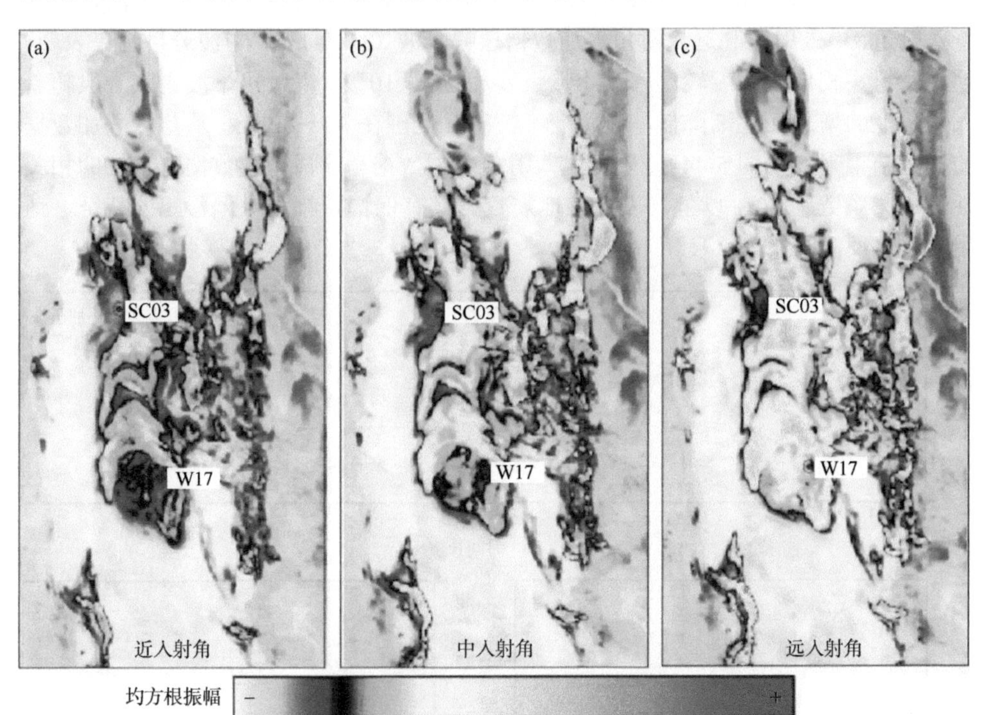

图 5-42　南海北部珠江口盆地关键目标 BSR 上下 10ms 时间沿近入射角（a）、中入射（b）和远入射角（c）叠加数据的均方根振幅平面图

5.7.2.2 井震标定及部分叠加子波估算

井震标定是建立地震和测井之间的对应关系，确定地震同向轴所代表地层或者储层的特征。对入射角叠加地震数据进行标定，这个过程仅是评估子波，一般来说不能调整时深关系。应用测井资料进行子波估算和提取，该地震数据在天然气水合物层的频带范围为4～100Hz。由于地震目标层厚度远远小于估算子波所需的3～5倍波长，在子波提取过程要按照宽频子波估算流程，包括四步：①在储层时窗范围内估算一个较短的常规子波；②根据4～5Hz确定所需的宽频子波长度为200ms，并从地震数据中估算宽频相位子波；③在常规子波的频率范围内将宽频子波相位谱和幅度谱与常规子波保持一致，调整宽频子波的相位谱与反演的最低频率和最高频率保持一致；④通过井震标定验证宽频子波。

叠前反演研究是利用角度叠加地震数据开展研究，需要估算振幅子波，包括近入射角、中入射角和远入射角叠加数据振幅子波（图5-43）。子波分析结果表明，地震资料零相位化程度较高，基本接近零相位（±10°），入射角子波主频一般随着入射角度的增加而逐渐降低，频宽变窄，主频范围在40～50Hz。从角度叠加数据的标定结果来看（图5-44），研究区入射角叠加数据与合成地震数据有较好的相关性，相关系数达80%以上，表明该地震数据具有保幅振幅相对偏移距的特征，适用于叠前反演的研究。

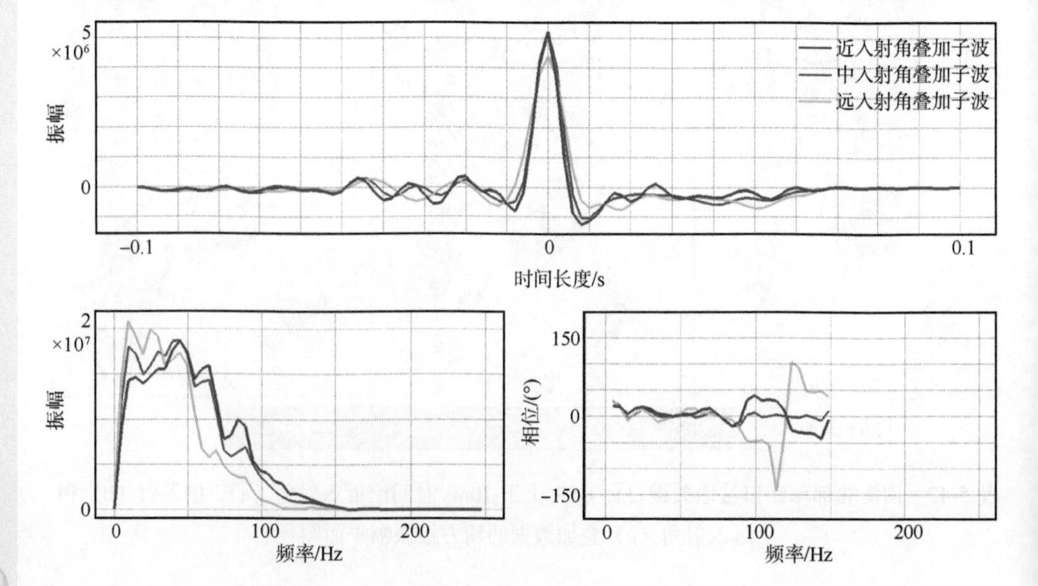

图5-43 南海北部珠江口盆地近-中-远入角度部分叠加地震子波振幅与相位对比

蓝色、红色和绿色分别为近、中、远入射角叠加子波

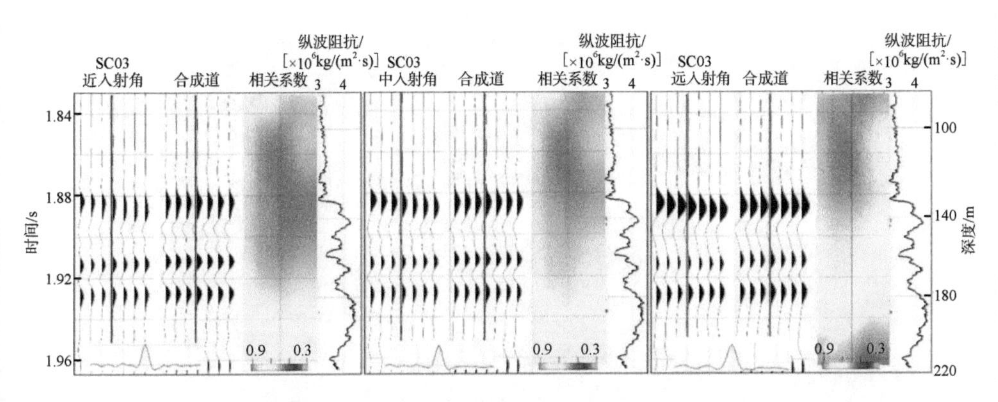

图 5-44 南海北部珠江口盆地过 GMGS4-SC03 井近、中、远入射角道集数据与合成地震记录对比

5.7.2.3 低频趋势模型

常规地震数据缺失低频信息，一般会缺失 6～8Hz 以下的信息，在反演过程中通过井插值低频模型进行补充。宽频地震数据缺失低于 4Hz 频率的信息，损失的低频范围较小，在反演中仅需对低频模型补充 0～4Hz 的部分信息。南海北部神狐海域过 GMGS4-SC03 和 GMGS3-W17 井钻探发现的天然气水合物层的非均质性较强，在天然气水合物稳定带内并不是稳定连续分布，利用井插值低频模型会造成天然气水合物、游离气储层估算差异大。我们将地震处理速度场作为低频模型（图 5-45），减少人为对该低频模型的影响，客观反映天然气水合物、游离气层的分布。处理速度谱建立低频模型分两步：①将地震处理的叠加速度转换成层速度；②通过钻井测井曲线分析，建立纵波速度与横波速度、纵波速度和密度之间的关系式，利用经验关系转换成速度场得到低频模型。该模型频率信息较为丰富，低频模型的高频信息可以达到 4Hz，但是受限于速度场的准确程度以及非固结海底浅层沉积物的影响，在关系式转换过程中需要剔除不符合岩石物理的异常值。

5.7.2.4 叠前反演参数

为了克服大入射角、资料信噪比较低的缺陷，同时降低反演过程对初始模型的依赖，叠前反演运用约束稀疏脉冲全局寻优的方法，对不同入射角度或者偏移距部分叠加的多个地震数据体同时反演，客观利用叠前地震数据的信息，保证反演弹性参数能真实地反映储层信息。对每个地震道进行最优化求解，获得优化的弹性参数结果。在反演过程中通过设置不同输入参数的拟合差函数权重实现最小

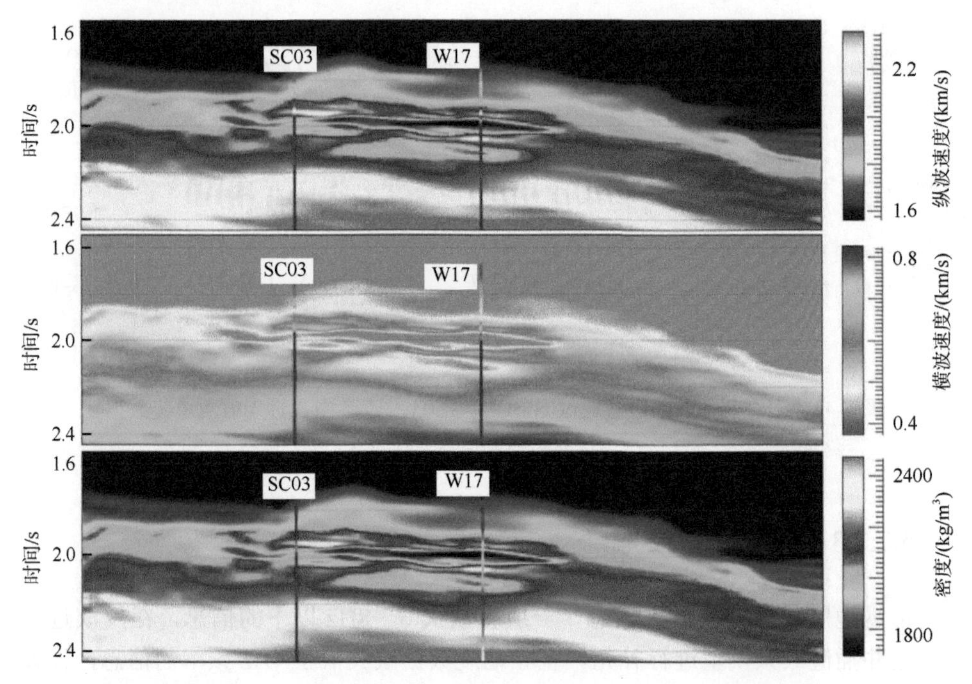

图 5-45　南海北部珠江口盆地过 GMGS4-SC03 和 GMGS3-W17 井地震剖面的纵波速度、横波速度和密度场低频模型

化目标函数，优化反演的结果，总目标函数设定为

$$F = F_{\text{seismic}} + F_{\text{contrast}} + F_{\text{trend}} + F_{\text{spatial}} + F_{\text{Gardenr}} + F_{\text{Mudrock}} + F_{\text{svd}} \tag{5-20}$$

式中，F_{seismic} 是地震数据目标函数，代表实际观测地震数据和合成地震记录的拟合程度；按照多井合成记录时确定的信噪比设定，一般来说信噪比在中入射角叠加数据最高，近入射角和远入射角数据易受噪声以及采集处理的影响，我们使用的近、中、远入射角叠加数据的信噪比分别为 16dB、18dB、16dB。F_{contrast} 是弹性参数目标函数，控制弹性参数的变化程度，代表纵波阻抗、横波阻抗以及密度等反射系数的稀疏性。设定稀疏性是反演中最为重要的一组参数，稀疏性涉及反射系数与测井数据的吻合程度，纵波速度的稀疏性参数为 0.02，横波速度的稀疏性参数为 0.04，密度的稀疏性参数为 0.0025。F_{trend} 是低频变化趋势目标函数，限制反演结果的低频部分与模型趋势之间的变化，该参数主要受低频模型截止频率的影响，受其他参数影响较小，故该参数对总目标函数的影响有限，选取截止频率为 4Hz。F_{spatial} 是空间变化趋势目标函数，通过设定数据点之间的空间关系，影响反演结果连续性，选取空间相关长度为 250m。F_{Gardenr} 是密度与速度关系式目标函

数，利用岩石物理方法来约束纵波阻抗与密度之间的关系。该关系一般来源于区域内测井纵波阻抗与密度的分析，选取 Gardner slope 参数为 0.25。$F_{Mudrock}$ 是纵横波速度关系式目标函数，利用岩石物理的方法来约束纵波阻抗与横波阻抗之间的关系。该约束关系对有压实趋势明显的地层影响较大。该关系一般来源于区域内测井纵波阻抗与横波阻抗的分析，选取 Mudrock slope 参数为 1.36。F_{svd} 是奇异值分解（singular value decomposition，SVD）目标函数，用数学方法控制低频信息，将一些不符合岩石物理极限的数值进行压制，一般来说这个参数对纵波阻抗的影响很小，对横波阻抗和密度的影响较大，选取参数 SVD 为 0.01。

因为总目标函数由多个分目标函数组成，参数之间存在相互影响，优化叠前反演参数过程要按照一定的顺序测试。天然气水合物与游离气共存区的储层较为复杂，储层非均质性强，要重点考虑地震数据的权重，故在叠前反演参数优化遵循地震数据目标函数、弹性参数目标函数、低频变化趋势目标函数、空间变化趋势目标函数、密度与速度关系式目标函数、纵横波速度关系式目标函数、奇异值分解目标函数等。

5.7.2.5 反演结果质量控制

反演结果质量控制是反演结果可信程度的重要保证，是反演工作的关键，质量控制有多种方法，既可以从剖面上进行质控（图 5-46），也可以从平面上（图 5-47）进行质控，或者进行盲井反演结果与实测数据对比（图 5-48）。剖面上质量控制反演结果是将入射角叠加数据（黑色）和反演结果合成地震数据（红色）叠合显示，从叠合程度来看，整体上实测地震数据与合成地震数据都有很好的吻合，仅在局部区域不吻合，存在很小的残差；如图 5-47 所示，平面上质量控制反演结果是选取沿 BSR 提取实测地震和反演结果合成数据的相关系数。从平面图的相关系数来看，两者的相关系数较高，相关性达到 90% 以上，说明地震数据的信噪比高，保幅程度高，反演结果较为可靠。同时应注意检查相关系数低值的区域，一般代表输入地震数据与合成记录道吻合程度相对较低，具有较高的残差，也是需要检查的区域。

本次反演过程中并没有使用井插值的低频模型，GMGS4-SC03 和 GMGS3-W17 井都属于盲井，可以用以检验反演结果的准确度。图 5-48 展示了盲井反演结果与实测曲线对比检查，从对比结果来看，反演得到的纵波速度、纵横波速度比与实测曲线有较好的吻合（高切滤波后），故认为反演成果是具有预测性的。

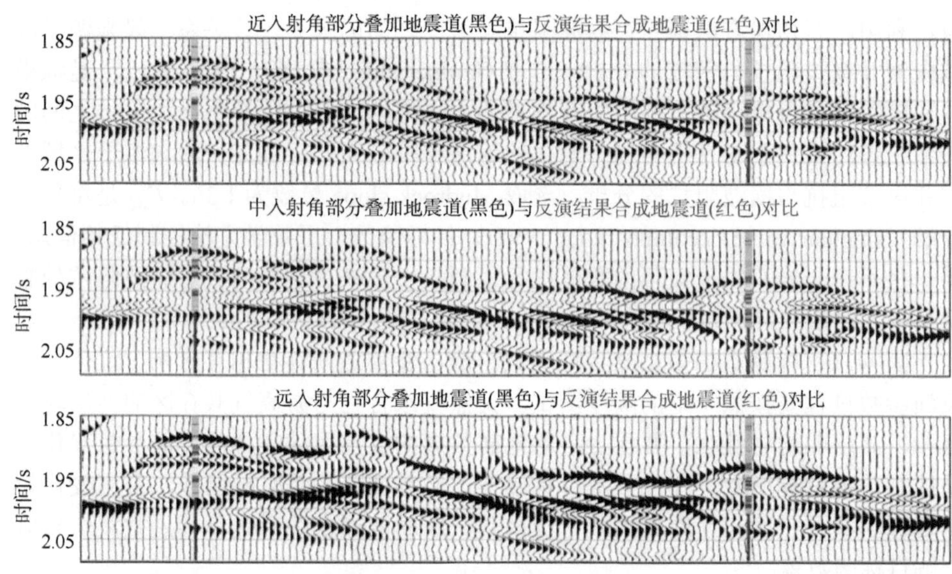

图 5-46　南海北部珠江口盆地过 GMGS4-SC03 和 GMGS3-W17 井近、中、远入射角叠加地震道与合成地震记录对比

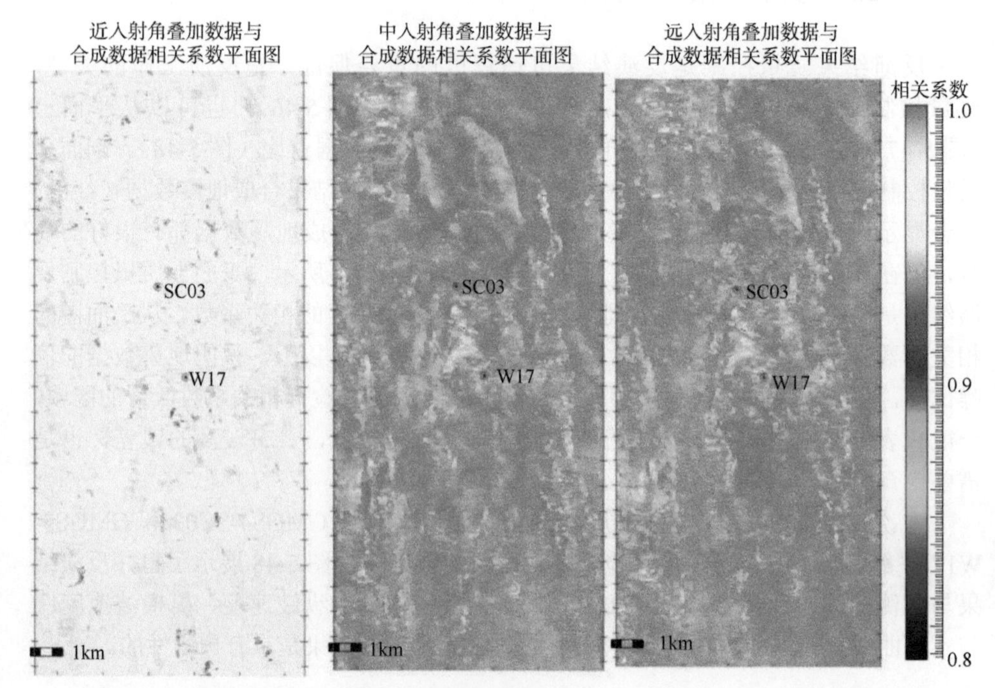

图 5-47　南海北部珠江口盆地反演平面质量控制（时窗：BSR−10ms 到 BSR+10ms）

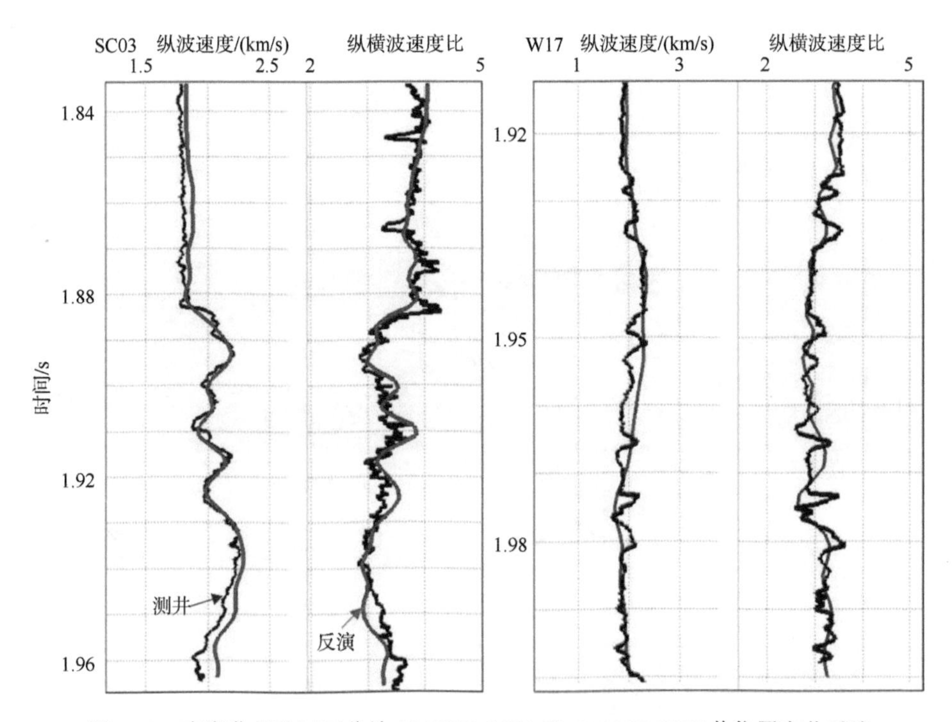

图 5-48 南海北部珠江口盆地 GMGS4-SC03 和 GMGS3-W17 井位置盲井反演与实际测井曲线对比进行质量控制

5.7.3 叠前同时反演储层物性

利用叠前同时反演得到了过 GMGS4-SC03 和 GMGS3-W17 井的纵波速度和纵横波速度比剖面（图 5-49），从反演结果看，含天然气水合物层的纵波速度、纵横波速度比都与测井吻合较好，存在厚度不等的高纵波速度层，表明天然气水合物在横向上存在变化，高纵波速度异常层下部，存在一个明显的低纵波速度异常层，在 GMGS3-W17 井位置，低纵波速度明显地高于相邻地层，表明在该井下部，可能存在差异性，与测井上发现的天然气水合物与游离气共存层相吻合，表明叠前反演对于天然气水合物层预测有较好的效果。

从反演的纵横波速度比剖面看，在高纵波速度异常的天然气水合物层，纵横波速度比出现明显降低，表明含天然气水合物层纵横波速度增加大小不同，相同条件下的横波速度增加大于纵波速度。在下伏含气地层，纵横波速度比略微增加，明显高于含天然气水合物层的纵横波速度比，饱和水泥质粉砂沉积物的纵波速度区域上为 1.8～1.9km/s，而纵横波速度比相对较高。

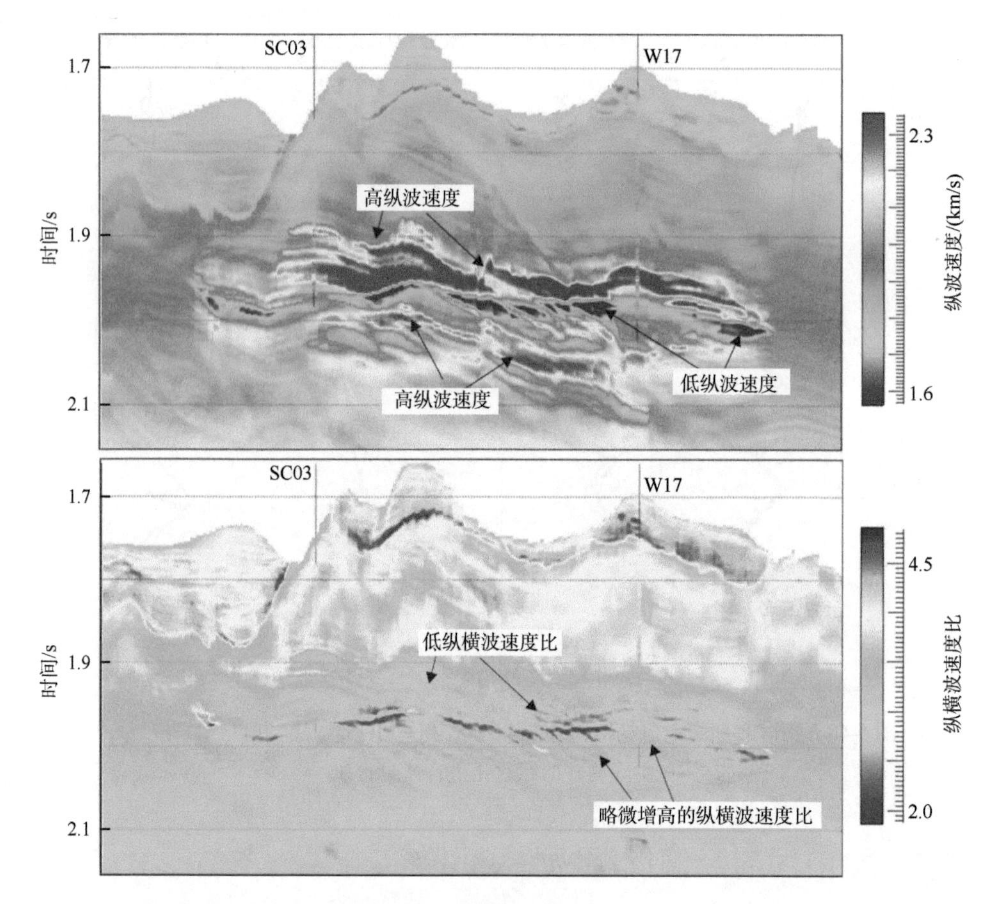

图 5-49 叠前同时反演的南海北部珠江口盆地过 GMGS4-SC03 和 GMGS3-W17 井纵波速度、纵横波速度比剖面

近海底的泥质粉砂地层的纵波速度较低，而纵横波速度比较高，随着深度增加而降低，纵波速度逐步增加，而距海底浅部 100m 以内纵横波速度比却迅速降低（Hamilton，1979）。含天然气水合物层纵波速度和横波速度都升高，随着天然气水合物饱和度增加，孔隙流体被排出，横波速度升高幅度较大，纵横波速度比降低；对于游离气层来说，一旦孔隙中含有游离气，纵波速度会明显较低，而横波速度变化较小，会造成纵横波速度比降低，但是天然气水合物层的纵横波速度比与游离气层的纵横波速度比差异较小，与正常泥质粉砂地岩的纵横波速度比的趋势背景具有明显的不同。

天然气水合物与游离气共存层在垂向出现局部共存特征，其岩石物理变化介于天然气水合物层和游离气之间，低于天然气水合物层却又高于游离气层，受两者共同影响。利用纵波速度可以区分天然气水合物层和游离气层，含天然气水合物层为高纵波速度层，而游离气为明显的低纵波速度层。利用反演纵波速度可以有效地划分天然气水合物层和游离气层的分布，但是纵波速度并不能区分高饱和度游离气层与低饱和度游离气层，在浅层少量的气会造成孔隙流体有效模量迅速下降，饱和度 5% 的游离气层与饱和度 90% 的纵波速度区别并不大。图 5-50 为沿 BSR 向下 10ms 时窗提取的叠前同时反演的纵波速度和纵横波速度比的平面分布，其中 GMGS4-SC03 井没有钻遇游离气层，从纵波速度平面图中可以看出，其下伏游离气层并不很发育，而周围地层却存在大量的低纵波速度异常区。GMGS3-W17

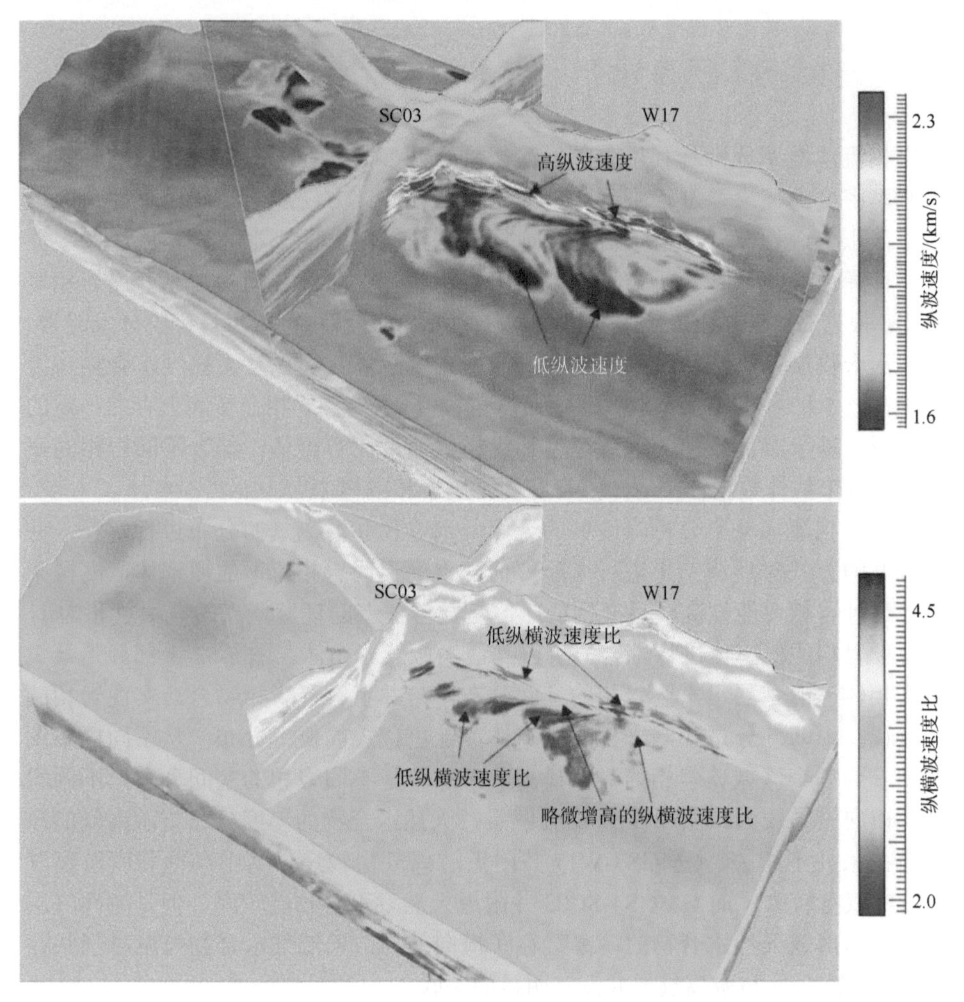

图 5-50　南海北部神狐海域过 GMGS4-SC03 和 GMGS3-W17 井叠前反演的纵波速度与纵横波速度比空间分布

井钻遇了天然气水合物与游离气共存层和游离气层，下伏地层的纵波速度却与GMGS4-SC03井相似，并没有明显的降低。同时纵横速度比平面图在两口井之间的差异较为明显，都不是含气特性的低纵横波速度比，而是中等值域范围的纵横波速度比，岩芯也发现了天然气水合物下部层的特性存在差异，而反演的纵波速度与纵横波速度比并未见到明显的不同，可能是由于天然气水合物层与游离气层共存时，尽管与饱和水地层的纵横波速度比相似，但是其特性与游离气还是不同，因此，共存层与含游离气层还是存在差异，基于叠前反演和测井数据分析，能够进行识别。

5.7.4 岩相流体概率分析

岩相流体概率分析是利用叠前反演得到弹性参数，在岩石物理分析的基础上引入概率密度的概念，进行不确定性的定量估计。该方法避免了利用弹性参数采用固定截止值进行储层分析，对局部地层无法正确区分的弊端。岩相流体概率分析是一种弹性参数解释分析技术，是利用岩相和弹性参数之间的关系开展岩相概率估计。根据GMGS4-SC03和GMGS3-W17井的测井解释可以将目标层分成泥岩、天然气水合物层、高饱和度游离气层、低饱和度游离气层以及天然气水合物与游离气共存层5种岩相（图5-51），从测井资料看，这5种岩相在空间上存在一定的重叠区域。基于叠前反演的纵波速度和纵横波速度比数据体，结合不同岩相的概率密度函数来估计数据体中每个点存在的不同岩相的概率。

通过岩相流体概率分析对区域的天然气水合物和游离气的分布进行解释，并采用概率的方式对反演结果进行风险评估，得到不同岩相流体的概率体，高概率说明是这种岩相可能性高，反之则低，但是数据体上的任意一点的概率总和为1，根据每种岩相的概率体进行综合分析得到最大似然岩相体。图5-52上部分是最大似然岩相体，清楚展示不同岩相的空间分布，与井上解释岩相吻合，实现岩相的空间解释，中间部分是不同岩相的概率体，红色代表高概率分布，从不同概率图能直观看到哪个区域该岩相的概率最高，下部分是不同岩相的空间分布，不同岩性分布横向差异较大。从图5-51交会图看，天然水合物的厚度分布与游离气的厚度分布关系并不相关，GMGS3-W17井附近游离气层较厚，其中高饱和度游离气层所占的权重较大，而GMGS4-SC03井附近天然气水合物层较厚，但是游离气层很薄，说明形成天然水合物的游离气存在横向差异，天然气水合物与游离气共存层分布较为广泛，与游离气层并没有明显的关联。

总之，每种弹性参数所代表储层含义是不相同的，丰富的弹性参数是研究天

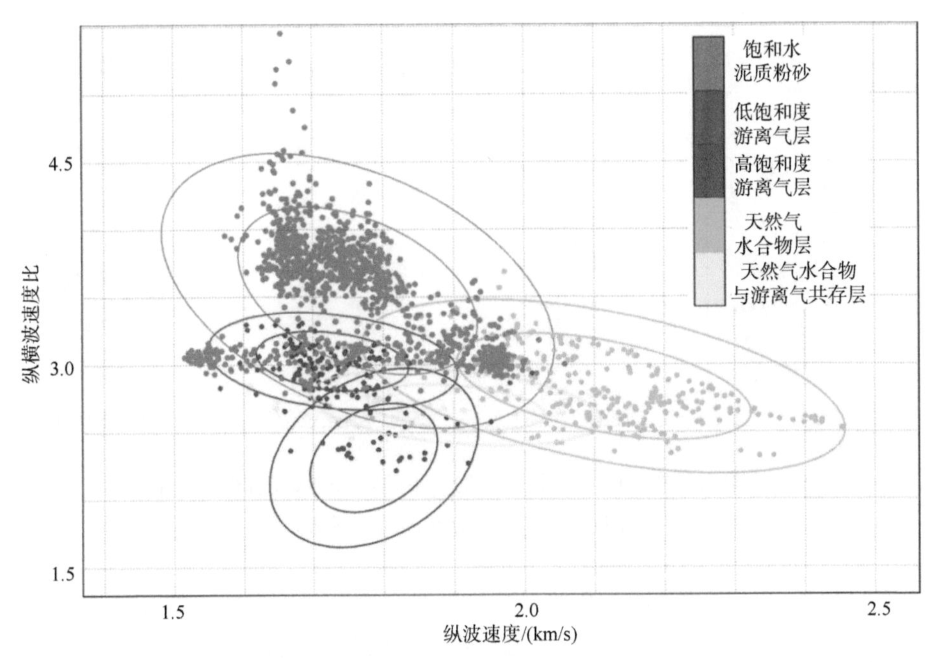

图 5-51　南海北部珠江口盆地 GMGS4-SC03 和 GMGS3-W17 井测井解释的不同岩相流体的概率密度分布

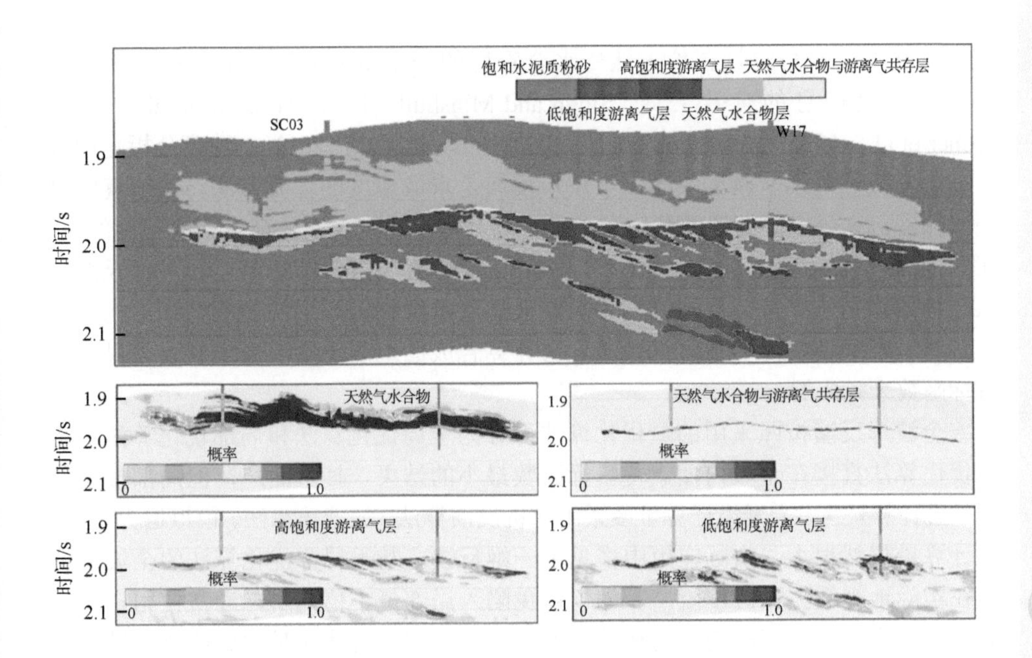

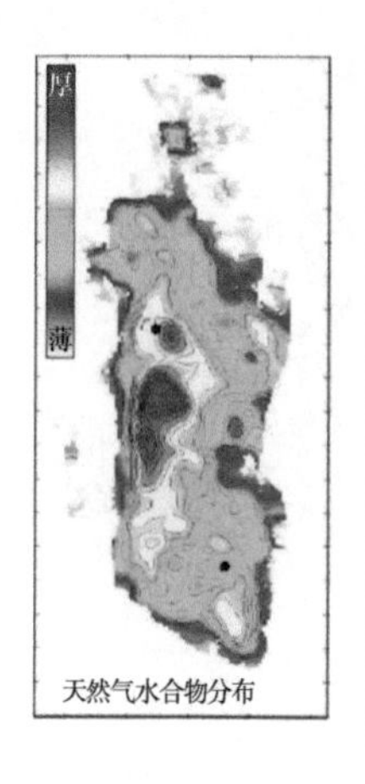

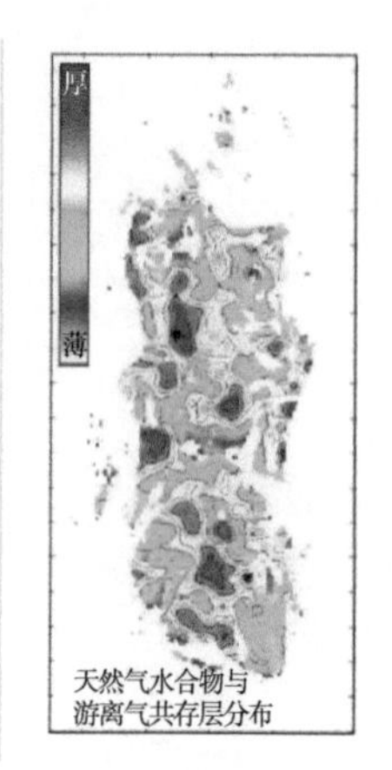

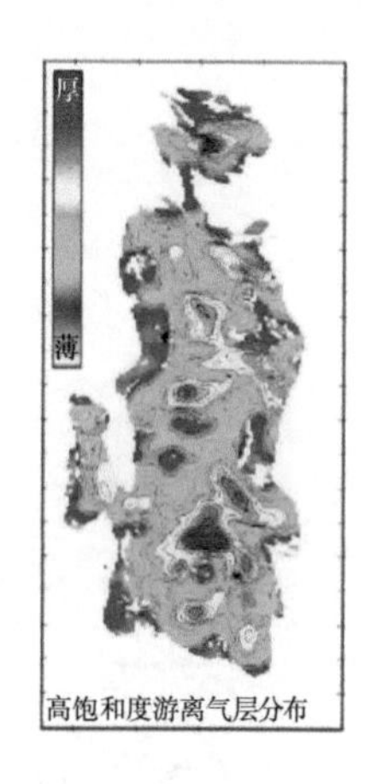

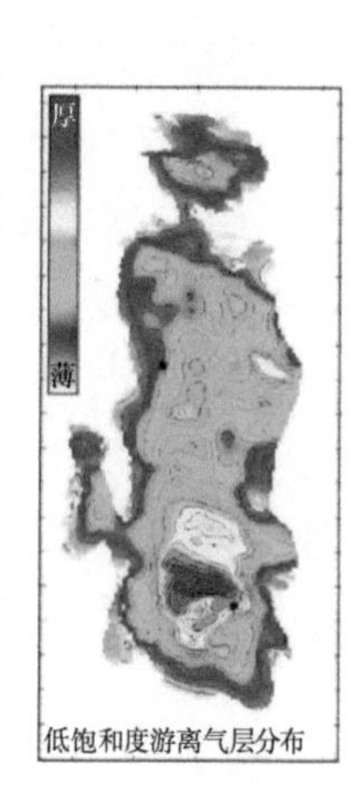

图 5-52　最大似然岩相体剖面（上部）、不同岩相的概率体剖面（中部）和不同岩相的空间分布剖面（下部）

然水合物和游离气层的关键，叠前反演可以得到多个弹性参数，结合岩相流体概率分析可以解释岩相及风险评估，为进一步了解该型储层提供了依据。

5.8　全波形反演

速度是识别与定量评价天然气水合物层的一个重要参数，全波形反演是获得精细速度信息的有效工具（Singh and Minshull，1994；Minshull et al.，1994；Pecher et al.，1996；Westbrook et al.，2008；Jaiswal et al.，2012）。速度分析是通过地震研究天然气水合物的关键，全波形反演是求取速度的重要方法。在地震资料振幅保真、高分辨率处理的基础上，进行高分辨率速度反演处理以获取速度剖面，在此剖面上利用天然气水合物沉积层与其上下围岩（层）的速度差异进行天然气水合物的识别。全波形反演是为了求取天然气水合物沉积层的速度精细结构，主要是通过求解使实际的地震记录波形与计算合成的地震记录波形之间误差最小的目标函数来完成的。

全波形反演按照采用的最优化算法可分为全局优化算法和局部优化算法。全局优化算法直接在全域内搜索使目标函数最小的结果，搜索面广，但局部搜索能力差且计算量大，为减小计算量多采用随机反演算法，如遗传算法、模拟退火法等，但计算量仍然很大，实际应用中多见于一维反演。基于局部优化算法的全波形反演在实际地震数据中应用更广，为了避免陷入局部最小值陷阱，通常使用走时反演（层析成像）速度结构作为初始模型输入。全波形反演在时间域或频率域都可进行，频率域算法计算效率高，由于可以控制输入数据频带由低到高逐级反演有利于减轻反演的非线性，同时通过控制输入数据频带范围可实现多尺度反演的效果，更适用于含天然气水合物地层的速度结构反演。

Mallick（1999）将遗传算法应用到全波形反演中，计算含气地层的速度、泊松比和密度等参数。Mallick 等（2000）提出了将全波形反演与弹性波阻抗反演组合的反演算法，并利用该组合反演方法对安达曼（Andaman）海域的地震数据进行反演，并未使用测井数据。反演的纵波阻抗剖面可以清晰地识别出 BSR，并与实际地震数据识别出的 BSR 的位置吻合；反演的泊松比剖面显示，BSR 下方突然出现低值异常，指示天然气水合物层下方存在游离气层。全波形反演在该组合反演方法中至关重要。首先，通过叠前反演可以得到弹性波阻抗的低频模型（通常由测井数据得到）；其次，可以验证叠后反演的正确性。

Dai 等（2004）利用同样的组合反演方法在墨西哥湾天然气水合物发育区凯斯利峡谷（Keathley Canyon）和阿特沃特河谷（Atwater Valley）开展了全波形反演工作。在凯斯利峡谷区域，海底之下双程旅行时 500ms 深度识别出 BSR，倾斜的砂岩地层终止在 BSR 下方。反演结果表明，BSR 上方指示天然气水合物发育的纵波阻抗高值异常位于砂岩地层，饱和度为 0～30%（图 5-53）。阿特沃特河谷位于密西西比河水道沉积体系，在盐层之上发育较厚的碎屑沉积物，该区域无法识别出典型的 BSR 特征，但在海底发育天然气水合物丘体，下方与振幅空白的管状通道相连，可能为流体垂向运移通道。反演结果显示，指示天然气水合物发育的

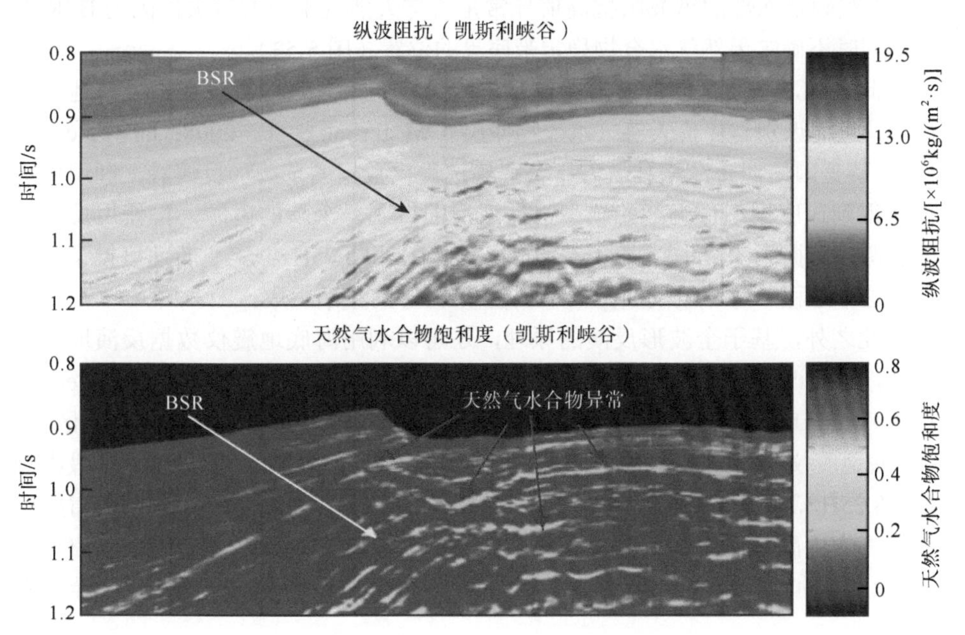

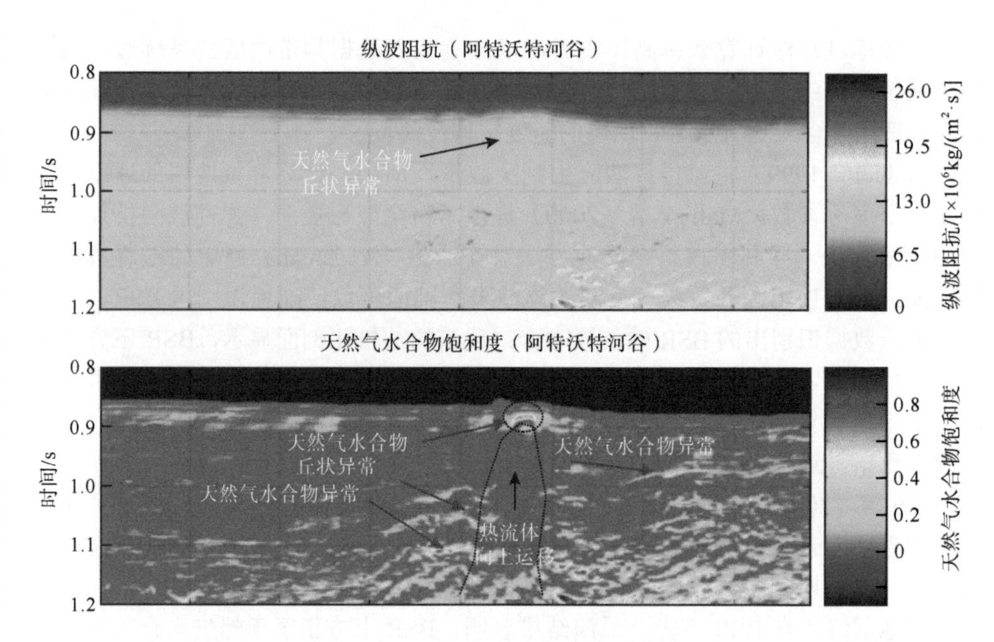

图 5-53　墨西哥湾凯斯利峡谷和阿特沃特河谷反演得到的纵波阻抗和天然气水合物饱和度（Dai et al.，2004）

纵波阻抗高值异常位于海底天然气水合物丘体及其下方管状通道两侧，饱和度达60%。很难确定深部的纵波阻抗高值异常是否与天然气水合物有关，因为BSR不发育，同时不确定天然气水合物稳定带底界的位置（图5-53）。

除此之外，基于全波形反演的原理，还可以利用海底地震仪数据反演地层速度模型，进而识别与评价天然气水合物储层（Westbrook et al.，2008；Jaiswal et al.，2012）。从美国墨西哥湾格林峡谷7台海底地震仪数据的全波形反演看，利用旅行时反演得到速度模型作为初始模型，然后反演得到一个新的震源。再使用反演获得的震源，数据中的最小频率组（8.25Hz、8.5Hz和8.75Hz）来更新速度模型，不断重复这个过程，每一组反演由三个相差0.25Hz的频率组成。

除此之外，基于全波形反演的原理，还可以利用海底地震仪数据反演地层速度模型，进而识别与评价天然气水合物储层（Westbrook et al.，2008；Jaiswal et al.，2012）。Wang J等（2018）将全波形反演应用于墨西哥湾格林峡谷（GC955区块）7台海底地震仪数据，反演中将走时反演得到的速度模型作为初始模型，从最小频率组（8.25Hz、8.5Hz和8.75Hz）数据开始反演速度模型，低频率组反演获得的速度模型作为更高频率组反演的输入模型并不断重复这个过程，每一组反演由三个相差0.25Hz的频率组成，反演频率超过21.75Hz之后噪声变得很大，停止全波形反演。在最小和最大的频率之间只有两组频率，即 15.25～15.75Hz［图 5-54（b）］和 19.25～19.75Hz［图 5-54（c）］对模型有较大的改动（5% 或者更高），其他的频率对模型的修改在 1%～2%。反演到 21.25～21.75Hz 之后，反演的结果达不到要求，因此，利用 15.25～15.75Hz 反演得到的模型作为初始模型，从 8.25Hz 开始进行新一轮的反演。新一轮的反演可以使目标函数控制在误差允许之内，精度也得到提高［图 5-54（e）～（h）］。重新测试了第三轮的反演，结果发现即使在更低的频率上，反演也很难收敛，认为第二轮反演之后得到的速度模型就是最终的模型（图 5-55）。

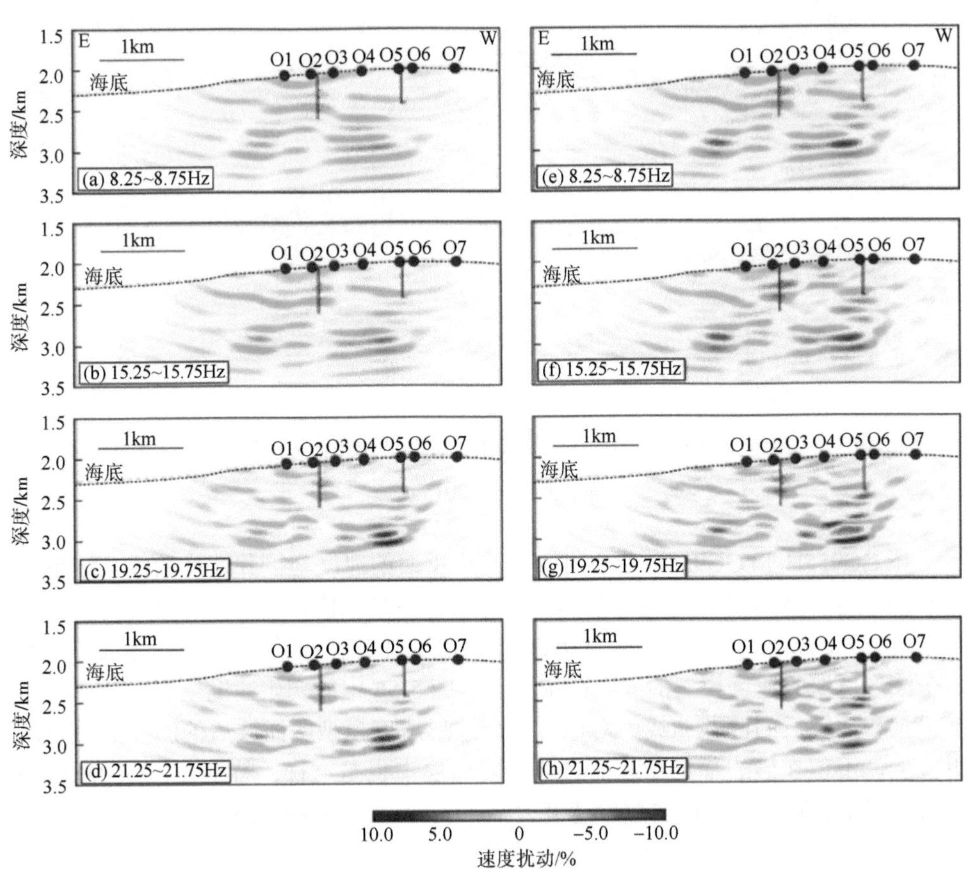

图 5-54　美国墨西哥湾格林峡谷全波形反演过程中不同频率组的速度扰动模型

该区域反演中，全波形反演对速度模型的修改是相对较小的（小于 10%），解释速度的扰动对地质模型更敏感。如果速度相对初始模型增大，那么扰动是正的，即 $(VP_{final}-VP_{start})/VP_{start}>0$。该区域天然气水合物储层已经由随钻测井（GC955H

和GC955Q）和三维地震资料证实，天然气水合物在水道-天然堤沉积体系中发育（Boswell et al.，2012；McConnell et al.，2010，2012）。在GC955H井上，高纵波速度出现在2.4～2.5km的模型深度上，速度扰动在该位置该深度上是正的，负的速度扰动出现在GC955Q井下底部，对应着钻遇的游离气层（图5-55）。

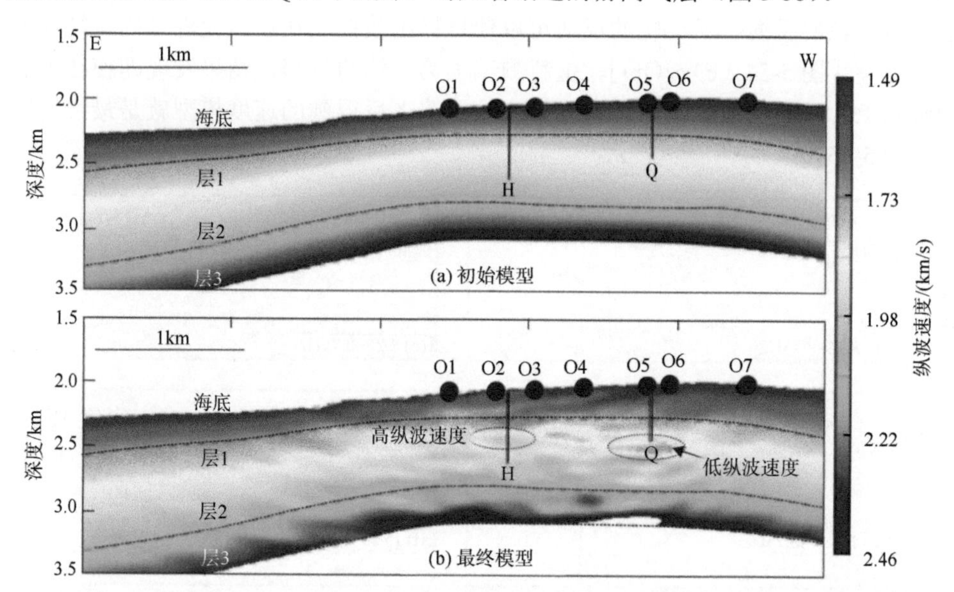

图5-55　美国墨西哥湾格林峡谷（a）全波形反演初始模型；（b）全波形反演最终结果（王吉亮，2015）

在GC955H和GC955Q井上对比全波形反演的速度与测井速度曲线，结果如图5-56所示，测井曲线与地震数据建立的速度模型相比，纵向上有更高的空间分辨率（更大的波数）。为了比较这两者，测井的纵波速度曲线首先进行滤波，过滤到全波形反演的速度模型的波数范围内。从图5-56中的初始速度模型、全波形速度模型和滤波后的测井曲线的对比看，全波形速度模型跟滤波后的测井曲线相比更接近，不但在砂岩储层中，而且在泥岩储层中也是这样。特别是，GC955H井在天然气水合物充填的砂岩层段速度大于2.0km/s，而在GC955Q井的底上，纵波波速降到1.6km/s，指示了该深度上游离气的存在。

在进行全波形速度反演之前，需要利用棋盘模型来测试分辨率，这决定了全波形速度模型中多大的尺度进行地质解释结果是可靠的。初始模型中增加了10%强度的棋盘扰动，尺寸分别是50m×50m和100m×100m（王吉亮，2015）。正演数据是由全波形反演算法中的有限差分计算的，然后对正演的数据进行反演获得速度模型。说明在海底以下500m深度范围内获得50m尺寸的异常是可靠的，这大

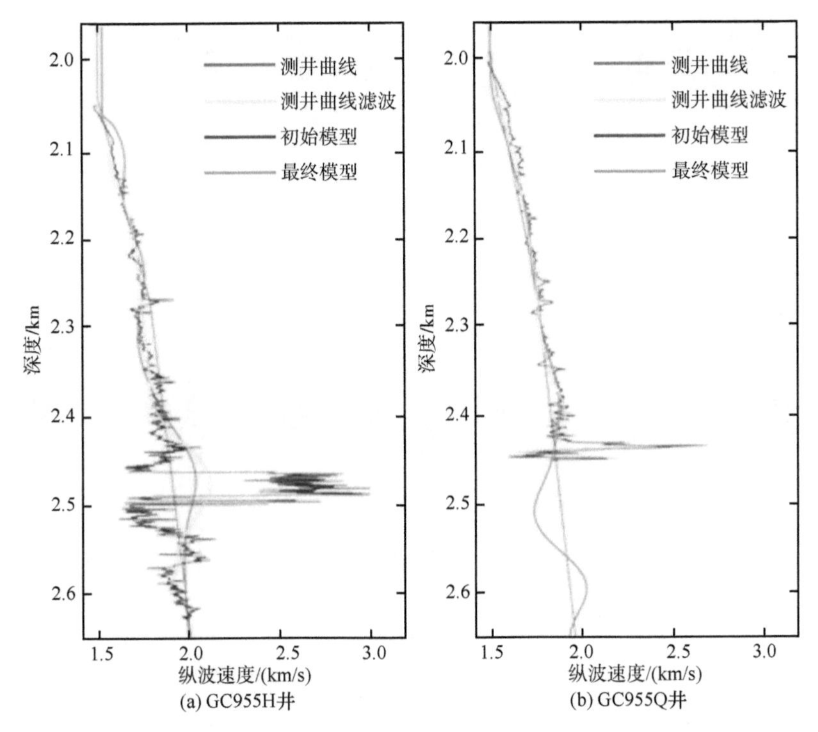

图 5-56　美国墨西哥湾格林峡谷 GC955H 和 GC955Q 井上全波形反演速度模型与测井速度曲线的对比（王吉亮，2015）

于 GC955H 井天然气水合物层的深度，100m 的棋盘在 1000m 深度范围内结果是可靠的，也大于区域最小的地温梯度 20℃/km 计算的 BSR 深度。

在高分辨率深度剖面上，强振幅区域清晰可见，Boswell 等（2012）将其解释为水道-天然堤沉积体系。图 5-57 是深度剖面与全波形反演速度扰动模型的叠合。

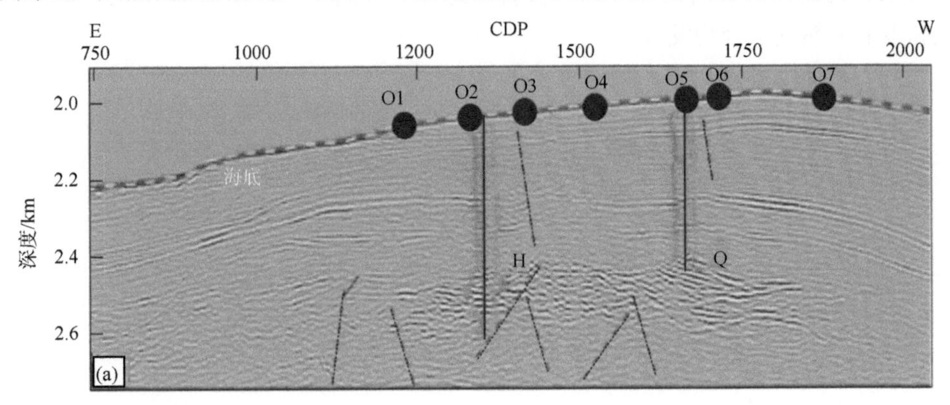

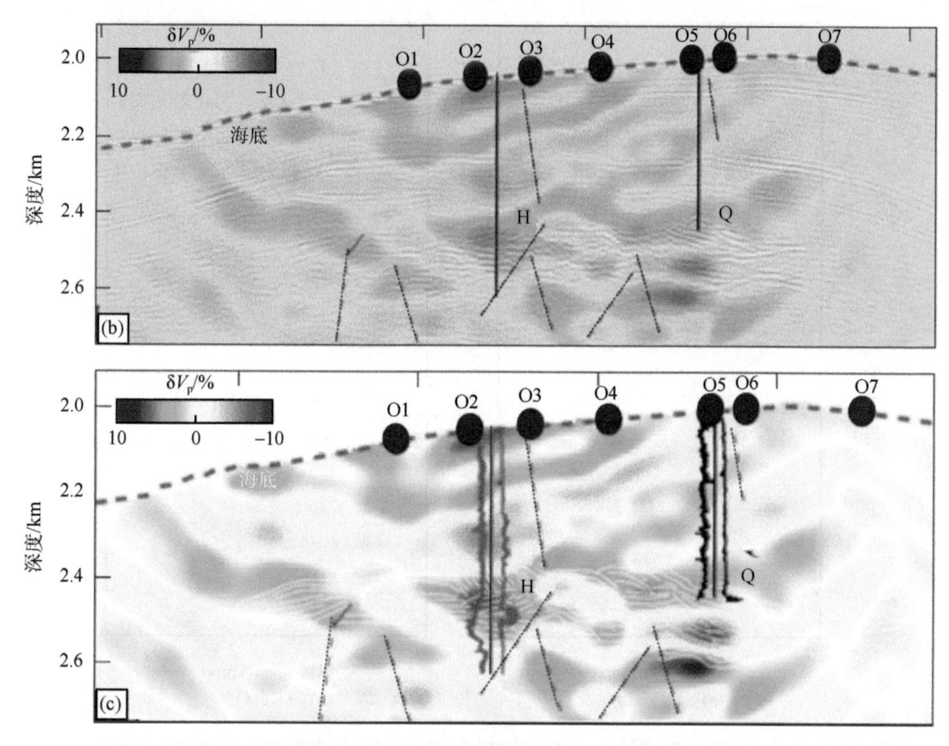

图 5-57　美国墨西哥湾格林峡谷（a）深度地震剖面；（b）地震剖面与速度扰动模型的叠合；（c）速度扰动模型（王吉亮，2015）

在水道位置（GC955H），扰动模型比上下的地层中变化更大，说明水道体系中地层的复杂性，水道体系可能被隔开成很多部分，这种分隔很有可能与沉积物颗粒大小和分选有关。在 GC955H 和 GC955Q 测井位置，纵波速度的高值异常指示天然气水合物的发育，而在远离测井位置，通过纵波速度扰动模型可以识别出中等饱和度的天然气水合物发育。

第 6 章　裂隙充填型天然气水合物的储层特性与定量评价

裂隙充填型天然气水合物主要形成于细粒沉积物中，含天然气水合物层的岩石物理模型、识别与评价方法、储层特性与成藏等各方面都与孔隙充填型天然气水合物不同，分析发育裂隙充填型天然气水合物层的测井和地震响应特征及定量评价方法，能够为寻找该类天然气水合物提供测井和地震解释方面的理论基础。

6.1　裂隙充填型天然气水合物分布

目前，在南海的台西南盆地和琼东南盆地、南海南部婆罗洲西北部、印度克里希纳-戈达瓦里盆地、美国墨西哥湾、韩国郁陵盆地、日本南海海槽、卡斯凯迪亚大陆边缘、印度尼西亚库泰（Kutei）盆地等多个海域，通过钻探取芯在细粒沉积物中均发现了裂隙充填型天然气水合物。该类型天然气水合物之所以引起关注，是因为在印度克里希纳-戈达瓦里盆地天然气水合物饱和度的评价中，利用随钻电阻率测井，基于各向同性阿尔奇公式计算的天然气水合物饱和度高达 80%，但压力取芯估算的天然气水合物饱和度最高仅占孔隙空间的 20% 左右，这两种结果有着巨大的差异（Lee and Collett，2009；Ghosh et al.，2010）。

进一步研究发现，孔隙充填型与裂隙充填型天然气水合物的形成机理是不同的，前者是充填在孔隙间的天然气水合物替代了沉积物孔隙间的流体，天然气水合物成为孔隙流体或固体骨架的一部分；而后者是天然气水合物充填在超压流体和气体产生的裂隙中，且富集的天然气水合物会迫使裂隙继续增大，占据原来的颗粒空间，最后形成脉状、层状、透镜状或块状等纯天然气水合物（图 1-2）。裂隙充填型天然气水合物大小可以为微米、厘米甚至米级等不同尺度（Holland et al.，2008），可能会出现定向排列，大量的裂隙会导致天然气水合物层出现各向异性效应（Ghosh et al.，2010），这种定向排列可能与区域应力方向有关（Cook and Goldberg，2008a），各向异性特征也会在测井和地震数据上有所反映（Kumar et al.，

2006）。因此，用假设天然气水合物呈均匀分布的孔隙充填型的各向同性模型来计算裂隙充填型天然气水合物饱和度，计算结果会产生较大误差，裂隙充填型天然气水合物的定量地震解释也会存在较大的问题，即当沉积物中脉状和层状天然气水合物占主导地位时，许多现有以各向同性理论为基础的地震定量评价方法将不再适用。因此，对于裂隙充填型天然气水合物需要用各向异性理论进行识别和预测研究。

目前，国内外学者对裂隙充填型天然气水合物层的岩芯、测井和地震资料开展了大量研究，如利用测井数据识别裂隙倾角、各向异性模型计算饱和度和地震各向异性变化等方面。在印度克里希纳-戈达瓦里盆地泥质沉积物的测井和 CT 成像结果显示，裂隙长度最长可能只有几米（Cook and Goldberg，2008a，2008b），但天然气水合物层厚度最高可达到 135m（Ghosh et al.，2010），它是印度克里希纳-戈达瓦里盆地较为富集的天然气水合物类型。对印度 NGHP01 航次多个井位的测井数据分析，发现天然气水合物充填的裂隙倾角主要为 60°～90°，天然气水合物层出现很明显的电阻率各向异性（Cook et al.，2010）。相距约 11m 远的 NGHP01-5A 和 NGHP01-5B 井在 60～90m 和 NGHP01-7A 井在 76～90m 与 140～152m 的裂隙角度和方位非常接近（Cook and Goldberg，2008a，2008b），虽然 NGHP01-5A 和 NGHP01-5B 井的裂隙延伸可能不到 10m，但密集裂隙定向排列的较厚地层很可能会形成地震各向异性。Riedel 等（2010）综合岩芯、测井和地震数据的分析，发现印度克里希纳-戈达瓦里盆地 BSR 反射振幅时强时弱，与天然气水合物饱和度高低没有直接对应关系，但观测到厘米尺度岩芯的天然气水合物裂隙方位在某些深度上与十米尺度地震数据的断层走向存在相似性，并利用地震属性识别出两个面积超过 $2km^2$ 的潜在裂隙充填型天然气水合物赋存区。

美国墨西哥湾 2005 年和 2009 年天然气水合物航次没有采集岩芯样品，但从电阻率成像测井看，除了泥质沉积物中存在较厚近似垂直角度的裂隙充填型天然气水合物外（Ruppel et al.，2008；Collett et al.，2012），也出现砂质储层中不同饱和度、厚度的互层的天然气水合物层，导致电阻率出现各向异性（Cook et al.，2012）。韩国郁陵盆地两个钻探航次的岩芯样品和测井数据分析表明，裂隙充填型天然气水合物广泛发育，裂隙倾角值为 43°～63°，尽管该盆地内的 BSR 较难识别，但钻探结果证明，地震剖面识别的“地震烟囱”等构造，指示天然气水合物的存在（Kim et al.，2011，2013）。2013 年和 2018 年，我国分别在南海北部的台西南盆地和琼东南盆地钻探天然气水合物，在 GMGS2-07、GMGS2-08、GMGS2-09 和 GMGS2-16 以及 GMGS5-W08 和 GMGS5-W09 多个井位发现了裂隙充填型天然气水合物，从地震剖面看，BSR 下方可能存在游离气（Zhang et al.，2014；Sha et al.，2015；Ye et al.，2019）。

裂隙充填型天然气水合物层具有明显的各向异性，在含天然气水合物层的定量评价中不能忽略这种各向异性，否则会导致计算的饱和度与压力取芯和氯离子浓度计算的结果相差较大（Lee and Collett，2009）。根据速度各向异性、简化三相介质方程和层状各向异性理论模型，Lee 和 Collett（2009）假设裂隙倾角为90°，利用纵波速度计算的 NGHP01-10A 井天然气水合物饱和度与压力取芯结果非常接近，该方法也成功应用于美国墨西哥湾和韩国郁陵盆地（Lee et al.，2012；Lee and Collett，2013）。王吉亮等（2013）考虑裂隙倾角变化，利用纵波和横波速度联合，进一步修正了纵波速度计算饱和度方法。Ghosh 等（2010）根据微分等效介质理论计算了 NGHP01-10D 井裂隙充填型天然气水合物饱和度，发现天然气水合物的赋存以裂隙充填形式为主，伴有少量的孔隙充填。由于电阻率各向异性，垂直井孔中近似垂直的天然气水合物裂隙易产生非常高的电阻率，用各向同性阿尔奇方程估算的天然气水合物饱和度会偏高。Cook 等（2010）通过各向异性电阻率估算的裂隙充填型天然气水合物饱和度与压力取芯和氯离子计算结果一致，并使用该方法证实在墨西哥湾 GC955H 和 WR313H 井厚砂质储层中不同饱和度和厚度的天然气水合物层互层也会产生电阻率各向异性（Cook et al.，2012）。

在地震各向异性方面，利用垂直地震剖面和海底地震仪反演天然气水合物层垂直和水平方向的旅行时差，在美国布莱克海台、挪威斯瓦尔巴群岛西部近岸和卡斯凯迪亚大陆边缘南水合物脊等海域，证实了天然气水合物层存在地震各向异性（Pecher et al.，2003；Haacke et al.，2005；Kumar et al.，2006）。Sriram 等（2013）根据各向异性理论模拟的 BSR 反射系数曲线与实际地震数据处理所得结果之间的关系，预测印度克里希纳–戈达瓦里盆地 NGHP01-10A 井天然气水合物饱和度范围在5%～30%，与压力取芯结果基本一致。钱进等（2015）在前人研究的基础上，通过印度克里希纳–戈达瓦里盆地正演数值模拟，证明了垂直裂隙发育的天然气水合物层的速度明显大于不含裂隙的天然气水合物层，且速度各向异性引起的旅行时差在地震数据上能够被识别并提取。因此，通过各向异性模型，能够在测井和地震数据中识别裂隙充填型天然气水合物。

6.2 裂隙充填型天然气水合物储层特性与分析

裂隙充填型天然气水合物发育在全球多个海域，根据饱和度、地震响应等差异性，将该类型天然气水合物主要分为烟囱结构和层控两种类型，着重分析不同海域裂隙充填型天然气水合物在不同饱和度下的测井和地震响应特征差异，完善裂隙充填型天然气水合物储层的测井和地震识别方法。

6.2.1 烟囱结构的裂隙充填型天然气水合物

6.2.1.1 中国南海台西南盆地高饱和度裂隙充填型天然气水合物

台西南盆地位于南海北部珠江口盆地东部，处于主动大陆边缘向被动大陆边缘转换的区域，GMGS2 航次位于九龙甲烷礁发育区，该区域发育的天然气水合物与冷泉系统有关，以 GMGS2-08 井为例分析高饱和度裂隙充填型天然气水合物的地层特征。

（1）GMGS2-08 井测井响应特征分析

从 GMGS2-08 井的随钻测井曲线看（图 2-22），纵波速度、电阻率等显示共有三层异常（Zhang et al.，2014），第一层位于 9～22m，纵波速度和密度变化不大，电阻率在 10Ω·m 左右，岩芯数据显示该层段天然气水合物以层状为主兼有脉状，为裂隙充填型天然气水合物；第二层位于 58～62m，该段纵波速度最大能够达到 2.50km/s，密度接近 2.40g/cm^3，电阻率超过 10Ω·m，增加显著，但伽马和孔隙度降低明显，岩芯数据显示该段为固结坚硬的碳酸盐岩层；第三层位于碳酸盐岩层下方 65～98m，厚度大于 30m，电阻率超过 1000Ω·m，纵波速度高达 2.80km/s，但密度极低，低至 1.10g/cm^3，岩芯数据显示为纯的块状天然气水合物。

从 GMGS2-08 井的伽马测井曲线看，除含天然气水合物层外，伽马测井都比较稳定，约为 80API，表明该井岩性以泥岩为主，浅部裂隙充填型天然气水合物饱和度较低，其主要特征为电阻率增幅明显，能够迅速从 1Ω·m 增加到 10～20Ω·m，速度增幅不大，最大值仅为 1.65km/s 左右，密度略微降低；第三层电阻率和纵波速度都明显增加，两者最大值分别能够达到 1000Ω·m 和 2.70km/s，密度却下降到接近水的密度。

（2）GMGS2-08 井地震响应特征分析

从过 GMGS2-08 井的地震剖面看，海底为正极性强振幅反射，海底以下 9～22m，地震反射振幅强度要弱于海底反射，与 GMGS2-08 井周围的振幅反射相比并无明显的异常（图 4-26），这表示浅层较低饱和度的裂隙充填型天然气水合物并没有造成地层反射振幅强度的变化。另外也说明浅层裂隙充填型天然气水合物层可能饱和度较低、厚度较薄，在地震剖面上是难以识别与预测的。第三层的裂隙充填型天然气水合物层，其饱和度较高，厚度达 33m，在地震剖面上其对应的反射振幅强度与近海底反射相比，反而较弱，这可能是由于天然气水合物层上方

58～62m处碳酸盐岩层的屏蔽作用。虽然含高饱和度天然气水合物层纵波速度大于碳酸盐岩层值，但是天然气水合物层密度较低，导致碳酸盐岩层纵波阻抗远大于天然气水合物层纵波阻抗，因此碳酸盐岩层是个高纵波阻抗层，地震剖面上也可以看出对应于碳酸盐岩层的反射振幅强度与海底反射接近，这也增加了碳酸盐岩层下方裂隙充填型天然气水合物层的识别难度。

从振幅强度方面难以识别浅层近海底和碳酸盐岩层下方的裂隙充填型天然气水合物层，但从反射形态来看，GMGS2-08井碳酸盐岩层和下方天然气水合物层明显与周围反射不同，整体的反射形态出现上拱现象，地层呈现出丘状体的特征（图4-26），这与ODP 204航次U1250井附近发现的海底碳酸盐岩丘状体类似，这种丘状体可能是碳酸盐岩和天然气水合物共同作用的结果。固结的碳酸盐岩和高饱和度的天然气水合物都会造成地层纵波速度明显增加，远高于周围不含天然气水合物层，从而形成上拱反射特征的丘状体，因此，近海底或浅部地层中局部发育的丘状体可能是识别裂隙充填型天然气水合物的标志之一。

6.2.1.2 韩国郁陵盆地高饱和度裂隙充填型天然气水合物

郁陵盆地位于韩国的东海，是欧亚板块和日本岛弧之间的弧后盆地，盆地内浅部地层中烟囱结构较为发育，而烟囱内相对富集的天然气水合物是该盆地钻探所揭示的主要天然气水合物赋存类型。下面以UBGH2-3井为例分析高饱和度裂隙充填型天然气水合物的地层特征。

（1）UBGH2-3井测井响应特征分析

UBGH2-3井位于一个烟囱结构内，该烟囱在海底呈丘状特征。图6-1为该井的测井数据（Kim et al.，2013），井径曲线显示除了海底到15m和150～160m层段有井径扩径外，其余部分都基本稳定。在6～106m处，地层的电阻率很高，其值能够从30Ω·m增加到峰值的200Ω·m，这说明天然气水合物富集于呈烟囱状反射的地质结构中。在30～106m处，电阻率成像测井显示地层中天然气水合物层的响应呈正弦曲线变化特征，指示其为裂隙充填型天然气水合物。在15m、31m、46m和54m处，伽马测井约为40API，密度测井为1.10g/cm^{3}的低值，测井数据显示背景纵波速度约为1500m/s，最大值约为3000m/s，指示该层段应该存在大量的天然气水合物。

岩芯样品的孔隙度和密度测量值与测井数据吻合得很好，可见孔隙度随深度增大而减小，密度随深度增大而增大。此外，根据电阻率成像和伽马测井曲线，从100m到天然气水合物稳定带底界附近，出现几处导电层（如含水层），这些区

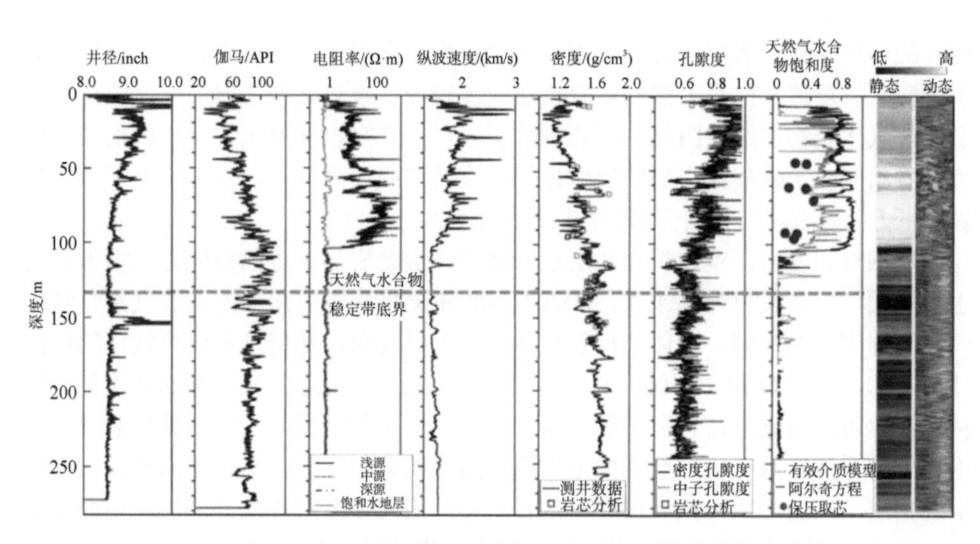

图 6-1　韩国郁陵盆地 UBGH2-3 井的测井曲线（Kim et al.，2013）

域可以解释为富砂层段。与有效介质模型和保压取芯样品计算的天然气水合物饱和度相比，阿尔奇方程计算的天然气水合物饱和度在 106m 以上能够达到 90%，但压力取芯得到的天然气水合物饱和度约为 40%。这与印度克里希纳-戈达瓦里盆地 NGHP01-10A 井类似，即各向同性条件下由电阻率计算的天然气水合物饱和度明显要高于压力取芯的结果，表明天然气水合物的赋存形态为裂隙充填型。

（2）UBGH2-3 井地震响应特征分析

从过井的地震剖面看，盆地的浅部地层中发育有大量的烟囱结构，钻井和岩芯数据显示盆地烟囱构造内存在饱和度较高的裂隙充填型天然气水合物（Kim et al.，2013；Kang et al.，2016）。在地震剖面中，这些烟囱结构可以分为两大类型，第一类呈杂乱、丘状地震反射特征［图 6-2（a）］。该类烟囱结构的地震反射强度较弱，地层出现上拱反射，其中的细微断裂清晰可见，而周围地层为正常地层，呈连续反射。烟囱结构内部地震相从相对良好的分层反射特征逐渐转变为无规律特征和较低连续性的杂乱反射特征。二维多道地震剖面上，烟囱反射异常呈现向上变窄的趋势，其顶部常被丘状反射所覆盖。在大多数情况下，丘状反射之上的上覆地层反射表现为上超终止的模式，伴随着上超反射的丘状反射被认为是烟囱结构的顶边界。而对于它的根部，发现烟囱结构多发育在块体搬运沉积体上，在块体搬运沉积体内，由于杂乱的反射特征，不易识别其根部的准确深度。

从统计的烟囱结构的发育范围看，所有烟囱结构的宽度基本在 91～650m，高度在 35～95m。利用二维多道地震数据识别的烟囱结构平均宽度大于 500m，高度

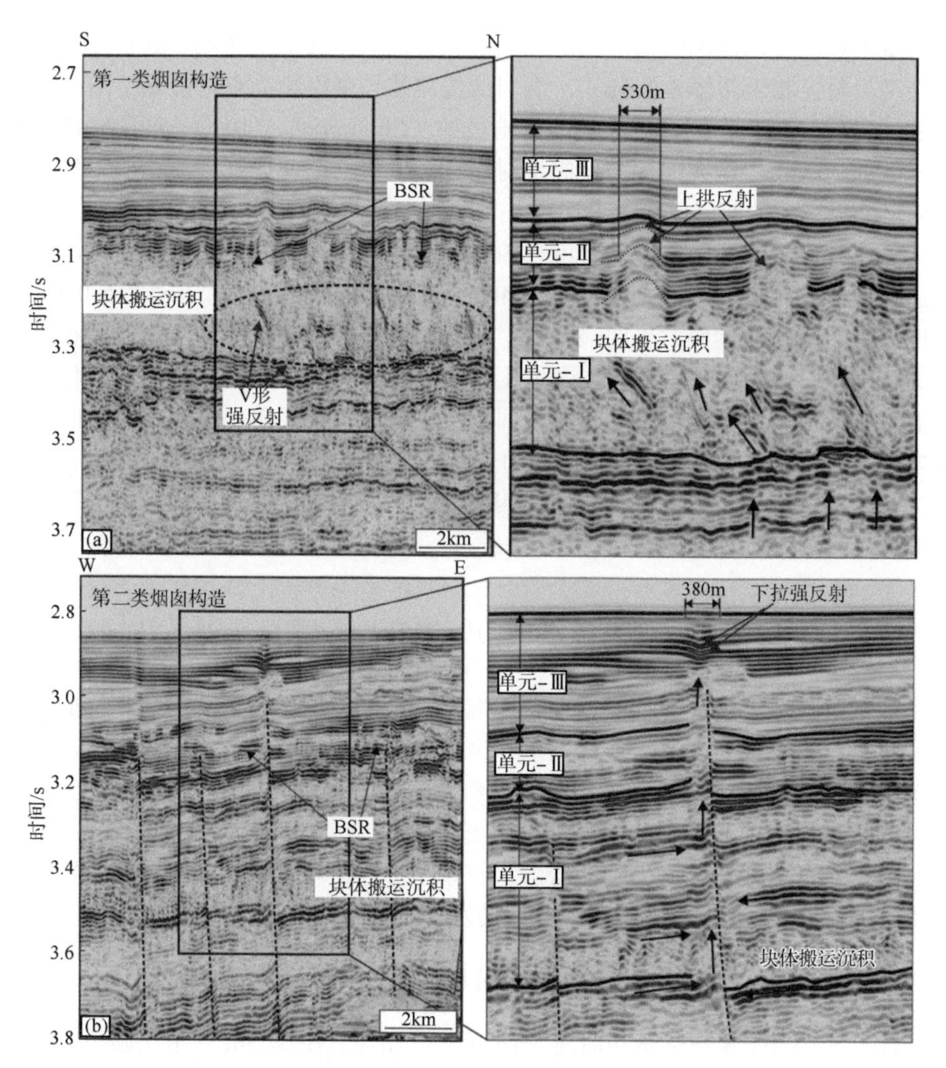

图 6-2　韩国郁陵盆地两种不同类型烟囱结构反射特征（Kang et al.，2016）

小于 50m，纵横比小于 0.1，这些统计结果表明，该类型的烟囱结构具有丘状特征。在三维地震数据中，该类型可识别为椭圆形（Kang et al.，2016）。该烟囱结构大多数发育在第四纪的某些较为连续的地层内，与块体搬运沉积层的断层和构造高点相连。

与第一类烟囱结构相比，第二类烟囱结构具有不同的大小、内部地震反射特征和空间分布特征。在大多数情况下，第二类烟囱结构的围岩反射基本被深部断裂所切割，并形成上拱或下拉的反射，该结构中的垂向叠加变形区显示出相对稳定的宽度和深度，烟囱结构顶部出现局部强振幅亮点或地层变形，其宽度与下伏的杂乱反射区相近［图6-2（b）］，烟囱结构顶部的强振幅亮点可能是近海底表面形成的天然气水合物或自生碳酸盐岩造成的（Chun et al.，2011）。烟囱结构的根部与深部的断裂相连或因挠曲地震反射而逐渐消失，因此，烟囱结构的下边界定义为呈变形或杂乱地震反射的最深点。

从统计来看，烟囱结构的宽度在50～400m，高度在75～250m。在二维多道地震资料中，典型的尺寸是宽度小于400m，高度大于80m，宽高比大于0.2，其宽度没有随深度变化而发生明显变化。在三维地震数据中，平面上表现为相对圆形的特征（Kang et al.，2016）。这些几何特征表明，第二类烟囱结构具有相对狭窄的管状特征，大多数也是发育在第四纪沉积层序的地层单元中，但其平面位置基本在构造高点的两翼，该类型结构的分布密度沿着盆地内斜坡面的下降而降低。第二类烟囱结构类型主要发育在中央构造高点东西两翼的深部断裂上，而在中央构造高点的南部，烟囱并没有伴随断层发育。

6.2.1.3 中国南海琼东南盆地中等饱和度裂隙充填型天然气水合物

琼东南盆地内浅部地层中存在超压现象，盆地内块体搬运沉积体和气烟囱较为发育。与郁陵盆地类似，天然气水合物发育于烟囱状结构的地质体内，在块体搬运沉积体下部也发育孔隙充填型天然气水合物，天然气水合物在垂向上较厚，局部到近海底，但是横向上可能延展不长。以琼东南盆地GMGS5-W08井为例，岩芯数据显示该井发育自生碳酸盐岩和较厚、中等饱和度的裂隙充填型天然气水合物，表明该井同时具有冷泉和气烟囱的发育环境。

（1）GMGS5-W08井测井响应特征分析

GMGS5-W08井随钻测井曲线（Ye et al.，2019）在54.5m处出现伽马高值异常，伽马值从75API增加到90API；在131～167m处，最大到136API；再往下伽马异常值的深度对应于地震数据强振幅反射的BSR位置，位于海底以下大约150m处，地层岩性以泥岩为主。该井天然气水合物饱和度忽高忽低，存在与GMGS2-08井类似的测井响应特征。电阻率和速度曲线显示9～174m为高电阻率和高纵波速度异常（图2-25），电阻率最大值可以到73Ω·m，纵波速度范围为1470～2060m/s；在30～174m处，纵波速度基本高于1600m/s，在170m处，纵波速度最大值为2050m/s，在电阻率和速度增加的层段，密度略微降低。该井不仅在BSR上方出现高电阻率和高纵波速度异常，在BSR在下方也同时具有高电阻率和高纵波速度异常，指示BSR下方可能发育天然气水合物，从测井难以确定其类型。

（2）GMGS5-W08 井地震响应特征分析

与郁陵盆地相似，琼东南盆地含天然气水合物的井位也是在烟囱结构内（Ye et al.，2019）。过 GMGS5-W08 井的三维地震剖面上观察到呈弱振幅、明显上拱的烟囱状反射，指示地层含有天然气水合物（图 2-24），其下方为一个宽度近 2km 的弱反射区。压力取芯计算的天然气水合物饱和度显示，浅部饱和度约为 20%，深部饱和度较高，能够接近 50%。

从地震剖面看，天然气水合物稳定带内垂直管状构造为典型的烟囱结构，其宽度约为 90m，内部地层出现局部上拱现象且具有振幅空白和杂乱反射，BSR 呈上翘或者不连续的弱反射。该井裂隙充填型天然气水合物储层的典型地震特征为管状烟囱结构以及下方的气烟囱，地层反射出现局部上拱现象，但并不能判断上拱现象是由裂隙充填型天然气水合物造成的，还是流体运移后地层产生的变形，这也给类似环境的裂隙充填型天然气水合物的地震预测带来了一定的难度。

6.2.1.4　印度克里希纳−戈达瓦里盆地低饱和度裂隙充填型天然气水合物

印度克里希纳−戈达瓦里盆地位于印度半岛东部近海，NGHP01-10 井位于该盆地常规天然气储层上方，地震数据显示该井位于泥底辟产生的丘状体之上，周围断裂发育，为深部流体的运移提供了通道。

（1）NGHP01-10 井测井响应特征分析

NGHP01-10 井水深约为 1038m，共有 10A、10B、10C 和 10D 四个钻孔，10A 为随钻测井孔，曲线包括伽马射线、密度、电阻率、纵波速度和解释的裂隙倾角等，但无横波测井数据（图 6-3）；10B 和 10C 为取芯孔，裂隙充填型天然气水合物储层厚度为 128m；10D 为电缆测井孔，该井测量了横波速度。

从 NGHP01-10A 井随钻测井看，在 27～156m 处，纵波速度和电阻率（红实线）有显著增加，最高分别能够达到 2.00km/s 和 140Ω·m［图 6-3（a）和（b）］，实测纵波速度［红实线，图 6-3（a）］明显大于饱和水纵波速度［红虚线，图 6-3（a）］，指示该层为含天然气水合物层。NGHP01-10D 井电缆测井曲线深度范围较短，在天然气水合物层段，纵波速度和电阻率（绿实线）与 NGHP01-10A 井略有差异，电阻率在相同深度上的变化趋势较为一致。实测纵波（绿实线）和横波（蓝实线）也都明显大于饱和水速度（虚线）。同时发现两口井在相同深度上的伽马射线测井曲线都呈随深度增加而增加的特征［图 6-3（d）］，而且两者的纵波速度［红、绿

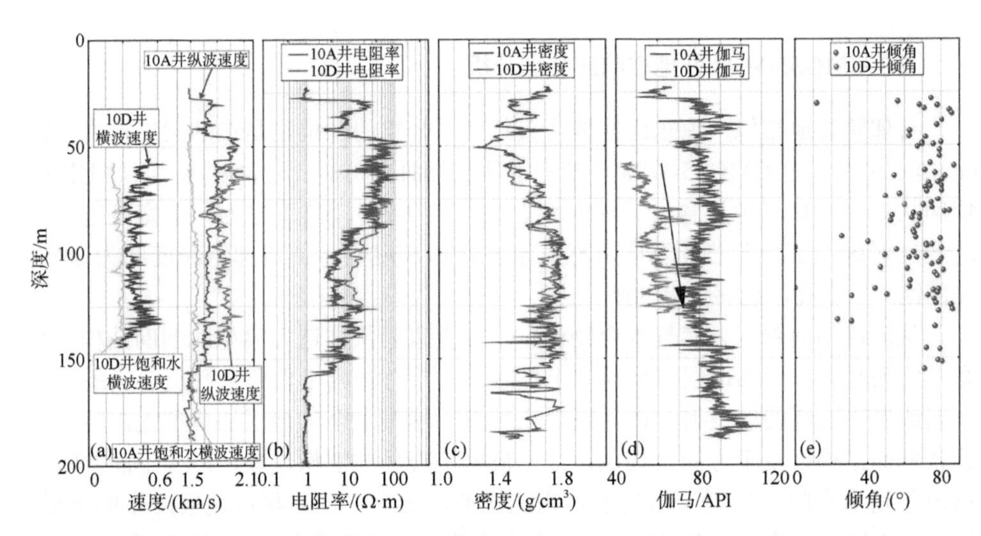

图 6-3　印度克里希纳–戈达瓦里盆地 NGHP01-10A（红线）和 NGHP01-10D（绿线）纵波与横波速度、电阻率、密度、伽马射线测井曲线和倾角。虚线代表饱和水速度

虚线，图 6-3（a）］和密度曲线［图 6-3（c）］基本吻合，这说明两井在地层岩性上基本是一致的，速度、电阻率和伽马射线测井曲线的差异可能是天然气水合物饱和度差异引起的。

从 NGHP01-10 井看，裂隙充填型天然气水合物层测井响应特征基本与孔隙充填型天然气水合物层一致，如速度和电阻率在天然气水合物储层都呈现增加的特征，密度除了在海底以下 50m 处显著降低外，其他深度基本保持不变。但是电阻率的增加非常显著，能够从背景的 1Ω·m 增加到 140Ω·m，而压力取芯计算的平均天然气水合物饱和度约为 20%，该低饱和度条件下孔隙充填型天然气水合物层的电阻率一般在 5Ω·m 左右。因此，电阻率显著增加是裂隙充填型天然气水合物储层一个重要的测井响应特征，这主要是由高倾角裂隙内充填天然气水合物造成的［图 6-3（e）］。

（2）NGHP01-10 井地震响应特征分析

从 NGHP01-10A 井附近两条垂直交叉的二维多道地震剖面看（图 6-4），在 NGHP01-10 井处没有明显的 BSR，而井位两侧有比较明显的 BSR，其振幅不高，连续性不强。地震数据显示在海底以下 250～300ms 处的振幅极强，这种强振幅反射很可能是游离气造成的。位于海底和该强振幅反射之间的地层呈现出被扰动或被断层切断，地层不连续，单个地层反射最多只能追踪几百米，这种被扰动或被断层切断的不连续地层可能具有较大的裂隙空间，有利于形成裂隙充填型天然气水合物。

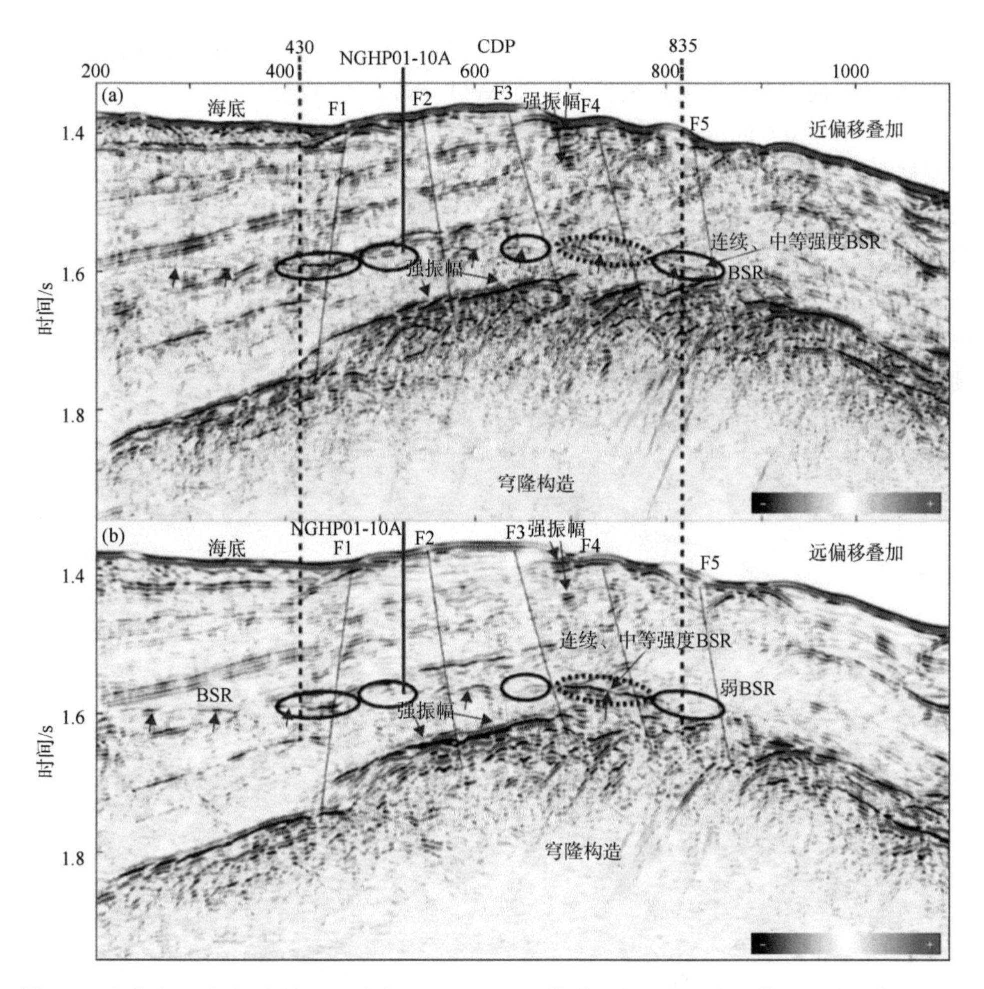

图 6-4 印度克里希纳-戈达瓦里盆地 NGHP01-10A 井附近主测线方向近偏移距和远偏移距的部分叠加剖面（Sriram et al.，2013）

通过叠后地震数据的分析发现，裂隙充填型天然气水合物发育在呈不连续反射的地层中，该类型地层会产生各向异性。为了更准确地寻找此类地层，Sriram 等（2013）首先比较分析了不同偏移距 75～295m 和 1295～1545m 的叠加地震数据（图 6-4），发现 BSR 振幅随共深度点道集（CDP）和偏移距变化显著，并观察到两种明显的 BSR 振幅随偏移距变化（amplitude versus offset，AVO）类型。在 CDP 350～480 的近偏移叠加剖面，可以观察到 BSR 振幅较高［图 6-4（a）］，而在远偏移叠加剖面中相应 CDP 处的 BSR 振幅绝对值减小［图 6-4（b）］。在 CDP 500～550、CDP 620～660 和 CDP 780～850 位置观察到 BSR 振幅偏移距变化有类似的降低，在近偏移距，BSR 振幅强度为中等，而在远偏移距非常弱。这种 BSR 处振幅随偏移距变化类型为Ⅳ类 AVO 异常。

在联络测线方向上，也能够观察到在 CDP 480～550 和 CDP 680～780 位置，近偏移距叠加有较大至中等的 BSR 振幅［图 6-5（a)］，而远偏移距叠加有较弱的 BSR 振幅［图 6-5（b)］，也代表Ⅳ类 AVO 异常。相比之下，在主测线地震剖面 CDP 710～760 位置，近偏移距叠加剖面中观察到弱 BSR［图 6-4（a)］，而在远偏移距剖面中，相同位置振幅绝对值增加、连续性变好，代表Ⅱ / Ⅲ类 AVO 异常。由于孔隙充填型天然气水合物是各向同性的，其 BSR 的 AVO 特征除了在高饱和度时具有Ⅳ特征外，其余大部分都是Ⅲ类 AVO 特征。

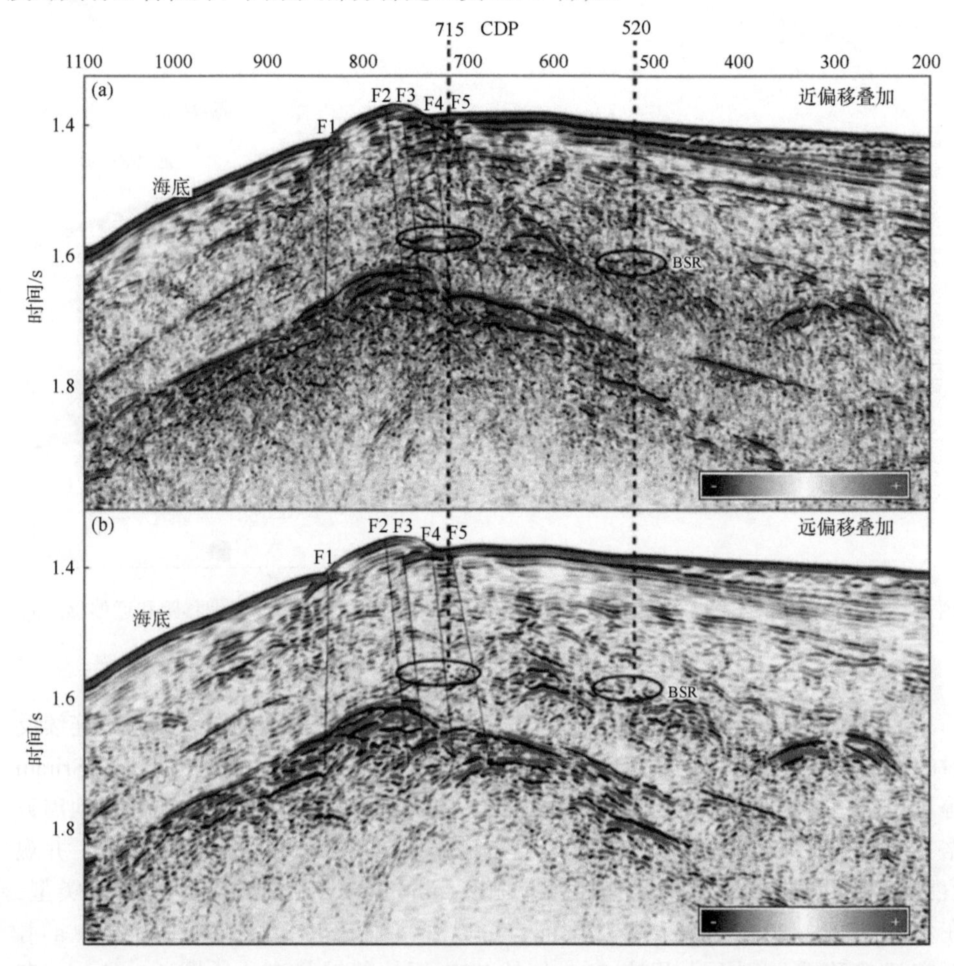

图 6-5　印度克里希纳-戈达瓦里盆地 NGHP01-10 井附近联络测线方向近偏移距和远偏移距的部分叠加剖面（Sriram et al.，2013）

压力取芯计算的天然气水合物饱和度在20%左右，NGHP01-10井周围BSR具有Ⅳ类AVO特征，可能是由裂隙充填型天然气水合物层的各向异性引起的。选择不同位置处BSR变化特征，如在CDP835、CDP715、CDP520和CDP430位置，近道集与远道集振幅存在明显差异。针对这些叠前CDP道集，提取BSR处纵波反射系数随入射角度变化的曲线并与理论模拟曲线对比（图6-6），假设天然气水合物饱和度不同而方位角相同，均为45°。模拟结果进一步证实了NGHP01-10井附近BSR显示的Ⅳ类AVO特征是由裂隙充填型天然气水合物层的各向异性引起的，该认识为利用地震数据判断天然气水合物储层是孔隙充填型还是裂隙充填型提供了可能。

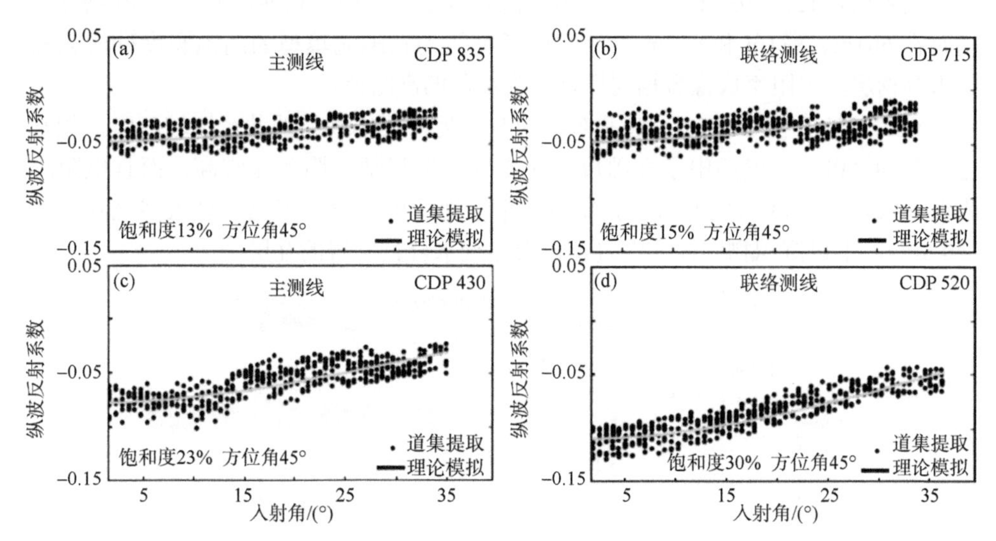

图6-6　印度克里希纳-戈达瓦里盆地NGHP01-10井附近BSR不同位置的振幅相对偏移距的特征分析（Sriram et al.，2013）

6.2.2　层控的裂隙充填型天然气水合物

层控的裂隙充填型天然气水合物常与砂质储层的天然气水合物呈叠置关系，一般位于砂质天然气水合物层上部，可能通过断层与上下层连通，在墨西哥湾阿拉米诺斯峡谷（Alaminos Canyon）、沃克海脊（Walker Ridge）和格林峡谷（Green Canyon）都发现了该类型的天然气水合物（Boswell et al.，2012）。

6.2.2.1 墨西哥湾北部 WR313 井测井响应特征分析

WR313 区块钻探了 WR313G 和 WR313H 井，井径曲线表明除了浅部外，大部分测井数据质量较为可靠。伽马曲线显示 WR313G 井钻遇了一套泥砂互层的单元，浅层泥岩的背景电阻率值为 1Ω·m。然而，下方 257～376m 处电阻率曲线值为 4～10Ω·m，相位 P40H 和衰减 A40H 电阻率曲线要高于 P16L 和 A16L 曲线，因此该层段被解释为裂隙充填型含天然气水合物层，电阻率成像数据也清晰地显示为浅色的高阻值（Collett et al.，2012），相应的速度曲线也略微增加。伽马和密度曲线表明，427～930m 处地层基本以泥岩为主，夹杂大量薄层砂岩和粉砂岩层，同时在 601m、831m 和 852m 三处发现了可能为孔隙充填型的高饱和度砂质天然气水合物层，电阻率成像数据同样显示为浅色的高阻值。

WR313H 井位于 WR313G 井东部约 lkm 处，浅部地层的井径比较稳定，伽马值约为 60API，密度和中子孔隙度变化不大，但局部电阻率非常高，而且电阻率成像中浅色高阻区域呈现出正弦曲线，指示地层中发育裂隙充填型天然气水合物（图 6-7），下伏沉积物同样为泥岩及含天然气水合物砂岩的互层。

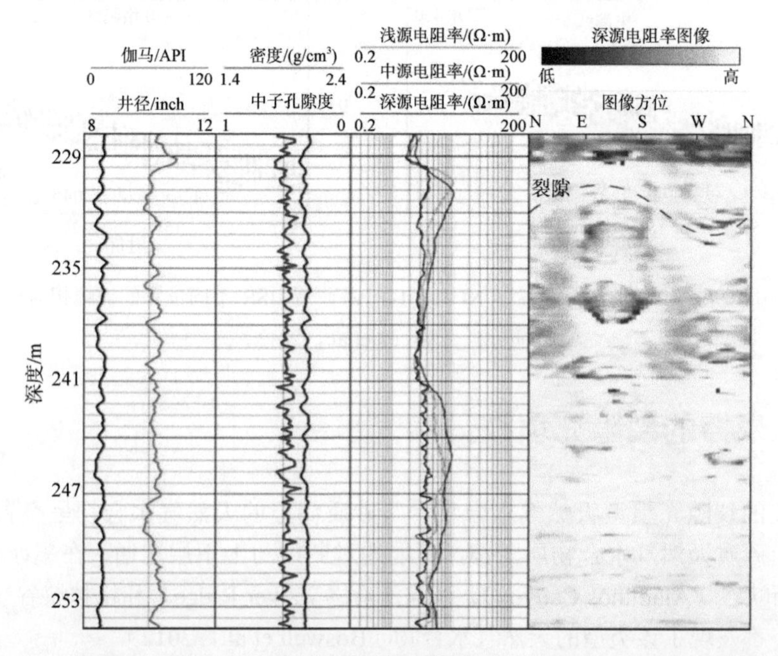

图 6-7 墨西哥湾沃克海脊 WR313H 井的随钻测井数据显示了 WR313 站位典型的浅层天然气水合物。最右边的电阻率图像呈正弦曲线形态（虚线），指示裂隙充填型天然气水合物层（Boswell et al.，2012）

6.2.2.2　墨西哥湾北部WR313井地震响应特征分析

WR313G和WR313H两口井位于泰勒博恩（Terrebonne）盆地西部的东边缘，水深约1980m，该盆地是一个南北向的长形盆地，以周边的盐丘为界，位于中央的盐丘又将盆地分为东西两个次级盆地。在周边盐丘相对隆升阶段，从北边由重力搬运的沉积物在次级盆地的中部聚集，且搬运随着坡度的降低而停止，最终形成水道相缺失的浊积砂体（Boswell et al.，2012）。由于盆地边缘的继续隆升，沉积层变形一直持续到现在，导致盆地两翼地层的倾角达到8°～12°。

在钻探前，WR313井天然气水合物主要是根据地震数据中天然气水合物稳定带底界附近的两种异常反射预测（图6-8）：一种是不连续的BSR，BSR仅发育在与地层相交的地方；另一种是地层反射在BSR处出现相位反转，这种现象可以解释为在高孔高渗的地层单元内游离气与水由于浮力而分离，游离气向上运移在上倾方向的地层中形成天然气水合物，而天然气水合物的形成则阻碍了游离气的向上运移。钻前地震反演也预测了地震解释的“蓝砂层”和“橙砂层”两个地层单元中可能存在高饱和度砂质天然气水合物，WR313G和WR313H两口井的钻探结果也基本验证了钻前的地震解释。在两口井的浅层富泥层段内都发现了裂隙充填

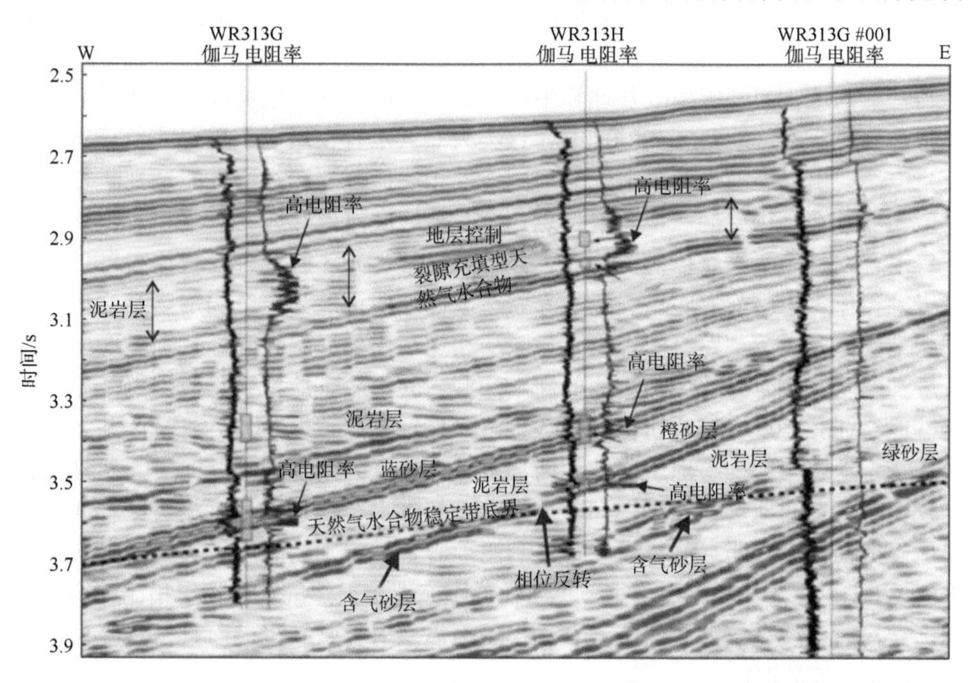

图6-8　墨西哥湾沃克海脊WR313井的测井数据和地震数据（Boswell et al.，2012）

型天然气水合物（图 6-8），裂隙充填型天然气水合物发育的边界与地层单元的边界相一致，明显受地层控制，称之为层控型。而靠近稳定带底界的多个砂质储层，发现了高饱和度天然气水合物，地震振幅明显变强。岩性可能是层控型天然气水合物形成的主控因素，形成天然气水合物的气源可能为近距离运移，也可能是沿着倾斜地层从下部运移来的。与周围地层相比，发育裂隙充填型天然气水合物的地层具有明显的高密度的特征，表明这是一个经过更高压实、高强度的地层单元。因此，地层在变形过程中可能更容易被破坏而形成裂隙，垂向扩散流体中甲烷溶解度随着深度降低，运移的气体在适当的温度和压力下，容易在这种具有裂隙的地层中形成天然气水合物。但这种层控的裂隙充填型天然气水合物饱和度比较低，在地震剖面上并没有明显的地震异常特征，这也是钻前没有在浅层中预测出天然气水合物的原因。

从以上分析可以看出，不同饱和度的裂隙充填型天然气水合物储层的测井响应特征既有相同点也有不同点。相同点在于两种类型的电阻率呈明显增加，不同点在于低饱和度、层控型的裂隙充填型天然气水合物的纵波速度变化不明显或略微增加，而高饱和度裂隙充填型天然气水合物层的电阻率和纵波速度都显著增加。

地震数据显示裂隙充填型天然气水合物在地震剖面上主要有两种表征：①呈烟囱状结构，主要是由高通量垂向流体运移形成的地层上拱反射，在剖面上呈烟囱状特征，平面上呈圆形、椭圆形等不同形态。该类天然气水合物层既可能呈垂向的管状构造，如韩国郁陵盆地和中国南海琼东南盆地，也可能呈丘状反射，如中国南海台西南盆地 GMGS2-08 井。该类天然气水合物层一个重要的地震异常特征是地层会出现局部上拱反射，与周围地层相比振幅变弱，这可能是判断裂隙充填型天然气水合物层的一个重要标志。同时从海底摄像和取芯等资料看，该类天然气水合物与冷泉系统以及流体有关，近海底常与海底麻坑、丘状体和自生碳酸盐岩等相伴生，局部海底呈强反射异常。下部地层可能为一个局部隆升构造，也可能是块体搬运沉积发育的地层，与断层相连，局部地层隆升导致上覆地层出现断层、裂隙，从而导致深部流体的向上渗漏。其气源可能是生物成因气，如台西南盆地 GMGS2-08 井，也可能是热成因气，如琼东南盆地 GMGS5-W08 井。②出现在特定地层内部，与地层岩性和断层有关，称之为地层控制。此类天然气水合物发育在特定的地层与地层之间，地层含天然气水合物的饱和度相对比较低，因此地震振幅并没有明显的异常特征，利用地震数据识别的难度较大，如美国墨西哥湾 WR313 井位。因此，与第二类层控裂隙充填型天然气水合物层相比，第一类烟囱结构的裂隙充填型天然气水合物层的地震反射异常较多，而且常与冷泉系统相关，比较容易识别。

6.3　裂隙充填型天然气水合物层的岩石物理模型

在细粒沉积物中，天然气水合物岩芯显示天然气水合物既可以呈均匀状或者球状充填在孔隙空间，也可以沿裂隙主应力方向呈脉状富集在富泥沉积物中，含天然气水合物层的裂隙倾角一般较陡。由于受构造应力作用，裂隙分布与断层主应力有关，具有定向特性，含裂隙充填型天然气水合物层的速度和电阻率等易出现各向异性。

目前，多种各向异性模型被用于评价裂隙充填型天然气水合物的饱和度，如层状介质模型（Lee and Collett，2009）、裂隙嵌于孔隙介质模型（Ghosh et al.，2010）、纵横波速度联合的层状介质模型（王吉亮等，2013）和纵波速度与电阻率联合反演（Lee and Collett，2013）等。不同模型的假设条件不同，这些模型都可以利用速度、电阻率或者两者伪联合方法来计算裂隙充填型天然气水合物的饱和度。

各向异性速度和电阻率模型都采用两端元的层状介质模型来评价裂隙充填型天然气水合物地层（Lee and Collett，2009）。在模型中，假设裂隙中完全充填天然气水合物，模型由Ⅰ和Ⅱ两端元组成，端元Ⅰ是裂隙，分为水平裂隙和垂直裂隙且完全充填天然气水合物，占据体积为 η_1；端元Ⅱ为各向同性的饱和水沉积物，占据体积为 η_2（图 6-9），具体的速度模型和电阻率模型的计算过程分别见 2.2.10 节和 2.4.2 节。

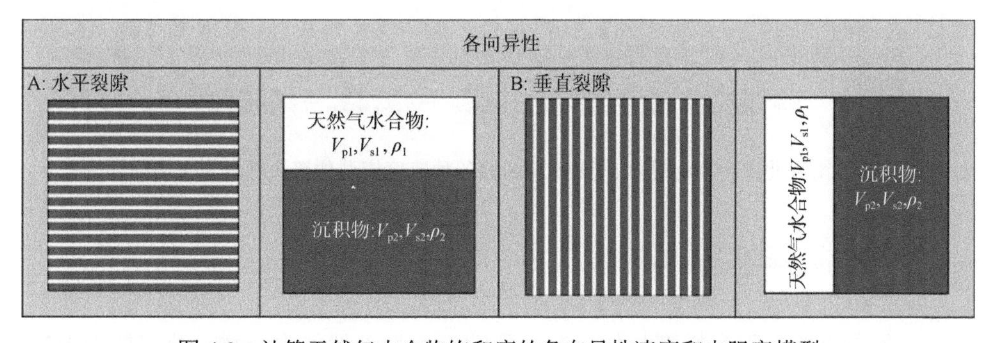

图 6-9　计算天然气水合物饱和度的各向异性速度和电阻率模型

6.4　裂隙充填型天然气水合物储层特性的定量评价

与孔隙充填型天然气水合物储层特性相同，需要精确反演含天然气水合物层的孔隙度、厚度、饱和度及其空间分布，裂隙倾角是裂隙充填型天然气水合物评价的另一个关键参数。

6.4.1 各向异性电阻率模型

在 2.4.2 节，我们分别利用各向异性和各向同性电阻率模型计算了南海北部台西南盆地 GMGS2-08A 井裂隙充填型天然气水合物饱和度（图 6-10），对比了两种方法计算的差异，并与压力取芯结果进行了对比（王秀娟等，2017）。可以看出，两种方法计算的天然气水合物饱和度差异较大，尤其在低饱和度时，含天然气水合物层裂隙倾角大，导致测量的电阻率明显偏高，含天然气水合物层的各向异性强。在利用电阻率评价裂隙充填型天然气水合物饱和度时，裂隙倾角反演也很关键。

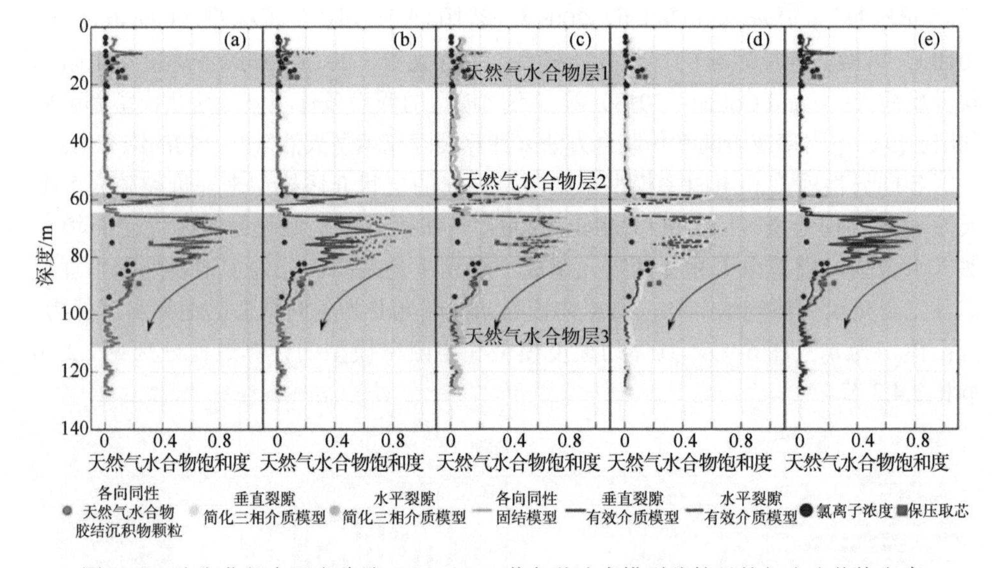

图 6-10 南海北部台西南盆地 GMGS2-08 井各种速度模型估算天然气水合物饱和度

6.4.2 各向异性速度模型

与各向异性电阻率模型相似，对于裂隙充填型天然气水合物，分布假设天然气水合物层为水平裂隙和垂直裂隙，利用各向异性的速度模型对南海北部台西南盆地 GMGS2-08A 井的天然气水合物饱和度进行了计算（Qian et al.，2017）。在计算饱和水纵波速度时，分别采用有效介质模型与简化三相介质模型，从图 6-10 可以看出，在含水平裂隙与垂直裂隙的天然气水合物层中，有效介质模型与简化三相介质模型两种方法计算的天然气水合物饱和度都非常接近。

在浅部地层中，水平裂隙和垂直裂隙计算的天然气水合物饱和度最大值分别约为25%和10%，其中水平裂隙计算的饱和度和各向同性计算值基本接近。在中间地层中，地层为固结的碳酸盐岩且孔隙度较小，导致裂隙发育不明显，使用各向同性的孔隙流体、颗粒支撑和胶结模型计算了天然气水合物饱和度，结果发现颗粒接触处胶结的天然气水合物模型计算的饱和度与氯离子异常估算值更为接近，说明中间层的天然气水合物可能为胶结模式，且饱和度较低。在下部地层中，水平裂隙计算的饱和度最大值超过80%，接近纯天然气水合物，而垂直裂隙计算的饱和度略微降低，最大值接近70%，饱和度结果还表明在不同深度上氯离子异常和压力取芯结果有时与水平裂隙计算结果接近，有时与垂直裂隙计算结果接近。从以上分析可以看出，在GMGS2-08井，既发育水平裂隙和垂直裂隙的裂隙充填型天然气水合物，也发育胶结的孔隙充填型天然气水合物。

另外，在南海北部琼东南盆地GMGS5-08井也发现了裂隙充填型天然气水合物，我们采用同样的各向异性速度模型进行了评价，图2-26给出了不同方法计算的天然气水合物饱和度曲线。从图中可知，在9～60m和130～150m的饱和度较低，水平裂隙计算的饱和度绝大部分低于20%，垂直裂隙低于10%。而在60～139m处饱和度较高，水平裂隙天然气水合物饱和度大部分在30%左右，最大值接近50%，垂直裂隙天然气水合物饱和度大部分都低于30%。在BSR下方（约150m），仍存在一个高饱和度天然气水合物层，局部薄层天然气水合物饱和度达60%，由于纵波速度测量深度比电阻率浅，在175m以下地层，各向同性电阻率方程计算的饱和度仍然为20%左右，这可能是地层含有游离气造成的。

6.4.3 电阻率与纵波速度联合模型

饱和度和裂隙倾角是影响评价天然气水合物的两个关键参数，电阻率和纵波速度各向异性模型的分析都是分别使用单一的电阻率或纵波速度测井进行计算，只能先假定固定的裂隙倾角，然后再进行饱和度分析。为了同时得到天然气水合物饱和度和裂隙倾角，可以利用电阻率和纵波速度测井的联合进行反演。在各向同性饱和度联合反演时，只需反演天然气水合物饱和度，即理论计算值与实测的纵波速度和电阻率之间误差要满足贝叶斯原理的最小二乘法。但是，与利用各向同性模型、基于单一的纵波速度或电阻率计算饱和度不同，在利用各向异性模型反演天然气水合物饱和度和裂隙倾角时，首先通过纵波速度与地层因子估算天然气水合物饱和度，当两者误差达到最小值时对应的角度即地层的裂隙倾角，其次在固定裂隙倾角下，分别利用纵波速度与电阻率估算天然气水合物饱和度。如果反演结果准确，利用纵波速度反演饱和度应该与地层因子计算的饱和度相同，反演流程见图 2-12。反演时裂隙倾角范围为 0°～90°，裂隙体积范围为 0～1。需要注意的是，该方法并不是同时反演裂隙倾角与饱和度，被称为伪联合反演（Lee and Collett，2013）。

基于各向异性模型，图 6-11 为利用地层因子与纵波速度联合反演的南海北部台西南盆地 GMGS2-08 井天然气水合物裂隙倾角［图 6-11（a）］与饱和度［图 6-11（b）～（d）］。从反演结果看，应用地层因子与纵波速度联合反演饱和度时，以地层因子为准估算的天然气水合物饱和度略微高于纵波速度反演结果［图 6-11（b）］，利用纵波速度反演的天然气水合物饱和度与假设地层为水平裂隙时的估算结果相近［图 6-11（d）］，但是高于垂直裂隙时的估算结果［图 6-11（c）］。浅部天然气水合物层（9～22m）的裂隙倾角较大，但是反演的天然气水合物饱和度较低，因此，测量的高电阻率异常可能受高角度裂隙影响。该结果与纵波速度各向异性计算结果存在明显差异，但是缺乏实测裂隙倾角，无法判断裂隙倾角预测的准确性。

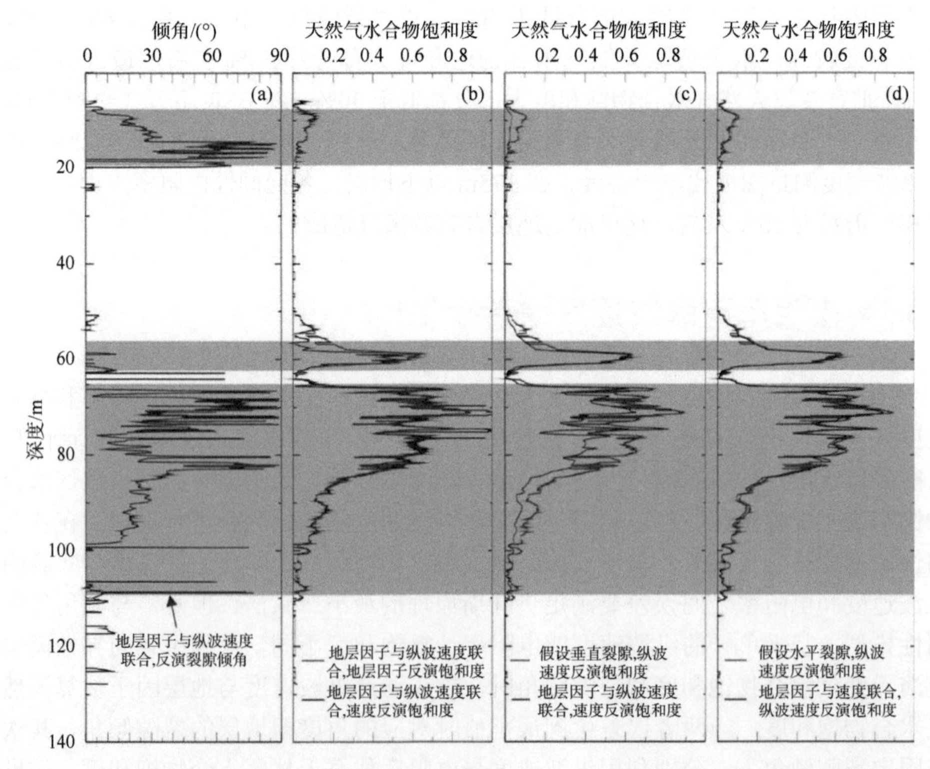

图 6-11　地层因子与纵波速度联合反演南海北部台西南盆地 GMGS2-08 井饱和度与裂隙倾角

6.4.4　纵波与横波速度联合模型

电阻率和纵波速度可以联合计算裂隙充填型天然气水合物层的饱和度和裂隙倾角，当测井数据同时包含纵波与横波速度时，也可以利用纵波与横波速度的各向异性模型计算饱和度和裂隙倾角。反演流程见图6-12，主要分为几个关键步骤：首先假设初始倾角度φ=0、初始天然气水合物体积饱和度V_h=0。然后利用各向异性的纵横波速度模型计算初始值下的纵横波速度，并与测量结果进行对比，如果满足误差要求，则输出相应的结果；如果不满足误差要求，通过增加入射角（0°～90°），再分别计算纵横波速度，与测量结果进行对比；如果仍不能满足误差要求，则增加初始饱和度，进行循环迭代。

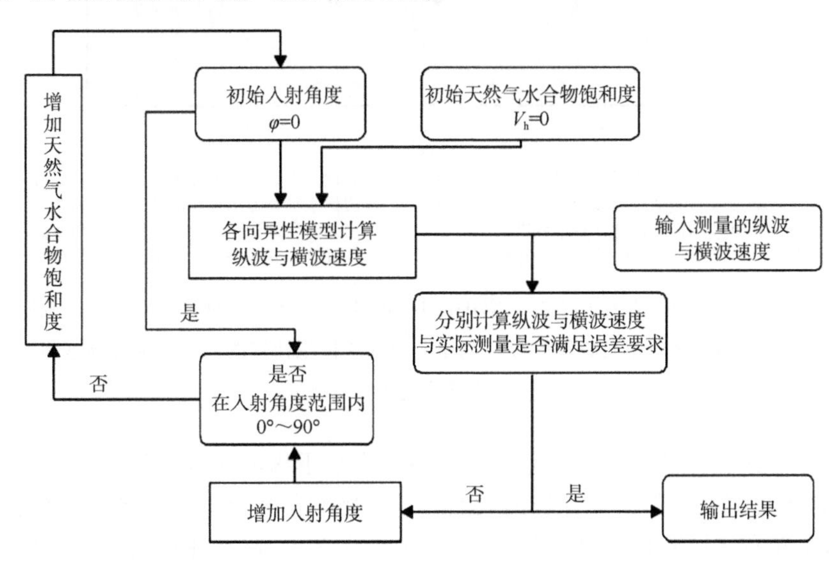

图6-12　利用纵横波速度与循环迭代联合反演天然气水合物饱和度与裂隙倾角流程

图6-13为印度克里希纳-戈达瓦里盆地NGHP01-10D井基于水平和垂直裂隙倾角、联合纵波和横波速度计算的天然气水合物饱和度（王吉亮等，2013）。从图中可以看出，假设裂隙倾角为水平时，利用纵波速度计算的天然气水合物饱和度为25%～40%，平均饱和度为34%左右；而利用横波速度计算的天然气水合物饱和度为25%～75%，平均饱和度为60%左右，假设为水平裂隙时，横波速度计算的饱和度远大于纵波速度计算结果。假设为垂直裂隙时，纵波速度计算饱和度为10%～25%，平均饱和度为20%左右，横波速度计算饱和度为5%～15%，平均饱和度为8%左右。

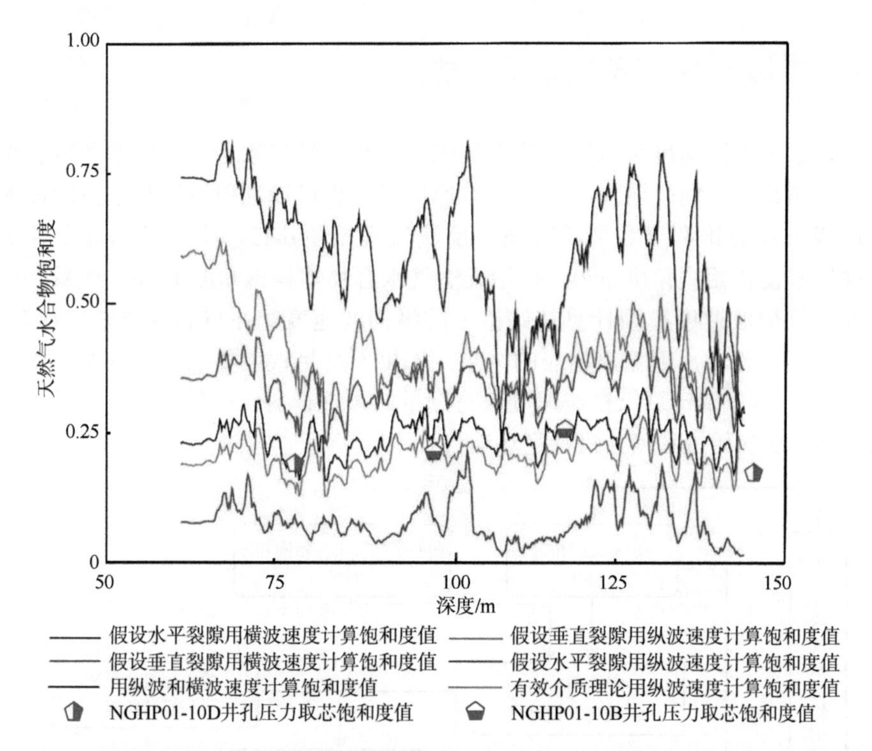

图 6-13　印度克里希纳-戈达瓦里盆地 NGHP01-10D 井基于水平和垂直裂隙倾角，利用纵波和横波速度计算的天然气水合物饱和度及利用有效介质模型计算的天然气水合物饱和度与压力取芯计算的饱和度对比

假设为垂直裂隙时，横波速度计算饱和度小于纵波速度计算结果。利用纵波和横波速度联合计算时，计算的天然气水合物饱和度为 10%～25%，平均饱和度为 24% 左右（图 6-13），裂隙倾角变化范围为 75°～85°（图 6-14）。图 6-13 还给出了 NGHP01-10B 和 NGHP01-10D 井不同深度的压力取芯计算的天然气水合物饱和度。从该图可以看出，假设为垂直裂隙时，利用纵波速度计算的饱和度与纵横波速度联合计算的天然气水合物饱和度与压力取芯计算结果相吻合，在该井位，纵横波速度联合计算的饱和度吻合更好些。在 NGHP01-10D 井没有测量裂隙倾角，NGHP01-10A 井测量的裂隙倾角主要分布范围为 60°～88°。此外，基于各向同性有效介质模型，利用 NGHP01-10D 井纵波速度计算的天然气水合物饱和度（图 6-13，绿色）为 25%～60%，计算结果略微大于假设条件为水平裂隙时，远大于垂直裂隙和压力取芯计算的天然气水合物饱和度。

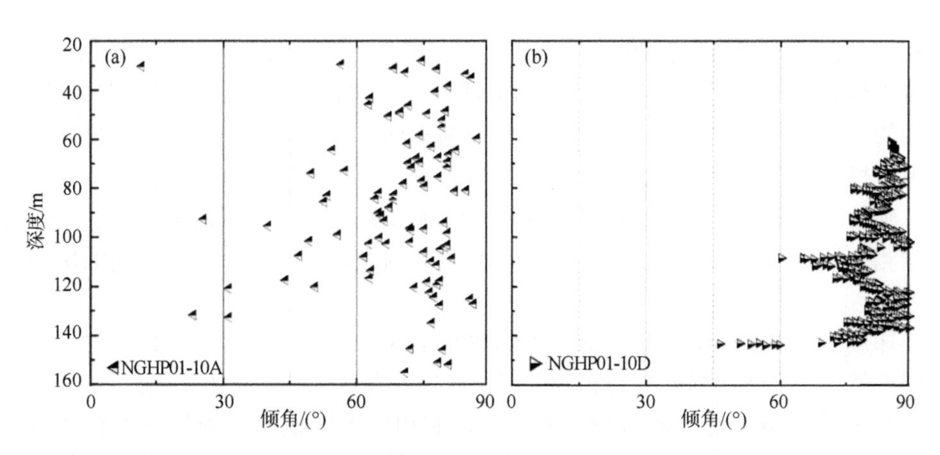

图 6-14　印度克里希纳–戈达瓦里盆地 NGHP01-10A 井测井得到的裂隙倾角和利用纵波速度和横波速度联合反演得到的 NGHP01-10D 井裂隙倾角

6.4.5　储层各向异性的地质统计学反演

地质统计学反演是以地震、钻井和测井等地质信息为基础，应用随机函数理论和地质统计学方法，通过变差函数分析、直方图分析和相关分析等进行非线性反演，是结合传统的地震反演技术，在每一个地震道（或多个地震道）产生多个可选的等概率反演结果的一种地震反演方法。在 5.5 节我们详细介绍了统计学反演的原理、方法和模型，并应用该方法反演了南海北部泥质粉砂沉积物孔隙充填型天然气水合物的储层物性，获得了高分辨率反演结果。对于裂隙充填型天然气水合物，由于含天然气水合物储层的各向异性，天然气水合物饱和度与反演的纵波阻抗、纵波速度等非线性更明显。因此，利用传统确定性反演进行裂隙充填型天然气水合物饱和度计算时，反演结果误差更大。我们尝试将地质统计学反演应用到裂隙充填型天然气水合物饱和度、孔隙度等储层物性参数的反演。

6.4.5.1　统计学反演参数确定

地质统计学参数分析是地质统计反演的前提和基础，主要有三个参数：概率密度函数、变差函数和云变换。在反演过程前，通过分析饱和度、密度和伽马等与速度、波阻抗之间的相关关系，判断使用哪种反演方法，如果各种变量之间的相关性非常好，具有明确的线性关系，则确定性反演的结果相对准确，如果相关性较小，则说明通过纵波阻抗来反演（或者模拟）测井属性（如密度、伽马等）的可靠性较低，利用地质统计反演的非线性关系可以对测井属性进行有效预测。反演的流程与孔隙充填型天然气水合物反演相同，不同的是使用了各向异性的纵波速度模型计算天然气水合物饱和度。首先统计随机变量的直方图分布和变差函数，确定随机变量在不同方向上的变程。反演的变量可以是纵波阻抗或测井属性，根据测井属性与纵波阻抗之间的相关关系建立纵波阻抗与测井属性之间的协同反演方程。

印度克里希纳-戈达瓦里盆地 NGHP01-10A 井发现了厚度达 135m 的裂隙充填型天然气水合物，横向分布相对较广，多口井发现了裂隙充填型天然气水合物，为了研究该类型天然气水合物空间分布，利用纵波阻抗反演天然气水合物饱和度（Wang et al.，2013）。该方法基于各向异性模型利用测井资料计算天然气水合物的饱和度，通过直方图分析井上的纵波阻抗与天然气水合物饱和度之间的关系（图 6-15），确定概率密度函数。此外，通过测井上的样本点曲线可以确定纵向变差和横向变差，进而确定变差函数，该参数是地质统计反演的主要工具和手段，是一个大概值，对反演结果起到软约束作用，关键因素仍为地震资料。

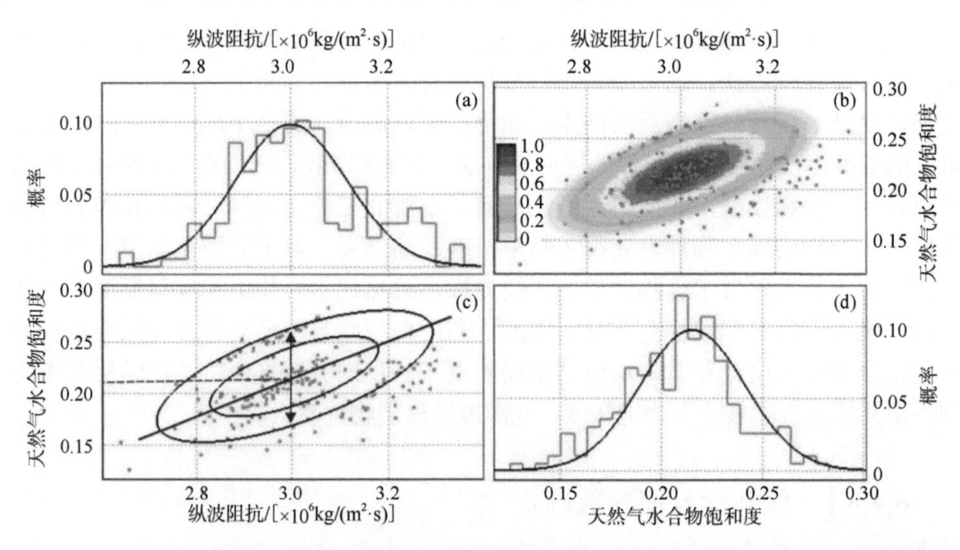

图 6-15　印度克里希纳-戈达瓦里盆地 NGHP01-10A 井的纵波阻抗与天然气水合物饱和度的概率密度函数和交会图

6.4.5.2　统计学反演的天然气水合物饱和度

裂隙充填型天然气水合物层具有各向异性，但是各向异性较弱，因此，在含天然气水合物层的地震资料处理过程中，往往难以进行各向异性处理，在储层反演过程中也难以开展各向异性储层物性的反演。利用叠后约束稀疏脉冲反演和统计学反演方法，我们分别反演了过NGHP01-10A和NGHP01-10D井含裂隙充填型天然气水合物层的纵波阻抗剖面（图6-16），在地质统计学反演中，使用横向变程是1200m，纵向变程是20ms。首先，是通过地质统计学反演获得波阻抗，从理论上讲，地质统计学反演可以得到与测井资料相同的分辨率，但是由于它是一种基于模型的地震反演，具有多解性。从图6-16对比看，地质统计学反演的纵波阻抗比常规叠后约束稀疏脉冲反演的结果分辨率要高，边界刻画更清晰。

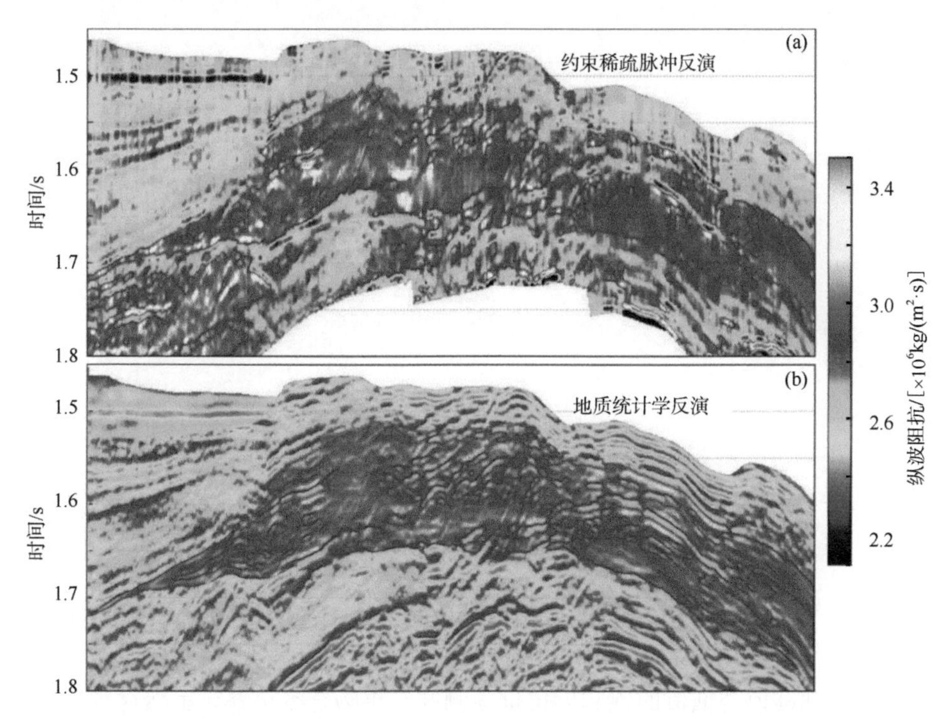

图6-16　利用约束稀疏脉冲反演（a）与地质统计学反演（b）的印度克里希纳-戈达瓦里盆地过NGHP01-10A和NGHP01-10D井纵波阻抗剖面

其次，利用地质统计学协模拟研究波阻抗与各向异性天然气水合物饱和度之间的关系，从图6-15（c）中纵波阻抗与天然气水合物饱和度交会图可以看出，在确定性反演时，一个纵波阻抗对应一个天然气水合物饱和度值，但是由于该相关系数比较小，仅利用单一值去拟合时，反演计算的天然气水合物饱和度将不准确。而利用地质统计学反演时，将箭头范围内的天然气水合物饱和度值都考虑进来，将这些可能的值作为一个概率的分布来考虑，因此这种带着地质统计学的思路更准确。

最后，利用概率密度函数计算天然气水合物饱和度。图 6-17 分别为基于确定性叠后约束稀疏脉冲反演和地质统计学反演的纵波阻抗估算的天然气水合物饱和度剖面，从图中可以看出，反演计算的各向异性天然气水合物饱和度与压力取芯结果基本一致。

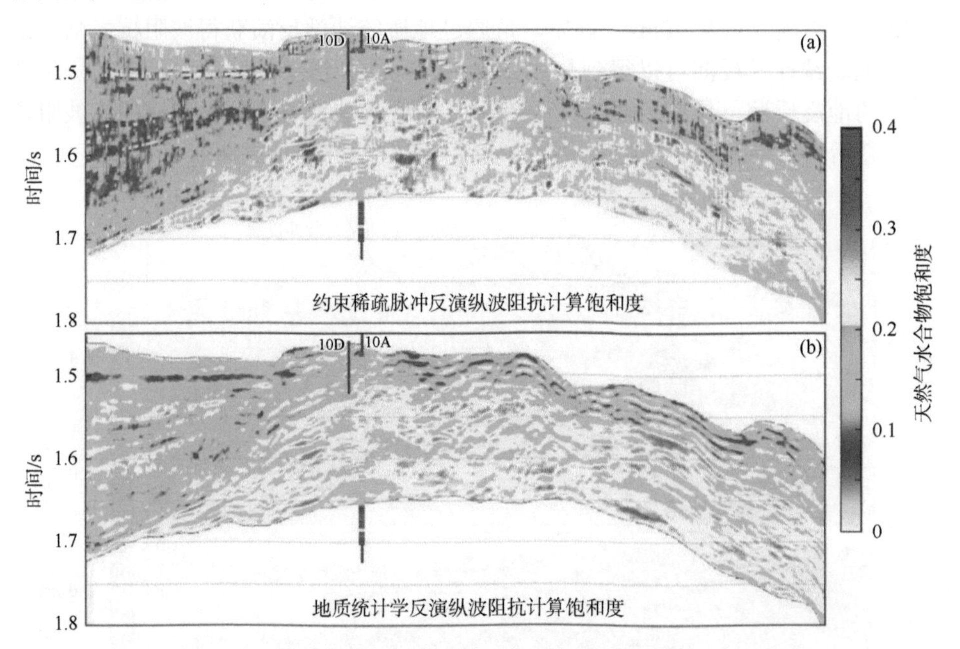

图 6-17　基于约束稀疏脉冲反演（a）和地质统计学反演（b）的印度克里希纳-戈达瓦里盆地过 NGHP01-10A 和 NGHP01-10D 井天然气水合物饱和度剖面

图 6-18 为在 NGHP01-10A 和 NGHP01-10D 井两种方法反演饱和度对比，通过对比可知，两种反演结果与测井上的纵波阻抗吻合都较好，但是地质统计学反演结果在局部高值与低值的饱和度层位与测井结果吻合得更好。虽然这种反演方法不是真正的各向异性反演，但是利用这种非线性的算法，通过把利用各向异性速度模型计算的天然气水合物饱和度与反演的纵波阻抗或者纵波速度进行交会分析，利用概率密度函数和变差函数，结合云变换的模拟方法，能够把天然气水合物空间分布相对准确地预测出来。

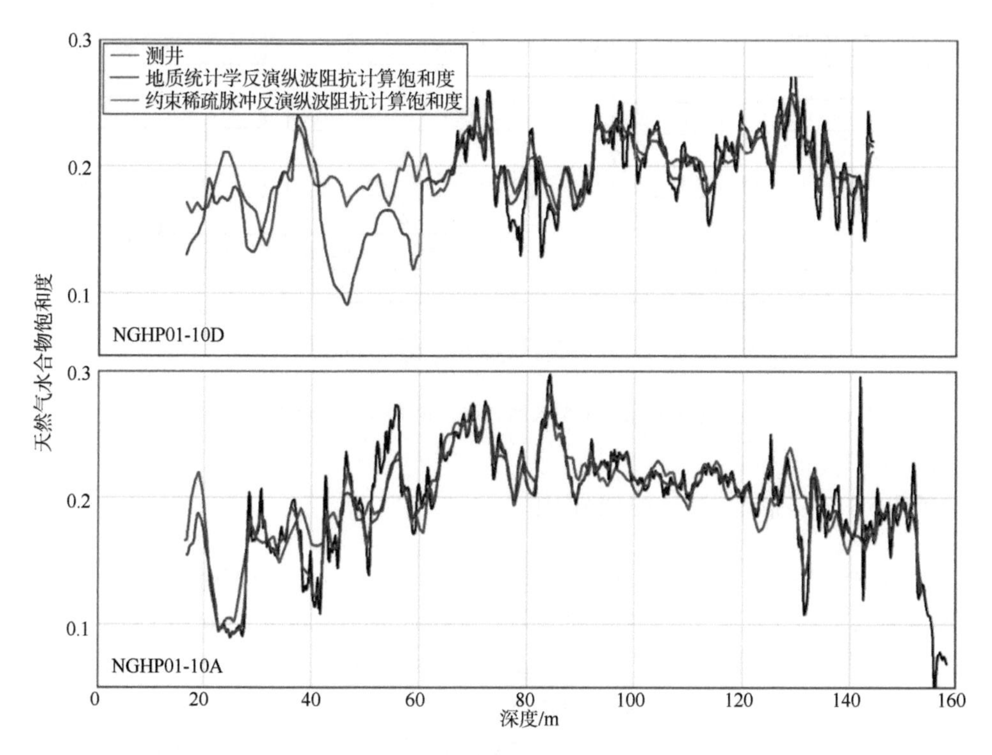

图 6-18　利用约束稀疏脉冲反演与地质统计学反演的纵波阻抗计算的印度克里希纳-戈达瓦里盆地过 NGHP01-10A 和 NGHP01-10D 井的天然气水合物饱和度对比

6.4.6　多属性融合的储层非均质性反演

在高通量流体运移区发育了横向规模小、垂向厚度大、呈烟囱状反射的裂隙充填型天然气水合物，是与活动或者不活动冷泉系统有关的天然气水合物发育区。该类型的天然气水合物单一矿体空间分布小，但是个数可能较多，垂向上饱和度、裂隙倾角等存在差异，是低渗透率、非砂质储层富含天然气水合物的一种重要类型。其资源量仅次于砂质储层，空间分布具有明显的非均质性，含天然气水合物层具有明显的各向异性。如何进行该类型天然气水合物储层物性反演与精细刻画，对于准确评价裂隙充填型天然气水合物资源量具有重要意义。

我们提出基于多属性融合的低频速度建模与宽频地震反演相结合，来反演冷泉发育区天然气水合物储层物性与空间分布，主要包括三个方面（图 6-19）：一是多属性融合低频建模；二是压实趋势与叠加速度联合低频速度建模；三是宽频地震反演。

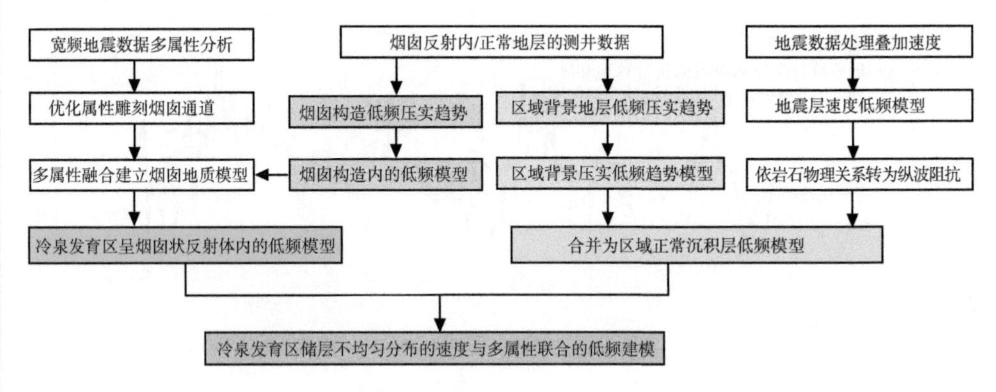

图 6-19　冷泉发育区裂隙充填型天然气水合物多属性联合的低频建模流程

6.4.6.1　多属性融合地质建模

中国南海北部、南海南部及其国际多个海域都发现了呈烟囱状反射的中等−高饱和度裂隙充填型天然气水合物，如中国琼东南盆地（Ye et al.，2019；王秀娟等，2021）、南海南部婆罗洲西北岸外（Paganoni et al.，2018）、韩国郁陵盆地（Kang et al.，2016）和日本南海海槽等（Matsumoto et al.，2017）等多个海域。深水盆地沉积了巨厚的欠压实泥岩地层，较高的地温梯度容易使有机质热解生烃，造成地层高温超压。晚期构造活动导致基底隆升、强烈的岩浆活动，在隆起区域的地层薄弱带及断裂发育区形成异常发育的超压、泥底辟及气烟囱构造，造成了幕式排烃。随着局部或者聚集流体活动增强，高通量流体沿断层、有利砂体等不断向上运移，在稳定带内形成天然气水合物。由于天然气水合物形成，地层孔隙水不能向周围扩散而导致盐度增高，在高浓度盐水层大量气体来不及形成天然气水合物而向上运移，形成活动性冷泉，该类型的天然气水合物饱和度一般较高，在地震剖面上呈烟囱状反射。

大量测井与三维地震资料揭示在天然气水合物稳定带上部呈烟囱状反射的地质体内，发现结核状、脉状或块状的裂隙充填型天然气水合物。该类型天然气水合物在空间分布上具有明显的不均匀性，天然气水合物矿体大小和形状都不相同，横向上烟囱状的反射结构约为几十米至几百米或几公里大小不等，最大的结核块体的天然气水合物样品直径达到 50cm。从测井资料看，含天然气水合物层具有高纵波阻抗、高电阻率和略微降低密度等弹性参数异常，天然气水合物层具有明显的空间局限性，天然气水合物主要分布在烟囱通道内，与层状孔隙充填型天然气水合物层差异较大。

通常来说测井数据具有较高分辨率，不同测井工具分辨率略微不同，从几厘米至十几厘米不等，而反射地震分辨率一般为几米至十多米。传统方法是利用测井数据进行空间插值建立低频模型，进而开展地震数据的确定性反演求取天然气水合物层特性，但是该方法在冷泉发育天然气水合物评价中面临着两个问题：①如果钻井位于烟囱反射体内，测井数据并不具有空间区域代表性，直接进行空间插值建立低频模型会使储层反演结果偏高，造成系统性错误；②烟囱状反射地层的地震响应特征与正常沉积地层的地震响应特征不同，烟囱体边界清晰，地震振幅变弱，与孔隙充填型天然气水合物层的强振幅不同，因此利用测井与地层层位控制，通过内插得到的低频速度模型烟囱状反射区的储层反演差异大。

利用三维地震资料振幅、频率、相干和倾角等属性，通过地震道之间的相似度、几何特征判断、振幅和倾角特征等来识别烟囱结构。烟囱体一般呈现出低相干、弱振幅、局部构造差负值和地层倾角高值异常，沿不同地层提取以上属性可以圈定烟囱体的空间分布范围、多少和形状等，再通过立体建模，联合识别烟囱结构异常特征及其数量（图 6-20），建立沿不同地层烟囱结构空间分布的地质模型。

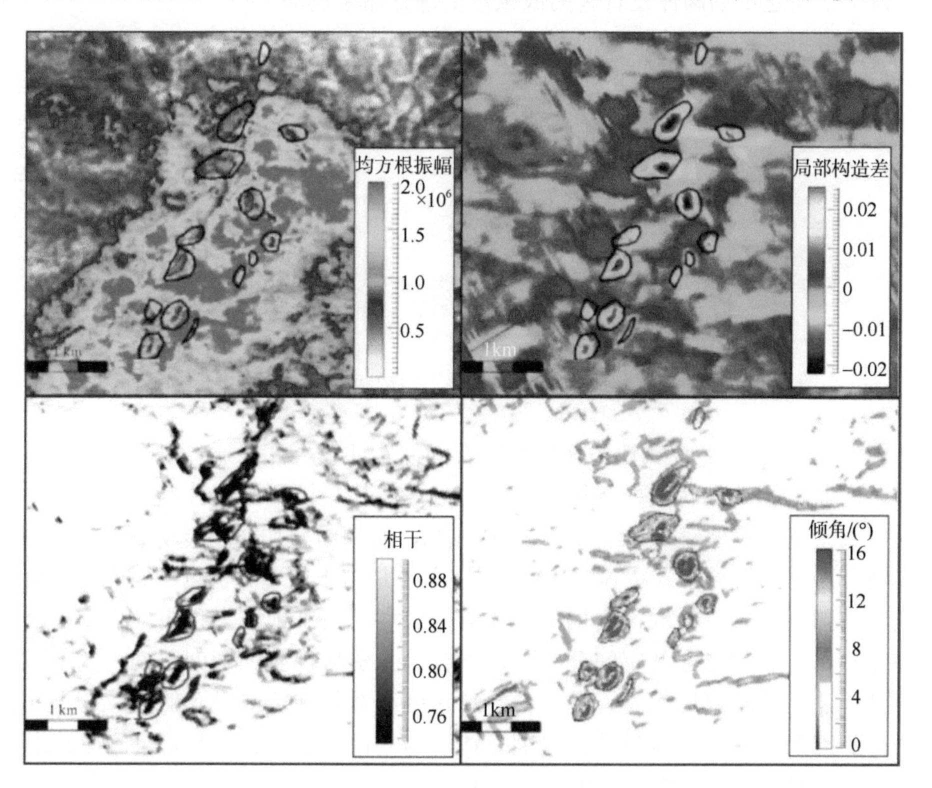

图 6-20 南海北部琼东南盆地基于振幅、相干、倾角与构造差属性确定烟囱体空间分布及其数量

6.4.6.2 低频速度建模

由于烟囱体横向分布的不连续性，在速度建模过程中，对背景区域速度和烟囱结构内的速度模型采用独立建模（图 6-21）。背景区域建模首先采用区域压实趋势作为低频趋势模型，该模型基于区域非烟囱区的测井数据统计起始点海底以下纵波阻抗与埋深之间的关系，频率范围在 0～1Hz；其次利用区域岩石物理关系将地震资料处理速度场转换为纵波阻抗，建立低频趋势模型，频率范围在 0～2Hz，可以反映区域的纵波阻抗分布特征，最后是基于三维地震资料，开展地震属性分析，识别烟囱结构的空间分布、大小和范围。利用烟囱体发育区的测井数据，确定富含天然气水合物层的纵波阻抗值，根据烟囱体内天然气水合物的纵波阻抗的直方图分析，确定烟囱区天然气水合物层的纵波阻抗平均值［2.87×10^6kg/(m^2·s)］，并将该值作为烟囱体发育区的低频背景值。将压实趋势低频模型与速度场低频模型合并建立区域低频模型，再将烟囱发育区低频模型充填到区域低频模型，最终建立适用于高通量烟囱体发育区的低频模型进行储层反演。

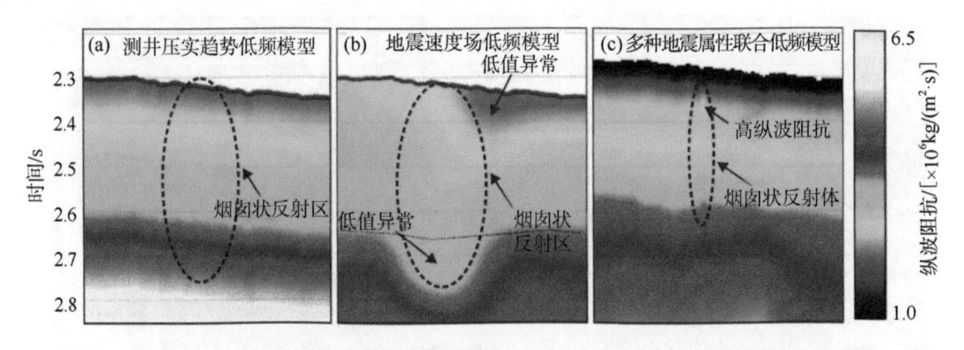

图 6-21 南海北部琼东南盆地低频压实趋势与叠加速率联合低频建模

图 6-21 为通过多种属性与速度场联合的低频建模方法，通过融合得到南海北部琼东南盆地呈烟囱状反射结构地层的低频速度模型，利用测井速度的低频趋势内插的低频速度模型较为平滑［图 6-21（a）］，而利用叠加速度转换成层速度的低频模型会出现低值异常［图 6-21（b）］，这主要是由于速度分析过程中无法准确识别速度谱的反射层，拾取速度偏低。我们提出利用三维地震多种属性识别烟囱状反射体分布，雕刻出来其空间分布，再结合测井资料得到的烟囱结构内的低频趋势模型，建立单独速度模型，最后与叠加速度和背景井趋势融合的低频模型相结合，得到冷泉发育区的低频速度模型。通过与周围地层相比，我们能在烟囱状反射处看到明显的相对高纵波阻抗异常［图 6-21（c）］，而且在下部地层也没有出现

低值异常，与实际地质模型吻合较好。通过以上对比可以看出，基于多种属性与低频速度联合建立的低频建模能真实反映气烟囱发育区储层低频模型，再结合宽频资料的反演，可以准确反演冷泉发育区呈非均质分布的天然气水合物及游离气的储层的物性参数。

6.4.6.3 宽频反演

与其他反演方法一样，宽频反演首先要进行地震数据的质量控制，通过频谱分析查看地震数据的频带范围，该区频带是1～120Hz，主频是50Hz左右（图6-22），从低频来看，该数据的低频信息很丰富，频带较宽，为宽频处理的地震数据。

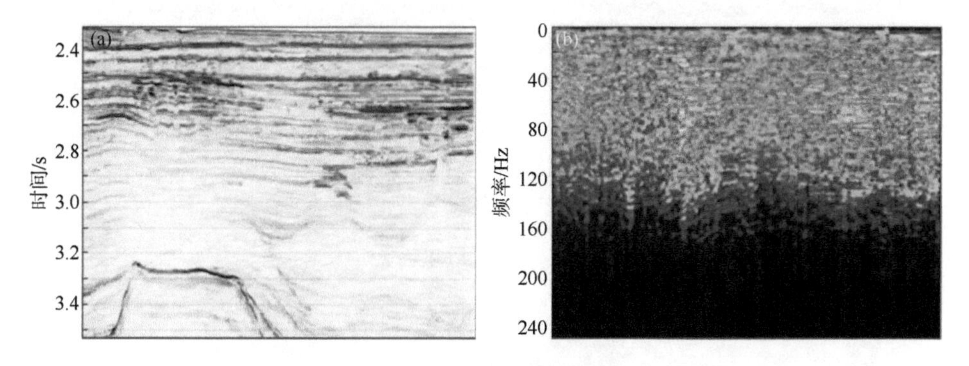

图6-22 地震数据频谱分析

其次对宽频全叠加数据体进行子波估算，子波估算过程中选择的时窗长度为海底到海底以下400ms。通过多个伪井估算的子波非常稳定，由于海底作为标志层且目的层埋深较浅，采用零相位子波。利用多属性分析建立的低频模型，开展约束稀疏脉冲反演，获得烟囱发育区储层的物性参数，通过区域背景与有限的测井约束，结合宽频反演，能够对气烟囱与块体搬运沉积体发育区进行反演。

图6-23为基于GMGS5-W08井及多属性融合低频建模与背景趋势和速度场作为低频趋势反演纵波阻抗剖面，在块体搬运沉积层，纵波阻抗横向上具有连续特征，但是烟囱体内出现纵波阻抗明显增加［图6-23（a），箭头］，该异常可能指示地层含天然气水合物，而在地震上出现明显上拱反射，局部出现阻抗异常。基于背景趋势及速度场作为低频趋势，利用宽频反演纵波阻抗剖面［图6-23（b）］。从反演结果看，块体搬运沉积层出现高阻异常，在横向上连续性强，且边界清晰，多期次的块体搬运沉积体界限清晰。为了对比常规低频建模与多属性联合的低频

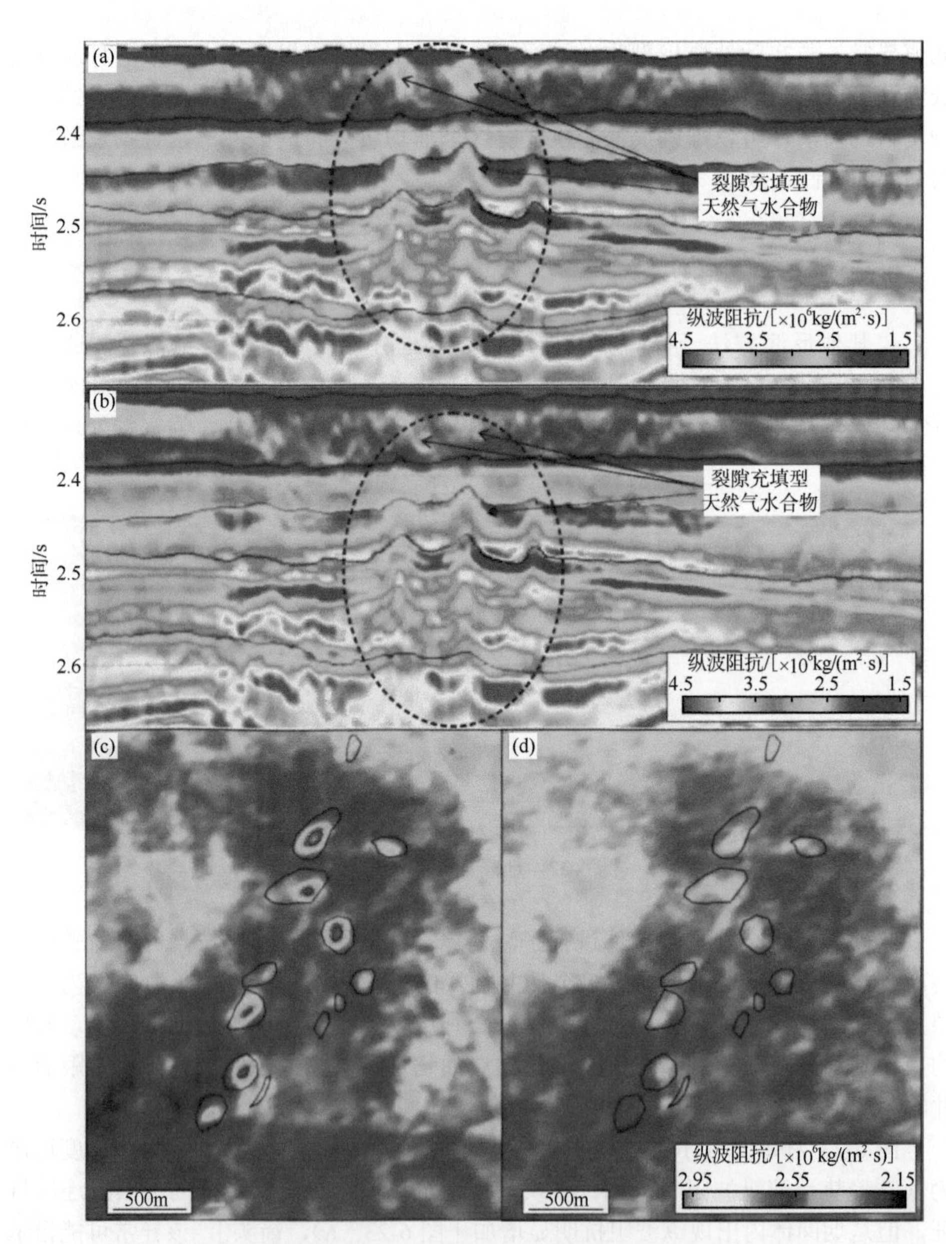

图 6-23　基于多种属性联合低频模型（a）和常规低频模型（b）的反演纵波阻抗及其沿海底至下部 32ms 时窗提取的多属性联合低频模型（c）和常规低频模型（d）反演的纵波阻抗均方根振幅值对比

建模的反演结果，我们沿层提取纵波阻抗的平面分布图，来对比分析两种不同方法反演结果的差异性。图6-23（c）和（d）为沿海底及下部32ms时窗提取反演的纵波阻抗均方根振幅值，图6-23（c）为多属性联合低频模型反演纵波阻抗的均方根振幅值。从平面图看，在烟囱状反射体内，纵波阻抗明显大于常规低频模型的反演结果［图6-23（d）］，该反演结果反映了纵波阻抗的差异性，这种差异性在近海底已经形成。通过对比发现两种反演方法得到的纵波阻抗值在平面上存在差异，常规速度建模方法也难以反演出冷泉发育区呈烟囱状反射的裂隙充填型天然气水合物层异常，主要是由于低频建模的平均效应，忽略了其空间的差异性。

尽管多属性融合与低频速度模型联合进行建模给出了冷泉发育储层非均质性的反演方法，获得了较好的纵波阻抗结果，但是仍需要加强该类型天然气水合物层孔隙度、饱和度、泊松比等各种弹性与物性参数反演。冷泉系统具有复杂形成条件，会出现天然气水合物–游离气–水三相共存，开展三相共存系统储层物性的反演工作也是未来天然气水合物资源开发面临的一个难点。

6.5　含天然气水合物层裂隙的定量分析

6.5.1　含裂隙层的地震波数值模拟响应特征

正演模拟是了解裂隙充填型天然气水合物层内部地震波传播特征的一种有效方法，利用印度克里希纳–戈达瓦里盆地的速度、密度和天然气水合物裂隙倾角等详细的测井数据，建立该地区海底浅层天然气水合物层的各向异性地质–地球物理模型，运用波场信息丰富的弹性波数值模拟，详细分析裂隙充填型天然气水合物层的地震波响应特征。

6.5.1.1　裂隙模型与岩石物理参数

地层介质的地质–地球物理离散化模型及其岩石物理参数是地震波数值模拟的基础，这里选取NGHP01-10A钻孔实测的天然气水合物裂隙倾角和NGHP01-10D井的纵横波速度及密度测井数据建立裂隙充填型天然气水合物层的地质–地球物理模型，并对该模型每隔5m重新进行采样，结果如图6-24所示。

利用岩石组分及其模量计算得到的岩石物理参数和天然气水合物各向异性参数见表6-1，天然气水合物的弹性参数由汤普森（Thomsen）各向异性参数计算得到（Thomsen，1986）。表6-1中描述的天然气水合物充填于水平裂隙中，为典型的具有垂直对称轴的横向各向同性（VTI）介质。NGHP01-10A井（图6-24）的裂隙

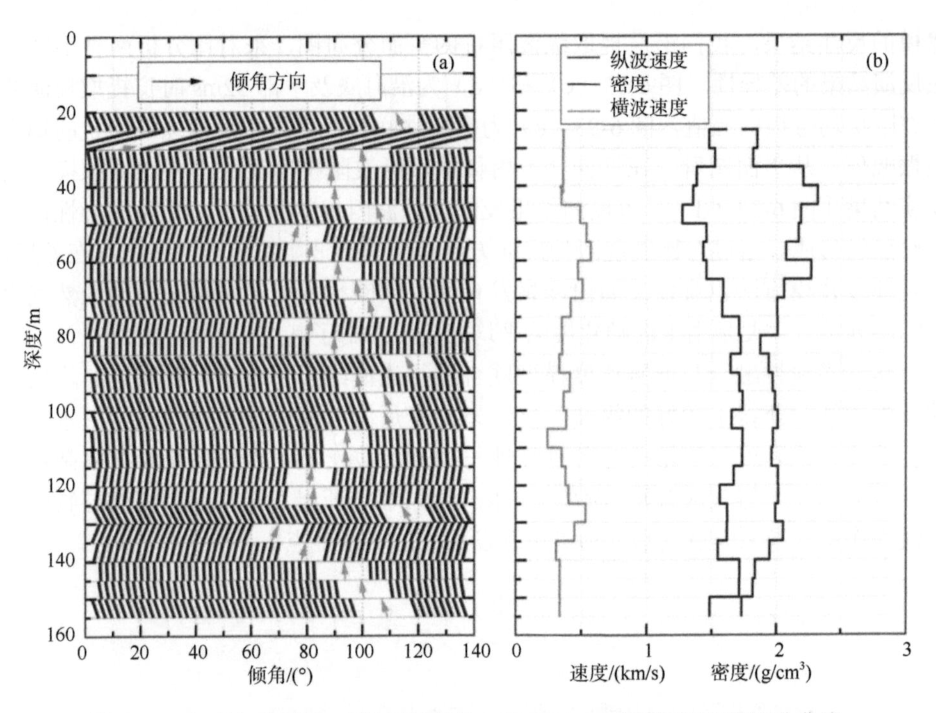

图 6-24　印度克里希纳-戈达瓦里盆地 NGHP01-10 井裂隙倾角和测井曲线

（a）天然气水合物充填的裂隙倾角示意（Cook et al.，2008a），箭头方向指示水平轴右手左旋方向的角度，其值对应于横坐标；（b）纵横波速度和密度

角度为 60°～120°，为不同倾角的各向异性介质，可以利用 Bond 旋转矩阵对其弹性参数进行旋转变换。图 6-25 为 Bond 旋转矩阵示意，（a）为 VTI 介质，（b）为具有水平对称轴的横向各向同性（HTI）介质。从图中可以明显发现，无论是水平裂隙 VTI 介质还是垂直裂隙 HTI 介质，都是沿裂隙方向的拟纵波（qP）传播速度要大于垂直裂隙方向的速度，其速度的差异性是天然气水合物呈现地震各向异性的表现。

表 6-1　模拟使用的岩石物理参数

岩性	纵波速度/(m/s)	横波速度/(m/s)	密度/(kg/m³)	各向异性系数		
				ε	γ	δ
水层	1513	0	1000	0	0	0
含天然气水合物层	图 6-24（b）中的速度和密度			0	0	0
				0.1169	5.09	0.0729
含游离气层	842	531	1170	0	0	0

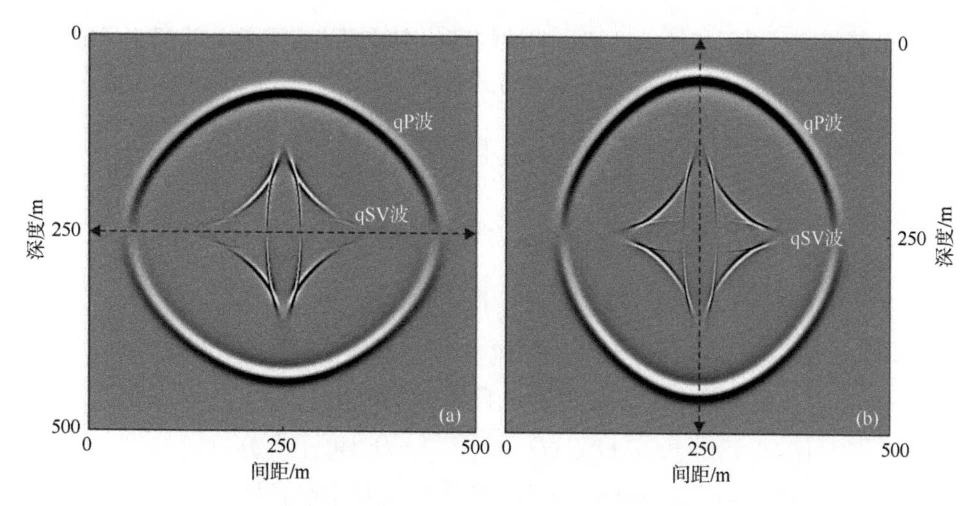

图 6-25 Bond 矩阵旋转各向异性介质弹性系数示意

图中虚线代表裂隙方向

6.5.1.2 各向异性介质弹性波方程

(1)一阶应力-速度弹性波方程

通过各向异性介质本构方程两边同时进行时间求导，本构方程可写成速度与应力的关系，其表达式为

$$\frac{\partial \tau_{ij}}{\partial t}=c_{ijkl}v_{kl},\quad i,j,k,l=1,2,3 \tag{6-1}$$

式中，τ_{ij} 为应力，v_{kl} 为速度，c_{ijkl} 为介质的弹性参数。对于二维横向各向同性介质来说，需要6个弹性参数，分别为 c_{11}、c_{13}、c_{15}、c_{33}、c_{35} 和 c_{55}；而对于二维各向同性介质只需要 c_{11}、c_{13} 和 c_{55}。

再利用牛顿第二定律，建立介质的应力与速度关系，其表达式为

$$\rho\frac{\partial v_i}{\partial t}=\frac{\partial \tau_{ij}}{\partial x_j},\quad i,j=1,2,3 \tag{6-2}$$

式中，ρ 为密度。式（6-1）和式（6-2）即构成了用速度和应力表示的各向异性介质一阶弹性波方程（Juhlin，1995）。

(2)交错网格有限差分方程

式（6-1）和式（6-2）是两个连续的弹性波方程，需要对其进行离散化才能用

于地震数值模拟。采用模拟精度和稳定性较高的交错网格有限差分的解法（Juhlin，1995）进行离散化，在二维的情况下，将式（6-1）和式（6-2）展开，其表达式为

$$\begin{cases} u_{i,j}^{m+1/2} = u_{i,j}^{m-1/2} + \dfrac{\Delta t}{\rho_{ij}}(D_{x+}[\tau_{xx\ i,j}]^m + D_{z+}[\tau_{xz\ i,j}]^m), \\ w_{i,j}^{m+1/2} = w_{i,j}^{m-1/2} + \dfrac{\Delta t}{\rho_{ij}}(D_{x-}[\tau_{xz\ i,j}]^m + D_{z-}[\tau_{zz\ i,j}]^m), \\ \tau_{xx\ i,j}^{m+1} = \tau_{xx\ i,j}^{m} + \Delta t(c_{11\ ij}D_{x-}[u_{i,j}]^{m+1/2} + c_{13\ ij}D_{z+}[w_{i,j}]^{m+1/2} \\ \qquad + c_{15\ ij}(D_{z-}[u_{i,j}]^{m+1/2} + D_{x+}[w_{i,j}]^{m+1/2})), \\ \tau_{zz\ i,j}^{m+1} = \tau_{zz\ i,j}^{m} + \Delta t(c_{13\ ij}D_{x-}[u_{i,j}]^{m+1/2} + c_{33\ ij}D_{z+}[w_{i,j}]^{m+1/2} \\ \qquad + c_{35\ ij}(D_{z-}[u_{i,j}]^{m+1/2} + D_{x+}[w_{i,j}]^{m+1/2})), \\ \tau_{xz\ i,j}^{m+1} = \tau_{xz\ i,j}^{m} + \Delta t(c_{15\ ij}D_{x-}[u_{i,j}]^{m+1/2} + c_{35\ ij}D_{z+}[w_{i,j}]^{m+1/2} \\ \qquad + c_{55\ ij}(D_{z-}[u_{i,j}]^{m+1/2} + D_{x+}[w_{i\ j}]^{m+1/2})) \end{cases} \tag{6-3}$$

式中，u、w、τ_{xx}、τ_{zz}和τ_{xz}分别为v_i和τ_{ij}各自的分量，D_{x+}、D_{x-}、D_{z+}和D_{z-}分别是x和z方向向前和向后差分的偏微分因子，时间域和空间域分别采用二阶和四阶精度。x轴方向空间域四阶精度向前差分因子，其表达式为

$$D_{x+}\left[w_{i,j}\right] = f_1\frac{\left(w_{i+1,j} - w_{i,j}\right)}{\Delta x} + f_2\frac{\left(w_{i+2,j} - w_{i-1,j}\right)}{\Delta x} \tag{6-4}$$

式中，f_1和f_2是四阶精度的有限差分系数，分别为9/8和−1/24。下面简单介绍模拟初始条件、震源函数、稳定性条件和吸收边界条件等。

初始条件：当$t \leqslant 0$时，$u=w=\tau_{xx}=\tau_{zz}=\tau_{xz}=0$，所以初始时刻$m$=0时，$u_{i,j}^{m+1/2} = u_{i,j}^{m+1/2} = u_{i,j}^{m+1/2} = \tau_{xx\,i,j}^{m+1} = \tau_{zz\ i,j}^{m+1} = \tau_{xz\ i,j}^{m+1} = 0$。当震源激发，到下一个时刻时，再由式（6-3）可以分别计算出$u_{i,j}^{m+3/2}$，$w_{i,j}^{m+3/2}$，$\tau_{xx\ i,j}^{m+2}$，$\tau_{zz\ i,j}^{m+2}$，$\tau_{xz\ i,j}^{m+2}$，依次递推计算出整个波场。

震源函数：此次数值模拟采用的震源子波为高斯函数一阶导数，其函数为

$$R(t) = -2\pi^2 \times \left(t - \frac{t_0}{2}\right) \times \exp\left\{-\left[2\pi f \times \left(t - \frac{t_0}{2}\right)\right]^2\right\} \tag{6-5}$$

计算时将其加载在τ_{xx}和τ_{zz}上，每次递推计算之前加载震源，其中f为主频，t_0为子波延时。

稳定性条件：为了保证式（6-3）有限差分计算的稳定性，空间与时间采样间隔、密度和弹性系数必须满足一定的条件，根据三维各向异性稳定条件（牟永光和裴正林，2005）得到式（6-3）的稳定性条件为

$$\Delta t\sqrt{2}\times\sqrt{\frac{S}{\rho}}\leqslant\frac{1}{\sum_{l=1}^{L}|a_l|} \tag{6-6}$$

式中，$S=\max\{c_{11}/\Delta x^2, c_{55}/\Delta x^2, c_{33}/\Delta z^2, c_{55}/\Delta z^2\}$，$\Delta t$ 为时间采样间隔，a_l 为有限差分系数，其他参数同上。

吸收边界条件：由于计算机内存的限制，地震数值模拟只能在有限区域进行，这必然会受到人工边界反射的影响，通常采用完全匹配层吸收边界条件来消除这种边界反射。

6.5.1.3　数值模拟结果分析

（1）单层均匀天然气水合物层模型

根据表6-1中的岩石物理参数分别建立单层均匀各向同性和VTI天然气水合物层模型，设置模型尺寸为500m×500m，空间采样间隔为$\Delta x=\Delta z=1$m，时间采样间隔为$\Delta t=0.2$ms，记录长度为1.0s。由于天然气水合物埋藏较浅，与常规海洋油气勘探相比，天然气水合物勘探需要较高的地震分辨率，海上勘探时都是采用高频的震源，这里设置震源为线性胀缩源，频率为50Hz，位于（250m，250m）处。对模型采用精度为$O(\Delta t^2, \Delta x^4)$的交错网格有限差分法进行数值模拟。

从图6-26中可以看出，二维各向同性天然气水合物层中纯P波前面是个圆形，地震波速度在波的传播方向上是相同的，这表明在各向同性天然气水合物层

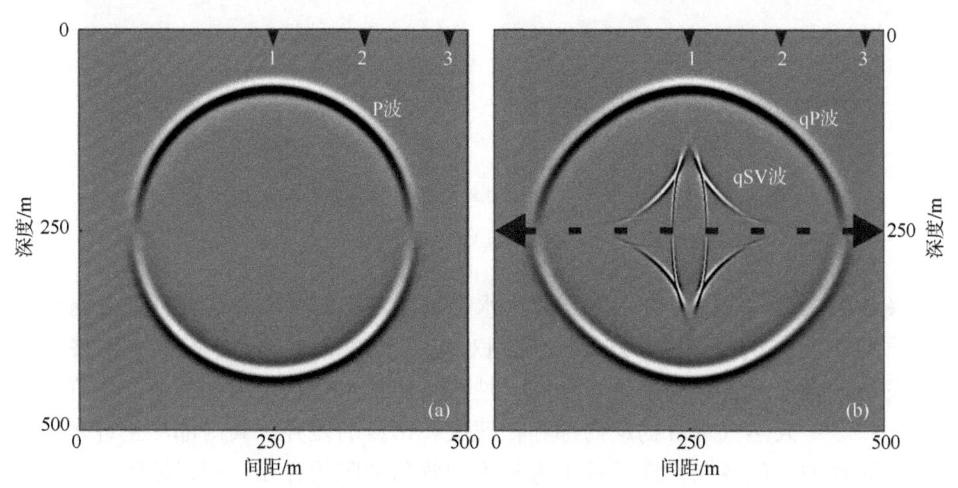

图6-26　0.11s时刻各向同性和VTI天然气水合物层的垂直分量波场快照

中，地震波速度与传播方向无关。而在各向异性介质中，拟纵波的波前面是个椭圆，这说明各向异性天然气水合物层中，由于裂隙的存在，地震波速度在波的传播方向上是不同的，而且还出现了 qSV 波，在对角线上有明显的分叉现象，使得波场特征变得更加复杂。

（2）多层天然气水合物模型

为了观察各向同性和各向异性天然气水合物层的反射波特征，通过建立一个二维层状模型来进行分析，裂隙倾角和岩石物性参数见图 6-24 和表 6-1。模型分别由海水层、天然气水合物层和游离气层三层组成，其中天然气水合物层又分为各向同性和各向异性两种情况，见图 6-27，为了节约模拟时间，海底与天然气水合物层和气层分界面的深度分别为 100m 和 250m，模型大小、空间和时间采样间隔及震源子波主频以及有限差分精度与均匀介质模型相同，记录长度为 0.4s。震源位于（250m，5m）处，接收排列在深度 10m 上水平分布。

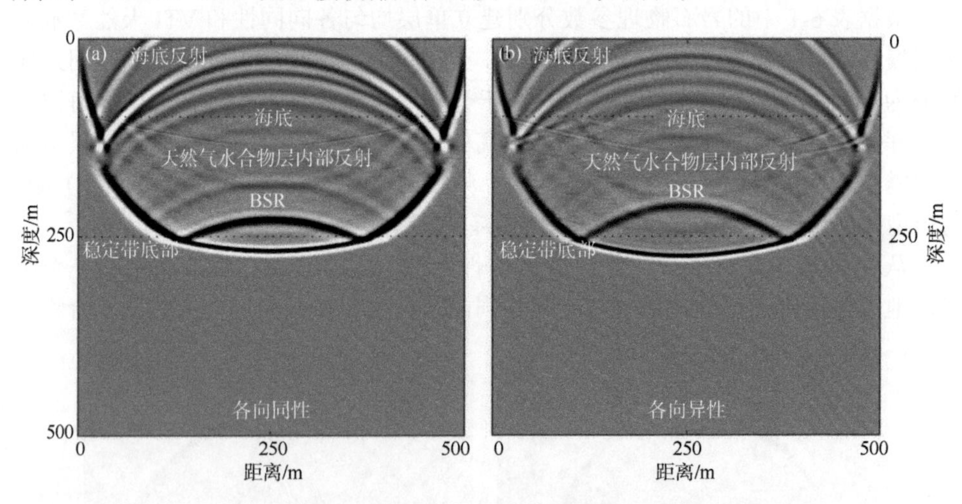

图 6-27　0.2s 时刻各向同性和各向异性的垂直分量波场快照

（a）各向同性；（b）各向异性

图 6-27（a）和（b）分别为天然气水合物层各向同性和各向异性在 0.2s 时刻的垂直分量波场快照，图 6-28 为与其相对应的地震记录。结合图 6-27 和图 6-28 可以发现，无论是各向同性还是各向异性，天然气水合物层内部都会产生许多反射界面，这是天然气水合物层内部存在速度和密度的差异，其内部产生许多波阻抗界面导致的。但各向异性条件下大量不同倾角裂隙的存在，使得波阻抗的差异性更大，这也让各向异性的波场快照和记录上出现了更多更强的反射，并会相互

干涉，所以各向异性条件下的波场变得更为复杂，表明裂隙充填的天然气水合物对地震波的振幅影响是十分明显的。从图 6-28 地震记录中的虚线还可以得出，海水层速度相同，因此各向异性模型的海底反射时间与各向同性模型的海底反射时间是一致的，但各向异性的 BSR 双程旅行时要小于各向同性，说明各向异性天然气水合物层的平均速度要高于各向同性。

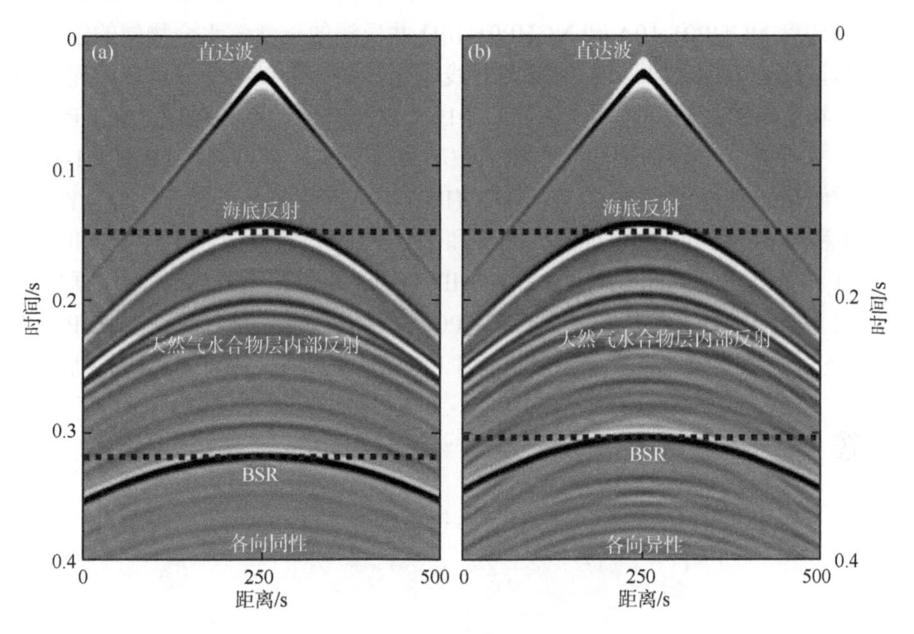

图 6-28 各向同性和各向异性的垂直分量地震记录

（a）各向同性；（b）各向异性

图 6-27 中天然气水合物层厚度为 135m，利用图 6-28 中的零偏移距记录，可以得出地震波在各向同性天然气水合物层的单程旅行时为 0.082s，而近似垂直裂隙的各向异性天然气水合物层的单程旅行时为 0.072s，计算的各向同性天然气水合物层平均速度为 1646m/s，近似垂直裂隙的各向异性天然气水合物层平均速度为 1875m/s，提高约 14%。以上观察结果能够说明相对于各向同性和水平裂隙充填的天然气水合物（图 6-26），这些近似垂直高角度裂隙充填的天然气水合物会显著提高天然气水合物层的速度，从而导致地震波旅行时的减小。

通过对印度克里希纳−戈达瓦里盆地 NGHP01-10 多个井孔均匀和层状裂隙充填型天然气水合物的研究，发现天然气水合物充填的裂隙呈现高角度的定向排列，并造成地震波速度在波的传播方向上各不相同，因而该类型天然气水合物层具有很强的地震各向异性。正演的波场快照和记录显示，各向异性天然气水合物层内部反射特征明显比各向同性复杂，对天然气水合物层的振幅和旅行时都有着很强的影响，在研究裂隙充填型天然气水合物层的特性时需要考虑地震各向异性问题。

6.5.2 X射线成像分析

利用印度NGHP01-10A和NGHP01-10D井反演的天然气水合物层的饱和度和裂隙倾角，结合NGHP01-10B井的X射线成像数据，可以定量分析裂隙充填型天然气水合物层中的裂隙特性（钱进等，2019）。对比NGHP01-10D和NGHP01-10A井速度估算天然气水合物饱和度与压力取芯估算结果，可以判断NGHP01-10D井中的裂隙倾角近乎垂直（图6-25），而NGHP01-10A井中80m处的裂隙倾角约为60°[图6-24和图6-29（d）中Ⅰ处]，100m和120m处为水平裂隙[图6-25和图6-29（d）中Ⅱ和Ⅲ处]。NGHP01-10A和NGHP01-10D井相距10m左右，根据裂隙倾角方向将裂隙由NGHP01-10A井向NGHP01-10D井延伸，可以推测NGHP01-10D井90m处的裂隙倾角为60°，在100m和120m处为水平裂隙（0°），其结果明显

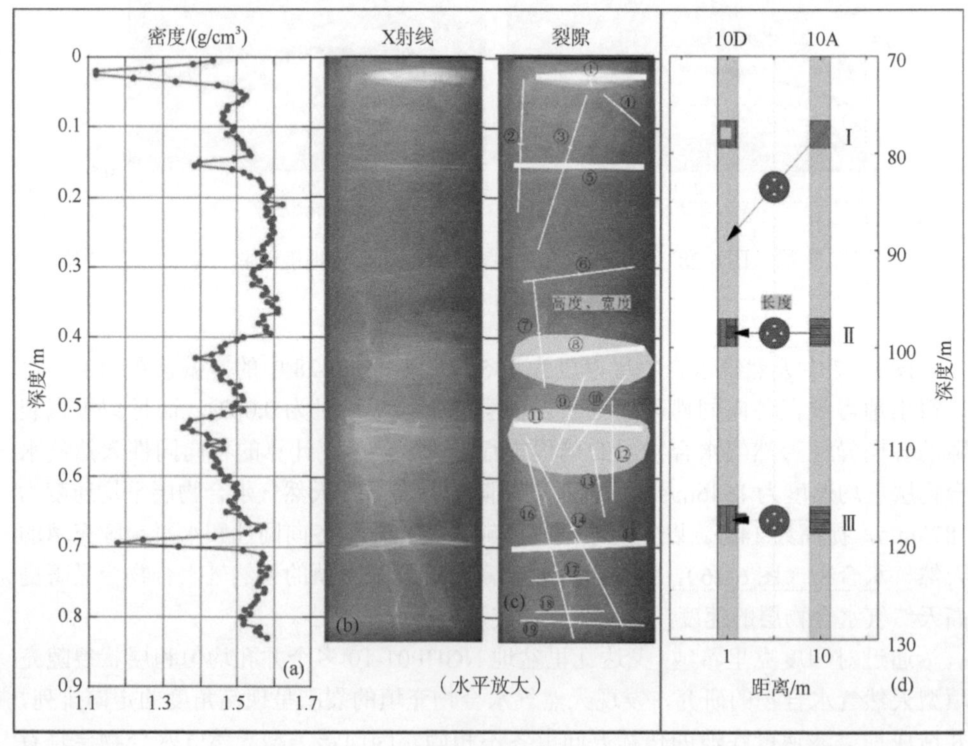

图6-29 印度克里希纳-戈达瓦里盆地NGHP01-10B井08Y保压岩芯中裂隙的长度、宽度和高度

与天然气水合物饱和度反演的垂直裂隙不一致，说明这两处［图6-29（d）中Ⅱ和Ⅲ处］的裂隙长度在NGHP01-10A井到NGHP01-10D井方向上应该不足10m。

利用NGHP01-10B井50m处08Y保压岩芯X射线成像［图6-29（b）］，对浅部Ⅰ处裂隙的高度、宽度以及高度/宽度比（纵横比）进行了预测，图6-29（c）、（d）和图6-30为预测结果。由于岩芯尺度有限，预测过程中不考虑超过岩芯高度和宽度的裂隙部分，根据肉眼观察，在裂隙密集段共识别出19条裂隙，其中包括8条近似水平的裂隙，倾角位于0°～21°；11条高倾角裂隙，倾角位于68°～89°，高倾角裂隙分析结果与Cook等（2010）根据NGHP01-10A井的测井倾角数据（图6-24）分析结果一致，裂隙的高度和宽度统计信息见图6-30，单位为cm。天然气水合物层中19条裂隙出现高倾角的概率约为53%，近似水平的低倾角裂隙纵横比一般都低于0.5，而高倾角裂隙的最大纵横比约为170（图6-30），裂隙最大高度和宽度分别为27.66cm和6.71cm，该厘米尺度的裂隙延展10m以上的可能性极低。因此推断NGHP01-10A和NGHP01-10D井浅部Ⅰ处的裂隙延展长度很可能也不到10m，与NGHP01-5A和NGHP01-5B井实测裂隙倾角预测的裂隙延伸长度分析结果吻合（Cook and Goldberg，2008a）。为了更加清楚地显示图6-29（b）中岩芯的X射线成像，水平方向被放大3倍，在高度较大的水平裂隙发育层段，密

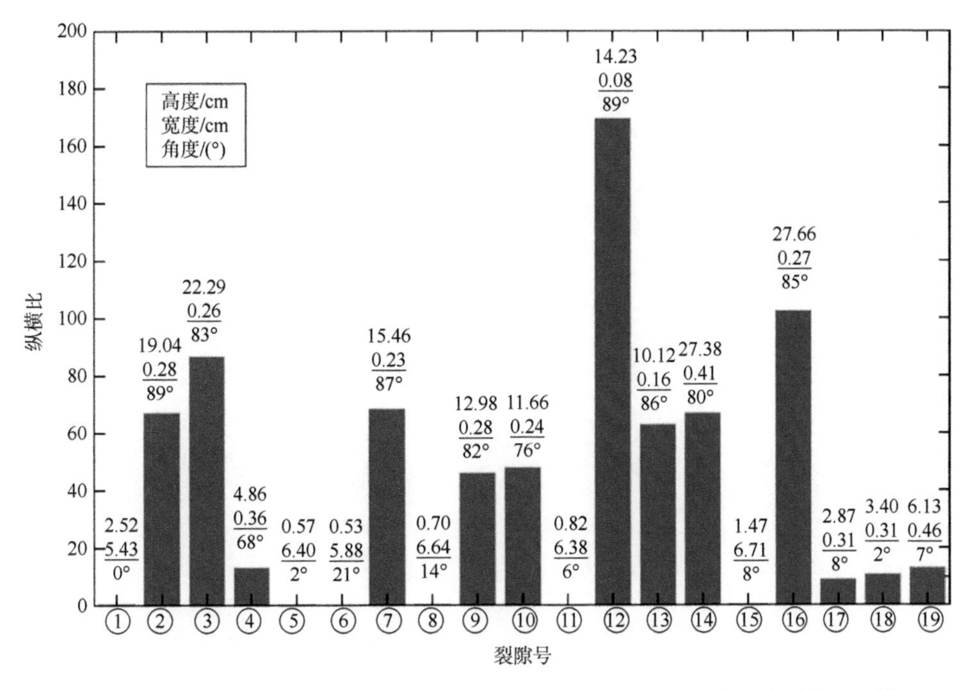

图6-30 印度克里希纳-戈达瓦里盆地NGHP01-10B井08Y保压岩芯中裂隙的纵横比

度会有明显降低［图 6-29（a）］，基本接近纯天然气水合物密度，如裂隙①和 ⑮［图 6-29（b）和（c）］。在裂隙⑧和 ⑪ 处虽然裂隙发育高度不大，但裂隙发育密度较大，地层明显呈浅白色，密度降低，也指示有天然气水合物存在，而且这种密集裂隙定向排列的较厚天然气水合物地层会呈现明显的地震各向异性特征（钱进等，2015）。

第 7 章　天然气水合物层 AVO 分析与定量评价

基于 AVO 正演模拟和岩石物理分析，利用 Zoeppritz 方程精确解对含天然气水合物层界面的 AVO 特征进行分析，形成天然气水合物和游离气饱和度的预测方法。

7.1　AVO 分析方法

7.1.1　AVO 正演模拟

AVO 技术是一项在油气勘探中得到了广泛应用的储层反演技术，在油气勘探的岩性解释过程中起到了重要的作用。它主要是根据振幅随偏移距的变化规律来研究地层岩性及其孔隙流体的性质差异，用来直接预测油气和进行岩性解释。AVO 正演模拟研究是应用 AVO 方法进行烃类检测和反演的基础，对于含油气储层，通过 AVO 正演模拟可以有效地认识储层的含油气变化情况，从而更有利地指导含气性预测。同样对于含天然气水合物储层，也可以用 AVO 正演模拟来研究天然气水合物和游离气对储层的影响。

由于地震勘探所用的激发震源绝大多数都是纵波，我们重点考虑 P 波入射情形下的 Zoeppritz 方程。不同类型的地震波以不同入射角入射到不同的界面上时会产生不同的能量分配，完整的 Zoeppritz 方程描述了界面上 P 波与 S 波入射情形下，各自激发的反射、透射的 P 波和 S 波之间的关系，是 AVO 理论的基础。P 波在各向同性水平层状介质中向下传播时，在非垂直入射状态下，到达弹性分界面上就会产生反射纵波、反射横波和透射纵波、透射横波。式（5-12）给出了 Aki 和 Richards（1980）推导的 Knott-Zoeppritz 方程纵波反射系数，振幅反射系数随入射角的变化与介质的密度和纵横波速度密切相关。

由于天然气水合物赋存在未固结的地层，与常规油气地层相比，进行 AVO 正演模拟所需要的岩石物理参数是不同相的，含天然气水合物层的速度模型包括时间平均方程、三相伍德方程、四相加权方程、有效介质模型和简化三相介质模型等。利用这些模型可以计算不同饱和度、不同天然气水合物赋存状态的地层速度、密度并进行正演模拟，通过改变弹性、物性参数特征，分析地震反射特征，然后提取关键层位的振幅值进行理论 AVO 分析，来研究含天然气水合物层的 AVO 特征。

7.1.2 Aki-Richards 近似方程

AVO 通过把振幅作为偏移距或入射角的函数来研究含天然气水合物层 AVO 属性变化。Aki 和 Richards（1980）假设界面上下弹性参数差异较小且入射角不超过临界角，反射系数（$R_{pp}(\theta)$）的近似表达式为

$$R_{pp}(\theta)=\frac{1}{2\cos^2\theta}\frac{\Delta V_p}{V_p}-4\gamma^2\sin^2\theta\frac{\Delta V_s}{V_s}+\frac{1}{2}\left(1-4\gamma^2\sin^2\theta\right)\frac{\Delta\rho}{\rho} \tag{7-1}$$

式中，θ 为反射和透射纵波角度的平均值，即 $\theta=(\theta_1+\theta_2)/2$；$\Delta V_p$、$\Delta V_s$ 和 $\Delta\rho$ 分别为界面上下层介质纵波速度、横波速度和密度差，即 $\Delta V_p=V_{p_2}-V_{p_1}$，$\Delta V_s=V_{s_2}-V_{s_1}$，$\Delta\rho=\rho_2-\rho_1$，1 表示上层，2 表示下层；$V_p$、$V_s$ 和 ρ 分别为上下层纵速度、横波速度和密度的平均值，即 $V_p=(V_{p_1}+V_{p_2})/2$，$V_s=(V_{s_1}+V_{s_2})/2$，$\rho=(\rho_1+\rho_2)/2$，$\gamma=\left(\frac{V_s}{V_p}\right)^2$。

Aki-Richards 近似方程简化了 Zoeppritz 方程，利用相对独立的三项，清晰地给出了反射系数与弹性参数之间的定量关系。在小角度情况下，该公式适用于绝大多数介质，式（7-1）重新组合，其表达式为

$$R(\theta)\approx\frac{1}{2}\left(\frac{\Delta V_p}{V_p}+\frac{\Delta\rho}{\rho}\right)+\left(\frac{1}{2}\frac{\Delta V_p}{V_p}-4\frac{V_s^2}{V_p^2}\frac{\Delta V_s}{V_s}-2\frac{V_s^2}{V_p^2}\frac{\Delta\rho}{\rho}\right)\times\sin^2\theta+\frac{1}{2}\frac{\Delta V_p}{V_p}\left(\tan^2\theta-\sin^2\theta\right) \tag{7-2}$$

式（7-2）也可以表示为

$$R(\theta)\approx A+B\sin^2\theta+C\sin^2\theta\tan^2\theta \tag{7-3}$$

式中，A 有多种物理意义，称之为 AVO 截距、零偏移距道集或者垂直入射的反射系数；B 为 AVO 斜率或梯度，即振幅随入射角变化曲线的斜率；C 为曲率，为大角度入射项。对于小入射角 $\theta<30°$，纵横波速度比 $V_p/V_s=2$，Wiggins 等（1983）提出式（7-3）中第三项可以省略，其表达式为

$$
\begin{aligned}
R(\theta) &= \frac{1}{2}\left(\frac{\Delta V_{\mathrm{p}}}{V_{\mathrm{p}}}+\frac{\Delta\rho}{\rho}\right)+\left(\frac{1}{2}\frac{\Delta V_{\mathrm{p}}}{V_{\mathrm{p}}}-\frac{\Delta V_{\mathrm{s}}}{V_{\mathrm{s}}}-\frac{1}{2}\frac{\Delta\rho}{\rho}\right)\times\sin^2\theta \\
&= R_{\mathrm{p}}+\left(R_{\mathrm{p}}-2R_{\mathrm{s}}\right)\sin^2\theta \\
&= R_{\mathrm{p}}+G\sin^2\theta
\end{aligned}
$$

$$G = R_{\mathrm{p}} - 2R_{\mathrm{s}} \tag{7-4}$$

$$R_{\mathrm{p}} = \frac{1}{2}\left(\frac{\Delta V_{\mathrm{p}}}{V_{\mathrm{p}}}+\frac{\Delta\rho}{\rho}\right);\ R_{\mathrm{s}} = \frac{1}{2}\left(\frac{\Delta V_{\mathrm{s}}}{V_{\mathrm{s}}}+\frac{\Delta\rho}{\rho}\right)$$

式中，R_{p} 和 G 分别对应 AVO 截距 A 或者垂直入射 P 波反射系数和梯度 B。

7.1.3　Lambda-mu-rho 分析

利用角道集数据进行 AVO 分析，可以反演截距、梯度及衍生属性，分析不同属性异常变化，进行天然气水合物和游离气层区分。除了进行 AVO 属性交会分析外，也衍生出其他参数，Goodway 等（1997）、Goodway（2001）提出尽管传统的岩石物理分析能利用纵波速度和横波速度区分孔隙流体与地层岩性，但是将纵横波速度转化为拉梅常数 λ 和 μ，并结合密度 ρ 能够更有效地识别孔隙流体和地层岩性的变化，利用 $\mu\rho$ 和 $\lambda\rho$ 分析地层弹性属性的方法称为 LMR（Lambda-mu-rho，λ-μ-ρ）分析。$\mu\rho$ 和 $\lambda\rho$ 可以由纵波速度 V_{p}、横波速度 V_{s} 和密度 ρ 计算得到，其表达式为

$$\lambda\rho = \rho^2(V_{\mathrm{p}}^2 - 2V_{\mathrm{s}}^2) = I_{\mathrm{p}}^2 - 2I_{\mathrm{s}}^2 \tag{7-5}$$

$$\mu\rho = \rho^2 V_{\mathrm{s}}^2 = I_{\mathrm{s}}^2 \tag{7-6}$$

式中，I_{p} 和 I_{s} 分别为纵波阻抗和横波阻抗。利用 LMR 交会，结合测井资料能识别储层的岩性和流体特性，是油气勘探领域常用的一种岩性识别方法，但是对于天然气水合物层，是否能够通过 LMR 分析，识别不同岩性的天然气水合物、游离气是一种新的尝试，尤其是在无明显岩性变化的泥质粉砂沉积物或者天然气水合物与游离气共存区。

7.2　天然气水合物-游离气层的地质模型

BSR 通常被认为是由其上方含天然气水合物的高纵波阻抗和下方含游离气或

水的低纵波阻抗之间的波阻抗差异产生的，是识别天然气水合物的重要标志之一，在地震反射剖面上，它大致对应于天然气水合物稳定带底界，但天然气水合物和BSR之间并不是一一对应关系。除了BSR，当天然气水合物层及下方游离气层厚度达到一定规模时，在地震剖面上还能识别出含天然气水合物层顶界面和游离气层底界面，这两个界面的地震波都是由低速层进入高速层，其极性与海底反射极性一致。

含天然气水合物层的地震响应主要存在几个界面，为了分析振幅随偏移距或者入射角的变化，我们建立了天然气水合物储层的地质模型（表7-1），该模型中共有4套地层，从上到下依次为饱和水地层、含天然气水合物层、含游离气层和饱和水地层；含有3个反射界面，从上到下依次为含天然气水合物层顶界面、BSR和含游离气层底界面，变量参数依次为天然气水合物饱和度、天然气水合物/游离气饱和度和游离气饱和度。

表7-1　含天然气水合物地质模型的界面分层表

反射界面	地层	参数
1. 含天然气水合物层顶界面	上：饱和水地层	天然气水合物饱和度
	下：含天然气水合物层	
2. BSR	上：含天然气水合物层	天然气水合物饱和度
	下：含游离气层	游离气饱和度
3. 含游离气层底界面	上：含游离气层	游离气饱和度
	下：饱和水地层	

珠江口盆地神狐钻探区位于四个海底峡谷脊部，迁移峡谷内部沉积单元组成复杂，叠置样式多样，不同沉积单元内储层特性差异较大。局部地层与BSR斜交，呈强振幅反射，BSR下部既发现了含游离气层，又发现了天然气水合物与游离气共存层，不同地层物性参数存在差异，天然气水合物识别难度大。利用神狐海域GMGS3-W11和GMGS3-W17井的测井速度，建立正演弹性参数模型（表7-2），模拟不同界面处振幅随入射角变化，结合正演模拟来进行天然气水合物层的识别。

表7-2　正演模拟的弹性参数

弹性参数	高饱和度天然气水合物	低饱和度天然气水合物	高饱和度游离气	低饱和度游离气	天然气水合物与游离气共存	饱和水砂层	Ⅱ型天然气水合物层	泥岩地层
纵波阻抗/[$\times10^6$kg/(m^2·s)]	4.245	3.710	3.100	3.250	3.382	3.458	3.813	3.393
纵横波速度比	3.08	3.33	2.25	2.75	2.78	3.02	2.99	3.75
密度/(g/cm^3)	1.90	1.88	1.80	1.84	1.90	1.82	1.86	1.89

7.3　天然气水合物层速度正演模拟分析

岩石物理能够将储层的孔隙度、密度、饱和度、流体类型、压力、温度以及裂隙等与地震波速度、走时、波阻抗、振幅和 AVO 响应等联系起来，它是储层物性与地震响应之间的桥梁。对于海底未固结的高孔隙度含天然气水合物层，岩石物理是根据测井和地震数据进行饱和度预测的基础，用于研究天然气水合物饱和度和沉积物速度之间的关系。

7.3.1　不同赋存模式天然气水合物层速度正演模拟

考虑天然气水合物与沉积物颗粒之间的三种接触方式，即模型 A、模型 B 和模型 C（图 2-1），不同模型对沉积物物性影响不同，计算方法参考 2.3.2 节。有效介质模型能较好地评价南海泥质粉砂储层天然气水合物饱和度（Wang et al., 2011）。我们利用该模型详细分析了不同砂岩和泥岩组合、不同孔隙度与饱和度条件下，含天然气水合物层纵波和横波速度的变化情况，（a）、（b）、（c）和（d）分别表示泥岩含量为 1、0.6、0.2 和 0，各岩石物理参数见表 7-3。不同颜色孔隙度的变化范围为 0.3～0.8，而天然气水合物饱和度的变化范围为 0～1。

表 7-3　岩石物理参数

组成	体积模量/GPa	剪切模量/GPa	密度/(g/cm^3)
石英	36.600	45.000	2.650
黏土	20.900	6.850	2.580
天然气水合物	8.410	3.540	0.922
水	2.500	0	1.032
气	0.015	0	0.090

7.3.1.1　模型 A

图 7-1 为天然气水合物层的纵波速度随岩性、孔隙度和饱和度的变化曲线。从该图可以看出，含天然气水合物层的纵波速度都随饱和度和砂岩含量的增加而增加，但其增幅并不明显。这主要是因为在模型 A 中天然气水合物作为流体的一部分，对含天然气水合物层沉积物弹性性质的影响较为有限。在相同岩性条件下，不同孔隙度计算的纵波速度之间的差异却随饱和度的增加而减小。

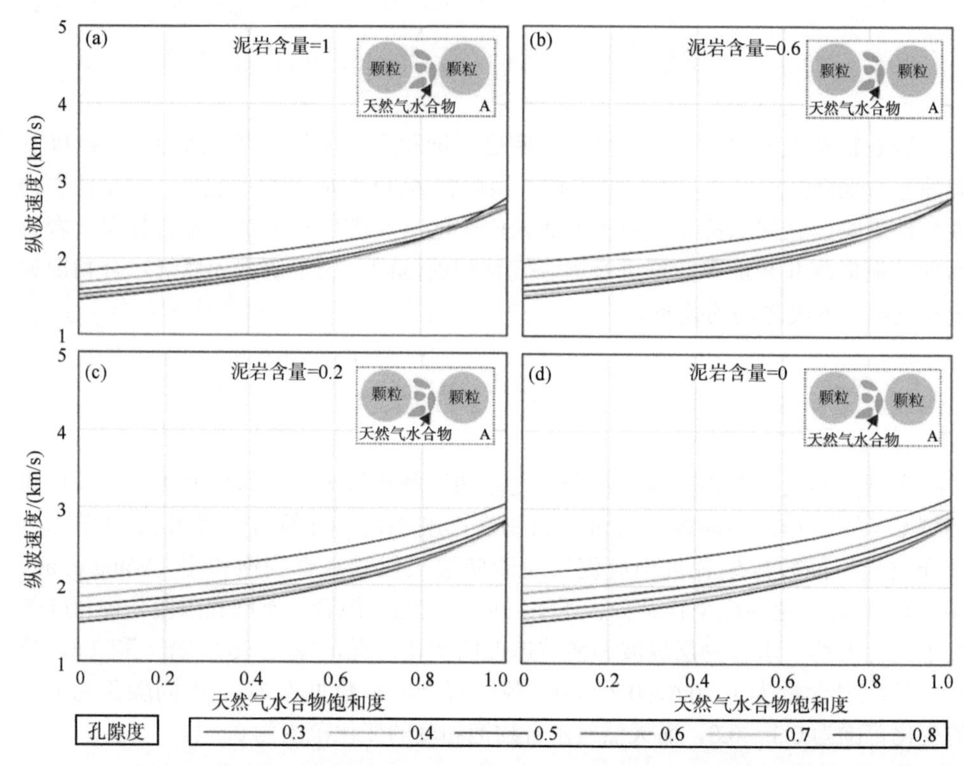

图 7-1 模型 A 含天然气水合物层的纵波速度随岩性、孔隙度和饱和度的变化曲线

图 7-2 是模型 A 含天然气水合物层的横波速度随岩性、孔隙度和饱和度的变化曲线。从图中可以看出，在模型 A 的不同条件下，含天然气水合物层的横波速度基本保持不变，横波速度大小与泥质含量有关，泥质含量越低，相同孔隙度和饱和度下，横波速度越高。说明模型 A 对天然气水合物层的横波速度影响较小，横波速度随砂岩含量的增加而增加。

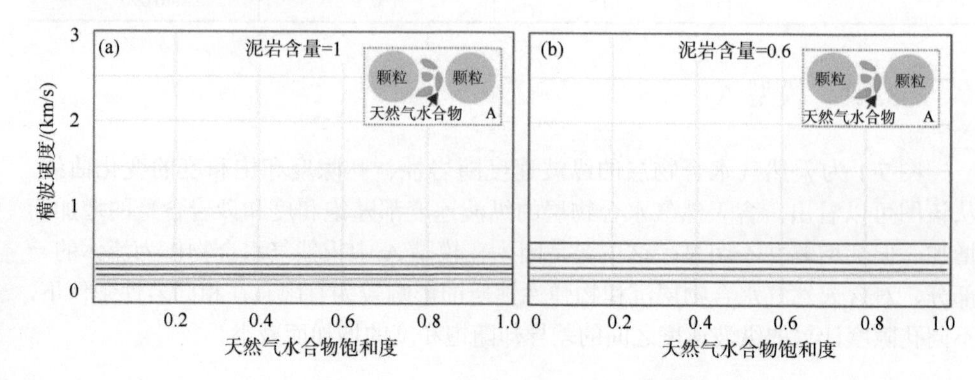

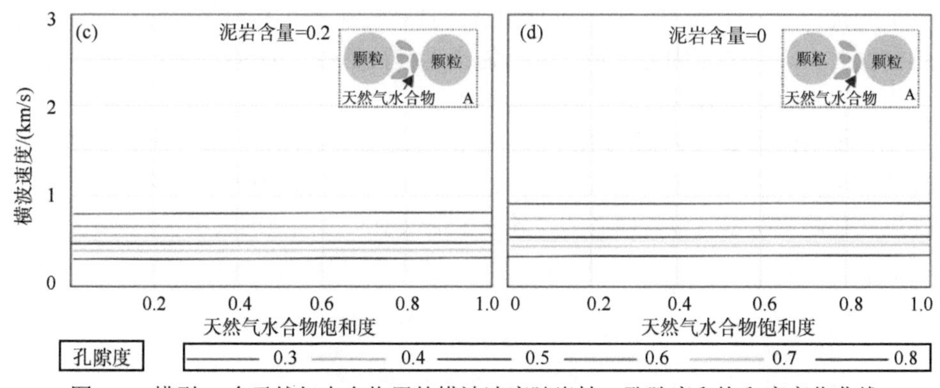

图 7-2　模型 A 含天然气水合物层的横波速度随岩性、孔隙度和饱和度变化曲线

7.3.1.2　模型 B

在模型 B 中，天然气水合物成为沉积物骨架的一部分。从图 7-3 可以看出，含天然气水合物层的纵波速度与模型 A 基本一致，同样都随饱和度和砂岩含量的

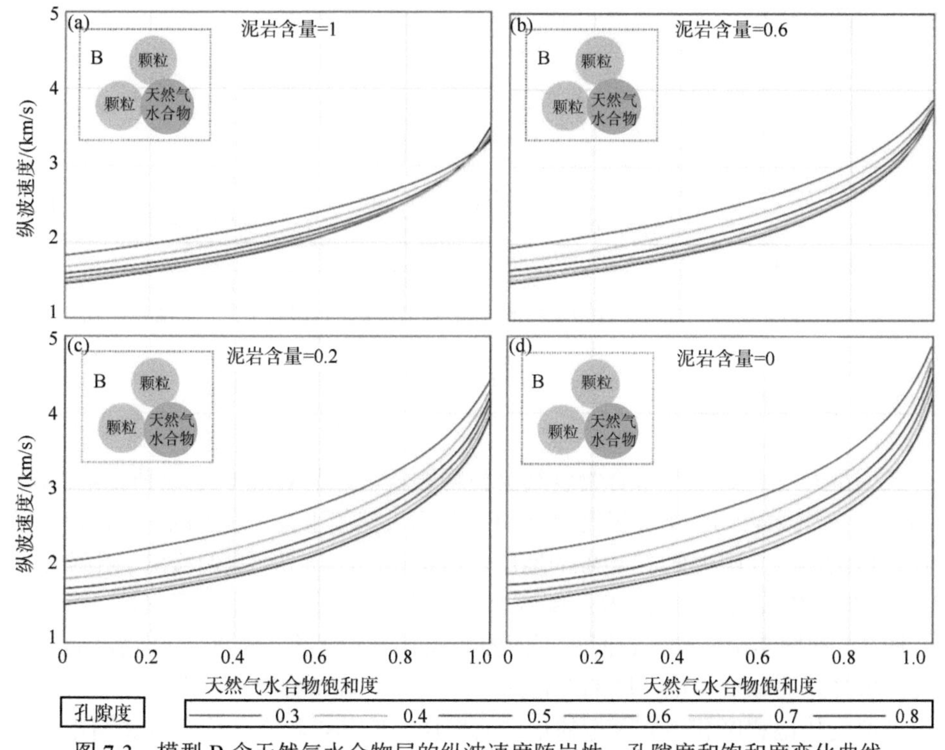

图 7-3　模型 B 含天然气水合物层的纵波速度随岩性、孔隙度和饱和度变化曲线

增加而增加，但其增幅明显要大于模型 A，且增幅速率在高饱和度时也明显大于低饱和度时。这主要是因为天然气水合物作为颗粒支撑，为沉积物骨架的一部分，对含天然气水合物层弹性性质的影响逐渐增强。

图 7-4 是模型 B 含天然气水合物层的横波速度随岩性、孔隙度和饱和度的变化曲线。从图中可以看出，模型 B 中天然气水合物层的横波速度变化趋势与其纵波速度变化趋势基本一致，两者的差异在于最低值和最高值的大小不一样。

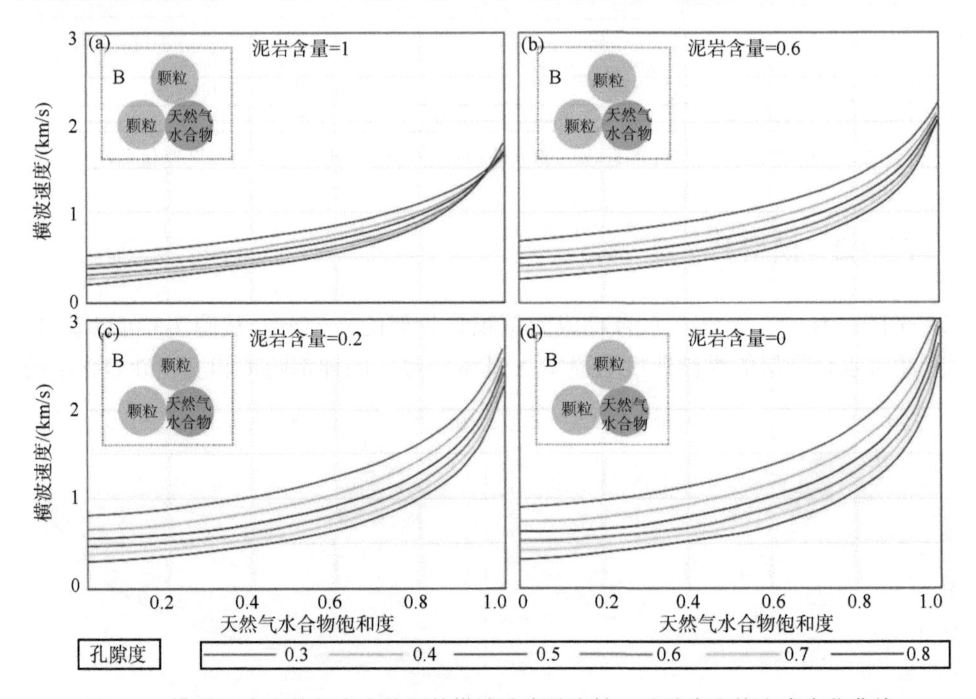

图 7-4　模型 B 含天然气水合物层的横波速度随岩性、孔隙度和饱和度变化曲线

7.3.1.3　模型 C

在模型 C 中，天然气水合物胶结沉积物颗粒，分为 C1 和 C2 两种胶结情况，C1 是指天然气水合物胶结沉积物颗粒，C2 是指天然气水合物包裹沉积物颗粒。模型 C 一般适用于孔隙度低于 40% 的地层，但是在正演模拟中我们给出了孔隙度在 0.3～0.8 的纵横波速度变化，高孔隙度地层变化曲线可能没有实际意义。

图 7-5 和图 7-6 是模型 C 两种不同胶结模式条件下含天然气水合物层的纵波速度随岩性、孔隙度和饱和度的变化曲线。从图中可以看出，含天然气水合物层的纵波速度随饱和度和砂岩含量的增加而增加，但其增幅在低饱和度和高饱和度

时较明显，在中等饱和度时却并不明显。在模型 C1 中，当岩性接近砂岩时，含天然气水合物层的速度反而随天然气水合物饱和度的增加呈现增加后缓慢减小再缓慢增加的趋势。这说明在模型 C1 中少量的天然气水合物就会造成含天然气水合物层弹性性质的变化。另外，从图 7-6 中还能观察到速度在模型 C2 中增加要大于模型 C1。

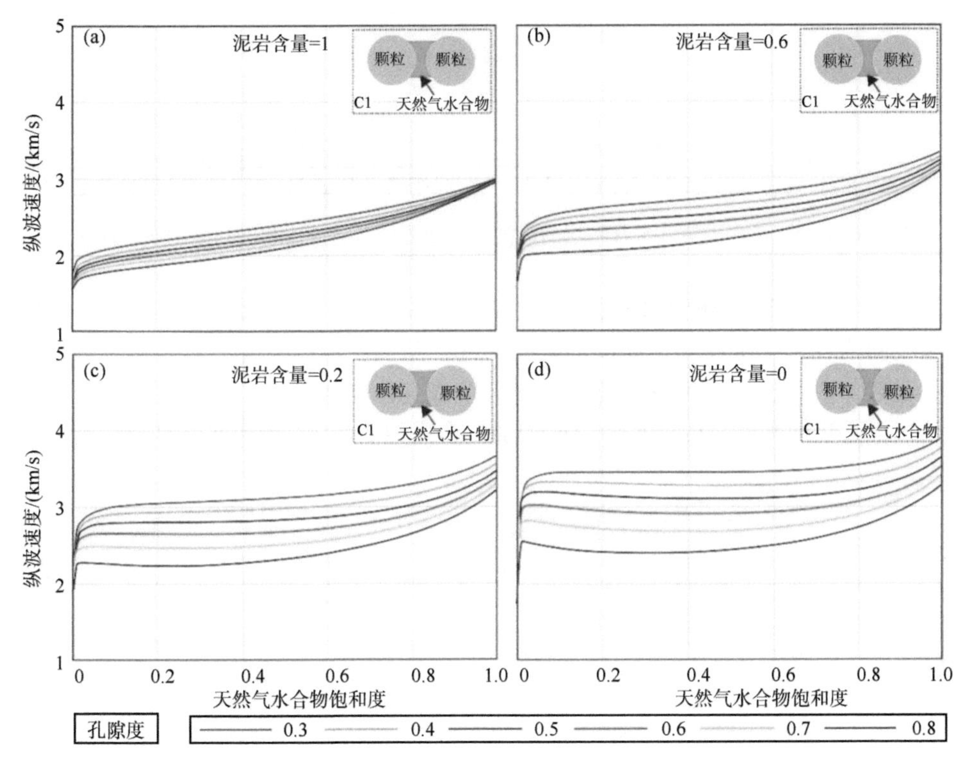

图 7-5　模型 C1 含天然气水合物层的纵波速度随岩性、孔隙度和饱和度的变化曲线

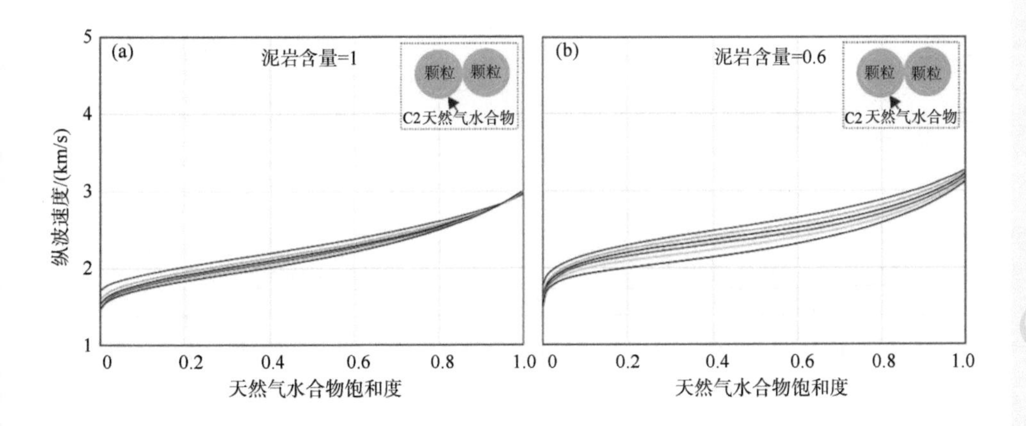

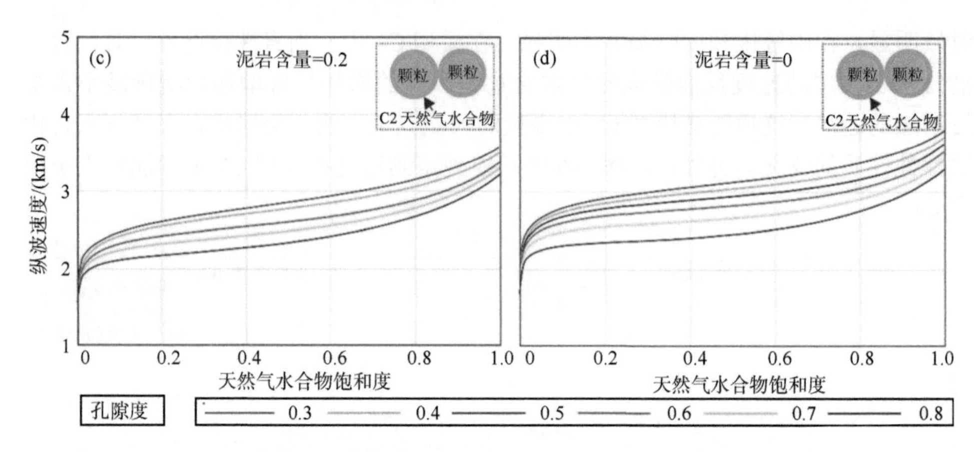

图 7-6 模型 C2 含天然气水合物层的纵波速度随岩性、孔隙度和饱和度的变化曲线

图 7-7 和图 7-8 是模型 C 两种不同胶结模式条件下，含天然气水合物层的横波速度随岩性、孔隙度和饱和度的变化曲线。从图中可以发现，当天然气水合物饱和度较低时，横波速度变化趋势与纵波速度变化趋势一样，即横波速度会随着天然气水合物饱和度稍微增加而急剧增加。在模型 C1 中，当天然气水合物饱和度

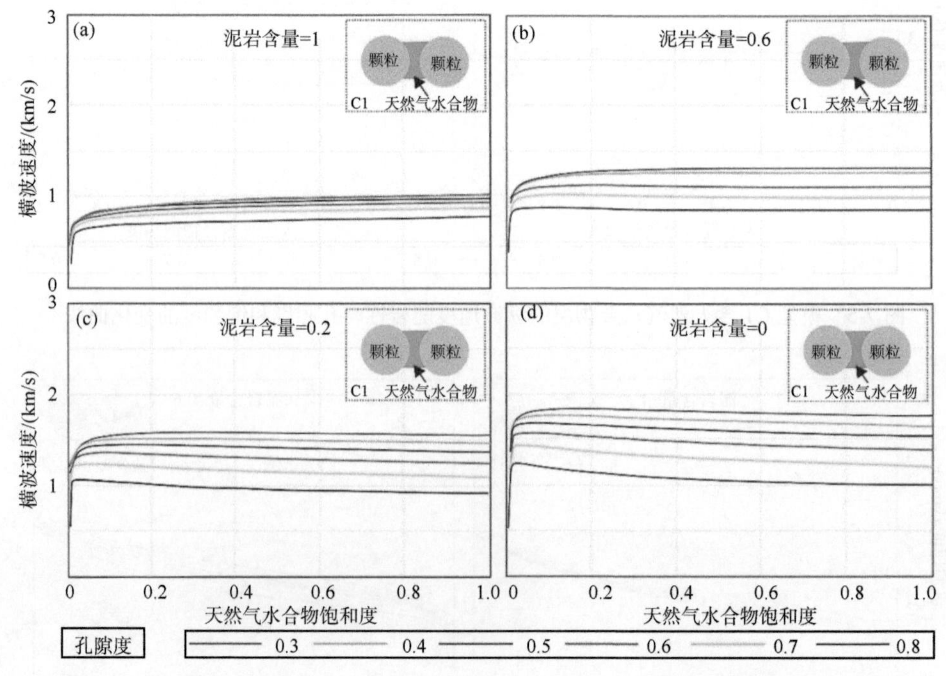

图 7-7 模型 C1 含天然气水合物层的横波速度随岩性、孔隙度和饱和度变化曲线

高于 10% 时，横波速度几乎保持不变，而在高孔隙度、高饱和度和高泥岩含量时有下降的趋势。在模型 C2 中，当天然气水合物饱和度高于 10% 时，横波速度呈现缓慢上升趋势，其变化速率明显要低于低天然气水合物饱和度的情况。

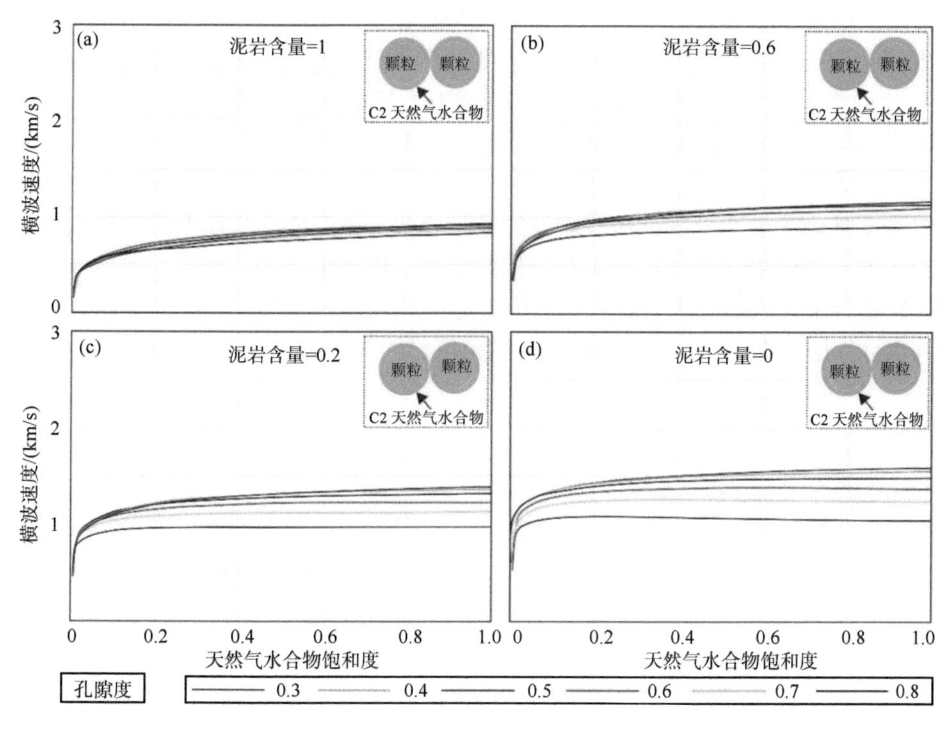

图 7-8 模型 C2 含天然气水合物层的横波速度随岩性、孔隙度和饱和度变化曲线

7.3.1.4 天然气水合物层最优拟合模型

进行 AVO 分析时，需要含天然气水合物层的纵横波速度和密度，但是随钻或电缆测井有时仅测量纵波速度而不测量横波速度，这种情况下可以利用上述三种天然气水合物岩石物理模型计算理论的横波速度，需要从这三种模型中选择含天然气水合物层的最优模型。

为了计算含天然气水合物层的最优横波速度模型，我们以南海北部珠江口盆地 GMGS1-SH2 井为例，利用电阻率测井计算天然气水合物饱和度，并分别利用时间加权平均方程、三相伍德方程、三相加权平均方程和有效介质模型计算未固结地层的理论纵波速度，最后与 GMGS1-SH2 井实测的纵波速度进行了比较［图 7-9（a）］，计算过程中的固体颗粒矿物组分是根据岩芯样品实际测量获得的。

结果表明，时间加权平均方程计算的纵波速度明显高于实测纵波速度，二者相差约 1.00km/s，该速度模型不能用于计算 GMGS1-SH2 井的理论速度。三相加权平均方程、伍德方程和有效介质模型计算的纵波速度与 GMGS1-SH2 井测得的纵波速度趋势相似［图 7-9（a）］。但在 195～220m 含天然气水合物层［图 7-12（b）］，伍德方程和三相加权方程计算的纵波速度平均值分别为 2.11km/s 和 2.44km/s，高于实测纵波速度的平均值（2.06km/s）。有效介质模型 A 和有效介质模型 B 计算的纵波速度与测量纵波速度比较相似，模型 B 计算的平均速度与测量纵波速度更加接近，为 2.02km/s。另外，时间加权平均方程、伍德方程和三相加权方程在计算横波速度时还需借助一些纵横波速度的经验公式，而有效介质模型可以根据沉积物的孔隙度和矿物含量直接计算获得横波速度［图 7-9（c）］。因此，有效介质模型比较适合于含天然气水合物层的纵横波速度计算，利用有效介质模型 B 进行天然气水合物层顶界和 BSR 的 AVO 分析也是可行的（Qian et al.，2014）。

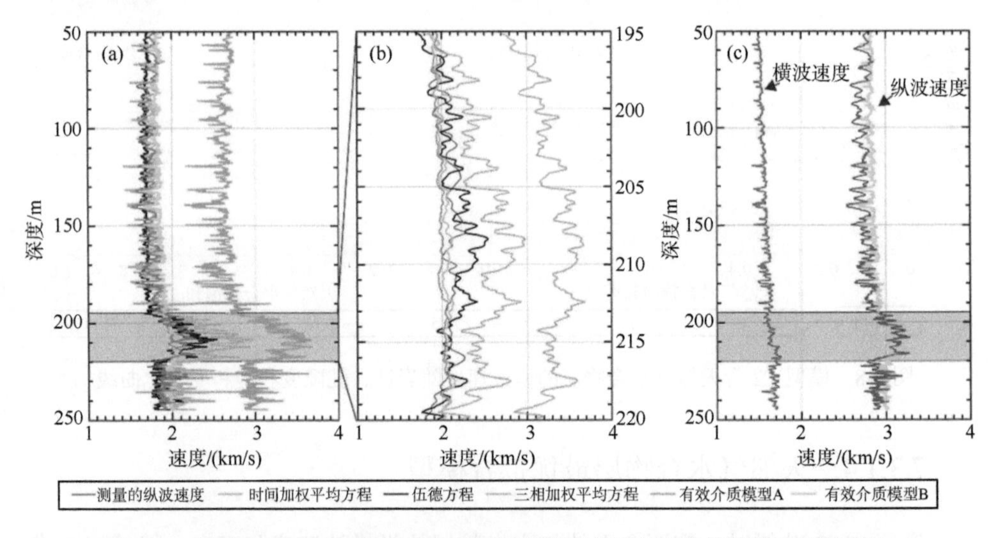

图 7-9　南海 GMGS1-SH2 井测量的纵波速度和不同方法计算的纵波速度对比

7.3.2　不同赋存形态游离气层正演模拟与分析

地层含游离气的赋存模式分为均匀分布和块状分布两种（Dvorkin et al.，1999b），如图 7-10 所示，这两种模型的计算公式是不同的。在孔隙尺度上，均匀分布是指假设互不相溶的气和水共存于沉积物内的孔隙空间，而块状分布是指游离气和水分别独立存在于不同的孔隙空间。

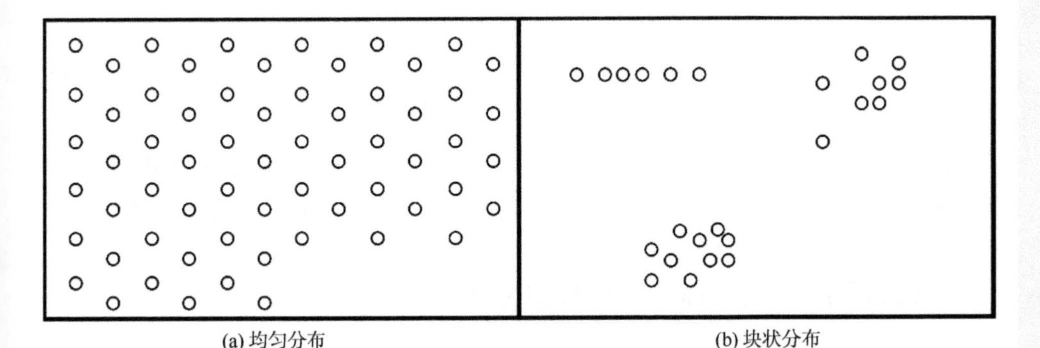

图 7-10 游离气均匀分布和块状分布模式示意

7.3.2.1 均匀分布

对于均匀分布模式［图 7-10（a）］，气和水共存的孔隙流体体积模量 K_f 可用 Reuss 平均计算，其表达式为

$$K_f = \frac{1}{\dfrac{S_w}{K_w} + \dfrac{S_g}{K_g}} \tag{7-7}$$

式中，S_w 和 S_g 分别为水和游离气的饱和度，K_w 和 K_g 分别为水和游离气的体积模量。计算孔隙流体的体积模量 K_f 之后，将其代入 Gassmann 方程［式（2-48)］，即可获得饱和流体条件下沉积物的体积模量 K_{sat}，然后再用速度公式计算游离气均匀分布时地层的纵横波速度，其表达式为

$$V_p = \sqrt{\frac{K_{sat} + \frac{4}{3}G_{sat}}{\rho_B}} \tag{7-8}$$

$$V_s = \sqrt{\frac{G_{sat}}{\rho_B}} \tag{7-9}$$

式中，ρ_B 为骨架的体密度，G_{sat} 为饱和水剪切模量。

7.3.2.2 块状分布

对于块状分布模式［图 7-10（b)］，沉积物体积模量 K_{sat} 的计算公式为

$$K_{sat} = \frac{1}{\dfrac{S_w}{K_1 + 4\mu/3} + \dfrac{S_g}{K_0 + 4\mu/3}} - \frac{4\mu}{3} \tag{7-10}$$

式中，K_1 和 K_0 分别是 S_w=1 和 S_g=0 时沉积物的体积模量，μ 为沉积物的剪切模量。计算完 K_{sat} 之后再用式（7-8）和式（7-9）计算游离气块状分布时地层的纵横波速度。

7.3.2.3　游离气层速度正演模拟分析

图 7-11 和图 7-12 是游离气均匀分布和块状分布条件下纵波速度随游离气饱和度增加的变化曲线。孔隙度的变化范围为 0.3～0.8，游离气饱和度范围为 0～1，泥岩含量分别为 100%、60%、20% 和 0。从图中可以看出不同岩性和不同孔隙度的曲线特征，其相同点是都随游离气饱和度的增加而减小，不同点是游离气均匀分布时，纵波速度在低饱和度时急剧降低，当饱和度继续增加时，纵波速度会出现缓慢地上升（图 7-11）。而游离气呈块状分布时，纵波速度一直是降低的特征（图 7-12）。

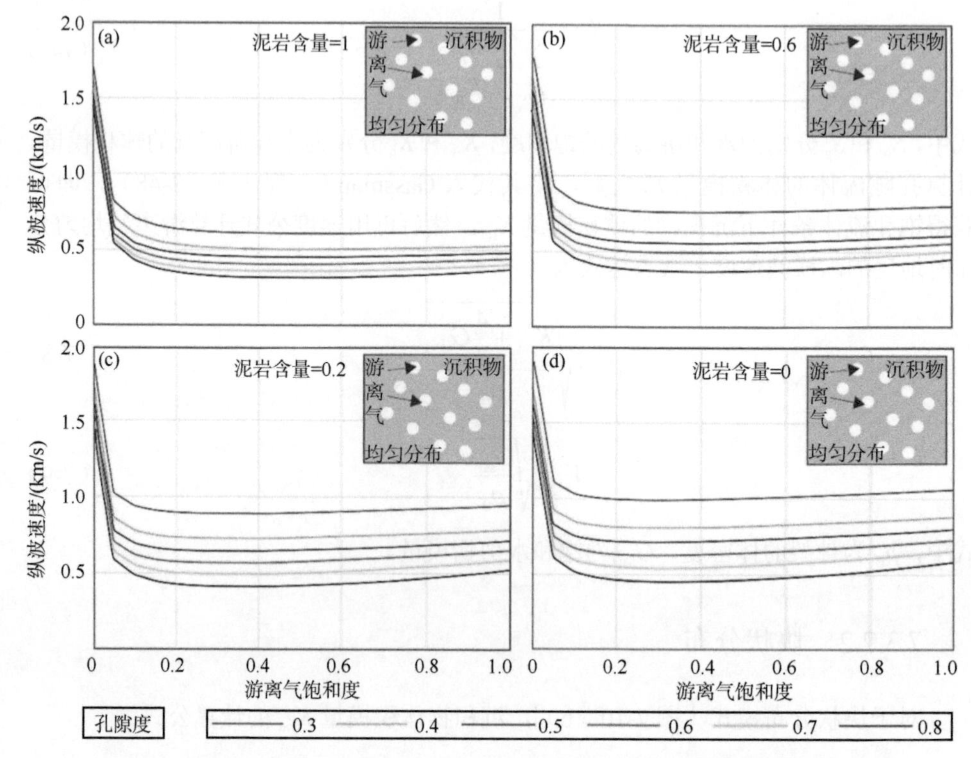

图 7-11　游离气呈均匀分布时纵波速度随岩性、孔隙度和饱和度增加的变化曲线

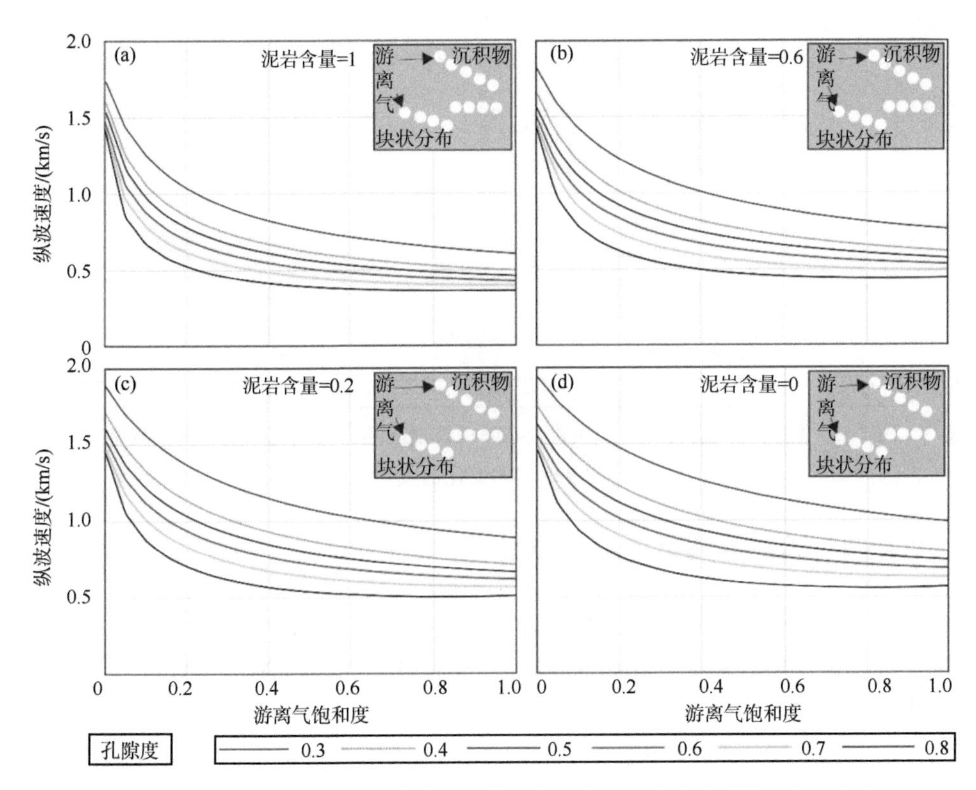

图 7-12 游离气呈块状分布时纵波速度随岩性、孔隙度和饱和度增加的变化曲线

图 7-13 是游离气呈均匀分布和块状分布时横波速度随游离气饱和度增加的变化曲线。由于孔隙中流体对横波速度影响较小，无论游离气是均匀分布还是块状分布，游离气层的横波速度都呈现随游离气饱和度增加而缓慢增加的趋势。

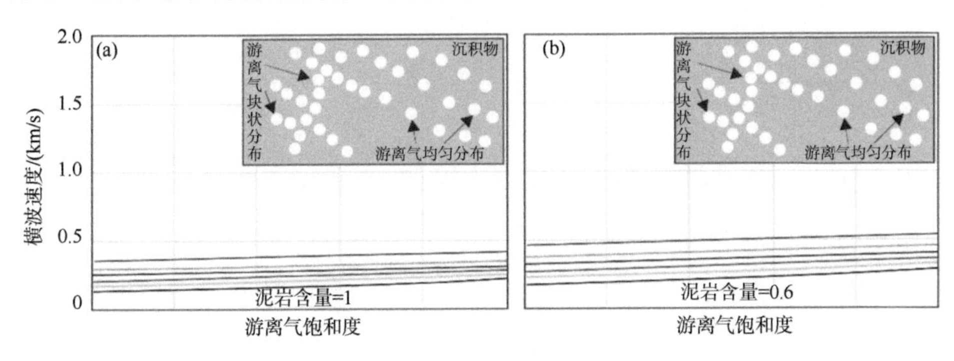

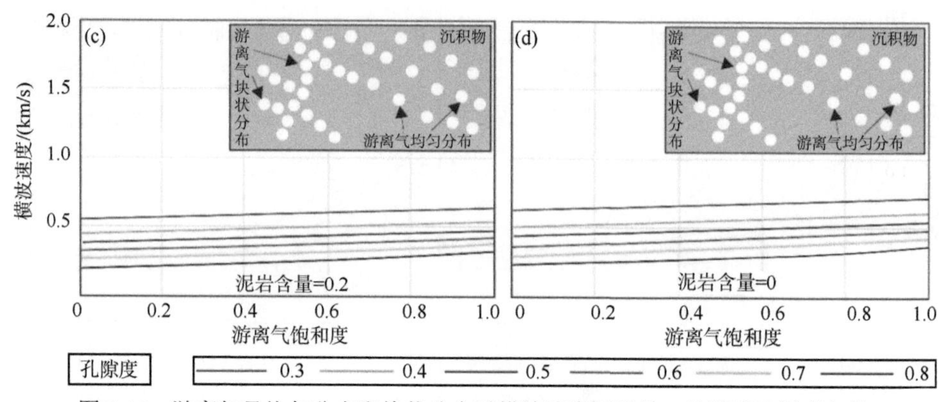

图 7-13　游离气呈均匀分布和块状分布时横波速度随岩性、孔隙度和游离气饱和度增加的变化曲线

7.3.2.4　游离气层最优拟合模型

对于呈均匀分布和块状分布的游离气赋存类型，也需要选择与实际地层相吻合的游离气最优拟合模型。我们选择南海北部珠江口盆地 GMGS3-W17 井为例进行分析（图 7-14），该井在 BSR 下方纵波出现明显的降低［图 7-14（c）和（d）］，

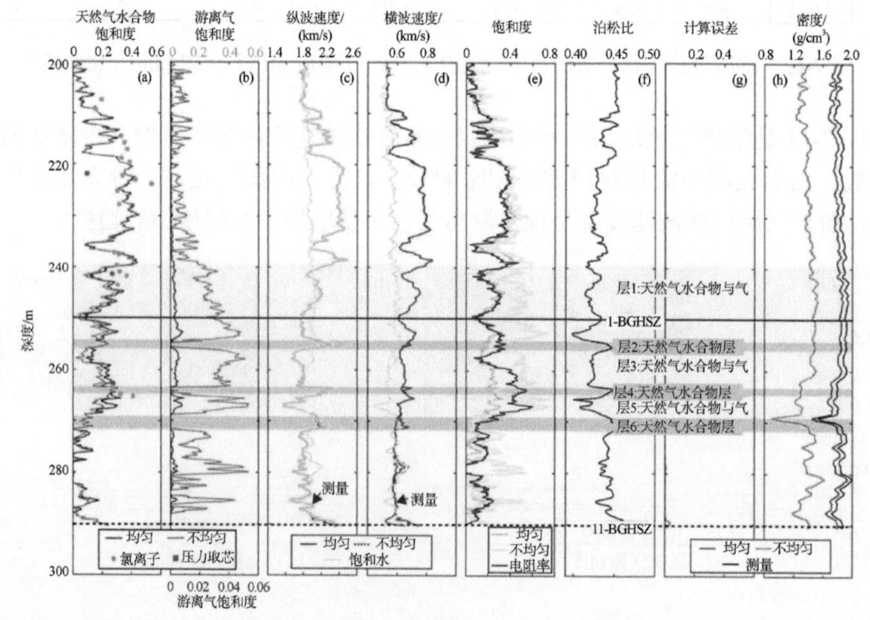

图 7-14　南海北部珠江口盆地 GMGS3-W17 井测井曲线、纵横波速度计算天然气水合物和游离气饱和度、泊松比、密度对比和误差

指示有游离气的存在。利用该井随钻测井测量的纵横波速度和含游离气层的岩石物理模型，分别计算了均匀分布和块状分布时的游离气饱和度，结果表明均匀分布和块状分布时的游离气最大饱和度分别能够达到 1% 和 52% [图 7-14（b）]。

在游离气饱和度计算的基础上，利用获得的游离气饱和度计算了两种分布模式下的理论密度曲线，并与实际测量密度曲线进行了比较，发现块状分布条件下的密度曲线与实际测量曲线误差较大，而均匀分布条件下的密度曲线与实际测量曲线吻合较好 [图 7-14（h）]，这说明利用均匀分布的游离气模型更加适合含游离气层的弹性参数计算。

7.4 天然气水合物层 AVO 正演响应特征分析

在沉积–侵蚀与流体运移活跃区域，受深部重烃气体影响，会存在天然气水合物层、天然气水合物与游离气共存层和游离气层，由于地层厚度、天然气水合物饱和度差异等，地震反射特征略微不同，从地震与测井资料识别天然气水合物与游离气层，但容易出现多解性，利用正演模拟与实际地震振幅异常对比，有利于天然气水合物–游离气识别。

7.4.1 地震分辨率分析

对于含天然气水合物–游离气地层存在薄互层现象，利用地震数据识别天然气水合物和游离气时，首先要确定地震数据的分辨能力。Widess（1973）指出地震振幅和波形随储层厚度的变化而变化，地层达到一定厚度后振幅和波形才稳定下来。振幅随厚度的增加而增大，当地层厚度为 1/4 波长时出现最大振幅，为调谐厚度，代表地震对于地层的分辨能力。利用楔状模型，正演模拟地震数据计算天然气水合物和游离气层的调谐厚度，以确定地震数据的分辨能力。

根据珠江口盆地钻探区天然气水合物和游离气层特性设计了两种楔状模型（图 7-15）：在楔状模型 1 的中间楔状位置天然气水合物饱和度为 30%，厚度是 0～80m，上下层围岩为泥岩；在楔状模型 2 的中间楔状位置游离气饱和度为 30%，厚度是 0～80m，上层是天然气水合物，饱和度为 45%，下层是泥岩。假设入射角为 0°，利用自激自收的地震观测系统进行正演模拟。从图 7-15 的正演模拟地震数据来看，楔状模型 1 和楔状模型 2 中顶部均方根振幅最大值处的调谐厚度为 13ms（1/4 波长），约为 14m，说明天然气水合物层的厚度超过 14m 时，地震数据可以直接预测，而低于该厚度时则不准确。从楔状模型 2 中顶部均方根振幅最大值可以判断游离气层调谐厚度约为 10.4m，低于该厚度的游离气层，属于无法直接预测的薄层。从楔状模型2的正演地震数据可知，天然气水合物下伏地层含游离气后地震振幅明显增高，比不含游离气层的振幅高3倍以上，说明天然气水合物稳定带底界或BSR下圈闭了游离气，导致地震反射振幅增强。这里模拟的地震能分辨的厚度受模拟频率、子波和地层速度等影响，不同观测系统分辨能力存在差异。

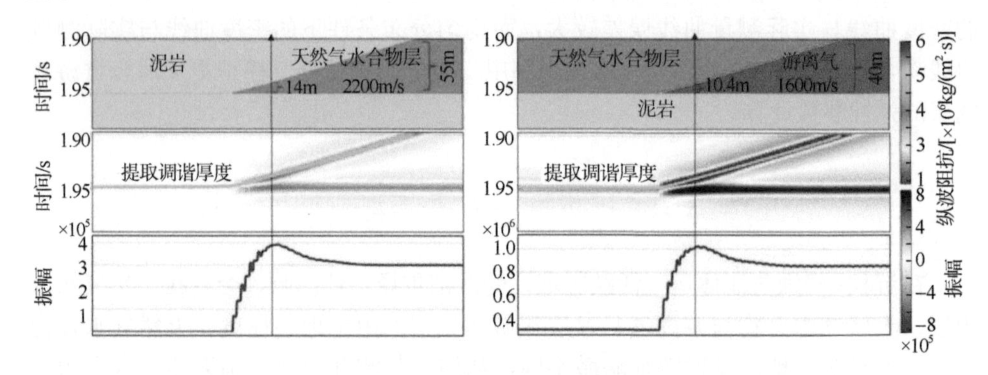

图7-15　天然气水合物与游离气正演楔状模型指示的调谐厚度

7.4.2　天然气水合物-游离气共存层AVO响应特征

地震振幅和波形受储层内流体、物性以及厚度变化等影响，目前海洋地震资料多为宽频数据，因此，我们利用宽频地震子波进行储层正演研究，在不考虑随机噪声影响下，正演模拟合成宽频地震反射响应特征。模拟中的子波从实际宽频三维地震数据提取，近零相位，频带范围是4～100Hz，主频为50Hz左右，子波长度是200ms。在考虑地震振幅随入射角或偏移距变化而变化的影响，采用Zoeppritz方程正演模拟合成地震道集数据，设定最大入射角是48°。通过Zoeppritz方程计算每个界面反射系数随入射角/偏移距变化，再与子波褶积形成地震角道集数据，来模拟地震振幅随入射角变化的反射特征。

我们选择南海北部珠江口盆地过GMGS3-W11和GMGS3-W17井的二维地震剖面开展正演模拟，该区域为复杂的侵蚀-沉积交互区。从测井资料看，GMGS3-W11井钻探到天然气水合物层，而GMGS3-W17井钻探到天然气水合物层、游离气层以及天然气水合物-游离气共存层的复杂储层结构，岩性为泥质粉砂（图7-16）。GMGS3-W11和GMGS3-W17井正演模拟地震道集波峰与实钻测井储层解释界面一一对应，GMGS3-W11井天然气水合物储层顶部弹性曲线是突变的，GMGS3-W17井天然气水合物顶部埋深相对大且缓变，因此天然气水合物顶部振幅波峰反射更强。

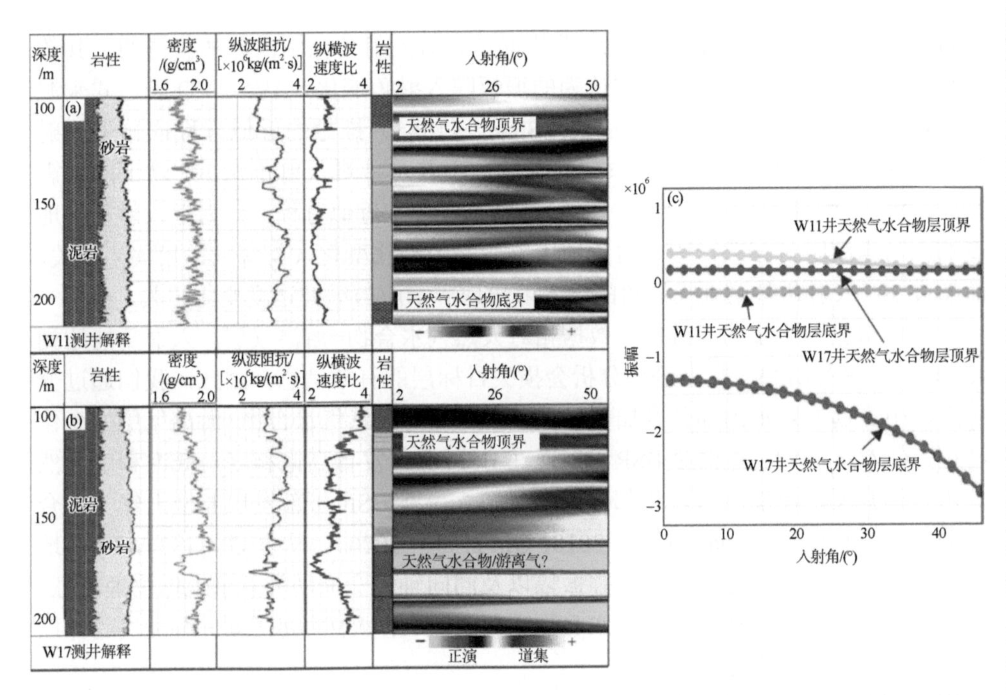

图 7-16　南海北部珠江口盆地 GMGS3-W11 和 GMGS3-W17 井天然气水合物层顶底界面的正演地震道集及 AVO 曲线

从正演模拟的天然气水合物顶部地层的振幅随入射角变化曲线看，在两口井天然气水合物层顶界 AVA 曲线都表现为随入射角增大而振幅降低的变化特征［图 7-16（c），浅蓝色和红色曲线］；GMGS3-W17 井游离气顶界的地震反射为波谷，AVA 曲线特征随入射角增大而振幅增强［图 7-16（c），紫色曲线］，属于典型的Ⅲ类 AVO 特征；而 GMGS3-W11 井没有钻遇游离气层，天然气水合物底界也为波谷反射，但 AVA 随着入射角增加振幅降低［图 7-16（c），绿色曲线］。从图 7-16 对比看，两口井在天然气水合物层底界处的振幅响应存在明显差异，说明在天然气水合物下部圈闭游离气时，振幅会出现明显增强，远远大于无游离气的地震响应。

7.4.3　天然气水合物-游离气层 AVO 响应模拟分析

7.4.3.1　地震响应特征分析

在地震数解释中最常用的是全叠加地震数据，绝大多数的构造解释、属性分析以及储层反演都是在叠加地震数据开展的，通常近似认为全叠加地震数据是零入射角的数据，但实际上全叠加地震数据是有效入射角范围内叠加获得的，其数据是一种平均效应，也就是通常认为的振幅随入射角变化。AVA/AVO 表达式来源于 Zoeppritz 方程的线性近似表达式，Shuey（1985）推导的近似方程依赖于入射角，反映不同入射角对于反射系数的影响，主要是针对入射角在 30° 以下的地震数据。Verm 和 Hilterman（1995）重新整理了 Shuey 近似方程，认为近入射角的地震响应与纵波阻抗相关，中入射角地震响应与泊松比变化（与含气性相关）相关，而超过 30° 入射角甚至到临界角的远入射角地震响应与纵波速度变化相关。

珠江口盆地采集的三维地震数据相对天然气水合物-游离气层，入射角能达到 45° 以上，仅利用叠后数据进行分析会损失目标层的有效信息，因此，我们通过分析近、中、远入射角的部分叠加差异性，来研究含天然气水合物-游离气层的变化特征。GMGS3-W17 井钻穿 BSR，发现在 BSR 上部发育高饱和度与低饱和度天然气水合物互层，厚度较大，相邻井间差异较大，在 BSR 下部发现Ⅱ型天然气水合物薄层或游离气层（Qian et al.，2018；Qin et al.，2020）。从过 GMGS3-W17 井地震剖面看，具有倾斜连续、多组强振幅以及同向轴相交横切等复杂地球物理特征，利用振幅变化可以解释出天然气水合物顶界、BSR、天然气水合物-游离气底界以及稳定带内部多层天然气水合物。

基于钻探区实际测井与地震剖面特性，建立了正演地质模型。在 BSR 上部建立厚度不等（2～50m）天然气水合物与饱和水地层的多层模型，在 BSR 下部地层分别建立厚度不等的饱和水、天然气水合物-游离气共存层以及游离气层模型（图 7-17）。倾斜地层由 BSR 上部的天然气水合物层向下延伸，考虑地层的调谐效应，设置不同厚度储层。在近水平厚层中设置了两套 2m 的Ⅱ型天然气水合物薄层，具体弹性参数见表 7-2。利用 Zoeppritz 方程，模拟了 0°（近入射角）、21°（中入

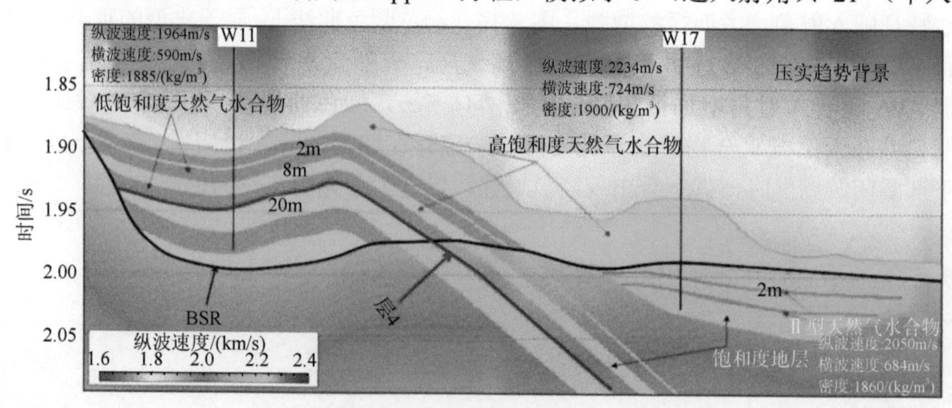

图 7-17　南海北部珠江口盆地过 GMGS3-W11 和 GMGS3-W17 井含天然气水合物和游离气层不同饱和度、不同厚度的地质模型与速度场

射角）和42°（远入射角）三个入射角振幅变化，相当于叠前道集数据入射角的部分叠加。

图7-18为正演模拟合成记录，从该图看天然气水合物层的顶界为波峰，GMGS3-W11井位置天然气水合物层顶部的振幅比GMGS3-W17井位置更强（图7-18A2），可能是GMGS3-W17井地层年代、沉积环境与GMGS3-W11井略微存在差异，导致含天然气水合物层顶界面波阻抗差异不同，因此，在识别天然气水合物层顶界时需要考虑压实趋势的影响。当厚度不一致的高饱和度天然气水合物和低饱和度天然气水合物互层时，在地震剖面上呈层状强振幅反射（图7-18 A2～A4），BSR表现为横切地层、与海底极性相反的地震反射，当稳定带底界与BSR深度吻合较好时，在地震剖面上容易识别出强振幅的BSR。

从沿BSR层提取正演地震数据的振幅曲线看（图7-18D2～D4），在模型A1～C1中，GMGS3-W11井下部（位置1）沿BSR和层4提取振幅强度都是相对较弱，是天然气水合物层与下伏饱和水地层的响应；而在GMGS3-W17井下部，无论是近、中、远角度，沿BSR和层4提取振幅都明显变强（图7-18，位置3）。如图7-18A2～A4所示，对于模型中的薄互层（位置2）来说，20m厚地层的地震反射振幅强度大于8m地层，而2m地层（小于1/8波长）几乎没有地震响应（图7-18D2）。

对比近、中、远入射角正演模拟的合成地震数据，发现不同地质模型在同一入射角时，BSR下伏地层含游离气时振幅最强（图7-18D2～D4，红色曲线），天然气水合物-游离气共存层（绿色曲线）次之，饱和水地层最弱（蓝色曲线），在远入射角时，饱和水地层与天然气水合物-游离气共存层才有明显的振幅差异（图7-18D4）；同一地质模型不同入射角时，BSR下伏地层含游离气时振幅都出现显著的增强，其振幅随入射角变化的幅度（AVO异常）远远大于饱和水层（图7-18D2～D4）。

从整体来看，BSR下伏地层含游离气时，振幅在入射角范围内都相对较强，远入射角地震数据流体识别能力远大于近入射角地震数据（图7-18A4、B4、C4、D4、E4），说明对于未固结地层含天然气水合物-游离气的高孔隙储层识别时，要着重关注远入射角地震数据。

在位置2和位置3水平地层与倾斜地层，提取的振幅存在差异，在薄厚互层的倾斜地层，从正演模型合成地震记录数据看，在BSR处出现了不连续的强、弱振幅变化，表明在天然气水合物层下圈闭不同厚度的游离气、共存层或者饱和水层都影响振幅变化（图7-18C2）。由于倾斜地层厚度存在较大差异，为2m、8m和20m，倾斜地层位置BSR的振幅曲线出现振荡变化，对应着几个天然气水合物层与游离气层的互层。在模型A1、B1和C1中，BSR上部含有天然气水合物，而

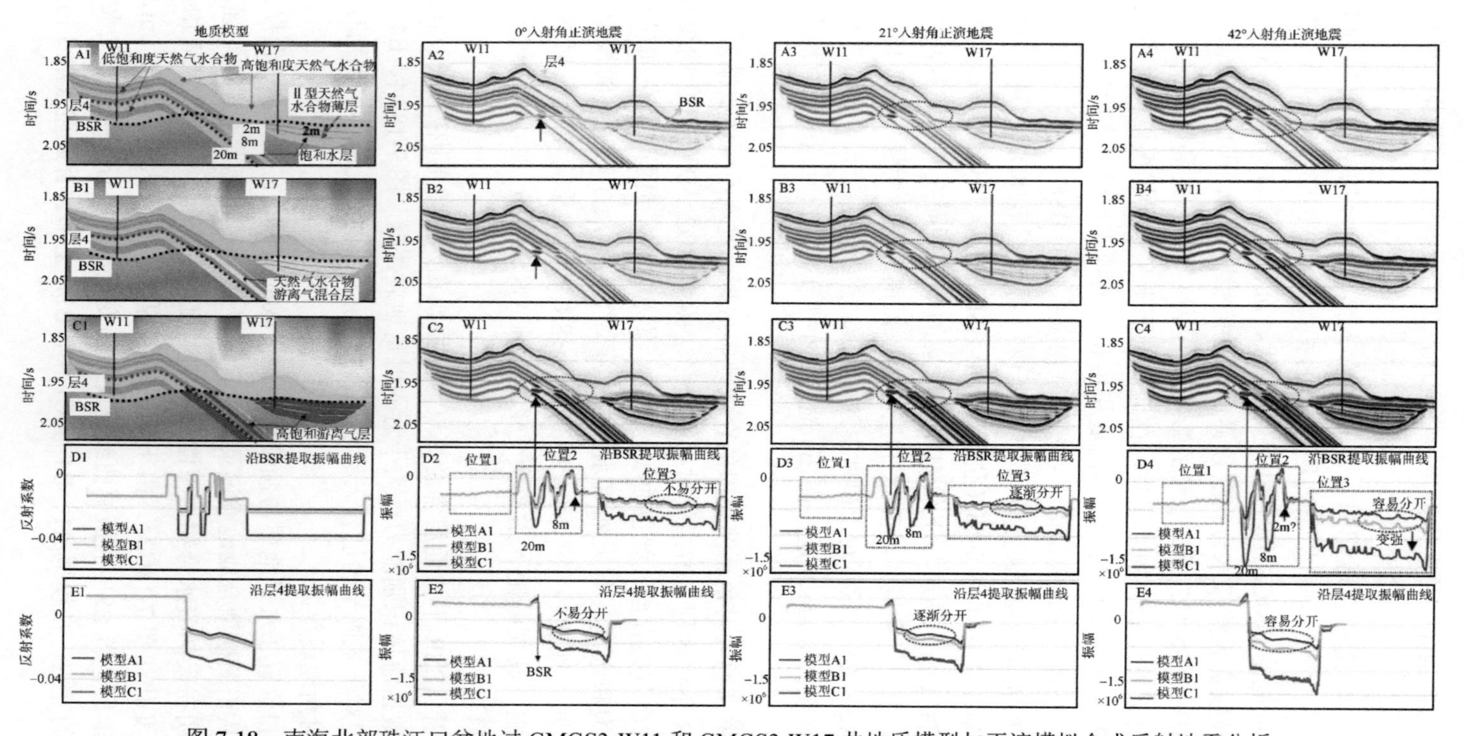

图 7-18　南海北部珠江口盆地过 GMGS3-W11 和 GMGS3-W17 井地质模型与正演模拟合成反射地震分析

其中 BSR 与层 4 提取的振幅曲线：蓝色曲线为模型 A1 饱和水层反射振幅曲线，绿色曲线为模型 B1 天然气水合物-游离气共存层反射振幅曲线，红色曲线为模型 C1 游离气层反射振幅曲线

BSR下部分别含有不同流体（图7-18，位置2），BSR呈波谷特征的负反射系数，是由高饱和度天然气水合物与下伏地层形成的波阻抗差造成的（图7-18D2～D4），而低饱和度天然气水合物与正常压实趋势的饱和水地层形成呈波峰特征的低值反射系数。从模拟地震振幅看，近、中、远道集都出现了强、弱间隔的变化（图7-18A1～C4），远偏移距更明显（图7-18D4）。当地层厚度较薄时（2m），由于小于地震分辨率，基本难以识别振幅变化，但是在远偏移距略微出现了可以识别的振幅变化，模拟结果也表明，地震难以识别低饱和度天然气水合物层，即使下伏地层含有游离气，也仅观测到局部的振幅变化（图7-18D4）。

从沿层4提取的振幅曲线（图7-18E2～E4）看，倾斜地层在BSR处同向轴发生了极性反转，在天然气水合物稳定带底界处为波峰，在稳定带底界之下为波谷，远入射角波谷的变化幅度最大（图7-18E4）。结合GMGS3-W11钻井可知，BSR处振幅剧烈的振荡是倾斜地层中天然气水合物饱和度变化引起的，远入射角地震振幅对于识别储层较为敏感（图7-18E4的红色曲线），因此，利用地震追踪富含天然气水合物的倾斜地层时要考虑极性的变化。

7.4.3.2　天然气水合物-游离气层地震振幅响应

利用过GMGS3-W11和GMGS3-W17井的全叠加三维地震数据，将数据分为近入射角（1°～16°）、中入射角（16°～36°）和远入射角（36°～48°），根据正演模拟分析，通过全叠加地震数据解释了天然气水合物稳定带底界BSR以及倾斜地层层1，其在BSR上部为波峰，而在BSR下部出现极性相反［图7-19（c）］。如图7-19（a）所示，实测全叠加地震数据具有多组强振幅，以BSR为界限可以解释为BSR上部强振幅、BSR强振幅、BSR下部强振幅，从沿层1提取跨BSR上下地层的振幅响应看［图7-19（c）］，BSR同向轴振幅最强（图7-19，第一个界面点），BSR下部同向轴的振幅次之，BSR上部强振幅相对最弱，其中BSR上部的强振幅为正振幅，而BSR下部振幅为负振幅，与沿层4提取的正演模拟振幅响应变化相似（图7-18E2～E4），说明在BSR上部振幅较强且AVA变化不明显的地震反射是天然气水合物层。

图7-19（b）为沿BSR的近、中、远入射角地震数据，其振幅响应基本都为负振幅异常，其中在倾斜地层处振幅剧烈振荡。与正演模拟地震响应（图7-18D2～D4）相似，在GMGS3-W11井附近振幅绝对值明显大于GMGS3-W17井振幅，振幅都出现明显负异常，入射角越大，振幅异常越明显，为典型的含游离气储层特征，指示稳定带底界附近可能含游离气。结合正演模拟结果，我们发现BSR以下的倾斜地层（位置）区的AVA特征并不能直接判断倾斜地层是否含游离气。从区

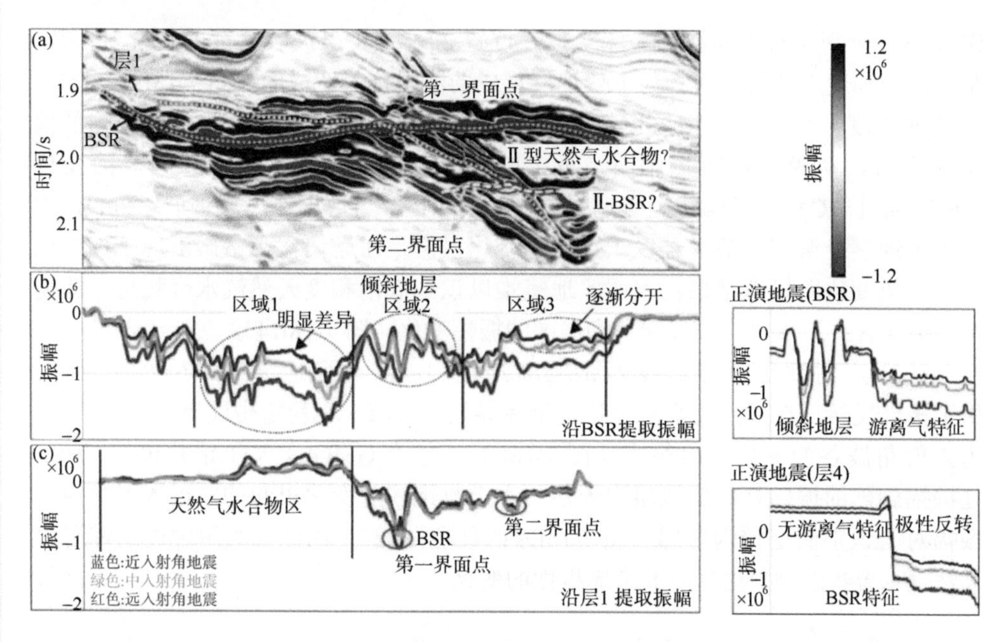

图 7-19　南海北部珠江口盆地过 GMGS3-W11 和 GMGS3-W17 井地震数据及不同层位近中远振幅变化

域 2 倾斜地层振幅变化看，近、中、远道集振幅出现振荡，但是对于远道集并没有出现明显振幅异常，而是略微变化，不是非常典型的含游离气导致强振幅变化；在区域 1，近、中、远道集振幅变化都比较容易识别；在区域 3，近、中道集振幅略微变化，远道集相对较明显。因此，可以确定区域 1 具有游离气存在特征，而区域 2 和区域 3 都有待进一步开展研究，因为在上部地层发育天然气水合物，而 BSR 下部地层含天然气水合物与游离气共存时也会出现类似特征。

7.4.3.3　Ⅱ-BSR 处地震特征识别

钻探证实 GMGS3-W17 井在 BSR 下部存在Ⅱ型天然气水合物与游离气共存层，正演模拟表明Ⅱ型天然气水合物薄层会在游离气地层中产生强振幅反射，因此，图 7-19（a）中游离气厚层形成弱振幅中的强振幅反射可能是Ⅱ型天然气水合物造成的，也可能是在游离气层发育区存在天然气水合物和游离气共存。由图 7-19（c）可知，沿层位 1 提取的曲线中出现两个界面点（紫色圆圈），对应图 7-19（a）上的两个界面点，第一界面点为BSR，第二界面点与第一界面点一样都是波谷，因此，不可能是气水界面。同时第二界面点振幅强度弱于第一界面点（BSR），且该处同向轴横切倾斜地层，两者双程旅行时相差约80ms，与利用地温梯度计算的Ⅱ型天然气水合物稳定带基本一致，极性与上部BSR一样，认为可能是Ⅱ型天然气水合物底界。从气体组分看，天然气水合物取芯样品中发现了少量的丙烷、戊烷等重烃气体，但是该区域为什么会形成Ⅱ-BSR，还需要开展研究。

从正演模拟看，地震反射强度主要依赖于下伏游离气层，Ⅱ-BSR振幅远小于上方Ⅰ-BSR，表明下伏游离气层的饱和度可能低于形成Ⅰ-BSR的游离气层。图7-19（c）中Ⅱ-BSR下伏游离气层的AVA特征不明显，可能是地震能量受上覆游离气层的遮挡效应造成的，还需进一步开展更多研究工作。

7.5 AVO属性分析与应用

7.5.1 不同储层的纵横波速度比分析

7.5.1.1 泥质粉砂天然气水合物层

在7.1.3节，我们给出了LMR计算公式，如果目标区具有纵横波速度及密度数据，则可以通过LRM交会分析进行流体与岩性识别。AVO近似公式常假设纵横波速度比近似为2，即$V_p/V_s=2$，该假设条件对于固结的深部油气层可能比较适用，但是不适用于未固结含天然气水合物层。在南海北部珠江口盆地GMGS4-SC03和GMGS3-W17井，天然气水合物层岩性主要为泥质粉砂，没有明显的岩性变化。这两口井均测量了横波，GMGS4-SC03井没有钻探到BSR下部含游离气，而GMGS3-W17井钻探到了BSR下部含天然气水合物与游离气共存层、游离气层（图7-20）。

从GMGS4-SC03测井资料分析看，在132m以上地层，纵横波速度无明显变化，为饱和水地层，V_p/V_s在3～4，而其下部地层含天然气水合物，其V_p/V_s呈明显降低趋势，局部地层出现高值。在GMGS3-W17井，210～248m深度出现高纵波速度和高横波速度层，为含天然气水合物层，下部258～270m出现纵波速度高-低-高变化，横波速度出现高低变化，为天然气水合物和游离气共存层，纵横波速度比大于2，与饱和水地层相比，明显偏低，中间夹杂着略微与饱和水层相同的纵横波速度比。通过两口井对比可知，地层含有天然气水合物时，横波速度增加量大于纵波速度，在局部纵波与横波速度出现低值异常的薄夹层，V_p/V_s出现高值异常（图7-20）。

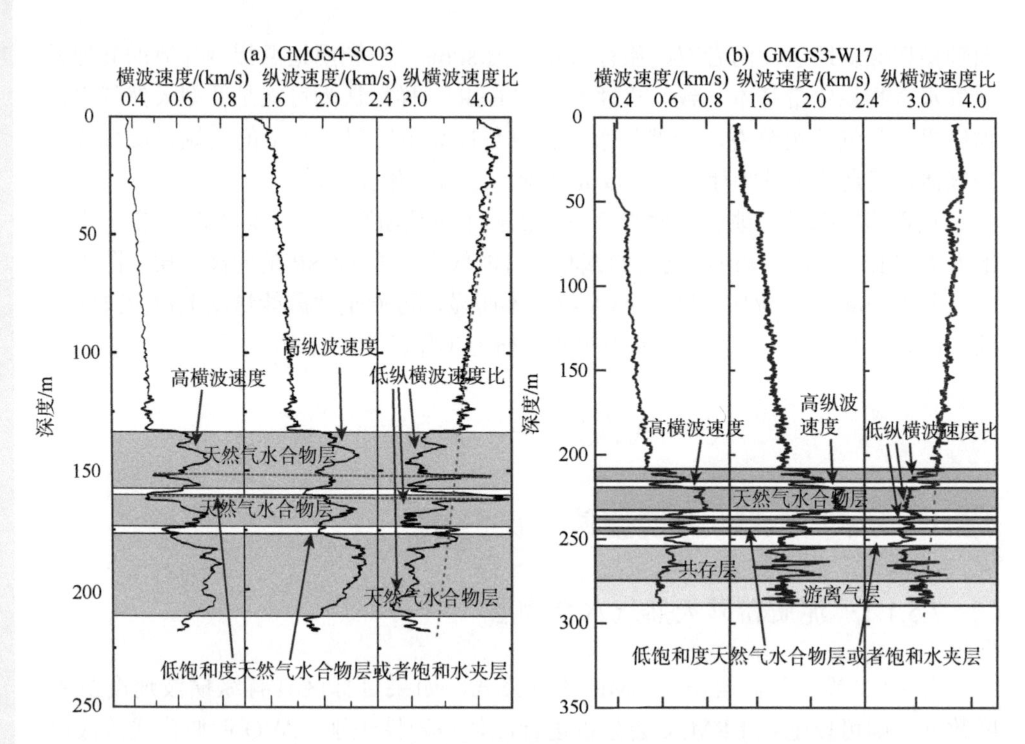

图 7-20 南海北部珠江口盆地 GMGS04-SC03 和 GMGS3-W17 井纵横波速度测井及纵横波速度比

阴影区为天然气水合物层、共存层和游离气层

7.5.1.2 泥质粉砂天然气水合物、游离气及共存层

在南海北部珠江口盆地 GMGS04-SC03 井相邻的 GMGS3-W17 井，该井与南海天然气水合物试采井 GMGS6-SH02、SHSC-4J1 为同一矿体，从测井、取芯和试采发现，在深度 200～300m，为天然气水合物层、天然气水合物与游离气共存层和游离气层的三明治结构（Li et al.，2018；Qian et al.，2018；Kang et al.，2020；Qin et al.，2020），上述三口井都进行了纵横波速度测井。从 GMGS6-SH02 井测井资料看（图 7-21），在 207～252m 深度，纵波速度、横波速度和电阻率明显增加，指示地层含天然气水合物。中间出现略微增高电阻率、等于或者略微高于饱和水层的纵波与横波速度，指示为低饱和度天然气水合物层或者饱和水层，厚度较薄为 1～2m。在 252m 以下深度，纵波速度明显降低，低于计算的饱和水速度，但是横波速度和电阻率都较高，中子孔隙度明显偏低，指示地层可能含有游离气，呈现出与 GMGS3-W17 井相似变化趋势。该井没有压力取芯资料，我们认为该位

置与GMGS3-W17井一样，也为共存层，主要是因为核磁孔隙度出现与上部含天然气水合物层一样的孔隙度异常，都出现明显低值异常。在没有取芯仅存在随钻测井的情况下，这也可能是判断天然气水合物与游离气共存的一个重要测井响应。

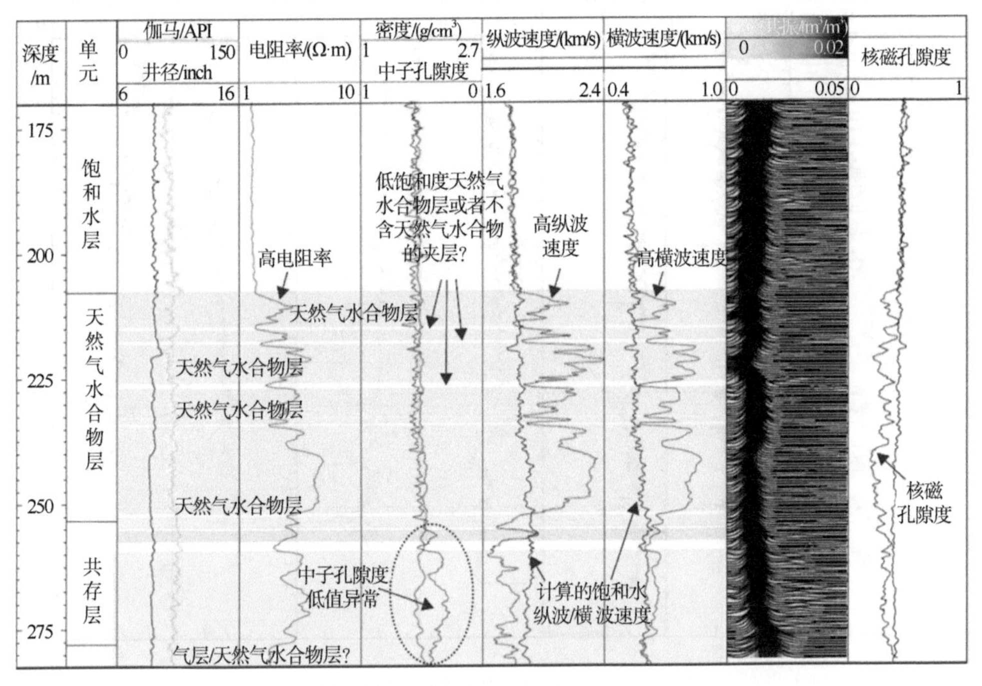

图7-21　南海北部珠江口盆地GMGS6-SH02井测井资料及其解释（Qin et al.，2020）

7.5.1.3　砂质天然气水合物与游离气层

在南海北部发现的天然气水合物储层主要为泥质粉砂，最近发现了砂质储层的天然气水合物，但是研究资料较少，而在印度天然气水合物钻探中发现了砂质高富集天然气水合物和游离气层（Collett et al.，2019）。我们以印度海域砂质储层为例，在大量测井数据中首先选择发育砂质储层，同时又含有天然气水合物和游离气层，且测量了纵波与横波速度的井位，来研究该类储层的识别方法。符合要求的井位不是很多，NGHP02-24井是一个分析砂质储层含天然气水合物和游离气层测井响应差异的理想井位。该井位于一个背斜构造上，水深2531m，地震剖面上出现连续强BSR，在290～310m深度，伽马测井出现明显低值异常，电阻率、纵波速度、横波速度等出现明显不同的异常响应。在295～307m深度，纵波速度出现低值异常，其上部为高值异常，电阻率为高值（图7-22），低速异常指示地层可能含游离气，但是难以确定游离气是原位游离气，还是钻探导致天然气水合物分解造成的异常，在相邻 NGHP02-20 井也发现了相似异常。

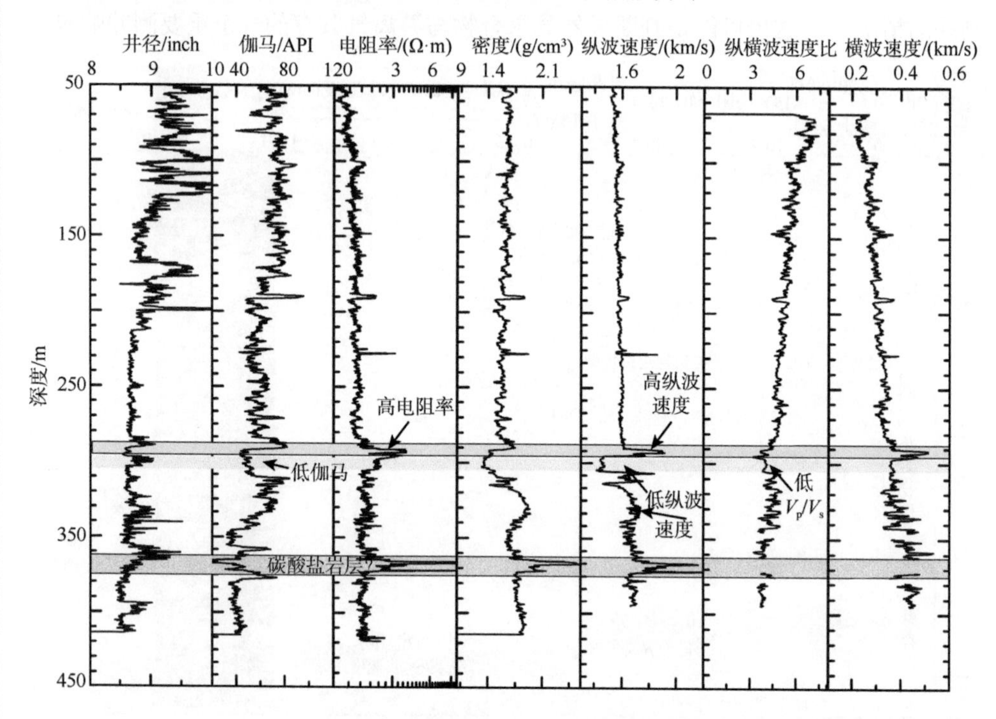

图 7-22　印度 NGHP02-24 井测井曲线

阴影区分别为天然气水合物层、游离气层和碳酸盐岩层

从图 7-22 看，在 364m 附近发现明显高纵波速度、高电阻率、高密度和低伽马测井异常，密度偏高达 2.2g/cm³，局部密度大于 2.45g/cm³，电阻率大于 15Ω·m，纵波速度达 2200m/s 以上，横波速度缺失，该层位于天然气水合物层下部，其异常特征为地层含碳酸盐岩测井响应。在不含天然气水合物浅层，V_p/V_s 较高明显大于 2，而含天然气水合物或游离气层，V_p/V_s 出现降低，但是比值仍大于 2。

7.5.2　多参数交会分析

以南海北部珠江口盆地 GMGS04-SC03、GMGS3-W17 和印度 NGHP02-24 井为例，这三口井含天然气水合物与游离气层的岩性不同，GMGS04-SC03 和

GMGS3-W17 井天然气水合物层岩性为泥质粉砂，GMGS04-SC03 井仅钻探到天然气水合物，而 GMGS3-W17 井钻探到天然气水合物、天然气水合物与游离气共存层，NGHP02-24 井发现了砂质天然气水合物与游离气层。

7.5.2.1 电阻率与速度交会分析

印度 NGHP02-24 井天然气水合物和游离气层的电阻率在 1.7～3.7Ω·m，明显偏离饱和水地层 1～2.5Ω·m，由于天然气水合物和游离气层的电阻率均增加，仅通过电阻率无法将二者区分。从电阻率与横波速度的交会图看［图 7-23（a）］，与天然气水合物层相比，游离气层的横波速度并没有明显降低，只能将较高饱和度的天然气水合物层和较低饱和度的游离气层区分开。而游离气和天然气水合物相比，密度和纵波速度均较低，因此，通过纵波阻抗和电阻率的交会图可以将二者区分开［图 7-23（b）］。

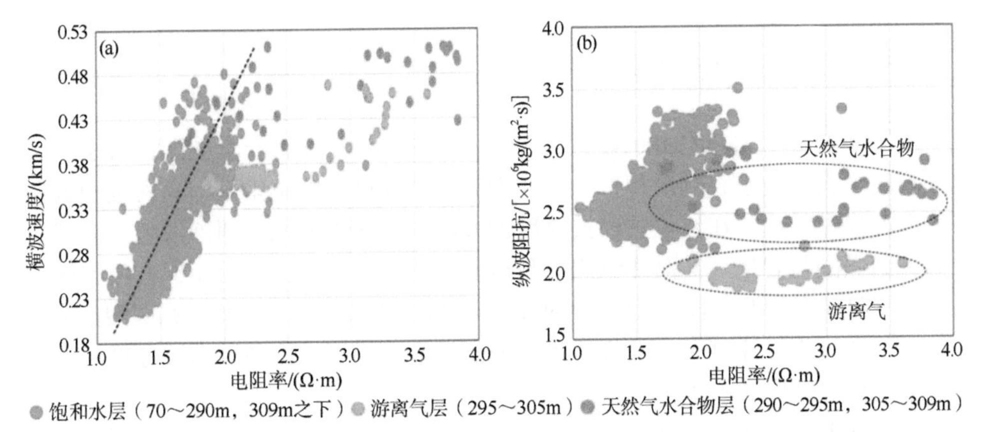

图 7-23 印度 NGHP02-24 井（a）电阻率与横波速度交会图；（b）电阻率与纵波阻抗交会图

而南海北部珠江口盆地 GMGS3-W17 井天然气水合物、游离气及天然气水合物-游离气共存层的电阻率为 1.5～4Ω·m，明显高于饱和水地层 1～1.5Ω·m。从电阻率与横波速度［图 7-24（a）］及纵波阻抗的交会图看［图 7-24（b）］，天然气水合物层位于背景趋势下方且明显偏离游离气及天然气水合物-游离气共存层，而游离气与天然气水合物-游离气共存层虽然偏离背景趋势，但无法与低饱和度天然气水合物层区分开。

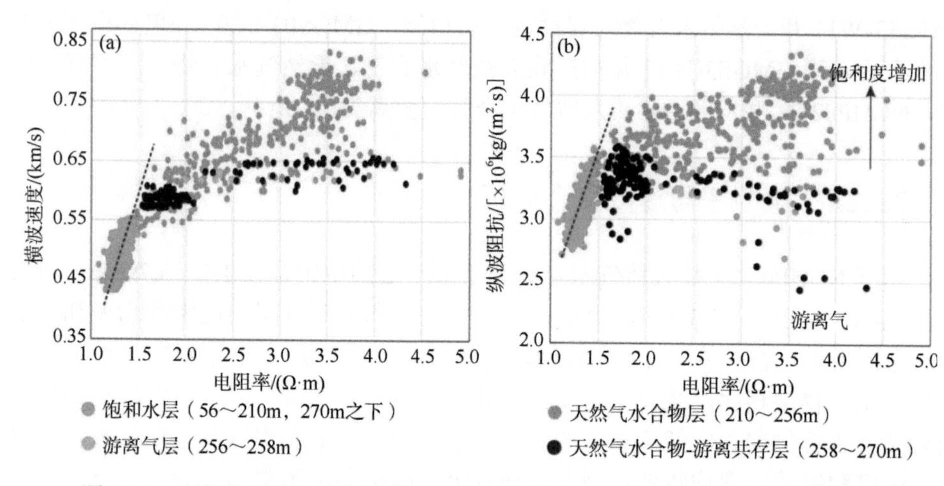

图 7-24　南海北部珠江口盆地 GMGS3-W17 井（a）电阻率与横波速度交会图；（b）电阻率与纵波阻抗交会图

7.5.2.2　碳酸盐岩地层识别

从图 7-22 看，在 NGHP02-24 井下方 316～345m 处发育一套碳酸盐岩层，其测井响应与天然气水合物层相似，表现为高纵波速度、高电阻率、高密度和低伽马的测井异常特征，在该位置横波速度测井缺失。在南海北部西沙海域，有多口井钻探到碳酸盐岩层，其测井响应也与砂质天然气水合物层极为相似，但是纵波速度与电阻率变化差异较大（Liang et al.，2020）（图 3-21）。因此，在碳酸盐岩发育地层，通过纵波速度无法准确地识别天然气水合物层，但通过纵波速度和伽马的交会关系可以将二者区分。

伽马测井指示了沉积环境变化，常用于识别沉积地层岩性。砂质地层的伽马测井一般出现低值异常，有利于天然气水合物形成。从图 7-25 看，在 NGHP02-24 井天然气水合物和游离气层主要分布在低伽马（40～50API）地层，储层条件较好。游离气层纵波速度、密度和纵波阻抗较低，明显偏离饱和水层，可以从伽马与纵波速度、密度和纵波阻抗的交会图识别［图 7-25（a）～（c）］。天然气水合物层纵波速度明显高于饱和水层，可以从伽马与纵波速度的交会图识别［图 7-25（a）］，饱和水层伽马与密度的相关性较好［图 7-25（b）］，天然气水合物层与其趋势相同，而碳酸盐岩层明显偏离背景趋势。从阻抗交会图看，碳酸盐岩层的纵波阻抗明显偏离背景趋势，但纵波阻抗无法区分碳酸盐岩和天然气水合物，因为虽然天然气水合物层的纵波速度明显高于碳酸盐岩层，但是其密度较低，二者纵波阻抗相近［图 7-25（c）］。因此，在碳酸盐岩层发育区域，纵波阻抗不是识别天然气水合物和碳酸盐岩的敏感参数，但可以通过伽马与纵波速度以及密度的交会图将二者区分开。此外，从 NGHP02-24 井看，含天然气水合物、游离气和碳酸盐岩层的横波速度明显高于饱和水层，但是通过伽马与横波速度的交会图无法将三者区分［图 7-25（d）］。

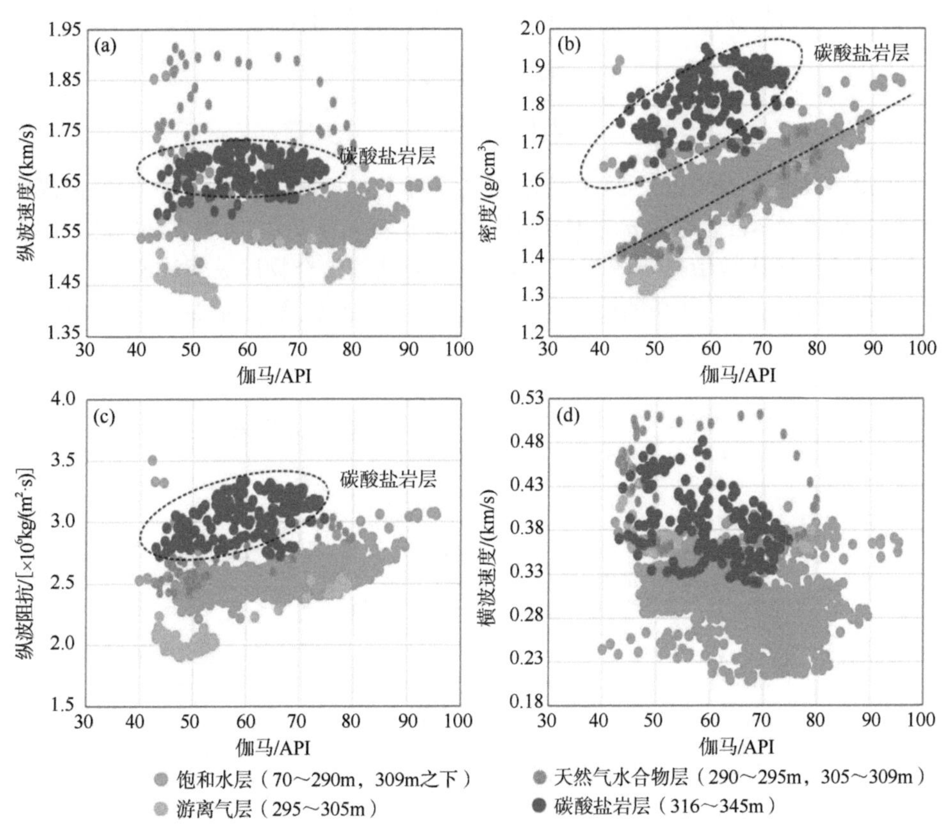

图 7-25　印度 NGHP02-24 井（a）纵波速度与伽马交会图；（b）密度与伽马交会图；（c）纵波阻抗与伽马交会图；（d）横波速度与伽马交会图

7.5.2.3　弹性参数交会分析

泊松比、纵横波速度比都是识别岩性与流体性质的有效参数，尤其对于含游离气地层。在含游离气层，纵波速度明显降低，而横波速度变化不大，因为只有密度略微减小，因此含游离气地层的纵波速度和横波速度比值（V_p/V_s）呈低值异常。Rafavich 等（1984）在实验室测量了白云岩地层和石灰岩地层中含水和含游离气的纵横波速度，发现 V_p/V_s 与 V_p 的交会关系不仅能区分白云岩地层和石灰岩地层，而且能区分饱和水地层与含游离气地层。Li 等（2003）在 Rafavich 等的研究基础之上，发现纵横波速度和纵横波速度比的趋势受孔隙度影响，孔隙度增大，V_p 减小，而 V_p/V_s 变化不大。

泊松比（σ）是表征材料横向变形的力学参数，可以表示岩石的软硬程度，泊松比越大，岩石越软，反之越硬。σ 与 V_p 和 V_s 的关系可由式（7-11）表示：

$$\sigma=\frac{\left(V_p/V_s\right)^2-2}{2\left(V_p/V_s\right)^2-2} \tag{7-11}$$

从图 7-26 看，NGHP02-24 井含游离气层对 V_p、V_s 和 V_p/V_s 敏感，明显偏离背景趋势。从式（7-11）可知 σ 与 V_p/V_s 成正比，σ 随 V_p/V_s 增大而增大，因此，游离气层也对泊松比比较敏感［图 7-26（d）］。含天然气水合物层纵横波速度均增大，通过 V_p、V_s 和 V_p/V_s 的交会图很难将天然气水合物层和饱和水地层完全区分开，但是能识别出较高饱和度的天然气水合物层。

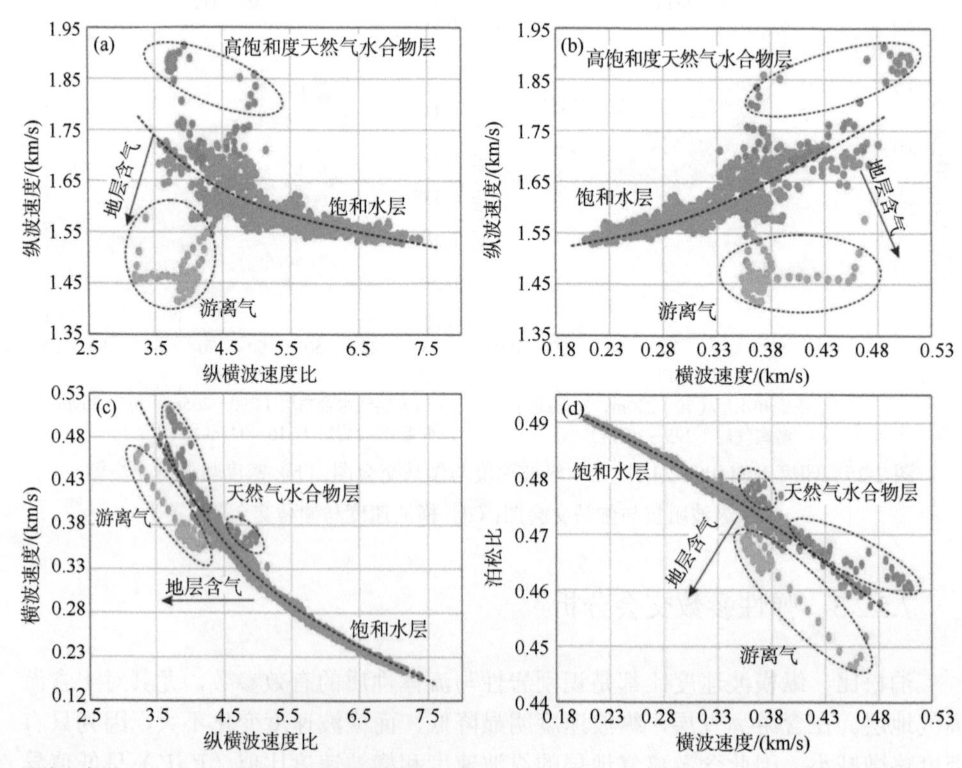

图 7-26　印度 NGHP02-24 井（a）纵波速度与纵横波速度比交会图；（b）纵波速度与横波速度交会图；（c）横波速度与纵横波速度比交会图；（d）泊松比（σ）与横波速度交会图

在南海北部珠江口盆地 GMGS3-W17 井，天然气水合物层的纵横波速度均高于饱和水地层，而且明显分层，一部分与背景趋势相同，位于饱和水地层延长区域，另一部分偏离背景趋势（图 7-27，椭圆区域）。天然气水合物与游离气共存层的纵横波速度明显偏离饱和水地层，但与偏离背景趋势的天然气水合物层基本重叠。与 NGHP02-24 井一样，V_p、V_s 和 V_p/V_s 的交会图很难将天然气水合物层、游离气层、共存层与饱和水地层完全区分（图 7-27）。

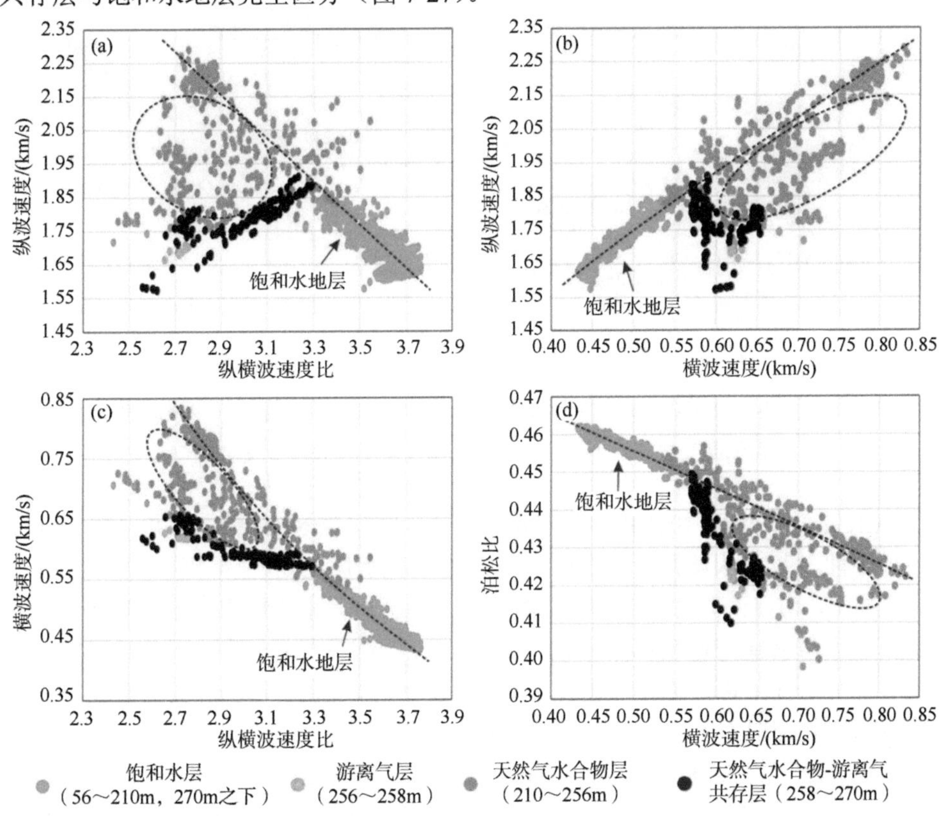

图 7-27　南海北部珠江口盆地 GMGS3-W17 井（a）纵波速度与纵横波速度比交会图；（b）纵波速度与横波速度交会图；（c）横波速度与纵横波速度比交会图；（d）泊松比（σ）与横波速度交会图

由于 NGHP02-24 井和 GMGS3-W17 井都含有天然气水合物、游离气层，而且岩性存在差异，我们把两口井联合对比，来寻找识别不同岩性下的天然气水合物与游离气层。对于 NGHP02-24 井，天然气水合物层为孔隙度较大的砂岩地层，饱和水地层的纵横波速度较小，天然气水合物饱和度较高时，V_p 明显增大，V_s 变化不明显，此时 V_p 和 V_s、V_p/V_s 交会图可以识别天然气水合物层和游离气层；而对于 GMGS3-W17 井为相对低孔隙度的粉砂质泥岩、泥岩地层（孔隙度为 0.4～0.5），含气地层明显偏离背景趋势，而天然气水合物层的 V_p 和 V_s 均较大，部分位于饱和水地层背景趋势的延长线（图 7-28）。孔隙度接近 0.4 时，天然气水合物层与含游离气地层趋势相同（图 7-27 和图 7-28）。因此，高孔隙度砂岩储层中的高饱和度天然气水合物对 V_p 和 V_p/V_s 敏感，但不适用于低孔隙度粉砂质储层。

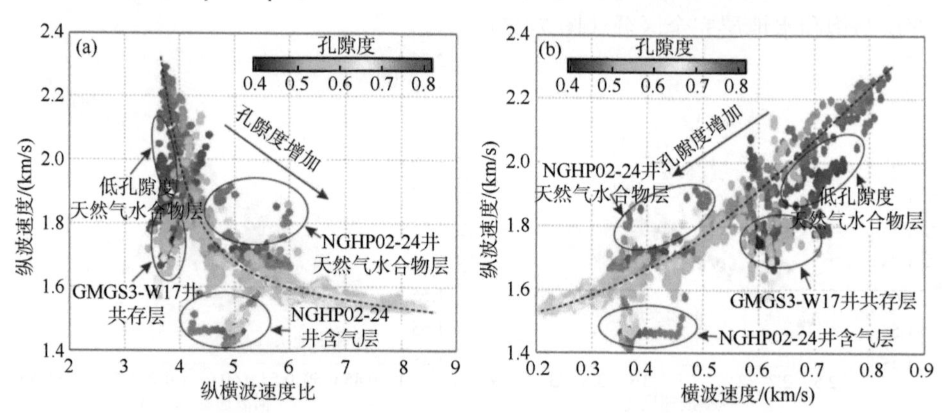

图 7-28 印度 NGHP02-24 井和南海 GMGS3-W17 井（a）纵波速度、纵横波速度比和孔隙度交会图；（b）纵波速度、横波速度和孔隙度交会图

LMR 是油气识别中常用的交会分析方法，在印度 NGHP02-24 井，我们计算了各种弹性参数，从该井看，含游离气层与饱和水层的 $\mu\rho$ 值差别不大，而 $\lambda\rho$ 值呈低值异常，明显偏离背景趋势，天然气水合物层与背景趋势相同［图 7-29（a）］。由于泊松比与纵横波速度比成正比，从图 7-29（b）和（c）看，二者低值异常指示地层含游离气，其中游离气地层对泊松比更敏感，但二者与 $\mu\rho$ 的交会图在识别天然气水合物层时存在重叠区。虽然 $\mu\rho$ 无法完全区分天然气水合物和游离气层，但它与纵波速度相关性较好，$\mu\rho$ 与纵波速度的交会图可以明显区分开饱和水、天然气水合物和游离气层［图 7-29（d）］。游离气层的 $\lambda\rho$ 值与饱和水层差别较大，但游离气层的 $\lambda\rho$-V_p 交会关系与饱和水层趋势相同；天然气水合物层的 $\lambda\rho$ 值与饱和水层差别不大，但天然气水合物层的 $\lambda\rho$-V_p 交会关系明显偏离背景趋势［图 7-29（e）］。同时，$\lambda\rho$ 与孔隙度呈线性关系，二者的交会图可以将饱和水、天然气水合物和游离气层区分开［图 7-29（f）］。

在 GMGS3-W17 井，从 $\mu\rho$ 与 $\lambda\rho$ 的交会图看，含游离气层和天然气水合物与游离气共存层的 $\lambda\rho$ 值与饱和水地层差别不大［6.5～10.5(GPa·g)/cm^3］，并没有明显偏离背景趋势，而部分天然气水合物层偏离背景趋势［图 7-30（a）］。从 $\mu\rho$ 与泊松比、纵横波速度比和纵波速度的交会图看，游离气和天然气水合物与游离气

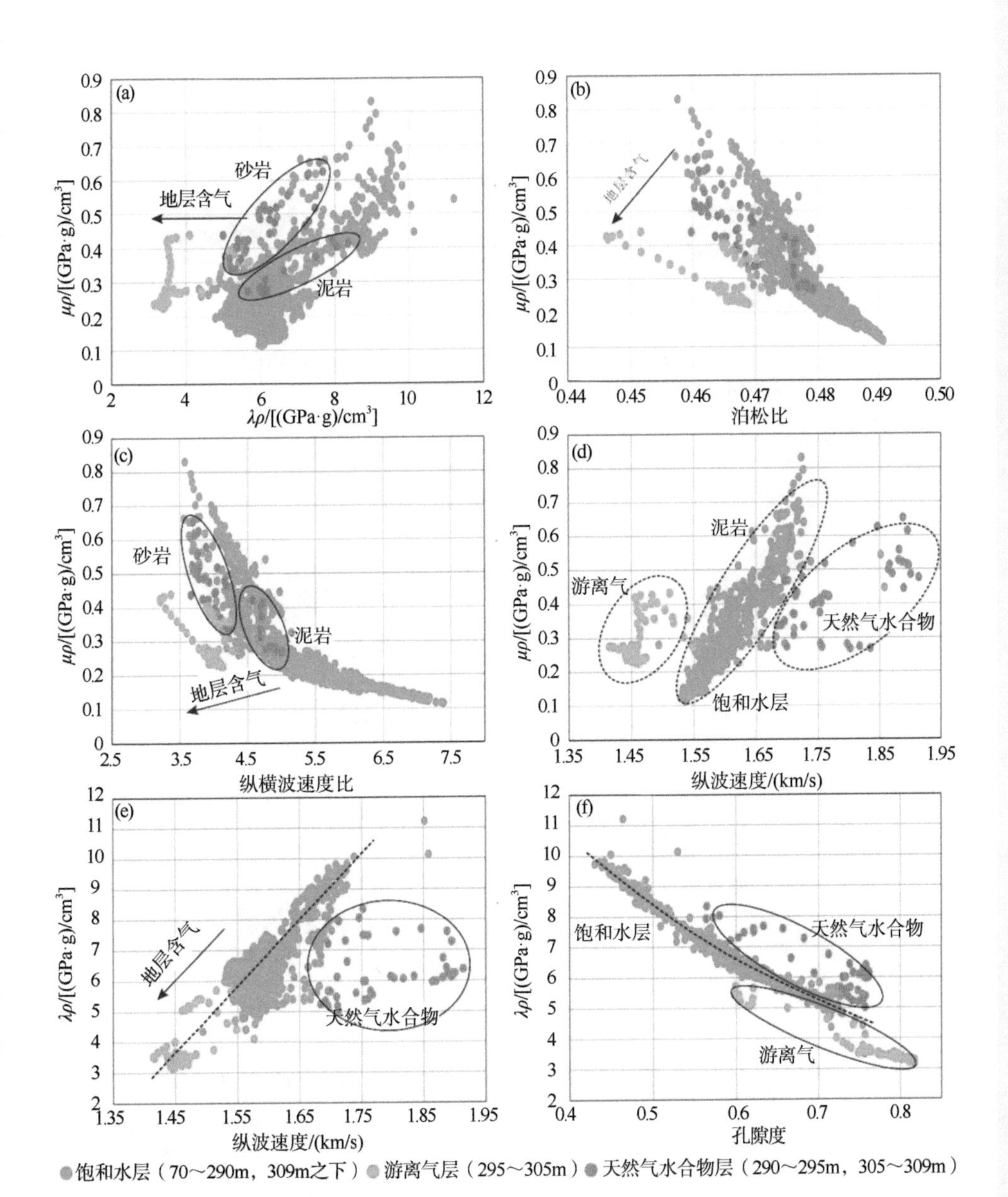

图 7-29　印度 NGHP02-24 井（a）$\mu\rho$ 与 $\lambda\rho$ 交会图；（b）$\mu\rho$ 与泊松比交会图；（c）$\mu\rho$ 与纵横波速度比交会图；（d）$\mu\rho$ 与纵波速度交会图；（e）$\lambda\rho$ 与纵波速度交会图；（f）$\lambda\rho$ 与孔隙度交会图

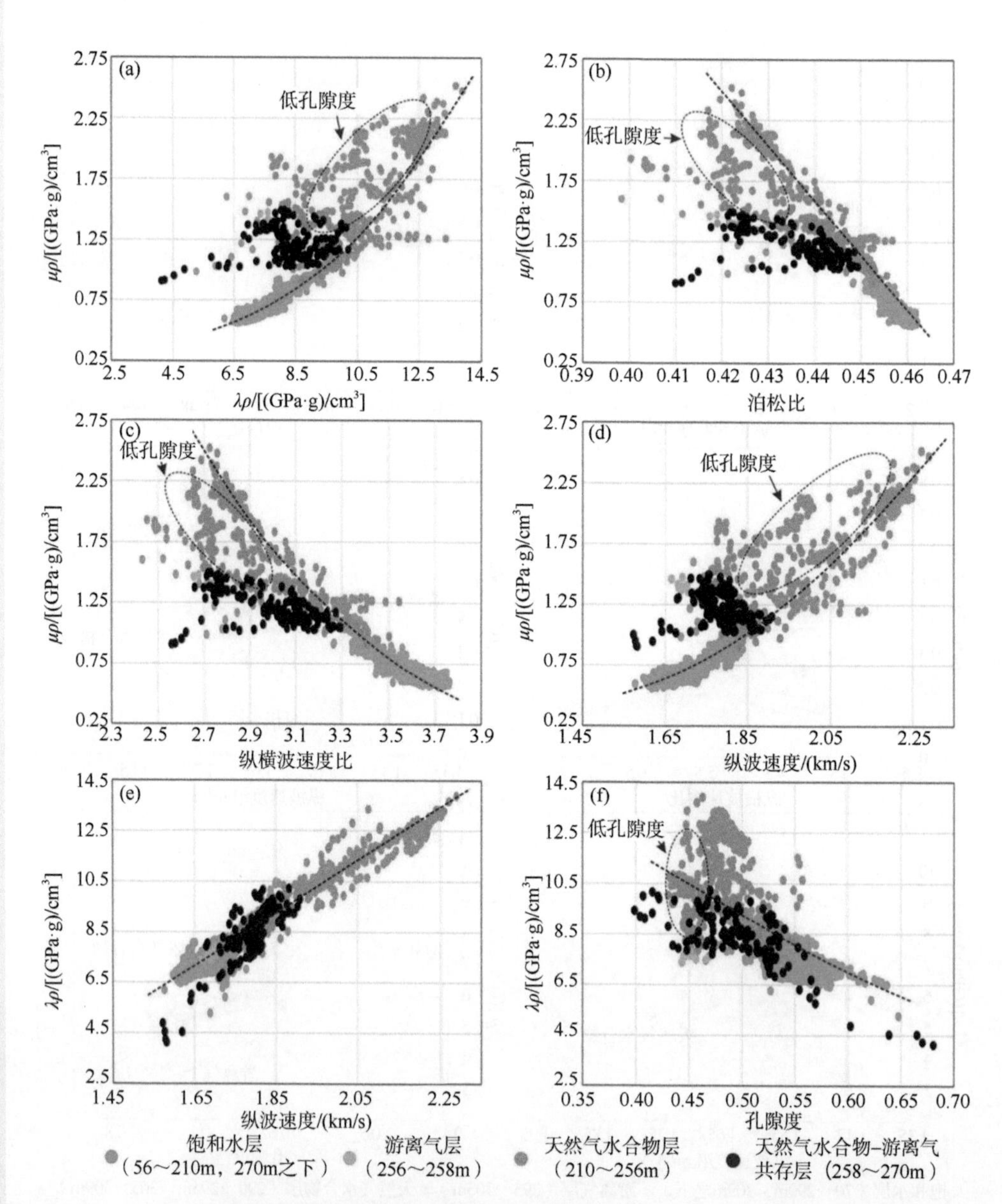

图 7-30 南海北部珠江口盆地 GMGS3-W17 井（a）$\mu\rho$ 与 $\lambda\rho$ 交会图；（b）$\mu\rho$ 与泊松比交会图；（c）$\mu\rho$ 与纵横波速度比交会图；（d）$\mu\rho$ 与纵波速度交会图；（e）$\lambda\rho$ 与纵波速度交会图；（f）$\lambda\rho$ 与孔隙度交会图

共存层明显偏离背景趋势，而且部分天然气水合物层也偏离背景趋势，并与含游离气层趋势相同［图 7-30（b）～（d）］。而从 $\lambda\rho$ 与纵波速度的交会图看，含天然气水合物层和含游离气层都与背景趋势相同［图 7-30（e）］。此外，该井含天然气水合物层、天然气水合物与游离气共存层和含游离气层的孔隙度较低，通过 $\lambda\rho$ 与孔隙度交会图无法区分三种地层［图 7-30（e）］。

通过将印度海域 NGHP02-24 井与南海北部 GMGS3-W17 井进行对比发现，游离气对 λ 和 μ 敏感，通过弹性参数与速度的交会图可以清晰地识别游离气层（图 7-29～图 7-31）。受地层岩性、孔隙度和天然气水合物饱和度影响，含天然气水合物地层弹性参数的变化具有差异性。对于高孔隙度砂质储层，地层含天然气水合物后 $\lambda\rho$ 和 V_p 明显增大，而 $\mu\rho$ 变化不明显。因此，通过 $\mu\rho$、λ/μ 与 V_p 的交会图可以将高孔隙度砂质储层中的天然气水合物和游离气层区分开，但并不适用于低孔隙度的粉砂质或泥质地层（图 7-31）。

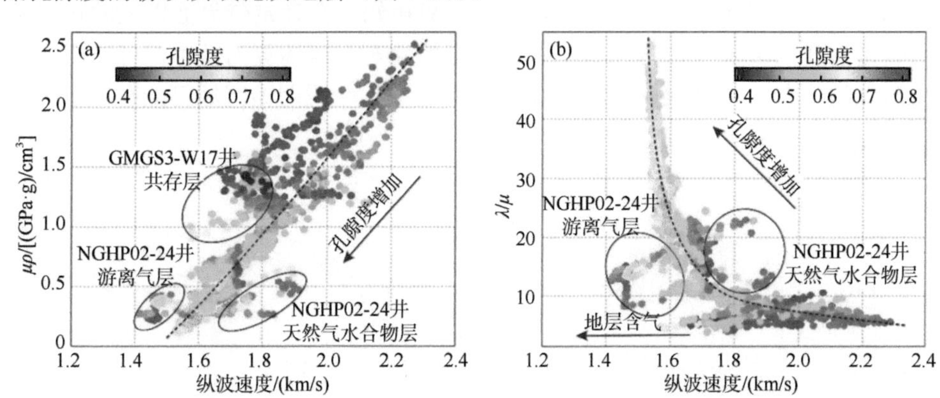

图 7-31　印度 NGHP02-24 井和南海北部 GMGS3-W17 井（a）$\mu\rho$ 与 $\lambda\rho$ 交会图；（b）λ/μ 与 V_p 交会图

通过各种交会分析发现，天然气水合物与常规油气识别方法还是存在差异性，识别传统砂质储层并且指示烃类流体异常的 LMR 交会图，在识别天然气水合物储层并没有明显优势，但是对识别游离气则比较敏感。如何利用岩石物理分析，再结合天然气水合物饱和度信息，考虑不同岩性或者无岩性变化的识别技术，是下一步需要重点开展的研究内容，对于将来天然气水合物勘探及其新目标的探寻都有研究意义。

7.5.3 AVO 属性反演

正演模拟是应用 AVO 属性进行解释的基础，Aki-Richards 近似式可以简化为具有物理意义的 AVO 截距、AVO 梯度等，截距剖面反映了法向入射时 P 波反射的强度，梯度剖面反映了反射振幅随入射角的变化率，截距与梯度的衍生属性反映了油气异常的亮点剖面，流体因子反映了偏离背景异常的孔隙流体效应，对游离气比较敏感。

针对南海琼东南盆地某地震剖面，对道集进行优化处理，首先进行高密度速度分析将道集拉平，再对随机噪声进行压制，提取 AVO 截距（P 剖面）、梯度（G 剖面）和截距与梯度乘积（P×G 剖面）进行储层分析（图 7-32）。从截距属性剖面看［图 7-32（a）］，BSR 附近的天然气水合物异常表现为高值正截距属性，说明该区域地层间的波阻抗差异大，结合稳定带底界可知，在稳定带界面以上的正强截距区域是潜在的天然气水合物富集区。梯度属性对于流体更为敏感，可以用来表征游离气的分布，在 BSR 下部存在负值的梯度属性，说明该区域可能存在游离气

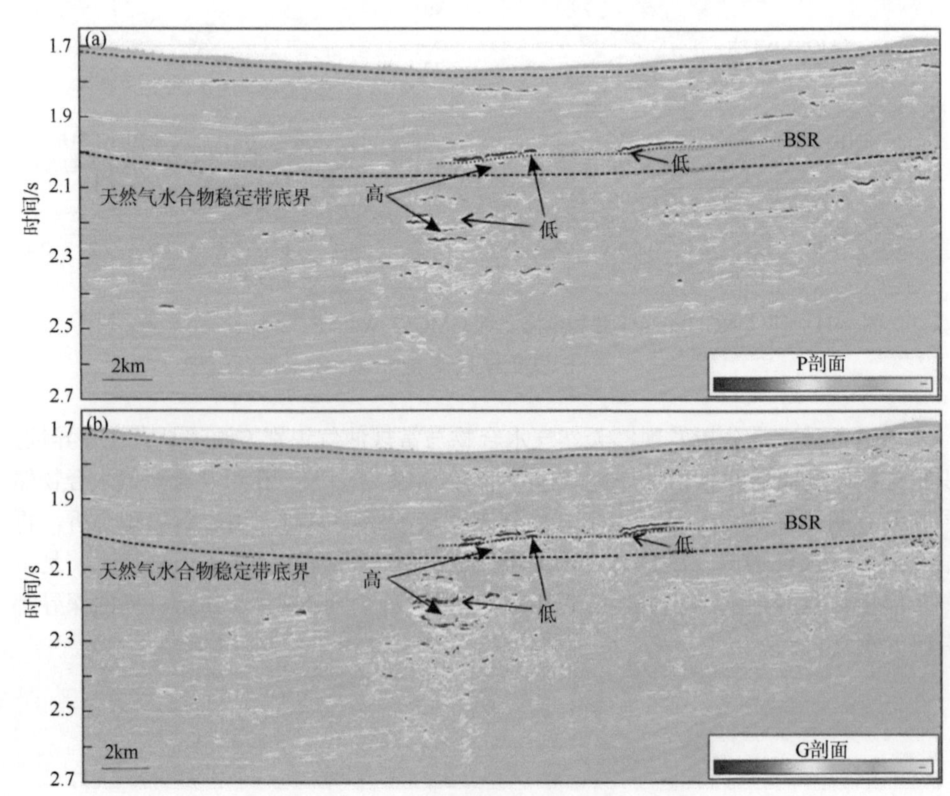

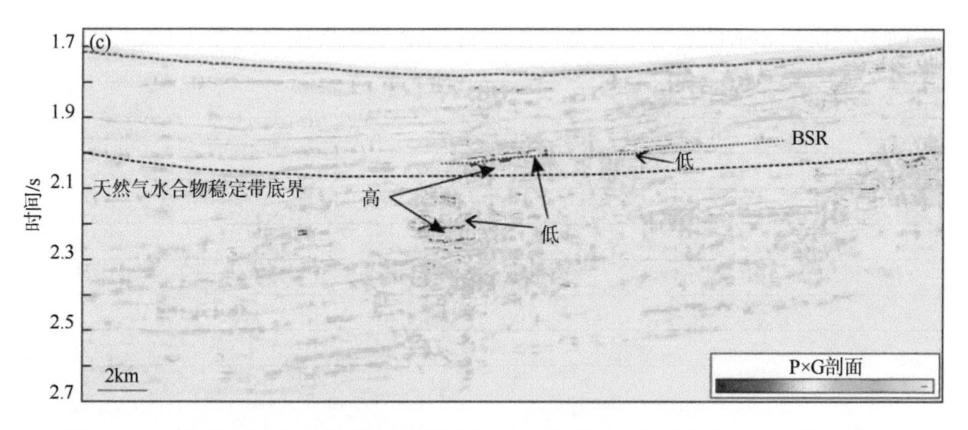

图 7-32 南海北部琼东南盆地某地震剖面 AVO 的截距、梯度和截距乘以梯度属性

[图 7-32（b）]，而从截距乘以梯度属性看，数值较大的正值是很重要的含气指示[图 7-32（c）]。

7.6 AVO 叠前道集预测饱和度

提取实际地震资料的 AVO 曲线，结合测井数据计算的岩石物理理论模型，能够进行天然气水合物和游离气饱和度的预测。

7.6.1 地震数据与处理

二维多道地震数据采用 160inch^3 的气枪阵列采集，主频约 70Hz，接收道数 192 道，道间距 12.5m，炮间距 25m，采样间隔 0.5ms，记录长度 5s，最小偏移距 125m，最大覆盖次数 48。

地震测线位于 GMGS1-SH2 井附近，该井水深约为 1230m，BSR 深度为 229m，计算的地震数据最大入射角约为 42°，因此，该数据可以用来进行目标层 AVO 分析研究。通过叠前地震保幅数据处理获取目标层位的振幅信息，处理流程主要包括道编辑、带通滤波、速度分析、球面扩散补偿、速度分析、叠前时间偏移、角度道集、震源方向性校正（Sheriff and Geldart，1995）和检波器方向性校正（Hyndman and Spence，1992）等。速度分析时的间隔为 10 个 CDP，在目标层间隔会加密到 5 个 CDP。经过地震精细处理后可以得到如图 7-33 中振幅随偏移距变化的共反射点（common reflection point，CRP）道集，但由于 AVO 正演模拟的曲线是角度域，在获得叠前时间偏移后的偏移距域 CRP 道集后，还需要结合偏移所

使用的速度模型和射线追踪理论将偏移距域 CRP 道集转换为角度域 CRP 道集。

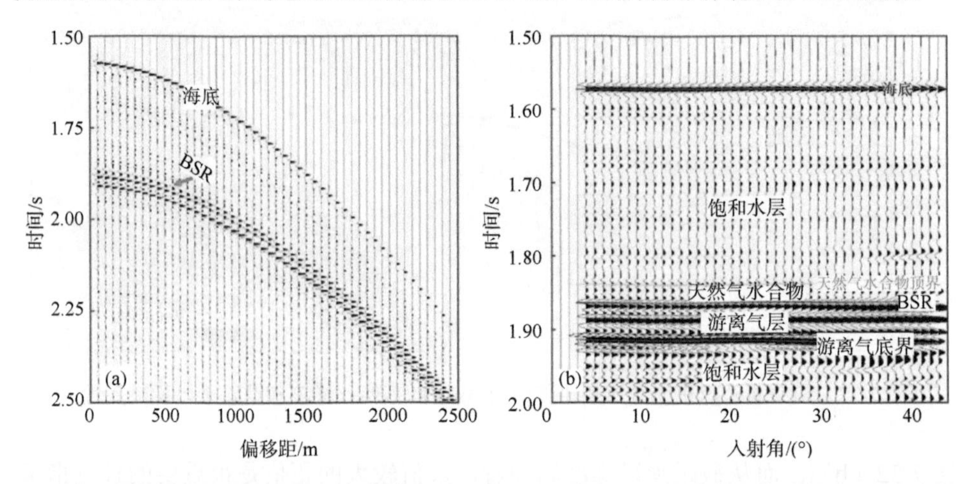

图 7-33 振幅随偏移距变化的 CRP 道集（a）原始 CRP 道集，显示有正极性的海底反射和负极性的 BSR 反射；（b）经过动校正后的海底、天然气水合物层顶界、BSR 和游离气层底界的反射

7.6.2 测井数据分析

图 7-34 为 GMGS1-SH2 井的测井数据，主要包括井径、伽马射线、电阻率、孔隙度、密度和纵波速度等，其中孔隙度由密度测井计算，假设基质密度为 2.75g/cm^3，水密度为 1.03g/cm^3。从图中可以看出，在海底以下 50～187m，井径曲线变化明显，影响了测井数据的质量，尤其是密度测井数据。在海底以下

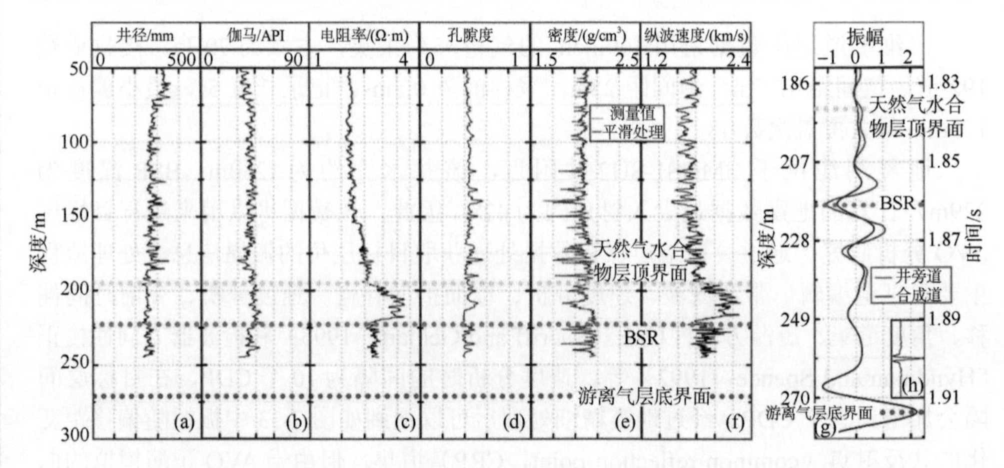

图 7-34 南海北部珠江口盆地 GMGS1-SH2 井测井曲线和合成地震记录

187m，井径曲线变化较小，该层段测井数据的质量较为可靠，伽马曲线值基本位于 30～45API，沉积物以泥质粉砂为主（陈芳等，2009，2011）。海底以下 195～220m 的层段具有高电阻率和高纵波速度的特征，指示该段为含天然气水合物层。从海底以下 220m 往下，地层电阻率与背景电阻率接近，高低交替的纵波速度可以解释为含游离气地层，然而，该层内的纵波速度值并没有明显下降，这表明即使该层段含游离气，饱和度也相对较低（Qian et al.，2022）。

7.6.3　井震标定

井震标定是地震数据和测井数据之间的桥梁，通过建立时深关系来标定地层关系，进而标定储层及目的层的位置。这里主要是通过井震标定确定天然气水合物层顶界面、BSR 以及游离气层底界面的深度和双程地震旅行时，获取测井数据中各个界面的岩石物理参数，从而为实际 AVO 曲线提取和理论 AVO 曲线计算提供数据基础。根据 GMGS1-SH2 井数据和连井地震数据，通过反射系数计算、子波提取、合成地震记录制作和层位标定等工作［图 7-34（g）和（h）］，准确识别出该站位的天然气水合物层顶界面、BSR 和游离气层底界面深度，其中反射系数由井的密度和速度曲线计算获得。

图 7-34（g）中红色合成地震记录与黑色井旁道两者之间的相似系数达到 0.85，天然气水合物层顶界面（黄色虚线）和 BSR 深度（绿色虚线）分别位于 192m 和 219m 处，对应的地震双程旅行时间分别为 1.84s 和 1.86s。在测井上对应的纵波速度分别为 1.86km/s 和 1.89km/s，密度分别为 2.06g/cm^3 和 2.07g/cm^3，背景孔隙度约为 45%，这些速度、密度和孔隙度信息可以为 AVO 正演模拟提供准确的物性参数，其中缺失的横波速度需要利用理论岩石物理模型结合已知测井数据进行预测。虽然该井没有钻穿到游离气层底界面的深度（品红色虚线），但根据合成记录的时深关系估计其深度约为 272m（1.91s）。

7.6.4　理论 AVO 曲线分析

根据井震标定的目的层深度，获取测井曲线的纵波速度、密度和孔隙度等物性参数，利用天然气水合物模型 B 和游离气均匀分布模型结合天然气水合物、游离气饱和度和孔隙度参数进行横波速度预测，得到纵横波速度和密度后，可以通过 Zoeppritz 方程计算各个界面的理论 AVO 曲线。

7.6.4.1 BSR

BSR 可能是由天然气水合物与游离气界面产生的，BSR 的形成受天然气水合物和游离气饱和度两个因素影响。根据实际地层岩性为泥质粉砂，地层背景孔隙度为 45%，模型分别设置上、下层为天然气水合物层和游离气层［图 7-35（a）］。根据测井计算的天然气水合物饱和度结果，假设天然气水合物饱和度平均值为 25%，分别计算了游离气饱和度为 0.1%、0.20% 和 0.30% 的理论 AVO 曲线。计算结果见图 7-35 中绿色实线，从图中可以看出，根据测井数据计算的 BSR 理论 AVO 曲线具有典型的截距和梯度都为负的Ⅲ类 AVO 特征，其截距随游离气饱和度的增加而增加，这是因为游离气饱和度的增加会显著降低下伏地层的波阻抗，从而增大上覆天然气水合物层和下伏游离气层之间的波阻抗差异。

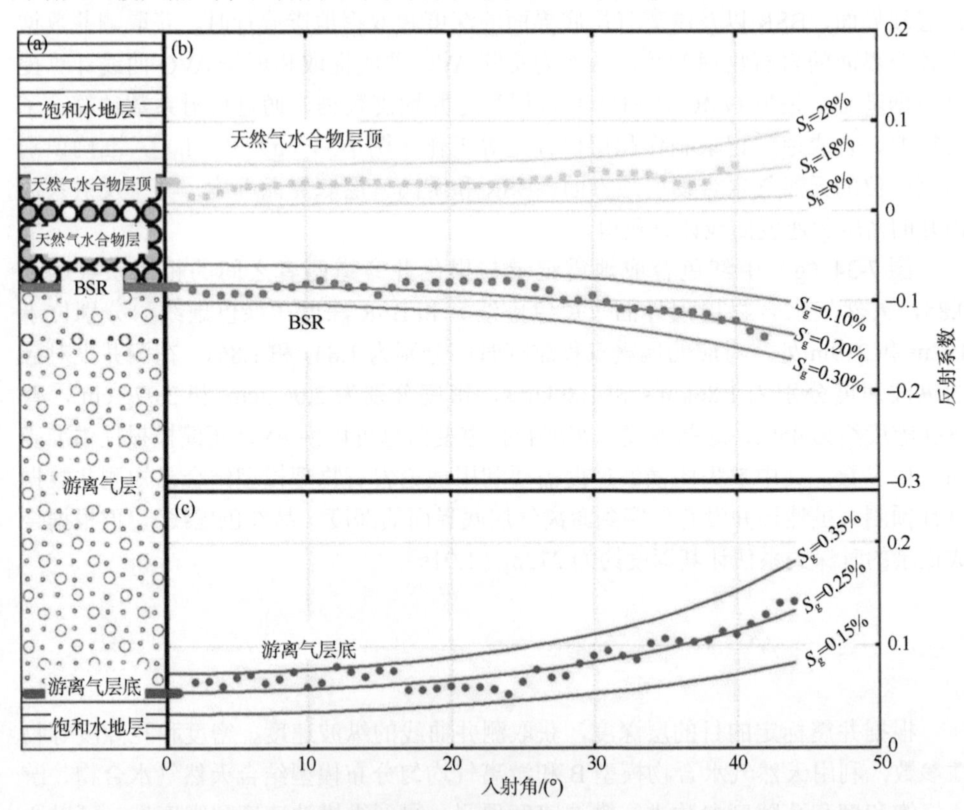

图 7-35 天然气水合物层顶、BSR 和游离气层底三个界面的 AVO 分析

（a）天然气水合物储层模型；（b）天然气水合物层顶和 BSR 的反射系数随入射角的变化曲线；（c）游离气层底的反射系数随入射角的变化曲线。点曲线是从实际地震资料中提取的反射系数，实线是 Zoeppritz 方程计算的理论反射系数

7.6.4.2 天然气水合物层顶界面

与 BSR 的形成不同，天然气水合物层顶部只受天然气水合物饱和度一个因素影响，因为天然气水合物层顶部是上覆饱和水地层和下伏水合物层的反射界面。地层和孔隙度与计算 BSR 时一致，模型分别设置上、下层为饱和水层和天然气水合物层［图 7-35（a）］，分别计算了天然气水合物饱和度为 8%、18% 和 28% 的理论 AVO 曲线。计算结果见图 7-35 中黄色实线，从图中可以看出，根据测井数据计算的天然气水合物层顶界面理论 AVO 曲线与上述 BSR 的Ⅲ类 AVO 曲线特征完全不同，曲线截距和梯度都为正值，位于第Ⅰ象限。这是因为地震波在含天然气水合物层顶界面处是由含饱和水的低波阻抗层向含天然气水合物的高波阻抗层传播，这与 BSR 处地震波是由含天然气水合物的高波阻抗层向含游离气的低波阻抗层传播是相反的。此外，曲线截距随天然气水合物饱和度的增加而增加。

7.6.4.3 游离气层底界面

游离气层底是上覆游离气层和下伏饱和水地层的反射界面，因此游离气层底界面只受游离气饱和度一个因素影响。地层和孔隙度与上述 BSR 和水合物顶界面一致，模型分别设置上、下层为游离气层和饱和水层［图 7-35（a）］，分别计算了游离气饱和度为 0.15%、0.25% 和 0.35% 的理论 AVO 曲线。计算结果见图 7-35 中紫色曲线，从图中可以看出，根据测井数据计算的游离气层底界面的 AVO 曲线特征也与上述 BSR 的Ⅲ类 AVO 曲线特征完全不同，但与含天然气水合物层顶界面曲线的 AVO 特征相似，即曲线截距和梯度全部为正值，这也是因为地震波在含游离气底界面处是由含游离气的低波阻抗层向含饱和水的高波阻抗层传播造成的，曲线截距随游离气饱和度的增加而增加。

7.6.5 实际地震数据 AVO 曲线

在地震数据处理获取叠前角度道集的基础上，结合井震标定的目的层深度，首先提取了目的层的地震振幅，目的层包括天然气水合物层顶、BSR 和游离气层底三个界面，通过地震振幅提取技术提取井点位置目的层振幅随角度的变化 AVO 曲线。

其次是反射系数计算，因为实际的地震资料为振幅值，需要利用海底、目的层和海底多次波将目的层处的振幅转化为反射系数（Warner，1990）。假定海底是光滑水平的，根据从实际资料中提取的海底反射振幅 A_s 和第一个海底多次波的振

幅 A_m，可以计算海底垂直入射的反射系数 R_s：

$$R_s=-\frac{A_m}{A_s} \tag{7-12}$$

此外，还可以计算目标层界面的反射系数 R：

$$R=-\frac{A\times R_s}{A_s} \tag{7-13}$$

根据式（7-12）和式（7-13）的计算，即可将实际叠前道集振幅随角度的变化曲线转换为反射系数随角度的变化曲线，这样实际的AVO曲线与正演的理论AVO曲线就可以在角度域内相匹配。

计算后的天然气水合物层顶、BSR和游离气层底三个界面的实际地震数据AVO曲线见图7-35中的点线，从图中可以看出，实际天然气水合物储层中目的层的AVO曲线特征与前面的理论AVO分析完全一致，即BSR是常规的Ⅲ类AVO特征，其截距和梯度为负，反射系数绝对值随入射角的增大而增大。而天然气水合物层顶和游离气层底界面的截距和梯度均为正值，且它们的反射系数也随着入射角的增大而增大。

7.6.6 天然气水合物和游离气饱和度预测

在图7-35中，利用实际地震数据提取的三个界面的AVO曲线与Zoeppritz方程精确计算的AVO曲线的约束可以发现，天然气水合物层顶部的AVO曲线位于天然气水合物饱和度8%～28%，与天然气水合物饱和度18%的曲线非常接近；BSR的AVO曲线位于游离气饱和度0.1%～0.3%，与游离气饱和度0.2%接近；而游离气层底的AVO曲线位于游离气饱和度0.15%～0.35%，与游离气饱和度0.25%接近。因此，可以推测天然气水合物层顶部的天然气水合物饱和度约为18%，而BSR和游离气层底部的游离气饱和度分别约为0.2%和0.25%。可以看出，该方法计算的天然气水合物层顶部的天然气水合物饱和度值与压力取芯结果基本吻合（Qian et al.，2022）。

7.6.7 孔隙度对饱和度预测的影响

在预测天然气水合物饱和度过程中，孔隙度是一个关键性因素，但对游离气饱和度的影响并不清楚，这里以BSR处游离气为例，分析孔隙度在天然气水合物饱和度固定的情况下对游离气饱和度预测结果的影响。

根据上述BSR处的游离气预测结果，当天然气水合物饱和度为25%时，游离气在均匀分布条件下的饱和度约为0.2%，假设的地层孔隙度为45%，但在GMGS1-SH2井，含天然气水合物层的孔隙度从38%变化到50%。为了确定孔隙度对游离气饱和度的影响，假设低孔隙度40%和高孔隙度50%两种情况，如图7-36所示。从图中可以看出，如果使用低孔隙度40%或高孔隙度50%，则均匀分布条件下的游离气饱和度与孔隙度为45%时的游离气饱和度相似，基本位于0.1%～0.3%。然而，块状分布条件下的游离气饱和度存在明显差异，当孔隙度为40%时，游离气饱和度值为2%～8%；当孔隙度为50%时，游离气饱和度值为8%～16%。以上分析表明，当孔隙度被低估时，估算的游离气饱和度也将被低估，但孔隙度对均匀分布条件下的游离气的饱和度估算影响较小，而对块状分布条件

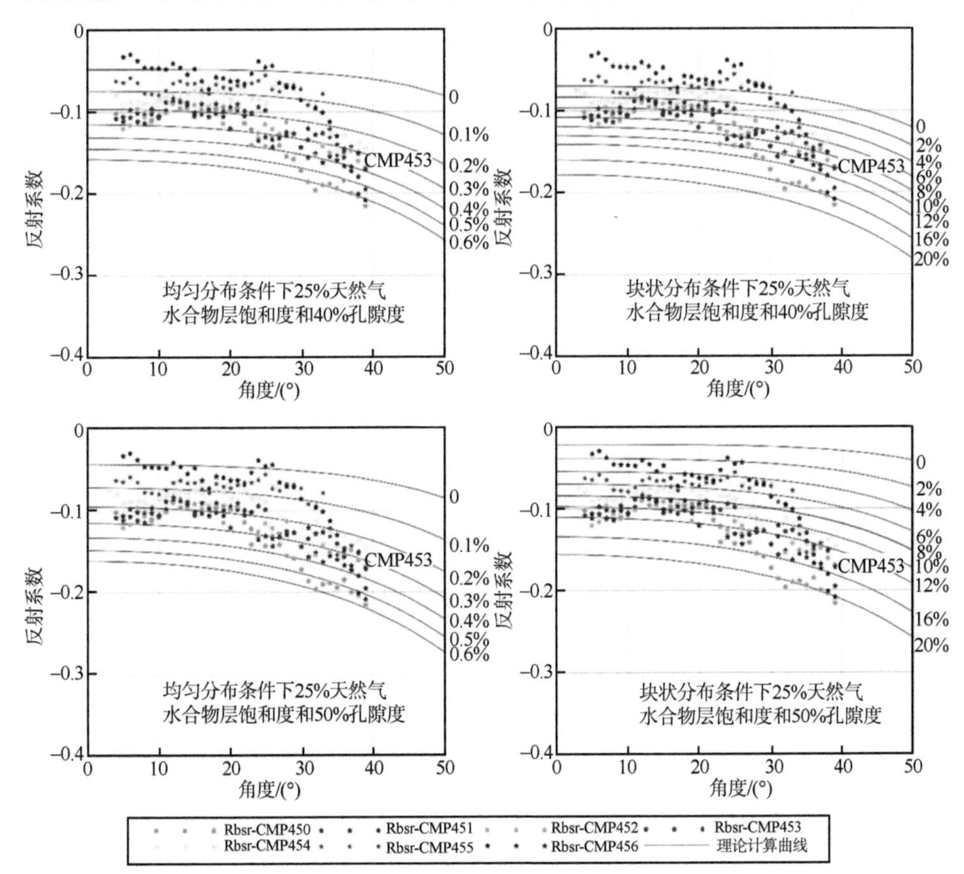

图7-36　南海北部珠江口盆地GMGS1-SH2井附近7个CMP在40%和50%不同孔隙度条件下游离气饱和度的预测结果

红色实线是游离气饱和度0～0.6%（均匀分布）和0～20%（块状分布）计算的AVO曲线

下的游离气的饱和度估算影响较大。虽然天然气水合物和游离气共存的测井数据分析发现海底浅部地层中的游离气可能是均匀分布的，但不能说孔隙度对均匀分布条件下的游离气饱和度影响不大，这很可能是由GMGS1-SH2井预测的游离气饱和度过低所致。在实际地层中如果游离气发育更高的饱和度，即使在游离气均匀分布的情况下，使用较小的孔隙度也会低估游离气的饱和度。

第 8 章　天然气水合物与游离气共存层的识别与定量评价

天然气水合物勘探与钻探在不同岩性地层发现了不同结构的天然气水合物与游离气共存现象，如Ⅰ型和Ⅱ型天然气水合物等与游离气共存，共存的地层可能位于天然气水合物稳定带内，也可能位于其下部，由于天然气水合物与游离气共存原因和共存方式的差异，其识别和定量评价方法也不同。

8.1　天然气水合物与游离气共存

8.1.1　共存类型

天然气水合物稳定带是控制天然气水合物成藏的主要因素之一，不同气体组分、水、盐度在低温和高压条件下能够形成Ⅰ型、Ⅱ型和 H 型不同结构的天然气水合物（陈光进等，2008；Sloan and Koh，2008）。在第 1 章介绍了天然气水合物稳定带底界、天然气水合物的晶体结构等，Ⅰ型天然气水合物也称为甲烷天然气水合物。天然气水合物稳定带底界在地震剖面上通常与 BSR 对应，但是天然气水合物稳定带底界与 BSR 并不完全重合。Ⅰ型和含重烃的Ⅱ型天然气水合物可以在 BSR 之下发育，也可以在 BSR 之上发育（Klapp et al.，2010），Ⅱ型天然气水合物稳定带底界比Ⅰ型天然气水合物稳定带底界更深（Lu et al.，2007），在地震剖面上能形成双似海底反射，即双 BSR 或Ⅱ-BSR。Ⅱ型天然气水合物的发育会影响天然气水合物的资源量评估，也会对海底烃类气体排放起到缓冲作用（Klapp et al.，2010）。

近年来，钻探证实了天然气水合物和游离气的共存，如在北美布莱克海台、卡斯凯迪亚大陆边缘、新西兰希库朗伊俯冲带、南海北部神狐海域以及南海南部婆罗洲西北近海等区域，共存的地质条件及共存方式不同，可归纳为四种类型（图 8-1）。

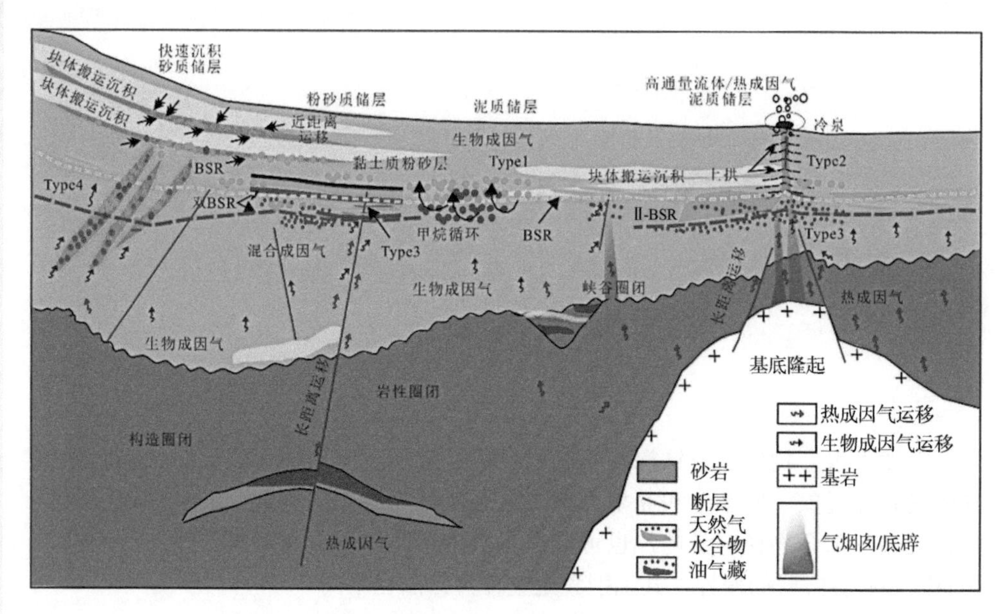

图 8-1　天然气水合物与游离气共存地质条件及其类型

Type1 型是天然气水合物与游离气在天然气水合物稳定带底界附近共存，如布莱克海台（Guerin et al.，1999，2006），主要与生物成因气有关，是由于天然气水合物稳定带底界附近甲烷循环造成的局部天然气水合物与游离气共存，沉积物岩性为泥质储层。

Type2 型是在冷泉发育区的天然气水合物稳定带内，局部区域出现天然气水合物与游离气共存，如卡斯凯迪亚大陆边缘南水合物脊（Tréhu et al.，2003），与生物成因气或热成因气有关，高通量流体沿断层、砂体等向上运移，能到达海底形成冷泉系统。由于大量游离气以气相方式向上运移，天然气水合物的快速形成，导致局部地层会出现自由水缺失，游离气难以形成天然气水合物，从而出现共存，这种共存现象在冷泉发育区比较常见，沉积物岩性为泥质储层。

Type3 型是 BSR 下部Ⅱ型天然气水合物与游离气共存，如南海北部珠江口盆地（Yang et al.，2015；Wei et al.，2018）和南部婆罗洲西北部近海（Paganoni et al.，2016），与热成因气有关，是由于深部热成因气沿断层、烟囱等路径以高通量流体向上运移，形成Ⅱ型天然气水合物，在地震剖面上能形成Ⅱ-BSR，沉积物岩性为泥质储层、泥质粉砂储层。

Type4 型是快速沉积导致的天然气水合物与游离气共存，如新西兰希库朗伊俯冲带（Pecher et al.，2018），快速沉积导致天然气水合物稳定带底界变浅，原先形成在砂质储层内的天然气水合物发生分解，但是由于沉积速率过高，天然气水合物分解-形成需要时间，在局部砂质储层会出现天然气水合物与游离气共存，沉积物岩性为泥质储层或砂质储层。

8.1.2 共存发现过程

在卡斯凯迪亚大陆边缘 ODP 146 航次 892 井，发现 BSR 深度比理论预测的甲烷天然气水合物稳定带底界要浅且游离气发育在两者之间的现象（Whiticar et al.，1995）。在布莱克海台 ODP 164 航次 995 井，BSR 同样位于预测的天然气水合物稳定带底界之上，天然气水合物稳定带底界下方估算的游离气饱和度不超过 5%；通过测井数据推测天然气水合物和游离气共存于 BSR 和天然气水合物稳定带底界之间，压力取芯计算的天然气水合物饱和度为 5%～10%（Guerin et al.，1999）。Milkov 等（2004）对卡斯凯迪亚大陆边缘南水合物脊 ODP 204 航次 1249 井的压力取芯进行长时间脱气实验，发现在脱气初始阶段存在相对高浓度的丙烷等重烃气体，在初始阶段，就释放了大量重烃气体，而甲烷含量比较稳定，表明天然气水合物还没有发生分解，释放的气体为浅层沉积物中原位的游离气，指示了天然气水合物和游离气的共存。从贝加尔湖含天然气水合物岩芯的气体组分和晶体学分析看，形成天然气水合物的气源既有生物成因气又有热成因气，且 Ⅰ 型和 Ⅱ 型天然气水合物在沉积物中共存（Kida et al.，2006）。在 IODP 311 航次 U1328 井，BSR 附近有游离气的指示，而且乙烷、丙烷和异丁烷的浓度在 BSR 及下部地层都有所增加，BSR 下存在氯离子异常低值，表明 BSR 附近含有 Ⅱ 型天然气水合物与游离气共存（Riedel et al.，2006b）。南海南部婆罗洲天然气水合物的测井、岩芯和地震数据分析表明，在 BSR 下部出现 Ⅱ 型天然气水合物与游离气共存（Paganoni et al.，2016）。

2007 年，中国地质调查局主导的天然气水合物航次的岩芯证实南海北部神狐海域存在天然气水合物，2013～2018 年，又分别进行了五次天然气水合物钻探航次（GMGS2～6）（Zhang et al.，2007；Zhang et al.，2014；Yang S X et al.，2017b；Ye et al.，2019），并于 2017 年在神狐海域进行了首次海域天然气水合物试采（Li et al.，2018）。大量钻探发现，南海北部存在孔隙充填型天然气水合物和肉眼可视的裂隙充填型天然气水合物（Zhang et al.，2007；Zhang et al.，2014；Wei et al.，2019；Ye et al.，2019），同时揭示出在一些井位，如 GMGS4-SC01 井，在 BSR 之上存在 Ⅰ 型和 Ⅱ 型天然气水合物的共存（Yang et al.，2015；Wei et al.，2018）。在 BSR 之下，也存在含重烃的 Ⅱ 型天然气水合物与游离气的共存，合成地震记录显示为原位游离气而不是钻探时天然气水合物的分解，地震剖面上还识别出与 Ⅱ 型天然气水合物相关的 Ⅱ-BSR（Liang et al.，2017；Qian et al.，2018）。例如，在

GMGS3-W17 井，甲烷天然气水合物稳定带底界约为海底以下 250m。从随钻电阻率、速度、密度和中子孔隙度等测井数据和压力取芯计算的天然气水合物饱和度看，在海底以下 258～270m，天然气水合物和游离气共存。该深度与 2020 年第二轮天然气水合物水平井试采的目标地层（海底以下 237～304m）非常接近，说明我国天然气水合物试采是在天然气水合物与游离气共存层。

天然气水合物与游离气共存广泛分布，类型多样，天然气水合物和游离气共存地层具有固、液、气多相特征，其对纵波速度的影响明显要强于横波速度和电阻率，因而预测天然气水合物饱和度时，需同时考虑两者的共同作用，两者的共存可能也会影响天然气水合物形成及地层稳定性（Burwicz et al.，2014）。研究也发现，如果地层含Ⅱ型天然气水合物，其分解速率比Ⅰ型更快（Clarke and Bishnoi，2001），这些特点都对天然气水合物储层的预测评价、开采方式和安全防范措施提出了更高的要求，需要开展天然气水合物和游离气共存的响应特征、岩石物理分析、识别与评价等研究。同时，查明该类地层的空间分布，能帮助我们更好地理解这种复杂的天然气水合物系统形成和分解的动力学机制。总之，天然气水合物与游离气共存，指示了复杂天然气水合物成藏系统发育，不仅影响天然气水合物资源估算，而且可能影响海底沉积物中碳循环过程，但圈闭在天然气水合物稳定带下部的游离气量目前并不清楚，已经引起了国内外学者的广泛关注。

8.2 天然气水合物与游离气共存的异常特征及识别

地层含天然气水合物和游离气时电阻率会增加，对纵波速度影响却不同。地层含天然气水合物，纵波速度会增加，而含游离气时纵波速度则会降低，当两者共存时，它们对地层速度的影响并不清楚。通过分析不同类型天然气水合物和游离气共存的测井与地震数据，总结天然气水合物和游离气共存层的响应特征及识别评价方法。

8.2.1 Type1 型低饱和度泥质储层 BSR 处共存

8.2.1.1 测井响应特征分析

ODP 164 航次在布莱克海台南侧进行钻探，995 井是第一个钻探井位，水深约为 2778.5m，钻探至天然气水合物稳定带底界以下，并钻穿了 BSR 下方的强振幅。图 8-2 是 995 井的测井曲线（Paull et al.，1996），根据自然伽马、密度、声波和电阻率测量值的明显变化，ODP 995 井的测井响应可以被划分为三个测井单元，单元 1 位于 134～193m，伽马射线、密度、速度和电阻率测井值相对较低。在低于 178m 的单元 1 底部附近，所有记录的测井数据都受到井径扩径的显著影响。电阻率和速度测井在单元 1 和单元 2 的边界上都有增加的趋势，而在同一边界位置上密度测井显著减小、伽马测井没有显示出明显的变化，岩性数据表明 995 井的地层主要是黏土。单元 2 位于 193～450m，其特点是速度随着深度的增加而增加，顶部地层速度为 1.60km/s，底部地层速度超过 1.90km/s。电阻率测井结果显示，单元 2 从顶部到底部增加了约 0.1Ω·m，但在 218～242m，显示有两个明显的高电阻率层段。可以发现，在整个单元 2 中，声波速度和电阻率测井曲线相对于背景值都有明显的偏高，而密度值并没有明显的增大，因此推断单元 2 为含天然气水合物地层。在单元 2 底部，与单元 3 的边界，能够观察到声波速度和电阻率测井曲线都出现低值异常。与单元 1 相比，995 井单元 2 的伽马测井曲线显示了一个更加多变的岩性剖面，岩性数据显示地层也是以泥质为主。单元 3 位于 450～658.7m，与单元 2 相比，单元 3 的速度和电阻率较低，在 536～622m 有一个低速异常层段，

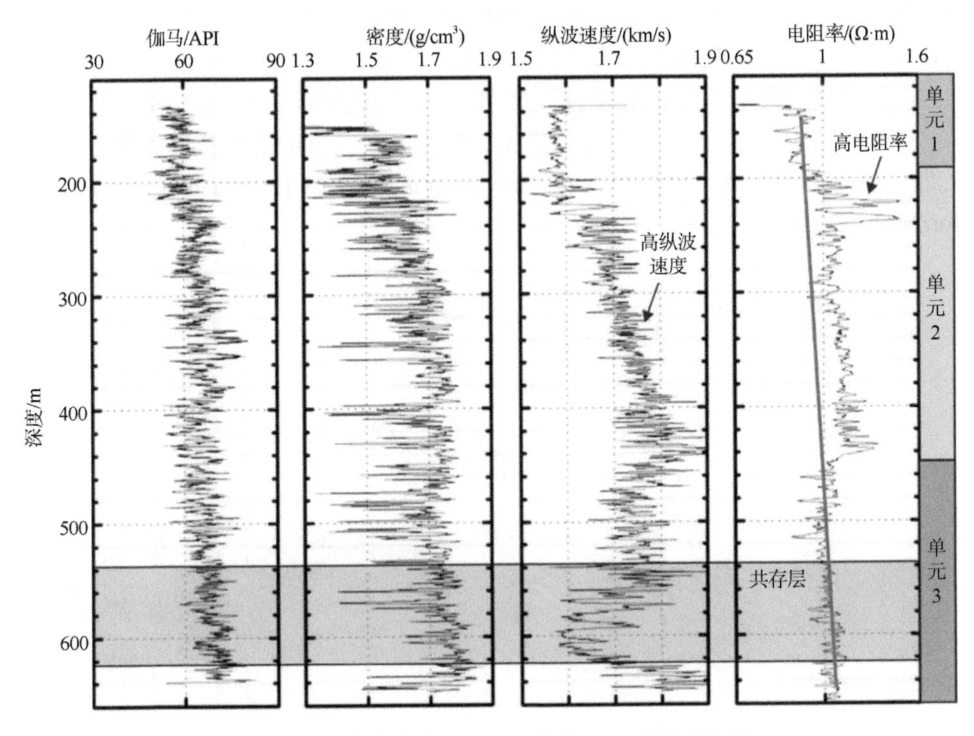

图 8-2　布莱克海台 ODP 164 航次 995 井测井曲线

阴影部分为天然气水合物和游离气共存区域（Paull et al.，1996）

在该段内速度下降到1.55km/s，这表明该层段可能存在游离气，而压力取芯表明该层段存在天然气水合物，计算的天然气水合物饱和度约为12%（Guerin et al.，1999）。因此，该层段应该是天然气水合物和游离气共存的地层，测井曲线呈现出低纵波速度，电阻率无明显异常。

8.2.1.2 地震响应特征分析

布莱克海台是一个向西南方向迁移的沉积物漂积体，地层呈现出向海台西南侧倾斜，西南侧的地层近似平行于海底，而东北侧的地层在海底被削截。由于削截作用，较老的地层在东北侧翼下端出露，形成了受不同侵蚀程度的粗糙海底。在东北侧翼上部，受侵蚀的倾斜地层终止于一个不整合面，该不整合面可能被更新世的地层所覆盖，与海底是整合接触关系（Dillon et al.，1996）。ODP 164航次在布莱克海台进行了4口井钻探，其中994、995和997井位于海台脊部，996井位于布莱克海台底辟发育区，在海台脊部发现了连续BSR，而底辟区BSR发生动态变化。该区域识别出100 000km^{2}的BSR和下部大约150m厚游离气层，主要位于脊部，在脊部和西部BSR近似平行于海底，东部区域BSR分布不连续。在脊部高点，游离气层最厚，与BSR下部气烟囱有关，与两侧地层相比，BSR明显变浅了约200m（图8-3）。由于向上运移热流体的影响，很可能是含盐流体向上运移，天然气水合物相平衡边界发生变化（Taylor et al.，2000；Hornbach et al.，2007b；Hornbach，2022）。

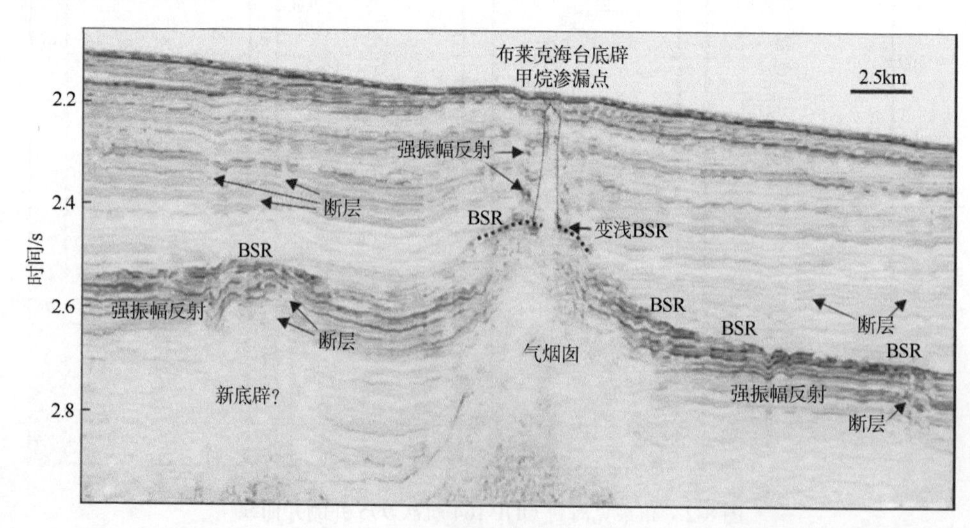

图8-3 布莱克海台ODP 164航次过996井的地震剖面及解释（Hornbach，2022）

布莱克海台有两大类反射特征能够指示地层含有天然气水合物：第一类是BSR，从地震剖面看（图8-3），在海底以下存在0.5～0.6s厚的弱反射区域，在其底部发育一个或一组与海底平行的强振幅BSR，连续的BSR只在脊部出现。BSR被认为是含游离气层的顶，在BSR下部，地层含游离气造成沉积物纵波速度变低，在BSR之上，天然气水合物胶结沉积物颗粒，地层纵波速度变大，上下地层存在速度差。在BSR比较连续的地方，下部地层可能富含游离气，由于含气层较薄，缺乏来自气层底部的亮点反射。在BSR不连续的地方，游离气饱和度可能较低，形成不连续反射可能有两种原因：一种是一系列倾斜地层切穿天然气水合物稳定带底界时，不同游离气饱和度地层的交替，导致BSR反射强度变化；另一种是小断层使地层产生裂隙，造成气层圈闭破坏。

第二类是振幅反射空白，地震波在地层传播时会发生衰减，因此，深部反射振幅会被削弱。在布莱克海台，BSR下方的反射振幅明显要强于上方，下方的强振幅反射可能是由地层中含有游离气造成的。在布莱克海台994、995和997井附近，天然气水合物稳定带内的反射振幅向下逐渐降低，在BSR上方达到最小值。从995井及997井的垂直地震剖面和速度测井看，在BSR上部，速度随深度呈增加趋势，在BSR下部，呈降低趋势，这种趋势与利用速度和氯离子异常识别的天然气水合物层的分布相一致，表明BSR上方反射振幅的减小是由天然气水合物赋存造成的。在天然气水合物稳定带内，天然气水合物胶结沉积物颗粒，使地层的速度结构更加均匀，因此，反射振幅空白可能与天然气水合物饱和度之间存在一定的关系。地震剖面也显示，在BSR变浅的位置，振幅空白和天然气水合物饱和度似乎会增加，这是因为当BSR变浅时，会导致气体被捕获，从而导致更有效的气体循环，进而形成天然气水合物。

地震剖面显示在994、995和997井下部断裂发育，断层从天然气水合物稳定带内向下延伸到0.5～0.6s，断层带顶部近似与地层反射平行，距海底0.3～0.7s，往脊部逐渐加深，顶部很可能是古海底，而且断层带的时间厚度基本与天然气水合物稳定带厚度一致，指示在断层发生时，断层主要集中于古天然气水合物稳定带内，并向古海底和古BSR延伸。温度或压力变化会导致天然气水合物稳定带底界发生变化，随着沉积作用，当其厚度位于天然气水合物稳定带底界内时，少数断裂带顶部负极性的强反射出现近似于BSR的特征，但不平行于海底。部分断裂带顶部的强反射横跨稳定带底界，可能为下方游离气向上运移的通道。在994井，强反射的深度约为530m，计算的BSR深度约为440m，该井位不发育BSR，BSR在距离脊部不远的地方终止。垂直地震剖面显示，在推断的BSR附近，地层速度并没有显著的下降，但在强反射深度到钻孔底部的地层，地层速度从1.80km/s急剧下降到略高于1.50km/s，说明这一深度区间富集游离气。在995井附近，BSR

发育较好，速度发生下降，而在550m底部，速度发生进一步下降，可能与断裂顶部有关。在997井，断裂带顶部更靠近BSR，并消失于BSR上方的强振幅空白和下方的强反射中。

尽管经过了几十年的研究，但是布莱克海台天然气水合物研究仍有很多问题未解决。海底发育了大规模沉积物波，沉积物波边界及其侵蚀对流体运移产生影响，尽管认为布莱克海台滑塌区下部缺少气体和BSR，而沉积物波的边界为相对高渗透率层，是流体向上运移的有利通道，但是仍未得到证实。如果气体真的从布莱克海台滑塌区释放出来，气体是如何释放并不清楚，是气相快速释放，还是溶解气慢慢释放？是什么驱动了气体释放，又是如何通过天然气水合物稳定带的。在天然气水合物稳定带底界附近，BSR下方的强振幅反射、极性反转和低速似乎都与断裂带顶部有关。因此可以推测，无论断层顶部是在天然气水合物稳定带底界之上还是之下，天然气可能已经沿断层向上迁移到区域顶部的低渗透率地层。在天然气水合物稳定带底界之上的局部区域，天然气水合物的形成消耗了孔隙水，沿断层等运移来气体在局部缺水区聚集，在稳定带底界附近可能与天然气水合物发生共存。

8.2.2 Type2型冷泉区中等-高饱和度泥质储层共存

8.2.2.1 测井响应特征分析

（1）ODP 146航次892井

在卡斯凯迪亚大陆边缘开展了多个钻探航次，如ODP 146、ODP 204及IODP 311航次，ODP 146航次892井位于俄勒冈陆坡增生楔的第二个山脊的西侧，水深约为674m，BSR深度约为73m。岩芯样品显示，在3.6～18m地层区间赋存长度达2cm的肉眼可见的天然气水合物，大部分天然气水合物以颗粒状分布在沉积物中，直径约为0.5cm，不可见的分散型天然气水合物赋存于73m之上。892井在浅部可视天然气水合物层段缺少测井数据，在海底61～68m和83～90m，测井曲线显示存在两处高密度、高纵波速和高电阻率异常（图8-4），岩芯分析揭示为应变硬化的断层带，两处层段内都显示温度和乙烷异常。在61～68m层段，密度明显增加，而中子孔隙度呈明显的低值异常，远低于岩芯孔隙度，纵波速度出现明显的高值-低值-高值的异常变化，不同方式采集的电阻率都呈现出增加变化，从这种测井响应特征看，是天然气水合物与游离气互层的响应特征。但是游离气是原位游离气，还是其他原因造成的游离气，仅从测井资料不易确定。相比之下，

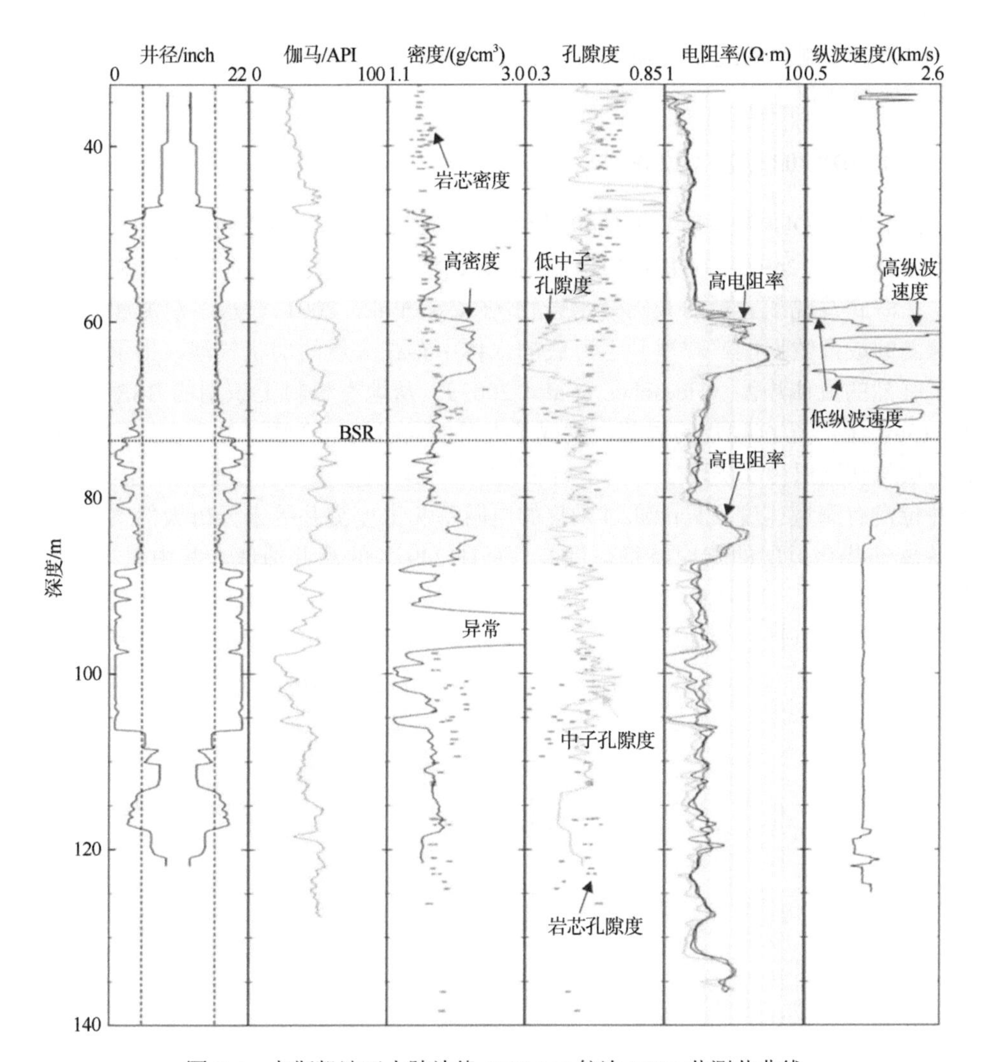

图 8-4 卡斯凯迪亚大陆边缘 ODP 146 航次 U892 井测井曲线

指示地层存在天然气水合物与游离气层及共存层（Dillon et al.，1996）

在 106m，出现低电阻率、低密度和高中子孔隙度，由于存在乙烷异常和岩芯压裂，也被解释为断层带。在 BSR 下方，73～91.5m 地层沉积物的纵波速度下降到 1.4～1.5km/s，表明地层中含游离气。该井位预测的甲烷天然气水合物稳定带底界的深度约为 120m，比 BSR 深 47m，可能与地层缺水有关，因为天然气水合物的形成会消耗孔隙水，所以出现缺水区（Whiticar et al.，1995），导致地层出现天然气水合物和游离气的共存。对于 BSR 附近可能出现的天然气水合物和游离气共存层，从图 8-4 测井曲线看，除了深部的断层带外，纵波速度较低，电阻率接近背景值，密度变化剧烈。

（2）ODP 204 航次 U1249 井

2002 年，ODP 204 航次 U1249 井位于卡斯凯迪亚大陆边缘南水合物脊，水深约为 778m，U1249 井是 ODP 204 航次所有钻探井位中天然气水合物饱和度最高的，在海底发现了大量的天然气水合物（Suess et al.，2001）。水下观测和高频回声探测的成像数据能够观察到近海底的水体中存在大量的羽状气泡，指示海底发生了强烈的流体渗漏（Heeschen et al.，2003）。从地震资料上识别的 BSR 深度约为 115m，在浅部沉积物的岩芯中发现了大量的天然气水合物，并存在纯天然气水合物层与软沉积物互层现象。由于岩芯采收率差以及大量气体膨胀所产生的裂缝，该井位没有测量速度，只能通过采集的电阻率和密度测井等来分析天然气水合物和游离气共存地层的响应特征。图 8-5 为 U1249 井的测井曲线，其中包括伽马、密度、水饱和度、电阻率和电阻率成像等。伽马测井值约为 45API，且垂向变化不大，表明地层岩性以泥质为主。从随钻电阻率测井数据可以看出，在近海底 60m

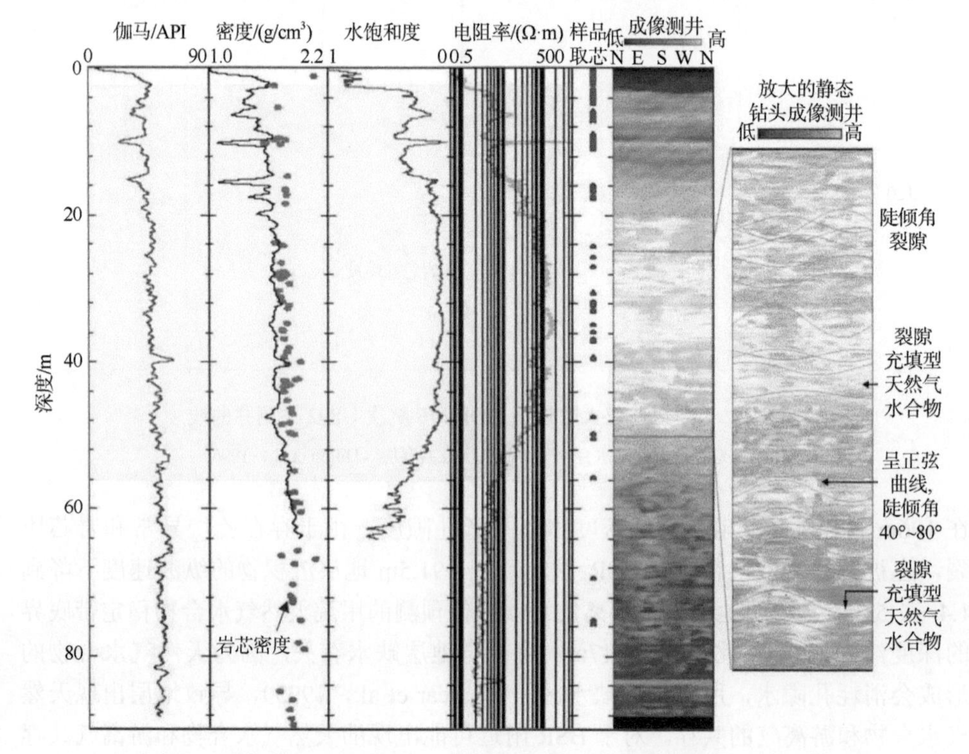

图 8-5　卡斯凯迪亚大陆边缘南水合物脊 ODP 204 航次 U1249 井测井曲线

之上的电阻率值有显著增加，最大值在 10m 处，电阻率值约为 500Ω·m，电阻率成像测井呈现出正弦曲线的浅亮色，判断裂隙倾角为 40°～80°，天然气水合物的赋存形态为裂隙充填型，该层段的密度值在 1.60g/cm^3 左右。根据电阻率和密度可以推断近海底沉积物中存在天然气水合物，通过阿尔奇方程计算的天然气水合物饱和度在 10%～92%。由于天然气水合物可能为裂隙充填型，利用各向同性的电阻率模型计算的天然气水合物饱和度可能会偏大。在该井 15m 之上的两个保压取芯样品均显示天然气水合物具有较高的饱和度。密度测井在一些层位（如 10m 和 16m）附近出现低值异常，接近于 1.00g/cm^3，甚至更低，该值非常接近纯天然气水合物的密度，因此，这些低密度层可能为纯天然气水合物层。在海底之下 10m 内的地层，岩芯的孔隙水氯离子达 1000mmol/L，远高于氯离子背景值，指示天然气水合物的形成速度大于海水通过扩散和对流使盐度平衡的速度（Tréhu et al.，2003）。此外，在近海底的低密度地层 14m 处的压力取芯，经过长时间脱气实验表明，在脱气初始阶段存在相对高浓度的丙烷等重烃气体，显示浅层沉积物中可能存在天然气水合物和热成因气的共存（Milkov et al.，2004），而且保压岩芯在转移过程中还伴随着气胀现象，这也可能表明天然气水合物中存在游离气（Tréhu et al.，2003）。

（3）IODP 311 航次 U1328 井

2005 年，IODP 311 航次在卡斯凯迪亚北部边缘进行了天然气水合物钻探，U1328 井水深约为 1267m，BSR 深度为 219m，与 ODP 204 航次 U1249 井相似，都位于冷泉发育区，流体活动非常活跃（Expedition 311 Scientists，2006）。从回收的岩芯数据中发现了天然气水合物存在的证据，沉积物样品表现为汤状和摩丝状结构，这可能是天然气水合物分解的结果。从 U1328A 井的测井资料看，密度曲线随深度明显增加，最显著的特征是在海底与 46m 之间，电阻率测井表现为大于 25Ω·m 和 1～2Ω·m 的低电阻率层段交替出现，高电阻率层段指示存在天然气水合物。单元 2 位于 128～200m，其顶部的密度测井值明显下降，背景电阻率值也相对较低，仅略高于 1Ω·m，在 160m 深度有一处高电阻率值，可能存在天然气水合物。单元 3 位于 200～300m，背景电阻率略有增加，但电阻率和纵波速度测井值变化较大。

在 U1328 井，0～46m 的电阻率较高，指示该站位浅部地层可能含有较高饱和度的天然气水合物。该站位 U1328A 井的电阻率成像测井还显示 0～46m 和 90～100m 的高电阻率具有正弦曲线特征，表明在该深度天然气水合物或游离气发育在裂隙内，这些近似垂直的裂缝可作为天然气运移通道，有利于裂隙型天然气水合物的聚集成藏。该站位的压力取芯数据表明在 230m 附近存在天然气水合物，而根据 U1328C 井的测井数据（图 8-6），发现在 BSR 附近 210～220m 的纵波速度略有下降，而横波速度有所增加，这可能是 BSR 附近天然气水合物和游离气共存的结果。通过以上分析可以看出，低纵波速度、略微增加的横波速度和高电阻率是 U1328 井 BSR 附近天然气水合物与游离气共存层的测井响应特征。

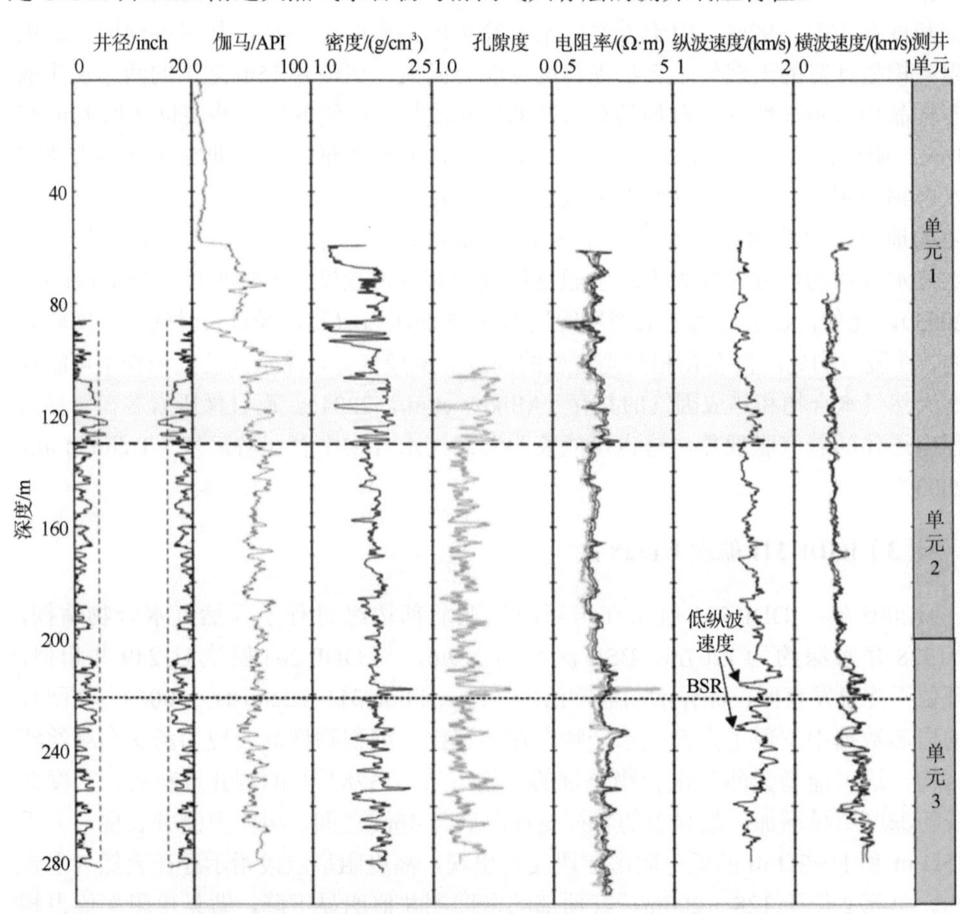

图 8-6　卡斯凯迪亚大陆边缘 IODP 311 航次 U1328C 井的测井曲线

8.2.2.2　地震响应特征分析

（1）ODP 204 航次

ODP 204 航次发现了两种不同类型的天然气水合物成藏模式，第一种是区域内普遍存在的低饱和度的孔隙充填型天然气水合物，在该模型中，局部微生物活动产生的天然气在构造抬升和向上运移作用下从孔隙水中析出，并通过对流方式运输，在稳定带内形成天然气水合物；第二种是在冷泉喷口附近形成的块状或脉状高饱和度天然气水合物，气体从增生楔的深部沿气烟囱或粗粒高渗透性砂层向上运移，大量气体运移到海底冷泉喷口附近，形成块状或脉状天然气水合物（Torres et al.，2004）。地球化学数据表明，形成脊部天然气水合物的大部分气体都是从较深的地方迁移而来的，具有热成因或生物蚀变的特征。

ODP 204 航次 U1249 和 U1250 井位于南水合物脊，航次观测的目标是：①确定天然气水合物的分布和饱和度随深度变化；②研究天然气水合物稳定带内甲烷气相运移与天然气水合物和孔隙水共存的过程；③验证杂乱模糊反射能否准确预测块状天然气水合物的空间范围。在该区域海底浅表层沉积物中发现了大量块状天然气水合物（Suess et al.，2001），其饱和度较高，如 U1250 井在海底至海底之下 30m 范围的地层中获得了饱和度为 25%～40% 的天然气水合物，对应着地震剖面中近海底之下的强振幅反射层，下部与呈杂乱、上拱的空白反射相连，海底出现尖礁形丘状反射（图 8-7）。三维地震数据和测井数据显示，该地区浅部地层由于构造隆升褶皱作用形成大量微小正断层，有利于流体垂向运移。推测天然气水合物的形成可能与强烈的流体活动有关，深部含气流体向上运移至天然气水合物稳定带内，形成了天然气水合物，一部分气体也可能被圈闭在近海底附近的天然气水合物中，一部分渗漏到海底和水体中，形成羽状流（Suess et al.，2001），并导致自生碳酸盐岩丘和生物群落的形成。

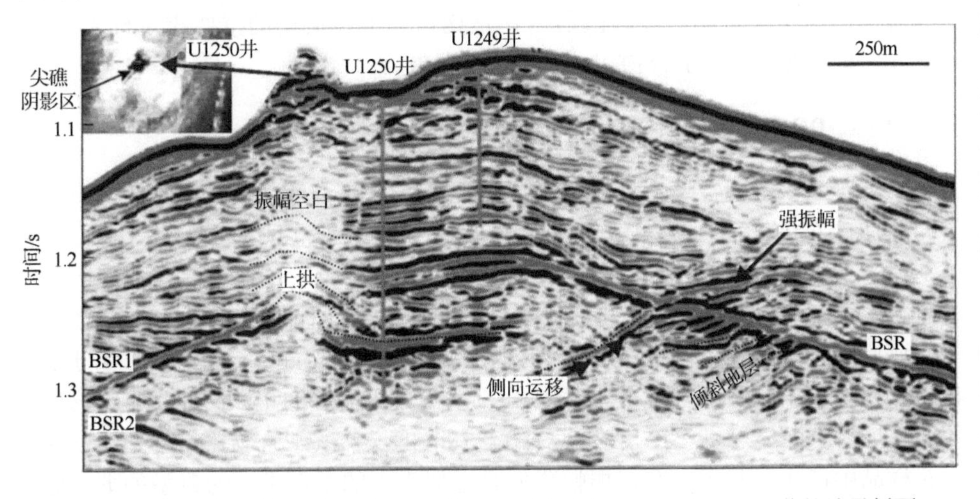

图 8-7 卡斯凯迪亚大陆边缘南水合物脊 ODP 204 航次 U1249 和 U1250 井的地震剖面

插入为海底丘状礁体反射强度（Torres et al.，2004）

水下自动机器人和高频回声探测仪在水体中观测到羽状流的图像，地震剖面上可观察到上拱特征的BSR1及下部伴生强反射的BSR2与冷泉系统相连（Tréhu and Bangs，2001；Heeschen et al.，2003）。联合地震剖面图与深拖侧扫声呐获得的海底反射率图，可分析海底冷泉喷口与海底反射异常之间的关系，在紧靠海底下方的位置能够观察到混沌明亮的反射特征，这种反射仅在脊部观测到，覆盖了卡斯凯迪亚大陆边缘南水合物脊观察到的气泡羽状流区，指示了海底表面块状天然气水合物的发育范围（Tréhu et al.，2002，2003）。混沌明亮反射内部伴随地层上拱及局部振幅空白特征，并与海底强反射的碳酸盐岩尖礁垂向叠置，是脉状天然气水合物垂向地层发育范围。其在横向分布范围局限于300～500m范围内，指示脉状天然气水合物空间分布局限性，呈横向展布非均匀分布特征。沿渗透性砂层运移的流体是脊部喷口流体的主要来源，但是气体迁移到海底的过程难以在地震数据中找到证据，在U1250井显示，砂层和海底之间的区域可能被小断层破坏，这些断层太小，无法在地震数据中成像。

以上分析表明，浅部地层的强振幅反射、BSR、海底羽状流和具有上拱且杂乱反射特征的碳酸盐岩尖礁等指示了卡斯凯迪亚大陆边缘南水合物脊天然气水合物的发育，其中U1249井附近地震剖面上近海底的强振幅反射刚好对应于钻探所揭示的近海底天然气水合物和游离气共存的地层，说明这些强振幅可能是天然气水合物层或天然气水合物和游离气共存地层的指示。但是，仅从这些强振幅反射并不能说明天然气水合物和游离气的共存。该井天然气水合物和游离气共存应该是强流体活动所导致的，而碳酸盐岩丘是这种强流体活动的重要指示标志之一，其下方容易出现天然气水合物和游离气共存现象。

（2）IODP 311航次

为了研究增生楔背景下天然气水合物的成藏模式，IODP 311航次沿垂直海沟方向从西向东的横断面钻探了U1326、U1325、U1327和U1329四个井位，它们分别代表着天然气水合物演化的不同阶段。U1328井位于剖面南侧，代表着活动流体和气体流动的冷泉环境，与其他四个井位有着明显不同。

海底地形调查显示U1328站位附近发育4个冷泉喷口，长度和宽度分别为4000m和2000m，面积为8km^{2}冷泉喷口与小尺度近海底的正断层伴生。不同频率的地震反射剖面显示，该冷泉喷口发育2～8m的天然气水合物盖层，这也从保压取芯样品中证实。其下方存在振幅降低且近似垂直的空白带，为典型的烟囱结构特征，宽度从80m到几百米不等，与流体喷出现象有关。大多数深部地层缺乏连续的地震反射（Riedel et al.，2006b），很难从深部沉积物的杂乱低振幅反射中识别出振幅空白带。该地区BSR距离海底深度变化不大，仅在BSR之上的上陆坡沉积物地层识别出烟囱构造，在地震切片中为明亮的圆形边缘特征，过喷口的地震剖面可见衍射双曲线波形。在低频地震数据中，空白反射内部可见少量地层反射，显示上拱或下拉反射特征，这主要是由烟囱构造内部充填水合物和游离气造成地震速度变化导致的。在该喷口附近，沿海沟方向的回声探测剖面显示海底发育2～5m高的丘状体，在远离喷口位置，海底反射为强度较强的红色，而空白带上方的反射强度为较弱的绿色，活塞取样天然气水合物的位置与弱反射丘状体下的强反射层位置一致。深水浅剖显示在一个约45m高的隆起块体上发育多个烟囱构造，该区东南侧主要发育一系列薄的近似水平的沉积地层，而在西北侧发育一些与烟囱构造相关的断裂。卡斯凯迪亚俯冲带北部局部发育较多的烟囱结构，指示地层可能经历过高通量流体和超压的影响。

因此，在冷泉活动区，流体和气体沿着网状管道和裂隙运移，这些管道和裂隙可能是伴随区域应力产生的断层而形成，并且水力压裂机制还提高了地层渗透率，由自然水力压裂伴随局部超压沉积物形成。天然气水合物可能沿着这些裂隙形成，也可能在粗粒近水平的浊积层中形成，这也与在南水合物脊所观察到的一致。裂隙中的天然气水合物也可以作为低渗透率的屏障，将游离气束缚在通道中，并阻止其与孔隙水接触，游离气可能聚集在天然气水合物稳定带内。除此之外，天然气水合物的形成会在局部形成缺水区，形成的天然气水合物封闭作用也将会阻止之后进入天然气水合物稳定带内的游离气形成天然气水合物，最终造成天然气水合物和游离气的共存。

8.2.3 Type3型中等饱和度粉砂储层BSR下孔隙内共存

8.2.3.1 测井响应特征分析

GMGS3-W17井位于我国南海北部珠江口盆地天然气水合物试采区域，水深为1252m，BSR深度为247m。天然气水合物岩芯样品分解的气体组分显示，气体以甲烷为主，但是乙烷和丙烷等重烃气体含量有随深度增加而增加的趋势，表明该区域具备形成Ⅱ型天然气水合物气源条件。GMGS3-W17井地温梯度约为44.3℃/km、海底温度为4.778℃，利用科罗拉多州天然气水合物稳定带底界预测方法（Sloan，1998），计算的甲烷天然气水合物稳定带底界（Ⅰ-BGHSZ深度）约为250m；利用相图地温梯度，结合263m压力取芯气体组分平均值，甲烷97.76%，乙烷4093.90ppm[①]，丙烷1213.31ppm，丁烷55.81ppm，异丁烷117.90ppm，氮气

①1ppm=1×10^{-6}。

1.68%和二氧化碳58.66ppm计算Ⅱ型天然气水合物稳定带底界（Ⅱ-BGHSZ）约为290m（Qian et al.，2018）。

从随钻测井数据可以看出（图8-8），GMGS3-W17井测井响应较为复杂，根据测井值大致可以将异常区分为两个单元。单元1位于210～250m，该区间的井径值比较规则，基本保持不变，伽马曲线值基本位于70API，密度和中子孔隙度值无明显异常，纵波速度和电阻率值有明显的增加，其中速度能够从1.70km/s的背景值最大增加到2.20km/s，而电阻率从1.42Ω·m的背景值增加到最大5.74Ω·m，综合测井曲线分析，推断该层段为天然气水合物层。单元2位于250～272m，该区间的电阻率与单元1具有同样的高值特征，但纵波速度呈现出高低互层、变化剧烈的特征，横波速度在255m和265m出现峰值，在其他地层基本保持不变，但其值大于计算的饱和水横波速度，因此，BSR下部单元2可能为含游离气层。从孔隙度对比图看，在258～270m，中子孔隙度要明显小于密度孔隙度，这是地层含游离气的关键测井证据。两种孔隙度的交会图显示，含游离气层偏离背景趋势，

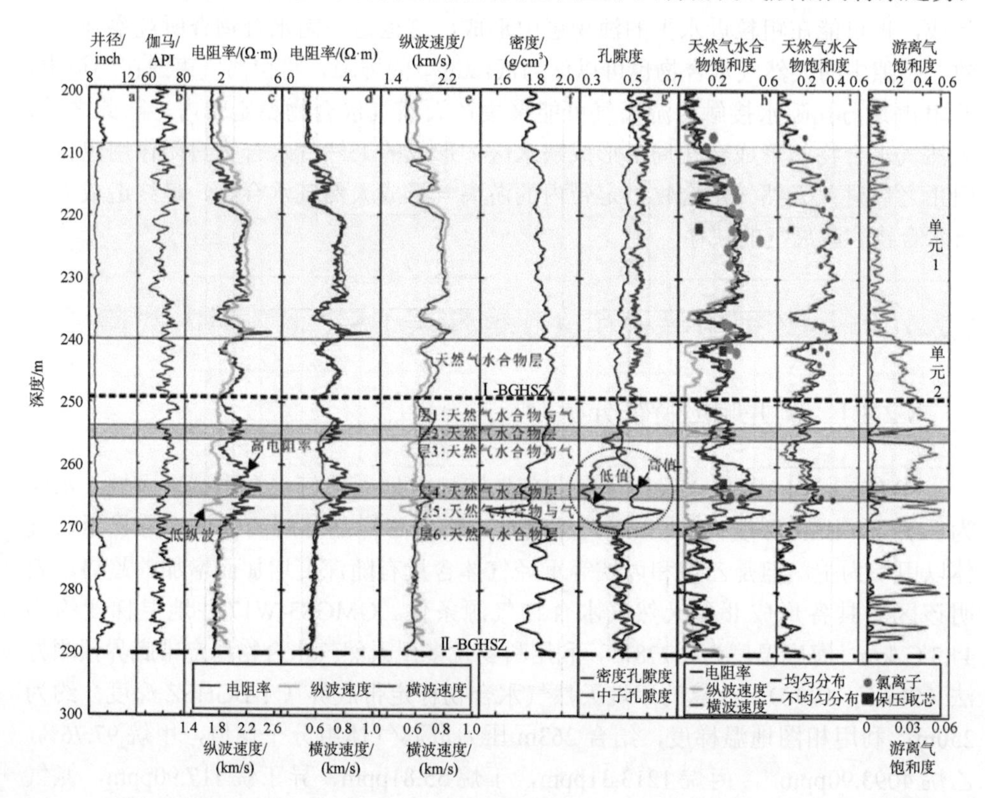

图8-8　南海北部珠江口盆地GMGS3-W17井测井曲线及其利用纵横波速度与电阻率联合反演的天然气水合物与游离气饱和度

可以明显地将含游离气层与含天然气水合物、含饱和水层区分（图 8-9）。在单元 2 中，氯离子异常与 265m 处的压力取芯都指示地层含有天然气水合物，计算的天然气水合物饱和度为 30%，纵波速度出现局部偏高，明显高于饱和水层的纵波速度，由于出现在甲烷天然气水合物稳定带底界下部且含有丙烷、丁烷等重烃气体，综合分析认为单元 2 为Ⅱ型天然气水合物和游离气共存层段。

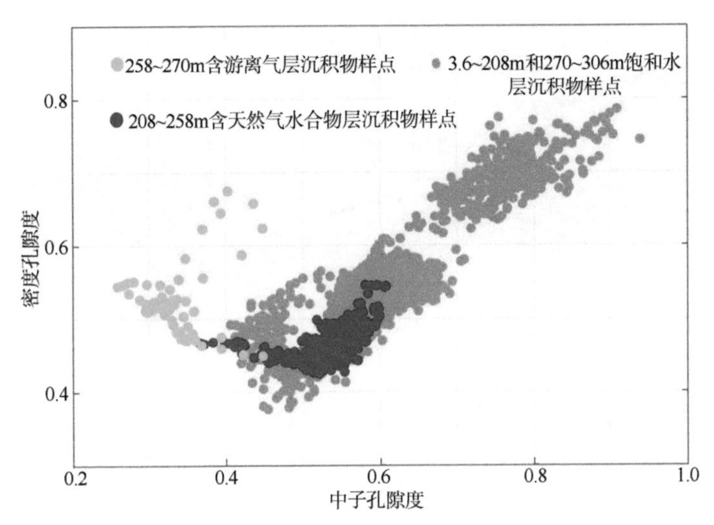

图 8-9 南海北部珠江口盆地 GMGS3-W17 井不同深度样点的密度孔隙度和中子孔隙度的交会图

8.2.3.2 地震响应特征分析

过 GMGS3-W11 和 GMGS3-W17 井的三维地震显示，研究区天然气水合物呈南北条带状分布，储层面积约 6.42km^2，中部较厚，边缘较薄，平均有效厚度为 57m，最大厚度为 95m，位于 GMGS3-W11 井附近，而 GMGS3-W17 井初始解释的天然气水合物层厚度约为 40m。随后研究发现在 GMGS3-W17 和 SHSC-4 井下部地层，天然气水合物层下方存在天然气水合物和游离气的共存，因而储层厚度比初期估计要厚，资源量更高（Li et al.，2018；Qian et al.，2018；Qin et al.，2020）。

图 8-10 为过 GMGS3-W11 和 GMGS3-W17 井的地震剖面，该图指示了天然气水合物和游离气共存层的反射特征，在 1.86～2.16s 目标层的地震振幅反射强度明显要大于海底和深部地层，在地震剖面较容易识别，存在双 BSR 特征（即Ⅰ-BSR 和Ⅱ-BSR），两组 BSR 都呈与海底平行、极性相反且横切地层的特征。与Ⅱ-BSR 相比，Ⅰ-BSR 更连续且分布范围更广，能够从 GMGS3-W11 井一直延伸

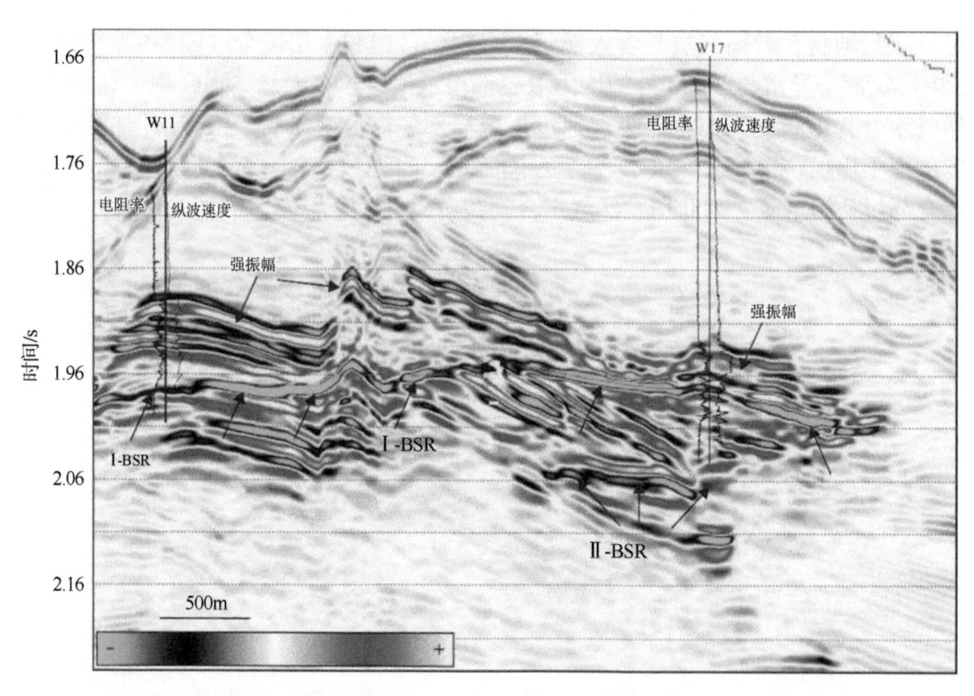

图 8-10　南海北部珠江口盆地过 GMGS3-W11 井和 GMGS3-W17 井地震剖面

至 GMGS3-W17 井，而Ⅱ-BSR 只发育于 GMGS3-W17 井下方附近。该站位的气体组分分析结果表明，气体主要是甲烷，但也有少量的重烃气体，如乙烷、丙烷和异丁烷等，推测地震剖面上发育的两组 BSR 应该分别对应与Ⅰ型甲烷天然气水合物和Ⅱ型天然气水合物相关的Ⅰ-BSR 和Ⅱ-BSR（Qian et al.，2018）。同时位于试采区内 GMGS04-SC01 井天然气水合物样品的拉曼光谱分析，证实了在南海北部珠江口盆地天然气水合物稳定带内存在Ⅰ型和Ⅱ型天然气水合物共存（Wei et al.，2018）。

从地震剖面看，在两组 BSR 上方和下方均能够观察到较强的振幅反射，Ⅰ-BSR 上方的强振幅反射与初始解释的高纵波速度和高电阻率天然气水合物层一致，而Ⅰ-BSR 和Ⅱ-BSR 之间（250～290m）的强振幅反射与测井解释的高电阻率和高低互层的纵波速度特征一致，表明在该深度天然气水合物和游离气共存。Ⅰ-BSR 上方发育的与海底极性一致的强振幅反射顶部可能为相对富集天然气水合物层的顶界，深度约为 207m，这与测井的解释结果基本一致，也发现 GMGS3-W11 井Ⅰ-BSR 上方的天然气水合物层厚度要明显大于 GMGS3-W17 井。由于测井并没有钻穿Ⅱ-BSR 下方更深的地层，无法获取Ⅱ-BSR 下方地层的测井响应特征，仅根据地震数据响应与经验认识将强振幅反射解释为含游离气地层，但地层反射并没有因为游离气的存在出现明显的下拉现象，可能这段地层中游离气的饱和度并不高。

此外，在试采区GMGS3-W17井附近还存在一些断层，它们贯穿天然气水合物层与下方游离气层并一直向上延伸至近海底，为游离气从深层向天然气水合物储层输送提供了有利的运移通道。尽管GMGS3-W17井天然气水合物层厚度要远小于GMGS3-W11井，但GMGS3-W17井有利目标层下方发育天然气水合物和游离气共存层和断层，因此，GMGS3-W17井被作为2017年和2020年南海海域两轮天然气水合物试采的第一目标（Li et al.，2018；Qin et al.，2020）。总之，我国南海天然气水合物试采区从上到下分别发育天然气水合物层、天然气水合物和游离气共存层以及游离气层，这种特殊的三明治型地层结构为全球天然气水合物的研究打开了新的视野，是细粒沉积物中天然气水合物富集成藏的典型案例，提高了细粒沉积物中天然气水合物的资源量评估和勘探价值。

8.2.4 Type3型中等饱和度泥质储层BSR下裂隙内共存

8.2.4.1 测井响应特征与分析

在南海南部婆罗洲西北近海DC_E井，水深约为948.5m，测量的海底温度为4.6℃，地温梯度为63℃/km，利用相平衡曲线计算的纯甲烷天然气水合物稳定带底界约为153m，BSR深度在150m左右，伽马值从浅到深逐渐增大，说明浅部近海底地层的岩性可能为粗粒砂质沉积，随着深度增加，岩性逐渐转为富泥质沉积（Paganoni et al.，2016）。图8-11为DC_E井的随钻测井曲线，从电阻率和纵横波速度测井异常来看，在BSR上方的100～150m，电阻率和纵波速度明显增大，横波速度总体呈逐渐增大的趋势，密度孔隙度无明显异常，总体呈现下降的趋势，局部出现低值异常。在接近BSR上方时，电阻率和纵横波速度具有一个明显的高值异常，可能为饱和度较高的天然气水合物层。

在BSR下方的150～240m，电阻率不仅增加，而且明显大于BSR之上天然气水合物地层，纵波速度与GMGS3-W17井变化特征相似，也是呈现出忽高忽低的现象，最低值低于0.7km/s，但是下部低值异常区，没有明显高于饱和水层的纵波速度。利用有效介质速度模型和各向异性阿尔奇方程，分别计算了饱和水地层的纵波速度、横波速度与电阻率，测量的纵波速度明显低于计算的饱和水地层的纵波速度（图8-11，红线），而横波速度继续缓慢增加，略微高于计算的饱和水地层横波速度，测量的电阻率明显高于利用阿尔奇方程计算的饱和水地层的电阻率。从测井异常看，天然气水合物稳定带底界下部150m以下异常是由地层含游离气造成的。

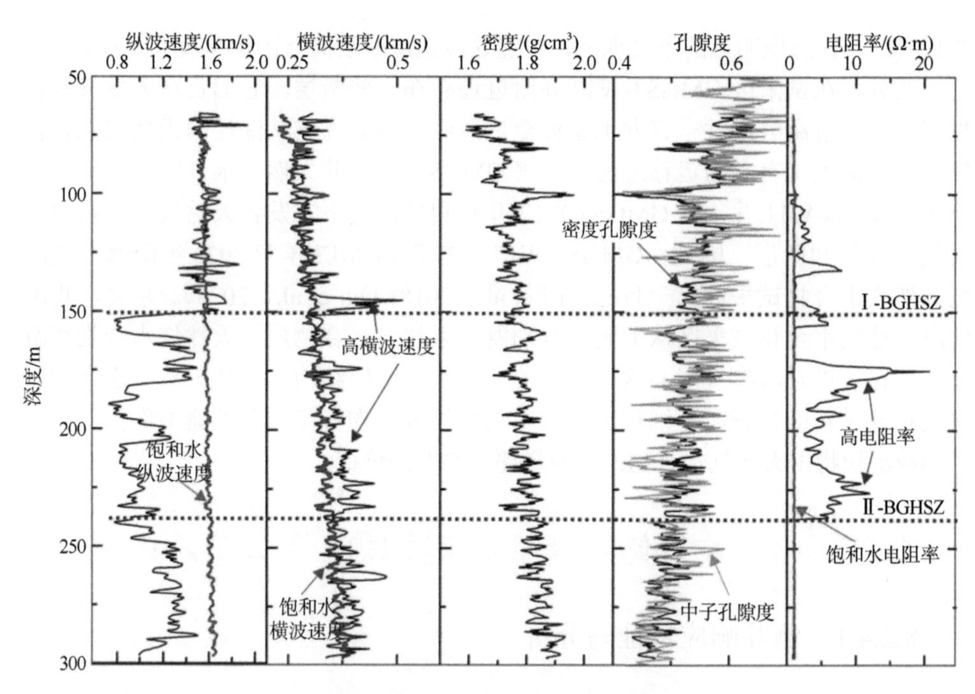

图 8-11　南海南部 DC_E 站位随钻纵横波速度和背景饱和水速度、密度、中子和密度孔隙度、电阻率和背景饱和水电阻率

从孔隙度测井看，该井中子密度与密度孔隙度变化趋势基本相同，中子孔隙度绝对值整体比密度孔隙度大约高 0.15，在 BSR 之下出现异常地层，为了对比二者的差异，把中子孔隙度整体降低 0.15（图 8-11，橄榄绿色曲线）。与 GMGS3-W17 井中子孔隙度和密度孔隙度的变化情况不同，两种孔隙度并没有出现明显的低值异常，推测可能是由于该站位天然气水合物和游离气的饱和度或者分布形态与 GMGS3-W17 井不同。因此，中子孔隙度与密度孔隙度的差异仅是判断天然气水合物与游离气共存的一种方法，由于饱和度、分布类型等差异，不同区域两种孔隙度异常的差异并不相同。

压力取芯和氯离子异常显示，浅部为裂隙充填型天然气水合物，在 150m 以下地层，氯离子浓度明显低于海水氯离子浓度，气体组分显示该井 C_1/C_2 值呈明显的降低趋势，其值明显低于 100，为热成因气（Paganoni et al.，2016）。从红外温度成像看，BSR 下方地层出现明显低温异常，这是由于采集的岩芯样品内含有天然气水合物。随着温压条件变化，天然气水合物分解吸热，造成低温现象。从电阻率成像测井看，出现大量亮色高电阻率异常，指示地层含有天然气水合物或者游离气，从放大的电阻率图像看，局部地层呈正弦变化，表明地层存在裂隙（图 8-12）。

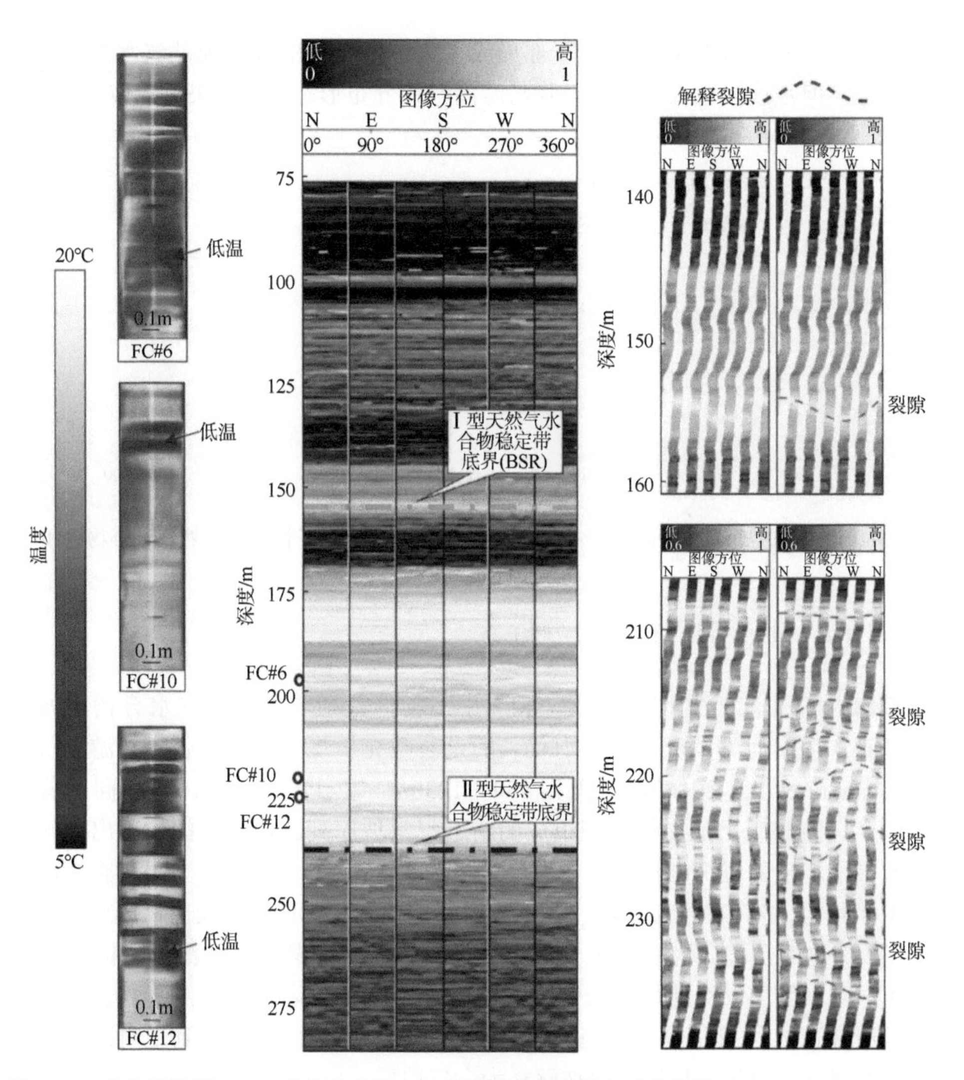

图 8-12　南部婆罗洲 DC_E 井岩芯成像、红外线温度和电阻率成像测井（Paganoni et al.，2016）

综合电阻率、氯离子异常、红外温度和速度变化趋势看，BSR 下部地层仍含有天然气水合物。利用氯离子异常计算的天然气水合物饱和度为 10%～20%，局部地层达 30% 以上，与阿尔奇方程计算的天然气水合物饱和度比，利用各向同性电阻率模型计算的天然气水合物饱和度明显高于氯离子异常的计算结果（图 8-13）。其原因是地层含有裂隙，导致电阻率出现明显的各向异性，而各向同性电阻率模型计算结果偏高，表明该井的天然气水合物分布形态与 GMGS3-W17 井明显不同。因此在南海南部高通量流体运移区，由于大量热成因气向上运移，在甲烷天然气水合物稳定带底界下部形成了大范围分布的Ⅱ型天然气水合物和游离气共存，但是该区域天然气水合物与游离气的分布形态与 GMGS3-W17 不同。

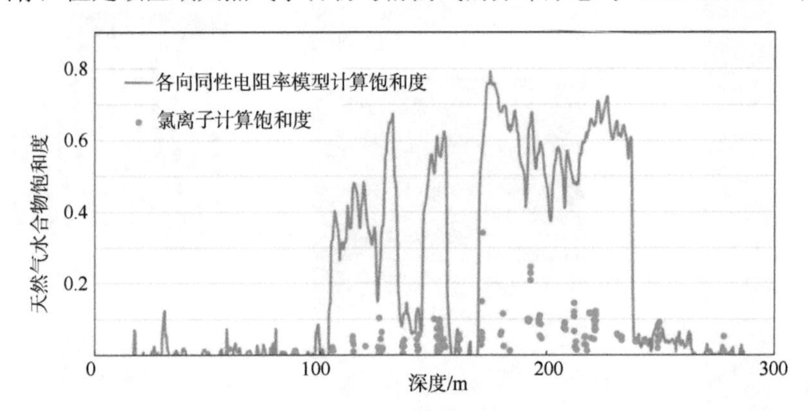

图 8-13　南部婆罗洲 DC_E 井利用各向同性电阻率模型和氯离子计算的天然气水合物饱和度

8.2.4.2　地震响应特征与分析

南海北部珠江口盆地 GMGS3-W17 井代表孔隙充填型天然气水合物与游离气的共存，而南海婆罗洲西北近海代表的是裂隙充填型天然气水合物与游离气共存（Paganoni et al.，2016），水深为 850～1230m，位于一个北东-南西向的背斜上，由半深海和重力流交替沉积组成的新近纪斜坡序列。在背斜的顶部出现一个与海底极性相反的强振幅反射，在海底之下约 155m，与下部地层呈不整合接触关系（图 8-14），将其解释为 BSR，其下方有强振幅和相对低频的反射，即地震衰减带的出现，这通常被认为是 BSR 下方发育游离气带的证据。在地震衰减带的右侧，局部可以观察到第二个比较显著的强振幅反射，与海底反射极性相反，为Ⅱ-BSR，但该反射在研究区只是零星出现。在强振幅异常下同样能够观察到地震衰减和同相轴下拉现象，这指示地层可以被解释为含气地层。

南海北部和南部发育两种不同类型的天然气水合物与游离气共存，而且测井和岩芯数据表明它们在Ⅰ-BSR 上方都发育天然气水合物，在Ⅰ-BSR 和Ⅱ-BSR 之间发育Ⅱ型天然气水合物和游离气的共存，两个不同地区地震剖面具有相同的特征但也存在着较大的差异。相同点在于它们都发育两组 BSR，而且Ⅰ-BSR 分布较广，局部发育Ⅱ-BSR，从上到下依次发育天然气水合物层、天然气水合物和游离气共存层以及游离气层，不同之处如下。

首先，在南海北部，Ⅰ-BSR 上方发育指示天然气水合物层的强振幅反射，而

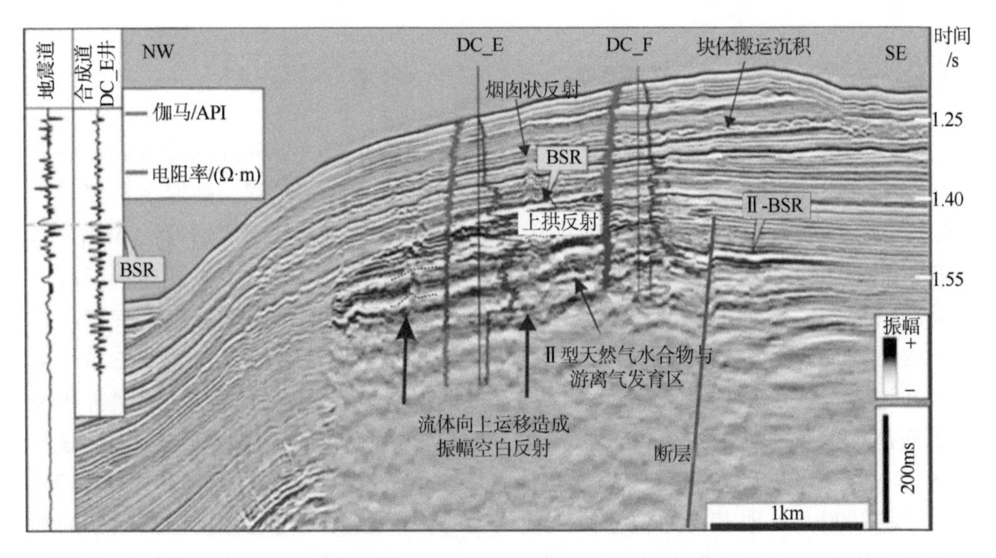

图 8-14　南海南部婆罗洲西北近海 BSR 下部发育裂隙充填型天然气水合物和游离气共存

在南海南部，Ⅰ-BSR 上方的反射振幅与周围地层基本接近，无明显的强振幅反射。从电阻率测井计算的天然气水合物饱和度结果看，南海南部Ⅰ-BSR 上方缺失强振幅反射的原因可能是天然气水合物饱和度较低，低饱和度的天然气水合物无法与周围地层产生较大的波阻抗差。其次，南海南部Ⅰ-BSR 和Ⅱ-BSR 之间出现明显的低频衰减特征，而南海北部相应地层中则没有这种特征，该低频衰减指示地层含游离气，表明南海南部地层的游离气饱和度可能要高于南海北部。对比 DC_E 和 GMGS3-W17 井的测井数据也发现，DC_E 井纵波速度的降低程度要明显大于 GMGS3-W17 井，如 DC_E 井Ⅰ-BSR 下方的纵波速度迅速降低，最小值仅为 0.70km/s，远小于海水的纵波速度（约 1.50km/s），表明地层含有较高饱和度的游离气，与地震剖面指示地层含气的低频衰减特征完全吻合。GMGS3-W17 井Ⅰ-BSR 下方的纵波速度也出现低值异常，但其最小值为 1.57km/s，与海水速度接近，该站位的游离气饱和度应该要低于 DC_E 井。

综合分析不同地区的测井和地震数据可以发现，在天然气水合物和游离气共存的层段，测井和地震数据显示的是地层含游离气的响应特征，测井数据表现为低纵波速度和高电阻率，地震数据有时会出现低频衰减特征，这说明仅仅依靠测井和地震数据只能识别含游离气层，还需要结合岩芯数据才能有效地识别天然气水合物和游离气共存的地层。

8.2.5 Type4 型中等-高饱和度砂质储层快速沉积区共存

在新西兰希库朗伊北部边缘，太平洋板块以每年 4.5～5.5cm 的速度向新西兰北岛东部之下俯冲，是一个地壳粗糙、海山遍布的大火成岩省，高原上覆盖着一套新生代—中生代沉积层序。希库朗伊北缘增厚 1～1.5km，南缘增厚约 5km，希库朗伊北部边缘相对缺乏沉积物，该区域具有空间变化的构造增生和与俯冲海山相关的前缘构造侵蚀混合的特征。与海山俯冲有关的流体排出造成温度异常，影响图埃尼（Tuaheni）海底滑坡区天然气水合物稳定带厚度。因此，新西兰希库朗伊俯冲边缘是地震活动、天然气水合物、多期次滑坡、浅层气与活动断层等相关热点问题的有利研究区（Wallace et al.，2016；Pecher et al.，2018）。2017 年底和 2018 年 5 月，IODP 372 和 375 航次在该区域 5 个站位（U1517～U1520 和 U1526）进行了随钻测井、取芯与原位监测，使用当时国际上天然气水合物钻探最新的测井工具（如 NeoScope、SonicScope、TeleScope、proVISION 和 geoVISION）（Pecher et al.，2018）进行了随钻测井，获得了高质量的纵波、横波、多种电阻率、核磁共振测井、电阻率成像测井和井孔监测等数据，并进行了全取芯，发现砂质储层天然气水合物、天然气水合物与游离气共存等。

8.2.5.1 测井响应特征分析

U1519 井位于新西兰希库朗伊俯冲带北部陆坡，水深约 1011m，钻探深度 650m，BSR 深度为 581m。在 BSR 上部 492～563m，增大的电阻率、纵波速度、横波速度与氯离子剖面指示地层为饱和水地层。在 563～567m，出现高电阻率、低中子孔隙度、低伽马和略微降低的纵波速度，指示地层为含气砂层。在该层下部 567～581m 为饱和水地层，局部薄层出现高电阻率、高纵横波速度，指示地层含有天然气水合物。在 BSR 下部 588m，纵波速度、横波速度和电阻率增加，在 610～620m，也出现电阻率、纵波与横波速度增加，指示地层含天然气水合物。在 630～642m，电阻率出现高值异常，由于缺乏测井资料，难以确定速度变化（图 8-15）。从合成记录对比看，在 BSR2 上部层位，反演的纵波阻抗出现异常高值，氯离子出现明显低值异常，指示地层含天然气水合物（图 8-16）。因此，在 U1519 井 BSR1 下部至少发育约 60m 含游离气地层，地层出现含天然气水合物的明显证据，在 BSR2 上部也出现了含游离气层。

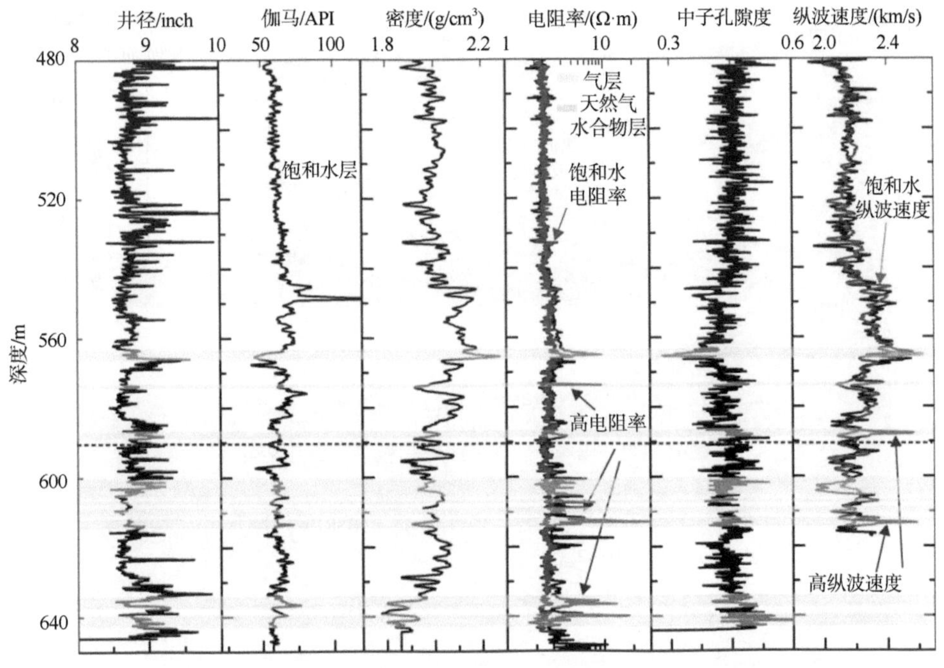

图 8-15 新西兰希库朗伊大陆边缘 IODP 372 航次 U1519 井随钻测井

8.2.5.2 地震响应特征分析

U1519 井位于快速沉积堆积区，浅部沉积了多期次的块体搬运沉积体，过井地震剖面上识别出双 BSR，下部 BSR2 呈弱反射，横向上不连续。测井资料指示在 BSR1 下部存在游离气层，从地震剖面看，在含气层下部局部出现强振幅反射（图 8-16）。利用 U1519 井的测井资料为约束，进行了约束稀疏脉冲反演，获得了过井的纵波阻抗剖面（图 8-16）。把测井上获得的纵波阻抗进行 80Hz 高频滤波，仅保留地震频带的纵波阻抗并与地震反演的纵波阻抗进行对比，反演结果与地震频带的测井结果吻合较好。从反演纵波阻抗剖面看，在 BSR1 与 BSR2 之间，高纵波阻抗和低纵波阻抗呈交互出现，与局部强振幅反射对应，指示地层可能含游离气也可能含天然气水合物。

过 U1519 井的三维地震剖面显示，该区发育大规模的双 BSR，位于海底之下不同深度的地层。岩芯样品的碳同位素分析表明，气源以生物成因气为主，双 BSR 的形成与热成因天然气水合物无关，其形成主要与快速沉积和局部隆升有关（Han et al.，2021）。在 U1519 井，浅部地层发育多期块体搬运沉积体，沉积速率达 0.86mm/a 左右。由于快速沉积，天然气水合物稳定带底界向上调整，原先形成

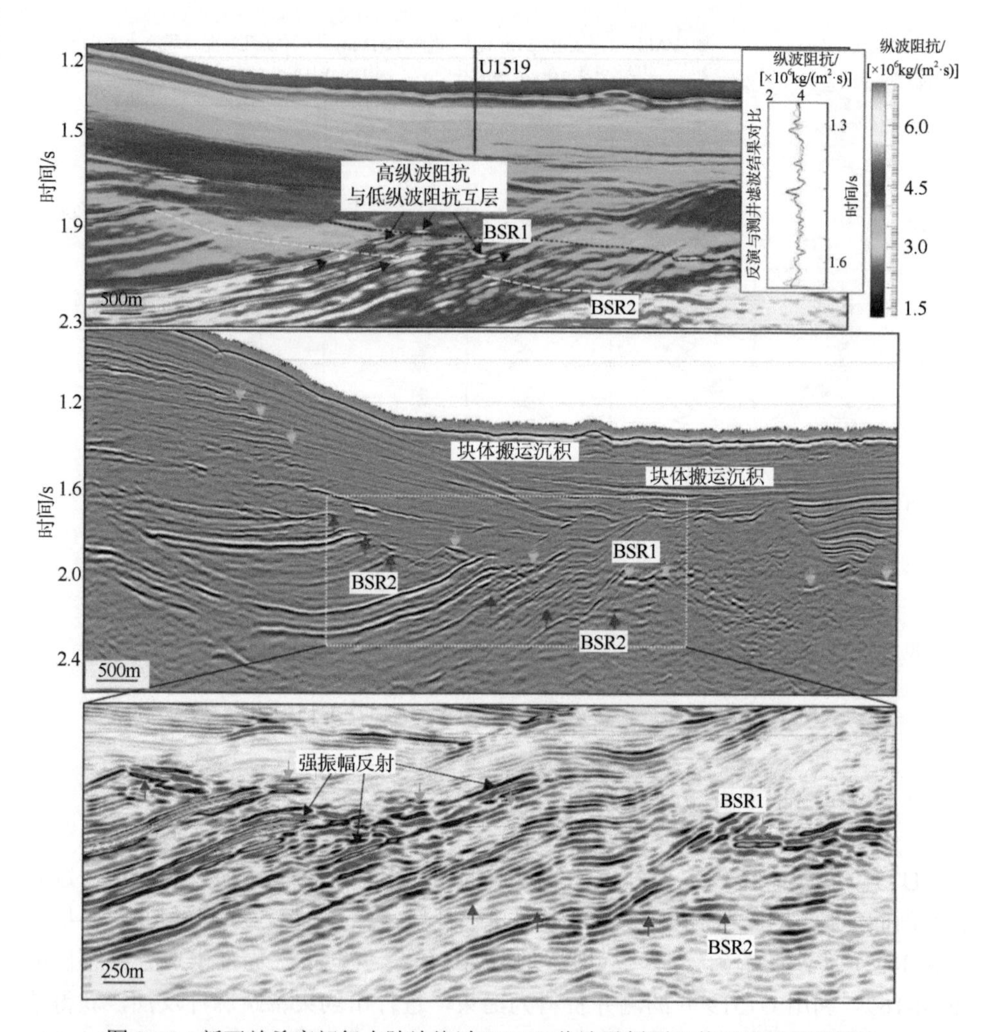

图 8-16　新西兰希库朗伊大陆边缘过 U1519 井地震剖面及其反演的纵波阻抗

的天然气水合物发生分解，但是天然气水合物分解需要时间，会出现天然气水合物与游离气共存。因此，U1519 井天然气水合物与游离气共存与南海和冷泉区不同，是快速沉积导致的以生物成因气为主的天然气水合物与游离气共存的典型区域。在快速沉积区域，这种现象比较普遍，大量天然气水合物可能暂时被封存在天然气水合物稳定带底界下部。这种天然气水合物与游离气共存不仅提高了天然气水合物和游离气资源量，而且对于研究碳循环也具有重要意义。

8.3　天然气水合物与游离气共存的岩石物理模型

天然气水合物和游离气都是绝缘体，在天然气水合物和游离气共存层，利用电阻率和阿尔奇方程联合估算的饱和度为天然气水合物饱和度（S_h）和游离气饱和度（S_g）之和，电阻率无法区分天然气水合物和游离气。从南海北部 GMGS3-W17 井和南海南部婆罗洲 DC_E 井分析看，两口井都指示Ⅱ型天然气水合物与游离气共存，但是 BSR 下部地层的特性不同，DC_E 井电阻率成像测井表明南海南部婆罗洲存在明显裂隙。

结合测井曲线分析可知，天然气水合物层的纵横波速度通常为高值异常，而含游离气地层或天然气水合物与游离气共存地层的纵波速度会出现降低，横波速度变化较小，基本保持不变或略微增加。这说明在含游离气地层或天然气水合物与游离气共存地层中，横波速度更多的是表现为背景沉积物或天然气水合物的速度。因此，纵横波速度不仅能够区分天然气水合物和游离气层，还能够计算天然气水合物与游离气共存地层中的饱和度。但是天然气水合物与游离气共存包括三种模式：①充填在孔隙中；②充填在裂隙内；③可能为孔隙与裂隙内。

8.3.1　孔隙充填型天然气水合物与游离气共存模型

利用简化三相介质方程，通过纵波速度可以计算天然气水合物的饱和度（Lee and Collett，2009）。对于天然气水合物与游离气共存地层，可以假设游离气和水都是流体相的一部分，将简化三相介质方程进行修改，其表达式为

$$
\begin{gathered}
K = K_{\mathrm{ma}}\left(1-\beta_1\right)+\beta_1^2 K_{\mathrm{av}} \\
\mu = \mu_{\mathrm{ma}}\left(1-\beta_2\right) \\
K_{\mathrm{av}} = \frac{1}{\dfrac{\left(\beta_1-\phi\right)}{K_{\mathrm{ma}}}+\dfrac{\phi_{\mathrm{f}}}{K_{\mathrm{f}}}+\dfrac{\phi_{\mathrm{h}}}{K_{\mathrm{h}}}} \qquad (8\text{-}1) \\
\beta_1 = \frac{\phi_{\mathrm{as}}\left(1+\alpha\right)}{\left(1+\alpha\phi_{\mathrm{as}}\right)},\ \beta_2 = \frac{\phi\left(1+\gamma\alpha\right)}{\left(1+\gamma\alpha\phi\right)},\ \gamma = \frac{1+2\alpha}{1+\alpha} \\
\phi_{\mathrm{as}} = \phi_{\mathrm{f}}+\varepsilon\phi_{\mathrm{h}},\ \phi_{\mathrm{f}} = \left(1-S_{\mathrm{h}}\right)\phi,\ \phi_{\mathrm{h}} = S_{\mathrm{h}}\phi
\end{gathered}
$$

式中，利用下标 f（水和游离气分量）代替了简化三相介质中的 w（水分量），其

他参数与简化三相介质中的完全相同（Lee and Collett，2009）。沉积物的体积模量（K）是在游离气呈均匀分布和块状分布（Müller et al.，2007；Fohrmann and Pecher，2012）两种假设条件下计算的。

游离气分布状态有两种：一种是游离气呈均匀分布，表达式见式（7-7）。另一种是游离气呈块状分布，表达式见式（7-10）。在均匀分布模型中，水、气混合物均匀分布在孔隙空间内。在块状分布模型中，所有的水都集中在 S_w=1 的斑块中，而游离气则集中在 S_g=1 的斑块中（Dvorkin et al.，1999b）。利用纵波和横波速度方程式（7-8）和式（7-9），基于沉积物矿物组分、含量、物性参数等估算天然气水合物和游离气的饱和度。对于不含游离气的沉积物，将上述公式里的 S_g 设置为0，其方程与简化三相介质方程完全相同。

8.3.2 裂隙充填型天然气水合物与游离气共存模型

在冷泉发育区，由于高通量流体活动，大量流体从深部向上运移，可能形成烟囱状的地震反射特征，天然气水合物的形成挤出沉积物颗粒，在地层中形成大量的裂隙等，因此，在 BSR 下部可能出现裂隙充填型天然气水合物与游离气的共存地层。裂隙充填型天然气水合物的岩石物理模型和计算步骤基本与裂隙充填型天然气水合物饱和度估算方法类似，同样需要使用层状介质模型（见 2.2.10 节），端元Ⅰ为纯天然气水合物，端元Ⅱ为水和游离气共存的饱和地层，游离气也分为均匀和块状两种分布模式［见式（8-1）］，计算方法相同。

8.4 天然气水合物与游离气共存层的定量评价

在天然气水合物和游离气共存层，利用阿尔奇方程计算的饱和度为天然气水合物和游离气饱和度之和，仅依靠电阻率难以识别天然气水合物与游离气。为了准确评价共存层中天然气水合物和游离气的饱和度，分别利用电阻率、纵波速度、横波速度以及纵横波速度联合对共存层的饱和度进行计算，同时还需要考虑天然气水合物是孔隙充填型还是裂隙充填型，游离气是均匀分布还是块状分布，否则影响估算的饱和度。

8.4.1 电阻率计算饱和度

图 8-17 为 GMGS3-W17 井地层因子和密度孔隙度的交会图，用于计算阿尔奇

常数 a 和 m。地层因子 R_0/R_w 为饱和水沉积物地层的电阻率 R_0 与原生水电阻率 R_w 的比值（Lee and Collett，2009），原生水电阻率根据阿尔奇方程（Arp，1953）计算得到，使用的盐度为 32‰，海底温度和地热梯度分别为 4.78℃和 44.3℃/km，孔隙度为密度孔隙度。通过交会分析，可以确定 GMGS3-W17 井的阿尔奇常数 a 和 m 分别为 1.19 和 2.22。根据阿尔奇方程计算的 GMGS3-W17 井的天然气水合物饱和度如图 8-8（h）中蓝线所示，在 200～208m，电阻率测井得到的天然气水合物饱和度非常低，与岩芯孔隙水氯离子异常的计算结果相符，地层几乎不含天然气水合物。在 208～250m，电阻率测井显示为高值，平均天然气水合物饱和度为 36%，在 239m 处饱和度达到最大值为 47%。在Ⅰ-BGHSZ 和Ⅱ-BGHSZ 之间，平均天然气水合物饱和度为 30%，在 266m 处，饱和度达到最大值为 60%。需要注意的是，在 263m 处，压力取芯计算的天然气水合物饱和度约为 27%，远低于电阻率测井的计算结果。出现这种差异的原因是该层段为天然气水合物和游离气共存地层，电阻率测井的计算结果其实是天然气水合物和游离气两者总的饱和度，必然大于地层中实际天然气水合物的饱和度。

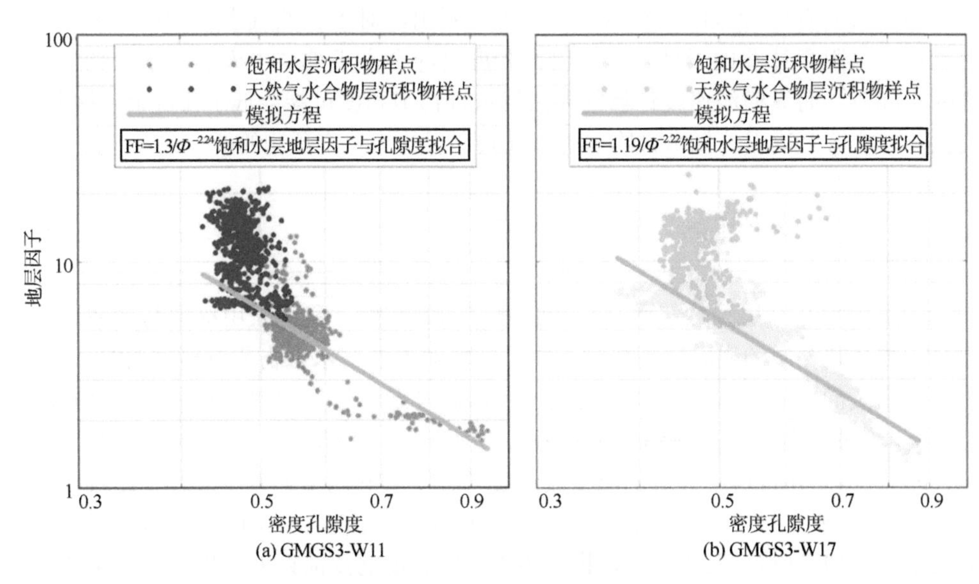

图 8-17　南海北部珠江口盆地 GMGS3-W11 和 GMGS3-W17 井地层因子和密度孔隙度的交会图

绿线为饱和水地层拟合曲线，计算阿尔奇常数 a 和 m

8.4.2　纵波与横速度计算饱和度

在 GMGS3-W17 井，基于简化三相介质模型，分别利用纵、横波速度计算了天然气水合物的饱和度［图 8-8（h）中绿线和红线］，计算结果表明Ⅰ-BGHSZ 之上纵横波速度计算的平均天然气水合物饱和度分别为 22% 和 28%，在 240m 时最大值为 40%。在 240m 之上，纵横波速度计算的天然气水合物饱和度基本接近于电阻率测井和岩芯提取孔隙水的氯离子异常计算的天然气水合物饱和度。从 240m 的Ⅰ-BGHSZ，纵波速度计算的饱和度明显降低，最大值约为 10%，横波速度计算的饱和度与电阻率的计算结果非常接近，该层段纵波速度有一定程度的降低，指示地层可能含有游离气，这可能也是纵波速度计算的饱和度降低的原因。

在Ⅰ-BGHSZ 以下，纵波速度计算的饱和度 250～270m 变化较大，其值大部分为零，局部出现尖峰，最大值约为 33%，位于 264m，与压力取芯估算的结果较为接近，横波速度计算的饱和度约为 20%。可以发现电阻率的饱和度计算值与纵横波速度的饱和度计算值差异较大，其中电阻率的饱和度计算值最大，横波速度的饱和度计算值次之，纵波速度饱和度计算值最小。从 270m 的Ⅱ-BGHSZ，三种饱和度计算值基本都下降到 20% 以下，但是电阻率的饱和度计算值要大于纵横波速度的饱和度计算值［图 8-8（h）］，这种较大的差异很大可能是由天然气水合物和游离气共存所导致的。从以上分析可以看出，对于天然气水合物和游离气共存地层，电阻率计算的天然气水合物饱和度可能会高于地层中天然气水合物饱和度的实际值，而纵横波速度计算的天然气水合物饱和度可能会低于实际值，因此，需要构建能够解决天然气水合物与游离气共存层的饱和度预测的新方法。

8.4.3　纵横速度联合计算饱和度

为了预测共存层天然气水合物和游离气的饱和度，我们采用纵波与横波速度联合，结合共存层的岩石物理模型，同时计算对天然气水合物和游离气的饱和度。由于游离气的分布微观形态并不清楚，我们假设游离气为均匀分布和块状分布两种情况，分别计算了这两种情况下游离气的饱和度，饱和度计算结果如图 7-14（a）和（b）所示，并将理论计算的纵横波速度与井下实际测量的速度进行了比较，如图 7-14（c）和（d）所示。同时也计算了泊松比，用低泊松比值来指示含游离气地层［图 7-14（f）］。天然气水合物和游离气饱和度的反演误差分析表明［图 7-14（g）］，除Ⅱ-BGHSZ 附近外，反演结果的误差非常小。

从图 7-14 看，在 240m 以上，利用纵横波速度测井同时估算的天然气水合物饱和度［图 7-14（a）］与电阻率测井的计算值［图 7-14（h）］很接近。当假设游离气均匀分布时［图 7-14（b）中红线］，游离气饱和度近似为零，该条件下 GMGS3-W17 井在 240m 以上的沉积物中仅存在天然气水合物。然而，当假设游离气为块状分布时，游离气将会出现，饱和度约为 10%［图 7-14（b）中绿线］。在

240～270m，两种游离气分布情况下估算的天然气水合物饱和度平均值约为 20%［图 7-14（a)］，接近压力取芯和氯离子浓度数据的计算值，低于电阻率测井的估算值。游离气饱和度在 240m 以下出现增加［图 7-14（b)］，在 266m 时达到最大值，均匀和块状分布情况下的游离气饱和度分别为 1%（红色）和 52%（绿色）。图 7-14（e）将天然气水合物和游离气饱和度相加并与电阻率计算饱和度进行了比较，发现游离气块状分布时的天然气水合物和游离气饱和度之和要大于电阻率的饱和度计算值，同时大于游离气均匀分布时的饱和度计算值。在图 7-14（h）中，游离气均匀分布时理论计算的密度要比块状分布时的密度更加接近于井下实际的密度测量值，因此，推测 GMGS3-W17 井的游离气可能为均匀分布，而且块状分布时计算的游离气饱和度可能也被高估。

根据计算的饱和度与测井异常分析，可以将 240～270m 的地层划分为 6 个层段［图 7-14（g）和（h)］，其中包括 3 个天然气水合物地层（第 2、第 4 和第 6 层）和 3 个天然气水合物与游离气共存地层（第 1、第 3 和第 5 层）。在 263～265m，天然气水合物和游离气的共存不但可以解释压力取芯和氯离子异常计算的天然气水合物饱和度结果，而且可以解释测井数据出现的一些异常，如低纵波速度、低泊松比和高电阻率值等。通过测井和岩芯数据以及饱和度计算结果分析可以得出，在 GMGS3-W17 井 250m 以下的地层，高纵波速度和高电阻率层段是Ⅱ型天然气水合物的富集地层，而低纵波速度和高电阻率层段应该是Ⅱ型天然气水合物与游离气共存的地层。

8.5 天然气水合物与游离气共存的控制因素及研究意义

8.5.1 天然气水合物与游离气共存的控制因素

通过剖析南海和国际上天然气水合物与游离气发育区的地质环境和共存类型，我们发现共存类型的测井和地震响应、定量评价方法略微存在差异，不同类型天然气水合物与游离气共存的地质条件也不相同，构造、沉积等多种地质过程都会造成天然气水合物与游离气共存现象，其成因机制可能存在多样性。天然气水合物与游离气共存不仅指示了天然气水合物成藏系统的复杂性，同时也表明深水盆地广泛分布的天然气水合物及其下部圈闭大量的天然气水合物和游离气。

天然气水合物稳定带底界附近 Type1 型共存，该共存类型比较普遍，可能与低通量甲烷循环有关，天然气水合物和游离气共存的气源，既可以是生物成因气也可以是热成因气。在冷泉发育区，发育天然气水合物稳定带内的 Type2 型天然气水合物与游离气共存，下部生物成因、热成因或混合成因的高通量流体沿断层、裂隙、砂体等有利通道向上运移，由于气体运移方式可能为气相方式，高通量气体在天然气水合物稳定带内不一定都能形成天然气水合物，会出现局部天然气水合物与游离气共存。对于甲烷天然气水合物稳定带底界下方出现的Type3型Ⅱ型天然气水合物与游离气共存，从理论上比较容易理解，主要是由于深部热成因气携带的丙烷、戊烷等重烃气体形成的Ⅱ型天然气水合物的稳定带底界要比甲烷天然气水合物稳定带底界深。另外，Type4型天然气水合物与游离气共存是由快速沉积造成的，形成天然气水合物的气源为生物成因气，这种以生物成因气为主形成的天然气水合物广泛分布在深水盆地，主要是由于快速沉积导致的天然气水合物未完全分解。

同时，天然气水合物和游离气共存也指示了天然气水合物系统成藏复杂性，从某种程度上也指示了天然气水合物的动态成藏过程。而影响天然气水合物系统发生调整的外界因素有很多，尽管天然气水合物成藏受地层温度、压力、孔隙水盐度、孔隙度、气体的运移和气体组分等，但是多孔隙沉积地层天然气水合物的赋存取决于多种不同地质参数的共同作用。根据影响因素差异，天然气水合物动态成藏可以从宏观和微观两个方面解读。宏观上主要是地层温度和压力等影响天然气水合物相平衡条件参数变化，即外界地质因素变化导致地层温度和压力变化，造成天然气水合物稳定带底界深度发生变化和调整，如海底沉积物侵蚀、沉积作用、海平面升降及海洋环境变化等。在国际多个海域都发现了天然气水合物系统动态调整，主要通过多BSR或计算的天然气水合物稳定带底界的调整为表征，如黑海的多瑙河深水扇及新西兰希库朗伊陆缘发现了由于快速沉积导致温度变化而形成的多个BSR（Zander et al.，2017; Han et al.，2021）；卡斯凯迪亚大陆边缘南水合物脊由于冰期−间冰期气候海底温度变化导致的BSR上移（Bangs et al.，2005）；西非毛里塔尼亚、南海东沙海域及日本海均显示BSR移动特征和不同厚度的BSR，且这些BSR特征与海底峡谷侵蚀作用有关（Bangs et al.，2010; Davies et al.，2017; Jin et al.，2020）；在中国南海南部婆罗洲海域及北部珠江口盆地的神狐海域也发现由热成因气形成的Ⅱ型天然气水合物相关的双BSR现象（Paganoni et al.，2016，2018; Qian et al.，2018）。而微观上是从孔隙尺度解读天然气水合物的形成和分解过程，其中孔隙度是影响毛细管压力的重要因素，毛细管压力越大流体运移难度越大，天然气水合物成核越难。另外，海洋沉积层中甲烷气的运移加快了其在海水里的溶解和扩散运移速度，这关系到天然气水合物在多孔介质里的形成速率。天然气水合物在沉积物孔隙中的赋存过程是一种典型的多相流动现象，游离气、水、天然气水合物及盐离子处于热力学平衡状态，而随着天然气水合物的不断形成，孔隙水盐度增加，同时气相和液相之间产生压力差，这些都导致天然气水合物-水-气-盐的相平衡条件发生改变，促使孔隙中进一步发生相平衡调整。可见由于气体的不断运移，在沉积层里天然气水合物的生成和分解必然是伴生的，因而在微观上动态成藏过程是一直存在的。

天然气水合物和游离气共存现象在国际上已经引起广泛关注，关于两者共存的解释模型有多种。首先，BSR上部细粒沉积物中天然气水合物与游离气共存的原因有两种：一种是天然气水合物形成时会增加沉积物的毛细管孔隙压力，从而阻塞游离气的运移通道（Liu and Flemings，2011）；另一种是天然气水合物包裹游离气，其形成机制包括上覆有效应力大于天然气水合物晶体的内部压力（Torres et al.，2004）、高气体通量驱动快速的天然气水合物形成（Liu and Flemings，2011）或天然气水合物的形成降低沉积物渗透性和溶解离子置换（Milkov et al.，2004）等，形成的天然气水合物直接包裹游离气（Sahoo et al.，2018）。其次，BSR下方新证实的Ⅱ型天然气水合物和游离气共存，则可以通过气体分馏来解释（Kida et al.，2006），即重烃等气体先析出形成Ⅱ型天然气水合物，没有形成天然气水合物的甲烷气体及其他重烃气体等，可能与Ⅱ型天然气水合物共存在BSR之下。但是在一些强流体渗漏的冷泉活动区，BSR下方的气体不仅能够向上运移至天然气水合物稳定带内，在BSR上部地层，游离气与天然气水合物共存（Milkov et al.，2004），而且重烃气体还能够在BSR之上形成Ⅱ型天然气水合物，并与Ⅰ型天然气水合物共存（Klapp et al.，2010；Wei et al.，2018），或者在BSR之下形成Ⅱ型天然气水合物（Riedel et al.，2006b；Lu et al.，2007；Paganoni et al.，2016），出现Ⅱ型天然气水合物与游离气共存，常伴生着与冷泉相关的烟囱状碳酸盐岩（Feng et al.，2018）。在珠江口盆地GMGS3钻探区，相对高饱和度的天然气水合物可能受深部气体迁移控制，包括热成因气源和富集天然气水合物的沉积物的物理性质等（何家雄等，2009；吴能友等，2009；吴时国等，2009；Wang et al.，2014；于兴河等，2014）。

8.5.2 天然气水合物与游离气共存的研究意义

天然气水合物与游离气共存可能是由地层温度、压力条件轻微变化导致的，将会导致天然气水合物分解和甲烷气的释放，特别是海底的天然气水合物系统，也就是海底冷泉系统，与气体泄露构造密切相关，流体通过渗透性地层、断层和气烟囱等狭窄通道，是小尺度甲烷释放的一个重要机制。峡谷侵蚀和沉积物降温作用引起的天然气水合物系统动态调整，也会导致区域上千公里尺度甲烷圈闭及释放（Torres et al.，2004；Baba and Yamada，2004；Bangs et al.，2005）。另外由于天然气水合物下部圈闭的气体在一定程度上可能阻止了甲烷气体向海水释放，这些研究表明天然气水合物和游离气共存的研究将可能与海底滑坡、全球碳循环重新分布及海洋酸化等方向密切相关（Ruppel and Kesler，2017）。

对天然气水合物和游离气共存的研究也有力指导了世界天然气水合物勘探，加深了人们对BSR与天然气水合物、游离气分布关系的认识，而双BSR的形成与天然气水合物层、游离气层的分布和变化、天然气水合物气源供给和疏导及其与天然气水合物温压稳定带的时空耦合关系密切。在勘探过程中，如果忽略天然气水合物与游离气共存，将会极大低估甲烷水合物稳定带底界下方的资源量。同时由于天然气水合物与游离气在互相转化，在微观上主要体现在天然气水合物的生成速度和分解速度哪个更占主导作用，或者二者平衡状态。在天然气水合物稳定带范围，体现在天然气水合物稳定带底界的上移和下移，厚度增厚和减薄，即天然气水合物稳定带厚度不断变动和调整状态，天然气水合物和游离气共存的意义还体现在资源生产、全球环境及海底地质灾害等方面。

天然气水合物与游离气共存及相关的动态成藏过程的研究，可将多尺度构造-沉积演化事件与天然气水合物的物理性质联系起来，大到板块尺度的构造事件、全球性质的气候转型事件，小到局部海区构造隆升、海洋沉积-侵蚀作用、小型海底滑塌及局部深部来源热流体事件。因而其中可涉及的关键科学问题较多，如天然气水合物系统与板块俯冲、构造隆升事件如何响应？当海底快速沉积、海底侵蚀发生时天然气水合物系统如何调整？气体（主要是甲烷）在天然气水合物系统调整过程中如何储集、转化和释放？全球及区域气候环境变化中天然气水合物系统如何响应？游离气-天然气水合物相带转化过程中对宿主沉积物岩石物性及弹性参数有何影响？天然气水合物系统调整在全球碳循环过程中扮演的角色或者对碳循环的意义是什么？有多少天然气在动态调整过程中被释放到外界环境？天然气水合物动态调整过程中对未来的天然气水合物矿体勘探和开发的指示意义？

由于天然气水合物成藏系统的复杂性和动态调整，天然气水合物与游离气富集成藏机理的研究还有待进一步加强，以便为寻找高富集天然气水合物勘探与试采目标提供理论支撑。

参考文献

陈多福, 姚伯初, 赵振华, 等. 2001. 珠江口和琼东南盆地天然气水合物形成和稳定分布的地球化学边界条件及其分布区. 海洋地质与第四纪地质, 21(4): 73-78.

陈芳, 周洋, 苏新, 等. 2009. 南海北部陆坡神狐海域晚中新世以来沉积物中生物组分变化特征及意义. 第四纪地质, 29(2): 1-8.

陈芳, 周洋, 苏新, 等. 2011. 南海神狐海域含水合物层粒度变化及与水合物饱和度的关系. 海洋地质与第四纪地质, 31(5): 95-100.

陈芳, 苏新, 陆红锋, 等. 2013. 南海神狐海域有孔虫与高饱和度水合物的储存关系. 地球科学, 38(5): 907-915.

陈光进, 孙长宇, 马庆兰. 2008. 气体水合物科学与技术. 北京: 化学工业出版社.

樊栓狮, 关进安, 梁德青, 等. 2008. 天然气水合物动态成藏理论. 天然气地球科学, 18(6): 819-826.

郭依群, 杨胜雄, 梁金强, 等. 2017. 南海北部神狐海域高饱和度天然气水合物分布特征. 地学前缘, 24(4): 1-8.

何家雄, 祝有海, 陈胜红, 等. 2009. 天然气水合物成因类型及成矿特征与南海北部资源前景. 天然气地球科学, 20(2): 237-243.

胡高伟, 业渝光, 张剑, 等. 2010. 沉积物中天然气水合物微观分布模式及其弹性响应特征. 天然气工业, 30: 120-124.

胡高伟, 李承峰, 业渝光, 等. 2014. 沉积物孔隙空间天然气水合物微观分布观测. 地球物理学报, 57: 1675-1682.

黄永样, 张光学. 2009. 我国海域天然气水合物地质–地球物理特征及前景. 北京: 地质出版社, 1-243.

康冬菊, 梁金强, 匡增桂, 等. 2018. 元素俘获能谱测井在神狐海域天然气水合物储层评价中的应用. 天然气工业, 38(12): 54-60.

李杰, 何敏, 颜承志, 等. 2020. 南海北部揭阳凹陷天然气水合物的地震异常特征分析. 海洋与湖沼, 51(3): 274-282.

李元平, 颜承志, 李杰, 等. 2019. 宽频地震无井反演技术在神狐海域天然气水合物矿体描述中的应用. 中国海上油气, 31(1): 51-60.

栾锡武, 张亮, 彭学超. 2011. 南海北部东沙海底冲蚀河谷及其成因探讨. 中国科学: 地球科学, 41(11): 1636-1646.

牟永光, 裴正林. 2005. 三维复杂介质地震数值模拟. 北京: 石油工业出版社.

宁伏龙, 王秀娟, 杨胜雄, 等. 2022. 海洋天然气水合物成藏需要圈闭吗? 地球科学, 47(10): 3876-3879.

庞雄, 陈长民, 彭大钧, 等. 2008. 南海北部白云深水区之基础地质. 中国海上油气, 20(4): 215-222.

钱进, 王秀娟, 董冬冬, 等. 2015. 裂隙充填型天然气水合物的地震各向异性数值模拟. 海洋地质与第四纪地质, 35(4): 149-154.

钱进, 王秀娟, 董冬冬, 等. 2019. 裂隙充填型天然气水合物储层的各向异性饱和度新估算及其裂隙定量评价. 地球物理学进展, 34(1): 354-364.

苏丕波, 梁金强, 张伟, 等. 2020. 南海北部神狐海域天然气水合物成藏系统. 天然气工业, 40(8): 77-89.

孙鲁一, 张广旭, 王秀娟, 等. 2021. 南海神狐海域天然气水合物饱和度的数值模拟分析. 海洋地质与第四纪, 41(2): 210-220.

王吉亮. 2015. 高富集度天然气水合物储层地球物理特征研究. 北京: 中国科学院研究生院博士学位论文.

王吉亮, 王秀娟, 钱进, 等. 2013. 裂隙充填型天然气水合物的各向异性分析及饱和度估算. 地球物理学报, 56(4): 1312-1320.

王秀娟, 吴时国, 刘学伟. 2006. 天然气水合物和游离气饱和度估算的影响因素. 地球物理学报, 49(2): 504-511.

王秀娟, 吴时国, 刘学伟, 等. 2010. 基于电阻率测井的天然气水合物饱和度估算及估算精度分析. 现代地质, 24(5): 993-999.

王秀娟, 吴时国, 董冬冬, 等. 2011. 琼东南盆地块体搬运体系对天然气水合物形成的控制作用. 海洋地质与第四纪地质, 31(1): 109-118.

王秀娟, 吴时国, 王吉亮, 等. 2013. 南海北部神狐海域天然气水合物分解的测井异常. 地球物理学报, 56(8): 2799-2807.

王秀娟, 钱进, Lee M. 2017. 天然气水合物和游离气饱和度评价方法及其在南海北部的应用. 海洋地质与第四纪地质, 37(5): 35-47.

王秀娟, 靳佳澎, 郭依群, 等. 2021. 南海北部天然气水合物富集特征及定量评价. 地球科学, 46(3): 1038-1057.

王真真, 王秀娟, 郭依群, 等. 2014. 白云凹陷陆坡峡谷沉积与迁移特征及其对天然气水合物成藏的影响. 海洋地质与第四纪地质, 34(3): 105-113.

吴能友, 杨胜雄, 王宏斌, 等. 2009. 南海北部陆坡神狐海域天然气水合物成藏的流体运移体系. 地球物理学报, 52(6): 1641-1650.

吴时国, 董冬冬, 杨胜雄, 等. 2009. 南海北部陆坡细粒沉积物天然气水合物系统的形成模式初探. 地球物理学报, 52(7): 1849-1857.

吴时国, 王秀娟, 陈端新, 等. 2015. 天然气水合物地质概论. 北京: 科学出版社.

吴晓川, 蒲仁海, 薛怀艳, 等. 2019. 珠江口盆地揭阳凹陷珠海组海底扇含气性检测与分析. 地球物理学报, 62(7): 2732-2747.

颜承志, 施和生, 李元平, 等. 2018. 珠江口盆地白云凹陷天然气水合物与浅层气识别及成藏控制因素. 中国海上油气, 30(6): 25-32.

杨胜雄, 梁金强, 陆敬安, 等. 2017. 南海北部神狐海域天然气水合物成藏特征及主控因素新认识. 地学前缘, 24(2): 1-14.

姚伯初. 1998. 南海北部陆缘天然气水合物初探. 海洋地质与第四纪地质, 18(4): 11-17.

于兴河, 王建忠, 梁金强, 等. 2014. 南海北部陆坡天然气水合物沉积成藏特征. 石油学报, 35(2): 253-264.

张光学, 梁金强, 张明, 等. 2014. 海洋天然气水合物地震联合探测. 北京: 地质出版社.

张伟, 梁金强, 陆敬安, 等. 2020. 琼东南盆地典型渗漏型天然气水合物成藏系统的特征与控藏机制. 天然气工业, 40(8): 90-99.

周守为, 陈伟, 李清平, 等. 2017. 深水浅层非成岩天然气水合物固态硫化试采技术研究及进展. 中国海上油气, 29(4): 1-8.

Aki K, Richards P G. 1980. Quantitative Seismology-Theory and Methods. San Francisco, CA: Freeman.

Archer D E, Buffett B. 2005. Time-dependent response of the global ocean clathrate reservoir to climatic and anthropogenic forcing. Geochemistry, Geophysics, Geosystems, 6(3): Q03002.

Archie G E. 1942. The electrical resistivity log as an aid in determining some reservoir characteristics. Journal of Petroleum Technology, 1: 55-62.

Arp J J. 1953. The effect of temperature on the density and electrical resistivity of sodium chloride solutions. Journal of Petroleum Technology, 198: 327-330.

Baba K, Yamada Y. 2004. BSRs and associated reflections as an indicator of gas hydrate and free gas accumulation: An example of accretionary prism and forearc basin system along the Nankai Trough, off central Japan. Resource Geology, 54(1): 11-24.

Bangs N L B, Musgrave R J, Tréhu A M. 2005. Upward shifts in the southern Hydrate Ridge gas hydrate stability zone following postglacial warming, offshore Oregon. Journal of Geophysical Research: Solid Earth, 110: B03102.

Bangs N L, Hornbach M J, Moore G F, et al. 2010. Massive methane release triggered by seafloor erosion offshore southwestern Japan. Geology, 38(11): 1019-1022.

Bense V F, Gleeson T, Loveless S E, et al. 2013. Fault zone hydrogeology. Earth-Science Reviews, 127: 171-192.

Berndt C, Bünz S, Mienert J. 2003. Polygonal fault systems on the mid-Norwegian margin: A long-term source for fluid flow. Geological Society, London, Special Publications, 216(1): 283-290.

Berndt C, Bünz S, Clayton T, et al. 2004. Seismic character of bottom-simulating reflectors-Examples from the mid-Norwegian margin. Marine and Petroleum Geology, 21: 723-733.

Berndt C, Costa S, Canals M, et al. 2012. Repeated slope failure linked to fluid migration: the Ana submarine landslide complex, Eivissa Channel, Western Mediterranean Sea. Earth and Planetary Science Letters, 319: 65-74.

Berndt C, Feseker T, Treude T, et al. 2014. Temporal constraints on hydrate - controlled methane seepage off Svalbard. Science, 343(6168): 284-287.

Biot M A. 1941. General theory of three-dimensional consolidation. Journal of applied physics,12(2): 155-164.

Biot M A. 1956. Theory of propagation of elastic waves in fluid-saturated porous solid: I. Low-frequency range. Journal of the Acoustical Society of America, 28(2): 168-178.

Boswell R, Collett T. 2011. Current perspectives on gas hydrate resources. Energy and Environmental Science, 4: 1206-1215.

Boswell R, Collett T S, Frye M, et al. 2012. Subsurface gas hydrates in the northern Gulf of Mexico. Marine and Petroleum Geology, 34(1): 4-30.

Boswell R, Yamamoto K, Lee S R, et al. 2014. Methane Hydrates//Letcher T M. Future Energy: Improved, Sustainable and Clean Options for Our Planet. New York: Elsevier Science, 159-178.

Boswell R, Shipp C, Reichel T, et al. 2016. Prospecting for marine gas hydrate resources. Interpretation, 4(1): SA13-SA24.

Brothers D S, Ruppel C, Kluesner J W, et al. 2014. Seabed fluid expulsion along the upper slope and outer shelf of the U.S. Atlantic continental margin. Geophysical Research Letters, 41(1): 96-101.

Brothers L L, Van Dover C L, German C R, et al. 2013. Evidence for extensive methane venting on the southeastern U.S. Atlantic margin. Geology, 41(7): 807-810.

Bryn P, Berg K, Forsberg C F, et al. 2005. Explaining the Storegga Slide. Marine and Petroleum Geology, 22(1): 11-19.

Bünz S, Mienert J, Bryn P, et al. 2005. Fluid flow impact on slope failure from 3D seismic data: A case study in the Storegga Slide. Basin Research, 17(1): 109-122.

Bünz S, Polyanov S, Vadakkepuliyambatta S, et al. 2012. Active gas venting through hydrate-bearing sediments on the Vestnesa Ridge, offshore W-Svalbard. Marine Geology, 332: 189-197.

Burwicz E, Lars Rüpke, Wallman K. 2014. New insights on gas hydrate and free gas co-existence based on multiplephase numerical modeling-an example from the Blake Ridge site, offshore South Carolina. Proceeding of the 8th International Conference on Gas Hydrate (ICGH8). Beijing, China.

Carcione J M, Tinivella U. 2000. Bottom-simulating reflectors: Seismic velocities and AVO effects. Geophysics, 65(1): 54-67.

Castagna J P, Batzle M L, Eastwood R L. 1985. Relationship between compressional-wave and shear-wave velocities in clastic silicate rocks. Geophysics, 50(4): 571-581.

Chen J X, Song H B, Guan Y X, et al. 2015. Morphologies, classification and genesis of pockmarks, mud volcanoes and associated fluid escape features in the northern Zhongjiannan Basin, South China Sea. Deep-Sea Research Part Ii-Topical Studies in Oceanography, 122: 106-117.

Chen J X, Song H B, Guan Y X, et al. 2018. Geological and Oceanographic Controls on Seabed Fluid Escape Structures in the Northern Zhongjiannan Basin, South China Sea. Journal of Asian Earth Sciences, 168: 38-47.

Cheng C, Jiang T, Kuang Z G, et al. 2020. Characteristics of gas chimneys and their implications on gas hydrate accumulation in the Shenhu area, northern South China Sea. Journal of Natural Gas Science and Engineering, 84: 103629.

Chun J H, Ryu B J, Son B K, et al. 2011. Sediment mounds and other sedimentary features related to hydrate occurrences in a columnar seismic blanking zone of the Ulleung Basin, East Sea, Korea. Marine and Petroleum Geology, 28(10): 1787-1800.

Clarke M A, Bishnoi P R. 2001. Measuring and modelling the rate of decomposition of gas hydrates formed from mixtures of methane and ethane. Chemical Engineering Science, 56(16): 4715-4724.

Collett T S. 1993. Natural gas hydrates of the Prudhoe Bay and Kuparuk River area, North Slope, Alaska. AAPG Bulletin, 77(5): 793-812.

Collett T S. 2002. Energy resource potential of natural gas hydrates. AAPG Bull, 86(11): 1971-1992.

Collett T S, Ladd J. 2000. Detection of gas hydrate with downhole logs and assessment of gas hydrate concentrations (saturations) and gas volumes on the Blake Ridge with electrical resistivity log data. Proceedings of the ocean drilling program, scientific results, Texas A&M University, College Station, TX, USA: 164.

Collett T S, Riedel M, Cochran J R, et al. 2008. Indian continental margin gas hydrate prospects: Results of the Indian National Gas Hydrate Program (NGHP) expedition 01. Proceedings of the 6th International Conference on Gas Hydrates (ICGH 2008), Vancouver, British Columbia, Canada, July 6-10, 2008.

Collett T S, Johnson A, Knapp C, et al. 2009. Natural gas hydrates: A review//Collett T S, et al. Natural Gas Hydrates-Energy Resource Potential and Associated Geologic Hazards, AAPG Memoir, 89: 146-219.

Collett T S, Lee M W, Zyrianova M V, et al. 2012. Gulf of Mexico gas Hydrate Joint Industry Project Leg II logging-while-drilling data acquisition and analysis. Marine and Petroleum Geology, 34: 41-61.

Collett T S, Boswell R, Cochran J R, et al. 2014. Geologic implications of gas hydrates in the offshore of India: Results of the National Gas Hydrate Program Expedition 01. Marine and Petroleum

Geology, 58: 3-28.

Collett T S, Boswell R, Waite W F, et al. 2019. India National Gas Hydrate Program Expedition 02 Summary of Scientific Results: Gas hydrate systems along the eastern continental margin of India. Marine and Petroleum Geology, 108: 39-142.

Connolly P. 1999. Elastic impedance. The Leading Edge, 18(4): 438-452.

Cook A E, Goldberg D. 2008a. Stress and gas hydrate-filled fracture distribution, Krishna-Godavari basin, India. Proceeding of the 6th International Conference on Gas Hydrate.

Cook A E, Goldberg D. 2008b. Extent of gas hydrate filled fracture planes: Implications for in situ methanogenesis and resource potential. Geophysical Research Letters, 35: L15302.

Cook A E, Malinverno A. 2013. Short migration of methane into a gas hydrate-bearing sand layer at Walker Ridge, Gulf of Mexico. Geochemistry, Geophysics, Geosystems, 14(2): 283-291.

Cook A E, Anderson B I, Malinverno A, et al. 2010. Electrical anisotropy due to gas hydrate-filled fractures. Geophysics, 75(6): F173-F185.

Cook A E, Anderson B I, Rasmus J, et al. 2012. Electrical anisotropy of gas hydrate-bearing sand reservoirs in the Gulf of Mexico. Marine and Petroleum Geology, 34(1): 72-84.

Cook A E, Goldberg D S, Malinverno A. 2014. Natural gas hydrates occupying fractures: A focus on non-vent sites on the Indian continental margin and the northern Gulf of Mexico. Marine and Petroleum Geology, 58: 278-291.

Cox C S, Constable S C, Chave A D. 1986. Controlled-source electromagnetic sounding of the oceanic lithosphere. Nature, 320(6): 52-54.

Crutchley G J, Klaeschen D, Planert L, et al. 2014. The impact of fluid advection on gas hydrate stability: Investigations atsites of methane seepage offshore Costa Rica. Earth and Planetary Science Letters, 401: 95-109.

Cullen J, Mosher D C, Louden K. 2008. The Mohican channel gas hydrate zone, Scotian slope: Geophysical structure. Proceedings of the 6th International Conference on Gas Hydrates.

Dai J, Xu H, Snyder F, et al. 2004. Detection and estimation of gas hydrates using rock physics and seismic inversion: Examples from the northern deepwater Gulf of Mexico. The Leading Edge, 23(1): 60-66.

Davies R J, Cartwright J A. 2002. A fossilized opal A to opal C/T transformation on the northeast Atlantic margin: Support for a significantly elevated paleogeothermal gradient during the Neogene? Basin Research, 14: 467-486.

Davies R J, Clarke A L. 2010. Methane recycling between hydrate and critically pressured stratigraphic traps, offshore Mauritania. Geology, 38(11): 963-966.

Davies R J, Yang J, Li A, et al. 2015. An irregular feather-edge and potential outcrop of marine gas hydrate along the Mauritanian margin. Earth and Planetary Science Letters, 423: 202-209.

Davies R J, Morales Maqueda M Á, Li A et al. 2017. Millennial-scale shifts in the methane hydrate stability zone due to Quaternary climate change. Geology, 45: 1027-1030.

Dickens G R, Paull C K, Wallace P. 1997. Direct measurement of in situ methane quantities in a large gas-hydrate reservoir. Nature, 385(6615): 426-428.

Diegel F A, Karlo J F, Schuster D C, et al. 1995. Cenozoic structural evolution and tectono-stratigraphic framework of the northern Gulf Coast continental margin//Jackson M P A, Roberts D G, Snelson S. Salt tectonics: A global perspective. AAPG Memoir 65: 109-151.

Dillon W P, Hutchinson D R, Drury R M. 1996. Seismic reflection profiles on the Blake Ridge near Sites 994, 995, and 997. Proceedings of the Ocean Drilling Program. Part A, Initial report, 163: 47-56.

Domenico S N. 1976. Effect of brine-gas mixture on velocity in an unconsolidated sand reservoir. Geophysics, 41(5): 882-894.

Domenico S N. 1977. Elastic properties of unconsolidated porous sand reservoirs. Geophysics, 42(7): 1339-1368.

Dugan B, Flemings P B. 2000. Overpressure and fluid flow in the New Jersey continental slope: Implications for slope failure and cold seeps. Science, 289(5477): 288-291.

Dugan B, Flemings P B. 2002. Fluid flow and stability of the US continental slope offshore New Jersey from the Pleistocene to the present. Geofluids, 2(2): 137-146.

Dvorkin J, Nur A. 1996. Elasticity of high-porosity sandstones: Theory for two North Sea data sets. Geophysics, 61(5): 1363-1370.

Dvorkin J, Prasad M, Sakai A, et al. 1999a. Elasticity of marine sediments: Rock physics modeling. Geophysical Research Letters, 26 (12): 1781-1784.

Dvorkin J, Moos D, Packwood J L, et al. 1999b. Identifying patchy saturation from well logs. Geophysics, 64(6): 1756-1759.

Ecker C, Dvorkin J, Nur A. 1998. Sediments with gas hydrates: Internal structure from seismic AVO. Geophysics, 63: 1659-1669.

Edwards R N. 1997. On the resource evaluation of marine gas hydrate deposits using sea-floor transient electric dipole-dipole method. Geophysics, 62: 63-74.

Elger J, Berndt C, Rüpke L, et al. 2018. Submarine slope failures due to pipe structure formation. Nature Communications, 9(1): 1-6.

Ellis M, Evans R L, Hutchinson D, et al. 2008. Electromagnetic surveying of seafloor mounds in the northern Gulf of Mexico. Marine and Petroleum Geology, 25(9): 960-968.

Evans R L. 2007. Using controlled source electromagnetic techniques to map the shallow section of seafloor: from the coastline to the edges of the continental slope. Geophysics, 72: 105-116.

Evans R L, Sinha M C, Constable S C, et al. 1994. On the electrical nature of the axial melt zone at 13° N on the East Pacific Rise. Journal of Geophysical Research, 99: 577-588.

Expedition 311 Scientists. 2006. Expedition 311 summary. Proceedings of the Integrated Ocean Drilling Program. Integrated Ocean Drilling Program Management International.

Feng D, Chen D F. 2015. Authigenic Carbonates from an Active Cold Seep of the Northern South China Sea: New Insights into Fluid Sources and Past Seepage Activity. Deep Sea Research Part II: Topical Studies in Oceanography, 122: 74-83.

Feng D, Qiu J W, Hu Y, et al. 2018. Cold seep systems in the South China Sea: An Overview. Journal of Asian Earth Sciences, 168: 3-16.

Flemings P B, Liu X, Winters W J. 2003. Critical pressure and multiphase flow in Blake Ridge gas hydrates. Geology, 31(12): 1057-1060.

Flemings P B, Long H, Dugan B, et al. 2008. Pore pressure penetrometers document high overpressure near the seafloor where multiple submarine landslides have occurred on the continental slope, offshore Louisiana, Gulf of Mexico. Earth and Planetary Science Letters, 274(1-2): 269-283.

Fohrmann M, Pecher I A. 2012. Analysing of sand-dominated channel systems for potential gas-hydrate-reservoirs using an AVO seismic inversion technique on the Southern Hikurangi Margin, New Zealand. Marine and Petroleum Geology, 38: 19-34.

Frye M, Shedd W W, Godfriaux P D, et al. 2010. Gulf of Mexico gas hydrate joint industry project leg II: results from the Alaminos Canyon 21 site. Offshore Technology Conference. OnePetro.

Frye M, Shedd W W, Boswell R, et al. 2012. Gas hydrate resource potential in the Terrebonne Basin, northern Gulf of Mexico. Marine and Petroleum Geology, 34: 150-168.

Fujii T, Nakamizu M, Tsuji Y, et al. 2009. Methane-hydrate occurrence and saturation confirmed from core samples, eastern Nankai Trough, Japan//Collett T S, Johnson A, Knapp C, et al. Natural gas hydrates—Energy resource potential and associated geologic hazards: AAPG Memoir 89: 385-400.

Fujii T, Suzuki K, Takayama T, et al. 2015. Geological setting and characterization of a methane hydrate reservoir distributed at the first offshore production test site on the Daini-Atsumi Knoll in the eastern Nankai Trough, Japan. Marine and Petroleum Geology, 66(2): 310-322.

Gassmann F. 1951. Elastic Waves through a packing of spheres. Geophysics, 16(4): 673-685.

Gay A, Lopez M, Cochonat P, et al. 2006. Isolated seafloor pockmarks linked to BSRs, fluid chimneys, polygonal faults and stacked Oligocene-Miocene turbiditic palaeochannels in the Lower Congo Basin. Marine Geology, 226(1-2): 25-40.

Gay A, Lopez M, Berndt C, et al. 2007. Geological controls on focused fluid flow associated with seafloor seeps in the Lower Congo Basin. Marine Geology, 244: 68-92.

Geertsma J. 1961. Velocity-Log Interpretation: The Effect of Rock Bulk Compressibility. Society of Petroleum Engineers Journal, 1(04): 235-248.

Ghosh R, Sain K, Ojha M. 2010. Effective medium modeling of gas hydrate-filled fractures using the sonic log in the Krishna-Godavari basin, offshore eastern India. Journal of Geophysical Research:

Solid Earth, 115: B06101.

Ginsburg G D, Soloviev V A. 1995. Submarine gas hydrate estimation: Theoretical and empirical approaches. Paper presented at the Offshore Technology Conference, Houston, TX.

Goodway B. 2001. AVO and Lamé constants for rock parameterization and fluid detection: CSEG Recorder, 26, 6: 39-60.

Goodway B, Chen T, Downton J. 1997. Improved AVO fluid detection and lithology discrimination using Lamé petrophysical parameters; "λρ", "μρ", & "λ/μ fluid stack" from P and S inversions. 67th Annual International Meeting, SEG, Expanded Abstracts: 183-186.

Guerin G, Goldberg D S, Meltser A. 1999. Characterization of in situ elastic properties of gas hydrate-bearing sediments on the Blake Ridge. Journal of Geophysical Research, 104(B8): 17781-17795.

Guerin G, Goldberg D S, Collett T S. 2006. Sonic velocities in an active gas hydrate system, Hydrate Ridge. Proceedings of the Ocean Drilling Program, Science Results, 204: 1-38.

Haacke R R, Westbrook G K, Peacock S, et al. 2005. Seismic anisotropy from a marine gas hydrate system west of Svalbard. Proceedings of Fifth International Conference on Gas Hydrates, 621-630.

Haeckel M, Suess E, Wallmann K, et al. 2004. Rising methane gas bubbles form massive hydrate layers at the seafloor. Geochimica et Cosmochimica Acta, 68: 4335-4345.

Haflidason H, Lien R, Sejrup H P, et al. 2005. The dating and morphometry of the Storegga Slide. Marine and Petroleum Geology, 22(1-2): 123-136.

Hamilton E L. 1979. Sound velocity gradients in marine sediments. The Journal of the Acoustical Society of America, 65(4): 909-922.

Hammerschmidt E G. 1934. Formation of gas hydrates in natural gas transmission lines: Industrial and Engineering Chemistry, 26: 851-855.

Han S S, Bangs N L, Hornbach M J, et al. 2021. The many double BSRs across the northern Hikurangi margin and their implications for subduction processes. Earth and Planetary Science Letters, 558: 116743.

Hashin Z, Shtrikman S. 1963. A variational approach to the theory of the elastic behavior of multiphase materials. Journal of the Mechanics and Physics of Solids, 11(2): 127-140.

He Y, Zhong G F, Wang L L, et al. 2014. Characteristics and occurrence of submarine canyon-associated landslides in the middle of the northern continental slope, South China Sea. Marine and Petroleum Geology, 57: 546-560.

Heeschen K U, Tréhu A M, Collier R W, et al. 2003. Distribution and height of methane bubble plumes on the Cascadia margin characterized by acoustic imaging. Geophysical Research Letters, 30: 1643.

Hein J R, Scholl D W, Barron J A, et al. 1978. Diagenesis of Late Cenozoic diatomaceous deposits and formation of the bottom simulating reflector in the southern Bering Sea. Sedimentology, 25: 155-181.

Helgerud M B, Dvorkin J, Nur A, et al. 1999. Elastic-wave velocity in marine sediments with gas hydrates: Effective medium modeling. Geophysical Research Letters, 26(13): 2021-2024.

Hill R. 1952. The elastic behaviour of a crystalline aggregate. Proceedings of the Physical Society, 65(5): 349-354.

Ho S, Imbert P, Hovland M, et al. 2018. Downslope-shifting pockmarks: Interplay between hydrocarbon leakage, sedimentations, currents and slope's topography. International Journal of Earth Sciences, 107(08): 1-23.

Holland M, Schultheiss P, Roberts J, et al. 2008. Observed gas hydrate morphologies in marine sediments. Proceedings of the 6th International Conference on Gas Hydrates (ICGH 2011). Vancouver, British Columbia, Canada.

Hornbach M J. 2022. Bottom Simulating Reflections Below the Blake Ridge, Western North Atlantic Margin//Mienert J, Berndt C, Tréhu A M, et al. World Atlas of Submarine Gas Hydrates in Continental Margins. Heidelberg: Springer.

Hornbach M J, Ruppel C, Saffer D M, et al. 2005. Coupled geophysical constraints on heat flow and fluid flux at a salt diapir. Geophysical Research Letters, 32(24): L24617.

Hornbach M J, Lavier L L, Ruppel C. 2007a. Triggering mechanism and tsunamogenic potential of the Cape Fear Slide complex, U.S. Atlantic margin. Geochemistry, Geophysics, Geosystems, 8(12): Q12008.

Hornbach M J, Ruppel C, Van Dover C L. 2007b. Three-dimensional structure of fluid conduits sustaining an active deep marine cold seep. Geophysical Research Letters, 34(5): 1-5.

Hornbach M J, Saffer D M, Holbrook W S, et al. 2008. Three-dimensional seismic imaging of the Blake Ridge methane hydrate province: Evidence for large, concentrated zones of gas hydrate and morphologically driven advection. Journal of Geophysical Research: Solid Earth, 113(B07101): 1-15.

Hornby B E, Schwartz L M, Hudson J A. 1994. Anisotropic effective-medium modeling of the elastic properties of shales. Geophysics, 59(10): 1570-1583.

Horozal S, Lee G H, Yi B Y, et al. 2009. Seismic indicators of gas hydrate and associated gas in the Ulleung Basin, East Sea (Japan Sea) and implications of heat flows derived from depths of the bottom-simulating reflector. Marine Geology, 258: 126-138.

Horozal S, Kim G Y, Bahk J J, et al. 2015. Core and sediment physical property correlation of the second Ulleung Basin Gas Hydrate Drilling Expedition (UBGH2) results in the East Sea (Japan sea). Marine and Petroleum Geology, 59: 535-562.

Hovland M, Gardner J V, Judd A G. 2002. The significance of pockmarks to understanding fluid flow processes and geohazards. Geofluids, 2: 127-136.

Hsu H H, Liu C S, Chang Y T, et al. 2017. Diapiric activities and intraslope basin development offshore of SW Taiwan: A case study of the Lower Fangliao Basin gas hydrate prospect. Journal of Asian Earth Sciences, 149: 145-150.

Hustoft S, Mienert J, Bünz S, et al. 2007. High-resolution 3D-seismic data indicate focussed fluid migration pathways above polygonal fault systems of the mid-Norwegian margin. Marine Geology, 245(1-4): 89-106.

Hustoft S, Bünz S, Mienert M. 2010. Three-dimensional seismic analysis of the morphology and spatial distribution of chimneys beneath the Nyegga pockmark field, offshore mid-Norway. Basin Research, 22(4): 465-480.

Hyndman R D, Spence G D. 1992. A seismic study of methane hydrate marine bottom simulating reflectors. Journal of Geophysical Research: Solid Earth, 97(B5): 6683-6698.

Ito T, Komatsu Y, Fujii T, et al. 2015. Lithological features of hydrate - bearing sediments and their relationship with gas hydrate saturation in the eastern Nankai Trough, Japan. Marine and Petroleum Geology, 66: 368-378.

Jaiswal P, Dewangan P, Ramprasad T, et al. 2012. Seismic characterization of hydrates in faulted, fine-grained sediments of Krishna-Godavari basin: Unified imaging. Journal of Geophysical Research: Solid Earth, 117: B04306.

Jaiswal P, Al-Bulushi S, Dewangan P. 2014. Logging-while-drilling and wireline velocities: site NGHP01-10, krishna-godavari basin, India. Marine and Petroleum Geology, 58: 331-338.

Jakobsen M, Hudson J A, Minshull T A, et al. 2000. Elastic properties of hydrate-bearing sediments using effective medium theory. Journal of Geophysical Research: Solid Earth, 105(B1): 561-577.

Jang J, Waite W F, Stern L A, et al. 2019. Physical property characteristics of gas hydrate-bearing reservoir and associated seal sediments collected during NGHP02 in the Krishna-Godavari Basin, in the offshore of India. Marine and Petroleum Geology, 108: 249-271.

Jin J P, Wang X J, He M, et al. 2020. Downward shift of gas hydrate stability zone due to seafloor erosion in the eastern Dongsha Island, South China Sea. Journal of Oceanology and Limnology, 38(4): 1188-1200.

Judd A G, Hovland M. 2007. Submarine Fluid Flow, the Impact on Geology, Biology, and the Marine Environment. Cambridge: Cambridge University Press, 475.

Juhlin C. 1995. Finite-difference elastic wave propagation in 2D heterogeneous transversely isotropic media. Geophysical Prospecting, 43(6): 843-858.

Kang D J, Lu J A, Qu C W, et al. 2020. Characteristics of gas hydrate reservoir from resistivity image in the Shenhu area China. Environmental Geotechnics, 1-10. https://doi.org/10.1680/jenge.19.00016. [2022-5-15].

Kang N K, Yoo D G, Yi B Y, et al. 2016. Distribution and origin of seismic chimneys associated with gas hydrate using 2D multi-channel seismic reflection and well log data in the Ulleung Basin, East Sea. Quaternary International, 392: 99-111.

Kennedy W D, Herrick D C. 2004. Conductivity anisotropy in shale-free sandstone. Petrophysics, 45(1): 38-58.

Kennett J P, Cannariato K G, Hendy I L, et al. 2000. Carbon isotopic evidence for methane hydrate instability during Quaternary interstadials. Science, 288(5463): 128-133.

Kennett J P, Cannariato K G, Hendy I L, et al. 2003. Methane hydrates in quaternary climate change: The clathrate gun hypothesis. American Geophysical Union Special Publication: S4.

Kida M, Khlystov O, Zemskaya T, et al. 2006. Coexistence of structure I and II gas hydrate in Lake Baikal suggesting gas sources from microbial and thermogenic origin. Geophysical Research Letters, 33: L24603.

Kim G Y, Yi B Y, Yoo D G, et al. 2011. Evidence of gas hydrate from downhole logging data in the Ulleung Basin, East Sea. Marine and Petroleum Geology, 28(10): 1979-1985.

Kim G Y, Narantsetseg B, Ryu B J, et al. 2013. Fracture orientation and induced anisotropy of gas hydrate-bearing sediments in seismic chimney-like-structures of the Ulleung Basin, East Sea. Marine and Petroleum Geology, 47: 182-194.

King L H, MacLean B. 1970. Pockmarks on the Scotian shelf. Geological Society of America Bulletin, 81(10): 3141-3148.

Kinoshita M, Moore G F, Kido Y N. 2011. Heat flow estimated from BSR and IODP borehole data: Implication of recent uplift and erosion of the imbricate thrust zone in the Nankai Trough of Kumano. Geochemistry, Geophysics, Geosystems, 12(9): Q0AD18.

Klapp S A, Murshed M M, Pape Thomas, et al. 2010. Mixed gas hydrate structures at the Chapopote Knoll, southern Gulf of Mexico. Earth and Planetary Science Letters, 299(1-2): 207-217.

Krief M, Garta J, Stellingwerff J, et al. 1990. A petrophysical interpretation using the velocities of P and S waves (full waveform sonic). The Log Analyst, 31: 355-369.

Kumar D, Sen M K, Bangs N L, et al. 2006. Seismic anisotropy at Hydrate Ridge. Geophysical Research Letters, 33: L01306.

Kumar P, Collett T S, Boswell R, et al. 2014. Geologic implications of gas hydrates in the offshore of India: Krishna-Godavari basin, Mahanadi basin, Andaman Sea, Kerala-Konkan basin. Marine and Petroleum Geology, 58: 29-98.

Kumar P, Collett T S, Shukla K M, et al. 2019. India national gas hydrate program expedition-02: operational and technical summary. Marine and Petroleum Geology, 108: 3-38.

Kuramoto S, Tamaki K, Langseth M G, et al. 1992. Can Opal-A/Oap-CT BSR be an indicator of the thermal structure of the Yamamoto Basin, Japan Sea?//Tamaki K, Suyehiro K, Allan J F, et al. Proceedings of the Ocean Drilling Program Scientific Results: 1145-1156. College Station, TX: Ocean Drilling Program, 1145-1156.

Kuster G T, Toksöz M N. 1974. Velocity and attenuation of seismic waves in two-phase Media: Part 1,

Theoretical formulations. Geophysics, 39: 587-606.

Kvenvolden K A. 1988. Methane hydrate—A major reservoir of carbon in the shallow geosphere? Chemical Geology, 71: 41-51.

Kvenvolden K A. 1995. A Review of the Geochemistry of Methane in Natural Gas Hydrate. Organic Geochemistry, 23: 997-1008.

Langlois V. 2015. Elastic behavior of weakly cemented contact. International Journal for Numerical and Analytical Methods in Geomechanics, 39(8): 854-860.

Lee M W. 2002. Biot-Gassmann theory for velocities of gas hydrate-bearing sediments. Geophysics, 67(6): 1711-1719.

Lee M W. 2005. Proposed moduli of dry rock and their application to predicting elastic velocities of sandstones. US Department of the Interior, US Geological Survey.

Lee M W, Waite W F. 2008. Estimating pore-space gas hydrate saturations from well-log acoustic data. Geochemistry, Geophysics, Geosystems, 9: Q07008.

Lee M W, Collett T S. 2009. Gas hydrate saturations estimated from fractured reservoir at Site NGHP01-10, Krishna-Godavari Basin, India. Journal of Geophysical Research, 114: B07102.

Lee M W, Collett T S. 2012. Pore-and fracture-filling gas hydrate reservoirs in the Gulf of Mexico gas hydrate joint industry project leg II Green Canyon 955 H well. Marine and Petroleum Geology, 34(1): 62-71.

Lee M W, Collett T S. 2013. Characteristics and interpretation of fracture-filled gas hydrate—An example from the Ulleung Basin, East Sea of Korea. Marine and petroleum Geology, 47: 168-181.

Lee M W, Hutchinson D R, Dillon W P, et al. 1993. Method of estimating the amount of in situ gas hydrates in deep marine sediments. Marine and Petroleum Geology, 10(5): 493-506.

Lee M W, Hutchinson D R, Collett T S, et al. 1996. Seismic velocities for hydrate-bearing sediments using weighted equation. Journal of Geophysical Research, 101(B9): 20347-20358.

Lee M W, Agena W F, Collett T S, et al. 2011. Pre- and post-drill comparison of the Mount Elbert gas hydrate prospect, Alaska North Slope. Marine and Petroleum Geology, 28: 578-588.

Lee M W, Collett T S, Lewis K A. 2012. Anisotropic models to account for large borehole washouts to estimate gas hydrate saturations in the Gulf of Mexico Gas Hydrate Joint Industry Project Leg II Alaminos Canyon 21 B well. Marine and Petroleum Geology, 34(1): 85-95.

Li J F, Ye J L, Qin X W, et al. 2018. The first offshore natural gas hydrate production test in South China Sea. China Geology, 1(1): 5-16.

Li J, Lu J A, Kang D J, et al. 2019. Lithological characteristics and hydrocarbon gas sources of gas hydrate-bearing sediments in the Shenhu area, South China Sea: Implications from the W01B and W02B sites. Marine Geology, 408: 36-47.

Li W, Wu S G, Völker D, et al. 2014. Morphology, seismic characterization and sediment dynamics of the Baiyun slide complex on the northern South China Sea margin. Journal of the Geological Society, 171(6): 865-877.

Li Y, Gregory S. 1974. Diffusion of ions in sea water and in deep sea sediments. Geochemic et Cosmochimica Acta, 38: 703-714.

Li Y, Downton J, Goodway W. 2003. Recent applications of AVO to carbonate reservoirs in the Western Canadian Sedimentary Basin. The Leading Edge, 22(7): 670-674.

Liang J Q, Zhang Z J, Su P B, et al. 2017. Evaluation of gas hydrate bearing sediments below the conventional bottom-simulating reflection on the northern slope of the South China Sea. Interpretation, 5: SM61-SM74.

Liang J Q, Zhang W, Lu J A, et al. 2019. Geological occurrence and accumulation mechanism of natural gas hydrates in the eastern Qiongdongnan Basin of the South China Sea: Insights from Site GMGS5-W9-2018. Marine Geology, 418: 1-14.

Liang J Q, Deng W, Lu J A, et al. 2020. A fast identification method based on the typical geophysical differences between submarine shallow carbonates and hydrate bearing sediments in the northern South China Sea. China Geology, 3(1): 16-27.

Liu C L, Meng Q G, He X L, et al. 2015. Characterization of natural gas hydrate recovered from Pearl River Mouth basin in South China Sea. Marine and Petroleum Geology, 61: 14-21.

Liu T, Liu X. 2018. Identifying the morphologies of gas hydrate distribution using P-wave velocity and density: a test from the GMGS2 expedition in the South China Sea. Journal of Geophysics and Engineering, 15(3): 1008-1022.

Liu X L, Flemings P B. 2006. Passing gas through the hydrate stability zone at southern Hydrate Ridge, offshore Oregon. Earth and Planetary Science Letters, 241(1-2): 211-226.

Liu X L, Flemings P B. 2007. Dynamic multiphase flow model of hydrate formation in marine sediments. Journal of Geophysical Research: Solid Earth, 112(B3): B03101.

Liu X L, Flemings P B. 2011. Capillary effects on hydrate stability in marine sediments. Journal of Geophysical Research, 116: B07102.

Lu H L, Seo Y, Lee J, et al. 2007. Complex gas hydrate from the Cascadia margin. Nature, 445: 303-306.

Lu S, McMechan G A. 2002. Estimation of gas hydrate and free gas saturation, concentration, and distribution from seismic data. Geophysics, 67(2): 582-593.

Lu S, McMechan G A. 2004. Elastic impedance inversion of multichannel seismic data from unconsolidated sediments containing gas hydrate and free gas. Geophysics, 69(1): 164-179.

Lu Y T, Luan X W, Lyu F L, et al. 2017. Seismic Evidence and Formation Mechanism of Gas Hydrates in the Zhongjiannan Basin, Western Margin of the South China Sea. Marine and Petroleum Geology, 84: 274-288.

Lu Y T, Xu X Y, Luan X W, et al. 2021. Morphology, internal architectures, and formation mechanisms of mega-pockmarks on the northwestern South China Sea margin. Interpretation-a Journal of Subsurface Characterization, 9(4): T1039-T1054.

Malinverno A. 2010. Marine gas hydrates in thin sand layers that soak up microbial methane: Earth Planet. Earth and Planetary Science Letters, 292(3-4): 399-408.

Malinverno A, Goldberg D S. 2015. Testing short-range migration of microbial methane as a hydrate formation mechanism: Results from Andaman Sea and Kumano Basin drill sites and global implications. Earth and Planetary Science Letters, 422: 105-114.

Mallick S. 1999. Some practical aspects on implementation of prestack waveform inversion using a genetic algorithm: An example from east Texas Woodbine gas sand. Geophysics, 64: 326-336.

Mallick S, Huang X, Lauve J, et al. 2000. Hybrid seismic inversion-A reconnaissance tool for deepwater exploration. The Leading Edge, 19: 1230-1251.

Martin V, Henry P, Nouze H, et al. 2004. Erosion and sedimentation as processes controlling the BSR-derived heat flow on the Eastern Nankai margin. Earth and Planetary Science Letters, 222(1): 131-144.

Matsumoto R, Tomaru H, Chen Y F, et al. 2005. Geochemistry of the interstitial waters of the JAPEX/JNOC/GSC et al. Mallik 5L-38 gas hydrate production research well. Bulletin-Geological Survey of Canada, 585: 98.

Matsumoto R, Tanahashi M, Kakuwa Y, et al. 2017. Recovery of thick deposits of massive gas hydrates from gas chimney structures, eastern margin of Japan Sea: Japan Sea shallow gas hydrate project. Fire in the Ice, 1-6.

McArdle N J, Ackers M A. 2012. Understanding seismic thin-bed responses using frequency decomposition and RGB blending. First break, 30(12): 57-65.

McConnell D R, Collett T S, Boswell R, et al. 2010. Gulf of Mexico gas hydrate joint industry project Leg II: results from the Green Canyon 955 Site. Offshore Technology Conference, Houston, Texas, USA.

McConnell D R, Zhang Z J, Boswell R. 2012. Review of progress in evaluating gas hydrate drilling hazards. Marine and Petroleum Geology, 34(1): 209-223.

Milkereit B, Adam E, Li Z, et al. 2005. Multi-offset vertical seismic profiling: An experiment to assess petrophysical-scale parameters at the JAPEX/JNOC/GSC et al. Mallik 5L-38 gas hydrate production research well. Bulletin Geological Survey of Canada, 585: 119.

Milkov A V, Dickens G R, Claypool G E, et al. 2004. Co-existence of gas hydrate, free gas, and brine within the regional gas hydrate stability zone at Hydrate Ridge (Oregon margin): Evidence from prolonged degassing of a pressurized core. Earth and Planetary Science Letters, 222: 829-843.

Mindlin R D. 1949. Compliance of elastic bodies in contact. Journal of Applied Mechanics, 17: 259-268.

Minshull T, White R. 1989. Sediment compaction and fluid migration in the Makran accretionary prism. Journal of Geophysical Research: Solid Earth, 94(B6): 7387-7402.

Minshull T A, Singh S C, Westbrook G K. 1994. Seismic velocity structure at a gas hydrate reflector, offshore western Colombia, from full waveform inversion. Journal of Geophysical Research: Solid Earth, 99(B3): 4715-4734.

Minshull T A, Marín-Moreno H, Betlem P, et al. 2020. Hydrate occurrence in Europe: A review of available evidence. Marine and Petroleum Geology, 111: 735-764.

Moridis G J, Reagan M T, Boyle K L, et al. 2011. Evaluation of the gas production potential of some particularly challenging types of oceanic hydrate deposits. Transport in Porous Media, 90(1): 269-299.

Mountjoy J J, McKean J, Barnes P M, et al. 2009. Terrestrial-style slow-moving earthflow kinematics in a submarine landslide complex. Marine Geology, 267(3-4): 114-127.

Müller C, Bönnemann C, Neben S. 2007. AVO study of a gas hydrate deposit, offshore Costa Rica. Geophysical Prospecting, 55: 719-735.

Musgrave R J, Bangs N L, Larrasoaña J C, et al. 2006. Rise of the base of the gas hydrate zone since the last glacial recorded by rock magnetism. Geology, 34(2): 117-120.

Nakajima T, Kakuwa Y, Yasudomi Y, et al. 2014. Formation of pockmarks and submarine canyons associated with dissociation of gas hydrates on the Joetsu Knoll, eastern margin of the Sea of Japan. Journal of Asian Earth Sciences, 90: 228-242.

Nazeer A, Abbasi S A, Solangi S H. 2016. Sedimentary facies interpretation of Gamma Ray (GR) log as basic well logs in Central and Lower Indus Basin of Pakistan. Geodesy and Geodynamics, 7(6): 432-443.

Nobes D C, Villinger H, Davis E E, et al. 1986. Estimation of marine sediment bulk physical properties at depth from seafloor geophysical measurements. Journal of Geophysical Research: Solid Earth, 91(B14): 14033-14043.

Paganoni M, Cartwright J A, Foschi M, et al. 2016. Structure II gas hydrates found below the bottom-simulating reflector. Geophysical Research Letters, 43(11): 5696-5706.

Paganoni M, Cartwright J A, Foschi M, et al. 2018. Relationship between fluid-escape pipes and hydrate distribution in offshore Sabah (NW Borneo). Marine Geology, 395: 82-103.

Pan H J, Li H B, Chen J Y, et al. 2019. Quantification of gas hydrate saturation and morphology based on a generalized effective medium model. Marine and Petroleum geology, 113(104166): 1-16.

Panieri G, Aharon P, Gupta B K S, et al. 2014. Late Holocene foraminifera of Blake Ridge diapir: Assemblage variation and stable-isotope record in gas-hydrate bearing sediments. Marine Geology 35: 99-107.

Panieri G, Bunz S, Johnson J E, et al. 2017. An integrated view of the methane system in the pockmarks at Vestnesa Ridge, 79°N. Marine Geology, 390: 282-300.

Paull C K, Matsumoto R, Wallace, P J, et al. 1996. (Shipboard Scientific Party), Site 996. Proceedings of the Ocean Drilling Program. Initial Reports, 164: 241-275.

Paull C K, Normark W R, Ussler III W, et al. 2008. Association among active seafloor deformation, mound formation, and gas hydrate growth and accumulation within the seafloor of the Santa Monica Basin, offshore California. Marine Geology, 250(3-4): 258-275.

Pearson C F, Halleck P M, Mcguire P L, et al. 1983. Natural gas hydrate deposits: A review of in situ properties. The Journal of Physical Chemistry, 87(21): 4180-4185.

Pecher I A, Minshull T A, Singh S C, et al. 1996. Velocity structure of a bottom simulating reflector offshore Peru: Results from full waveform inversion. Earth and Planetary Science Letters, 139(3): 459-469.

Pecher I A, Holbrook W S, Sen M K, et al. 2003. Seismic anisotropy in gas-hydrate-and gas-bearing sediments on the Blake Ridge, from a walkaway vertical seismic profile. Geophysical Research Letters, 30(14): 1733.

Pecher I A, Henrys S A, Ellis S, et al. 2005. Erosion of the seafloor at the top of the gas hydrate stability zone on the Hikurangi Margin, New Zealand. Geophysical Research Letters, 32(24): L24603.

Pecher I A, Barnes P M, LeVay L J, et al. 2018. Expedition 372 Preliminary report: Creeping gas hydrate slides and Hikurangi LWD. International Ocean Discovery Program.

Petersen C J, Bünz S, Hustoft S, et al. 2010. High-resolution P-Cable 3D seismic imaging of gas chimney structures in gas hydrated sediments of an Arctic sediment drift. Marine and Petroleum Geology, 27(9): 1981-1994.

Pickett G R. 1963. Acoustic character logs and their applications in formation evaluation. Journal of Petroleum Technology, 15(06): 659-667.

Plaza-Faverola A, Westbrook G K, Ker S, et al. 2010. Evidence from three-dimensional seismic tomography for a substantial accumulation of gas hydrate in a fluid-escape chimney in the Nyegga pockmark field, offshore Norway. Journal of Geophysical Research, 115(B8): B08104.

Popescu I, Lericolais G, Panin N, et al. 2001. Late Quaternary channel avulsions on the Danube deep-sea fan, Black Sea. Marine Geology, 179(1-2): 25-37.

Porębski S J, Steel R J. 2002. Shelf-margin deltas: their stratigraphic significance and relation to deepwater sands. Earth-Science Reviews, 62(3-4): 283-326.

Portnov A, Cook A E, Sawyer D E, et al. 2019. Clustered BSRs: Evidence for gas hydrate-bearing turbidite complexes in folded regions, example from the Perdido Fold Belt, northern Gulf of Mexico. Earth and Planetary Science Letters, 528: 1-9.

Portnov A, Cook A E, Heidari M, et al. 2020. Salt-driven evolution of a gas hydrate reservoir in Green Canyon, Gulf of Mexico. AAPG Bulletin, 104(9): 1903-1919.

Portnov A, Cook A E, Sawyer D E. 2022. Bottom Simulating Reflections and Seismic Phase Reversals in the Gulf of Mexico//Mienert J, Berndt C, Tréhu A M, et al. World Atlas of Submarine Gas

Hydrates in Continental Margins. Springer, Cham: 315-322.

Pride S R, Berryman J G, Harris J M. 2004. Seismic attenuation due to wave-induced flow. Journal of Geophysical Research, 109: B01201.

Qian J, Wang X J, Wu S G, et al. 2014. AVO analysis of BSR to assess free gas within fine-grained sediments in the Shenhu area, South China Sea. Marine Geophysical Research, 35(2): 125-140.

Qian J, Wang X J, Collett T S, et al. 2017. Gas hydrate accumulation and saturations estimated from effective medium theory in the eastern Pearl River Mouth Basin, South China Sea. Interpretation, 5(3): SM33-SM48.

Qian J, Wang X J, Collett T S, et al. 2018. Downhole log evidence for the coexistence of structure II gas hydrate and free gas below the bottom simulating reflector in the South China Sea. Marine and Petroleum Geology, 98: 662-674.

Qian J, Kang D, Jin J, et al. 2022. Quantitative seismic characterization for gas hydrate-and free gas-bearing sediments in the Shenhu area, South China sea. Marine and Petroleum Geology, 139: 105606.

Qin X W, Lu J A, Lu H L, et al. 2020. Coexistence of natural gas hydrate, free gas and water in the gas hydrate system in the Shen Area, South China Sea. China Geology, 3: 210-220.

Rafavich E, Kendall C H St C and Todd T P. 1984. The relationship between acoustic properties and the petrographic character of carbonate rocks. Geophysics, 49(10): 1622-1636.

Rempel A W. 2011. A model for the diffusive growth of hydrate saturation anomalies in layered sediments. Journal of Geophysical Research: Solid Earth, 116(B10): B10105.

Riboulot V, Sultan N, Imbert P, et al. 2016. Initiation of gas-hydrate pockmark in deep-water Nigeria: Geo-mechanical analysis and modelling. Earth Planetary Science Letters, 434: 252-263.

Richards P G, Aki K. 1980. Quantitative Seismology: Theory And Methods. San Francisco, CA: Freeman.

Riedel M, Shankar U. 2012. Combining impedance inversion and seismic similarity for robust gas hydrate concentration assessments—A case study from the Krishna-Godavari basin, East Coast of India. Marine and Petroleum Geology, 36(1): 35-49.

Riedel M, Collett T S, Malone M J, et al. 2006a. Stages of gas-hydrate evolution on the northern Cascadia margin. Scientific Drilling, 3: 18-24.

Riedel M, Collett T S, Malone M J, et al. 2006b. Proceedings of the IODP, Cascadia margin gas hydrates: Initial Reports, 311.

Riedel M, Bellefleur G, Mair S, et al. 2009. Acoustic impedance inversion and seismic reflection continuity analysis for delineating gas hydrate resources near the Mallik research sites, Mackenzie Delta, Northwest Territories, Canada. Geophysics, 74(5): B125-B137.

Riedel M, Collett T S, Kumar P, et al. 2010. Seismic imaging of a fractured gas hydrate system in the

Krishna-Godavari Basin offshore India. Marine and Petroleum Geology, 27(7): 1476-1493.

Riedel M, Goldberg D, Guerin G. 2014. Compressional and shear-wave velocities from gas hydrate bearing sediments: Examples from the India and Cascadia margins as well as Arctic permafrost regions. Marine and petroleum geology, 58: 292-320.

Robin J, Pilcher R. 2007. Mega-pockmarks and linear pockmark trains on the West African continental margin. Marine Geology, 244(1-4): 15-32.

Ruppel C. 2011. Methane hydrates and contemporary climate change. Nature Education Knowledge, 2(12): 1-12.

Ruppel C, Dickens G R, Castellini D G, et al. 2005. Heat and salt inhibition of gas hydrate formation in the northern Gulf of Mexico: Geophysical Research Letters, 32(4): L04605.

Ruppel C, Boswell R, Jones E. 2008. Scientific results from Gulf of Mexico gas hydrates Joint Industry Project Leg 1 drilling: introduction and overview. Marine and Petroleum Geology, 25(9): 819-829.

Ruppel C D, Kessler J D. 2017. The interaction of climate change and methane hydrates. Reviews of Geophysics, 55(1): 126-168.

Ryu B J, Riedel M, Kim J H, et al. 2009. Gas hydrates in the western deep-water Ulleung Basin, East Sea of Korea. Marine and Petroleum Geology, 26(8): 1483-1498.

Ryu B J, Collett T S, Riedel M, et al. 2013. Scientific results of the Second Gas Hydrate Drilling Expedition in the Ulleung Basin (UBGH2). Marine and Petroleum Geology, 47: 1-20.

Sahoo S K, Marín-Moreno H, North L J, et al. 2018. Presence and consequences of coexisting methane gas with hydrate under two phase water-hydrate stability conditions. Journal of Geophysical Research: Solid Earth, 123: 3377-3390.

Sassen R, Sweet S T, Milkov A V, et al. 2001. Thermogenic vent gas and gas hydrate in the Gulf of Mexico slope: Is gas hydrate decomposition significant? Geology, 29: 107-110.

Schwalenberg K, Edwards R N, Willoughby E C, et al. 2004. Marine controlled source electromagnetic experiment to evaluate gas hydrates off the coastlines of North and South America. Proceedings, 4th MARELEC Conference, London, UK: 17-18.

Schwalenberg K, Willoughby E, Mir R, et al. 2005. Marine gas hydrate electromagnetic signatures in Cascadia and their correlation with seismic blank zones. First Break, 23(4): 57-63.

Schwalenberg K, Haeckel M, Poort J, et al. 2010a. Evaluation of gas hydrate deposits in an active seep area using marine controlled source electromagnetics: Results from Opouawe Bank, Hikurangi Margin, New Zealand. Marine Geology, 272(1-4): 79-88.

Schwalenberg K, Wood W T, Pecher I A, et al. 2010b. Preliminary interpretation of electromagnetic, heat flow, seismic, and geochemical data for gas hydrate distribution across the Porangahau Ridge, New Zealand. Marine Geology, 272: 89-98.

Schwalenberg K, Rippe D, Koch S, et al. 2017. Marinecontrolled source electromagnetic study of methane seeps and gas hydrates at Opouawe Bank, Hikurangi Margin, New Zealand. Journal of Geophysical Research: Solid Earth, 122: 3334-3350.

Sha Z B, Liang J Q, Zhang G X, et al. 2015. A Seepage Gas Hydrate System in Northern South China Sea: Seismic and Well Log Interpretations. Marine Geology, 366: 69-78.

Shedd W, Boswell R, Frye M, et al. 2012. Occurrence and nature of "bottom simulating reflectors" in the northern Gulf of Mexico. Marine and Petroleum Geology, 34(1): 31-40.

Shelander D, Dai J, Bunge G, et al. 2012. Estimating saturation of gas hydrates using conventional 3D seismic data, Gulf of Mexico Joint Industry Project Leg II. Marine and Petroleum Geology, 34(1): 96-110.

Sheriff R E, Geldart L P. 1995. Exploration Seismology, Second edn. Cambridge: Cambridge University Press.

Shipley T H, Houston M H, Buffler R T, et al. 1979. Seismic evidence for widespread possible gas hydrate horizons on continental slopes and rises. AAPG Bulletin, 63: 2204-2213.

Shuey R T. 1985. A simplification of the Zoeppritz equations. Geophysics, 50(4): 609-614.

Simonetti A, Knapp J H, Sleeper K, et al. 2013. Spatial distribution of gas hydrates from high-resolution seismic and core data, Woolsey Mound, Northern Gulf of Mexico. Marine and Petroleum Geology, 44: 21-33.

Singh S C, Minshull T A. 1994. Velocity structure of a gas hydrate reflector at Ocean Drilling Program site 889 from a global seismic waveform inversion. Journal of Geophysical Research: Solid Earth, 99(B12): 24221-24233.

Skarke A, Ruppel C, Kodis M, et al. 2014.Widespread methane leakage from the sea floor on the northern US Atlantic margin. Nature Geoscience, 7(9): 657-661.

Sloan E D. 1998. Clathrate Hydrates of Natural Gases. 2nd ed. New York: Marcel Dekker.

Sloan E D, Koh C A. 2008. Clathrate Hydrates of Natural Gases, third Ed. New York: CRC press.

Snyder G T, Sano Y, Takahata N, et al. 2020. Magmatic fluids play a role in the development of active gas chimneys and massive gas hydrates in the Japan Sea. Chemical Geology, 535: 1-12.

Solomon E A, Spivack A J, Kastner M, et al. 2014. Gas hydrate distribution and carbon sequestration through coupled microbial methanogenesis and silicate weathering in the Krishna-Godavari basin, offshore India. Marine and Petroleum Geology, 58: 233-253.

Somoza L, León R, Medialdea T, et al. 2014. Seafloor mounds, craters and depressions linked to seismic chimneys breaching fossilized diagenetic bottom simulating reflectors in the central and southern Scotia Sea, Antarctica. Global and Planetary Change, 123: 359-373.

Sowers T. 2006. Late Quaternary atmospheric CH_4 isotope record suggests marine clathrates are stable. Science, 311(5762): 838-840.

Sriram G, Dewangan P, Ramprasad T, et al. 2013. Anisotropic amplitude variation of the bottom-simulating reflector beneath fracture-filled gas hydrate deposit. Journal of Geophysical Research: Solid Earth, 118: 2258-2274.

Su M, Alves T M, Li W, et al. 2019. Reassessing two contrasting late miocene-holocene stratigraphic frameworks for the Pearl River mouth basin, northern South China Sea. Marine and Petroleum Geology, 102: 899-913.

Subramanian S, Kini R A, Dec S F, et al. 2000. Evidence of Structure II Hydrate Formation from Methane+Ethane Mixtures. Chemical Engineering Science, 55: 1981-1999.

Suess E, Torres M E, Bohrmann G, et al. 2001. Sea floor methane hydrates at Hydrate Ridge, Cascadia margin. Geophysical Monograph-American Geophysical Union, 124: 87-98.

Sultan N, Foucher J P, Cochonat P, et al. 2004. Dynamics of gas hydrate: case of the Congo continental slope. Marine Geology, 206(1-4): 1-18.

Sultan N, Marsset B, Ker S, et al. 2010. Hydrate dissolution as a potential mechanism for pockmark formation in the Niger delta. Journal of Geophysical Research: Solid Earth, 115: 1-33.

Sultan N, Bohrmann G, Ruffine L, et al. 2014. Pockmark formation and evolution in deep water Nigeria: Rapid hydrate growth versus slow hydrate dissolution. Journal of Geophysical Research: Solid Earth, 119: 2679-2694.

Sun L Y, Wang X J, He M, et al. 2020. Thermogenic gas controls high saturation gas hydrate distribution in the Pearl River Mouth Basin: Evidence from numerical modeling. Ore Geology Reviews, 127: 103846.

Sun Q L, Wu S G, Hovland M, et al. 2011. The morphologies and genesis of mega-pockmarks near the Xisha uplift, South China Sea. Marine and Petroleum Geology, 28: 1146-1156.

Sun Q L, Wu S G, Cartwright J, et al. 2013. Focused Fluid Flow Systems of the Zhongjiannan Basin and Guangle Uplift, South China Sea. Basin Research, 25(1): 97-111.

Sun Q L, Xie X N, Piper D J W, et al. 2017. Three dimensional seismic anatomy of multi-stage mass transport deposits in the Pearl River Mouth Basin, northern South China Sea: Their ages and kinematics. Marine Geology, 393: 93-108.

Sun Q L, Alves T M, Lu X Y, et al. 2018. True volumes of slope failure estimated from a quaternary mass-transport deposit in the northern South China Sea. Geophysical Research Letters, 45(6): 2642-2651.

Sun Q L, Jackson C A L, Magee C, et al. 2020. Deeply buried ancient volcanoes control hydrocarbon migration in the South China Sea. Basin Research, 32(1): 146-162.

Sun Q L, Wang C, Xie X N. 2022. Sill swarms and hydrothermal vents in the Qiongdongnan Basin, northern South China Sea. Geosystems and Geoenvironment. 1(2): 100037.

Sun Z, Zhong Z, Keep M, et al. 2009. 3D analogue modeling of the South China Sea: a discussion on breakup pattern. Journal of Asian Earth Sciences, 34(4): 544-556.

Sun Z, Stock J M, Klaus A, et al. 2018. Site U1499//Sun Z, Jian Z, Stock J M, et al. South China Sea Rifted Margin. Proceedings of the International Ocean Discovery Program, 367/368: College Station, TX.

Sun Z, Lin J, Qiu N, et al. 2019. The role of magmatism in the thinning and breakup of the South China Sea continental margin. National Science Review. 6(5): 871-876.

Takeya S, Kamata Y, Uchida T, et al. 2003. Coexistence of Structure I and II Hydrates Formed From a Mixture of Methane and Ethane Gases. Canadian Journal of Physic, 81(1): 479-484.

Taylor M H, Dillon W P, Pecher I A. 2000. Trapping and migration of methane associated with the gas hydrate stability zone at the Blake Ridge Diapir: New insights from seismic data. Marine Geology, 164(1-2): 79-89

Thomsen L. 1986. Weak elastic anisotropy. Geophysics, 51(10): 1954-1966.

Timur A. 1968. Velocity of compressional waves in porous media at permafrost temperatures. Geophysics, 33(4): 584.

Tomaru H, Lu Z, Snyder G T, et al. 2007. Origin and age of pore waters in an actively venting gas hydrate field near Sado Island, Japan Sea: Interpretation of halogen and ^{129}I distributions. Chemical Geology, 236(3-4): 350-366.

Torres M E, Wallmann K, Tréhu A M, et al. 2004. Gas hydrate growth, methane transport, and chloride enrichment at the southern summit of Hydrate Ridge, Cascadia margin of Oregon. Earth Planet Science Letter, 226: 225-241.

Torres M E, Kim J H, Choi J Y, et al. 2011. Occurrence of high salinity fluids associated with massive near-seafloor gas hydrate deposits//Proceedings of the 7th International Conference on Gas Hydrates (ICGH 2011), Edinburgh, Scotland, United Kingdom.

Tréhu A M, Bangs N L B. 2001. 3-D seismic imaging of an active margin hydrate system, Oregon continental margin: Report of cruise TTN 112 R/V Thomas Thompson, June 19-July 3, 2000.

Tréhu A M, Bangs N L, Arsenault M A, et al. 2002. Complex subsurface plumbing beneath southern Hydrate Ridge, Oregon continental margin, from high-resolution 3-D seismic reflection and OBS data. Fourth Int. Conf. Gas Hydrates: Yokohama, Japan, 19023: 90-96.

Tréhu A M, Bohrmann G, Rack F R, et al. 2003. Proceedings of the Ocean Drilling Program, 204 initial reports. College Station, Texas, Ocean Drilling Program.

Uchida T, Waseda A, Namikawa T. 2009. Methane accumulation and high concentration of gas hydrate in marine and terrestrial sandy sediments//Collect T S, et al. Natural gas hydrates-energy resource potential and associated geologic hazards. AAPG Memoir, 89: 401-413.

van der Waals J A, Platteeuw J C. 1959. Clathrate Solutions. Advances in Chemical Physics, 2: 1-57.

Verm R, Hilterman F. 1995. Lithology color-coded seismic sections: The calibration of AVO crossplotting to rock properties. The Leading Edge, 14(8): 847-853.

Waite W F, Santamarina J C, Cortes D D, et al. 2009. Physical properties of hydrate - bearing sediments. Reviews of Geophysics, 47(4): 38.

Wallace L M, Webb S C, Ito Y, et al. 2016. Slow slip near the trench at the Hikurangi subduction zone, New Zealand, Science, 352(6286): 701-704.

Wang J, Jaiswal P, Haines S S, et al. 2018. Gas hydrate quantification using full-waveform inversion of sparse ocean-bottom seismic data: A case study from Green Canyon Block 955, Gulf of Mexico. Geophysics, 83: B167-B181.

Wang P X, Huang C Y, Lin J, et al. 2019. The South China Sea is not a mini-Atlantic: plate-edge rifting vs intra-plate rifting. National Science Review, 6(5): 902-913.

Wang X J, Hutchinson D R, Wu S G, et al. 2011. Elevated gas hydrate saturation within silt and silty clay sediments in the Shenhu area, South China Sea. Journal of Geophysical Research: Solid Earth, 116: B05102.

Wang X J, Lee M, Wu S G, et al. 2012. Identification of gas hydrate dissociation from wireline-log data in the Shenhu area, South China Sea. Geophysics, 77(3): B125-B134.

Wang X J, Sain K, Satyavani N, et al. 2013. Gas hydrates saturation using geostatistical inversion in a fractured reservoir in the Krishna-Godavari basin, offshore eastern India. Marine and Petroleum Geology, 45: 224-235.

Wang X J, Collett T S, Lee M W, et al. 2014. Geological controls on the occurrence of gas hydrate from core, downhole log, and seismic data in the Shenhu area, South China Sea. Marine Geology, 357: 272-292.

Wang X J, Qian J, Collett T S, et al. 2016. Characterization of gas hydrate distribution using conventional three-dimensional seismic data in the Pearl River Mouth Basin, South China Sea. Interpretation, 4(1): SA25-SA37.

Wang X J, Liu B, Qian J, et al. 2018. Geophysical Evidence for Gas Hydrate Accumulation Related to Methane Seepage in the Taixinan Basin, South China Sea. Journal of Asian Earth Science, 168: 27-37.

Wang X J, Liu B, Jin J P, et al. 2020. Increasing the accuracy of estimated porosity and saturation for gas hydrate reservoir by integrating geostatistical inversion and lithofacies constraints. Marine and Petroleum Geology, 115: 104298.

Wang X J, Zhou J L, Lin L, et al. 2022. Bottom simulating reflections in the South China Sea. World Atlas of Submarine Gas Hydrates in Continental Margins, Springer, Cham: 163-172.

Warner M. 1990. Absolute reflections from deep seismic reflections. Tectonophysics, 173: 15-23.

Wei J G, Fang Y X, Lu H L, et al. 2018. Distribution and Characteristics of Natural Gas Hydrates in the Shenhu Sea Area, South China Sea. Marine and Petroleum Geology, 98: 622-628.

Wei J G, Liang J Q, Lu J A, et al. 2019. Characteristics and dynamics of gas hydrate systems in the northwestern South China Sea-Results of the fifth gas hydrate drilling expedition. Marine and Petroleum Geology, 110: 287-298.

Weitemeyer K, Constable S, Key K, et al. 2006. First results from a marine controlled-source electromagnetic survey to detect gas hydrates offshore Oregon. Geophysical Research Letters, 33: L03304.

Westbrook G K, Chand S, Rossi G, et al. 2008. Estimation of gas hydrate concentration from multi-component seismic data at sites on the continental margins of NW Svalbard and the Storegga region of Norway. Marine and Petroleum Geology, 25(8): 744-758.

White J E. 1965. Seismic Waves—Radiation, Transmission, and Attenuation. New York: McGraw-Hill.

White J E. 1975. Computed seismic speeds and attenuation in rocks with partial gas saturation. Geophysics, 40(2): 224-232.

Whiticar M J, Hovland M, Kastner M, et al. 1995. Organic geochemistry of gases, fluid, and hydrates at the Cascadia accretionary margin. Proceedings of the Ocean Drilling Program, 146(1): 385-397.

Widess M. 1973. How thin is a thin bed? Geophysics, 38: 1176-1180.

Wiggins R, Kenny G S, McClure C D. 1983. A method for determining and displaying the shear-velocity reflectivities of a geologic formation. European Patent Application: 113944.

Willis J R. 1977. Bounds and self-consistent estimates for the overall properties of anisotropic composites. Journal of the Mechanics and Physics of Solids, 25(3): 185-202.

Winguth C, Wong H K, Panin N, et al. 2000. Upper Quaternary water level history and sedimentation in the northwestern Black Sea. Marine Geology, 167: 127-146.

Winters W, Walker M, Hunter R, et al. 2011. Physical properties of sediment from the Mount Elbert gas hydrate stratigraphic test well, Alaska North Slope. Marine and Petroleum Geology, 28(2): 361-380.

Wood A B. 1944. A Text Book of Sound. London: G. Bell and Sons Ltd.

Wyllie M R J, Gregory A R, Gardner L W. 1956. Elastic wave velocities in heterogeneous and porous media. Geophysics, 21(1): 41-70.

Wyllie M R J, Gregory A R, Gardner G H F. 1958. An experimental investigation of factors affecting elastic wave velocities in porous media. Geophysics, 23: 459-493.

Xu N, Wu S G, Shi B Q, et al. 2009. Gas hydrate associated with mud diapirs in southern Okinawa Trough. Marine and Petroleum Geology, 26(8): 1413-1418.

Yamamoto K, Wang X X, Tamaki M, et al. 2019. The second offshore production of methane hydrate in the Nankai Trough and gas production behavior from a heterogeneous methane hydrate reservoir. RSC advances, 9(45): 25987-26013.

Yan C Z, Shi H S, Wang X J, et al. 2020. The Occurrence, Saturation and Distribution of Gas Hydrate Identified from Three Dimensional Seismic Data in the Lw3 Area: The Northern Slope of the

South China Sea. Offshore Technology Conference Asia. Kuala Lumpur, Malaysia, 2-6 November, 2020.

Yang J X, Wang X J, Jin J P, et al. 2017. The Role of Fluid Migration in the Occurrence of Shallow Gas and Gas Hydrates in the South of the Pearl River Mouth Basin, South China Sea. Interpretation, 5(3): 1-11.

Yang S X, Zhang G X, Zhang M, et al. 2014. A complex gas hydrate system in the Dongsha Area, South China Sea: results from Drilling Expedition GMGS2: Proceedings of the 8th international conference on gas hydrates (ICGH8-2014), Beijing, China.

Yang S X, Zhang M, Liang J Q, et al. 2015. Preliminary results of China's third gas hydrate drilling expedition: A critical step from discovery to development in the South China Sea. Fire Ice, 15(2): 1-5.

Yang S X, Liang J Q, Lei Y, et al. 2017a. GMGS4 gas hydrate drilling expedition in the South China Sea. Fire in the Ice, 17(1): 7-11.

Yang S X, Liang J Q, Lu J A, et al. 2017b. Petrophysical evaluation of gas hydrate in Shenhu area, China. The 23rd Formation Evaluation Symposium of Japan, 1-10.

Ye J L, Wei J G, Liang J Q, et al. 2019. Complex gas hydrate system in a gas chimney, South China Sea. Marine and Petroleum Geology, 104: 29-39.

Ye J L, Qin X W, Xie W W, et al. 2020. The second natural gas hydrate production test in the South China Sea. China Geology, 2: 197-209.

You K, Flemings P B, Malinverno A, et al. 2019. Mechanisms of methane hydrate formation in geological systems. Reviews of Geophysics, 57: 1146-1196.

Yuan J, Edwards R N. 2000. The assessment of marine hydrates through electrical remote sounding: Hydrate without a BSR. Geophysical Research Letters, 27(16): 2397-2400.

Zander T, Haeckel M, Berndt C, et al. 2017. On the origin of multiple BSRs in the Danube deep-sea fan, Black Sea. Earth and Planetary Science Letters, 462: 15-25.

Zhang G X, Yang S X, Zhang M, et al. 2014. GMGS2 expedition investigates rich and complex gas hydrate environment in the South China Sea. Fire in the Ice Newsletter, 14(1): 1-5.

Zhang G X, Liang J Q, Lu J A, et al. 2015. Geological Features, Controlling Factors and Potential Prospects of the Gas Hydrate Occurrence in the East Part of the Pearl River Mouth Basin, South China Sea. Marine and Petroleum Geology, 67: 356-367.

Zhang G X, Wang X J, Li L, et al. 2022. Gas Hydrate Accumulation Related to Pockmarks and Faults in the Zhongjiannan Basin, South China Sea. Frontiers in Earth Science, 10: 902469.

Zhang H Q, Yang S X, Wu N Y, et al. 2007. Successful and Surprising Results for China First Gas Hydrate Drilling Expedition. Fire in the Ice, 7(3): 6-9.

Zhang W, Liang J Q, Lu J A, et al. 2017. Accumulation features and mechanisms of high saturation natural gas hydrate in Shenhu Area, northern South China Sea. Petroleum Exploration and

Development, 44: 708-719.

Zhang W, Liang J Q, Wan Z F, et al. 2020. Dynamic accumulation of gas hydrates associated with the channel-levee system in the Shenhu area, northern South China Sea. Marine and Petroleum Geology, 117: 104354.

Zhang X, Du Z F, Luan Z D, et al. 2017. In situ Raman detection of gas hydrates exposed on the seafloor of the South China Sea. Geochemistry, Geophysics, Geosystems, 18(10): 3700-3713.

Zhang Z, He G W, Yao H Q et al. 2020. Diapir structure and its constraint on gas hydrate accumulation in the Makran accretionary prism, offshore Pakistan. China Geology, 4: 611-622.

Zhong G F, Liang J Q, Guo Y Q, et al. 2017. Integrated core log facies analysis and depositional model of the gas hydrate-bearing sediments in the northern continental slope, South China Sea. Marine and Petroleum Geology, 86: 1159-1172.

Zoeppritz K, Erdbebnenwellen V. 1919. On the reflection and penetration of seismic waves through unstable layers. Göttinger Nachrichten, 1: 66-84.